제2판

공학확률통계

PROBABILITY CONCEPTS IN ENGINEERING

- Emphasis on Application in Civil and Environmental Engineering -

Alfredo H-S. Ang · Wilson H. Tang 공저
조효남 · 지광습 공역

WILEY

도서출판 구미서관

저자서문

목적 및 접근방식

이 책의 초판인 Probability Concepts in Engineering Planning and Design, Vol. I, Basic Principles (1975)이 많은 공학실무자들과 공학도들이 확률과 통계의 개념을 보다 쉽게 익힐 수 있는 기초를 제공해 온 바 있다. 관련기초 개념을 제공함에 있어서 공학이나 물리학적 문제, 특히 토목환경공학에서 빈번하게 마주치는 문제를 예를 들어 설명했고, 각 장의 연습문제는 기초개념을 이해하고 지식의 깊이를 더할 수 있도록 배려하였다. 여기서, 확률과 통계와 같은 새로운 개념을 깊이 이해하여 공학문제에 응용하는 단계에 이르기까지는 이러한 개념을 다양한 예에 견주어 여러 각도에서 이해하는 것이 필수적이다. 확률과 통계 관련 개념이 공학문제에 중요하게 적용될 수 있다는 점을 강조하고 이해하기 위해서는 확률과 통계 개념은 현실적인 내용에 기반해야 한다.

두 번째 개정판에 새롭게 포함된 내용

본 개정판도 기본적으로는 역시 초판의 접근법을 따라서 기술되었다. 하지만 모든 본문의 내용을 철저하게 재검토하였고, 개정하였으며, 초판과는 완전히 새로운 모습으로 재구성하였다. 특별히, 각 장의 대부분 예제와 연습문제를 새로운 내용으로 교체하였다. 또한 실제 데이터를 사용한 경우에는 현재 내용으로 데이터를 재정리하여 본 판에 수록하였다. 본 판에서 확장되거나 추가된 새로운 주제와 장은 다음과 같다.

- **두 가지 유형의 불확실성** 본 판에서는 불확실성을 우발적(aleatory) 불확실성과 인식적 (epistemic) 불확실성으로 크게 구분하고 각 개념의 공학적 중요성을 강조하였다. 공학실무자와 공학도가 이 개념을 이해하는 것은 중요하며 특히, 의사결정단계에서 그 중요성은 더욱 커진다. 이 개념의 적용을 위해서는 본 교재 중의 확률과 통계 기법을 이해하는 것이 필요하다.
- **극치값** 자연재해나 사고재해가 주 업무대상인 공학실무자를 위해 본 판의 제4장은 극치분포 (distribution of extreme values)에 할애하였다.
- **가정의 검증은** 제6장에 추가하였다.
- **Anderson-Darling 기법** 적합도 평가를 위해 사용되는 Anderson-Darling 기법을 제7장에 추가하였다.
- **회귀분석의 신뢰구간** 제8장의 선형회귀분석을 확장하여 신뢰구간의 결정도 포함하도록 하였다.
- **회귀분석과 상호의존도 분석** 제9장의 Bayesian 확률에서 Bayesian 회귀분석과 상호의존도를 포함하도록 했다.

- **컴퓨터 기반 수치해석기법 및 모사기법** 최근 공학교육의 추세에 맞춰 컴퓨터 기반 수칙해석기법 및 모사기법을 제5장에 추가하였다. 주로 Monte-Carlo 기법이 강조된 이 장의 내용은 해석적인 기법으로는 정식화나 해결이 불가능한 다양한 문제를 해결하는데 사용할 수 있다. 이러한 수치해석 기법은 개인용 컴퓨터나 관련 소프트웨어를 쉽게 사용할 수 있는 이 시대에는 매우 강력한 도구이며, 이를 이용해서 해석적인 접근법을 보완할 수도 있으며, 이를 통해 확률과 통계 개념의 유용성을 다양한 문제로 확장할 수 있다.
- **품질관리** 초판의 제9장, 품질관리 및 표본추출은 본 판에서는 제10장으로 재배치되었다. 하지만 이 장의 내용은 확률과 통계의 기본적인 개념에 충실하도록 기획된 본 판의 범위에 해당하지 않아 본문에는 포함되지 않았으며, 온라인 상으로 확인할 수 있다. 본문에 포함되지는 않았지만 품질관리 측면에서는 매우 유용하며 www.wiley.com/college/ang에서 얻을 수 있다.

▶ 대상독자

이 책의 내용은 응용 확률과 통계를 처음 배우는 3, 4학년 학생들을 대상으로 하였으나, 일반인이 확률에 근거한 정식화나 추론에 대한 내용을 스스로 습득하고자 할 때에도 사용할 수 있도록 구성하였다. 이 책은 확률과 통계 개념을 공학문제에 적절히 적용할 수 있도록 기본 개념의 통찰력을 높이도록 하였다. 기본적인 수학기법 만을 사용하였기 때문에 학부 어느 학년에도 교재로 사용할 수 있을 것으로 생각한다. 공과대학 교재로도 사용될 수 있을 것이며, 응용 수학과에서 공학실무자 교육용으로도 사용할 수 있을 것으로 생각한다.

이 책은 완전성을 가지도록 기술하였으므로, 확률의 기본 개념과 도구를 공부하고자 하는 공학실무자들의 독학용으로 사용할 수 있을 것으로 기대한다.

▶권장 강의내용

2학기 학제의 1학기 강의 확률문제 정식화에 관련된 제1장부터 제5장. 여기서 제1장은 직접 강의할 필요는 없고 미리 읽도록 할 수 있다. 제6장부터 제8장은 통계추론에 중점을 두고 강의한다. 2학기 학제의 1학기 강의에 적절한 분량으로 생각한다.

3학기 학제의 1학기 강의 전술한 바와 동일한 범위의 장을 강의할 수 있으나, 불가피하게 여러 가지 확률분포나 각 장의 예 등은 적절히 조절하여 강의할 필요가 있다.

4학년 강의 4학년 대상으로 강의할 때는 제9장을 제외한 모든 장을 한 학기 강의내용으로 사용할 수 있다. 각 장 후반부의 풍부한 연습문제를 숙제로 활용할 수 있으며, 독자의 이해도를 스스로 확인하는데 사용할 수 있다.

▶ 강의 자료

이 교재를 강의 교재로 채택한 강사에게는 www.wiley.com/college/ang를 통해 다음과 같은 강의자료를 제공한다.

- **연습문제 풀이** 본 책의 모든 연습문제의 풀이
- **그림** 프리젠테이션에 이용할 수 있는 본 책에 수록된 그림과 그래프

▶ 사전 수학지식

이 책에서는 높은 수준의 수학적 사전지식을 요구하지는 않았으며 이러한 내용들은 확률 및 통계에 관한 서적들에서 충분히 찾아볼 수 있다. 이러한 내용 대신, 확률 개념의 공학적 응용과 실무적용에 보다 관심을 두었다. 꼭 필요한 개념에 대해서는 공학문제와 실제 상황과 현상에 대한 고찰을 기반으로 유도하도록 하였다. 그러므로 핵심적이고 기본적인 수학적 내용 만을 포함하고, 공학문제와의 관련성의 모호함을 피하면서 강조하였다. 이를 통해 확률개념의 실질적 중요성을 인식할 수 있다고 믿는다.

▶ 모티브

공학 설계와 계획에 불확실성은 피할 수 없는 부분이므로, 대상문제의 성능을 결정하고 설계를 위해 사용해야 하는 공학적 분석기법은 불확실성 정도를 평가할 수 있는 개념과 기법들을 반드시 포함해야 한다. 이러한 관점에서 볼 때 확률, 통계, 의사결정 이론은 공학설계와 해석에 불확실성을 반영하는 과정에 필요한 수학적인 기초를 제공한다.

확률 및 통계기반 의사결정 이론은 공학 계획과 설계에 중요한 역할을 하는데, 그 역할을 들자면 (1) 불확실한 초기 조건에 기반한 공학문제 모델 및 성능평가 구축, (2) 불확실성을 직접적으로 고려한 조직적인 설계 조건 구축, (3) 정량적 재해예측을 위한 논리 제공 및 의사결정 단계의 재해비용 산정 등을 들 수 있다. 그러므로 이 교재의 주 목적은 전술한 광범위한 용도의 확률 및 통계기반 의사결정 기법을 건설과 건설관리 분야에 연관을 두는 것이고, 세부적으로는 구조, 지반, 기계 설계, 수공, 수자원 계획, 에너지 및 환경, 해양공학, 교통 계획, 사진측량 등의 분야를 망라하도록 하였다.

비록 이 교재에 포함된 예제와 연습문제가 대부분 토목환경공학에서 실제로 발생하는 문제들을 위주로 구성되었으나, 확률과 통계 개념의 중요성과 원리는 모든 분야의 공학문제에 동일한 중요성을 가지는 것으로 믿으며 이 개정판을 준비하게 되었다. 이러한 원리는 재해예측에 필수적인 내용이며, 불확실성을 감안한 최근의 기법에서 핵심적인 역할을 담당한다.

이 교재에서 다루어지는 개념과 기법불확실성은 불확실성을 고려하기 위해 필요한 기본적인 내용이며, 이러한 기본내용은 개별 문제와 관련한 응용기법과 조합하여 발전시킬 수 있다. 응용분야에 대해서는 Ang and Tang (1984)의 2권을 참조하기 바란다.

초판을 출간한 후 이 교재 상의 개념과 기법을 조명하는 방법에 관한 수많은 조언을, 확률과 통계 기본이론을 배우고자 하는 학생들이나 동료 연구자들부터 계속 받아서 개정작업을 해왔다. 이러한 관점에서 볼 때, 본 교재의 초판이 몇 세대의 학생들의 교육과 동료 연구자들의 지식습득에 일익을 담당해

왔다는 점에 대해 크게 자부심을 느끼는 바이다. 개인용 컴퓨터와 관련 소프트웨어가 널리 보급된 이 시점에서 개정판을 출간함에 있어서도 역시, 다음 세대 공학도들이 실제 문제에서 확률과 통계의 실질적인 역할과 중요성을 인식하고 배우는 데에 일익을 담당하고 싶은 바램이다.

▶ 2권

이 교재의 초판은 두 권으로 출판되었으나, 개정판에서는 1권만 개정되었다. 혹시 2권이 필요한 경우에는 Ang 교수(ahang2@aol.com)에게 직접 연락을 취하기 바란다.

▶ 감사의 글

마지막으로 개정준비과정 중에 수많은 건설적인 조언과 제언을 아끼지 않으신 다음 분들에게 지면을 빌어 감사의 말씀을 드리는 바이다.

C. H. Aikens, University of Tennessee
B. Bhattacharya, University of Delaware
V. Cariapa, Marquette University
A. Der Kiureghian, University of Caligornia, Berkeley
S. Ekwaro-Osire, Texas Tech University
B. Ellingwood, Georgia Institute of Technology
T. S. Hale, Ohio University
P. A. Johnson, Pennsylvania State University
J. Lee, University of Louisiana
M. Maes, University of Calgary
S. Mattingly, University of Texas, Arlington
P. O'Shaughnessy, The University of Iowa
C. Polito, Valparaiso University
J.R. Rowland, University of Kansas
Y.K. Wen , University of Illinois, Urbana-Champaign

이 외에도 마지막 수정단계에 도움주신 수 많은 검토자에게도 감사드립니다. 특별히, 본 교재의 내용과 Socrates를 연결지은 다음 "the authors being used" 문구를 제안해주신 검토자들께 감사드리는 바입니다. 마지막으로, 예제 풀이와 본 교재의 연습문제 풀이집 준비에 크게 역할한 T. Hu, H. Lam, J. Zhang, L. Zhang 조교에게도 감사드린다.

A. H-S. Ang and W. H. Tang

역자서문

Ang교수와 그의 동료 Tang교수가 공저한 2권의 공학확률통계,신뢰성공학 교재는 전세계 수십개국에서 번역되어 수십년간 전세계적으로 사용되어 온 개념적으로 가장 쉽게 설명되어 있고 풍부한 실용 예제와 문제를 다루고 있는 공학분야, 특히 건설 환경분야의 거의 유일한 응용확률・신뢰성공학 교재라 해도 과언이 아니다. 최근에 Ang과 Tang교수는 두 권의 저서 중에 1권 "Probability Concepts in Engineering Planning and Design"을 30여년 만에 다시 보완 개정하여 특히 건설환경분야의 응용을 강조하는 '공학확률통계의 기초개념 Probability Concepts in Engineering'이란 제목으로 개정판을 내놓았다.

주역자와는 수십년의 절친한 지기 사이인 Ang교수로부터 책이 출판되기도 전에 한국어판 번역을 준비하라고 여러번 권유받은 바 있다. 그러나 한국어판 번역 출판관계가 Wiley출판사의 복잡한 내부사정과 방침으로 인해 2년이상 늦어지다가 겨우 한국어판 번역문제가 해결되어, 그간 원문초안을 번역해 놓았던 것을 주역자가 다시 수정보완하였고, 지광습 교수가 방대한 연습문제를 번역하고 본문 번역을 전반적으로 최종교정까지 해서 지광습교수와 공역으로 이제야 국내에 소개 할 수 있게 되었다. 비록 2~3년 늦게 나오게 되었지만, 이 책의 한국어판이 이제라도 나오게 된 것은 뜻깊은 일이라 하지 않을 수 없다. 왜냐하면 최근에와서 날이 갈수록 다른 여러 공학분야 뿐 아니라 건설분야 에서도 확률통계의 중요성이 확률과 신뢰성에 기반을 둔 하중저항계수설계법 LRFD(Load and Resistance Factor Design), 한계상태설계법 LSD(Limit State Design), 성능중심설계 PBD(Performance-Based Design)같은 선진국의 설계법이 건축과 토목환경 두 분야의 모든 전문분야에서 설계표준,설계기준,시방서 등으로 도입되고 있기 때문이다.특히, 학부학생,대학원생은 물론이고 실무 엔지니어들 까지도 확률과 통계,신뢰성에 대한 확실한 개념을 알아야 선진 설계법・시방서・설계표준의 이해 뿐 아니라 실무에서 모든 주요 프로젝트의 안전도 및 위험도 분석 평가법을 제대로 이해할 수 있기 때문이다.

이와 같은 오늘날의 상황에서, 이 교재와 같이 전 세계적으로 특히 건설환경 분야의 확률통계교재로서 '바이블' 같이 사용되고 있는 교재의 개정판을 우리나라 건설환경분야의 공학도와 엔지니어들이 이제라도 접할 수 있게 된 것은 다행한 일이 아닐 수가 없다. 왜냐하면 건설환경분야 학부생・대학원생 뿐만 아니라 현장 실무기술자들이 쉽게 응용 확률통계의 기초개념과 신뢰성・위험도・안전도 분석평가기법의 실제적 기초개념을 확실하게 알고, 보다 전문적인 기법들을 학습하고 적용할 수 있는 기초를 닦기 위한 학부교재나 자습서로 사용하기에 이 교재는 핵심 주제와 내용들이 매우 적절하게 구성되어 있는 책이기 때문이다.

특히 저자의 개정판 서문에서도 밝히고 있듯이, 이 교재의 기본 내용구성은 제1판과 유사하나, 불확실성에 대한 그간의 보다 발전된 체계적인 개념을 포함시켰고, IT자동화 시대의 확률통계의 보다 쉬운 응용을 위해 새로운 장들을 포함시키고 각 장의 예제나 연습문제도 전면적으로 새롭게 바꿈으로써 이전 교재의 면모를 일신 시켰다. 무엇보다도, 이 교재는 IT정보화 · 자동화 시대에 누구나 쉽게 Excel이나 MATLAB이나 MATHCAD 같은 응용 S/W를 사용하여 보다 쉽게 불확실성 문제의 데이터 분석 평가와 실무관련 확률 · 통계적 해석문제의 정식화와 해법, 그리고 불확실성을 고려한 확률적 안전도 · 신뢰성 문제, 불확실성 하의 의사결정 문제 등, 건설환경 분야의 모든 분야의 문제에 응용할 수 있고 보다 고등신뢰성 · 안전도 · 위험도 분석 평가 이론의 기초를 이해하고 응용할 수 있는 능력도 갖출수 있도록 만들어진 책임을 다시한번 강조하고 싶다.

아무쪼록 이 교재가 전 세계적으로 가장 많이 사용되고 있는 교재의 명성에 걸맞게, 건설환경 분야의 확률 · 신뢰성의 기초개념과 불확실성이 많은 실무의 제반 공학 문제 해결과 새로운 신뢰성 설계기준인 LRFD, LSD, PBD나 위험도 · 안전도 분석평가 QRA,PSA나 VE/LCC…를 이해하는데 좋은 길라잡이가 되도록 학부나 대학원의 건설환경분야의 확률통계 강의를 맡은 교수들이나 건설환경 공학도들에게 좋은 교재로서 평가 받기를 기대하는 바이다.

이 교재를 번역하는 과정에 기초 번역 작업을 도와준 한양대 교량연구실 대학원 조교들의 노고를 고맙게 생각하고, 특히 이 교재의 거의 새로운 방대한 연습문제를 모두 번역하고 전체 본문을 전반적으로 교정하여 미진한 부분의 완벽한 번역교정을 하는데 바쁜 시간을 내어 수고한 공역자인 지광습교수에게 주역자로서 진실로 고마운 마음을 전하고 싶다.

끝으로, 이 책을 좋은 교재가 되도록 세심하게 편집하여 출판하는데 수고가 많았던 구미서관 임해진 사장님을 비롯한 편집부 관계자들에게도 감사드린다.

2011년 5월

공역자 조효남 · 지광습

한국어판 저자서문

본 저자들은 이 교재를 한국어로 번역한 한양대학교 조효남 교수와 그의 제자 고려대학교 지광습 교수의 노고에 우선 진심으로 감사의 마음을 표하고 싶다. 우리가 개인적으로 아는 한 조교수는 확률과 신뢰성공학 분야에서 권위자이고, 그래서 우리는 이 번역의 정확성에 대해서는 전적으로 확신한다. 그래서 이 번역판은 한국에서 미래의 공학도와 엔지니어들이 불확실성 조건하에서 제반 공학문제를 모델링하는 능력을 갖게 하는데 상당히 뜻있는 기여를 할 것이 틀림없다고 본다.

응용확률 및 통계 분야는 특히 공학적 계획·설계·의사결정에서 상당한 수준의 불확실성과 위험성을 다루어야 하는 건설공학을 포함하는 공학의 수많은 분야에서 그 관심도가 점점 더 높아지고 있다. 이러한 관심은, 새로운 기술을 급속하게 받아드려 적용하고 있는 한국을 포함한, 세계의 수많은 지역의 나라들에서 점점 더 높아지고 발전해 가고 있다.

확률개념과 방법(그리고 통계의 요소들)은 불확실성과 위험도 하에서 공학적 의사결정을 하는데 적절한 기반을 정식화하기 위한 핵심도구들이다. 이러한 점들에 대해서는 이 교재에서 기본개념과 원리의 응용에 대한 수많은 예제들을 통해 상세하게 설명하며 예시하고 있다. 이 교재의 본질적 정신은, 응용문제나 공학적인 문제들을 통해 응용에 대해 설명하는 것이 공학에서 확률모형의 기본 원리를 제대로 이해하고 올바르게 인식하기 위해 필요한 것이라는 신념에 바탕을 두고 있다.

한국어로 번역함으로써 우리는 한국에서 미래의 엔지니어들이 정량적 위험도 평가(QRA)를 포함하여 불확실성 문제를 취급하고 처리하기 위해 그리고 설계와 위험도를 인지하는 의사결정을 위한 적절한 위험도 기반 제반 기준들을 정식화 하기 위해 필요한 개념과 도구로 적용 할 수 있을 것으로 믿는다.

우리는 이 교재의 한국어판의 성공을 기원하면서, 모든 미래의 한국의 공학도와 엔지니어들이 전문가로서 그들의 과업을 수행하는 과정에서 확률개념을 제대로 적용하게 되기를 희망하는 바이다.

2011년 3월

공저자 ALFREDO.H-S Ang · Wilson H.Tang

목 차

CHAPTER 1

확률의 역할과 공학에서의 통계학

1.1 서 론

실제 문제를 다룰 때 그 문제에 대한 불확실성은 피해갈 수 없다. 그러므로 엔지니어로서 공학문제에서 모든 불확실성의 주요 근원의 존재를 제대로 인식하는 것은 매우 중요한 일이다. 불확실성의 근원은 광범위하게 두 가지 유형으로 분류 할 수 있을 것이다. (1) 자연적인 무작위성(랜덤성)에 관련되는 것들과 (2) 실제 문제에 대한 예측과 추정의 부정확성에 관련되는 것들이다. 전자는 우발적(aleatory) 불확실성이라 불리고, 후자는 인식적(epistemic) 불확실성이라 불린다. 확률과 통계는 불확실성의 형식에 개의치 않고 모델링과 분석에 알맞은 도구를 제공한다.

본 교재에서는 확률과 통계의 기본 원리를 제시하고, 공학문제의 적용에 대해 예시하였다. 본 교재의 주요 목적은 불확실성하에서 공학문제의 모델링과 정식화에 대한 확률과 통계의 개념과 방법들을 제시하기 위한 것이다. 이런 면에서 통계학의 기본적인 사항도 다루고는 있지만 통계적 데이터 분석에만 충실한 교재와 대별된다.

불확실성이 공학시스템의 설계와 계획에 미치는 영향은 별도로 언급할 필요가 없을 정도로 중요하다. 하지만 그러한 불확실성을 정량화하고 성능과 설계상에 미치는 영향을 평가하기 위해서는 확률과 통계의 개념과 방법을 적절하게 적용하여야 한다. 더욱이 불확실성이 수반된 조건하에서 설계 및 계획되는 공학시스템은 결과적으로 위험요소의 확률을 고려해야만 하고, 관련 의사결정은 응용확률 및 통계의 범위 내에서 적절한 정략적 위험도 - 편익의 균형있는 분석에 근거하여 정식화된다. 이러한 관점에서, 무작위성과 불확실성을 포함하는 문제들의 정식화와 해결에 관련하여 확률 및 통계 개념의 중요성은 물리, 화학, 역학원리의 중요성과 나란히 비견된다.

위에 내용에 비추어 보건데, 기본정보의 기술, 설계 및 의사결정 단계의 진행과정 및 정식화에 이르는 전범위에 걸쳐 확률과 통계의 역할이 공학 전반에 널리 스며들어 있다는 사실을 잘 알 수 있다. 공학 설계 및 의사결정 문제에서 발견되는 불확실성의 예에 대해서는 다음 절들에서 설명한다.

1.2 공학에서의 불확실성

공학 문제에 존재하는 불확실성은 분명히 피할 수는 없는 것이고, 가용한 정보는 종종 불완전하거나 불충분하고 언제나 변동성을 포함한다. 더군다나 공학적인 계획과 설계는 실제에 비해 불완전성의 정도가 알려지지 않은 이상화된 모델에 근거한 예측치나 추정치에 의존해야 한다. 그래서 불확실성은 더욱 증가하게 마련이다. 실제로는 광범위한 불확실성을 두 가지 유형으로 구분하면 (i) 현상의 무작위성으로 인해 관측 정보의 변동성으로 나타나는 랜덤성과 관련되는 불확실성과 (ii) 실제 문제에 대한 불충분하거나 불완전한 지식으로 인해 발생하는 불완전한 모형과 관련되는 불확실성으로 나눌 수 있다. 앞에서 언급한 바와 같이 이러한 두 가지 유형의 불확실성은 각각 우발적 불확실성(aleatory uncertainty)과 인식적 불확실성(epistemic uncertainty)이라고 불린다. 불확실성의 이러한 두 가지 유형의 불확실성을 정의하고 구분하는 기본적인 틀은 Ang(1970, 2004)에서 볼 수 있다. 불확실성의 두 가지 유형은 전체 불확실성으로 조합하여 분석하거나 분리하여 다룰 수 있다. 어느 쪽의 경우든지 간에 확률과 통계의 원리들은 동일하게 적용된다.

여기서 두 가지 유형의 불확실성의 유의성과, 공학문제에서 각각의 영향을 확인해야 하는 합당한 이유가 있다는 점을 인지해야 한다. 무엇보다도 첫번째로, 데이터베이스화된 우발적 불확실성은 기본 정보의 내재적 변동성에 관련되는데, 이는 실제 세계의 속성의 일부라는 것이다. 토목 기술자가 다루어야만 하는 수 많은 우발적 불확실성은 자연계에 본래 내재하는 것이기 때문에 줄어든다든지 개선 될 수 없다. 반면에 인식적(혹은 지식기반) 불확실성은 실제 세계에 대한 불완전한 지식에 관계되어 있는데, 더 나은 예측모델과 개선된 실험방법의 적용 등으로 경감되어질 수 있다.

두 번째로, 두 가지 유형의 불확실성이 각기 초래하는 결과는 서로 다르다. 우발적 불확실성을 통해 확률이나 위험도를 이끌어 내지만 인식적 불확실성은 추정된 확률의 불확실성과 관계된다. 이공계의 수많은 응용분야에서, 계산된 위험도나 확률의 불확실성은 위험도 그 자체만큼이나 중요하다. 예컨대 미국 국가연구원(National Research Countil 1994)은 위험도 계산이 내포하는 불확실성을 정량화한 필요성을 강조해 왔다. 미국 에너지부 DOE(1996), 환경보호청 EPA(1997), 미항공우주국 NASA(2002), 국립보건원 NIH(1994) 등등의 다수의 미국 정부기관들과 영국(2000) 정부에서도 위험도를 정량적으로 측정 할 때 이러한 접근방법을 적용해 왔다. 일부 실제 문제에서는 두 가지 유형의 불확실성이 결합되어 고려되어 그 영향이 종합적으로 추정되어지고 있다.

불확실성의 두 가지 유형을 조합하여 고려하든지 각각 분리하여 다루든지 간에, 본 교재에서 제시되는 다양한 개념과 방법은 동일하게 적용 가능하다.

마지막으로, 두 가지 유형의 불확실성이 가지는 근본적인 차이를 언급하자면 다음과 같다. 우발적 불확실성은 본질적으로 데이터베이스화되어 있고 인식적 불확실성은 지식기반화되어 있다고 말할 수 있다. 인식적 불확실성은 이론적으로는 확률분포와 그 변수들의 형태로 추정 부정확성을 포함할 수 있음에도 불구하고 실용적인 목적상 평균이나 중앙값의 추정에 국한되고 있다.

1.2.1 무작위성에 관련된 불확실성 - 우발적 불확실성

공학자들이 관심을 가지거나 부딪치는 수많은 현상과 과정에는 무작위성(랜덤성 randomness)이 포함되어 있다. 말하자면 기대 결과가 어느 정도는 예견되어질 수 없다는 것이다. 이것은 현장이나 실험자료의 자연적인 무작위성에 필연한 변동성으로 특징지을 수 있다. 즉 명백하게 동일한 조건하에 수행하거나 계측한 경우에도 실험(관측치)마다 측정치가 다를 수 있다는 것이다. 다시 말해 실험 결과의 측정치와 관측치에는 범위가 있고, 이 범위 내에서 어떤 값이 다른 값보다 보다 더 자주 나타나는 경향이 존재한다는 것이다.

표 1.1 29년 동안의 강우강도 기록

년도수	강우강도 (in)	년도수	강우강도 (in)	년도수	강우강도 (in)
1	43.30	11	54.49	21	58.71
2	53.02	12	47.38	22	42.96
3	63.52	13	40.78	23	55.77
4	45.93	14	45.05	24	41.31
5	48.26	15	50.37	25	58.83
6	50.51	16	54.91	26	48.21
7	49.57	17	51.28	27	44.67
8	43.93	18	39.91	28	67.72
9	46.77	19	53.29	29	43.11
10	59.12	20	67.59		

데이터나 정보에 내재되어 있는 변동성은 본질적으로 통계적이기 때문에 어떤 특정 값이나 그 범위의 실현은 확률을 수반한다. 관측되거나 계측된 데이터의 내재적 변동성은 그림 1.1에서 그림 1.23에 걸쳐 보여주고 있는 바와 같은 히스토그램(도수분포도)이나 빈도분포도(frequency diagram)의 형태로 도해적으로 표현될 수 있다. 그림의 자료들은 사회환경공학에서 빈번하게 이용되는 것들이다. 두 개의 변수가 포함되는 경우의 결합 변동성은 산포도(scattergram)형태로 유사하게 나타낼 수 있다.

히스토그램은 독립적으로 관측된 단일 변수의 상대적 빈도수이다. 예를 들어, 실험값의 특정 집단에 대한 히스토그램은 아래와 같이 구성될 수 있다.

관측된 데이터 집단의 범위로부터 그 데이터 집합의 최대 최소값을 나타내기에 충분한 축상에 범위를 선정한 다음, 이 범위를 편리한 간격으로 나눈다. 그다음 다른 축에는 관측 횟수를 주어진 구간별 측정치의 수나 또는 전체수의 분수를 나타낼 수 있다. 예를 들어 표 1.1에 제시되어 있는 29년 동안 기록된 하천유역(watershed area)에서의 연간 누적 강우강도를 고려해 보자.

표1.1에 따르면, 강우강도는 39.91에서 67.72in 범위에 있음을 알 수 있다. 따라서 38~70in 사이에서 4in로 균등하게 분할하면, 각 구간내 관측된 수와 전체 관측수에 대해 상응하는 분수값은 표 1.2에서 요약된 것처럼 계산된다.

표 1.2의 균등 구간은 가로축표상에 스케일로 수치를 표현할 수 있고, 대응하는 관측치의 횟수(표 1.2의 두번째열)는 하천유역의 강우 강도에 대한 그림 1.1a의 히스토그램에 도시되어 있는 바와 같이 연직축상의 막대로 표현할 수 있다. 또는 표 1.2의 3열 같이 전체 관측 수에 대한 비로도 나타낼 수 있고 이는 그림 1.1b에서 볼 수 있다.

표 1.2 각 구간별 총 관측횟수와 분수 값

구간	관측횟수	총 관측치 횟수에 대한 분수 값
38-42	3	0.1034
42-46	7	0.2415
46-50	5	0.1724
50-54	5	0.1724
54-58	3	0.1034
58-62	3	0.1034
62-66	1	0.0345
66-70	2	0.0690

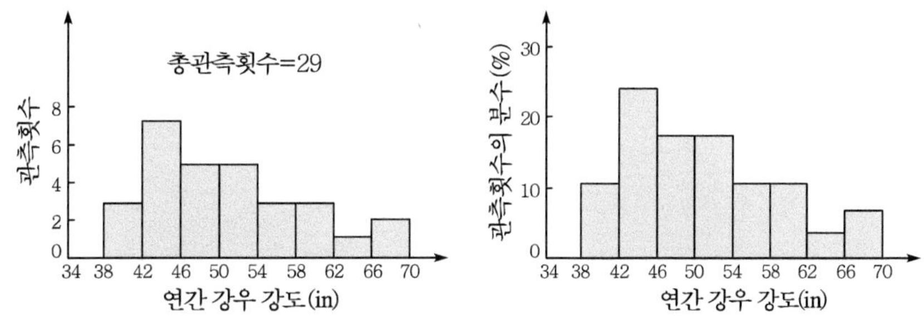

(a) 관측횟수에 대한 분포　　(b) 총 관측횟수의 비에 대한 분수 값

그림 1.1 연간 강우 강도의 히스토그램

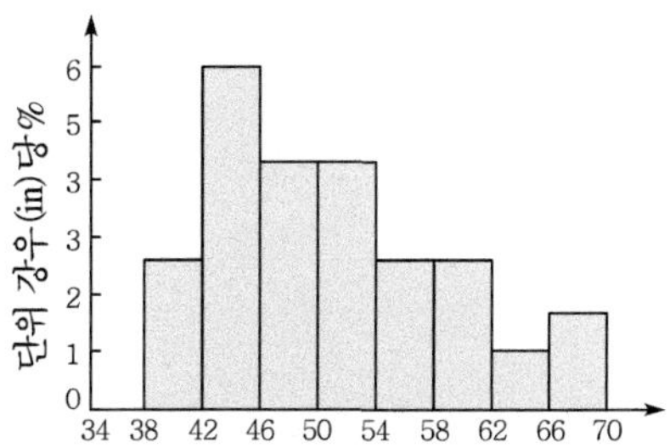

(c) 연간 강우 강도(in)

그림 1.1 c 경험빈도 함수

때로는 제3장에서 논의되는 확률밀도함수, PDF와 같은 이론적 빈도분포와 히스토그램과 같은 경험적 빈도분포도를 서로 비교하기도 한다. 이를 위해서는 경험적 빈도분포도의 면적은 1.0과 동일해야 하는데, 히스토그램의 각 종거 값을 그 총면적으로 나눔으로써 이것이 구해진다. 얻어진 종거를 29×4 = 116으로 나누면 그림 1.1a 히스토그램의 경험적 빈도 함수가 구해진다. 반면에 그림 1.1b의 각 종거 값을 4×1 = 4로 나누어줌으로써 역시 상응하는 경험적 빈도함수를 구할 수 있다. 어느 경우이든, 그 하천유역의 강우 강도에 대한 그림 1.1c의 경험빈도 함수를 얻을 수 있다. 경험적 빈도 함수의 전체 면적은 1.0과 같다는 것을 알 수 있고, 그래서 어떤 주어진 범위내 면적은 그 범위 내의 강우강도의 확률로 사용할 수 있을 것이다.

그림 1.1에서 그림 1.23에 걸쳐 상당히 많은 수의 물리적 현상들을 볼 수 있다. 대부분의 공학적 정보의 상태는 언제나 변동성을 포함한다는 사실을 보여주고 강조하기 위해서 예로 든 것이다. 대부분의 재료성질은 폭넓게 변동한다. 그림 1.2와 1.3은 흙의 용적밀도와 물시멘트비의 변동성을 보여주는 히스토그램이며 그림 1.4와 그림 1.5는 철근의 항복강도와 강재 필렛 용접의 극한 전단강도이다.

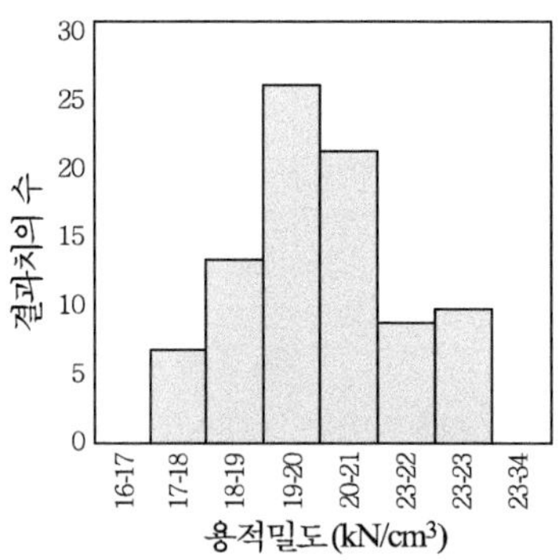

그림 1.2 잔류 흙의 용적 밀도
(Winn et al., 2001 참조)

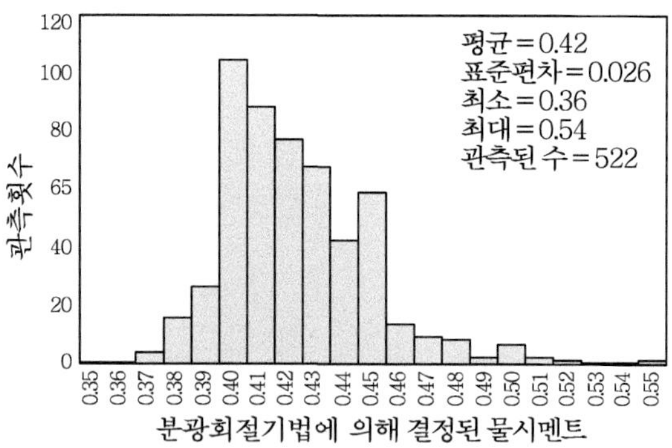

그림 1.3 콘크리트의 물 시멘트비(w/c)
(Thoft-Christensen, 2003 참조)

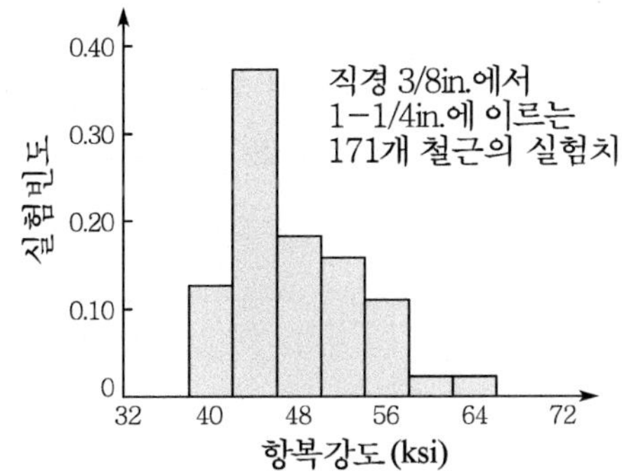

그림 1.4 철근의 항복강도
(Tulian, 1957 참조)

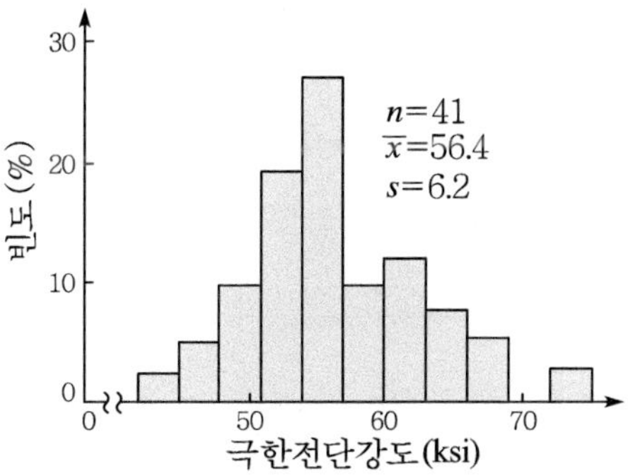

그림 1.5 필렛 용접의 극한전단강도
(Kulak, 1972 참조)

이와 유사하게, 그림 1.6은 건축 목재인 남방 소나무와 더글라스 전나무 목재의 탄성계수 히스토그램의 예이다. 반면에 그림 1.7은 충전 벽돌의 탄성계수에 대한 히스토그램이다. 예상한 대로 이들 두 가지 재료의 탄성계수의 변동 범위는 넓다. 목재는 자연 유기재료인 반면에 벽돌은 시멘트와 자연모래로 된 고도의 이질성분들의 혼합물이기 때문이다.

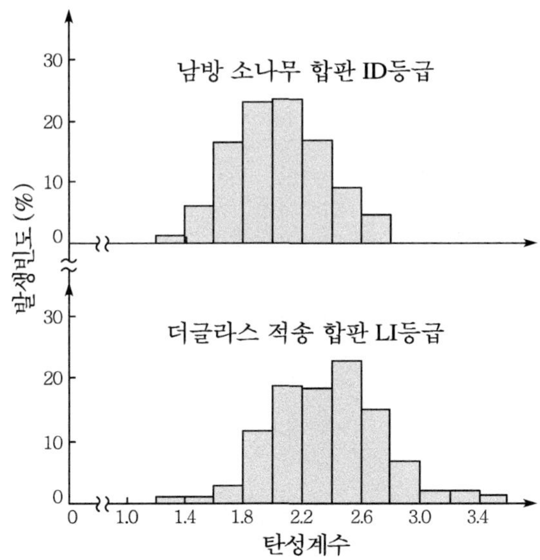

그림 1.6 건축용 목재의 탄성계수(Galligan and Snodgrass, 1970 참조)

철근콘크리트 구조에서 주된 관심사항 중 하나는 철근의 부식 가능성이다. 그림 1.8은 전류밀도법에 의해 계측된 콘크리트 속 강재의 부식 활동의 히스토그램이다. 암반역학(rock mechanics)에서 균질한 암반도 균열 조직을 가지고 있다. 그림 1.9는 암반내의 불연속 균열의 길이는 매우 광범위하게 변동한다는 것을 보여준다.

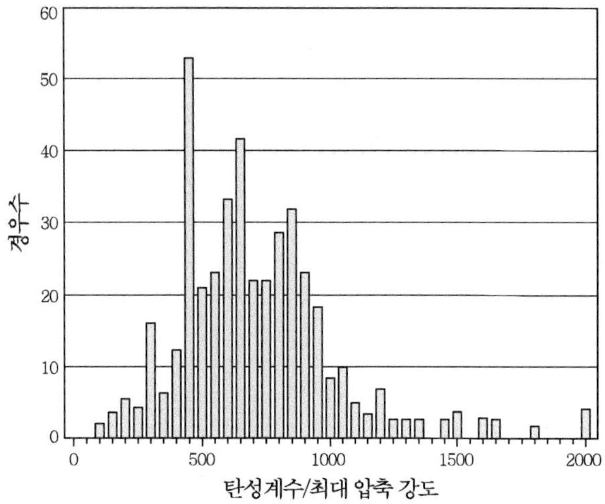

그림 1.7 충전 벽돌의 탄성계수
(Branddow et al., 1997 참조)

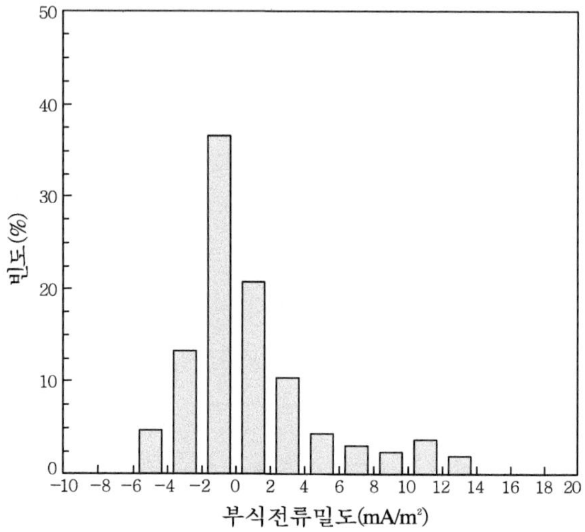

그림 1.8 콘크리트내 강재의 부식 활동
(Pruckner and Gjorv, 2002 참조)

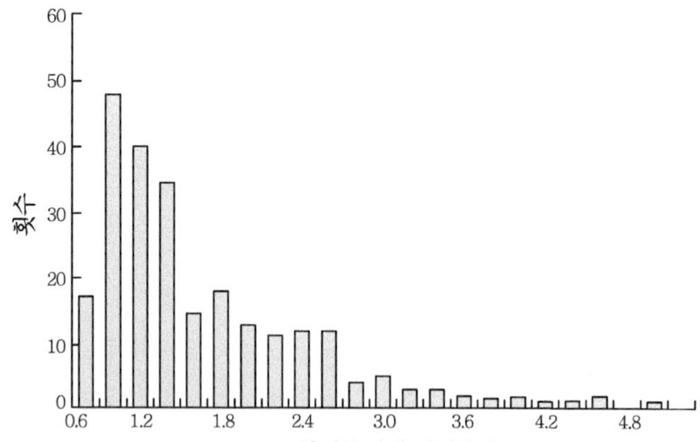

그림 1.9 암반내 불연속균열선의 길이(Wu and Wang, 2002 참조)

지반공학에서 우리는 흙의 성질에 관련된 정보는 상당한 변동성을 예상할 수 있다. 예를 들어 그림 1.10은 부드러운 이암(泥岩) 점토의 잔류 마찰각이고, 반면에 그림 1.11은 캐나다의 Confederation 교량 기초 아래에 있는 사암토의 압축강도의 변동성이다.

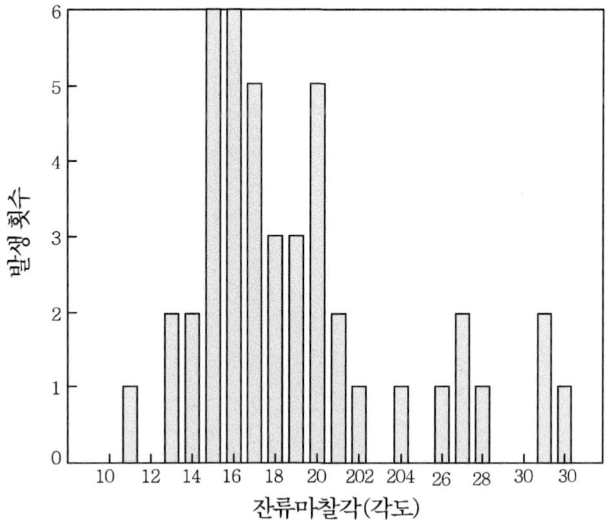

그림 1.10 이암점토의 잔류마찰각(Becker et al., 1998 참조)

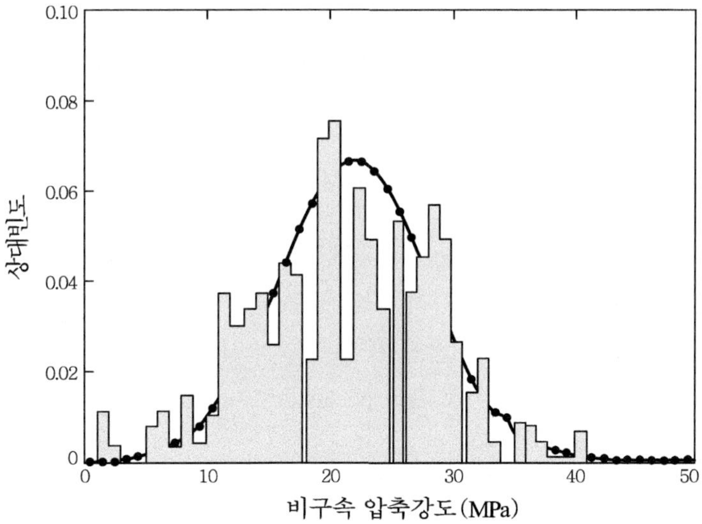

그림 1.11 사암토의 압축강도(Becker et al., 1998 참조)

더구나, 그림 1.12a와 그림 1.12b에서 각각 볼 수 있듯이 점토와 사질토 속의 군말뚝에 대한 효율성도 높은 변동성을 가진다.

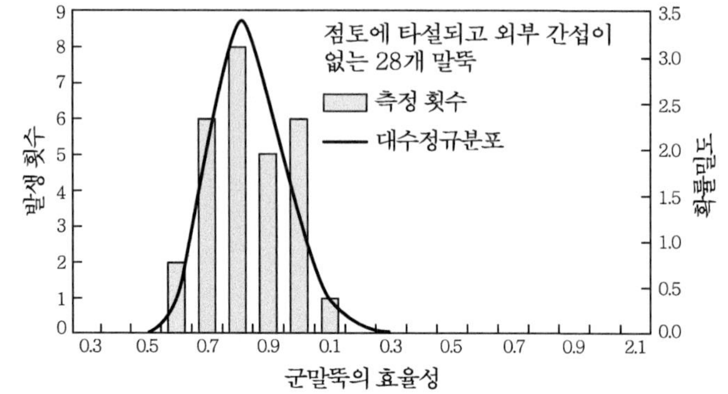

(a) 점토

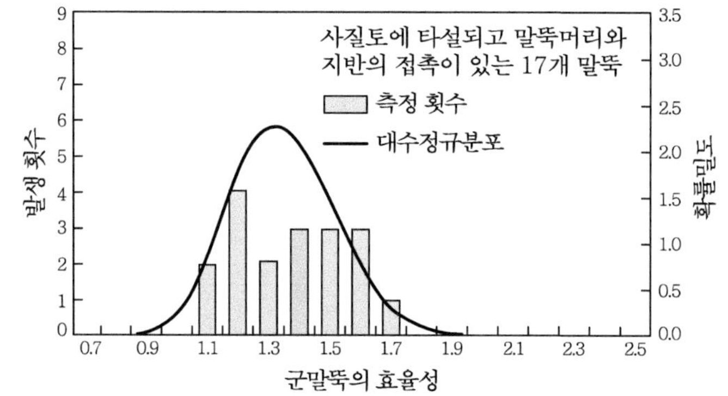

(b) 사질토

그림 1.12 점토와 사질토에서 군말뚝의 효율성(Zhang, et al., 2001 참조)

구조물에 작용하는 하중에도 상당한 변동성이 존재한다. 그림 1.13은 두 차례의 태풍(허리케인) 지나가는 동안 관측된 풍하중으로 인한 고층건물의 풍압의 변동량이다. 그림 1.14는 지진으로 유발된 흙의 전단응력의 변동성이다. 두 그림은 모두 각각의 표준 편차 기준 산포도(dispersions)로 나타내었다.

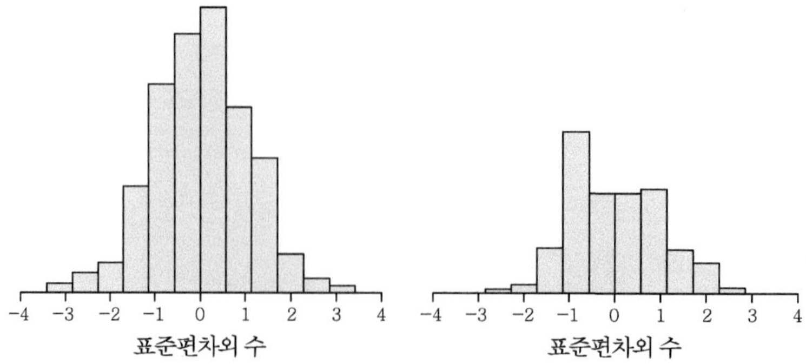

(a) 태풍 루비 16/7/1970 7SW−3　　(b) 태풍 조지아 13/9/1970 7NE−4

그림 1.13 두 번의 태풍이 지나가는 동안 풍하중으로 인한 고층건물의 풍압 변동량

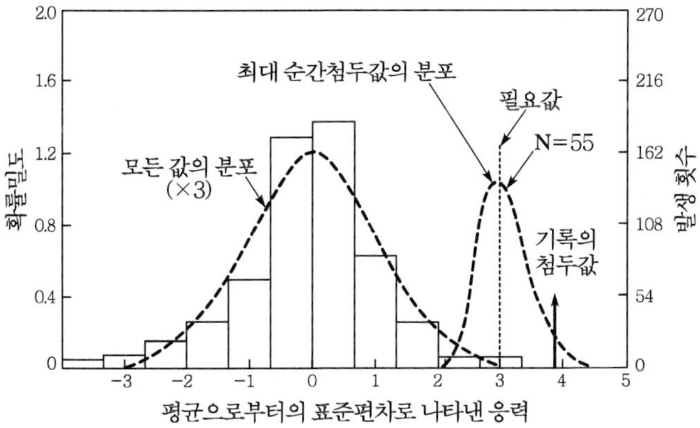

그림 1.14 지진으로 유발된 흙의 전단응력 변동성
(Donovan, 1972 참조)

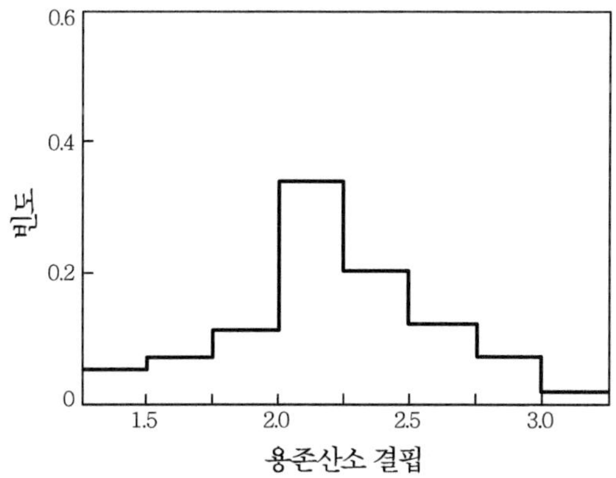

그림 1.15 하천에서의 용존산소 결핍
(Kothandaraman과 Ewing, 1969 참조)

환경공학에서, 수질은 유수온도와 용존산소(DO) 결핍과 같은 특정 모수들(parameters)에 좌우된다. 그림 1.15는 오하이오 강의 용존산소의 결핍의 변동성이다.

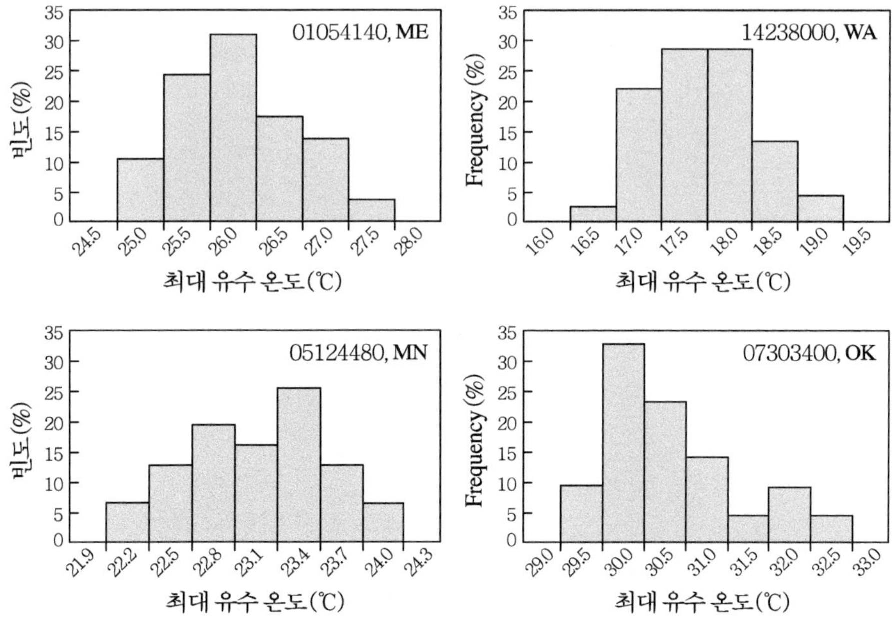

그림 1.16 주간 최대 유수온도의 히스토그램(Mohseni et al., 2002 참조)

그림 1.16은 미국의 네 개 주(Maine, Washington, Minnesota, Oklahoma)에서 흐르고 있는 4개 유수(main stream)의 주간 최대온도의 변동성이다.

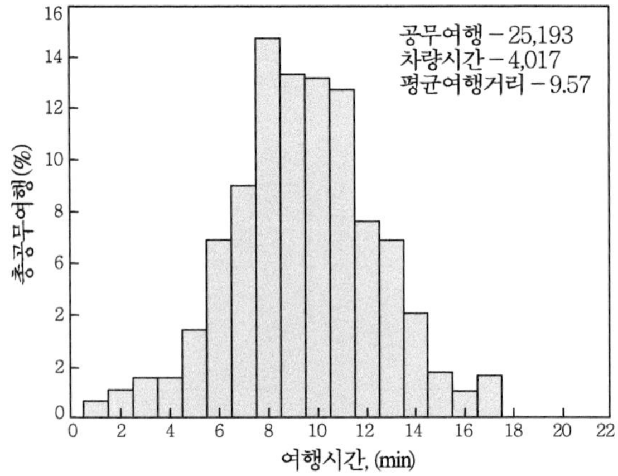

그림 1.17 출발지-도착지 여행거리 빈도
(Sioux Falls, SD, 미교통부, 1965 참조)

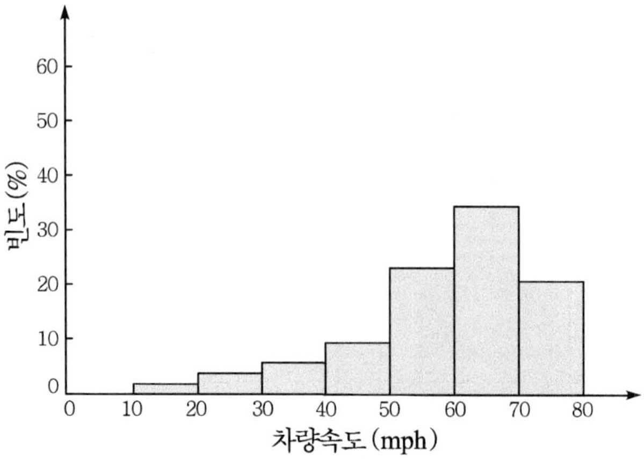

그림 1.18 승객 탑승 차량사고에 대한 충격 속도
(Viner, 1972 참조)

그림 1.17은 교통공학의 경우 Sioux Falls, SD에서의 출발지-도착지O-D(origin-destination) 여행거리의 경험적 빈도분포 이다. 그리고 그림 1.18은 승객 탑승 차량의 사고에 대한 충격속도 추정치의 히스토그램이다.

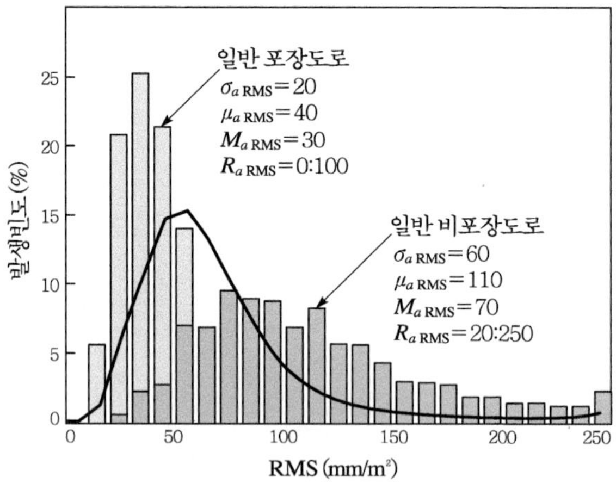

그림 1.19. 노면조도 프로파일(RouiMard, et al., 2000 참조)

그림 1.19는 비포장도로와 포장도로의 노면조도 계측프로파일(measured roughness profiles) 각각의 평균 제곱근 rms(root-mean-square)의 히스토그램이다. 고속도로 작업 구간(work zone) 사고의 상해 비용의 변동성도 클 것으로 예상되는데 미국의 경우가 그림 1.20에 도시되었다.

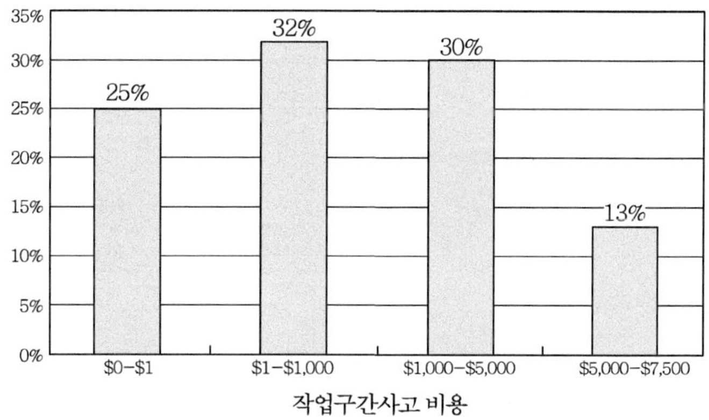

그림 1.20 작업구간 사고 비용(Mohan and Gautam, 2002 참조)

경제적 손실 뿐 아니라 인명손실도 야기할 수 있는 구조물의 파괴도 흥미있는 분야이다. 그림 1.21은 완공 후 생애(연수years)함수로 표현된 미국내 댐 파괴의 통계이다. 대부분의 파괴는 완공된 후 1년 내에 일어나는 것을 볼 수 있다.

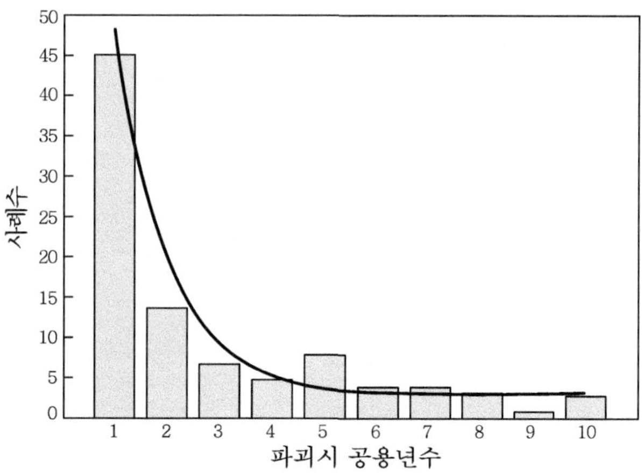

그림 1.21 미국내 댐 파괴의 통계(van Gelder, 2000 참조)

마지막으로 그림 1.22, 그림 1.23은 건설공학과 건설경영에서 정보의 변동성이다. 해당 그림에서는 영국의 주택공사의 완공시간과 고속도로 공사의 입찰가 변동성을 구체적으로 볼 수 있다.

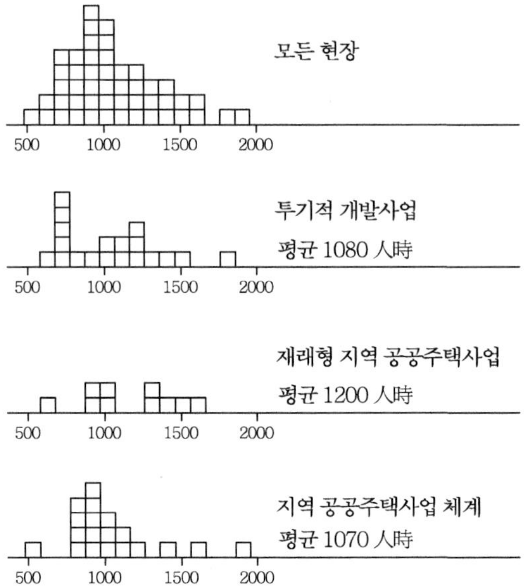

그림 1.22 건축시공에서 완공시기의 히스토그램(Forbes, 1969 참조)

그림 1.11, 1.12, 1.14, 1.21, 1.23 등에서는 이론적인 확률밀도함수(PDF)를 같이 도시하였다. 이들 이론적 함수의 의미와 상응하는 경험적 빈도분포도와의 관계는 제3장과 제7장에서 보다 자세하게 논의된다.

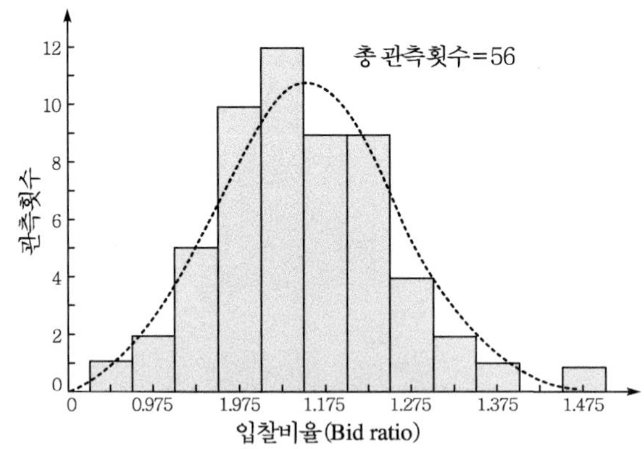

그림 1.23 도로건설에서 입찰가의 분모(Cox, 1969 참조)

두 개 또는 그 이상의 변수가 수반되면, 각각의 변수들은 각각 그 특유의 변동성을 가질 수 있으며, 두 개의 변수들의 결합의 변동성도 고려할 필요가 있다. 두 변수 쌍의 관측 데이터는 그 데이터 점들의 산포도(scatter diagram) 형태로 2차원 그래프로 그릴 수 있다. 예를 들어, 그림 1.24는 더글라스 전나무의 탄성 계수 대 강도사이의 산포도이고, 그림 1.25는 콘크리트의 인장강도 대 온도의 산포도이다.

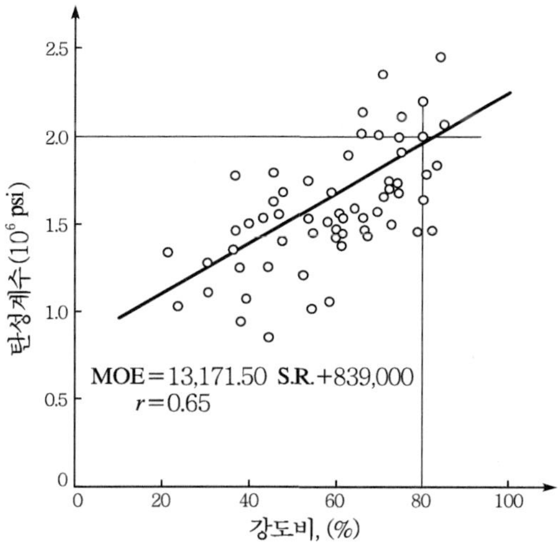

그림 1.24 목재의 탄성계수 대 강도의 산포도(Littleford, 1967 참조)

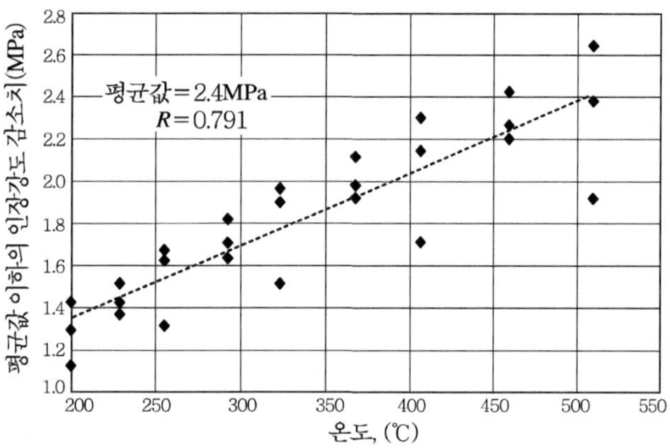

그림 1.25 콘크리트 인장강도내 온도의 산포도(Santos et al., 2002 참조)

그림 1.26은 호놀룰루 근처의 연평균 유수 방출량 대 해당 배수지역의 데이터의 분산도이다. 그림 1.27은 지반공학자의 근본 관심사인 흙의 소성지수와 액상한계의 산포도이다.

그림 1.28은 엽록소와 인 농도 사이의 산포도인데, 환경공학자에게 중요한 것이다. 그림 1.29는 부동산 토지가치와 인구밀도간의 관계를 도시한 전형적인 산포도이다.

최대풍속을 추정하는데 있어서 계산된 최대풍속은 완벽하지 않다. 그림 1.30에는 계산된 최대풍속과 상응하는 관측된 최대풍속을 비교하는 산포도를 보여주고 있다.

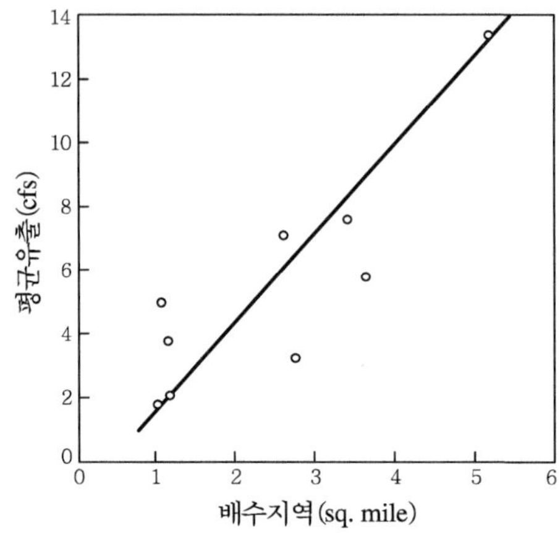

그림 1.26 하천의 년평균 방출량 대 배수지역의 산포도(Todd and Meyer, 1971 참조)

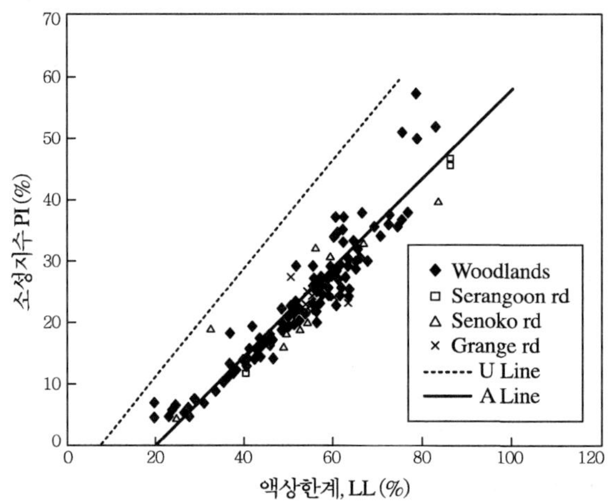

그림 1.27 고체의 소성지수대 액상한계의 산포도(Winn et al., 2001 참조)

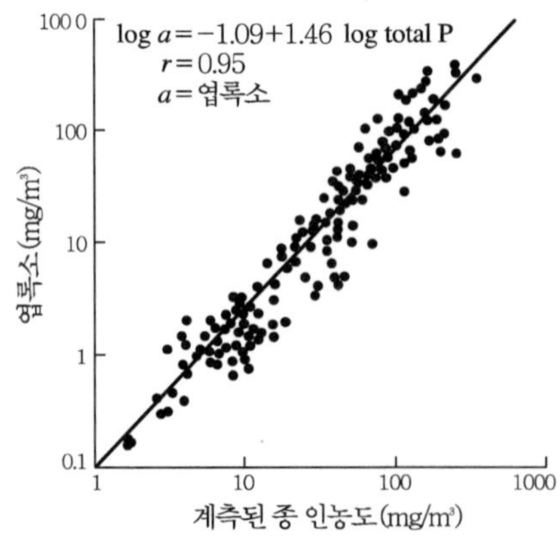

그림 1.28 엽록소 대 인 농도의 산포도

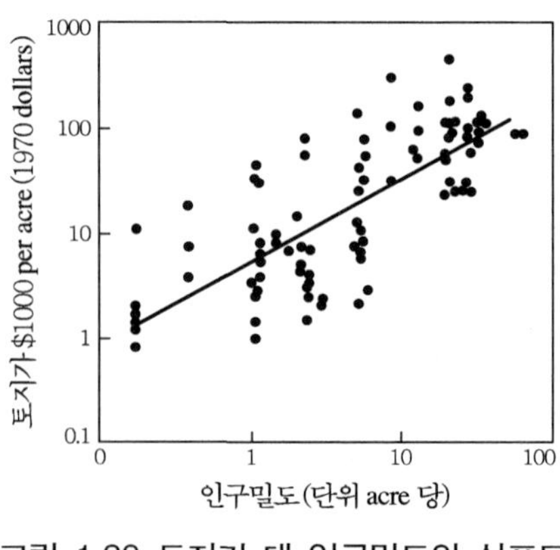

그림 1.29 토지가 대 인구밀도의 산포도 (Wynn, 1969 참조)

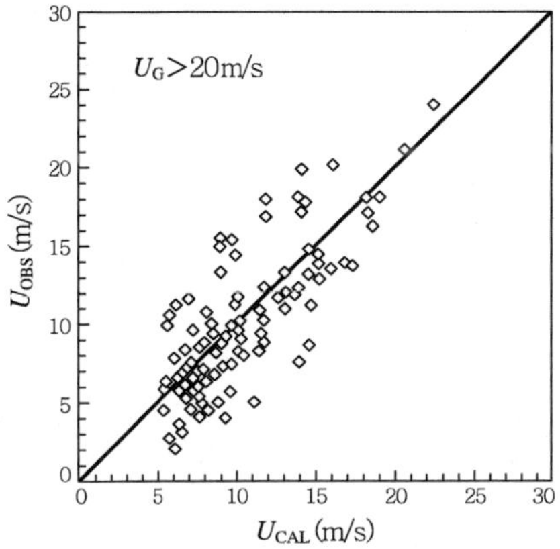

그림 1.30 계산 대 관측 풍속의 산포도
(Matsui et al., 2002 참조)

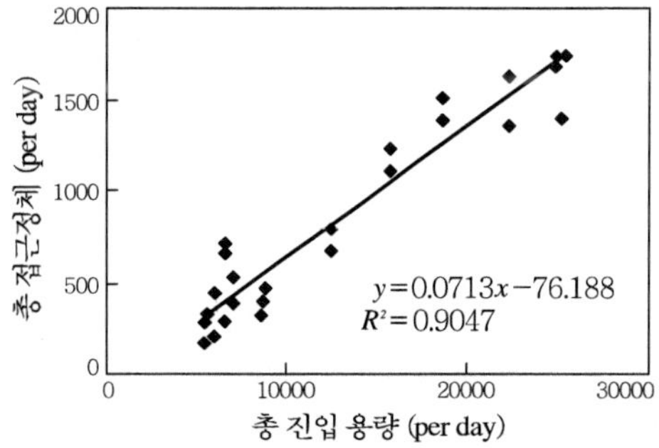

그림 1.31 교통정체 대 용량의 산포도
(Katamine, 2000 참조)

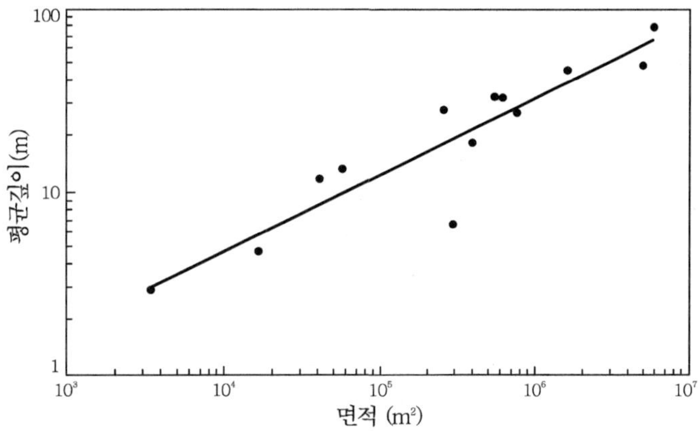

그림 1.32 빙하의 평균깊이 대 면적의 산포도(Huggel et al., 2002 참조)

마지막으로, 산악지역에서 폭발적 홍수와 빙하 장해물 흐름의 잠재적 위험을 야기할 수 있는 빙하의 급작스런 해빙 재해를 평가함에 있어서 빙하의 면적과 평균깊이는 호수의 부피를 측정하는데 쓰일 수 있다. 이러한 목적으로 그림 1.32의 산포도은 평균깊이와 면적의 관계를 보여준다.

지금까지 위에서 많은 수의 히스토그램 등과 산포도 등을 예로 들었다. 이를 통해 공학적 정보의 변동성이 수많은 분야의 공학적 응용에 있어서 언제나 존재하고 불가피하다는 것을 분명히 알 수 있다.

어느 히스토그램에서든 그 변동성은 자연 본래의 무작위성으로 인해 나타나므로 그 불확실성은 우발적(aleatory) 불확실성이라는 것을 강조하였다. 다음 예제에서 실제문제에서 그 불확실성을 어떻게 취급하는지를 소개하고자 한다.

▶ 예제 1.1 표본이라 일컫는 유한집합의 관측 데이터를 갖고 있을 때 표본평균(sample mean)이라 일컫는, 표본의 평균값과 표본분산(sample variance)라고 일컫는 표본의 변동성이나 분산도(dispersion)의 척도를 추정하는 일에 관심을 갖게 된다. 후자는 데이터 집합에 상응하는 우발적 불확실성을 표현한다. 예를 들어 앞에서 표 1.1a에 수록되어 있는 하천유역에서의 연간 강우강도의 관측치인 29개의 데이터 집합을 고려해 보자. 분명히 관측치의 표본 평균을 단순히 다음과 같이 추정할 수 있다.

$$\bar{x} = \frac{1}{29}(43.30 + 5302 + \cdots + 67.72 + 43.11) = 50.70\text{in}$$

이에 상응하는 표본분산은 평균으로부터의 편차의 제곱 평균값으로 다음과 같이 구해진다.*

$$s_X^2 = \frac{1}{29}[(43.30 - 50.70)^2 + (53.02 - 50.70)^2 + \cdots + (67.72 - 50.70)^2 + (43.11 - 50.70)^2] = 57.34$$

그 다음 이에 상응하는 표본 표준편차 $s_X = \sqrt{57.34} = 7.57\text{in}$를 구할 수 있다. 따라서 이러한 표본 표준편차는 하천유역 내에 연간 강우강도 분산도의 척도이고 강우강도에 상응하는 우발적 불확실성을 나타낸다.

위의 연평균 강우강도는 29개의 관측데이터 군으로부터 추정되므로 표본 오류(sampling error)라 일컬어지는 추정된 평균값에 근본적으로 내재된 인식적(epistemic) 불확실성도 있게 마련이다. 이 경우 이것은 50.70in로 추정된 연평균 강우강도에 내재된 불확실성이다. 이러한 표본오류(sampling error)는 제6장에서 표본크기의 함수로 정의되는 $7.57/\sqrt{29} = 1.41\text{in}$이 된다.

이 예제에서 관측된 데이터 상에 변동성 또는 무작위성은 우발적 불확실성을 보여주는 반면, 연간 강수량의 표본오류는 인식적 불확실성을 만드는 원인을 보여준다. 아래 예제 1.2와 1.3에서 인식적 불확실성의 다른 원인을 볼 수 있다. ◀

1.2.2 불완전한 지식으로 인한 불확실성-인식적 불확실성

공학에서 우리는 의사결정을 내리는 목적을 위해서나 공학체계의 계획수립과 설계기준을 개발하기 위해서 분석과 예측, 이상화된 모델을 사용해야 한다. 수학적이나 모의실험(simulation)을 통해 이상화된 모델, 예컨대, 수학공식, 방정식, 수치 연

---

* 6장에서 본 분산을 정확하게 정의하게 된다.

산 알고리즘, 컴퓨터프로그램 혹은 실험실용 모델은 실제 세계의 불완전한 재현이다. 결과적으로 그러한 모델을 바탕으로 만들어진 분석, 측정 또는 예측의 결과는 어느 정도의 미지의 오차와 더불어 정확하지 않으며 불확실성을 내포한다. 그러므로 그러한 불확실성은 어디까지나 지식기반이고 인식적 불확실성 유형이다. 종종 인식적 불확실성은 우발적 불확실성보다 보다 유의성이 더 높은 불확실성일 수 있다.

이상화된 모델에 의해 예측이나 추정을 수행할 때의 목적은 한결같이 관심있는 특정한 통계 값을 구하는 것이고, 이것은 변량의 평균값(mean-value)이나 중앙값(median value) 일 수 있다. 따라서 인식적 불확실성을 고려하는데 있어서 우리의 관심을 평균값이나 중앙값 같은 중심 값(central value)의 계산이나 추정에 따르는 부정확성에 국한하는게 실제문제에서 합당하다고 본다. 다른 모수의 추정 뿐 아니라 분포의 지정에서도 역시 오차를 기대 할 수 있고, 인식적 불확실성이 있다고 강조할 수도 있다. 하지만 그러한 불확실성은 중심값의 불확실성에 비하면 그 중요성이 비교적 부차적이다.

예를 들어 아래의 예제 1.2를 고려해 보자.

▶ 예제 1.2 그림 E1.2에서 보여주는 바와 같이 집중하중 P를 받는 균일단면 캔틸레버 보의 처짐의 계산을 고려해 보자. 공학적인 목적을 위해서는 보의 B단부의 처짐은 보통 단순보 이론에 의해 다음과 같이 계산한다.

$$\Delta_B = \frac{PL^3}{3EI} \tag{1.1}$$

여기서, E = 재료의 탄성계수

I = 보부재의 단면 2차모멘트

그림 E1.2 집중하중 P를 받는 캔틸레버 보

식 (1.1)은 다음과 같이 몇 가지 이상화된 가정들에 바탕을 두고 있다.

1. 재료는 선형 탄성재료이다.
2. 하중 P의 작용하에 보의 단면은 평면으로 남는다.

3. A 점에서 보의 지지점은 완벽한 고정단으로 되어 있다.

실제로 위의 가정은 전부 타당하지 않을 수도 있다. 예를 들어 보의 재료와 하중의 크기에 따라 거동이 선형탄성적이 아닐 수도 있다. 또한 큰 하중하에서 보의 단면은 평면으로 유지되지 않을 수도 있다.* 마지막으로 A점에서의 지지는 완벽하게 고정되어 있지 않을 수도 있다. 따라서 식 (1.1)에 따른 처짐의 계산에 결정할 수 없는 어떤 오차와 그래서 어느 정도의 불확실성이 있을 수도 있다. 믿을 만한 근거가 달리 없다면 계산된 처짐이 캔틸레버보의 처짐의 평균값이라고 가정하는게 합당하다. 이것이 의미하는 바는, 식 (1.1)의 오차가 평균 처짐에 대해 대칭이라는 뜻을 함축하고 있다. 그러나 필요하다면 계산된 결과가 약간 편기되어 있는 것으로 바로잡아야 할 것이다.

식 (1.1)의 오차를 구하거나 평가하려면 동일한 조건하에서 정밀하게 측정된 P, L, E, I 값을 써서, 동일한 재료로 된 여러 개의 유사 캔틸레버 보를 사용해서 시험하는 게 한 방법이 된다. 시험 결과 값은 공식에 내재되어 있는 오차를 구해내는 근거로 사용된다. 설명을 위한 목적으로 열 개의 목재 보를 시험했고 측정된 처짐 대 계산된 처짐의 비로 나타낸 결과가 다음과 같다고를 가정해보자.

$$\frac{\text{측정 } \Delta_\beta}{\text{식 (1.1)의 } \Delta_\beta} = \{1.05, 0.95, 1.10, 0.98, 1.15, 0.97, 1.20, 1.00, 1.08, 1.12\}$$

이 시험 결과를 통해 다음과 같이 계산된 처짐 Δ_β에 대한 측정된 처짐비의 표본평균과 표본 평균편차(제6장 참조)를 얻을 수 있다.

평균(평균치)비= 1.06

평균비의 표준편차= 0.25

위의 시험 결과 값에 따라 식 (1.1)에 의해 계산된 보의 처짐은 실제 처짐 값보다 낮게 평가하는 경향이 있고, 따라서 1.06의 편기계수(bias factor)로 수정되어야 할 필요가 있다. 반면, 표준편차를 평균으로 나눈 값으로 정의되는 인식적 불확실성을 나타내는 변동계수(coefficient of variation)는 0.25/1.06=0.24가 된다.

재료에 따라, 보의 EI값에 두드러진 변동성이 있을 수 있다. 예를 들어 건축용 목재의 탄성계수 E의 변동성은 그림 1.6에 나와 있다. EI의 이러한 변동성은 단부 처짐 Δ_β의 계산값에 우발적 불확실성을 야기하게 될 것이다. 결국, 보의 EI값이 표본 관측치로부터 추정되면, 추정된 평균 EI의 표본 오차도 역시 생기게 되고, 그래서 이것은 보의 계산된 처짐값에 인식적 불확실성을 더 추가시킬 것이다. ◀

*역자주 : 재료에 따라 전단변형이 큰 경우는 선형탄성 영역 내에서도 단면의 평면성이 성립하지 않을 수 있다.

▶ **예제 1.3** 표 E1.3은 군말뚝의 관측 침하량과 Viggiani(2001)에 의해 보고된 동일 군말뚝에 대한 상응하는 계산 침하량을 대비한 것이다. 계산 침하량은 각각의 군말뚝의 예상 침하량에 대한 비선형모델에서 얻어진 것이다.

표 E1.3을 사용해서 나중에 제 8장의 예제 8.3에 나와 있는 관측 침하량과 계산 침하량 사이의 관계를 보여주는 다음과 같은 선형 회귀식을 구할 수 있다.

$$E(Y|x) = 0.038 + 1.064x \text{ (mm)} \tag{1.2}$$

여기서, $E(Y|x)$는 계산 침하량이 x일 때, 군말뚝의 기대 관측 침하량은 Y를 나타낸다. 예제 8.3에서, 회귀 방정식에 대한 조건부 표준편차(즉, 회귀직선에 따른 평균 분산도)는 $S_{Y|x} = 7.784\text{mm}$이다.

표 1.3 군말뚝의 관측 침하량과 계산 침하량 데이터(mm)

관측치 $S'mt.,y_i$	계산치 $S'mf.,x_i$	관측치 $S'mt.,y_i$	계산치 $S'mt.,x_i$	관측치 $S'mt.,y_i$	계산치 $S'mt.,x_i$
0.7	4.8	28.1	26.7	12.7	14.2
64	25.1	0.6	0.6	46	42.1
5	3.8	29.2	31.5	3.8	1.58
25	26.4	32	31	4.9	5
29.5	27.8	5.4	3.7	11.7	11.8
3.8	3.5	3.6	4	1.83	3.39
5.9	6.5	35.9	25.9	9.43	3.24
38.1	2.6	11.6	11.3	6.6	4.3
185	174				

식 (1.2)가 지니고 있는 유의성은 다음과 같다: 이 식은 계산 침하량이 x일 때 실제 침하량의 평균값 $E(Y|x)$을 결정하는데 사용할 수 있다.

그러나 조건부 표준편차 $S_{Y|x}$ =7.784mm는 실제 침하를 예측하기 위한 비선형 모형의 오차를 나타낸다. 그래서 이것은 제안된 계산방법의 인식적 불확실성인 것이다.

위의 식 (1.2)는 Viggiani(2001)가 제안한 비선형 모델에 의해 계산된 침하량에 근거해서 현장에서 유사한 군말뚝의 예상 침하량을 결정하는데 사용될 수 있다. 그러나 회귀 방정식에 따르면 계산침하량은 낮은 쪽에 치우치는 경향에 있고 1.064의 편기계수에 의해 증가시켜야 한다. 더군다나, 주어진 x값에 대한 진침하량의 평균표준편차(분산도) 7.784mm가 있을 수 있다. 계산된 침하량 x에 따라 상응하는 변동계수 c.o.v.도 추정될 수 있다. 이때 c.o.v는 7.784/$E(Y|x)$가 된다. 예를 들어

특정 군말뚝의 계산 침하값이 $x = 45$mm이면, 실제 침하값은 $45 \times 1.064 = 47.88$이고 c.o.v.는 7.784/47.88=0.16이다. 이는 모델 식에 내재된 인식적 불확실성이다. ◀

그림 1.30은 예측 모델의 인식적 불확실성을 평가하는 유사한 예를 제공하고 있다. 우발적이든, 인식적이든 간에 모든 불확실성은 통계적 방법으로 평가될 수 있고, 공학적 계획과 설계에서 유의성의 평가는 확률이론에서 구체화 되어 있는 개념과 방법을 사용하여 체계적이고 논리적으로 수행될 수 있다.

1.3 불확실한 상황에서의 설계와 의사결정

앞에서 지적한바 대로 공학적 정보는 일반적으로 그림 1.1 ~ 1.32에 걸쳐 도시된 것과 같이 다양하게 표현될 수 있다. 단 한 가지의 관측이나 측정방법만 대표적으로 있는 것은 아니다. 그리고 여하한 평가나 예측도 실세계의 불완전한 모델을 근거로 하여 이루어질 수밖에 없다. 즉, 공학에서 우발적 그리고, 또는 인식적 불확실성은 불가피하다.

이런 불확실한 상황에서 공학적 설계가 어떻게 정식화 되고, 설계와 계획에 영향을 주는 의사결정을 어떻게 내려야 하는가? 아마도, 우리는 지속적으로 최악의 상황(예를 들어, 가능한 최대 홍수나 재료의 최소 피로수명)을 가정해야 하고, 이런 근거 하에서 안전측으로 신중하게 설계를 수행해야 한다. 시스템 성능과 안전이라는 관점에서 보면 이러한 접근방식은 적당하다고 할 수 있고, 과거에 대부분의 공학적 설계와 계획에 사용되어 왔으며 앞으로도 계속 사용될 것으로 기대된다. 그러나 이 접근방법은 신중성(conservativeness) 정도를 평가하기 위해 필요한 위험에 대한 어떠한 정보를 간과할 수 도 있고 체계적인 근거가 부족하다. 지나치게 신중하게 하면 비용이 과다해질 수 있는 설계결과가 나올 수 있고, 반대로 신중성이 불충분한 설계는 비용은 줄일 수 있으나 성능이나 안전성이 떨어질 수 있다. 그래서 비용과 시스템 성능 사이의 균형을 달성하기 위해 비용과 편익 사이의 적절한 조율(trade-off)에 근거해서 최적의 결정을 내려야 한다. 설계시 가용한 모든 정보와 평가모델은 언제나 불완전하거나 불충분해서 불확실성을 내재하고 있으므로 확률과 위험도의 맥락 내에서 적절하게 조율되어 수행되어져야 한다.

위에 설명한 상황은 여러 공학 문제들에서 공통으로 나타난다. 다음에서 이러한 문제 중 일부를 몇 가지 보여주고자 한다. 이 예들은 내용을 단순화하기 위해 이상화된 것들에 불과하지만, 불확실성의 조건하에서의 공학의 의사결정 국면의 핵심 요소를 이해하는 데는 부족함이 없을 것이다.

1.3.1 교통 기반시설의 계획과 설계

한 도시의 교통시설을 계획할 때는 수많은 결정을 내려야 한다. 예를 들어 하천을 가로지르는 교량의 경우 이를 위해 한 가지 이상의 교량형식이 가능하다. 교량시스템의 각 형식의 대한 설계와 건설을 위한 공사비는 불확실성이 존재한다. 뿐만 아니라 정치적 상황에 따라 그 도시가 건설에 필요한 가용한 예산수준을 얼마나 확보할 수 있는가 조차도 불확실할 수 있다. 결과적으로 교량의 형식을 선정하는 문제는 가용한 건설 자금의 현실적 확보 수준의 확률에 상대적으로 대응하는 주어진 교량체계의 건설비 확률에 바탕을 둘 수도 있다.

일반 도로포장이나 공항 활주로 포장과 같은 포장설계의 경우, 주요 의사결정 변수들 중 하나는 노반기초 구성재료의 여러 층과 마무리 포장으로 구성되는 포장시스템의 두께다. 일반적으로 포장의 공용수명은 포장의 두께에 비례한다. 즉, 포장두께가 더 두꺼워질수록 그 공용수명은 더 길어진다. 물론 재료나 작업숙련도의 질이 동일한 경우에도 비용은 두께에 따라서 역시 증가한다. 포장두께가 얇은 포장시스템은 초기에는 비용이 적게 들 것이나, 이에 따른 유지관리 및 교체비용은 커지게 된다. 따라서 포장시스템의 최적 두께는, 유지관리비가 적게 드는 높은 초기 시공비의 경우 대 초기 시공비는 낮지만 공용수명 전반에 걸친 유지 및 교체 비용이 높은 경우 사이의 균형조절에 근거하여 결정할 수 있다. 그러한 균형분석(trade-off analysis)을 위해서는 포장시스템의 수명과 포장두께 사이의 관계가 필요하다. 그러나 포장수명은 배수상태, 온도범위, 밀도, 노반의 다짐정도를 포함하는 다른 변수들의 함수도 된다. 이런 모든 인자들이 무작위적이고 변동성을 포함하므로 주어진 두께에 따른 포장의 수명을 완전한 확신을 갖고 예측할 수는 없다(예, 그림 1.33의 다짐 노반토의 밀도). 그러므로 주어진 포장 두께에 연관된 초기시공비 및 유지관리비를 포함하는 비용도 역시 완전한 신뢰를 갖고 측정할 수 없게 된다. 따라서 균형분석도 확률과 통계의 개념을 적절하게 응용해야 한다.

1.3.2 구조부재 및 기계 설계

구조재료와 부품의 강도는 콘크리트와 강재에 대해 그림 1.4와 1.5에서 나타낸 것처럼 무작위적(랜덤)이고 변동성을 포함한다. 그러므로 이상화된 모델에 기초한 구조 내하력의 계산은 우발적, 인식적 불확실성을 모두 포함하게 된다. 반면에, 구조물의 재하하중 또한 그림 1.13의 고층 건물의 풍하중처럼 무작위적이다. 이렇게 이상화된 상황에서조차도 구조물의 내하력을 결정하는 문제를 수반하는 구조물의 설계에서 "얼마나 안전해야 안전하다고 할 수 있는가?"라는 질문을 던져야 하고, 그 질문은 위험도(risk)와 성능상실 확률이나 파괴확률의 측면에서 현실적으로 요구되고 있는 것이다.

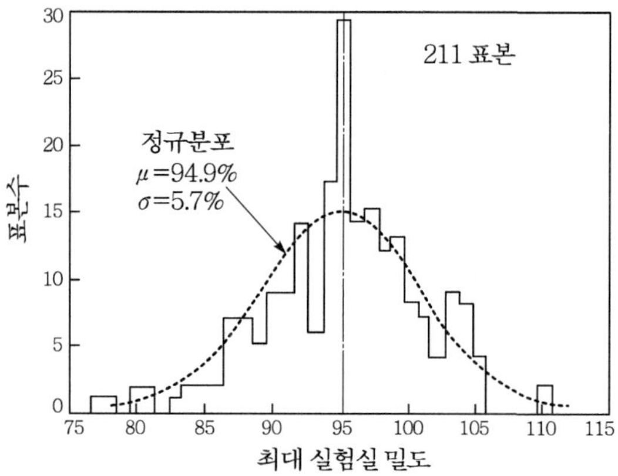

그림 1.33 응회암 노반토의 밀도(Pettitt, 1967 참조)

구체적인 예로, 때때로 허리케인의 래습을 받는 해양 석유시추시설 플랫폼의 설계를 고려해 보자. 그러한 경우, 그림 1.13에서 추론할 수 있듯이 특정 허리케인이 지속되는 동안의 최대 풍압과 파도의 영향은 무작위적이라는 사실은 제쳐 두더라도 주어진 해양 지역에서의 해당 허리케인의 발생 빈도자체도 예측할 수 없다. 이러한 까닭에 플랫폼의 설계를 위한 안전도의 수준을 결정할 때, 구조물의 생애 주기 동안에 기대되는 최대 풍하중과 파랑 하중하에서의 구조물의 생존확률 외에 구조물의 지정된 공용수명내에서의 강한 허리케인의 발생확률도 고려해야한다. 결과적으로, 구조물 설계 시에 규정해야 할 허리케인의 강도수준과 허리케인이 지속되는 동안 적절하게 견딜 수 있는 요구되는 방호설계수준은 플랫폼의 공용수명 동안 위험도나 파괴 확률에 의해 방호비용과 위험수준사이의 균형 있는 설계를 요구한다.

이와 비슷한 예로, 반복적이거나 주기적인 하중을 받는 구조물이나 기계 부품의 설계를 하고자 할 때 구조부재의 피로수명(피로파괴가 일어날 때까지의 하중 싸이클의 수)도 그림 1.34에서 보여주는 것처럼 일정 진폭의 응력 싸이클 하에서도 변동성이 매우 크다. 이러한 이유로 인해 구성요소의 파괴에 대해 안전한 수명을 예측하기는 어렵고, 오직 확률 용어에 의해서 표시 될 수 있을 뿐이다. 그러므로 그러한 구조 부재는 지정된 신뢰성(reliability: 피로파괴가 일어나지 않을 확률)내에서 요구되는 공용수명에 대하여 설계되어야 한다. 쉽게 알 수 있듯이, 피로 수명은 작용 응력범위(stress amplitude)의 함수이고, 일반적으로 피로 수명은 그림 1.34에서 볼 수 있는 것처럼 작용응력범위의 크기에 반비례한다. 결과적으로, 파괴에 대해 안전한 바람직한 공용 수명이 지정되는 경우 구조부재의 허용응력범위가 감소하게 될 것이고, 원하는 수명 달성의 높은 신뢰도를 확보하기 위해서는 구조부재가 매우 크게 설계될 수도 있다. 그러한 경우, 물론 더 많은 재료와 높은 원가를 요구하게 될 것이다.

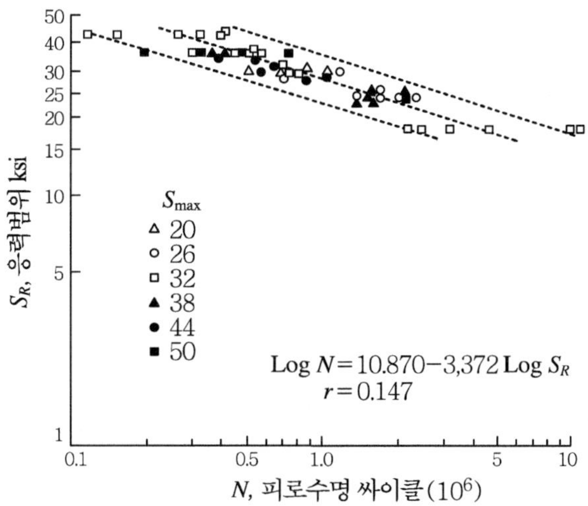

그림 1.34 용접 보의 피로수명 대 작용 응력(Fisher et al., 1970 참조)

이와 반대로 구조부재가 저설계(under-designed) 되었다면, 공용수명 내에 요구되는 신뢰도를 유지하기 위해서는 구조부재의 수명을 짧게 해서 더 자주 유지관리하거나 교체해야 하는 결과를 야기 할 수 있다. 이런 경우 최적 공용수명은 구조부재의 지정된 신뢰성의 함수인 초기비용과 유지관리와 교체의 기대비용, 그리고 신뢰성의 함수인 보수기간 동안 발생하는 수익의 손실과 연관되는 기대비용 역시 포함하는 부재의 전체 생애주기 비용을 최소화하여 결정해야 한다. 공용 설계수명과 신뢰성에 대해 최적의 의사결정을 하고 나면 구조부재의 치수와 설계는 이에 준해 이루어진다.

1.3.3 수문학 시스템의 계획과 설계

만약 큰 농장의 홍수 막으려면, 도로와 수로의 교차부에 주요 배수관거(culvert) 의 설치가 필요하다. 이 경우 배수관거의 크기(유수 용량)의 결정이 요구되는데, 분명히 얼마나 많은 유량을 예상하느냐에 따라 달라지겠지만, 이는 우수 지역의 강우강도와 관련되는 유출의 함수라고 볼 수 있다. 그림 1.1에서 알 수 있듯이, 연간 강우강도는 변동성이 매우 높고 하천유출의 추정은 불완전하다. 결과적으로 고려되는 기간(예컨대 10년) 동안의 최대 하천 유량의 예측은 우발적 불확실성과 인식적 불확실성을 모두 포함하게 된다. 주어진 배수관거의 용량이 정확하게 결정될 수 있다면, 배수관거의 크기는 고려되는 기간 내의 발생 홍수의 수용 가능한 확률에 좌우 될 것이다.

만일 배수관거가 최대 가능한 하천 유량을 감당할 수 있다면, 분명히 홍수의 위험은 없을 것이다. 하지만 배수관거의 시공비가 엄청나게 많이 들고, 아주 극심한 폭우가 내리는 동안에도 배수관거의 오직 일부분의 용량만이 사용될 수 도 있을 것이다. 따라서 과도한 설계는 낭비와 고비용을 가져온다. 반면에 배수관거가 너무 작다면 시공비는 낮아지겠지만 심각한 홍수가 나기 쉽게 되고, 농작물 피해와 상류의 토지가 모두 침식될 것이다. 이렇듯 과소 용량 설계는 아주 큰 피해비용을 야기시킬 수 있다.

따라서 배수관거의 최적 크기는 배수관거 시공비에 홍수나 침식으로 인한 기대 생애주기 손실비용을 더한 값으로 구성되는 프로젝트의 총 기대 생애주기비용을 최소화하도록 결정해야 한다. 기대 손실비용은 홍수 발생확률의 함수이므로 총 기대 예상 생애주기비용은 확률을 고려하여 결정해야 한다.

1.3.4 지반공학 시스템의 설계

흙 재료의 성분은 본래 불균일하고 매우 변동성이 심해서 자연 지반의 층들은 다양한 재료(예컨대 점토, 실트, 모래, 자갈, 혹은 그 조합물 들)의 불규칙한 층들로 구성된 특징을 갖고 있는데, 이들은 퇴적층의 압축강도와 압밀도에 영향을 미치는 밀도, 함수량, 흙의 기타 성질들을 광범위하게 갖고 있다. 마찬가지로 암반의 구성도 암반의 내하력에 상당히 영향을 미칠 수 있는 지질학적 단층과 균열로 된 불규칙한 시스템에 의해 특징지어질 수 있다(그림 1.9 참조). 흙이나 암반 위에 구조물이나 시설물을 지지하기 위한 기초를 설계할 때 원래지반 심토(subsoil)나 암반의 내하력을 결정해야 한다. 항상 이러한 결정은 가용한 지질학적 정보, 그리고 제한된 흙 표본이나 암반 코어 표본을 취하는 현지 탐사 데이터를 근거로 이루어져야 한다.

흙과 암반의 자연적 불균일성과 불규칙성으로 인해 지반 심토의 내하력은 현장 기초 전반에 걸쳐 매우 광범위하게 변할 수 있다(그림 1.10과 1.11 참조). 더구나 그림 1.12에 보인 바와 같이 기초의 소요 내하력이나 군말뚝의 소요 내하력은 언제나 매우 제한된 현장 데이터에 기초하여 추정해야하기 때문에 그러한 추정치에는 상당히 큰 인식적 불확실성이 있음을 인정해야 한다. 따라서 추정치는 현장 지반의 실제 지내력을 과도하게 크게 추정할 위험이 있다. 이러한 관점에서 보면 그러한 추정치에 기초하여 설계한 기초의 설계시에 충분한 안전 여유를 고려하지 않는다면 높은 신뢰를 확보하기 어려울 것이다. 반면에, 지나치게 높은 안전 여유를 갖도록 하면 불필요할 정도로 낭비적인 지지 시스템이 될 것이다. 따라서 설계상 최적의 소요 안전 여유는 시공비와 허용 가능한 파괴확률사이의 적정한 균형을 찾는 문제로 보아야 할 것이다.

적절한 균형을 위한 고려사항은 현장 탐사계획이나 토질시험 프로그램도 포함하도록 확장될 수 있다. 분명히 좀 더 철저한 현장검사와 정교한 시험 프로그램의 사용을 통해 현장 상황과 현장 지반의 토질상수 추정사이의 불확실성을 감소시킬 수 있다. 하지만, 어떤 점에서는 추가 탐사 및 시험에서 얻어지는 증가된 편익이 지반 시스템 성능의 신뢰성을 충분히 증가시키지 않을 수 있고, 그렇게 되면 그러한 추가 비용을 정당화 시키기가 어려울 수도 있다.

1.3.5 시공계획과 관리

시공계획과 관리 시 많은 요인들이 변동성과 불확실성에 처해 있어 쉽게 제어되지 않는 경우가 많다. 예를 들어, 건설 프로젝트에서 공정의 공기는 노동력 및 장비와 그들 각각의 생산성을 포함하는 자원의 가용성에 기상조건에, 그리고 건설자재의 가용성에 따라 달라진다. 이 모든 요인들은 예측하기 어려우므로, 공정표상의 개별 공정의 공기와 프로젝트의 공기를 아주 정확하고 확실하게 추정하기는 어렵다(예컨대, 그림 1.22를 참조). 따라서 이들을 모두 무작위 변량으로 취급해야 한다.

프로젝트의 입찰을 준비할 때, 완공시기가 넉넉하거나 안전측의 추정치로 잡으면 입찰가는 너무 높아지게 되며 수주 기회는 줄어들게 된다. 반면에, 입찰시 공기를 너무 낙관적으로 추정하게 되면 건설사의 낙찰은 성공적이겠지만 금전적 손실이나 수익의 희생을 각오해야만 한다. 건설사가 잠재적 수익을 최대화하기 위해 공기와 공사비를 어느 정도 안전 측으로 잡아야 하는가? 여러 요인들이 변동성과 불확실성을 갖고 있으므로 확률을 고려해서 결정해야 한다. 즉 입찰가는 지정된 완공 확률에 대응하는 공기에 기초해서 결정해야 한다.

1.3.6 사진측량, 측지 및 측량

실제의 모든 공학적 측정에는 오차가 있기 마련인데, 이는 무작위적 그리고 체계적 오차로 분류된다. 체계적 오차는 평가하면서 적당한 교정치를 적용함으로써 없애거나 최소화할 수 있다. 하지만, 추정에 내재된 무작위적 오차의 규모와 그 영향은 통계적 방법을 근거로 해서 적절하게 결정되고 분석되어야 한다. 일단 계측이 기기의 성능이상으로 수행되면 확률에 근거한 통계적 접근을 통해 정확도를 평가할 수 있다. 이를 위한 통계학은 제6장에 기술되어 있다.

1.3.7 품질제어와 인증

공학적 생산품이나 시스템의 품질이나 성능의 어떤 최소 수준을 확보하기 위해서는 검사와 품질제어가 필요하다. 허용기준이 너무 엄격하면, 생산비가 높아지며 적응하는데 문제가 커지고 그 수준의 이행은 달성하기 어려워질 수도 있다. 반면 기준이 너무 느슨하면 완성제품의 품질이 지나칠 정도로 낮아질 수 있다. 또한, 제어 변수나 설계 변수가 무작위적이면, 엄격하거나 엄격하지 않은 기준의 구성이 명쾌하지 않을 수 있다. 이런 경우 허용기준은 확률적 고려를 근거로 하여 만들어져야 한다.

예를 들어, 토사 제방을 시공할 때 다짐 허용도(acceptability)를 위한 기준은 그림 1.33과 같은 다짐토의 밀도의 변동성에 근거할 필요가 있다. 이에 따라 허용 표본추출 계획은 확률적 고려를 근거로 하여 다짐토의 변동성을 고려해서 만들어져야 한다.

하천수의 수질을 제어하기 위해, 흔히 오염도의 측정기준으로 사용되는 모수 중의 하나는 그림 1.15에서 보여주는 것처럼 역시 하천수에서 고도의 변동성이 있는 용존산소(DO)의 농도이다. 환경공학자들은 하천의 오염을 제어하는 확률적 기준의 필요성을 인식해 왔다. 예를 들어 Loucks와 Lynn(1966)은 다음과 같은 확률적 유수 기준을 제안하였다.

7일간 연속적으로 측정한 하천내 용존 산소의 농도는 다음 조건을 만족해야 한다.

(i) 4mg/l보다 낮은 농도의 확률이 0.20보다 높은 날이 있어서는 안 된다.

(ii) 2mg/l보다 낮은 농도의 확률이 0.10보다 높은 날이 있어서는 안 되고, 그러한 확률은 2일 이상 연속 0.05보다 낮아야 한다.

철근콘크리트 공사에서의 콘크리트 재료의 품질을 확보하기 위해 미국 콘크리트학회 ACI(ACI 318-93)의 건물 법규에서 다음과 같이 규정하고 있다.

콘크리트 강도는, 세 번의 연속적인 강도 시험의 모든 데이터 집합의 평균이 소요 강도와 동등하거나 넘어선다면 만족스러운 것으로 고려될 수 있다. 그리고 개별 강도 시험 결과가 어느 한 번이라도 소요 압축강도보다 500psi 아래로 떨어지지 않는다면 각 강도 시험의 결과는 28일이나 그보다 지정된 조기 재령의 동일한 시편 시험으로부터의 두개의 원주형 시편의 평균값이 되어야 한다.

위에 서술된 요구조건은 콘크리트 재료의 품질 확보를 위해 확률과 통계가 필요하다는 것을 분명하게 의미 한다. 다른 건축 재료에 대해서도 품질 확보를 위해 비슷한 요구조건이 존재한다.

▶ 1.4 결 론

이 첫 번째 장에서 우리는 공학적 계획과 설계를 위한 의사 결정에서 확률과 통계의 역할과 중요성을 강조하였다. 이러한 확률 개념의 역할은, 정말로 그 중요성을 이해하기 위해서 제대로 인정되어야 한다는게 본질적으로 중요하다. 그중에서도 특히 평균과 분산 같은 것들은 통계적 추정이 단순히 확률 이론의 응용에만 한정되는 것이 아니라는 점이 중요하다. 사실, 공학에서 확률 개념이 가지는 훨씬 더 의미있는 중요한 역할은, 불확실성의 정량적 분석을 위한 통일되고 논리적인 골격을 제공하는데 있고, 시스템 성능에서 그 유의성을 평가하는데 있다. 그리고 의사결정, 계획 및 설계에서 상대적인 위험에 기초한 적절한 균형해(trade-off)의 연구에도 있다.

앞의 1.2와 1.3절에서 열거하고 설명한 예들을 통해 공학적 계획과 설계에서 확률 개념이 보편적으로 확산 가능함을 알 수 있다. 또한 많은 예들의 실제 데이터는 실제 현상의 무작위성과 공학적 모델의 불완전성이 삶의 현실이라는 것을 분명히 보여주고 있다. 결과적으로 불확실성은 불가피하다. 무작위성과 관련된 불확실성은 내재적 변동성으로 우발적 불확실성이라고 일컬어진다. 반면에 실제 현상의 불완전한 모델로 인한 불확실성은 지식기반이므로 인식적 불확실성이라고 일컬어진다. 양쪽 유형의 불확실성 모두 통계학적 용어로 쓰이고 있지만 각각의 중요도는 다를 수 있다. 또한 예측 모델이 개선됨에 따라 인식적 불확실함성은 감소되도록 할 수 있다. 반면에 본래 내재된 변동성은 자연의 속성의 일부이므로 우발적 불확실성은 감소될 수 없다.

마지막으로, 엄청나게 많은 양의 데이터가 확률적 개념을 적용하기 위해 요구된다는 여하한 잘못된 개념도 바로잡는게 중요하다. 사실, 데이터의 충분성이나 정보의 질과는 무관하게 그런 개념의 유용성과 타당성은 똑같이 중요한 의미를 갖는다. 특히 데이터의 양이 정보의 변동성(우발적 불확실성)의 정의에 영향을 미치지만 불완전한 분석 모델과 관련된 인식적 불확실성은 데이터의 양에 상관없이 일반적으로 판단적 평가를 요구한다. 확률과 통계는 이러한 불확실성을 모델링하고 분석하는 개념적이고 이론적인 기반이 된다. 충분한 데이터와 질이 높은 정보는 불확실성의 정도에 영향을 미치지만, 그 반대의 경우에도 공학적 성능과 설계에 미치는 영향에 대한 평가를 위한 적절한 도구로서 확률의 유용성을 평가절하 시키지 말아야 한다.

뒤에 이어지는 장들에서 위에서 기술한 목적에 대한 확률과 통계의 본질적이고 근본적인 개념과 방법들이 체계적으로 제시하고 상세히 설명하였다.

▶ 참고문헌

Ang, A. H-S., "Extended Reliability Basis of Structural Design under Uncertainties," *Annals of Reliability and Maintainability*, Vol. 9, AIAA, July 1970, pp. 642~649.

Ang, A. H-S., and DeLeon, D., "Modeling and Analysis of Uncertainties for Risk-Informed Decisions in Infrastructure, Engineering," *Structure and Infrastructure Engineering*, Vol. 1, No. 1, Taylor & Francis, March 2005, pp. 19~31.

Becker, D.E., Burwash, W.J., Montgomery, R.A., and Liu, Y., "Foundation Design Aspects of the Confederation Bridge," *Canladian Geotechnical Journal*, Vol. 35, October 1998.

Brandow, G.E., Hart, G., and Virdee, A., "1997 Design of Reinforced Masonry Structures," *Concrete and Masonry Association of California and Nevada*, 1997.

Cox, E.A., "Information Needs for Controlling Equipment Costs," *Highway Research Record*, No. 278, National Research Council, 1969, pp. 35~48.

Donovan, N.C., "A Stochastic Approach to the Seismic Liquefaction Problem," *Proc. 1st Int. Conf. on Application of Statistics and Probability*, Hong Kong University Press, 1972.

dos Santos, J.R., Branco, F.A., and de Brito, J., "Assessment of Concrete Structures Subjected to Fire--The FB Test," *Magazine of Concrete Research*, Vol. 54, June 2002.

Environmental Protection Agency, "Policy for Use of Probabilistic Analysis in Risk Assessment: Guiding Principles for Monte Carlo Analysis," EPA/630/R-97/001, May 1997.

Fisher, J.W., Frank, K.H., Hirt, M.A., and McNamee, M., ""Effects of Weldments on the Fatigue Strength of Steel Beams,"" NCHRP Rept. No. 102, National Research Council, 1970.

Forbes,W.S., "A Survey of Progress in House Building," *Building Technology and Management*, Vol. 7(4), April 1969, pp. 88~91.

Galligan, W.L., and Snodgrass, D.V., "Machine Stress Rated Lumber: Challenge to Design," *Journal of Structural Division*, ASCE, Vol. 96, December 1970.

Huggel, C., Kaab, A., Haeberli,W., Teysseire, P., and Paul, F., "Remote Sensing Based Assessment of Hazards from Glacier Lake Outbursts: A Case Study in the Swiss Alps," *Canadian Geotechnical Journal*, Vol. 39, March 2002.

Jones, J.R., and Bachmann, R.W., "Prediction of Phosphorous and Chlorophyll Levels in Lakes," *Journal of theWater Pollution Control Fereration*, Vol. 48, 1976.

Julian, O.G., "Synopsis of First Progress Report of Committee on Factors of Safety," *Journal of Structural Division*, ASCE, Vol. 83, July 1957, p. 1316.

Katamine, N.M., "Various Volume Definitions with Conflicts at Unsignalized Intersections," ASCE *Journal of Transportation Engineering*, Vol. 126, January/February 2000.

Kothandaraman, V., and Ewing, B.B., "A Probabilistic Analysis of Dissolved Oxygen-Biochemical Oxygen Demand Relationship in Streams," *Journal of Water Resources Control Federation*, Part 2, February 1969, pp. 73~90.

Kulak, G.L., "Statistical Aspects of Strength of Connection," *Proc. ASCE Specialty Conf. on Safety and Reliability of Metal Structures*, November 1972, pp. 83~105.

Lam Put, R., "Dynamic Response of a Tall Building to Random Wind Loads," *Proc., 3rd Int. Conf. onWind Effects on Buildings and Structures*, Tokyo, September 1971.

Littleford, T.W., "A Comparison of Flexural Strength-Stiffness Relationships for Clear Wood and Structural Grades of Lumber," *Information Report VP-X-30*, Forest Products Lab., B.C., Canada, December 1967.

Loucks, D.P., and Lynn, W.R., "Probabilistic Models for Predicting Stream Quality," *Water Resources Research*, Vol. 2, No. 3, September 1966, pp. 593~605.

Matsui, M., Ishihara, I., and Hibi., K., "Directional Characteristics of Probability Distribution of Extreme Wind Speeds by Typhoon Simulation," *Journal of Wind Engineering and Industrial Aerodynamic*, Vol. 90, Elsevier Science, Ltd., 2002.

Mohan, S.B., and Gautam, P., "Cost of Highway Work Zone Injuries," *Practice Periodical on Structural Design and Construction*, Vol. 7, May 2002.

Mohseni, O., Erickson, T.R., and Stefan, H.G., "Upper Bounds for Stream Temperatures in the Contiguous United States," *Journal of Environmental Engineering*, Vol. 128, January 2002.

National Aeronautics and Space Administration, "Probabilistic Risk Assessment Procedures Guide for NASA Managers and Practitioners," August 2002.

National Institutes of Health, "Science and Judgment in Risk Assessment: Needs and Opportunities," Environmental Health Perspectives, Vol. 102, No. 11, November 1994.

National Research Council, "Science and Judgment in Risk Assessment," National Academy Press, Washington, DC, 1994.

Pettitt, J.H.D., "Statistical Analysis of Density Tests," *Journal Highway Div.*, ASCE, Vol. HW2, November 1967.

Pruckner, F., and Gjorv, O.E., "Patch Repair and Macrocell Activity in Concrete Structures," *ACE Materials Journal*, Vol. 99, March - -April 2002.

Rouillard, V., "Classification of Road Surface Profiles," *Journal Transportation Engineering*, ASCE, Vol. 126, January /February, 2000, pp. 41~45.

Thoft-Christensen, P., "Stochastic Modeling of the Diffusion Coefficient for Concrete," *Reliability and Optimization of Structural Systems*, Swets & Zeitlinger, Lisse, 2003.

Todd, D.K., and Meyer, C.F., "Hydrology and Geology of the Honolulu Aquifer," *Journal of Hydraulics Div.*, ASCE,Vol. 97, February 1971.

United Kingdom Health and Safety Executive (HSE), "Use of Risk Assessment in Government Departments," U.K. Interdepartmental Liaison Group on Risk Assessment, 2000.

U.S. Department of Energy, "Characterization of Uncertainties in Risk Assessment with Special Reference to Probabilistic Uncertainty Analysis," EH-413-068/0496, April 1996.

van Gelder, P.H.A.J.M., "Statistical Methods for the Risk-Based Design of Civil Structures," *Communications on Hydraulic and Geotechnical Engineering*, Delft University of Technology, 2000.

Viggiani, C., "Analysis and Design of Piled Foundations," *Rivista Italiana di Geotecnica*, Vol. 35, 2001.

Viner, J.G., "Recent Developments in Roadside Crush Cushions," *Journal of Transportation Engineering*, ASCE, Vol. 98, February 1972, pp. 71~87.

Winn, K., Rahardjo, H., and Peng, S.C., "Characterization of Residual Soil in Singapore," *Journal of Southeast Asian Geotechnical Society*, Vol. 32, No. 1, April 2001.

Wu, F-Q., and Wang, S-J., "Statistical Model for Structure of Jointed Rock Mass," *Geotechnique*, Vol. 52, 2002.

Wynn, F.H., "Shortcut Modal Split Formula," *Highway Research Record*, National Research Council, 1969.

Zhang, L., Tang,W. H., and Ng, C.W.W., "Reliability of Axially Loaded Driven Pile Groups," *ASCE Journal of Geotechnical and Environmental Engineering*, Vol. 127 (12), December 2001.

CHAPTER 2

확률모델의 기본개념

2.1 사건과 확률

2.1.1 확률을 포함한 문제의 특징

제1장의 내용을 바탕으로 보면 분명히 확률은 다른 여러 인자들과 관련된 특정 사건의 발생을 언급하는 것이다. 다시 말해 문제가, 암시적으로라도 결정론적이지 않다면 한 가지 이상의 가능성이 존재한다는 것이다. 그러므로 정량적으로 볼 때, 확률은 모든 가능한 대안사건들의 조합 내에서 한 사건이 발생할 가능성을 수치적으로 표현한 것이라도 할 수 있다.

따라서 확률적인 문제의 정식화에서 가장 먼저 필요한 것은 모든 가능성, 즉 사건가능공간(possibility space)과 관심사건을 규정하는 것이다. 그런 다음에 특정한 사건가능공간 내에서의 구체적 사건들의 확률을 구할 수 있게 되는 것이다. 확률은 오직 주어진 사건가능공간 내에서만 유효하므로 바로 이 점을 강조하는 것이 중요하다. 위에서 설명한 확률문제를 여러 면에서 구체적으로 검토하기 위해 다음과 같은 문제를 생각해 보자.

▶ 예제 2.1 건설회사가 멀리 떨어진 곳의 새로운 공사를 하는데 필요한 불도저 등의 여러 건설장비를 구입하려고 한다. 비슷한 불도저에 대한 과거의 경험을 바탕으로 각각의

불도저들이 적어도 6개월동안 작동 가능한 상태로 남아있을 가능성이 50%라고 추정한다. 만약 새로운 프로젝트를 위해 3대의 불도저를 구입했다면, 프로젝트에 투입한 불도저가 6개월 후에 오직 1대만이 작동 가능한 상태일 확률은 얼마인가?

먼저, 6개월 후에 작동 가능한 상태의 불도저의 수는 0, 1, 2, 3이라는 것을 알 수 있다. 이 수의 집합은 6개월 후에 작동 가동한 불도저의 수의 사건가능공간을 구성한다. 그러나, 이 사건가능공간은 위에서 언급한 질문에 적합하지는 않다. 이를 위해서는, 사건가능공간은 반드시 다음과 같이 6개월 후에 개별 불도저의 가동 상태로부터 유도되어야만 한다.

6개월 후에 각각의 불도저의 상태를 작동 가능한 상태에 대해서 O, 작동이 불가능한 상태에 대해서는 N을 사용하여 나타내보면, 3대의 불도저의 가능한 상태는 다음과 같다.

OOO - 모든 불도저가 작동 가능한 상태
OON - 첫 번째와 두 번째 불도저는 작동 가능한 상태, 세 번째 불도저는 작동 불가능 상태
ONN
NNN - 모든 불도저가 작동 불가능한 상태
NOO
NNO
ONO
NON

그러므로 위에 나타낸 바와 같이 적합한 사건가능공간은 8개의 가능한 결과로 구성되어 있다. 각 불도저의 상태가 6개월 후에 작동 가능 또는 불가능할 가능성이 같으므로, 이 8개의 가능한 결과들도 서로 같다는 것도 알 수 있다. 8개의 가능한 결과 중에 6개월 후에는 오직 1개 결과만이 나타나게 된다는 점에 주의하여야 한다. 이것은 다른 확률이 상호배반적(mutually exclusive)임을 의미한다(2.2.1절에서 이에 관하여 좀 더 상세하게 설명되어 있음).

마지막으로 8개의 가능한 결과 중에 ONN, NON, NNO의 실현만이 우리가 관심을 가지는 사건, 즉 "오직 1대의 불도저만이 작동 가능한 상태"의 사건이다. 각각의 가능한 결과가 발생할 가능성이 같기 때문에, 위의 사건가능공간에서 이 사건의 발생 확률은 3/8이다. ◀

▶ 예제 2.2 그림 E2.2와 같은, 고속도로 교차로에서 동쪽방향 교통의 좌회전 차선을 설계하는데 있어서 좌회전을 위해 기다리는 자동차의 수가 5대 혹은 그 이상일 확률은 좌회전 차선의 길이를 결정하는데 필요할 수 있다.

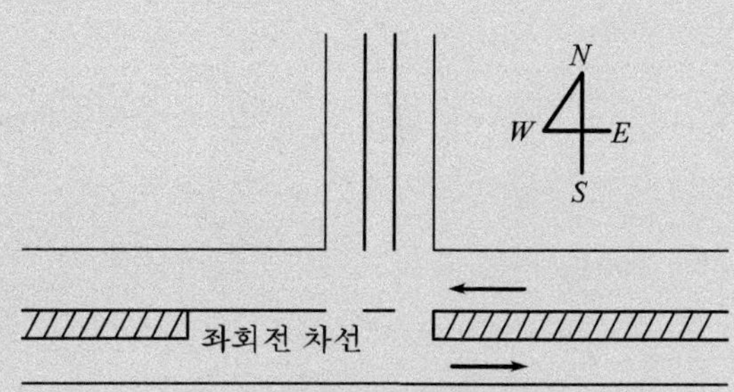

그림 E2.2 좌회전 차선의 설계

위와 같은 목적을 위하여, 1주일 이상의 기간 동안 이 교차로에서 좌회전을 위해 대기하는 자동차의 수를 교통혼잡시에 규칙적 시간간격으로 60회 관측한 결과가 다음과 같다고 가정해 보자.

좌회전 대기 차량의 수	관측횟수	상대도수
0	4	4/60
1	16	16/60
2	20	20/60
3	14	14/60
4	3	3/60
5	2	2/60
6	1	1/60
7	0	0
8	0	0

생각건대, 혼잡한 교통시간대에 좌회전을 위해 대기하는 자동차의 수는 당연히 양의 정수일 것이다. 그러나 위의 관측을 바탕으로 보면 7대 이상의 자동차가 좌회전을 위해 기다릴 가능성은 거의 일어날 것 같지 않다.

이상의 관측결과를 기초로 하여 추정된 상대도수(relative frequency) (표의 세 번째 열)는 대략적으로 특정 대수의 자동차가 좌회전을 위해 대기하는 확률로 사용될 수 있다. 예를 들어, "5대 이상의 자동차가 좌회전을 위해 대기하는"라는 사건의 확률은 대략 2/60+1/60=3/60이다. 추정치가 적은 수의 관측을 바탕으로 구해졌을 때 발생하는 "표본오차(sampling error)" 때문에 상대도수를 바탕으로 계산한 확률은 근사값이 된다. 이것은 제1장에서 이미 논의한 인식적 불확실성의 한 부분이다. 추정된 확률의 정확도는 나중에 제6장에서 더 논의하겠지만, 총 관측 횟수(표본 크기)를 증가시키면 향상된다. ◀

▶ 예제 2.3 그림 E2.3에 보듯이, 단순보 AB가 보의 시간에 따라 어느 곳에든지 놓일 수 있는 100kg의 하중을 받고 있다. 보에 작용하는 하중의 위치에 따라 지점 A의 반력 R_A는 0과 100kg 사이의 값이 된다. 그러므로, 이 경우에는 0과 100kg 사이의 값이 R_A의 가능한 값이 되고 그 사건가능공간이 된다.

여기서 강조할 내용은 반력이 특정한 구간 안에 있다는 것이다. 예를 들어, $(10 \leq R_A \leq 20\,\mathrm{kg})$ 혹은 $(R_A \geq 50\,\mathrm{kg})$ 일 수 있다. 따라서 R_A의 특정한 값이 실제로 관측되는 경우 이 값을 포함하는(구간으로 정의된) 사건이 발생되었다고 할 수 있다. 그래서 R_A가 어떤 구간에 들어 있게 되거나 들어있지 않게 될 확률에 대해 얘기 할 수 있다. 예를 들어, 만약에 100kg의 하중이 보의 지간을 따라 어느 곳에도 똑같이 놓여 질 수 있다고 가정하면, R_A값이 어느 주어진 구간에 있게 될 확률은 그 구간의 길이에 비례할 것이다. 예컨대,

$$P(10 \leqq R_A \leqq 20) = 10/100 = 0.10 \text{ 그리고 } P(R_A > 60) = 40/100 = 0.40$$

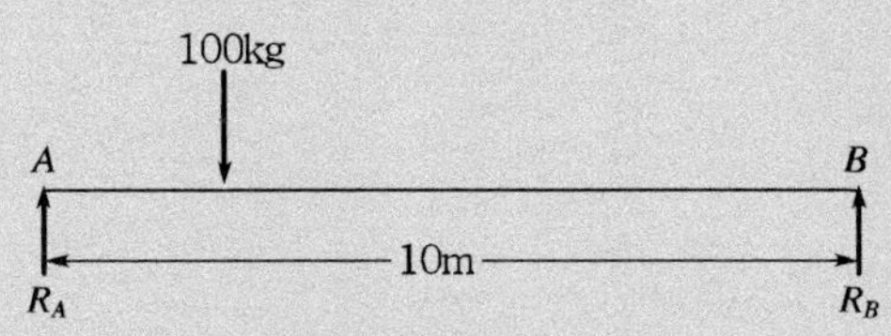

그림 E2.3 단순보 ◀

▶ 예제 2.4 건물 기초의 지지력을 고려해 보자. 지반공학자의 이전의 경험에 비추어 현장에서 어느 한 기초의 지지력이 적어도 4000psf가 될 확률은 95%이라고 가정해 보자. 만약 건물의 기초로 16개의 독립적인 기초가 사용된다면, 모든 기초가 적어도 4000psf의 지지력을 가질 확률은 얼마인가? 역으로, 16개의 기초 중에서 적어도 1개의 지지력이 4000psf 미만일 확률은 얼마인가?

이 경우에 사건가능공간은 $2^{16} = 65,536$의 표본점(sample points)으로 구성된다. 각각의 기초가 적어도 4000psf의 지내력을 가질 확률을 0.95로 가정해 보자. 그리고 만약에 각가 다른 기초의 지내력이 각각 서로 통계적으로 독립이라면, 모든 기

초의 지지력이 적어도 4000psf일 확률은 $(0.95)^{16} = 0.440$이다.

두 번째 질문에 대해서, "적어도 1개는 모두가 아닌 것(none)의 여집합(complement)이다". 그러므로, 지지력이 4000psf 미만일 확률은 1-0.440=0.560이다. 사건의 여집합과 통계적 독립의 개념은 각각 2.3과 2.3절에서 다루게 될 것이다.

이상의 예제로부터, 확률적인 문제들은 다음과 같은 구체적인 특성이 있음을 알 수 있다.

1. 모든 문제는 1개 이상의 여러 가능한 결과를 내포하는 특정한 사건가능공간과 관련하여 정의할 수 있다. 그리고 각 사건은 이러한 사건가능공간 내에서 발생 가능한 1개 또는 그 이상의 결과로 구성된다.
2. 어떤 사건의 확률은 주어진 사건가능공간 내에서 개개의 결과들의 발생 확률의 함수이다.

2.2절과 2.3절에서 이러한 목적에 적합하고 유용한 수학적인 기법을 설명하기로 한다. ◀

2.1.2 확률의 추정

위에서 설명한 예제로부터, 어떤 사건의 확률을 구하거나 계산할 때 다양한 가능성에 확률적 척도를 부여하기 위해서는 근거가 필요하다는 것을 알 수 있다. 이를테면 미리 정해진 가정을 기반으로 하여 추론한 선행조건이나 혹은 경험적 관측결과에 바탕을 둘 수도 있고, 또는 주관적인 판단에 기반을 둘 수도 있다.

예제 2.1과 2.3에서 모든 발생 가능한 결과의 확률은 선행가정을 바탕에 두고 있다. 예제 2.1의 경우에는 3대의 불도저가 각각 작동 가능한 상태는 각각 똑같이 1/8이라는 (즉, 각 불도저가 6개월 후에 작동 가능하거나 불가능할 가능성은 똑같다는 이전의 정보와 일치하는) 동등하게 생겨날 가능성(equally likely)이 있다고 가정하였다. 반면에 예제 2.3에서는 반력 R_A가 어떤 주어진 구간내에 있게 될 확률은(100kg하중이 보의 경간을 따라서 어느 곳이라도 위치할 가능성이 똑같을 것이라는 가정과 일치하는) 그 구간의 길이에 비례할 것이라 가정하고 있다. 그러나 예제 2.2는 좌회전을 기다리는 자동차의 수에 대한 확률은 상응하는 관측 상대도수에 바탕을 두고 있는데, 이는 가용한 경험적 관측자료로부터 결정된 것이다. 마지막으로, 예제 2.4에서 기초의 지지력이 4000psf보다 크게 될 확률은 지반엔지니어의 경험과 주관적인 판단에 바탕을 두고 있다.

한 가지 혹은 다수의 결과나 사건이 가능한 비결정론적(nondeterministic) 공학적인 문제들을 해결하는데 필요하고 유용한 척도로 확률을 취급해야 한다는 점을 강조하고자 한다. 확률적인 척도의 의미에 대한 철학적인 문제는 피하고 관심을 불확실성의 조건하에서 문제를 모델링하고 분석하는데 확률과 그 수학적 및 통계학적 이론들의 실용적인 측면에 국한한다. 이와 유사하게 안전계수의 실제 의미를 정확하게 이해하지 않아도 설계를 수행하고, 힘과 질량에 대한 이해 없이도 뉴턴 법칙을 이용하여 문제를 분석할 수 있는 것이다.

계산된 확률의 유용성은 확률을 결정하는데 사용된 근거의 타당성 여부에 좌우된다. 이러한 관점에서 볼 때 확률추정을 위한 선행가정 기준(a priori basis)의 타당성은 전제된 가정의 합당성에 달려있는 것이며, 반면에 경험적으로 구한 상대빈도의 타당성은 관측 자료의 양에 좌우되는 것이다. 자료가 제한되어 있을 경우에는, 상대빈도 자체는 참확률의 부정확한 추정치나 기껏해야 근사적인 추정치를 제공하게 된다.

확률추정을 위한 세 번째 근거기준은 가용한 실제경험적 관측결과와 함께 직관적이거나 주관적인 가정의 결합을 포함한다. 이를 베이즈(Bayes')정리(2,3,5절 참조)가 이를 위해 사용될 수 있으며 그 결과는 제9장에 제시되어 있는 베이지안 확률(Bayesian probability)이라고 알려져 있다.

▶ 2.2 집합론-사건을 정의하기 위한 도구

확률적인 문제의 정식화 할 때 첫 번째 필요조건은 특정한 사건가능성 공간 내에서 우리가 관심을 가지는 사건을 정의하는 것이다. 이 목적을 위해 필요한 수학적인 기본 도구에는 집합론이 있다. 이 절에서는 집합론의 기본적인 요소들에 대해서 다루고 이어서 2.3절에서는 공학적인 확률문제의 정식화와 관련되고 유용한 이들 확률이론에 대해 다루었다.

2.2.1 주요 용어의 정의

집합론의 용어를 살펴보면, 확률적인 문제에 있어서 모든 가능성의 집합은 표본공간(sample space)이며, 각각의 가능성은 표본점(sample point)라고 한다. 이때 사건(event)은 표본공간의 부분집합(subset)이라고 정의한다.

표본공간은 이산적(discrete) 또는 연속적(continuous)일 수 있다. 이산적 표본공간인 경우 표본점들은 개개가 구별되고 헤아릴 수 있지만, 연속적 표본공간인 경우 표본공간은 표본점의 연속체로 구성되어 있다.

이산적 표본공간은 유한개의 표본점으로 구성되어 유한하거나 무한개의 표본점으로 구성되어 그 크기가 무한할 수 있다. 예제 2.1에서 3대의 불도저의 가능한 상태는 유한한 이산적 표본공간의 예이다. 즉 개개의 가능한 상대는 표본점이며, 8가지의 가능한 상태가 모여서 상응하는 표본공간을 이룬다. 유한 표본공간의 또 다른 예들을 들어 보면 다음과 같다.

건설프로젝트에 있어서 경쟁 입찰의 최종적인 낙찰자는 프로젝트에 대한 입찰제안서를 제출한 회사 중 하나이다. 이 경우 표본공간은 유한하며 프로젝트 입찰서류를 제출한 모든 회사로 구성된다. 반면 각 회사는 표본점이 된다.

시애틀에서 1년 중 측정 가능한 강우가 있는 날의 수는 유한할 것이며 0부터 365일의 범위의 값을 가진다. 강우가 있는 날은 표본점이며, 1년의 날의 수는 표본공간을 구성한다.

시카고에 위치한 O'Hare국제공항에서 15분 이상 연착되는 비행기의 비율을 정하는데 있어서, 하루 24시간 내에 O'Hare공항에 착륙하는 전체 비행기의 수는 유한한 표본공간이 되며 각각의 비행기는 표본공간 내의 표본점이 된다.

헤아릴 수 없지만 무한한 수의 표본점을 가지는 이산적 표본공간의 예는 다음과 같다.

- 주어진 길이에 대한 용접의 결함수 : 용접에서 결함의 수가 없거나 오직 몇 개이거나 그 수가 매우 클 수도 있다. 용접의 실제 결함수는 거의 무한할 수도 있다.
- 1년에 걸친 기간동안 교량 위에서 다음 사고가 발생할 때까지 유료교량을 통과한 차량의 수 : 교량을 통과하는 첫 번째 차량에서 사고가 발생할 수도 있고, 1년동안 어떤 사고도 발생하지 않을 수도 있다.

연속적 표본공간의 경우, 표본점의 수는 항상 무한하다. 예를 들어 보면,

- 교통사고가 발생하는 유료교량상의 위치를 생각해보면, 각각의 발생 가능한 위치가 표본점이며 표본공간은 교량 위에서 발생가능한 모든 위치의 연속공간(continuum)이다.
- 점성토의 지지력이 1.5tsf(ton/ft^2)과 4.0tsf 사이라고 한다면, 이 범위 전체가 연속적인 표본공간이다.

그러나 표본공간이 이산적이든 연속적이든지, 사건은 항상 적합한 표본공간의 부분집합이다. 그러므로, 사건은 항상 1개 또는 그 이상의 표본점(공집합空集合인 불가능한 사건이 아니라면)으로 구성될 것이고, 이러한 표본점들의 구현은 이에 상응하는 사건의 발생으로 구성된다. 마지막으로 다시 한번 우리가 확률에 대해서 말할 때, 우리는 항상 특정 표본공간 내의 어떤 사건을 언급하고 있는 것이다.

다음의 예제를 통해 보다 명확하고 정량적인 방식으로 전술한 정의와 개념을 규정하도록 해보자.

▶ 예제 2.5 그림 E2.5a처럼, 단순보 AB를 다시 생각해 보자.

(a) 만약 100kg의 집중하중이 보위에서 1m간격으로만 재하 될 수 있다면, 반력 R_A의 표본공간은 다음과 같을 것이다.

{0, 10, 20, 30, 40, 50, 60, 70, 80, 90, 100kg}

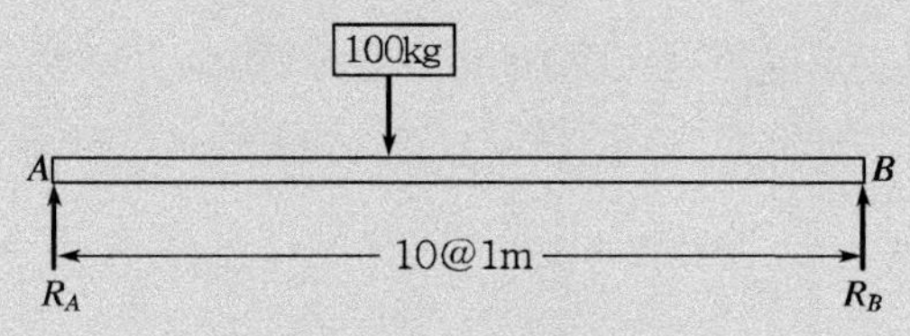

그림 E2.5a 보

(b) 즉, R_A와 R_B의 표본공간은 $R_A + R_B = 100$이 되도록 하는 R_A와 R_B의 모든 짝의 조합으로 이루어질 것이다. 도표로 나타내보면, 표본공간은 그림 E2.5b와 같다.

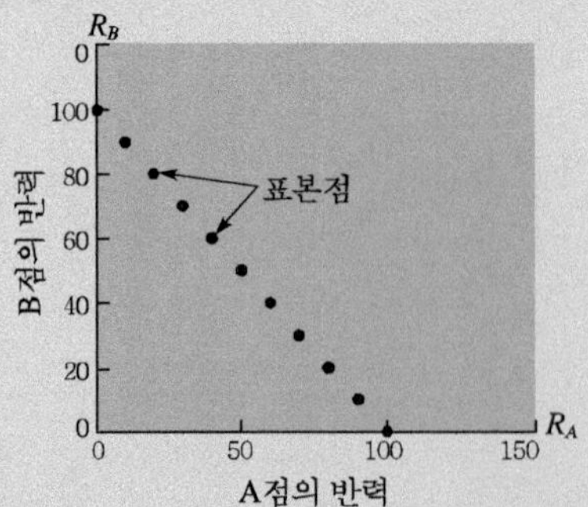

그림 E2.5b R_A와 R_B의 표본공간

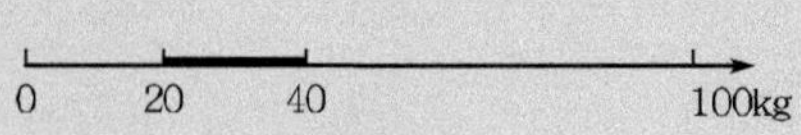

그림 E2.5c R_A의 표본공간

(c) 만약 100kg 하중이 보의 길이를 따라 어느 곳에도 재하될 수 있다면, R_A의 표본공간은 0과 100사이의 직선(그림 E2.5c)으로 나타낼 수 있지만, 반면에 이에 상응하는 R_A와 R_B의 표본공간은 그림 E2.5d에서 보는 바와 같이 일차 함수이다. 그림 2.5c에서 사건은 $(20 < R_A < 40)$으로 정의되는 반면에 그림 2.5d에서 $(R_A,\ R_B)$에 대한 사건은 (20, 80)과 (40, 60) 사이일 것이다.

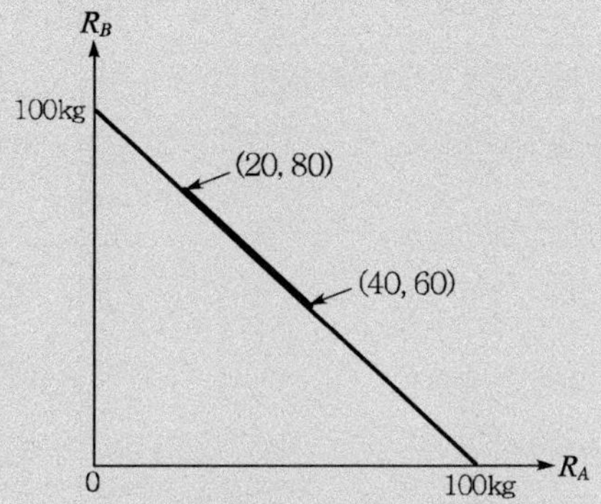

그림 E2.5d (R_A, R_B)의 표본공간

그림 E2.5e R_A나 R_B의 표본공간

(d) 다음으로 하중이 100, 200, 300kg일 수 있으며 하중 위치가 보를 따라서 어디에도 재하될 수 있다고 생각해 보자. 이 경우에 R_A나 R_B의 표본공간은 그림 E2.5e에서 보는 바와 같이 0과 300kg 사이의 모든 값으로 구성되지만, $(R_A,\ R_B)$의 표본공간은 그림 E2.5f에서 보는 바와 같이 3개의 선으로 표현된다.

(e) 마지막으로 만약에 하중이 100과 300kg 사이의 어떠한 값을 가질 수 있고 보를 따라서 어느 곳에나 재하될 수 있다면, R_A나 R_B의 표본공간은 그림 E2.5e의 직선인 반면에 $(R_A,\ R_B)$의 표본공간은 그림 E2.5g의 빗금친 영역이 된다.

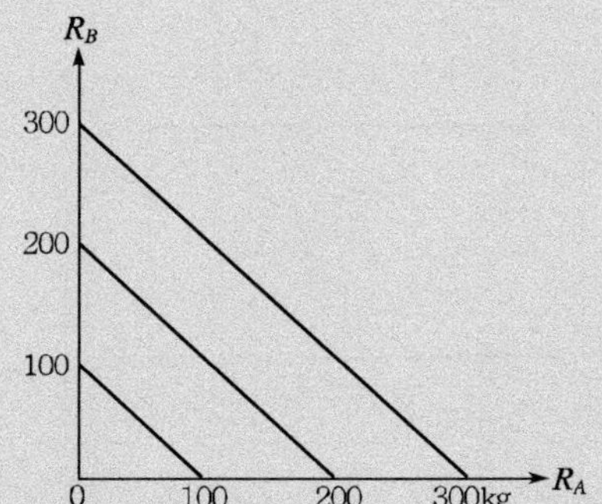

그림 E2.5f (R_A, R_B)의 표본공간

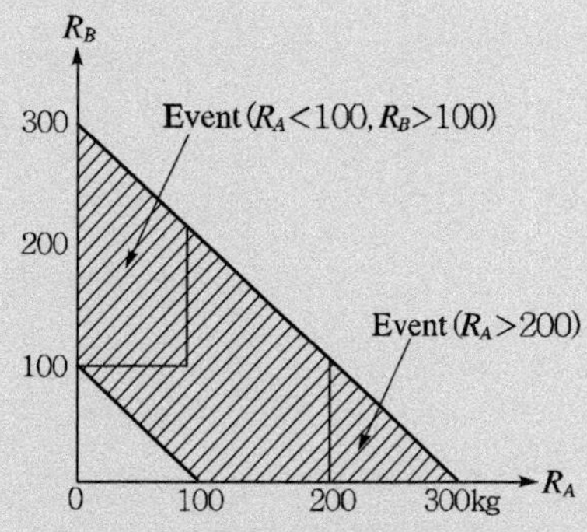

그림 E2.5g (R_A, R_B)의 표본공간

그림 E2.5g의 표본공간 내에서 사건, ($R_A > 200$ kg)은 그림 E2.5g에서 보는 것처럼 삼각형 영역이지만, ($R_A < 100$; $R_B > 100$)인 사건은 사다리꼴 형태이다. ◀

▶ 예제 2.6 강의 범람에 대한 과거 관측자료에 근거하여, 평균유량 이상인 연간최대홍수위는 1m에서 5m까지의 범위로 가정해 보자. 만약 연간최대유량이 0.1m의 증분으로 측정된다면, 연간유량의 표본공간은 51개의 표본점(0.1, 1.1, 1.2,..., 4.8, 4.9, 5.0m)으로 구성된다. 연간유량이 3.0m를 넘게 될 사건은 (3.1, 3.2,..., 4.8, 4.9, 5.0m)의 20개의 표본점으로 이루어진다. ◀

반면에 연간최대유량이 1m에서 5m까지의 어느 수준이 된다면, 연간유량의 표본공간은 1m부터 5m까지의 무한히 많은 값들의 연속이다. 이와 비슷하게, 3.0m를 넘는 홍수유량의 사건은 3m와 5m 사이의 연속 값이다.

특수사상

아래에 보인 바와 같이 다음과 같은 특수한 사건과 그에 사용되는 기호에 대해 설명하기로 한다.

- 공사건(impossible event, ϕ) : 표본점이 없는 사건이다. 그러므로 표본공간 내에서 공집합이다.
- 전사건(certain event, S) : 표본공간 내의 모든 표본점을 포함하는 사건으로 예를 들어, 표본공간 자체가 전사건이다.
- 여사건(complementary event, $\overline{E}$) : 사건 E는 E가 아닌 S 내의 모든 표본점을 포함한다.

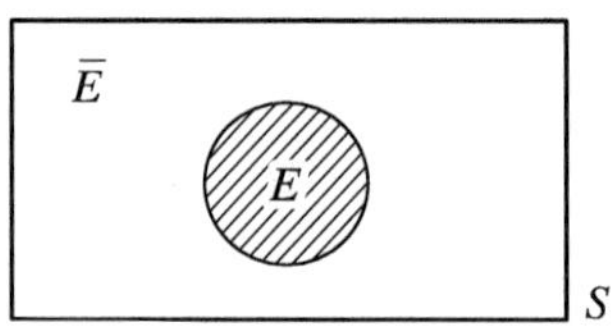

그림 2.1 표본공간 S의 벤다이어그램

벤다이어그램(Venn diagram)

하나의 표본공간과 그 부분집합(사건)들은 벤다이어그램으로 도식화하여 나타낼 수 있다. 그림 2.1과 같이, 표본공간 S는 직사각형으로 표현할 수 있다. 이때 사건 E는 직사각형 내의 원형(혹은 어떠한 폐합영역)으로 나타낼 수 있다. 그리고 이러한 폐합영역의 바깥쪽 영역인 직사각형의 부분은 사건 E에 상응하는 여사건 $\overline{E}$가 된다. 다시 말해, 사건 E는 폐합영역 내에 모든 표본점을 포함하는 반면에 $\overline{E}$는 S내에서 E의 바깥쪽의 모든 표본점을 포함한다.

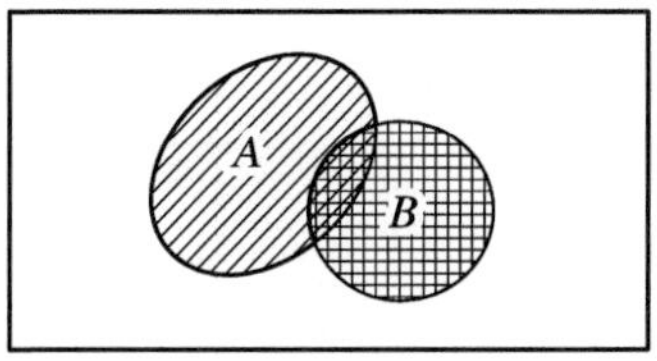

그림 2.2a 2개의 사건 A와 B로 이루어진 벤다이어그램

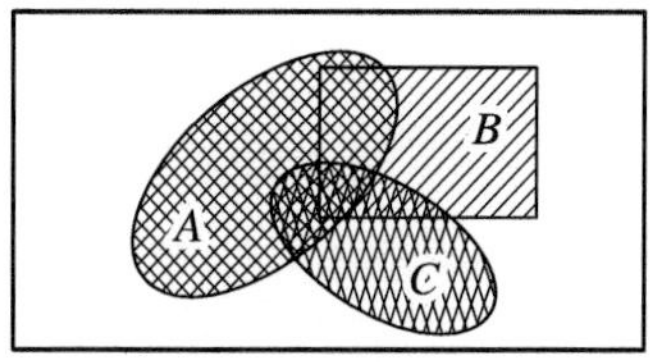

그림 2.2b 3개의 사건 A, B, C로 이루어진 벤다이어그램

2개 혹은 그 이상의 사건으로 이루어진 벤다이어그램을 그림 2.2에 나타내었다.

많은 실제적인 문제에서, 우리의 관심사건은 여러 다른 사건들의 조합이다. 이를테면, 예제 2.1에서 6개월 후에 적어도 2대의 불도저가 작동 가능한 상태일 사건이 관심대상일 수 있다. 이 사건은 2대 혹은 3대의 불도저가 작동 가능한 상태인 것의 조합이다. 이러한 사건은 2개의 개별적인 사건의 합(union)을 포함한다.

사건들을 결합하거나 다른 사건들로부터 도출되는 사건에는 합(union) 또는 곱(intersection)이라고 불리는 두 가지 방법이 있다. 두 사건 E_1과 E_2를 고려해 보자. $E_1 \cup E_2$로 표시하는 E_1과 E_2의 합은 E_1 또는 E_2 또는 두 가지 모두의 발생이다. (집합론에서, or는 or/and를 의미하는 포괄적인 의미로 사용된다.) 이것은 $E_1 \cup E_2$가 E_1이나 E_2에 속하는 모든 표본점을 포함하는 또 다른 사건임을 의미한다.

E_1과 E_2의 합에 대한 벤다이어그램은 그림 2.3의 빗금친 영역이 된다. 그러므로, S 내에서 빗금친 영역의 바깥 영역 부분은 여사건 $\overline{E_1 \cup E_2}$, 즉$(E_1 \cup E_2)$의 여(餘)부분이다.

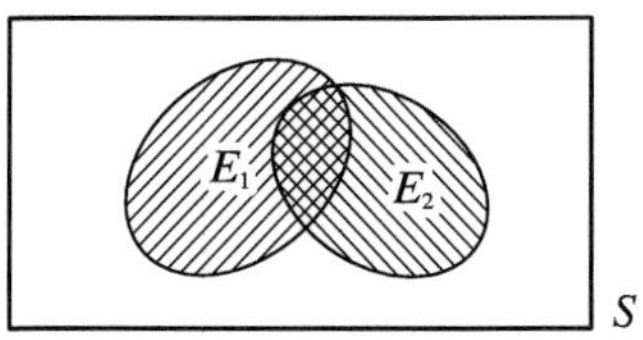

그림 2.3 $E_1 \cup E_2$의 벤다이어그램

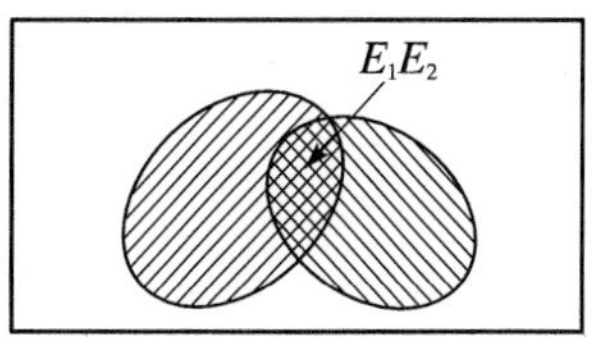

그림 2.4 E_1E_2의 벤다이어그램

3개 혹은 그 이상의 사건의 합은 그림 2.2b에서 보는바와 같이, 이것들 중의 적어도 1개의 발생을 의미하고 개별적인 사건 A, B, C의 3개의 빗금친 영역 내에 있는 표본점들의 부분집합이다.

사건 E_1과 E_2의 곱은, $E_1 \cap E_2$ 혹은 간단하게 $E_1 E_2$로 표시하는데, E_1과 E_2의 결합발생을 나타내는 사건이다. 다시 말해서, $E_1 E_2$는 E_1과 E_2에 양쪽 모두에 속하는 표본점들의 부분집합이다. $E_1 E_2$의 벤다이어그램은 그림 2.4에서 보는 것처럼 이중으로 빗금친 부분이 될 것이다.

마지막으로, 3개 혹은 그 이상의 사건의 곱은 그것들 모두에 속하는 표본점들의 발생했다는 것을 의미하고 3개의 개별적인 사건에 모두 속하는 표본점들의 부분집합이다.

합(union)사건의 예제

- 건설재료의 공급상태를 설명할 때, 만약 E_1이 콘크리트의 부족을 나타내고 E_2가 철강의 부족을 나타낸다면, 합 $E_1 \cup E_2$는 콘크리트나 철강, 혹은 두 가지 모두의 부족을 나타낸다. 이 경우에, 여사건 $\overline{E_1 \cup E_2}$는 건설재료의 부족분이 없다는, 즉 콘크리트와 철강이 모두 가용한 상태임을 나타내는 것이다. 반면에 $\overline{E_1} \cup \overline{E_2}$는 콘크리트가 부족하지 않거나 철강이 부족하지 않다는 것을 의미한다. $\overline{E_1 \cup E_2}$와 $\overline{E_1} \cup \overline{E_2}$의 미묘한 차이에 주의하기 바란다.
- 시카고와 뉴욕 사이의 수하물의 운송은 항공이나 고속도로 또는 철도를 통해서 이루어진다. 만약 이러한 세 가지 각각의 운송방법이 가능하고, 각각 A, H, R로 칭한다면, 시카고와 뉴욕 사이의 수하물 운송 가능 수단($A \cup H \cup R$)는 화물을 항공이나 고속도로 또는 철도로 운송할 수 있다는 의미이다.

곱(intersection)사건의 예제

- 위의 첫 번째 예와 관련해 보면, 사건 $E_1 E_2$는 콘크리트와 철강이 모두 부족한 것을 의미하고 $\overline{E_1}\,\overline{E_2}$는 두 재료 모두 부족하지 않다는 것을 의미한다.
- 위의 두 번째 예와 관련하여 보면, 사건 AHR은 시카고와 뉴욕 사이에 세가지 운송 방법이 모두 가능하다는 것을 의미한다. 또한 사건$A\overline{H}\overline{R}$은 오직 항공운송만 가능하다는 것을 의미한다.

▶ 예제 2.7 그림 E2.7a와 같이 A시에서 B시로 가는 두 개의 고속도로 노선이 있다고 가정해 보자. E_1이 1번 노선이 개통되어 있는 것을 나타내는 것이고 E_2는 2번 노선이 개통되어 있는 것을 나타낸다. 이때 $E_1 \cup E_2$는 1번 또는 2번 노선이 개통되어 있는 것을 의미한다. 다시 말해서, 적어도 두 개의 노선 중에 1개는 개통되어 있는 것이다.

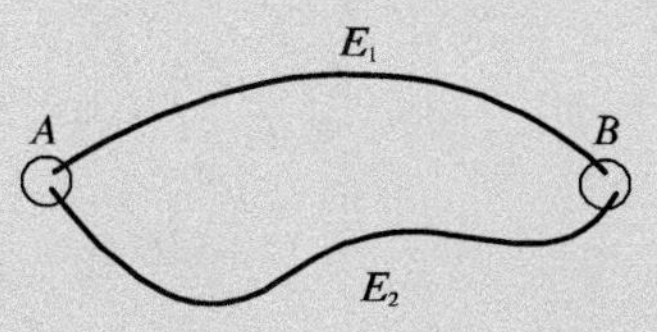

그림 E2.7a A에서 B까지 두 개의 경로

곱 $E_1 E_2$는 1번 노선과 2번 노선이 모두 개통되어 있다는 것을 의미하는 반면에, $E_1 \overline{E_2}$는 1번 노선은 개통되어 있지만 2번 노선은 폐쇄되어 있다는 것을 의미하고 $\overline{E_1}\,\overline{E_2}$는 아마도 폭설 때문에 도로가 모두 폐쇄된 것을 의미한다.

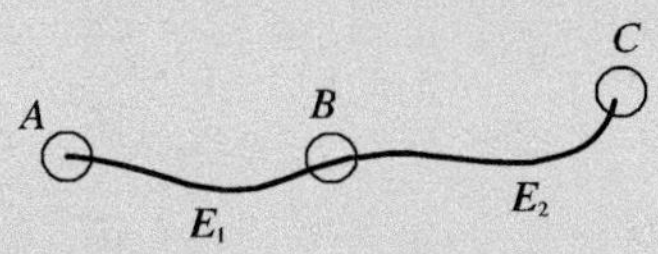

그림 E2.7b A에서 B까지 경로 1과 B에서 C까지 경로 2

다음으로 그림 E2.7b와 같이 A시와 B시를 연결하는 1번 노선과 B시와 C시를 연결하는 2번 노선을 가진 A, B, C 세 개의 시를 고려해 보자. 만약 각각 $\overline{E_1}$과 $\overline{E_2}$가 각각 1번 노선과 2번 노선이 폐쇄된 것을 의미한다면, 이 때 합 $\overline{E_1} \cup \overline{E_2}$는 1번 경로가 폐쇄하거나 2번 경로가 폐쇄되었음을 의미하고, 이는 또한 A시에서 C시로 가는 것이 불가능하다는 것을 의미한다.

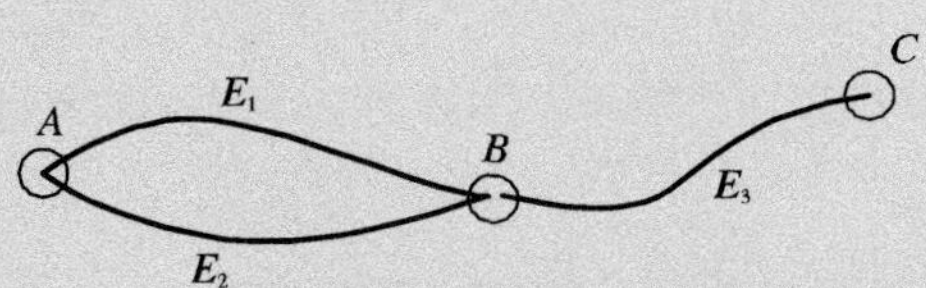

그림 E2.7c A에서 B까지 경로 1과 2, B에서 C까지 경로 3

마지막으로, 그림 E2.7c와 같이 A시와 B시로 가는 노선이 두 개가 있고 B시에서 C시로 가는 노선은 3번 노선만 있다고 가정해 보자. 이 경우에, A시에서 C시로 가는 가능한 방법은 두 가지가 있는데, 이는 곧 사건 $E_1 E_3 \cup E_2 E_3$로 표현된다. 다른 방식으로는 사건 $(E_1 \cup E_2)E_3$로도 표현이 가능하다. 또한 $\overline{E_1}\,\overline{E_2} \cup \overline{E_3}$는 A시에서 C시로 가는 통행 방법이 없다는 것을 의미한다. ◀

▶ 예제 2.8 그림 E2.5g와 같이 100kg에서 300kg까지의 범위를 가지는 하중과 두 개의 반력 $(R_A,\ R_B)$의 표본공간을 가지는 예제 2.5를 다시 고려해 보자.

만약, 사건 A : $R_A >$ 100kg

사건 B : $R_B >$ 100kg

그림 E2.8a와 E2.8b와 같이 사건 A와 B는 각각(R_A, R_B) 쌍점들의 부분집합이다.

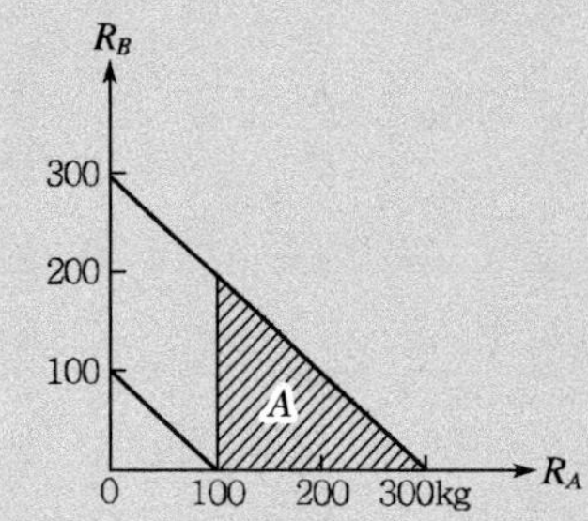

그림 E2.8a 사건A의 부분집합

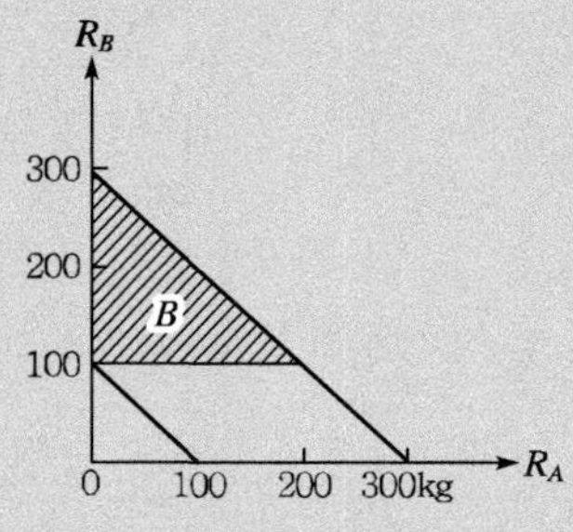

그림 E2.8b 사건B의 부분집합

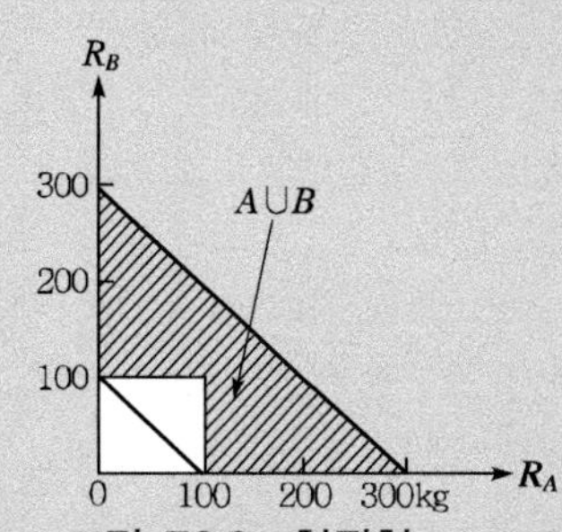

그림 E2.8c 합집합 $A \cup B$

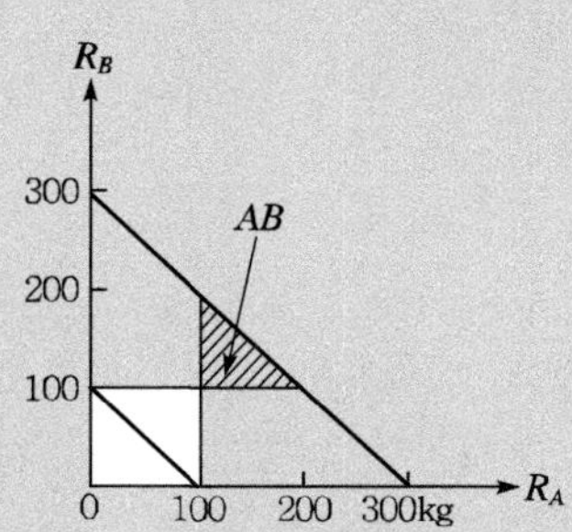

그림 E2.8d 곱집합 AB

합사건 $A \cup B$는 그림 E2.8c에서 빗금친 구역이고 곱사건 AB는 그림 E2.8d에서 빗금친 구역이다.

이 예제에서 E2.8a에서 그림 E2.8d까지의 그림들은 본문제에 상응하는 벤다이어그램으로서의 역할을 하고 있다는 것에 유의해야 한다. ◀

상호배반사건

만약에 한 사건의 발생이 다른 사건의 발생을 배제시킨다면 두 사건은 상호배반적이게 되는데, 즉 이는 양 사건의 동시 발생은 불가능하다는 뜻이다. 그러므로, 이에 상응하는 부분집합은 그림 2.5의 벤다이어그램처럼 서로 겹치는 부분이 없게 될 것이다. 다시 말해서, 부분집합의 공통부분이 없다는 것이다.

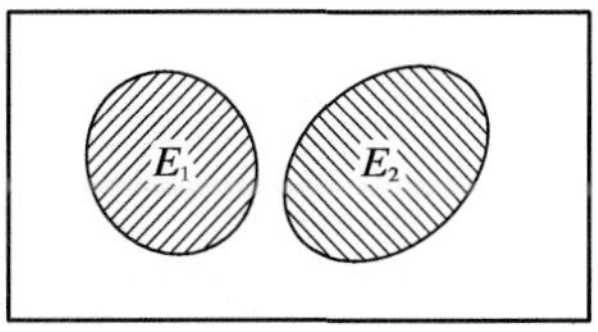

그림 2.5 상호배반사건 $E_1 E_2 = \phi$

만약에 두 사건이 상호배반적이면, 이때 이것들의 곱은 불가능한 사건 즉, $E_1 E_2 = \phi$이 된다.

자연스레 상호배반적인 사건들의 예에는 다음과 같은 것들을 포함한다.

1. 교차로에서 우회전하는 차량과 좌회전하는 차량
2. 주어진 기간동안에 강의 홍수의 발생과 가뭄의 발생
3. 강진후에 건물이 붕괴되는 것과 아무런 피해를 입지 않는 것

이와 비슷하게, 한 사건의 발생은 모든 다른 사건의 발생을 배제한다면, 세 개 혹은 그 이상의 사건도 상호배반적이다. 이러한 예들은 다음과 같다.

1. 어느 단일 공항의 부지로 세 개의 후보지가 있다면, 이때 그 공항의 최종 부지로의 세 가지 선택은 상호배반적이다.
2. 예제 2.1에서 6개월 후에 작동 가능한 상태로 남아있을 불도저의 수는 상호배반적이다.
3. 예제 2.2에서 교차로에서 좌회전을 위해 대기하는 차량의 수는 상호배반적이다.

그러나, 예제 2.7에서 한 노선의 폐쇄가 반드시 다른 노선의 폐쇄를 배제하지는 않기 때문에 서로 다른 노선들의 상태는 상호배반적이지 않다. 이와 마찬가지로, 예제 2.8에서 하중이 > 200kg으로 충분히 크다면 R_A와 R_B 모두 100kg을 초과할 수 있기 때문에 사건 A와 B는 상호배반적이지 않다. 또한 곱사건 AB는 공집합이 아니다.

집합적으로 전포괄적인 사건(collectively exhaustive events)

만약에 사건의 합이 표본공간을 만들어 낸다면 두 개 혹은 그 이상의 사건은 집합적으로 전포괄적인(표본공간)이 된다. 예를 들어, 그림 2.1에서와 같이 사건 E와 그것의 여사건 $\overline{E}$가 집합적으로 전포괄적이 되며 이는 곧 $E \cup \overline{E} = S$가 된다.

▶ 예제 2.9 a와 b 두 개의 건설회사가 프로젝트의 입찰에서 경쟁하고 있다. A는 a회사가 낙찰받게 되는 사건으로, B는 b회사가 낙찰받게 되는 사건으로 정의하고, 다음과 같은 표본공간에 대한 벤다이어그램을 그려보자.

1. a회사가 어떤 한 프로젝트의 입찰에 참여 b회사가 다른 프로젝트의 입찰에 참여하고 있다고 할 때, 그것의 벤다이어그램은 그림 E2.9a와 같게 될 것이다.

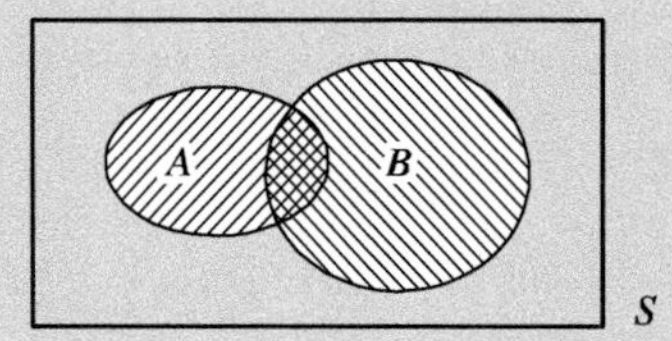

그림 E2.9a A와 B의 표본공간

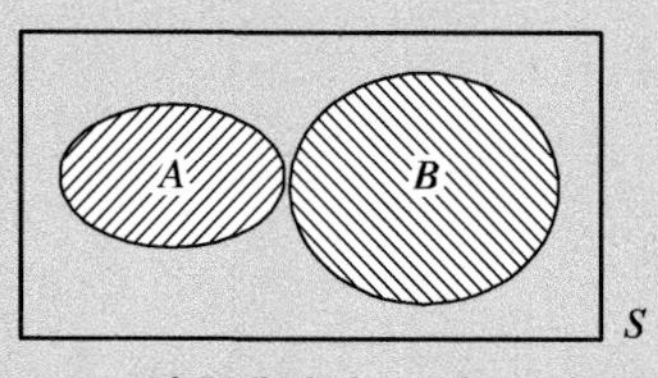

그림 E2.9b 상호배반적 A와 B의 표본공간

이 경우에 A와 B의 곱으로 나타내듯이 두 회사 모두 각각의 입찰에서 낙찰받게 되는 경우가 가능하다.

2. a와 b회사가 동일한 프로젝트의 입찰에 참가 하고 다른 경쟁사들이 있다면 이에 대한 벤다이어그램은 그림 E2.9b와 같다.

이 경우에, a 또는 b회사가 프로젝트를 수주하게 되거나 또는 다른 회사들 중 하나가 프로젝트를 수주할 수 있다. 만약에 a회사가 낙찰 받는다면, b회사를 포함한 다른 회사들 역시 수주하는 경우는 발생하지 않는다. 즉, A의 발생은 B의 발생을 배제하게 된다. 따라서, 사건 A와 B는 A와 B사이에 겹치는 구역이 없는 그림 E2.9b에서와 같이 상호배반적이 된다. 게다가, $A \cup B$의 여집합, $\overline{A \cup B}$는 또 다른 회사가 수주한다는 것을 의미하게 된다.

3. a회사와 b회사만이 단일 프로젝트의 입찰에 참가하게 된다면 이에 대한 벤다이어그램은 그림 E2.9c와 같다.

이러한 특별한 경우에, a회사와 b회사는 단일 프로젝트에 대한 유일한 경쟁 입찰자가 되고 두 회사 중의 한 회사만이 낙찰을 받게 되므로 사건 A와 B는 상호배반적이고, 또한 집합적으로 전포괄적이 되어, $A \cup B = S$로 된다. 따라서, 표본공간은 그림 E2.9c와 같이 두 집합 A와 B만으로 구성된다.

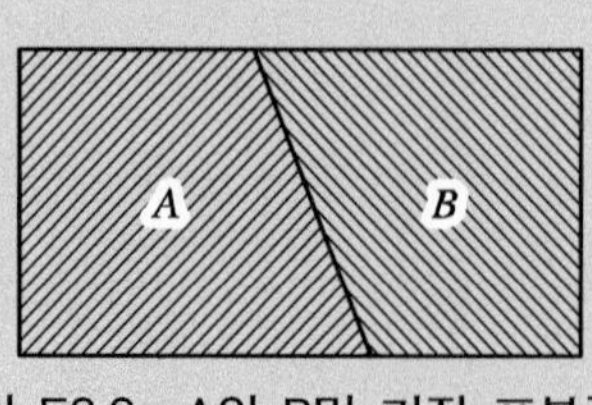

그림 E2.9c A와 B만 가진 표본공간 ◀

▶ **예제 2.10** 대도시에 새로운 공항건설을 위해 a, b, c로 이름 붙여진 세 개의 가능한 후보지가 있고 다음과 같이 사건을 정의한다.

A=후보지 a가 공항으로 선정되는 경우
B=후보지 b가 공항으로 선정되는 경우
C=후보지 c가 공항으로 선정되는 경우

만약 공항으로 위의 세 부지만이 가능한 후보지로 고려될 때, 공항 위치로 선정 가능한 후보지는 합집합 $A \cup B \cup C$이다. 그러나 만약에 이러한 후보지 중에 한곳이 선정된다면, 이것은 곧 다른 나머지 두 곳의 선정을 배제하게 된다. 따라서 사건 A, B, C는 상호배반적이다. 그러므로, 이에 대한 벤다이어그램은 그림 E2.10과 같다.

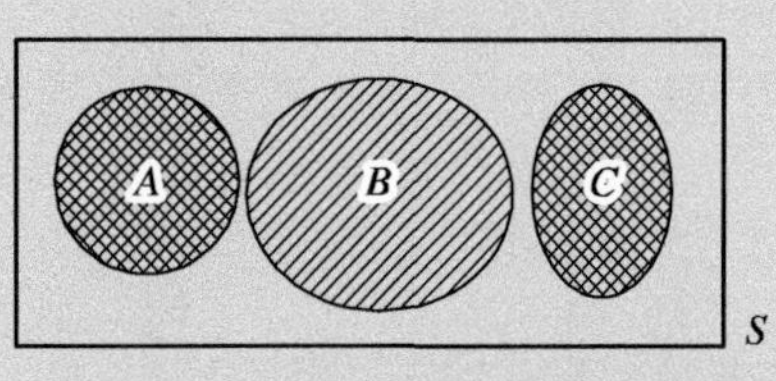

그림 E2.10 사건 A,B,C의 표본공간

이 경우에는 또한 다음과 같은 사항을 알 수 있다.
$A\overline{B}\,\overline{C}$는 후보지 a가 선택되고 b, c가 선정되지 않음을 의미한다.
$\overline{A \cup B \cup C}$는 공항의 위치로서 세 곳 모두 선정되지 않음을 의미한다. ◀

2.2.2 집합의 연산법칙

2.2.1절에서 두 개 혹은 그 이상의 집합 또는 사건은, 합하는 경우와 곱하는 경우로, 오직 두 가지로만 조합이 가능하다는 것을 살펴보았다. 이러한 두 연산과 사건의 여집합을 구하는 과정은 집합에 수반되는 기본적인 연산과정을 구성하게 된다. 이러한 집합과 관련되는 연산을 나타내기 위해서 본 교재에서 채택한 연산 기호는 다음과 같다.

$\cup$ =합(union)
$\cap$ =곱(intersection)
$\supset$ =~을 포함한다
$\subset$ =~에 속한다,~에 포함된다

$\overline{E} = E$의 여사건

이러한 기호를 바탕으로 집합의 연산과정을 지배하는 수학 규칙들은 다음과 같다.

집합의 상등(equality of sets)

두 개의 집합이 동일한 표본점을 가질 경우에만 이들 두 집합은 상등이다. 이러한 것을 바탕으로 다음을 알 수 있다.

$$A \cup \phi = A$$

여기서, ϕ는 공(빈)집합이다.

또한,

$$A \cap \phi = \phi$$

게다가,

$$A \cup A = A$$
$$A \cap A = A$$

동일한 표본공간 S에 대해서

$$A \cup S = S$$

반면에

$$A \cap S = A$$

여사건 집합(complementary sets)

사건 E와 관련하여 그것의 여사건 $\overline{E}$는 다음과 같음을 알 수 있다.

$$E \cup \overline{E} = S$$

반면에

$$E \cap \overline{E} = \phi$$

그리고

$$\overline{\overline{E}} = E$$

즉, 여사건의 여사건은 원래 사건과 같다.

교환법칙(commutative rule)

집합의 합과 곱은 교환법칙이 성립한다. 즉, 두 집합 A와 B는

$$A \cup B = B \cup A$$

또한,

$$A \cap B = B \cap A$$

결합법칙(associative rule)

집합의 합과 곱에서도 역시 결합법칙이 성립한다. 즉, 세 개의 집합 A, B, C는

$$(A \cup B) \cup C = A \cup (B \cup C)$$

또한,

$$(AB)C = A(BC)$$

분배법칙(distributive rule)

마지막으로, 집합의 합과 곱은 분배법칙이 성립된다. 즉 세 개의 집합 A, B, C는

$$(A \cup B) \cap C = A \cap C \cup B \cap C \text{ or } AC \cup BC$$

그리고 또한,

$$(AB) \cup C = (A \cup C) \cap (B \cup C)$$

위의 교환, 결합, 분배법칙은 수(numbers)에 대한 대수 법칙과 비슷하다는 것을 알 수 있다. 특히, 수의 덧셈과 곱셈을 지배하는 연산법칙은 집합의 합과 곱에도 적용된다는 것을 알 수 있다. 즉, 다음과 같은 등가성원리에 의해—합집합은 덧셈에 교집합은 곱셈에 대응한다는 가정에 의하여(즉, $\cup \to +$ 그리고 $\cap \to \times$)—통상적 대수의 규칙을 집합이나 사건의 연산에 적용한다. 게다가 대수연산의 위계에 따라서 집합이나 사건의 연산에서 괄호에 의해 별도로 지시되지 않는 한 집합의 곱은 합보다 연산순서에서 우선한다.

위의 등가성은 연산적 의미에서만 타당하며, 즉 산술연산의 덧셈과 곱셈 같은 것은 집합이나 사건에 대해서는 전혀 의미가 없다는 점이 강조되어야 한다. 게다가, 집합의 뺄셈이나 나눗셈은 아무런 등가적 연산이 없다. 달리 말하자면, 통상적 연산에 대응되는 부분이 있는 집합에 적용되는 연산과 연산규칙들이 없다. 예를 들어,

집합 A에 대해서

$$A \cup A = A \text{ 그리고 } A \cap A = A$$

다른 경우의 유의할 점으로서 위에서 설명한 두 번째 분배법칙을 들 수 있는데 다음과 같이

$$(A \cup C)(B \cup C) = AB \cup AC \cup BC \cup CC$$

그러나,

$$BC \cup CC = C$$

비슷하게,

$$AC \cup C = C$$

그러므로, 마지막 결과는

$$(A \cup C)(B \cup C) = AB \cup C$$

반면에 통상적 대수에서는

$$(a+c)(b+c) = ab + ac + cb + c^2 \neq ab + c$$

마지막으로, 집합론에서는 적용되지만 통상적 대수에서는 없는 또 다른 중요한 연산법칙이 아래에서 설명하고 있는 de Morgan의 법칙이다.

de Morgan의 법칙(de Morgan's rule)

이 법칙은 집합과 그들의 여집합과의 관계를 나타낸다. 두 개의 집합이나 사건, E_1과 E_2에 대해서 de Morgan의 법칙은

$$\overline{E_1 \cup E_2} = \overline{E_1} \cap \overline{E_2}$$

이 관계의 일반적인 타당성은 그림 2.6과 같은 벤다이어그램으로 보여 줄 수 있다.

그림 2.6a에서 빗금치지 않은 영역은 명확하게 $\overline{E_1 \cup E_2}$이다. 여집합 $\overline{E_1}$과 $\overline{E_2}$의 두개의 벤다이어그램이 각각 그림 2.6b에 나타나 있고, 이들의 교집합은 그림 2.6c에 이중으로 빗금친 부분이다. 그림 2.6a와 그림 2.6c를 비교하면 두 집합이 같다는 것, 즉 $\overline{E_1 \cup E_2} = \overline{E_1} \cap \overline{E_2}$을 알 수 있고, 따라서 이는 de Morgan의 법칙을 증명해 주고 있다.

보다 일반적인 항으로 표시하면, de Morgan의 법칙은

$$\overline{E_1 \cup E_2 \cup \ldots \cup E_n} = \overline{E_1} \cap \overline{E_2} \cap \ldots \cap \overline{E_n} \tag{2.3a}$$

식 (2.3a)를 $\overline{E_1}$, $\overline{E_1}$,...,$\overline{E_n}$ 의 여집합에 적용하면,

$$\overline{\overline{E_1} \cup \overline{E_2} \cup \ldots \cup \overline{E_n}} = E_1 E_2 \ldots E_n$$

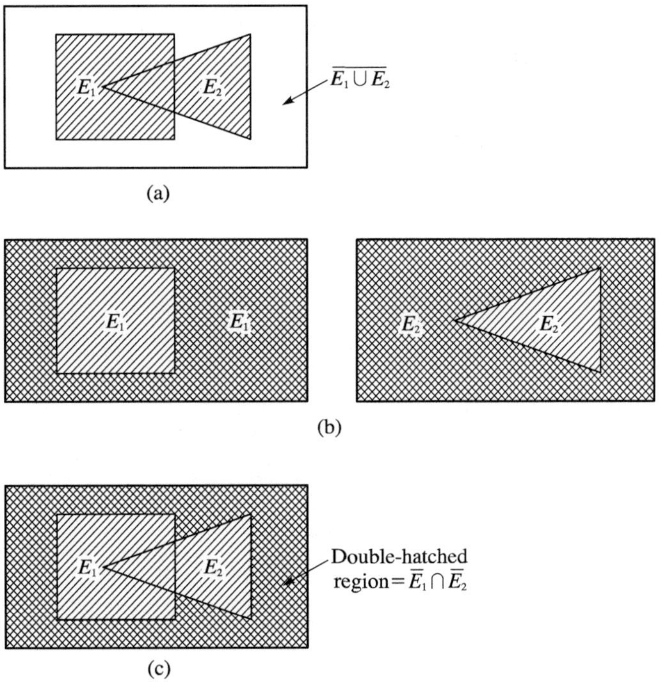

그림 2.6 de Morgan 법칙을 보여주는 벤다이어그램

그 다음에 위의 방정식의 양변에 여사건을 취하면, de Morgan의 법칙은 또한 다음과 같이 표현될 수 있다.

$$\overline{E_1 E_2 \ldots E_n} = \overline{E_1} \cup \overline{E_2} \cup \ldots \cup \overline{E_n} \tag{2.3b}$$

식 (2.3a)와 식 (2.3b)에 비추어 보면서 다음과 같은 쌍대관계(duality relation)를 가지고 있음을 알 수 있다. 사건의 합이나 곱의 여사건은 동일한 사건들의 각각의 여사건의 곱이나 합과 같다는 것이다. 다음의 예제는 이러한 쌍대관계를 설명해 준다.

$$\overline{A \cup BC} = \overline{A} \cap \overline{BC} = \overline{A}(\overline{B} \cup \overline{C})$$

$$\overline{(A \cup B)\,C} = \overline{(A \cup B)} \cup \overline{C} = \overline{A}\,\overline{B} \cup \overline{C}$$

$$(\overline{AB} \cup C)(\overline{A} \cup \overline{C}) = \overline{AB\overline{C} \cup AC} = \overline{AB\overline{C}} \cap \overline{AC}$$

de Morgan의 법칙의 추가적인 설명을 위하여, 다음 예제를 고려해 보자.

▶ 예제 2.11 그림 E2.11과 같이 두 개의 고리로 된 체인이 있다. 어느 한쪽의 고리라도 파단되면 분명 체인은 하중을 지지하지 못하고 끊어지고 말 것이다. 그래서, 만약

E_1=고리 1의 파괴

E_2=고리 2의 파괴

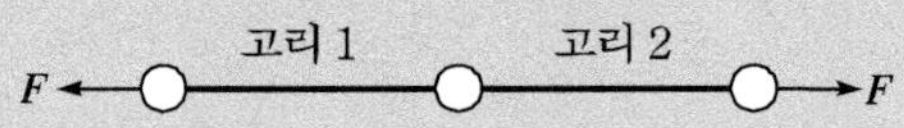

그림 E2.11 2개의 고리 체인

이라면,

$$\text{체인 파단} = E_1 \cup E_2$$

그러므로, 체인이 끊어지지 않을 사건은 $\overline{E_1 \cup E_2}$ 이다. 체인이 끊어지지 않는다는 것은 두 고리가 모두 파괴되지 않고 견딘다는 것을 의미하므로,

$$\text{체인이 파단되지 않음} = \overline{E_1} \cap \overline{E_2}$$

그러므로,

$$\overline{E_1 \cup E_2} = \overline{E_1} \cap \overline{E_2}$$

이것은 de Morgan의 법칙의 타당성을 확인하기 위한 공학 문제의 한 적용 예이다. ◀

▶ 예제 2.12 그림 E2.12와 같이 두 개의 도시 C와 D의 상수도 공급은 수원지 A와 B로부터 이루어진다. 물은 구간 1, 2, 3, 4의 지류관로를 통하여 송수된다. 두 수원지중 어느 수원지이든지 자체 능력상 두 도시 모두에 충분한 물을 공급할 수 있다고 가정하자.

E_1=지류관로 1의 고장

E_2=지류관로 2의 고장

E_3=지류관로 3의 고장

E_4=지류관로 4의 고장

지류관로의 고장은 그 지류의 심각한 누수나 관의 파단을 의미한다.

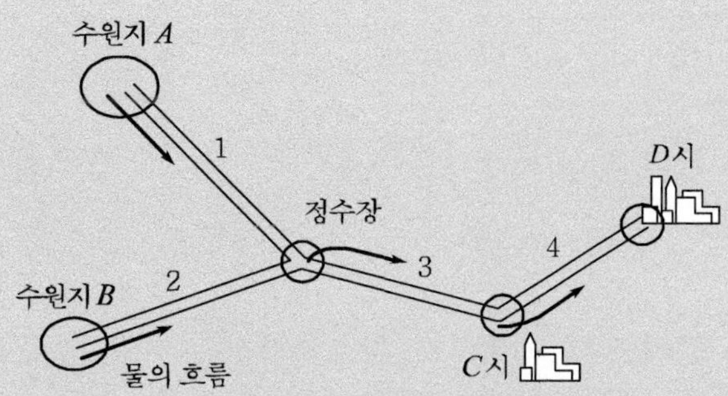

그림 E2.12 물공급 시스템

C시의 물부족은 $E_1 \cap E_2 \cup E_3$으로 나타낼 수 있고 이것의 여사건 $\overline{E_1 E_2 \cup E_3}$은 C시의 물부족이 일어나지 않음을 의미한다. de Morgan의 법칙에 적용시켜보면

$$\overline{E_1 E_2 \cup E_3} = (\overline{E_1} \cup \overline{E_2})\overline{E_3}$$

이것은 지류관로 1이나 지류관로 2에서 문제가 없고 또한 지류관로 3에서도 아무런 문제가 발생하지 않는다는 것을 의미한다. 이와 비슷하게, D시의 물부족은 사건 $E_1 E_2 \cup E_3 \cup E_4$이다. 그러므로 D도시의 단수는

$$\overline{E_1 E_2 \cup E_3 \cup E_4} = (\overline{E_1} \cup \overline{E_2})\overline{E_1}\,\overline{E_2}$$

이는 정수장에 충분한 공급이 이루어지고 있다는 것, 즉 $(\overline{E_1} \cup \overline{E_2})$이고 $\overline{E_1}\,\overline{E_2}$로 표현되는 지류관로 3과 4 모두 고장이 발생하지 않는다는 것을 의미한다. ◀

▶ 2.3 확률론의 수학적 이론

지금까지 확률론에 대한 모든 설명에서 "확률"이라고 일컫는 부(negative)의 값을 갖지 않는 척도는 특정 표본 공간에서 발생 가능한 사건과 관련되어 있음을 암암리에 가정해 왔다. 또한 알게 모르게, 그런 확률적 척도는 일정한 연산법칙을 따르는 일정한 성질을 가지고 있다고 가정해 왔다. 이런 성질과 연산법칙들은 수리확률론(mathematical theory of probability)에서 구체적으로 공부할 수 있다. 수학의 다른 분야들처럼, 확률의 이론도 증명이 필요 없는 일정한 근본적인 가정들이나, 공리, 사실을 기본으로 하고 있는데, 이들은 다음과 같다(Feller, 1957; Parzen, 1960, Papoulis, 1965 참조).

공리 1 : 표본 공간 S안에서 정의된 모든 사건 E의 확률

$$P(E) \geq 0 \tag{2.4}$$

공리 2 : 전사건 S의 확률

$$P(S) \geq 0 \tag{2.5}$$

공리 3 : 마지막으로, 상호배반인 두 사건 E_1과 E_2에 대해

$$P(E_1 \cup E_2) = P(E_1) + P(E_2) \tag{2.6}$$

식 (2.4)에서 식 (2.6)은 확률론의 기본 공리를 구성한다. 이들 식은 본질적 가정이므로 위반해서는 안 된다. 그러나 이런 공리와 유도된 이론은 실세계의 문제와 일치해야 하며 또한 유용성이 있어야 한다. 이러한 관점에서 볼 때 다음과 같은 것을 관측할 수 있다.

- 어떤 사건의 확률, $P(E)$는 상대적 척도, 즉 같은 표본 공간 내의 다른 사건과 관련하여 상대적인 것이다. 이 목적으로 그린 척도는 식 (2.4)에 제시되어 있는 바와 같이 부(negative)가 없는 것이라고 가정하는 것이 자연스럽고 알맞다.
- 사건 E는 항상 지정된 표본공간 S내에서 정의되기 때문에 식 (2.5)에서 정의된 바와 같이 표본공간 S(확실한 사건)에 대해 상대적으로 그 확률을 정규화 하는 것이 편리하다.

따라서, 식 (2.4)와 식 (2.5)로부터 사건 E의 확률은 다음과 같이 0과 1.0 사이의 범위에 있다.

$$0 \leq P(E) \leq 1.0$$

식 (2.6) 세 번째 공리와 관련하여 상대빈도의 관점에서 직관적으로 다음과 같이 관측할 수 있다. 만약 n회 동일반복 실험 중에 사건 E_1이 n_1회, 또 다른 사건 E_2는 n_2회(E_1과 E_2는 상호배반사건) 발생한다면 E_1이나 E_2는 n회 반복실험 가운데 n_1+n_2회 발생할 것이라는 것을 알 수 있는 것이다. 따라서 상대빈도를 근거로 하여(n이 큰 경우에) 다음과 같이 쓸 수 있다.

$$\begin{aligned} P(E_1 \cup E_2) &= \frac{n_1+n_2}{n} = \frac{n_1}{n} + \frac{n_2}{n} \\ &= P(E_1) + P(E_2) \end{aligned}$$

수리확률론을 통해 확률과 관련된 제반관계를 유도할 수 있는데, 수리확률론 상의 모든 관계와 이론적 결과들은 식 (2.4)에서 식 (2.6)에서 언명한 세가지 기본 공리에 그 근거를 두고 있다.

2.3.1 가법규칙(addition rule)

한 사건 E와 그 보사건 $\overline{E}$는 상호배반적이므로, 식 (2.6)을 바탕으로 다음을 얻을 수 있다.

$$P(E \cup \overline{E}) = P(E) + P(\overline{E})$$

그러나 $E \cup \overline{E} = S$므로, 식 (2.5)를 바탕으로 $P(E \cup \overline{E}) = P(S) = 1.0$을 얻는다. 그리하여, 첫 번째 유용한 관계를 얻을 수 있다.

$$P(\overline{E}) = 1 - P(E) \tag{2.7}$$

좀 더 일반적으로, 두 사건 E_1과 E_2가 상호배반이 아닐 경우에는 가법규칙은 다음과 같다.

$$P(E_1 \cup E_2) = P(E_1) + P(E_2) - P(E_1 E_2) \tag{2.8}$$

식 (2.8)의 일반화된 가법규칙은 식 (2.6)으로부터 유도된 것임을 보여줄 수 있다.

이를 위해, 그림 2.7로부터 먼저 $E_1 \cup E_2 = E_1 \cup \overline{E_1} E_2$인 것을 주목해야 한다.

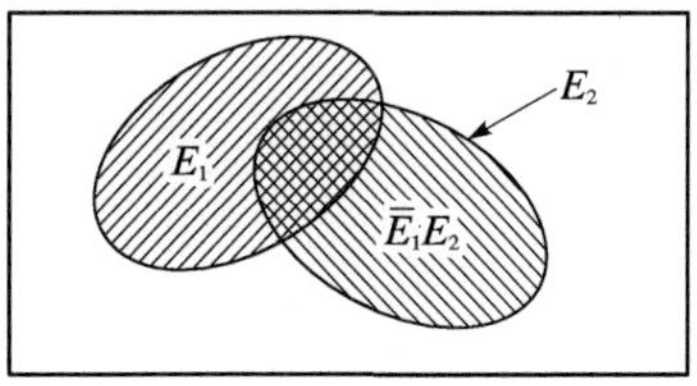

그림 2.7 E_1과 $\overline{E_1} E_2$의 합집합

그림 2.7에서와 보는 바와 같이, E_1과 $\overline{E_1} E_2$는 상호배반적이다. 따라서 식 (2.6)에 의해

$$P(E_1 \cup \overline{E_1} E_2) = P(E_1) + P(\overline{E_1} E_2)$$

이 된다. 그러나 $\overline{E_1} E_2 \cup E_1 E_2 = (\overline{E_1} \cup E_2) E_2 = S E_2 = E_2$이다. 그런데 $E_1 E_2$, $\overline{E_1} E_2$는 명백히 상호배반이다. 따라서,

$$P(\overline{E_1} E_2) = P(E_2) - P(E_1 E_2)$$

위의 식들로부터 식 (2.8)을 얻을 수 있다.

▶ 예제 2.13 한 건설회사는 두 개의 새로운 프로젝트, 공사 1과 공사 2를 시작하고 있다. 각 공사의 완료 기간에는 약간의 불확실성을 갖고 있다. 1년 후 각 공사의 완료 상태는 다음과 같이 정의할 수 있다.

A=확실히 완공함
B=완공이 의심스러움
C= 확실히 완공 못함

문제

1. 두 공사의 완료 상태에 대한 표본공간을 기술하라. 즉, 위의 기호들을 사용하여 1년 후에 공사 1과 2 모두의 완료에 관련된 모든 가능한 상태를 표시하여라. 예컨대, AA는 두 공사가 1년 안에 확실히 완공될 것이라는 것을 의미한다.
   그림 E2.13은 모든 표본점이 S안에 포함되어 있는 밴 다이어그램이다. 만약 E_1이 공사 1이 1년 안에 완공될 사건이라면,
   $$E_1 \supset (AA,\ AB,\ AC)$$
   가 된다.

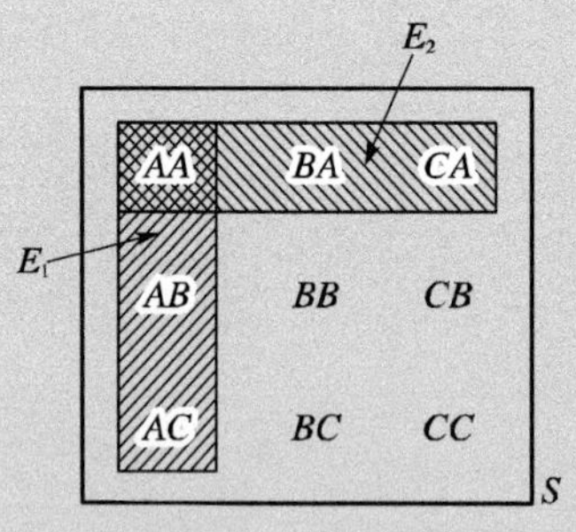

그림 E2.13 E_1과 E_2를 가진 표본 공간

유사하게, 만약 E_2는 공사 2가 1년 안에 확실히 완공될 사건이라면,

$$E_2 \supset (AA,\ BA,\ CA)$$

이다.

2. 양 공사의 각 완료 상태는 1년 안에 다 똑같이 완공 될 것이라고(즉, 각 표본점은

확률 1/9을 갖는다고) 가정할 때, 1년 안에 확실히 완공되는 작업이 적어도 한 개 이상일 확률은 얼마인가?

이 경우에, 관심 사건은 합집합 $E_1 \cup E_2$이다. 교집합 $E_1 E_2 \supset (AA)$이라는 것에 유의해야 한다. 따라서 식 (2.8)에 의하면 다음과 같이 된다.

$$P(E_1 \cup E_2) = \frac{3}{9} + \frac{3}{9} - \frac{1}{9} = \frac{5}{9}$$

또한, 그림 E2.13으로부터 $(E_1 \cup E_2) \supset (AA, AB, AC, BA, CA)$인 것을 알 수 있다. 그 확률은 역시 $5/9$가 된다. 그래서 위는 위의 결과를 증명한다.

3. 두 프로젝트 중 오직 한 개만 1년 안에 확실히 완공될 사건 E는 다음과 같은 표본점으로 되어 있다.

$$E \supset (AB,\ AC,\ BA,\ CA)$$

따라서, 그 확률은 $4/9$이다. ◀

▶ 예제 2.14 예제 2.2에서 좌회전 차선 설계의 목적으로 실시한, 교차로에서 좌회전을 위해 대기 차량의 수에 대한 60대 관측 결과가 표 E2.14에 보인 바와 같이 산출되었다. 관심사건은 다음과 같다.

E_1 = 좌회전을 위해 대기하는 차량의 수가 2대보다 많다.

E_2 = 좌회전을 위해 대기하는 차량의 수가 최대 4대이다

교차로에서 좌회전을 기다리는 차량의 다른 수는 명백히 상호배반적 사건이다. 그렇다면, 표 E2.14에 주어진 상대빈도들의 관계를 이용하여, 대응하는 확률을 나타내기 위하여 대략

다음결과를 얻는다.

$$P(E_1) = \frac{14}{60} + \frac{3}{60} + \frac{2}{60} + \frac{1}{60} = \frac{57}{60}$$

반면,

$$P(E_2) = \frac{4}{60} + \frac{16}{60} + \frac{20}{60} + \frac{14}{60} + \frac{3}{60} = \frac{57}{60}$$

또한, 교집합은

$$E_1 E_2 \supset (3,\ 4)$$

표 E2.14 좌회전 대기 차량의 관측치

대기 차량 수	관측 대수	상대빈도
0	4	4/60
1	16	16/60
2	20	20/60
3	14	14/60
4	3	3/60
5	2	2/60
6	1	1/60
7	0	0
8	0	0

대응되는 확률은

$$P(E_1E_2) = \frac{14}{60} + \frac{3}{60} = \frac{17}{60}$$

이다. 그 때, 식 (2.8)에 따르면

$$P(E_1 \cup E_2) = \frac{20}{60} + \frac{57}{60} - \frac{17}{60} = \frac{60}{60} = 1.0$$

이다. 이러한 경우에, 합집합 $E_1 \cup E_2$가 좌회전을 기다리는 차량의 모든 가능한 수를 포함한다는 것을 알 수 있다. 즉, 총 표본공간이라는 것이다. 따라서 그 확률은 1.0이다. ◀

▶ 예제 2.15 예제 2.8에서, A와 B에서의 반력과 관련되는 두 사건은 다음과 같이 정의된다.

$$A = (R_A > 100\text{kg})$$
$$B = (R_B > 100\text{kg})$$

A와 B는 이것들은 그림 E2.15의 표본공간 안에 부분집합으로 각각 나타내져 있다. 도해적 설명을 위해 표본점이 모두 똑같이 발생하게 된다고 가정하면, 이 표본공간 범위내에서 한 사건의 확률은 표본공간에 상대적인 "면적"에 비례하게 된다.

$$\text{표본공간의 전체 면적} = \frac{1}{2}[(300)^2 - (100)^2] = 40,000$$

그러면, 그림 E2.15에 의해

$$P(A) = \frac{\frac{1}{2}(200)^2}{40,000} = \frac{1}{2}$$

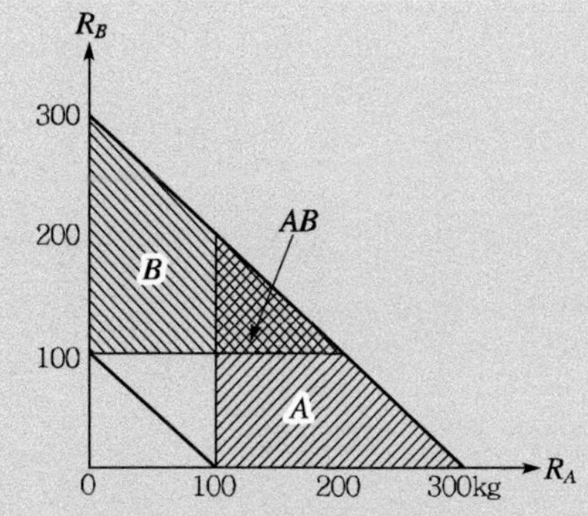

그림 E2.15 사건의 밴다이어그램

이 되고, 유사한 방법으로 $P(B) = \frac{1}{2}$ 가 된다. 반면에

$$P(AB) = \frac{\frac{1}{2}(100)^2}{40,000} = \frac{1}{8}$$

이다. 따라서, 식 (2.8)에 따라

$$P(A \cup B) = \frac{1}{2} + \frac{1}{2} - \frac{1}{8} = \frac{7}{8}$$

이 된다. 그림 E2.15로부터도 합집합의 면적을 얻을 수 있다.

$$(A \cup B) = 40,000 - \frac{1}{2}(100)^2 = 35,000$$

이다. 또한 이로부터 역시 $P(A \cup B) = \frac{35,000}{40,000} = \frac{7}{8}$ 이 된다. ◀

식 (2.8)의 가법규칙을 세 사건 E_1, E_2, E_3로 확장하면 다음과 같은 식을 구하게 된다.

$$\begin{aligned} P(E_1 \cup E_2 \cup E_3) &= P\left[(E_1 \cup E_2) \cup E_3\right] \\ &= P(E_1 \cup E_2) + P(E_3) - P(E_1 \cup E_2)E_3 \\ &= P(E_1) + P(E_2) + P(E_3) - P(E_1 E_2) \\ &\quad - P(E_1 E_3) - P(E_2 E_3) + (E_1 E_2 E_3) \end{aligned} \tag{2.9}$$

위의 가법규칙의 절차는 여하한 수의 사건의 합으로 확장될 수 있지만, n개의 사건에 대한 합집합의 확률은 다음과 같은 de Morgan 법칙을 적용하면 다음과 같이 좀 더 편리하게 구할 수 있다.

$$P(E_1 \cup E_2 \cup \ldots \cup E_n) = 1 - P(\overline{\overline{E_1} \cup \overline{E_2} \cup \ldots \cup \overline{E_n}}) \\ = 1 - P(\overline{E_1}\ \overline{E_2}\ \ldots\ \overline{E_n}) \tag{2.10}$$

그러나 n개의 사상이 모두 상호배반사상인 경우, 식 (2.6)의 공리 3을 확장하여 다음과 같이 합집합의 확률을 식을 얻는다.

$$P(E_1 \cup E_2 \cup \ldots \cup E_n) = \sum_{i=1}^{n} P(E_i) \tag{2.6a}$$

▶ 예제 2.16 주요 항공사는 조종사, 정비사, 그리고 승무원에 의해, 혹은 둘 또는 그 이상의 이들 노동 그룹에 의해 파업이 주관된다. 다음과 같은 표기

A = 조종사들에 의한 파업

B = 정비사들에 의한 파업

C = 승무원들에 의한 파업

를 이용하여, 향후 3년 내 주요항공사에서 노동자가 파업할 확률을 결정하여라. 개개의 세 그룹에 의한 각각의 파업 확률은 $P(A) = 0.03$, $P(B) = 0.05$, $P(C) = 0.05$이다. 그리고 각기 다른 노동 그룹에 의한 파업은 통계적인 독립이라고 가정한다(2.3.2절, 2.3.3절 참조). 이는 식 (2.15)에 따라 다음과 같은 확률관계를 의미한다.

$$P(AB) = P(A)P(B), P(AC) = P(A)P(C),\ P(BC) = P(B)P(C),$$

그리고, $P(ABC) = P(A)P(B)P(C)$

이다.

풀이 만약 세 부류의 노동자 그룹들 중 하나 혹은 그 이상이 3년 기간 내에 파업을 감행한다면, 항공 산업체에서의 파업은 향후 3년내에 발생할 것이다. 따라서, 식 (2.9)에 따라 A, B, C의 합집합의 다음과 같은 확률에 대해 관심을 갖게 된다.

$$\begin{aligned} P(A \cup B \cup C) &= 0.05 + 0.03 + 0.05 - (0.05 \times 0.03) - (0.05 \times 0.05) \\ &\quad - (0.03 \times 0.05) + (0.05 \times 0.03 \times 0.05) \\ &= 0.1246 \end{aligned}$$

또한 이 풀이는 다음과 같이 식 (2.10)에 의해서도 얻을 수 있다. 즉, $P(A \cup B \cup C) = 1 - P(\overline{A}\ \overline{B}\ \overline{C})$이다.

여기서 $\overline{A}, \overline{B}, \overline{C}$도 역시 통계적으로 독립이다. 즉 $P(\overline{A}\,\overline{B}\,\overline{C}) = P(\overline{A})P(\overline{B})P(\overline{C})$ 따라서 다음과 같은 해를 얻는다.

$$P(A \cup B \cup C) = 1 - (0.95 \times 0.97 \times 0.95)$$
$$= 0.1246$$ ◀

2.3.2 조건부 확률

한 사건의 확률이 또다른 사건의 발생(혹은 비발생)에 좌우되는 경우가 있다. 만약 이러한 의존성이 존재한다면, 관련 확률은 조건부 확률이다. 이러한 목적으로 다음과 같은 기호를 사용할 것이다.

$P(E_1|E_2) = E_2$가 발생했다고 가정할 때 E_1이 발생할 확률, 또는

단순하게, E_2가 주어질 때 E_1의 확률

그림 2.8의 밴 다이어그램에서, 직관적으로 다음과 같은 사실을 알 수 있다.

조건부 확률 $P(E_1 | E_2)$는 E_2내에 있는 E_1의 표본점 실현의 우도(likelihood)(실현될 가능성의 정도)로 설명할 수 있다. 다시 말해, 조건부 확률은 "재구성된 표본공간 "E_2 범위내에서의 사건 E_1에 대해 집중적으로 관심이 있는 것이다. 따라서, 조건부 확률은 E_2의 표본점들에 상대되는 E_1의 표본점들에 관련되어 있고, 그래서 E_2에 대해 정규화 되어야 한다. 따라서 적절한 정규화와 함께 다음과 같은 조건부 확률을 얻을 수 있다.

$$P(E_1|E_2) = \frac{P(E_1E_2)}{P(E_2)} \tag{2.11}$$

이것은 식 (2.11)에 정의되어 있는 바와 같이 조건부 확률은 단지 한 사건의 (비조건부)확률의 일반화이라는 것을 강조하는 것이 바람직하다. 한 사건 E의 확률을 언급할 때, 그 확률은 표본공간 S에 대해 암묵적으로 조건화 되어 있다는 것이다. 좀 더 명백하게 말하자면 $P(E)$ 다음과 같이 표현되어야 한다.

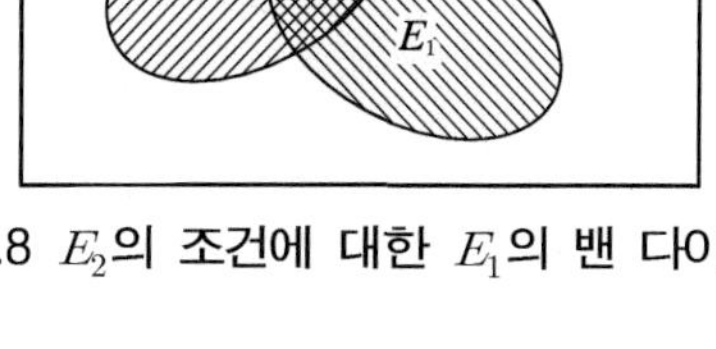

그림 2.8 E_2의 조건에 대한 E_1의 밴 다이어그램

$$P(E|S) = \frac{P(ES)}{P(S)}$$

그러나 $ES = E$이고, $P(S) = 1.0$므로

$$P(E|S) = P(E)$$

이다. 다시 말해, 표본공간 S에 대한 조건화에 대해서는 이해된 것으로 가정하는 것이다. 하지만, 한 사건의 발생이 또다른 사건의 발생 혹은 비발생에 종속될 경우, 재구성된 표본공간은 명시적으로 인지되어야 한다.

또한, 여(餘)사건의 조건부 확률에 관해서는 다음과 같은 사실을 알게 된다.

$$\begin{aligned} P(E_1 \mid E_2) + P(\overline{E_1} \mid E_2) &= \frac{P(E_1E_2)}{P(E_2)} + \frac{P(\overline{E_1}E_2)}{P(E_2)} \\ &= \frac{1}{P(E_2)}[P\{(E_1 \cup \overline{E_1})E_2\}] \\ &= \frac{P(E_2)}{P(E_2)} = 1.0 \end{aligned}$$

따라서,

$$P(\overline{E_1} \mid E_2) = 1 - P(E_1 \mid E_2) \tag{2.12}$$

이 되며 이 식은 식 (2.7)의 일반형이다. 식 (2.12)에서 조건화 시키는 사건 E_2는 방정식의 양변에 대해 동일하게 재구성된 표본공간이라는 사실을 인식하는게 중요하다. 이런 이유 때문에 식 (2.12)를 실제문제에 적용할 때 어떤 사건(예를 들면 E_1)과 그것의 여사상은 공히 동일하게 재구성된 표본공간 E_2를 언급한다는 것을 분명히 해야한다. 예를 들면 다음과 같은 사실을 쉽게 알 수 있다.

$$P(E_1 \mid \overline{E_2}) \neq 1 - P(E_1 \mid E_2)$$

$$P(\overline{E_1} \mid E_2) \neq 1 - P(E_1 \mid \overline{E_2})$$

$$P(\overline{E_1} \mid \overline{E_2}) \neq 1 - P(E_1 \mid E_2)$$

▶ 예제 2.17 그림 E2.17에서와 같이 A시에서 B시로 통하는 두 개의 고속도로가 있다. 노선 1은 평평한 지형인 반면 노선 2는 산악지형을 통과하는 경관이 수려한 노선이다. 혹독한 동계기간 동안 한쪽 혹은 양쪽 노선 모두 폭설로 인해 통행폐쇄가 될 수도 있다.

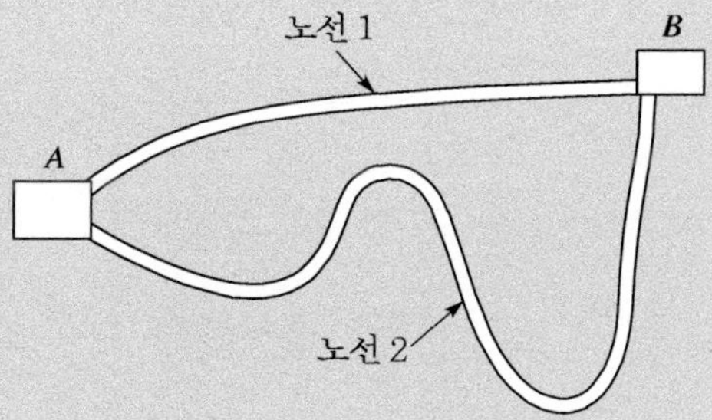

그림 E2.17 A부터 B까지의 고속도로

사건을 다음과 같이 정의하면,

E_1 = 노선 1의 개통

E_2 = 노선 2의 개통

두 노선 사이에서, 노선 2는 분명히 동계기간 동안 노선 1보다 통행이 폐쇄될 가능성이 많다. 게다가 혹독한 폭설기간동안 노선 1의 개통조건은 노선 2의 개통여부에 좌우될 수 있다. 혹독한 폭설기간동안 노선들이 개통되어 있을 확률은, 각각

$$P(E_1) = 0.75$$

$$P(E_2) = 0.5$$

이고, 양쪽 노선 모두 개통될 확률은

$$P(E_1 E_2) = 0.40$$

이다. 이 때, 만약 노선 2가 동계기간 동안 개통되어 있다면, 노선 1 또한 개통되어 있을 확률은 식 (2.11)에 따라

$$P(E_1 \mid E_2) = \frac{P(E_1 E_2)}{P(E_2)} = \frac{0.40}{0.50} = 0.80$$

이 된다. 반면에 만약 노선 2가 폭설기간동안 폐쇄된다면, 노선 1 또한 폐쇄될 확률은 다음과 같이 결정된다.

$$P(\overline{E_1} \mid \overline{E_2}) = \frac{P(\overline{E_1}\,\overline{E_2})}{P(\overline{E_2})}$$

이며, 여기서

$$\begin{aligned} P(\overline{E_1}\,\overline{E_2}) &= 1 - P(\overline{\overline{E_1}\,\overline{E_2}}) = 1 - P(E_1 \cup E_2) \\ &= 1 - [P(E_1) + P(E_2) - P(E_1 E_2)] \\ &= 1 - (0.75 + 0.50 - 0.40) \\ &= 1 - 0.85 = 0.15 \end{aligned}$$

이 된다. 따라서,

$$P(\overline{E_1} \mid \overline{E_2}) = \frac{0.15}{0.50} = 0.30$$

이고, 반면 노선 2가 폐쇄되었을 때 노선 1이 개통되어 있을 확률은

$$P(E_1 \mid \overline{E_2}) = 1 - 0.30 = 0.70$$

이다. ◀

▶ 예제 2.18 어떤 교차로에 진입하는 차량들 중에 직진차량이 우회전 차량의 2배 정도나 되고, 좌회전 차량은 우회전 차량의 절반정도에 지나지 않는 것으로 가정하자. 차량이 교차로에 진입할 때 가능한 진행 방향은 다음과 같이 정의할 수 있다.

$$E_1 = \text{직진}$$
$$E_2 = \text{우회전}$$
$$E_3 = \text{좌회전}$$

그리고 각각의 확률은 다음과 같다.

$$P(E_1) = \frac{4}{7},\ P(E_2) = \frac{2}{7},\ P(E_3) = \frac{1}{7}$$

교차로에서 만약 차량이 확실히 회전을 한다면, 우회전할 확률은 (세 개의 서로 다른 방향들은 상호배반적이라는 것을 알아야한다.)

$$P(E_2 \mid E_2 \cup E_3) = \frac{P[E_2(E_2 \cup E_3)]}{P(E_2 \cup E_3)} = \frac{P(E_2 \cup E_2 E_3)}{P(E_2 \cup E_3)}$$

$$= \frac{P(E_2)}{P(E_2) + P(E_3)} = \frac{2/7}{3/7} = \frac{2}{3}$$

반면에, 만약 차량이 확실히 교차로에서 회전한다면 우회전을 하지 않을 확률은 식 (2.12)에 의해 다음과 같이 구해진다.

$$P(\overline{E_2} \mid E_2 \cup E_3) = 1 - P(E_2 \mid E_2 \cup E_3)$$

$$= 1 - \frac{2}{3} = \frac{1}{3}$$

◀

통계적 독립 - 만약, 어떤 한 사건이 발생하거나 발생하지 않는 것이 다른 사건의 발생 확률에 영향을 미치지 않는다면, 두 사건은 통계적으로 독립이다. 다시 말해, 한 사건의 발생 확률이 또 다른 사건의 발생 혹은 비발생에 좌우되지 않는다는 것이다. 따라서 만약, 두 사건 E_1과 E_2가 통계적으로 독립이라면,

$$P(E_1 \mid E_2) = P(E_1)$$

이고

$$P(E_2 \mid E_1) = P(E_2) \tag{2.13}$$

여기서, 통계적 독립인 사건들 대 상호배반적인 사건들 사이의 차이점을 지적하는 게 신중하다고 말할 수 있을 것이다. 그 차이는 엄청나고, 그래서 혼돈이 없어야 한다. 말하자면 두 사건 사이의 통계적 독립은 그들의 결합된(共) 발생의 확률인 반면에, 한 사건의 발생이 다른 한 사건의 발생을 배제함으로써 그들의 결합 발생이 불가능한 두 사건은 상호배반관계이다. 다시 말해, 만약 E_1과 E_2가 상호배반적이면 $P(E_2 \mid E_1) = 0$이다. 결론적으로, 둘 혹은 그 이상의 사건들의 통계적 독립은 결합 사건의 발생 확률에 관련되어 있는 반면, 상호배반성은 사건들(발생의 상호배제 여부에 대한)의 정의를 언급하는 것이다.

2.3.3 승법규칙(multiplication rule)

식 (2.11)에서 결합사건 $E_1 E_2$의 확률은 다음과 같다.

$$P(E_1 E_2) = P(E_1 \mid E_2) P(E_2) \text{ 또는} \tag{2.14}$$

$$P(E_2 E_1) = P(E_2 \mid E_1) P(E_1)$$

따라서, 식 (2.13)에 의해 만약, E_1과 E_2가 통계적 독립 사건이라면, 위의 승법규칙에 의해 다음과 같이 된다.*

$$P(E_1 E_2) = P(E_1) P(E_2) \tag{2.15}$$

사건이 3개일 때 승법규칙은

$$\begin{aligned} P(E_1 E_2 E_3) &= P(E_1 \mid E_2 E_3) P(E_2 E_3) \\ &= P(E_1 \mid E_2 E_3) P(E_2 \mid E_3) P(E_3) \end{aligned} \tag{2.14a}$$

* 수학적으로 통계적 독립은 일반적으로 식 (2.15)나 식 (2.15a)의 형태로 정의된다.

반면에, 만약 세 사건이 통계적인 독립이면,

$$P(E_1E_2E_3) = P(E_1)P(E_2)P(E_3) \tag{2.15a}$$

두 사건 E_1과 E_2가 통계적으로 독립이라면 그들의 여사건 $\overline{E_1}$과 $\overline{E_2}$ 역시 통계적으로 독립인사건임을 기대할 수 있다. 즉,

$$P(\overline{E_1}\ \overline{E_2}) = P(\overline{E_1})P(\overline{E_2}) \tag{2.16}$$

사실, 두 사건의 경우 이런 주장은 다음과 같이 증명할 수 있다.

$$\begin{aligned} P(\overline{E_1}\ \overline{E_2}) &= P(\overline{E_1 \cup E_2}) = 1 - P(E_1 \cup E_2) \\ &= 1 - [P(E_1) + P(E_2) - P(E_1)P(E_2)] \\ &= [1 - P(E_1)][1 - P(E_2)] \\ &= P(\overline{E_1})\ P(\overline{E_2}) \end{aligned}$$

사건의 확률계산에 적용되는 모든 수학적 법칙들은 가법규칙과 승법규칙을 포함하여 재구성된 동일한 표본공간에 대해 조건화된 사건의 조건부 확률에도 동일하게 적용된다. 특히, 다음과 같은 조건부 확률의 연산규칙을 알 수 있다.

$$P(E_1 \cup E_2 \mid A) = P(E_1 \mid A) + P(E_2 \mid A) - P(E_1E_2 \mid A)$$
$$P(E_1E_2 \mid A) = P[(E_1 \mid E_2) \mid A]P(E_2 \mid A)$$

그리고, 만약 E_1과 E_2가 통계적으로 독립인 사건이라면, 사건 A가 주어진 경우

$$P(E_1E_2 \mid A) = P(E_1 \mid A)\ P(E_2 \mid A)$$

이다.

▶ 예제 2.19 그림 E2.19처럼 하중 $F = 300\text{kg}$이 작용하는 예제 2.11의 2개의 고리로 되어있는 체인을 생각하자.

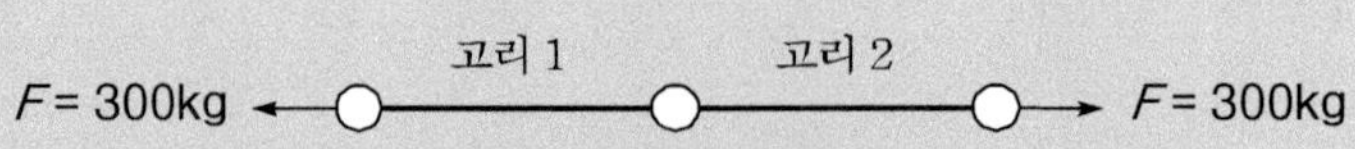

그림 E2.19 2개의 고리 체인

만약 고리의 파괴 강도가 300kg 이하라면, 파단에 의해 파손이 될 것이다. 두 개의 고리 중 어느 하나에 이러한 사건이 생길 확률이 0.05라고 가정하자. 명백히, 두 고리중 하나 혹은 둘 모두가 파괴에 의한 파손이 일어난다면 체인은 파괴될 것이다.

체인의 파괴 확률을 결정하기 위해, 관심사건을 정의하면

$$E_1 = \text{고리 1의 파괴}$$
$$E_2 = \text{고리 2의 파괴}$$

이 때, $P(E_1) = P(E_2) = 0.05$ 이고, 체인의 파괴 확률은

$$\begin{aligned} P(E_1 \cup E_2) = P(E_1) + P(E_2) - P(E_1 E_2) \\ = 0.05 + 0.05 - P(E_2 \mid E_1)P(E_1) \\ = 0.10 - 0.05P(E_2 \mid E_1) \end{aligned}$$

이다.

여기서 해답을 구하기 위해서는 조건부 확률 $P(E_2 \mid E_1)$이 필요하다. 이것은 E_1과 E_2 사이의 상호의존성의 함수이다. 만약 의존성이 없거나, 통계적으로 독립이라면, $P(E_1 \mid E_2) = P(E_2) = 0.05$ 이다. 이경우, 체인의 파괴 확률은

$$P(E_1 \cup E_2) = 0.1 - 0.05 \times 0.05 = 0.0975$$

이다. 반면에 만약, E_1과 E_2가 완전히 상호 의존적인 경우를 생각해보자. 한 개 고리가 파괴되면, 다른 것 역시 파괴될 것이고 그런 경우 $P(E_2 \mid E_1) = 1.0$ 임을 의미한다. 그런 경우, 체인의 파괴 확률은

$$P(E_1 \cup E_2) = 0.10 - 0.05 \times 1.0 = 0.05$$

이 된다. 또 이런 경우에 체인시스템의 파괴확률은 단일 고리의 파괴확률과 같다는 것을 알 수 있다.

따라서, 체인시스템의 파괴 확률은 0.05와 0.0975 사이의 범위에 있다고 말할 수 있다. ◀

▶ 예제 2.20 고층빌딩의 기초는 부적절한 지지력 또는 과도한 침하로 인해 기능을 상실한다. B와 S는 각각의 기초파괴모드를 나타내고, $P(B) = 0.001$, $P(S) = 0.008$로, 그리고 과도한 침하가 일어날 경우의 지내력의 조건부 확률은 $P(B|S) = 0.10$으로 가정한다. 그러면 기초의 기능상실 확률은

$$\begin{aligned} P(B \cup S) = P(B) + P(S) - P(BS) \\ = P(B) + P(S) - P(B \mid S)P(S) \\ = 0.001 + 0.008 - (0.1)(0.008) \\ = 0.0082 \end{aligned}$$

그러나, 빌딩이 과도한 처짐을 경험해도 지지력 손실은 없을 확률은,

$$P(S \cap \overline{B}) = P(\overline{B} \mid S)P(S)$$
$$= [1 - P(B \mid S)]P(S)$$
$$= (1.0 - 0.1)(0.008) = 0.0072$$

이 문제에서, 조건부 확률 $P(B \mid S)$는 1/8보다 클 수 없음에 유의하기 바란다. 그 이유는 다음과 같다.

$$P(B \mid S)P(S) = P(S \mid B)P(B)$$

$$P(B \mid S) = \frac{0.001}{0.008}P(S \mid B) = \frac{1}{8}P(S \mid B)$$

$P(S \mid B) \leq 1.0$이기 때문에, $P(B \mid S)$의 값은 1/8이 최대이다. ◀

▶ 예제 2.21 제지공장 근처를 흐르는 두 강, a와 b에 그 공장은 폐수를 처리하도록 허용되어 있다. 하류에서의 용존 산소 DO의 수준은 공장으로부터 폐수로 인한 강의 오염도의 지시척도이다. 이 때,

A = 강 a의 오염이 허용될 수 없는 수준으로 판명된 사건
B = 강 b의 오염이 허용될 수 없는 수준으로 판명된 사건

이라 하자. 지난 여러 해에 걸쳐 시험한 두 강 각각의 DO 수준을 기록한 것을 바탕으로, 어느 날에 각 강에서 허용될 수 없는 수질오염이 발생할 가능성은 다음과 같이 결정되었다.

$$P(A) = 20\%\text{이고,}\ P(B) = 31\%$$

반면 같은 날에 양쪽 강이 모두 허용될 수 없는 수준으로 오염될 확률은 0.10이다. 즉,

$$P(AB) = 10\%$$

어느 날, 최소한 어느 한 강의 오염 수준이 허용치 이상일 확률은

$$P(A \cup B) = 0.2 + 0.33 - 0.10 = 0.43$$

만약 강 a가 허용될 수 없는 오염수준인 것으로 시험되었을 때, 강 b 또한 허용될 수 없는 오염수준일 확률은

$$P(B \mid A) = \frac{P(AB)}{P(B)} = \frac{0.10}{0.33} = 0.30$$

강 b가 허용될 수 없는 오염수준인 것으로 시험되었을 경우 강 a가 허용될 수 없는 오염수준을 갖게 될 확률은

$$P(A \mid B) = \frac{P(AB)}{P(A)} = \frac{0.10}{0.33} = 0.3$$

관련질문 어느 날, 두 강 중 오직 하나가 허용치 이상의 오염수준을 가질 확률은 얼마인가?

풀이 이것은 두 강 중에 어느 하나는 오염되고 나머지 하나는 그렇지 않는다는 것을 의미하므로, 이 확률은

$$P(A\overline{B} \cup \overline{A}B) = P(\overline{B} \mid A)P(A) + P(\overline{A} \mid B)P(B)$$
$$= 0.50 \times 0.20 + 0.70 \times 0.33 = 0.33$$

◀

▶ 예제 2.22 한 도시의 소요 전력을 두 발전소 a와 b로부터 공급한다. 각 발전소는 도시 전체의 일평균 필요 전력소요를 공급하기에 충분한 용량을 가지고 있다. 그러나 1일 첨두부하시간 동안 양 발전소의 용량의 합은 충분해야 한다. 그렇지 않을 경우 도시에는 부분 정전이 발생할 수 있다. 사건을 다음과 같이 정의해 보자.

$A =$ 발전소 a의 고장

$B =$ 발전소 b의 고장

그리고,

$$P(A) = 0.05$$
$$P(B) = 0.07$$
$$P(AB) = 0.01$$

로 가정한다.

만약 어느 주어진 날에 두 개의 발전소 중 하나가 고장난다면, 같은 날에 다른 발전소가 고장날 확률은 얼마인가?

풀이 두 번째 발전소의 고장 확률은 첫 번째 고장나는 발전소에 종속될 것이다. 예를 들어, 만약 발전소 a가 먼저 고장난다면,

$$P(B \mid A) = \frac{P(AB)}{P(A)} = \frac{0.01}{0.05} = 0.20$$

이다. 반면에 만약 발전소 b가 먼저 고장난다면,

$$P(A \mid B) = \frac{P(AB)}{P(B)} = \frac{0.01}{0.07} = 0.14$$

가 된다.

관련 질문과 해법 어느 날 도시에 정전이 될 확률은 얼마인가? 정전은 양 발전소 중 하나 또는 양쪽 다 고장날 때 발생한다. 따라서, 그 확률은

$$P(A \cup B) = P(A) + P(B) - P(AB) = 0.05 + 0.07 - 0.01 = 0.11$$

만약 1일첨두부하 시간동안 도시 내에 발생한 정전이 발전소 a의 단독 고장으로 인한 생길 확률은

$$P(A\overline{B} | A \cup B) = \frac{P[A\overline{B}(A \cup B)]}{P(A \cup B)} = \frac{P(A\overline{B}A \cup A\overline{B}B)}{P(A \cup B)} = \frac{P(A\overline{B})}{P(A \cup B)}$$

$$= \frac{P(\overline{B} \mid A)P(A)}{P(A \cup B)} = \frac{(1-0.20)0.05}{0.11} = 0.36$$

이와 유사하게, 정전이 발생한 경우, 발전소 b의 단독 고장으로 인한 확률은

$$P(\overline{A}B \mid A \cup B) = \frac{P(\overline{A}B)}{P(A \cup B)} = \frac{P(\overline{A}|B)P(B)}{P(A \cup B)}$$

$$= \frac{(1-0.14)0.07}{0.11} = 0.54$$

마지막으로, 정전이 양쪽 발전소의 고장으로 인한 확률은

$$P(AB|A \cup B) = \frac{P[AB(A \cup B)]}{P(A \cup B)} = \frac{P(ABA \cup ABB)}{P(A \cup B)} = \frac{P(AB)}{P(A \cup B)}$$

$$= \frac{0.01}{0.11} = 0.09$$

◀

▶ 예제 2.23 신규 포장공사를 한 고속도로는 개통전에 매 구간(약 1/10km)을 주도로국이 시험하여 25cm 포장두께 시방서 준수 여부를 초음파 검사를 통해 검사한다. 각 구간은 측정두께가 최소 23cm 이상이 되면 통과되지만, 그렇지 않을 경우 그 구간은 불합격되거나 벌금을 내게 된다.

과거 경험으로부터 볼 때 해당 시공사가 시공한 도로공사의 90%는 시방서를 준수하는 것으로 알려져 있다. 초음파 두께 측정은 단지 80%의 신뢰도를 가지고 있다. 즉 초음파 시험결과에 기초한 결론이 잘못될 가능성은 20%인 것이다.

이에 근거해서 사건을 정의하면,

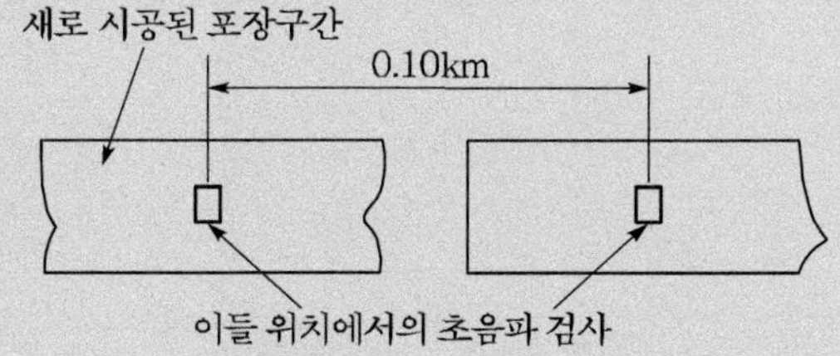

그림 E2.23 신규 포장의 검사

$G=$ 시공된 포장의 두께가 최소한 23cm 이상

$A=$ 초음파 측정 두께 $\geq$ 23cm

"초음파 검사가 80%의 신뢰도를 가진다."라는 의미*는

$$P(G \mid A)=0.80$$

이고, 그러면 역시

$$P(\overline{G} \mid \overline{A})=0.80$$

이다. 또한 이 해석은 초음파 검사치가 20%의 오차를 가지고 있다는 것을 의미한다. 즉,

$$P(\overline{G} \mid A)=P(G \mid \overline{A})=0.20$$

시공사의 과거 시공기록을 기초로 판단해 보면 시공사의 포장공사의 90%는 초음파 검사에서 통과된 것으로 가정할 수 있다. 그렇다면, $P(A)=90\%$ 이다.

따라서, 포장의 공사의 특정한 1/10 km 부분 구간이 잘 시공되고 주도로국에 의해 통과될 확률은

$$P(GA)=P(G \mid A)P(A)=(0.80)(0.90)=0.72$$

이다. 보다 실무에 유용한 문제를 들자면 다음과 같다.

1. 포장공사가 잘 된 구간이 초음파 검사를 바탕으로 하는 주도로국의 검사를 통과할 확률은 얼마인가?
2. 반대로, 부실하게 시공된 구간이 불합격할 확률은 얼마인가?

* 역자주 : 초음파 측정 결과 두께가 23cm 이상인 것으로 측정되었으며, 실제로 포장두께가 23cm 이상일 확률

풀이 포장공사가 잘된 구간이 통과할 확률은

$$P(A \mid G) = \frac{P(G \mid A)P(A)}{P(G)}$$

이다. 이때, $G = G(A \cup \overline{A}) = GA \cup G\overline{A}$에서 GA와 $G\overline{A}$는 상호배반이다.

$$P(G) = P(GA) + P(G\overline{A}) = P(G \mid A)P(A) + P(G \mid \overline{A})(P(\overline{A})$$
$$= 0.80 \times 0.90 + 0.20 \times 0.10 = 0.74$$

또한,

$$P(A \mid G) = \frac{0.80 \times 0.90}{0.74} = 0.97$$

반대로, 부실하게 시공된 구간이 불합격 확률은

$$P(\overline{A} \mid \overline{B}) = \frac{P(\overline{G} \mid \overline{A})P(\overline{A})}{P(\overline{G})}$$
$$= \frac{0.80 \times 0.10}{1 - 0.74} = 0.31$$ ◀

2.3.4 전확률정리(the theorem of total probability)

때때로, 사건 A의 확률을 직접적으로 결정할 수 없는 경우가 있다. 사건 A의 발생은 E_i, $i = 1,2,3, \cdots, n$과 같은 다른 사건의 발생 여부에 좌우될 수 있어서 A의 확률은 E_i가 발생한 확률에 좌우될 수 있다. 그러한 경우, A의 확률은 (각각의 E_i에 조건화된)조건부 확률로 구성되고 각각 E_i의 확률로 가중화된다. 이 경우 전확률정리가 필요하다.

해당 수학이론을 제시하기 전, 이해를 돕기 위해 다음 예제를 살펴보자.

▶ 예제 2.24 봄철 하천의 범람은 지난 겨울 동안 산간지역 눈의 적설에 좌우될 것이다. 눈의 적설은 대량, 보통, 미량으로 기술할 수 있다. 만약 눈의 적설이 대량이라면, 그 해 봄 하천이 범람될 확률은 높아지고, 눈의 적설이 미량이라면, 그 확률은 낮아진다. 물론, 범람은 봄철 강우량에 의해서도 야기 될 수도 있다. 이것을 다음과 같이 정의할 수 있다.

$$F = \text{하천의 범람 발생}$$
$$H = \text{대량 적설}$$
$$N = \text{보통 적설}$$
$$H = \text{미량 적설}$$

또한

$$P(F \mid H) = 0.90,\ P(F \mid N) = 0.40,\ P(F \mid L) = 0.10$$

으로 가정하자. 반면 겨울철 적설 확률은 다음과 같다고 하자.

$$P(H) = 0.20,\ P(N) = 0.50,\ P(L) = 0.30$$

그렇다면 그해, 봄철 하천이 범람할 확률은

$$\begin{aligned} P(F) &= P(F \mid H)P(H) + P(F \mid N)P(N) + P(F \mid L)P(L) \\ &= 0.90 \times 0.20 + 0.40 \times 0.50 + 0.10 \times 0.30 \\ &= 0.41 \end{aligned}$$

◀

예제 2.24에서 다음 사실을 알 수 있다.

1. 대량, 보통 미량으로 명명한 겨울철 적설은 상호배반적이다.
2. H, N, L로 명명한 세 가지 수준의 눈의 적설 확률을 합하면 1.0이다.

따라서, 세 사건 H, N, L은 상호배반적이고, 또한 집합적으로 전망라이다.

일반적 형태로, 상호배반적이고 집합적으로 전망라적인 n개의 사건, 즉 $E_1, E_2, \cdots, E_n$를 고려 해 보자. 말하자면 $E_1 \cup E_2 \cup \cdots \cup E_n = S$이다. 그렇다면, 만약 A가 그림 2.9에서 보여 주듯이 표본 공간 S내의 사건이라면, 다음과 같이 전확률 정리(theorem of total probability)를 유도할 수 있다.

$$\begin{aligned} A &= AS \\ &= A(E_1 \cup E_2 \cup \cdots \cup E_n) \\ &= AE_1 \cup AE_2 \cup \cdots \cup AE_n) \end{aligned}$$

여기서, AE_1, AE_2, $\cdots$, AE_n도 역시 그림 2.9의 밴 다이어그램에서 알 수 있듯이 상호배반적이다.

그러므로,

$$P(A) = P(AE_1) + P(AE_2) + \cdots + P(AE_n)$$

이고, 식 (2.14)의 승법규칙으로부터, 다음과 같은 전확률 정리를 얻는다.

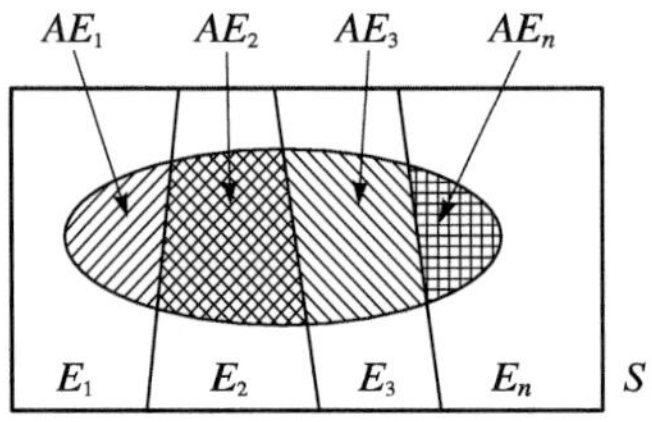

그림 2.9 표본공간 S에 A와 $E_1, E_2, \cdots, E_n$의 교집합

$$P(A) = P(A \mid E_1)P(E_1) + P(A \mid E_2)P(E_2) + \cdots + P(A \mid E_n)P(E_n) \tag{2.19}$$

다시 강조하자면, 위의 전확률 정리를 적용하는데 있어서 조건화시키는 사건 $E_1, E_2, \cdots, E_n$는 반드시 상호배반적이어야 하고 집합적으로 전망라적이어야만 한다는 점이 중요하다.

▶ **예제 2.25** 멕시코만과 미국의 동부 해안을 따라 발생하는 허리케인은 대부분 여름과 가을에 매년 발생한다. 이들 허리케인은 $C1$부터 $C5$까지 5개 등급으로 분류되어 있고 허리케인으로 분류되려면 풍속이 최소 75miles/hr(120km/hr)이 되어야 한다. 물론, 허리케인의 발생 빈도는 등급 범주에 따라 감소한다. 예를 들어, 등급 $C5$ 허리케인은 지속적 풍속$\geq$150mph(242km/hr)이고 발생빈도가 낮다.

두 등급의 허리케인이 동시에 발생할 수는 없다고 가정하는게 타당하고, 모든 등급의 허리케인에도 적용 가능하므로, 5등급의 허리케인 $C1$, $C2$, $C3$, $C4$, $C5$는 상호배반적이라는 것을 알 수 있다. 그러므로 이들 5등급 허리케인에다 허리케인이 아닌 바람($C0$)까지 더하면 역시 집합적으로 전망라적이 된다.

매년 멕시코만을 따라 남부 루이지에나 해안의 특정지역을 강타하는 허리케인은 최대로 하나 있을 수 있고, 각 허리케인 등급의 년간 발생확률은 다음과 같다고 가정하자.

$$P(C1) = 0.35,\ P(C2) = 0.25,\ P(C3) = 0.14,$$
$$P(C4) = 0.05,\ P(C5) = 0.01$$

해당 지역에 건설된 건물의 구조적인 피해는 건물이 받게 될 허리케인의 등급 범주에 따라 발생할 것이라는 기대를 할 수 있다. 가령, 각 허리케인별 피해 발생 확률을 다음과 같이 가정할 수 있다.

$$P(D \mid C1) = 0.05,\ P(D \mid C2) = 0.10,\ P(D \mid C3) = 0.25,$$

$$P(D \mid C4) = 0.60, \; P(D \mid C1) = 1.00, \; P(D \mid C0) = 0$$

이 경우, 해당 지역 건물의 대한 연간 풍해는 다음과 같다.

$$\begin{aligned} P(D) &= P(D \mid C1)P(C1) + P(D \mid C2)P(C2) + P(D \mid C3)P(C3) \\ &= P(D \mid C4)P(C4) + P(D \mid C5)P(C5) + P(D \mid C0)P(C0) \\ &= 0.05 \times 0.35 + 0.10 \times 0.25 + 0.25 \times 0.14 + 0.60 \times 0.05 \\ &\quad + 1.00 \times 0.01 = 0.1175 \end{aligned}$$

그러므로, 매년 허리케인의 건물 풍해 확률은 대략 12%정도이다. 위의 계산식에서 연 피해 확률에 가장 큰 기여를 한 허리케인은 등급 3, 4, 즉 ($P(D \mid C3)$ $P(C3) = 0.035$, $P(D \mid C4)P(C4) = 0.030$)이라는 것을 알 수 있다. 또한 허리케인 등급 5가 발생하게 되면 건물에 피해는 확실히 생기게 되지만 즉 $P(D \mid C5) = 1.00$이지만 허리케인의 발생은 매년 $P(C5) = 0.01$로 매우 희박하다. 이것은 다만 (평균적으로) 발생할 매 100년마다 1번 정도 만이라는 의미를 담고 있다. ◀

▶ 예제 2.26 그림 E2.26에서 보여지는 것과 같이 동쪽방향 2개의 주 관통 고속도로(interstate highways) I_1, I_2가 또 다른 고속도로를 I_3에 합류한다. 주 관통 고속도로 I_1, I_2는 같은 용량을 가지고 있지만, 정체시간대 I_2의 교통량은 정체시간대 I_1 교통량의 약 두 배가 된다. 그래서 정체시간대 교통 체증의 확률은, 사건을 E_1과 E_2로 나타내고 $P(E_1)$을 0.10으로 가정하면 다음과 같이 정의된다.

$$P(E_1) = 0.10, \; P(E_2) = 0.20$$

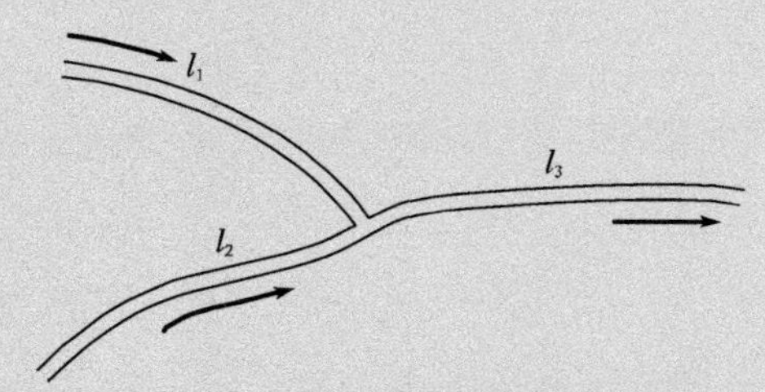

그림 E2.26 동쪽방향 주 관통 고속도로

또한, 한 노선이 교통량이 초과 되었을 때, 다른 노선도 교통초과가 될 가능성은 증가할 것으로 기대된다. 이 조건부 확률을
$P(E_1 \mid E_2) = 0.40$으로 가정하면, Bayes 정리 식 (2.20)에 의해

$$P(E_2 \mid E_1) = 0.80$$

이다. 또한 세 번째 노선 I_3이 교통체증이 될 확률, $P(E_3)$를 결정하길 원할 수 있다.

1. 먼저, I_3의 용량이 I_1이나 I_2와 같다고 보고, I_1와 I_2에 각각 용량보다 적은 차량이 통행하는 경우 I_3에 교통량 초과가 일어날 확률은 경험적으로 20%라고 가정하자. 즉, $P(E_3 \mid \overline{E_1}\,\overline{E_2}) = 0.20$
   관련확률은 I_1과 I_2의 교통조건에 좌우된다고 예상할 수 있고, 이 사건들은 E_1E_2, $E_1\overline{E_2}$, $\overline{E_1}E_2$, $\overline{E_1}\,\overline{E_2}$와 같은 것들이다. 이 4개의 결합 사건들 상호배반적이고, 집합적으로 전망라적이란 것을 알 수 있다. 이들 각각의 확률은 다음과 같다.

$$P(E_1E_2) = P(E_1 \mid E_2)P(E_2) = 0.40 \times 0.02 = 0.080$$
$$P(E_1\overline{E_2}) = P(E_1 \mid \overline{E_2})P(\overline{E_2}) = (1-0.80)0.10 = 0.020$$
$$P(\overline{E_1}E_2) = P(\overline{E_1} \mid E_2)P(E_2) = (1-0.40)0.20 = 0.120$$
$$P(\overline{E_1}\,\overline{E_2}) = 1 - 0.08 - 0.20 - 0.12 = 0.780$$

확실히, I_3의 교통량은 I_1이나 I_2의 교통량 또는 한 쪽 모두 교통량이 초과 된다면 정체될 것이 분명하다. 그렇다면 I_3에 대한 교통 정체의 전확률를 구할 수 있다.

$$\begin{aligned} P(E_3) &= P(E_3 \mid E_1E_2)P(E_1E_2) + P(E_3 \mid E_1\overline{E_2}) \\ &\quad + P(E_3 \mid \overline{E_1}E_2)P(\overline{E_1}E_2) + P(E_3 \mid \overline{E_1}\,\overline{E_2})P(\overline{E_1}\,\overline{E_2}) \\ &= 1.00 \times 0.08 + 1.00 \times 0.02 + 1.00 \times 0.12 + 0.20 \times 0.78 \\ &= 0.08 + 0.02 + 0.12 + 0.156 \\ &= 0.376 \end{aligned}$$

2. 다음으로, I_3의 교통 용량은 I_1 또는 I_2의 두배라고 가정하자. 이 경우에 만약 두 노선 I_1이나 I_2중 하나만 정체된다면, I_3에서의 정체 확률은 25%, 즉 $P(E_3 \mid E_1\overline{E_2}) = P(E_3 \mid \overline{E_1}E_2) = 0.25$일 것이다. 만약 양 쪽 노선에 모두 교통량이 초과 된다면, I_3의 용량이 초과될 확률은 95%가 된다. 즉, $P(E_3 \mid E_1E_2) = 0.95$를 의미한다. 이와 같은 후자의 경우, I_3에 대한 교통 정체의 확률은 다음과 같다.

$$\begin{aligned} P(E_3) &= 0.95 \times 0.08 + 0.25 \times 0.02 + 0.25 \times 0.12 + 0 \times 0.78 \\ &= 0.111 \end{aligned}$$

◀

다음의 예제에서는, 전확률 정리의 적용과 관련한 이중 조건부 사건이 포함된 문제를 고려하자.

▶ 예제 2.27 일리노이주의 샴페인군에 위치한 어바나시는 미국 중서부의 평지에 위치해 있다. 60mph(96km/hr)를 초과하는 최대풍속을 가진 강한 폭풍이 이 지역에 발생할 수 있고, 때로는 그런 폭풍우 보다 더 빠른 속도를 가진 토네이도(tornadoes)가 발생할 수도 있다.

어바나시의 주거지역 건물에 년간 피해 발생 확률을 평가하는데 과거 계측치를 기초로하여 다음을 결정할 수 있다고 가정해 보자.

샴페인군 내 강한 폭풍은 매 격년마다 한번정도 발생하고, 그런 폭풍이 토네이도를 동반할 확률은 0.25이다. 샴페인군에서 발생하는 토네이도가 어바나시를 강타할 확률은 0.15이다.

공학적 계산을 기초로 하여 또한 다음도 결정할 수 있다.

폭풍이(토네이도가 없이)부는 동안 어바나시의 주택에 심한 피해를 줄 확률은 0.05이다. 샴페인군에 토네이도가 발생하였지만 어바나시를 거쳐가지 않을 때, 주택에 심한 피해가 발생할 확률은 0.10. 반면 토네이도가 어바나시를 강타할 때, 혹은 그 이상의 주택들은 확실히 심한 피해를 입게 된다.

위의 정보를 정리하면 다음과 같이 사건을 정의할 수 있다.

F= 어바나시 주택의 심한 피해
S= 샴페인군에 폭풍 발생
T= 폭풍시 샴페인군에 토네이도의 발생
H= 어바나시를 강타하는 토네이도

그리고 또한

$$P(S) = 0.50, \ P(T \mid S) = 0.25, \ P(H \mid ST) = 0.15$$

이에 대한 밴 다이어그램은 그림 E2.27과 같다.

여기서, 다음에 열거한 사건들은 상호배반적이고, 집합적으로 총망라적이다:

$$STH, \ ST\overline{H}, \ S\overline{T}, \ \overline{S}\overline{T} \text{ 이고 반면에, } \overline{S}T = \phi(\text{공집합})$$

각각 대응하는 확률들은,

$$\begin{aligned} P(STH) &= P(H \mid ST)P(ST) = P(H|ST)P(T|S)P(S) \\ &= 0.15 \times 0.25 \times 0.50 = 0.01875 \end{aligned}$$

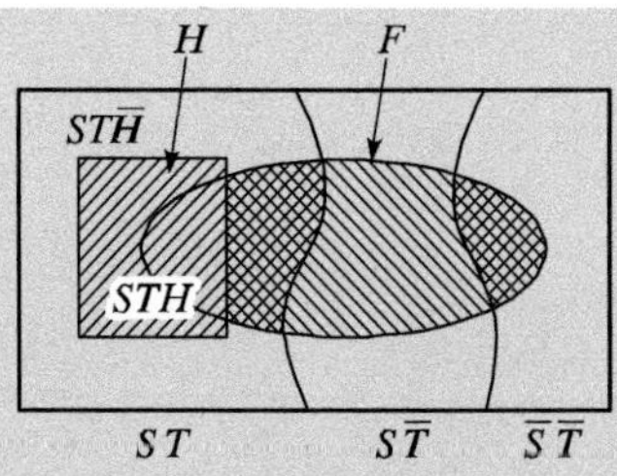

그림 E2.27 S, T, H, F의 밴 다이어그램

$$P(ST\overline{H}) = P(\overline{H} \mid ST)P(ST) = P(\overline{H} \mid ST)P(T \mid S)P(S)$$
$$= 0.85 \times 0.25 \times 0.50 = 0.10625$$

$$P(S\overline{T}) = P(\overline{T} \mid S)P(S) = (1 - 0.25)(0.50) = 0.3750$$

$$P(\overline{S}\,\overline{T}) = 1 - 0.01875 - 0.10625 - 0.3750 = 0.5000$$

이고, 위의 서로 다른 조건들에 의한 주택 피해 확률은

$$P(F \mid S\overline{T}) = 0.05,\ P(F \mid STH) = 1.00,\ P(F \mid ST\overline{H}) = 0.10$$

이다. 따라서, 매년 어바나시에 폭풍으로 인한 주택 피해 확률은

$$P(F) = P(F \mid STH)P(STH) + P(F \mid ST\overline{H})P(ST\overline{H}) + P(F \mid S\overline{T})P(S\overline{T})$$
$$+ P(F \mid \overline{S}\,\overline{T})P(\overline{S}\,\overline{T})$$
$$= 1.00 \times 0.01875 + 0.10 \times 0.10625 + 0.05 \times 0.3750 + 0 \times 0.50$$
$$= 0.054$$ ◀

▶ 예제 2.28 타워는 강진(사건 H)이나 긴 지속시간(사건 L)의 지진 하중을 받을 수 있다. 긴 지속기간의 지진하중이 강진일 확률은 0.7정도로 추정된다. 만약 지진하중이 강진일 경우 지속시간이 짧을 확률은 20%이다. 마지막으로, 지진 하중이 지속시간이 길 확률은 0.3이다.

설계자는 지속시간이 짧은 강진이 일어났을 때 이 타워의 파괴 확률을 0.05로 추정하였다. 반면, 지속시간이 긴 약진일 경우 그 확률은 배가 된다고 추정하였다. 또한 설계자는 지속시간이 긴 강진이 발생한다면 타워가 분명히 파괴될 것이라는 것과, 지속시간이 짧은 약진이 발생한다면 타워는 안전할 것이라고 확신하고 있다.

관심 문제

(a) 사건 H와 L이 상호배반인가?

(b) 사건 H와 L이 통계적인 독립인가?

(c) 사건 H와 L이 집합적으로 전망라적인가?

마지막으로, 지진이 일어날 경우 이 타워의 파괴 확률은 얼마인가?

풀이

문제에 대한 기술로부터 다음과 같은 확률들을 알 수 있다.

즉, $P(H \mid L) = 0.7 \Rightarrow P(\overline{H} \mid L) = 0.3$, 또한 $P(\overline{L} \mid H) = 0.2$, $P(L \mid H) = 0.8$의 확률을 알 수 있다. 게다가, $P(L) = 0.3$이고, $P(\overline{L}) = 0.7$이다. $P(H)$는 다음으로부터 구할 수 있다.

$$\begin{aligned} P(H) &= P(LH)/P(L \mid H) \\ &= P(H \mid L)P(L)/P(L \mid H) \\ &= 0.7 \times 0.3/0.8 \\ &= 0.2625 \end{aligned}$$

또한, 조건부 피해 확률은 다음과 같다.

$P(F \mid H\overline{L}) = 0.05$, $P(F \mid \overline{H}L) = 0.1$, $P(F \mid HL) = 1$, $P(F \mid \overline{H}\overline{L}) = 0$

(a) $P(H \mid L) = 0.7 \neq 0$이므로, H는 L이 발생하면 일어날 수 있다. 그래서, H와 L은 상호배반적이 아니다.

(b) $P(L \mid H) = 1 - P(\overline{L} \mid H) = 1 - 0.20 = 0.80$이지만, 비조건부 확률 $P(L) = 0.3 \neq P(L \mid H)$이다. 그러므로 L은 H의 발생이 주어지면 발생하려는 성향이 더욱 커진다. 그러므로, H와 L은 통계적인 독립이 아니다.

(c) $$\begin{aligned} P(H \cup L) &= P(H) + P(L) - P(HL) \\ &= P(H) + P(L) - P(L \mid H)P(H) \\ &= 0.2625 + 0.3 - 0.8 \times 0.2625 \\ &\cong 0.353 \end{aligned}$$

확률값이 1.0보다 작다. 따라서 H와 L은 집합적으로 전망라적이 아니다.

(d) F를 타워의 파괴라고 정의하자. F의 전확률은 4개의 사건 즉 HL, $H\overline{L}$, $\overline{H}L$, $\overline{H}\overline{L}$ 각각의 기여도를 합함으로써 얻어지며, 이것은 집합적으로 전망라적이다. 따라서, 전확률 정리를 적용하면

$$
\begin{aligned}
P(F) &= P(F \mid HL)P(HL) + P(F \mid H\overline{L})P(H\overline{L}) + P(F \mid \overline{H}L) \\
&\quad + P(F \mid \overline{H}\overline{L})P(\overline{H}\overline{L}) \\
&= P(F \mid HL)P(H \mid L)P(L) + P(F \mid H\overline{L})P(\overline{L} \mid H)P(H) \\
&\quad + P(F \mid \overline{H}L)P(\overline{H} \mid L)P(L) + 0 \times P(\overline{H}\overline{L}) \\
&= 1 \times 0.7 \times 0.3 + 0.05 \times (1-0.8) \times 0.2625 + 0.1 \times 0.3 \times 0.3 \\
&\cong 0.222
\end{aligned}
$$
◀

2.3.5 Bayes 정리

식 (2.19), 전확률 정리를 유도하는데 있어서 사건 A의 확률은 사건 $E_i,\ i=1,2,\cdots,n$가 발생조건에 의존한다. 다른 한편으로, A의 발생이 주어진 경우특정 E_i의 확률에 관심을 가질 수 있다. 어떤 의미에선, 이것은 "역"(inverse)확률이고, 이것은 Bayes 정리로 알려졌으며 다음과 같이 유도할 수 있다.

결합사건 AE_i를 식 (2.14)에 적용하면,

$$P(A \mid E_i)P(E_i) = P(E_i \mid A)P(A)$$

이며, 이로부터, "역"확률을 다음과 같이 구할 수 있다.

$$P(E_i \mid A) = \frac{P(A \mid E_i)P(E_i)}{P(A)} \tag{2.20}$$

이것이 Bayes 정리이다. 식 (2.20)에서 $P(A)$를 전확률 정리에 의해 전개하면, 식 (2.20)은 다음과 같이 된다.

$$P(E_i \mid A) = \frac{P(A \mid E_i)P(E_i)}{\sum_{j=1}^{n} P(A \mid E_j)P(E_j)} \tag{2.20a}$$

▶ 예제 2.29 어떤 철근콘크리트 건물의 시공을 위해 골재를 두 회사, a회사와 b회사에서 조달한다고 하자. a회사에서는 600대의 트럭분을 주문하고, b회사에서는 400대의 트럭분을 주문한다. 경험상으로, a회사에서 오는 재료 중 약 3%는 표준미달이고, b회사에서 오는 재료중에는 1%가 그렇다.

사건들을 다음과 같이 정의할 수 있다.

A = 골재가 a회사로부터 공급된 골재
B = 골재가 b회사로부터 공급된 골재
E = 표준미달의 골재

그러면,

$$P(A) = \frac{600}{600+400} = 0.60, \quad P(B) = \frac{400}{600+400} = 0.40$$

반면에, $P(E \mid A) = 0.03$, $P(E \mid B) = 0.01$
그래서 표준미달의 골재의 확률은

$$\begin{aligned} P(E) &= P(E \mid A)P(A) + P(E \mid B)P(B) \\ &= 0.03 \times 0.60 + 0.01 \times 0.40 = 0.022 \end{aligned}$$

이다. 그러나, 만약 골재의 반입량이 표준미달로 밝혀졌다면, 그것이 a회사로부터 올 확률은 Bayes 정리 식 (2.20a)로부터 결정된다.

$$\begin{aligned} P(A \mid E) &= \frac{P(E \mid A)P(A)}{P(E \mid A)P(A) + P(E \mid B)P(B)} \\ &= \frac{0.03 \times 0.60}{0.03 \times 0.60 + 0.01 \times 0.40} = 0.82 \end{aligned}$$

$P(A)$와 $P(E \mid A)$사이에 현저한 차이점을 잘 알 수 있다. 전자는 a회사로부터 받은 표준미달의 골재의 비율이지만, 반면에 후자는 표준미달이라고 발견된 골재가 a회사로부터 온 것일 확률이다. ◀

Bayes 정리는 추가-데이터나 정보가 가용하게 되면 계산된 확률을 수정하거나 갱신하는데 매우 가치있고, 유용한 도구를 제공한다. 다음 예제를 통해 어떻게 계산된 확률을 갱신하기 위해(주관적 판단에 기초할 수도 있는) 사전정보와 시험결과를 결합할 수 있는지를 예시하고자 한다.

▶ 예제 2.30 철근콘크리트 시공에 사용되는 콘크리트 재료의 품질을 보증하기 위해 레미콘 공장에서 시공 현장으로 운반되는 레미콘트럭에서 콘크리트 공시체는 무작위적으로 수집한다. 같은 레미콘 공장의 콘크리트 품질의 과거 기록에 의하면 레미콘의 80%가 양호하거나 만족스런 품질이다.

운반 콘크리트가 양호한 품질인지 보증하기 위해, 검수자는 매일 수집된 공시체들 가운데 원주형 공시체 하나를(양생 7일 후) 최소 압축강도 통과를 시험요구한다. 이 시험 방법은 완벽하지 않아서 신뢰도는 단지 90%이다. 확률이 의미하는 것은 양호한 품질의 콘크리트 공시체가 시험에 통과할 확률은 0.90이고 또는 불량 품질의 콘크리트 공시체가 시험에 통과할 확률은 0.10이라는 것을 의미한다. 다음과 같이 사건을 정의하면,

G=콘크리트의 품질이 좋은 경우
T=콘크리트 공시체가 시험을 통과

이다. 별도의 자료에 따라 다음과 같은 확률을 얻을 수 있다고 하자.

$$P(G)=0.80,\ P(T \mid G)=0.90,\ P(T \mid \overline{G})=0.10$$

만약 콘크리트 공시체가 시험에 통과한다면, 현장에 반입된 콘크리트가 양호한 품질의 콘크리트일 확률은 다음과 같이 갱신된다.

$$\begin{aligned} P(G \mid T) &= \frac{P(T \mid G)P(G)}{P(T \mid G)P(G)+P(T \mid \overline{G})P(\overline{G})} \\ &= \frac{0.90\times 0.80}{0.90\times 0.80+0.10\times 0.20}=0.973 \end{aligned}$$

따라서, 본 시험결과 시공에 양호한 품질의 콘크리트가 사용될 확률이 80%에서 97.3%로 증가되었다.

검수자가 단지 한 개의 공시체의 시험에 만족하지 못하고, 두 번째 시험을 요구한다고 생각해 보자. 만약 두 번째 공시체도 역시 긍정적인 시험 결과가 나왔다면, 콘크리트가 품질이 양호할 확률은 다음과 같이 된다.

$$\begin{aligned} P(G \mid T_2) &= \frac{P(T_2 \mid G)P(G)}{P(T_2 \mid G)P(G)+P(T_2 \mid \overline{G})P(\overline{G})} \\ &= \frac{0.90\times 0.973}{0.90\times 0.973+0.10\times 0.027}=0.997 \end{aligned}$$

위의 확률은 축차적으로 갱신되고 있다. 또한 이 갱신은 두 시험 결과를 함께 사용해서 단일 단계로 수행할 수도 있다. 이 경우, 다음과 같이 사건을 정의하면,

T_1 =첫 번째 공시체가 시험에 통과
T_2 =두 번째 공시체가 시험에 통과

다음 계산에서 볼 수 있듯이 똑같은 결과를 얻을 수 있다.

$$P(G \mid T_1 T_2) = \frac{P(T_1 T_2 \mid G)P(G)}{P(T_1 \mid G)P(G) + P(T_1 \mid \overline{G})P(\overline{G})}$$

$$= \frac{0.90 \times 0.90 \times 0.80}{0.90 \times 0.90 \times 0.80 + 0.10 \times 0.10 \times 0.20} = 0.997$$

이 두 번째 계산에서 두 시험은 통계적인 독립이라는 것을 암암리에 가정하였다. 즉,

$$P(T_1 T_2 \mid G) = P(T_1 \mid G)P(T_2 \mid G)$$

이다. 그러나, 만약 시험한 두 공시체 중 어느 한쪽의 결과가 좋지 않다면, 양호한 품질 콘크리트는 다음과 같이 갱신된다.

$$P(G \mid T_1 \overline{T_2}) = \frac{P(T_1 \overline{T_2} \mid G)P(G)}{P(T_1 \overline{T_2} \mid G)P(G) + P(T_1 \overline{T_2} \mid \overline{G})P(\overline{G})}$$

$$= \frac{0.90 \times 0.10 \times 0.80}{0.90 \times 0.10 \times 0.80 + 0.10 \times 0.90 \times 0.20} = 0.80$$ ◀

▶ 2.4 결 론

이 장에서는 공학 및 물리 문제의 모델링에 유용한 확률의 기본적인 수학적 기초 개념에 대해 설명하였다. 공학 및 물리적 문제 모델링에 대한 예를 통해 적절하게 제시하도록 하였다. 특히, 확률을 수반하는 문제의 정식화와 해법에서 다음 두가지, 즉 (1) 가능성 공간의 정의와 이 공간내에 존재하는 사건의 식별, (2) 사건의 발생 확률 평가가 가장 중요하다.

이 목적을 위해 적절하고 유용한 수학 기초 도구는 집합 확률의 기본이론이다. 이 두 이론 모두 기본 요소를 공학도가 이해하기 쉽도록 비추상적인 용어를 이용해서 설명하였다.

사건과 그 여사건을 정의하는데 집합 이론의 단순한 요소들이 사용되고 집합과 부분집합의 연산 법칙의 사건 조합을 지배한다. 조합은 또 다른 사건을 형성하기 위한 두 개 혹은 그 이상의 사건들의 합집합과 교집합으로 구성되어 있다. 유사하게 세 가지 단순한 가정(혹은 공리)에 바탕을 두고 확률의 수학 이론은 주어진 가능성 공간 내에 서로 다른 사건들의 확률 사이의 논리적 관계를 유도하기 위한 연산 법칙들을 제공한다. 기본적으로 가법규칙, 승법규칙, 전확률 정리 그리고 Bayes 정리 등이 있다.

▶ 연습문제

2.1 A시와 B시는 비행기 직항으로 6시간 혹은 7시간 정도 걸린다. 중간에 경유해서 갈 경우에는 8시간, 9시간, 10시간이 걸릴 수 있다. A시와 B시 사이의 직항은 요금이 1200달러이고 경유해서 갈 경우에는 요금이 550달러이다. B시와 C시 사이는 2시간 혹은 3시간 걸리는 직항 뿐이고 요금은 300달러이다. A시에서 C시까지 여행을 한다고 가정할 때

(a) A에서 B까지, A에서 C까지 여행 경로의 확률 공간과 표본 공간을 구하라.

(b) A에서 C까지의 여행에서 표본 공간을 구하라.

(c) T를 A에서 C까지의 여행 시간이라 하고, S를 A에서 C까지의 항공 요금이라 할 때 T와 S의 표본 공간을 구하라.

2.2 교각 1은 2cm에서 5cm 침하할 것으로 예상되고 인접한 교각 2는 4cm에서 10cm 정도 침하할 것으로 예상된다. 즉 인접한 두 교각의 침하 깊이는 각각 다를 수 있다. 여기서,

(a) 두 교각 침하의 표본 공간을 구하라.

(b) 위의 표본 공간이 각각 동일한 확률을 가지고 있다고 할 때 침하 깊이의 차이가 3cm에서 5cm 사이일 확률을 구하라.

2.3 건물에 바람이 동쪽($\theta=0°$)에서 북쪽($\theta=90°$) 사이에서 불어온다. 풍속은 0에서 ∞까지 가능하다.

(a) 풍속과 풍향의 표본 공간을 그려라

(b) 위에서 그린 표본 공간에

$E_1 = (V > 35\,\text{kph})$,

$E_2 = (15\text{kph} < V \leq 45\text{kph})$, $E_3 = (\theta \leq 30°)$ 일 때,

E_1, E_2, E_3, $\overline{E_1}$의 공간을 나타내라.

(c) (a)에서 그린 표본 공간에 다음과 같은 A, B, C 세 사건을 나타내어라

$A = E_1 \cap E_3$; $B = E_1 \cup E_2$; $C = E_1 \cap E_2 \cap E_3$

여기서 A사건과 B사건은 상호배반적인가? A사건과 C사건은 어떠한가?

2.4 원통형의 물탱크에 물이 저장되어 있다. 물은 하루에 6ft나 7ft 또는 8ft를 채운다. 마을의 하루 물 소비량은 물탱크의 수위를 5ft나 6ft 또는 7ft 낮추게 된다.

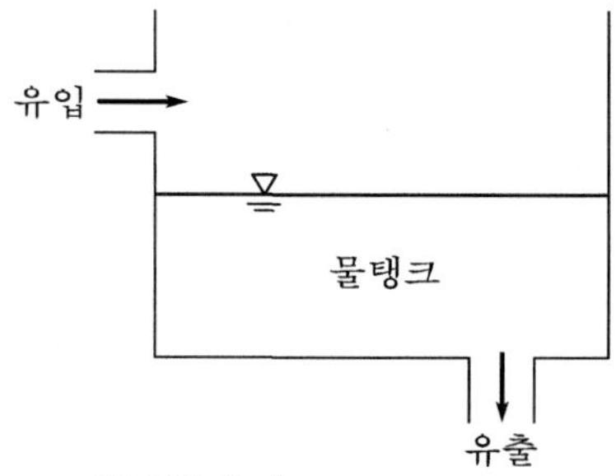

원통형 물탱크

(a) 물 소비량과 물 채우는 양 사이에 가능한 조합은 어떤 경우가 있는가?

(b) 처음에 채워져 있는 물탱크 안의 수위가 7ft 였다면 하루가 지난 후에 물탱크 안의 수위는 어떤 경우가 있는가?

(c) 하루가 지난후 물탱크 수위가 9ft 이상일 확률은 구하라

2.5 아래 그림과 같은 20ft 길이의 캔틸레버 보가 있다. 하중은 $W_1 = 200\text{lb}$, $W_2 = 500\text{lb}$가 가해질 수 있다. 가력부는 B점 혹은 C점에 가해진다. A점은 고정점이고 A점의 모멘트를 M_A라 하자

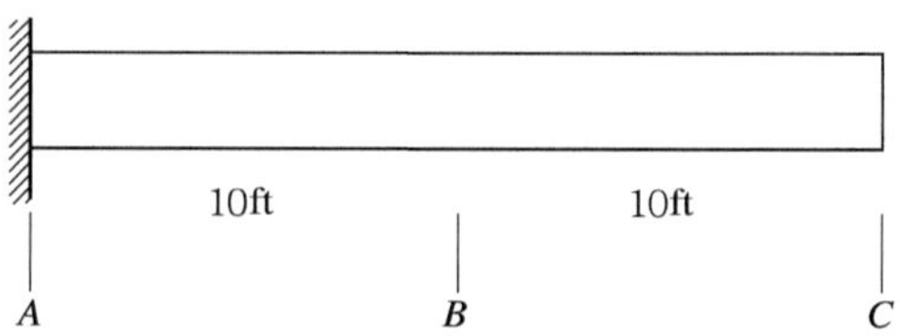

20-ft 캔틸레버보

(a) M_A의 표본 공간을 구하라.

(b) $E_1 = (M_A > 5{,}000\,\text{ft-lb})$,

$E_2 = (1{,}000 \leq M_A < 12{,}000\,\text{ft-lb})$,

$E_3 = (2{,}000\text{ft}-\text{lb or } 7{,}000\text{ft}-\text{lb})$ 라고 하자. 여기서 E_1과 E_2는 상호배반적인가? 그 이유를 서술하라

(c) 각 하중이 각 지점에 가해질 확률이 다음과 같다고 하자

$P(W_1\ at\ B) = 0.25,$

$P(W_1\ at\ C) = 0.60,$

$P(W_2\ at\ B) = 0.30,\ P(W_2\ at\ C) = 0.50$

W_1과 W_2가 가해지는 위치는 서로 독립적이라고 할 때 각 M_A값의 확률은 어떠한가?

(d) 다음 사건들의 확률을 구하라

$E_1,\ E_2,\ E_3,\ E_1 \cap E_2,\ E_1 \cup E_2,\ \overline{E_2}$

2.6 아래 그림과 같이 도시 1과 도시 2가 A길로 연결이 되어 있고, 도시 2와 도시 3은 B길로 연결되어 있다. 각 길에서 동쪽을 가는 길을 A1, B1이라 하고 서쪽으로 가는 길을 A2, B2 라고 하자.

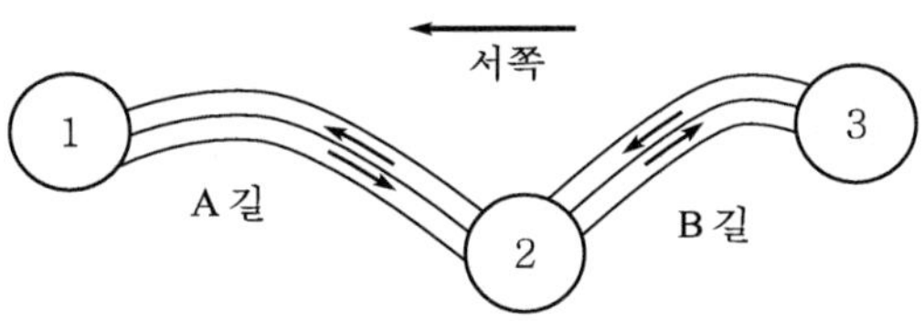

세 개 시들을 연결하는 길

5%의 확률로 A길의 차선들은 2년 내에 포장 교체 공사를 한다. 15%의 확률로 B길 차선들은 2년 내에 교체 공사를 한다.

(a) A길과 B길이 2년 내에 포장 교체 공사를 할 확률을 구하라. 한 차선이 교체 공사를 할 경우 같은 길의 다른 차선은 교체 공사를 할 확률이 3배 증가 한다고 가정한다.

(b) A길의 교체 공사와 B길의 교체 공사는 서로 독립적인 사건이라고 가정할 때, 도시 1과 도시 3 사이에서 2년 내에 교체공사가 있을 확률을 구하라.

2.7 어떤 용접공이 수행한 전체 용접의 10%에서 결함이 발생한다고 가정하자. 이 용접공은 하루에 세 개의 용접을 수행한다. 각 용접의 상태는 다른 용접의 상태와 독립적이다.

(a) 세 개의 용접에서 모두 결함이 발생하지 않을 확률을 구하라

(b) 두 개의 용접에서 결함이 발생할 확률을 구하라

(c) 세 개의 용접에서 모두 결함이 발생할 확률을 구하라

2.8 콘크리트 타설 공사시 콘크리트의 준비는 직접 제작하는 방법과 주문 제작하는 방법이 있다. 또한 준비된 콘크리트로 공사를 하기 위해서는 비가 오는 날은 피해야 한다. E_1을 비가 오지 않는 사건, E_2를 현장에서 콘크리트를 제작 사용할 수 있는 사건, E_3을 주문 제작한 콘크리트를 사용할 수 있는 사건이라고 할 때 각 값은 다음과 같다.

$P(E_1) = 0.8;\ P(E_2) = 0.7;\ P(E_3) = 0.95;$

$P(E_3 | \overline{E_2}) = 0.6$

E_2와 E_3는 E_1과 독립적인 사건이라고 하자.

(a) 다음 각 사건들을 E_1, E_2, E_3로 나타내어라

(i) A : 콘크리트 공사가 가능한 사건

(ii) B : 콘크리트 공사가 불가능한 사건

(b) B사건의 확률을 구하라

(c) 만약에 현장에서 콘크리트 제작이 불가능한 상태라면 콘크리트 공사가 가능할 확률은 얼마인가?

2.9 건설회사에서 3개의 트랙터를 구매하였다. 1번, 2번, 3번 트랙터가 5년 후 정상 작동할 확률을 각각 E_1, E_2, E_3라 하자.

(a) 다음 각 사건들을 E_1, E_2, E_3로 나타내어라

A : 5년 후 1번 트랙터만 정상 작동하는 사건

B : 5년 후 1개의 트랙터만 정상 작동하는 사건

C : 5년 후 1개 이상의 트랙터가 정상 작동하는 사건

(b) 정상적인 건설 현장에서 사용했을 때 각각의 트랙터가 5년 후까지 정상적으로 작동할 확률은 60%라고 한다. 만약 트랙터가 비정상적인 건설 현장에서의 사용으로 세 대중 한 대의 트랙터가 고장이 났을 때 나머지 두 트랙터 중 한 대가 고장 날 확률은 60%라고 한다. 세 대중 두 대의 트랙터가 고장 났을 때 나머지 한 대가 고장 날 확률은 80%라고 한다. (a)의 A, B, C사건의 확률을 각각 구하여라

2.10 굴착 공사시 도급업자는 두 명의 하청업자를 둔다. A하청업자는 60%의 확률로 작업이 가능하고, B하청업자는 80%의 확률로 작업이 가능하다고 하자. A, B 두 하청업자 중 최소 한명 이상 작업이 가능할 확률은 90% 이다.

(a) 작업 시 두 하청업자 모두 작업이 가능할 확률을 구하라.

(b) 만약 A하청업자가 작업이 불가능한 상태라면 B 하청업자가 작업이 가능할 확률은 얼마인가

2.11 독성 폐기물이 지하폐기물 저장공간에 저장되어 있다. 향후 100년 동안 독성 물질이 지하공간을 빠져나올 확률이 1%라고 한다. 인접한 A마을과 B마을에서 지하수를 사용하고 있다. 지하 폐기물 저장공간과 A마을과 B마을 각각의 취수장으로 연결되었을 경우 각 마을 사람들은 오염된 물을 취수하게 될 것이다. 지하 폐기물 저장 공간과 A마을의 취수장이 연결되었을 확률은 2%이고 지하 폐기물 저장공간과 B마을의 취수장이 연결되었을 확률은 3%이다. 지하 폐기물 저장 공간과 A마을의 취수장이 연결 되었을 때, 지하 폐기물 저장 공간과 B마을의 취수장이 연결되었을 확률은 20%이다. 향 후 100년 간을 생각할 때

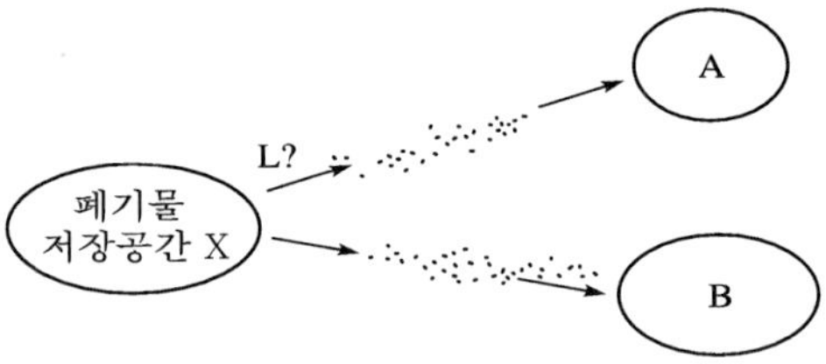

(a) A마을의 취수장이 오염될 확률을 구하라.

(b) 두 마을 중 한 곳 이상의 취수장이 오염될 확률을 구하라.

2.12 그림과 같이 A, B, C마을이 강을 따라 위치하여 있다. 그림에서 화살표는 강의 흐름을 의미한다. A, B, C 각 마을에서 매년 홍수가 발생할 확률은 각각 0.2, 0.3, 0.1이다. 각 마을에서 홍수가 일어날 확률은 서로 통계적으로 독립된 사건이 아니다. C마을에서 홍수가 발생했을 때 B마을에 홍수가 일어날 확률은 0.6이다. B마을과 C마을에 둘 다 홍수가 발생했을 때 A마을이 홍수가 발생할 확률은 0.8이다. C마을에 홍수가 발생하지 않았을 때 A마을과 B마을에 홍수가 발생하지 않을 확률은 0.9이다. 세 마을에 동시에 홍수가 발생했을 때 그 해를 '특별 재난 해' 라고 한다. 각 년도마다 홍수 발생은 서로 독립적인 사건이다.

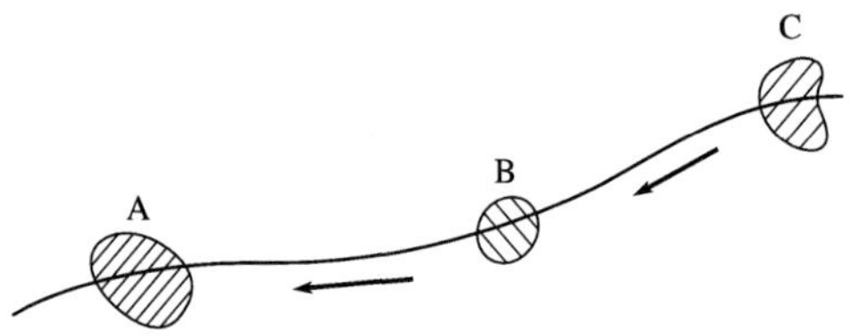

(a) '특별 재난 해' 가 발생할 확률을 구하라

(b) 한 해에 B마을에 홍수가 발생했다면 C마을에도 홍수가 발생했을 확률을 구하라

(c) 한 해에 한 마을 이상 홍수가 발생할 확률을 구하라

2.13 건설 프로젝트가 효과적으로 이루어지기 위해서는 자재의 확보, 노동력 확보, 공사에 좋은 날씨가 뒷받침 되어야 한다. 성공적으로 공사가 진행되기 위해서는 다음의 (A)와 (B) 중 한 가지 조건이 갖추어져야 한다.

(A) 자재의 수급과 노동력 확보 중에 한 가지가 확보되고 날씨는 적합함

(B) 날씨는 부적합하지만 자재의 수급과 노동력 확보가 원활하게 이루어짐

G=좋은 날씨, G'=부적합한 날씨, L=원활한 노동력 확보, M=원활한 자재 확보, C=성공적인 공사 완료. 라고 하자. P(L)=0.7, P(G)=0.6 이며 L은 M과 G와는 독립된 사건이다. 날씨가 좋은 날에는 자재의 확보가 보장되고 날씨가 안 좋은 날에는 자재의 확보 확률이 50%로 감소된다고 할 때

(a) 성공적인 공사 완료(C)를 G, L, M으로 나타내어라

(b) 성공적으로 공사를 완료할 확률을 구하라 (Ans. 0.74)

(c) 공사가 성공적으로 완료되었는데 그날 노동력

확보가 부적절했을 확률을 구하라(Ans. 0.243)

2.14 지난 10년간의 철도 교차로 사고는 다음 표와 같이 발생하였다.

		사고 종류	
		열차 탈선	열차 충돌
발생 시간	낮	30	60
	밤	20	20

한 지역에 1000개의 철도 교차로가 있다고 할 때

(a) 한 철도 교차로에서 1년간에 사고가 발생할 확률을 구하라(Ans. 0.013)

(b) 낮에 교차로 사고가 발생하였다. 그 사고가 열차 충돌 사고일 확률을 구하라(Ans. 2/3)

(c) 열차 탈선 사고의 50%가 사망 사고이고, 열차 충돌 사고의 80%가 사망 사고이다. 다음 교차로 사고가 사망 사고일 확률을 구하라(Ans. 0.685)

(d) D=다음 교차로 사고가 낮에 발생하는 사건, R=다음 교차로 사고가 열차 탈선 사고인 사건 이라고 할 때

(i) D와 R은 mutually exclusive한 사건인가? 증명하라

(ii) D와 R은 통계적으로 독립 사건인가?(Ans. No)

2.15 연료 전지 기술과 대규모의 태양 에너지 기술은 차세대 대체 에너지로 각광받고 있는 기술이다. 향후 15년 내에 두 기술이 성공적으로 개발 될 확률은 각각 0.70, 0.85이다. 두 기술의 개발은 서로 독립적인 사건이라고 할 때

(a) 15년 내에 이 대체에너지들이 성공적으로 개발될 확률을 구하라

(b) 15년 내에 두 대체에너지 중 한 대체 에너지만 성공적으로 개발 될 확률을 구하라

2.16 한 마을에 다음과 같은 지난 10년간의 강우 기록이 있다고 하자

(A) 비가 오는 날은 전체의 30%이다.

(B) 비가 온 다음 날 비가 올 확률은 50%이다.

(C) 이틀 연속 비가 온 다음날 비가 올 확률은 20%이다. 한 집에서 다음 주 월요일부터 3일간 지붕 페인트칠을 하기로 하였다.

(a) E_1=월요일에 비가 오는 사건, E_2=화요일에 비가 오는 사건, E_3=수요일에 비가 오는 사건이라고 할 때 (A), (B), (C)를 E_1, E_2, E_3 으로 나타내어라

(b) 월요일과 화요일에 모두 비가 올 확률을 구하라

(c) 3일 중 수요일만 비가 오지 않을 확률을 구하라

(d) 3일간 하루 이상 비가 올 확률을 구하라

2.17 지교수는 D빌딩에서 일하고 있다. 매일 아침 지교수는 A, B, C주차장이 있는 곳을 거쳐 D빌딩으로 출근한다. 지교수는 A, B, C의 순서로 주차장을 지나치며 빈자리가 보이면 바로 차를 주차한다. 차는 주차장 외에는 주차할 곳이 없으며 A주차장과 B주차장은 무료이지만 C주차장은 요금을 받는다. 통계적으로 각 주차장에서 빈자리가 있을 확률은 A, B, C 각각 0.20, 0.15, 0.80이다. 그러나 A주차장에 자리가 없을 때 B주차장에 자리가 있을 확률은 0.05이다. A주차장과 B주차장이 모두 꽉 차 있을 때 C주차장에 빈자리가 있을 확률은 40%이다.

(a) 어느 날 아침 지교수가 무료로 주차를 할 수 있을 확률을 구하라

(b) 어느 날 아침 지교수가 주차를 할 수 있을 확률을 구하라

(c) 어느 날 아침 지교수가 주차를 하고 출근하였다. 그 날 지교수가 무료로 주차를 했을 확률을 구하라

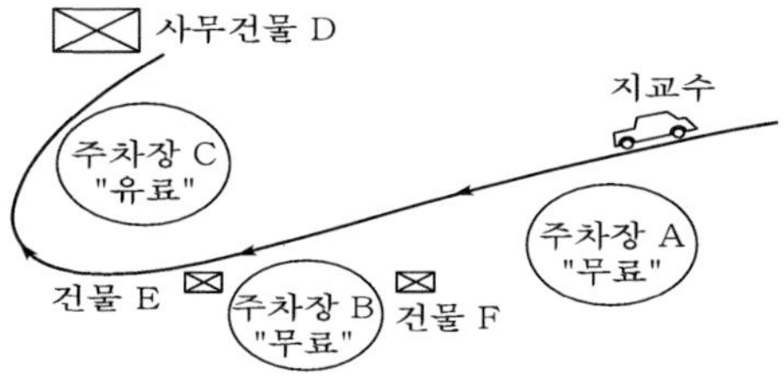

2.18 빌딩은 기초의 과도한 침하 혹은 구조적 파괴에 의해서 붕괴된다. 빌딩에 30년 내에 과도한 침하가 발생할 확률은 0.10이고 구조적 파괴가 발생할 확률은 0.05이다. 빌딩에 과도한 침하가 발생했을 때, 구조적 파괴가 발생할 확률은 0.20이다.

(a) 30년 내에 빌딩이 붕괴될 확률을 구하라
(b) 빌딩이 붕괴되었을 때 과도한 침하와 구조적 파괴가 동시에 발생되었을 확률을 구하라
(c) 30년 내에 빌딩에 두 붕괴 원인 중 한 가지만 발생할 확률을 구하라

2.19 자동 브레이크시스템은 주 실린더, 차축실린더, 브레이크 패드와 같이 세 부품으로 이루어진다. 세 부품중 한 부품 이상이 고장이 나면 전체 브레이크 시스템은 정상적으로 작동하지 않는다. 5년 이상 사용 하는 동안 주 실린더, 차축실린더, 브레이크 패드가 고장날 확률은 각각 0.02, 0.05, 0.50이다. 또한 주 실린더와 차축실린더가 동시에 고장 날 확률은 0.01이다. 브레이크 패드의 고장은 주 실린더나 차축실린더의 고장과는 독립적인 사건이다.
(a) 5년 이내에 차축실린더만 고장 날 확률을 구하라
(b) 5년 이내에 자동 브레이크시스템이 정상적으로 작동하지 않을 확률을 구하라
(c) 자동 브레이크시스템이 정상 작동하지 않을 때 세 개의 부품 중 한 개의 부품만 고장일 확률을 구하라

2.20 E_1, E_2, E_3를 각각 올해, 내년, 내후년 겨울에 폭설이 내리는 사건이라고 하자. 일반적으로 한 해 겨울에 폭설이 내릴 확률은 0.10이다. 그렇지만 전해에 폭설이 내렸을 때 그 다음해에 폭설이 내릴 확률은 0.40이고, 두 해 연속 폭설이 내렸을 때 그 다음해에 폭설이 내릴 확률은 0.20이다.
(a) 다음 확률을 구하라
$P(E_1)$, $P(E_2)$, $P(E_2|E_1)$, $P(E_3|E_1E_2)$, $P(E_3|E_2)$
(b) 올해와 내년 중에 폭설이 내릴 확률을 구하라
(c) 올해, 내년, 내후년 겨울 중에 폭설이 내릴 확률을 구하라
(d) 올해에 폭설이 내리지 않았을 때 내년에 폭설이 내리지 않을 확률을 구하라. 즉 $P(\overline{E_2}|\overline{E_1})$을 구하라. 힌트 : 다음 식을 이용하라
$P(\overline{E_1} \cup \overline{E_2}) = 1 - P(\overline{\overline{E_1} \cup \overline{E_2}}) = 1 - P(E_1E_2)$

2.21 기상관측 결과 매우 더운 여름은 연속적으로 나타나는 경향이 있다고 한다. 일반적으로 여름이 매우 더울 확률은 0.20이다. 그러나 매우 더운 여름 다음해의 여름이 매우 더울 확률은 0.40으로 증가한다고 한다. 또한 그 해 여름의 기온은 바로 전 해 여름의 기온에만 영향을 받는다고 한다.
(a) 3년 연속으로 매우 더운 여름이 나타날 확률을 구하라
(b) 올해 여름이 매우 덥다면, 다음 해 여름이 매우 덥지 않을 확률을 구하라
(c) 향후 3년간 한 번 이상의 매우 더운 여름이 나타날 확률을 구하라

2.22 한 도시는 A, B, C 세 곳의 발전소에서 전기를 공급받는다. 각 발전소는 50메가와트의 전기를 생산할 수 있다. A, B, C 세 곳의 발전소에서 어느 1주간에 전기 생산이 불가능할 확률은 각각 5%, 5%, 10%이다. A발전소와 B발전소는 서로 연결되어 있어 한쪽 발전소가 전기 생산이 불가능하면 다른 발전소가 전기 생산이 불가능해질 확률이 50%에 이른다. C발전소는 다른 두 발전소와 독립적으로 발전 시스템이 갖춰져 있다.
(a) A 발전소에 사고가 발생하여 전기 생산이 1주일간 불가능하다. 이 때 세 곳의 발전소가 모두 전기 생산이 불가능하여 도시 전체가 전기 공급을 못 받을 확률을 구하라
(b) 어느 일주일간 도시가 전기 공급을 못 받을 확률을 구하라
(c) 어느 일주일간 도시가 100메가와트 이상의 전기를 공급받지 못할 확률을 구하라

2.23 어느 건물은 지진이 발생하였을 때 건물이 붕괴될 확률이 0.02이다.
(a) 세 번의 지진이 발생한 후에도 건물이 붕괴되지 않을 확률을 구하라
(b) 두 번의 지진이 발생하는 동안 건물이 붕괴될 확률을 구하라

2.24 A와 B 두 엔지니어가 한 팀으로 컴퓨터 시스템에

서 결함을 검출하는 일을 하고 있다. 두 사람의 검출 업무는 동시에 독립적으로 이루어지며 A가 결함을 검출해낼 확률은 0.8, B가 결함을 검출해낼 확률은 0.9이다.

(a) 컴퓨터 시스템에 결함이 한 군데 있다. 이 팀의 검출 업무에 의해서 이 결함을 검출될 확률을 구하라.(Ans. 0.98)

(b) 컴퓨터 시스템에 결함이 한 군데 있다. A 혼자만이 결함을 검출해낼 확률을 구하라(Ans. 0.082)

(c) C, D, E도 같은 방식으로 팀을 구성하여검출 업무를 수행한다. C, D, E가 결함을 검출해낼 확률은 모두 0.75이다. 이 팀은 A와 B로 구성된 팀보다 검출 성공 확률이 뛰어난가?(Ans. 예)

(d) 컴퓨터 시스템에 결함이 두 군데 있다. A와 B로 이루어진 팀에서 두 결함이 모두 발견될 확률을 구하라. 두 결함이 검출되는 사건은 서로 독립적인 사건이다.

2.25 방송 수신 안테나가 지붕의 고정 지지대에 설치되어 있다. 태풍에 의해서 안테나 혹은 지지대가 파괴될 수 있으며 둘 중 하나가 파괴되면 방송 수신이 이루어지지 않는다.

1. 태풍에 의해서 지지대가 파괴될 확률은 0.006이다.
2. 지지대가 파괴되었을 때 안테나가 파괴될 확률은 0.40이고, 안테나가 파괴되었을 때 지지대가 파괴될 확률은 0.30이다.

(a) 태풍에 의해서 방송 수신이 이루어지지 않을 확률을 구하라

(b) 태풍에 의해서 지지대와 안테나 둘 중 하나만 파괴될 확률을 구하라

(c) 태풍에 의해서 방송 수신이 안 될 때 지지대가 파괴되었을 확률을 구하라

2.26 새로 신축한 병원에서 화재가 발생(F사건)할 확률은 매우 낮다. 보험회사는 1년에 화재가 발생할 확률 $P(F)$를 0.01로 추정하고 있다. 신축 병원에는 화재 알람 시스템이 설치되어 있다. 이 시스템은 불이 나면 100% 확률로 알람을 울린다(A사건). 그러나 이 시스템은 불이 나지 않았을 때도 1년 동안에 한 차례 알람이 울릴 수 있으며 그 확률은 0.1이다(즉 $P(A|\overline{F})=0.1$이다.). 1년에 화재는 단 한 차례만 발생할 수 있다고 하자

(a) mutually exclusive한 사건과 collectively exhaus-tive한 사건을 나열하라

(b) (a)에서 나열한 사건들의 확률을 각각 구하라

(c) 1년 내에 알람이 울릴 확률을 구하라

(d) 알람이 울렸을 때 진짜 화재가 발생했을 확률을 구하라

2.27 한 사람이 일생동안 암에 걸리는 일(사건 D)은 확률 P(D)가 0.001로 매우 드문 일이라고 한다. 그러나 암을 조기에 발견하지 못하면 높은 사망률로 환자가 죽게 된다. 그러나 암 검진 시스템으로 검진을 받으면 암을 발견 할 수 있다(사건 T)고 한다. 그러나 검진 시스템이 100% 암을 발견해 내진 못하며 암에 걸린 사람이 검진을 받으면 암이 발견될 확률은 85%라고 한다. 즉 $P(T|D)=0.85$이다. 또한 암에 걸리지 않은 사람도 검진을 받았을 때 암이라고 판명될 확률은 2%라고 한다. 즉 $P(T|\overline{D})=0.02$이다.

(a) mutually exclusive한 사건과 collectively exhau-stive한 사건을 나열하라

(b) (a)에서 나열한 사건들의 확률을 각각 구하라

(c) 암 검진에서 암이 판명될 확률을 구하라

(d) 만약 어떤 사람이 암이라고 판명을 받았을 때 그 사람이 정말 암에 걸려있을 확률을 구하라

2.28 그림과 같은 지도에서 한 사람이 M에서 Q까지 화살표와 같은 경로를 통해 자동차로 이동을 한다. 운전자는 A, B, C 순서로 세 개의 교차로를 지나야 한다. 세 교차로에는 각각 신호등이 있다. A와 B교차로에서는 녹색등이 켜져 있는 시간이 전체 시간의 절반이다. 그러나 A교차로에서 녹색등을 만난 운전자는 B교차로에서 녹색등을 만날 확률이 0.80이다. C교차로에서 좌회전 신호를 받을 확률은 0.20이다. C교차로의 신호 체계는 A교차로와 B교차로의 신호와는 독립적으로 운영된다.

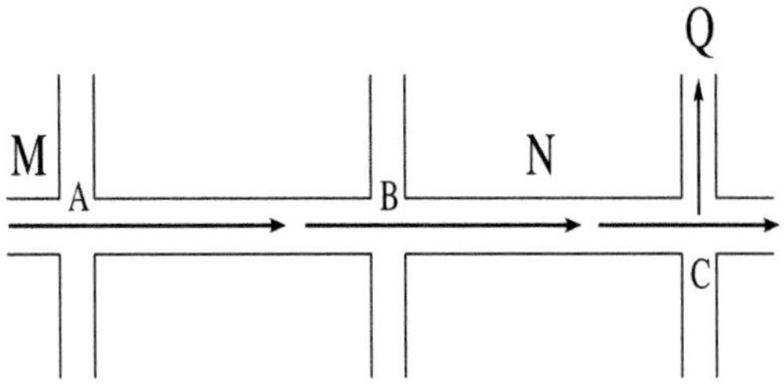

(a) G_A=A교차로에서 녹색신호, G_B=B교차로에서 녹색신호, G_{LT}는 C교차로에서 좌회전 신호 라고 할 때 다음 사건들을 G_A, G_B, G_{LT}로 나타내라

E_1=M과 N 사이에서 정지하는 사건

E_2=C교차로에서 정지하는 사건

E_3=M과 N 사이에서 한번만 정지하는 사건

(b) M에서 Q까지 운전하는 동안 한번 이상 정지할 확률을 구하라

(c) M에서 Q까지 운전하는 동안 한번 이하 정지할 확률을 구하라

2.29 통계적 조사에 따르면 어느 마을에 겨울의 특정 날에 눈이 올 확률은 0.2라고 한다. 또한 기온이 영하 10도 이하일 확률은 5%이고, 바람이 불 확률은 10%라고 한다. 기온이 영하 10도 이하일 때는 눈이 올 확률이 30%로 증가한다. 눈이 오는 사건, 기온이 영하 10도 이하인 사건, 바람이 부는 사건을 각각 사건 S, 사건 L, 사건 W라고 하자. 사건 W는 사건 S 및 사건 L과 독립적인 사건이다.

(a) 눈이오며 기온도 영하 10도 이하이며 바람까지 불 확률을 구하라(Ans. 0.0015)

(b) 건설 프로젝트가 바람이 불거나 기온이 낮으면 진행이 불가능하다(눈이 와도 진행 가능하다.). 어느 날 건설 프로젝트가 중단될 확률을 구하라 (Ans. 0.145)

(c) 눈이 오지 않는 날에 건설 프로젝트가 진행될 수 없을 확률을 구하라(Ans. 0.139)

(d) 눈이 안 오고 바람도 안 불고 기온도 영하 10도 이하이지 않을 확률을 구하라

(e) 야외 활동이 불편한 날씨가 되는 사건을 U라 하자. 사건 C와 사건 W가 동시에 발생하면 100% 확률로 U가 발생한다. 사건 C와 사건 W 둘중의 하나만 발생할 경우 U가 발생할 확률은 50% 이다. 어느 날 U가 발생할 확률을 구하라

2.30 상수도 시스템에서 물을 오염시키는 주요한 원인으로는 납과 박테리아가 있다. 4%의 상수도 시스템이 납에 의해 오염되어 있고, 2%의 상수도 시스템이 박테리아에 의해 오염되어 있다고 한다. 납에 의한 오염과 박테리아에 의한 오염은 서로 독립된 사건이다.

(a) 임의의 상수도 시스템이 오염되어 있을 확률을 구하라(Ans. 0.0592)

(b) 오염되어 있는 상수도 시스템이 발견되었다. 오염 원인이 납 하나뿐일 확률을 구하라(Ans. 0.662)

2.31 그림과 같은 15ft 지름의 콘크리트 물탱크가 설치되어 있다. 물탱크에는 물이 10ft 혹은 20ft가 채워져 있게 되어 있다. 각각의 확률은 0.40이다. 물탱크의 무게는 100,000lb이고, 물의 무게는 1ft 당 11,000lb이다. 수평력에 저항하는 마찰저항력은 다음 식과 같이 물과 물탱크 전체의 무게에 마찰계수를 곱하여 계산된다.

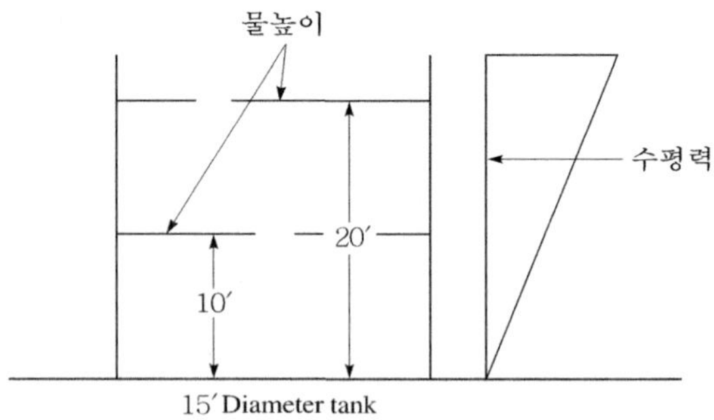

$F = CW$

C=마찰계수

W=물과 물탱크 전체 무게

(a) 마찰계수가 0.1혹은 0.2라고 할 때, 마찰저항력의 표본공간을 구하여라.

(b) 폭풍에 의한 수평 방향의 힘이 최대 15,000lb라

고 하면, 물탱크가 폭풍이 지나가는 동안 옆으로 미끄러질 확률은 얼마인가? C값은 전체 하중과 독립된 변수이다.

(c) 폭풍에 의한 수평 방향 힘의 최대값이 60%의 확률로 15,000lb이거나 40%의 확률로 20,000lb라고 하면, 물탱크가 옆으로 미끄러질 확률은 얼마인가? 폭풍에 의한 힘은 마찰저항력과 독립된 사건이다.

2.32 다음 그림과 같은 쓰레기 매립지가 있다. 쓰레기 매립지의 오염물이 지층으로 흘러들어가지 않도록 단단히 다져진 진흙(clay)층과 토목섬유로 만든 얇은 층으로 매립지와 지층사이를 분리하였다. 그럼에도 불구하고 공사 중 진흙의 다짐이 충분치 않거나, 날카로운 돌 같은 것에 의해서 토목섬유로 찢어지는 일이 발생할 경우 오염물이 지층으로 흘러들 위험이 있다. 또한 심한 폭우가 올 경우에도 매립지의 오염물이 지층으로 흘러들 위험이 있다.

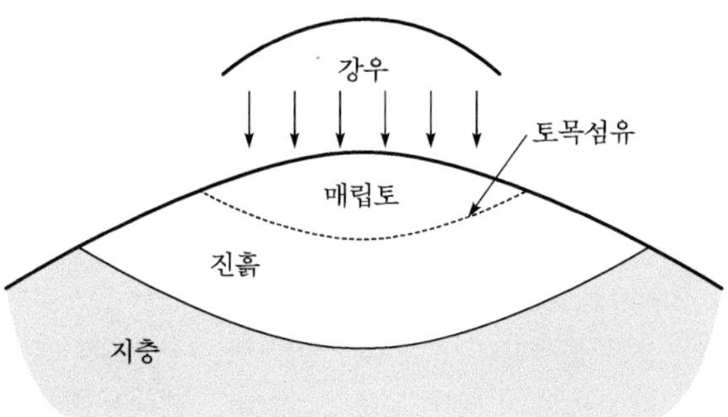

다음 두 사건의 경우 매립지의 오염물이 지층으로 흘러든다고 한다.

사건 1 : 심한 폭우가 오고, 진흙의 다짐이 충분치 않거나 혹은 토목섬유가 찢어진 경우

사건 2 : 일반강우 상태에서, 진흙의 다짐이 충분치 않고 토목섬유가 찢어진 경우

또한 각 사건의 확률을 다음과 같이 정의하자

W=진흙이 충분히 다져졌을 확률. 90%

H=토목섬유가 찢어졌을 확률. 30%

E=심한 폭우가 올 확률. 20%

시공 상태는 향후 강우에는 아무런 영향을 미치지 않는다. 그러나 토목섬유가 찢어진 경우에 진흙이 충분히 다져졌을 확률은 60%로 감소한다.

(a) 사건 1과 사건 2를 W, H, E로 나타내어라.

(b) 사건 1과 사건 2의 확률을 구하라(Ans. 0.056, 0.096)

(c1) W와 H는 상호배반인 사건인가? W와 H는 통계적으로 독립적인 사건인가? 증명하라(Ans. no, no)

(c2) 사건 1과 사건 2는 상호배반인 사건인가? 두 사건은 전포괄적(둘을 합하면 전체 집합임. 상호배반 : 중복이 없음, 전포괄적 : 빠짐 없음)인가? (Ans. yes, no)

(d) 이 매립지에서 오염물이 지층으로 흘러들 확률을 구하라(Ans. 0.152)

2.33 한 마을에서 이번 겨울 동안의 에너지원으로 전기 에너지, 천연가스, 기름 세 가지를 사용한다. 각각을 E, G, O라고 할 때 각각의 에너지원이 이번 겨울에 부족할 확률은 각각 0.15, 0.10, 0.20이다. 기름이 부족하게 되면 전기 에너지가 부족할 확률은 두 배가 된다. 천연가스의 부족은 다른 두 에너지원의 부족과는 연관이 없다고 한다.

(a) 이번 겨울에 세 에너지원이 모두 부족할 확률을 구하라

(b) 천연가스와 전기 에너지 둘 중 하나 이상이 부족할 확률을 구하라

(c) 이번 겨울에 전기 에너지가 부족하다면 가스와 기름 둘 다 부족할 확률은 얼마인가?

(d) 이번 겨울에 두 가지 이상의 에너지원이 부족할 확률을 구하라

2.34 한 항공 정찰 시스템은 A, B, C 세 개의 센서로 구성되어 있다. 세 개의 센서 중 한 가지만 고장을 일으켜도 전체 시스템은 작동하지 않는다. 10년간의 일반 고도에서의 사용 기간 중 각각의 센서가 고장을 일으킬 확률은 0.05, 0.03, 0.02이다. 그러나 10년간 초고도 비행에서의 사용 기간 중 각각의 센서가 고장을 일으킬 확률은 0.07, 0.08, 0.03으로 증가한다. 일반적인 항공기는 수명동안의 60%는 일반 고도에서 비행하고, 40% 동안은 초고

도에서 비행한다. A센서가 고장나면 B센서가 고장날 확률은 두 배로 증가하며, C센서는 A센서 및 B센서와는 아무런 관계가 없다. 10년 내에 정찰 시스템이 고장났다면 B센서가 고장나 있을 확률은 얼마인가?

2.35 일반적으로 미드웨스트시의 겨울 날씨는 춥거나(C) 습한 날씨(W)가 많다고 한다. 이 도시에서 겨울에 날씨가 추울 확률은 50%이고, 습도가 높을 확률은 30%이다. 또한 추운 겨울 날씨의 40%는 습도가 높은 겨울이라고 한다. 날씨가 춥거나 혹은 습도가 높을 때 혹은 둘 다 발생했을 때 '불편한 날씨' 라고 한다.

(a) C와 W는 서로 독립적인 사건인가? 증명하라.
(b) 올해 겨울이 '불편한 날씨' 일 확률을 구하라
(c) 올해 겨울이 춥지만 습도가 높지 않을 확률을 구하라
(d) 만약 어떤 해에 겨울이 '불편한 날씨' 였다면 날씨도 춥고 습도도 높았을 확률을 구하라

2.36 시내로 통근하는 직장인이 이용할 수 있는 길은 A, B, C 세 가지가 있다. 각각의 길이 막힐 확률은 각각 60%, 60%, 40%이다. A길과 B길은 서로 인접해 있어 둘 중 한쪽 길이 막히면 다른 길이 막힐 확률은 85%로 증가한다. C길은 A길과 B길의 교통량에 영향을 받지 않는다(즉 독립이다.) A, B, C 세 길이 모두 막히면 지각을 할 확률은 90%이고 그렇지 않을 경우에는 지각을 할 확률이 30%이다.

(a) 세 길 중 단 한 개의 길만 막힐 확률을 구하라
(b) 지각을 할 확률을 구하라
(c) A가 막힌다고 할 때 지각을 할 확률을 구하라

2.37 지진이 발생한 후의 구조물의 상태는 이상 없음(N), 경미한 손상(L), 심각한 손상(H)의 세 가지로 분류된다. 일반적인 구조물에서 지진이 발생한 후 경미한 손상이 발생하거나 심각한 손상이 발생할 확률은 각각 0.2, 0.05이다. 그러나 한번 경미한 손상이 발생한 구조물이 다음 지진에서 심각한 손상이 발생할 확률은 0.5이다.

(a) 새 건물에 두 지진이 지나간 후 구조물에 심각한 손상이 발생할 확률을 구하라(Ans. 0.188)
(b) 두 지진이 지나간 후 심각한 손상이 발생한 구조물이 첫 번째 지진에 의해서는 이상 없거나 경미한 손상만 발생했을 확률을 구하라
(c) 한 지진이 지나갈 때마다 손상이 발생한 구조물을 즉시 보수한다고 할 때, 세 번의 지진이 지나가는 동안 구조물에 심각한 손상이 발생할 확률을 구하라(Ans. 0.143)

2.38 한 공사 현장에서 한 달 동안의 시멘트 사용량은 적거나(L), 보통이거나(A), 많은(L) 경우가 있다. 각각의 확률은 0.60, 0.60, 0.10이다. 시멘트 공급업자는 시멘트 사용량이 적을 때는 시멘트를 원활하게 공급하지만, 보통이거나 많을 경우에는 0.10, 0.50의 확률로 사용량만큼 공급을 하지 못한다.

(a) 어떤 달에 시멘트가 사용량만큼 공급이 안 될 확률을 구하라.
(b) 어떤 달에 시멘트 공급이 부족했다면 그 달의 시멘트 사용량이 보통일 확률을 구하라
(c) 2달동안의 공사에서 1달 이상 시멘트 공급이 부족할 확률을 구하라. 첫 번째 달과 두 번째 달의 시멘트 사용량은 서로 영향을 미치지 않는다.

2.39 사전 조립된 벽 구조물이 매일 한 개 씩 공사현장으로 옮겨진다. 옮겨지는 동안 벽 구조물에는 손상이 0개, 1개, 2개가 생길 수 있고 각각의 확률은 0.25, 0.5, 0.3 이라고 하자. 옮겨진 벽 구조물은 공사현장에서 검사를 받게 되며 1개까지의 손상은 통과가 되지만 2개의 손상은 검사를 통과하지 못한다.

(a) 어떤 특정한 날에 구조물이 검사를 통과할 확률을 구하라.
(b) 5일 동안 단 한 개만의 구조물이 검사를 통과하지 못할 확률을 구하라
(c) 검사의 정확도는 100%가 아니며 한 손상이 검사에서 발견될 확률은 80%라고 한다. 이 경우에 구조물이 검사를 통과할 확률을 구하라

2.40 2달 동안의 공사에서 날씨가 좋거나 보통일 경우

공사가 예상대로 2달 내에 끝날 확률은 90%라고 한다. 그러나 날씨가 안 좋을 경우에는 공사가 예정대로 끝날 확률이 20%로 감소하며 이때에는 추가 인원 공급을 통해서 공사가 예정대로 끝낼 확률을 80%로 높일 수 있다. 그러나 추가 인원 공급은 일손 부족으로 인해서 추가 인원 공급이 가능할 확률은 50%라고 한다. 물론 날씨가 좋거나 보통일 경우에는 추가 인원 공급이 필요가 없다. 기상 예보에 따르면 다음 2달 동안 날씨가 좋을 확률과 보통일 확률 안 좋을 확률의 비율은 1:2:2라고 한다.

(a) 공사가 예정대로 끝날 확률을 구하라

(b) 공사가 예정대로 끝나지 않았을 때, 날씨가 보통일 확률을 구하라

2.41 석유와 천연가스를 에너지원으로 사용하는 한 국가에서 향후 10년간의 에너지 수급에 관한 예측 조사를 하였다. 향후 10년 동안 천연가스의 공급이 감소할 확률은 40%이고, 석유의 공급이 감소할 확률은 20% 이다. 또한 향후 10년 동안 에너지 수요 증가가 낮거나, 보통이거나, 높을 확률은 각각 0.3, 0.6, 0.1이다. 에너지 수요와 공급량에 따라 '에너지 위기' 의 발생 여부는 다음 표와 같다.

에너지 수요 증가	석유와 천연가스 공급	에너지 위기 발생 여부
낮음	둘 다 감소	발생
보통	한 개 이상 감소	발생
높음	공급량과 관계 없음	발생

(a) 향후 10년 동안 에너지 수요 증가가 보통일 때 '에너지 위기' 가 발생할 확률을 구하라

(b) 향후 10년 내에 '에너지 위기' 가 발생할 확률을 구하라

2.42 멕시코의 걸프만에서 한 해에 한 개의 허리케인이 지나갈 확률과 두 개의 허리케인이 지나갈 확률은 각각 20%, 5%라고 한다. 세 개 이상의 허리케인이 지나갈 확률은 무시할 정도로 작다고 하자. 이 지역에는 석유 채취 구조물이 있는데 이 구조물은 트러스 구조물과 석유 채취 갑판으로 이루어져 있다. 허리케인이 한 개 지나갈 경우에 두 구조물이 손상을 입지 않을 확률은 각각 99%이고, 허리케인이 두 개 지나갈 경우에 두 구조물이 손상을 입지 않을 확률은 각각 80% 이다.

(a) 한 개의 허리케인이 지나갔을 때 석유 채취 구조물이 손상을 입을 확률을 구하라. 또 두 개의 허리케인이 지나갔을 때 석유 채취 구조물이 손상을 입을 확률을 구하라. 석유 채취 구조물에서 두 부품의 손상은 서로 영향을 주지 않는다.

(b) 다음 해에 석유 채취 구조물이 허리케인으로부터 손상을 입을 확률을 구하라

(c) 한 해가 끝난 후 석유 채취 구조물에서 손상이 발견되지 않았다. 그 해에 허리케인이 발생하지 않았을 확률을 구하라

2.43 어떤 교량을 지나가는 트럭의 무게와 주행 차선이 모니터링 되었다. 우선 트럭의 무게를 가벼움(E), 보통(H), 무거움(F)으로 나눈다. 이 교량을 지나는 트럭은 A차선과 B차선 둘 중에 한 차선을 지나게 되는데, A차선을 택하는 트럭이 B차선을 택하는 트럭보다 다섯배 많다고 한다. 트럭의 무게와 차선의 선택과는 아무런 연관이 없다. A차선 아래의 거더에는 A차선 위로 무거운 트럭(F)이 지나갈 때 항상 임계 응력이 나타나는 반면 B차선 아래의 거더에는 B차선 위로 무거운 트럭(F)이 지나갈 때 60%의 확률로 임계 응력이 나타난다. 보통 트럭(H)이 A차선으로 지나갈 때 A차선의 거더는 40%의 확률로 임계 응력이 나타나는 한편, B차선으로 지나갈 때 B차선 거더는 10%의 확률로 임계 응력이 나타난다. 가벼운 트럭이 지나갈 때는 두 차선의 거더 모두 임계 응력이 나타나지 않는다.

(a) 하중과 차선을 포함한 교량의 하중 상태와 응력 상태의 표본 공간을 구하라.

(b) B차선으로 트럭이 지나간다고 할 때 이 트럭이 무거운 트럭(F)일 확률을 구하라

(c) 거더에 임계 응력이 나타날 확률을 구하라

(d) 임계 응력이 나타났다고 할 때, 이 임계 응력이 A

차선 아래의 거더에서 발견되었을 확률을 구하라

2.44 철근콘크리트 보 구조물에는 두 개의 파괴 모드가 있다. 전단 파괴의 경우에는 취성 파괴를 보이고, 휨 파괴의 경우 큰 변형을 보인 후 파괴되는 연성 파괴를 보인다. 조사에 따르면 철근콘크리트 보 파괴의 5%만이 전단 파괴이고 나머지는 휨 파괴라고 한다. 또한 한 연구소의 실험 결과에 따르면 전단 파괴는 파괴 직전에 지점 근처에서 80%의 확률로 대각선 방향의 균열이 발생하고, 휨 파괴의 경우 그 확률이 10%라고 한다.

(a) 철근콘크리트 보 구조물이 파괴 되기 전에 대각선 방향의 균열이 발생할 확률을 구하라

(b) 지진이 발생한 후, 구조 공학자가 빌딩의 철근콘크리트 보에 대각선 방향의 균열이 발생한 것을 발견하였다. 그 건물의 관리자는 전단 파괴가 발생하거나 파괴 확률이 75% 이상일 경우에만 건물의 보수를 진행한다고 할 때, 건물의 보수 공사가 진행도리 확률을 구하라

2.45 두 개의 일방통행 차로가 만나는 교차로에 신호등이 설치 되었다. 85%의 운전자는 황색신호를 받았을 때 감속을 하는 안전운전자 이다. 그러나 10%의 운전자는 황색신호에 가속을 하는 운전자 이고, 나머지 5%의 운전자는 속도를 유지한다. 각각의 운전자를 안전운전자, 위험운전자, 기타운전자 라고 하자. 속도를 줄이지 않은 위험운전자의 5%는 황색신호 후 적색신호가 들어와도 무시하고 교차로를 지나친다. 속도를 유지하는 기타운전자의 2%는 황색신호 후 적색신호가 들어와도 무시하고 교차로를 지나가며 안전운전자의 경우 적색등을 무시하지 않는다.

(a) 이 교차로를 지나가는 한 차량이 적색신호를 무시하고 교차로를 지나갈 확률은?

(b) 한 차량이 적색신호를 무시하고 지나갔다. 이 차량의 운전자가 위험운전자일 확률을 구하라

(c) 연구 결과 한 차로에서 어떤 운전자가 적색 신호를 무시하고 교차로를 지나칠 시(이를 문제운전자 라고 하자) 사고 확률은 다음과 같이 조사되었다. 다른 차로에서 차량이 녹색신호를 받고 교차로에 들어설 확률은 60%이다. 이 대기중인 차량 운전자의 80%는 교차로에 들어설 때 다른 차로에 주의를 기울인다. 주의를 기울인 차량 운전자는 문제운전자가 지나가도 95%의 확률로 사고를 방지한다. 그러나 주의를 기울이지 않는 나머지 20%의 운전자는 문제운전자와 사고가 발생하게 된다. 이러한 조사에 따르면 문제운전자가 교차로를 지나갈 때 사고가 발생할 확률을 구하라

(d) 이 교차로에 매년 100,000대의 차량이 지나가고 그 중에서 5%가 황색 신호를 받는다고 할 때 이 교차로에서 적색신호에서 교차로를 지나치는 문제운전자에 의해 발생하는 사고의 횟수를 구하라

2.46 한 건설회사는 A, B, C 세 지점이 있다. 각 지점이 흑자일 확률은 각각 70%, 70%, 60%이다. A지점과 B지점은 서로 자금이 연관되어 있어 한 지점이 흑자일 경우 다른 지점이 흑자일 확률은 90%로 증가한다. C지점의 자금은 A, B지점의 자금과 연관이 없다. 연말에 두 지점 이상의 지점이 흑자일 경우 근로자가 보너스를 받을 확률은 80%이고, 그렇지 않을 경우에는 보너스를 받을 확률이 20% 이다.

(a) 어떤 해에 두 지점이 흑자일 확률은 얼마인가?

(b) 연말에 근로자가 보너스를 받을 확률을 구하라

(c) A지점이 흑자가 아닐 경우 연말에 근로자가 보너스를 받을 확률을 구하라

2.47 건설업자가 샴페인, 포드, 이로쿼스 세 지역에서 기초공사를 담당하고 있다. 지층의 상태에 따라 기초공사가 어려운 곳도 있고 쉬운 곳도 있다. 지난 기초공사 경험으로 볼 때 다음과 같은 예측이 가능하다고 한다.

1) 기초공사의 2/3은 어려운 기초공사를 수행하게 된다.

2) 기초공사의 1/3은 포드 지역에 있다

3) 이로쿼스 지역 기초공사의 2/5는 어려운 기초공사이다.

4) 포드 구역 기초공사의 1/2는 어려운 기초공사이다.

5) 모든 기초공사는 서로 영향을 주지 않는다
이러한 사전 조사가 있다고 할 때

(a) 포드 구역의 다음 기초공사가 쉬운 기초공사일 확률을 구하라

(b) 샴페인 구역의 다음 기초공사가 쉬운 기초공사일 확률을 구하라

(c) 다음 기초공사가 쉬운 기초공사일 때, 그 공사가 이로쿼스 구역에서의 공사일 확률을 구하라

2.48 원자력발전소에는 지진하중(E), 냉각수 누출 압력(L), 온도변화 압력(T)과 같이 세 가지 하중이 가해질 수 있다. 각각의 하중이 1년 내에 발생할 확률은 각각 0.0001, 0.0002, 0.00015이다. 또한 지진하중에 의해서 파이프가 파괴될 확률에 의해서 한 해에 여러번의 지진이 발생할 경우 냉각수 누출 압력이 발생할 확률은 10%까지 증가한다. T는 E, L과 영향을 주고 받지 않는다.

(a) 한 해에 세 하중이 모두 발생할 확률을 구하라

(b) 세 하중 중에 한 가지라도 발생하면 그 해에는 발전소 가동을 정지한다. 어느 해에 발전소 가동이 정지할 확률을 구하라.

(c) 어느 해에 발전소 가동이 정지하였다. 그 해에 지진이 여러 차례 발생했을 확률을 구하라

2.49 어느 공사 현장에서 자재를 100개 혹은 200개 사용한다. 100개를 사용할 확률은 0.60이고 200개를 사용할 확률은 0.40이며 100개를 사용하는 날 자재 공급이 부족할 확률은 0.10이고 200개를 사용하는 날 자재 공급이 부족할 확률은 0.30이다.

(a) 어느 날 자재가 부족할 확률은 얼마인가?(Ans. 0.18)

(b) 어느 날 자재가 부족하였다. 그 날 자재 사용 개수가 100개일 확률을 구하라(Ans. 1/3)

2.50 화성에 착륙시킬 우주선을 제작하기 위해 화성의 지질에 대한 분석을 실시하였다. 화성에는 지반이 단단한 곳도 있고 연약한 곳도 있다. 지반이 단단할 경우 우주선의 착륙은 90%의 확률로 성공한다. 그러나 지반이 연약한 곳에 착륙할 경우 착륙이 성공적으로 이뤄질 확률은 50%로 감소한다. 지반 조사 결과 착륙할 곳의 지반이 단단한 지반일 확률은 연약한 지반일 확률의 3배라고 한다.

(a) 착륙이 성공적으로 이뤄질 확률을 구하라(Ans. 0.8)

(b) 우주선은 착륙을 하기 전에 스틱을 바닥에 먼저 꽂아서 지반의 상태를 검측한다. 연약한 지반의 경우 스틱이 90%의 확률로 지반을 관통하지만, 단단한 지반의 경우 스틱이 관통할 확률은 20%이다. 만약 스틱이 지반을 관통하였다면 그 지반이 단단할 확률을 구하라(Ans. 0.4)

(c) 만약 스틱이 지반을 관통하였다면 착륙이 성공적으로 이뤄질 확률은 얼마인가?(Ans. 0.66)

2.51 철근콘크리트 빌딩 공사 현장에서 시멘트와 철근을 사용하는데 각각의 공급량이 부족할 확률은 각각 0.10, 0.05라고 한다. 또한 시멘트 공급량이 충분할 경우에 철근 공급이 부족할 확률은 절반으로 낮아진다고 한다. 두 재료 중 한 가지만 공급이 부족하여도 그날의 공사는 진행되지 못한다고 할 때

(a) 두 재료 중 한 가지 이상의 재료가 공급 부족일 확률을 구하라

(b) 두 재료 중 한 가지 재료만 공급 부족일 확률을 구하라

(c) 공사가 재료 공급 부족으로 진행되지 못한다고 할 때 철근 공급이 부족할 확률을 구하라
두 재료는 공장에서 제작되어 현장까지 열차 혹은 트럭에 의해서 공급된다. 공사 기간의 60%는 열차로 나머지 40%는 트럭으로 운송되며 제 시간에 자재가 운송이 될 확률은 열차의 경우 0.90 트럭의 경우는 0.75이다.

(d) 공사 현장까지 모든 재료가 제 시간에 운송될 확률을 구하라

(e) 만약 어느 날 공사 현장까지 재료가 제 시간에 운송이 되지 않았다면 그 날의 지연운송이 트럭에 의해 발생되었을 확률을 구하라

2.52 한 도시에서 사용하는 수원은 A저수지와 B저수

지가 있다. 저수지 A에 물이 부족할 확률은 0.30이고 저수지 B에 물이 부족할 확률은 0.15이다. 저수지 A에 물이 부족하면 B저수지에 물이 부족할 확률이 0.30으로 증가한다. 이 도시의 물 부족 현상은 저수지의 물 부족과 직결된다. 만약에 A저수지에 물이 부족하면 도시에 물 부족 현상이 일어날 확률은 0.20이고, 저수지 B에 물이 부족하면 물 부족 현상이 일어날 확률은 0.25이다. 두 저수지 모두 물이 부족하지 않을 경우에는 도시의 물 부족 현상은 발생하지 않으며 두 저수지 모두 물이 부족할 때는 0.80의 확률로 도시에 물 부족 현상이 발생한다.

(a) 두 저수지 중 한 개 이상의 저수지에 물이 부족할 확률을 구하라
(b) 두 저수지 중 한 개의 저수지에만 물이 부족할 확률을 구하라
(c) 도시에 물 부족 현상이 발생할 확률을 구하라
(d) 도시에 물 부족 현상이 발생하였다. 두 저수지 모두 물이 부족한 상태일 확률을 구하라
(e) 도시에 물 부족 현상이 발생하지 않았다. A저수지가 물이 충분한 상태일 확률은 얼마인가?

2.53 한 엔지니어가 두 가지 업무를 담당하고 있으며 각각의 업무에 대한 상세한 정보는 다음과 같다.

1) 현장 업무: 날씨가 좋을 경우 현장 업무가 예정대로 마감일 이전에 끝날 확률은 0.90이고, 날씨가 좋지 않을 경우 마감일 전에 업무가 끝날 확률은 0.50이다. 날씨가 안 좋을 확률은 0.60이다.
2) 해석 업무: 구조 해석을 위한 해석용 컴퓨터는 두 대가 있다. 각각의 컴퓨터는 서로 영향을 주고 받지 않는다. 각각의 컴퓨터가 해석을 정상적으로 수행할 확률은 0.70이다. 한 대의 컴퓨터만 해석을 수행할 경우 마감 기한내에 해석이 끝날 확률은 0.60이고, 두 대의 컴퓨터 모두 해석을 수행할 경우 마감 기한내에 해석이 끝날 확률은 0.90이다. 두 대의 컴퓨터 모두 해석을 수행하지 못할 경우 엔지니어 스스로 수계산을 통해 해석을 수행해야 한다. 수계산을 통한 해석은 신뢰도가 100%이지만 마감 기한내에 업무를 마칠 확률은 0.40이다.

(a) 현장 업무가 기한 내에 종료될 확률을 구하라
(b) 해석 업무가 기한 내에 종료될 확률을 구하라
(c) 두 업무 모두 기한 내에 종료될 확률을 구하라

2.54 채석장에서 부순 돌을 한 대의 트럭에 싣는데 걸리는 시간은 2분 혹은 3분이다. 40번의 관찰에 의해서 채석장의 대기 트럭 수는 다음 표와 같은 분포를 보이는 것으로 밝혀졌다.

대기 트럭수	관측 횟수	상대 빈도
0	7	0.175
1	5	0.125
2	12	0.3
3	11	0.275
4	4	0.1
5	1	10.025
	총40	

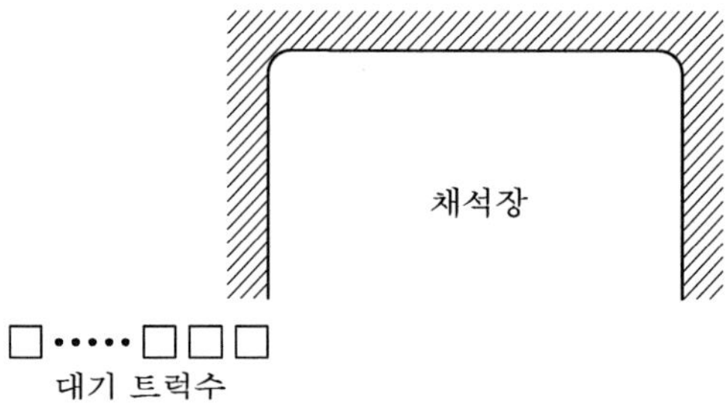

트럭에 돌을 싣는데 걸리는 시간은 대기 트럭수와는 연관이 없다.

(a) 트럭이 도착했을 때 대기 트럭 수가 2대 였다면 대기 시간이 5분 미만일 확률을 구하라
(b) 대기 트럭 수를 모른다고 할 때 대기 시간이 5분 미만일 확률을 구하라

2.55 한 오래된 교량이 무거운 하중에 의해 손상을 입을 수 있는 상태에 있다. 이 교량은 한 차선 당 두 대의 트럭이 지나갈 수 있다고 한다. 교량의 손상은 다음과 같은 원인에 의해 발생한다. 먼저 트럭이 규정 이상의 짐을 적재하고 지나갈 경우 10%의 확률로 손상을 입는다. 또한 두 트럭이 모두 규정

이상의 짐을 적재하고 지나갈 경우에는 손상 확률이 30%이다. 두 대중 한 대의 트럭이 규정 이상의 짐을 적재할 확률은 5%이고 두 대의 트럭이 모두 규정 이상의 짐을 적재하고 있을 확률은 0.1%이다.

(a) 두 내의 트럭이 교량을 지나고 있다. 교량이 손상을 입을 확률을 구하라

(b) 트럭이 규정 이상의 짐을 적재하고 있을 경우 10%였던 손상 확률을 6%로 감소시켰다. (a)에서 구한 확률은 어떻게 변하는가?

2.56 불안정한 지층이 공사현장 아래에 있는 경우 공사 진행 및 향후 구조물 유지 관리에 어려움을 겪게 된다. 조사에 따르면 공사 현장 아래에 불안정한 지층이 있을 확률은 30%라고 한다. 지층의 사전 검측을 위해서 지층 분석기가 개발되었다. 이 지층 분석기는 지질내에 불안정한 지층이 있을 경우 50%의 확률로 불안정 지층을 검측해 낼 수 있다.

(a) 지층 분석기로 지층을 분석한 결과 불안정 지층이 검측되지 않았다. 이 구역에 불안정한 지층이 존재할 확률을 구하라(Ans. 0.176)

(b) 지층 분석기의 검측 확률을 50%에서 80%로 향상 시켰다. 향상된 지층 분석기로 같은 구역의 지층을 다시 분석한 결과에서도 불안정 지층은 검측되지 않았다. 이 구역에 불안정한 지층이 실제로 없을 확률을 구하라(Ans. 0.959)

(c) 위에서 언급한 구역에 기초공사가 진행될 예정이다. 이 기초는 불안정한 지층이 없을 경우에는 99.99% 안정적이지만 불안정한 지층이 있는 경우에는 80%의 확률로 안정을 유지한다. 이 기초가 붕괴될 확률을 구하라(Ans. 0.008)

(d) 기초가 붕괴될 경우 회사는 1,000,000달러의 손해를 보게 된다. 이 회사가 기초공사를 진행할 때 추정 손실액(파괴확률과 손해 금액의 곱으로 계산된다)은 얼마인가?(Ans. $8300)

2.57 지난 경험들로 미루어 볼 때 한 공급업자로부터 공급받는 콘크리트의 품질은 좋거나(G), 보통이거나(A), 불량이었다(B). 각각의 확률은 0.30, 0.60, 0.10이었다. 세 콘크리트를 사용했을 때 콘크리트 구조물이 붕괴될 확률은 각각 0.001, 0.01, 0.1이라고 한다.

(a) 콘크리트 구조물의 붕괴 확률을 구하라

(b) 구조물에 사용되기 전에 공급받은 콘크리트의 품질 검사를 선행한다고 하자. G, A, B 세 콘크리트가 품질 검사를 통과할 확률은 각각 0.90, 0.70, 0.20이다. 어느 날 공급받은 콘크리트가 품질 검사를 통과했다고 할 때 이 콘크리트가 좋은 콘크리트(G)일 확률을 구하라. 또한 품질 검사를 통과한 콘크리트로 공사를 했을 때 구조물의 붕괴 확률을 구하라

2.58 한 도시에 오는 지진은 강함(H), 보통(M), 약함(L)으로 분류된다. 각 분류에서 빈도의 비율은 1:4:15정도라고 한다. 또한 이 도시에 있는 빌딩을 견고함에 따라 견고함(W), 약함(P)으로 나눈다고 하자. 도시 전체 빌딩의 20%는 약함으로 분류된다. 약함으로 분류된 빌딩은 강함, 보통, 약함의 지진에 각각 0.90, 0.50, 0.10의 확률로 붕괴된다. 반면에 견고함으로 분류된 빌딩은 약한 지진에는 붕괴되지 않으면 보통, 강함의 지진에 각각 0.05, 0.20의 확률로 붕괴된다.

(a) 견고한 빌딩이 다음 지진 때 붕괴될 확률을 구하라

(b) 다음 지진 때 이 도시의 몇 %의 빌딩이 붕괴될 것으로 예상되는가?

(c) 지진이 지나간 후 붕괴된 빌딩이 있다. 이 빌딩이 약함으로 분류된 빌딩이었을 확률을 구하라

2.59 다음 그림과 같이 1, 2, 3, 4 네 역으로 구성된 열차 순환선이 있다. 또한 아래 표는 각 역에서 탄 승객이 내리는 역의 비율을 나타낸다. 예를 들면 1번 역에서 탑승한 승객은 2번역에서 0.1의 확률로 내리고, 3번, 4번 역에서 각각 0.3, 0.6의 확률로 내린다는 의미이다. 또한 각 역에서 타는 승객 수의 비율은 1번, 2번, 3번, 4번 역 순으로 0.25, 0.15, 0.35, 0.25 이다.

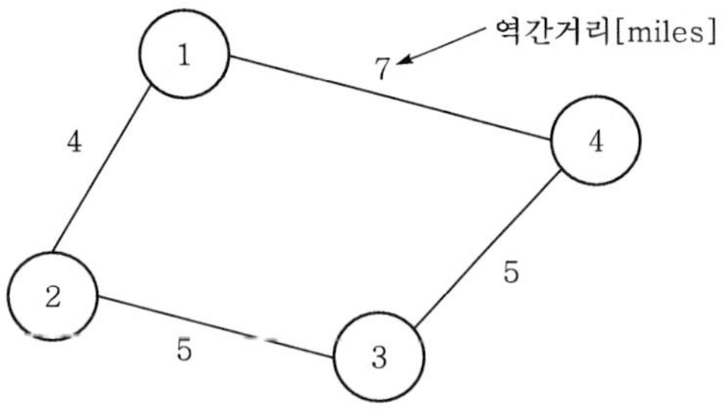

탑승 역	하차 역			
	1번	2번	3번	4번
1번	0	0.1	0.3	0.6
2번	0.6	0	0.3	0.1
3번	0.5	0.1	0	0.4
4번	0.8	0.1	0.1	10

(a) 승객이 3번역에서 내릴 확률을 구하라(Ans. 0.145)

(b) 1번역에서 탑승한 승객의 이동 길이의 기댓값을 구하라.(기대값 X는 $\sum_{all} x_i p_i$로 계산된다. 여기서 p_i는 x_i의 확률이다.

(c) 10mile 이상 이동하는 승객의 비율을 구하라

(d) 3번 역에서 하차하는 승객 중 1번 역에서 탑승한 승객의 비율을 구하라

2.60 A, B, C 세 대의 기계에서 공장 전체 생산품의 60%, 30%, 10%가 만들어 진다. 각 기계의 불량률은 2%, 3%, 4% 이다. 임의로 고른 생산품이 불량으로 밝혀졌다고 할 때

(a) 이 불량품이 A기계에서 만들어 졌을 확률을 구하라(Ans. 0.48)

(b) 이 불량품이 A기계 혹은 B기계에서 만들어 졌을 확률을 구하라(Ans. 0.84)

2.61 E 엔지니어링 회사에서 A, B 두 개의 프로젝트의 공개 입찰에 지원 하였다. 두 공개 입찰에 선정될 확률은 각각 0.50, 0.30이다. 또한 한 프로젝트의 입찰에 성공하면 다른 입찰의 성공률은 원래 성공률의 절반으로 감소한다고 한다.

(a) 이 회사가 한 개 이상의 프로젝트의 입찰에 성공할 확률을 구하라

(b) B프로젝트 입찰은 떨어지고 A프로젝트의 입찰만 성공할 확률을 구하라

(c) A프로젝트 입찰은 떨어지고 B프로젝트의 입찰만 성공할 확률을 구하라

A프로젝트의 경우 E 회사가 수행할 경우 0.75의 확률로 기간 내에 프로젝트를 수행한다. 그 밖에 다른 회사가 수행할 경우에 기간 내에 프로젝트를 완료할 확률은 0.50이다.

(d) A프로젝트가 기간 내에 수행될 확률을 구하라

(e) A프로젝트가 기각 내에 수행이 되었다면 이 프로젝트가 E회사에 의해서 수행되었을 확률을 구하라

2.62 공사 현장에서 콘크리트 품질의 불량의 원인으로는 골재 불량과 작업도 불량이 있다. 한 공사 현장에서 골재가 불량일 확률은 0.20이다. 또한 골재가 불량일 경우에 작업도가 불량일 확률은 0.30이고 작업도가 불량일 경우 골재가 불량일 확률은 0.15이다.

(a) 이 공사 현장에서 작업도가 불량일 확률을 구하라

(b) 두 불량 원인 중 한 가지 이상이 발생할 확률을 구하라

(c) 두 불량 원인 중 한 가지만 발생할 확률을 구하라

(d) 이 공사 현장에서 골재 불량만 발생하고 작업도는 불량이 아닐 때 콘크리트 품질 불량이 발생할 확률은 0.15이다. 또한 작업도는 불량이지만 골재는 불량이 아닐 때 콘크리트 품질 불량이 발생할 확률은 0.20이다. 두 불량 원인이 모두 발생했을 때 콘크리트 품질 불량은 80%의 확률로 발생하고 두 불량 원인이 모두 발생하지 않았을 때 콘크리트 품질 불량은 5%의 확률로 발생한다. 이 공사 현장에서 콘크리트 품질 불량이 발생할 확률을 구하라

(e) 공사 현장에서 콘크리트 품질 불량이 발생하였다. 골재 불량과 작업도 불량이 모두 발생하였을 확률을 구하라

2.63 한 구조물의 아래 지반에 연약층이 있다. 이 연약

층의 크기에 따라 구조물의 침하 발생(사건 A) 여부가 결정된다. 연약층이 작을 때(사건 S) 사건 A가 발생할 확률은 0.2이고 연약층이 클 때(사건 L) 사건 A가 발생할 확률은 0.6이다. 만약 연약층이 존재하지 않는다면(사건 N) 사건 A가 발생할 확률은 0.05이다. 이 일대의 지질에서 지반에 연약층이 존재할 확률은 30%라고 한다. 또한 연약층이 있을 경우 작은 연약층일 확률이 큰 연약층일 확률의 두배라고 한다. 이러한 연약층을 공사 전에 굴착을 통해서 확인 할 수 있는데, 큰 연약층의 경우 80%의 확률로 검측이 가능하고, 작은 연약층의 경우 30%의 확률로 검측이 가능하다고 한다. 물론 연약층이 없는 경우에는 연약층의 비 검측 된다. C구역 검측 결과 지반 내에 연약층이 존재하지 않는다고 결과가 나왔다고 한다.

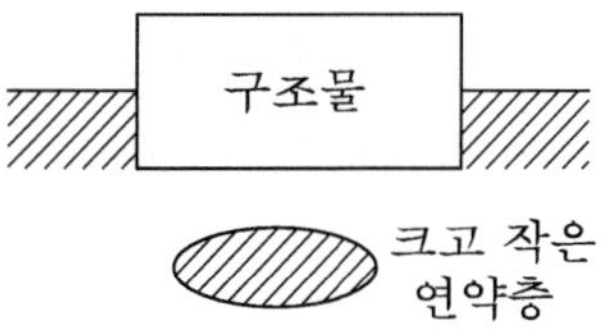

(a) 공사 전 굴착을 통해 확인을 하지 않고 임의로 구조물이 시공되었을 때 구조물에 침하가 발생할 확률을 구하라(Ans. 0.135)
(b) C구역에 큰 연약층이 존재할 확률을 구하라(Ans. 0.023)
(c) C구역에 작은 연약층이 존재할 확률을 구하라(Ans. 0.163)
(d) C구역에 구조물이 시공되었을 때 침하가 발생할 확률을 구하라(Ans. 0.087)

2.64 아래와 같은 구역에 댐의 건설이 계획중에 있다. 두 구역에는 댐에 붕괴를 초래할 수 있는 지진이 발생할 확률이 있다. 매년 A구역과 B구역에 지진이 발생할 확률은 각각 0.01, 0.02이다. 각 구역에서 1년에 지진이 여러차례 발생할 확률은 무시할 수 있다고 하자.

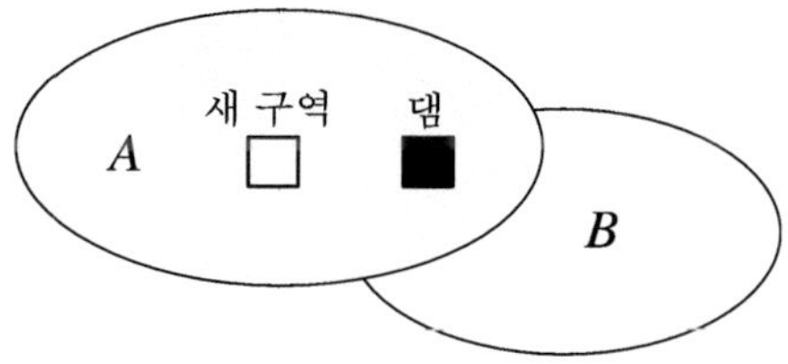

(a) 한 해에 지진이 발생할 확률을 구하라(Ans. 0.03)
(b) A구역에만 지진이 발생하였을 때 댐이 붕괴될 확률은 0.3이고 B구역에만 지진이 발생하였을 경우에 댐이 붕괴될 확률은 0.1이다. 그러나 두 구역에 모두 지진이 발생하였을 경우에는 댐이 붕괴될 확률이 0.5까지 증가한다. 한 해에 댐이 붕괴될 확률을 구하라(Ans. 0.00502)
(c) 만약에 댐을 지금 계획된 구간이 아닌 새로운 구역(New site)에 건설하게 되면 B구역의 지진은 댐에 아무런 영향을 주지 않는다. 그러나 A구역에 지진이 발생할 경우에 댐이 붕괴될 확률은 0.4로 증가한다. 현 구역과 새로운 구역 중 어느 곳에 댐을 건설하는 것이 더 안전할 것인가? 증명하라
(d) 만약에 새로운 구역은 지반이 불안정하여 0.002의 확률로 산사태가 발생하여 댐이 붕괴되고 0.001의 확률로 침하가 발생하여 댐이 붕괴된다고 한다면 (c)의 결정은 바뀌는가? 증명하라. 단 산사태와 침하와 지진은 서로 영향을 주고 받지 않는 독립 사건이다.

2.65 A, B, C 세 정유회사가 한 구역 내에서 석유 탐사를 하고 있다. 각 회사가 석유를 발견할 확률은 각각 0.40, 0.60, 0.20이다. 만약 B회사가 석유 발견에 성공하면 A회사가 석유를 발견할 확률이 0.60으로 증가한다. C회사의 석유 탐사 성공 확률은 다른 회사들과는 독립적이다.
(a) 한 곳 이상의 회사에 의해 석유가 발견될 확률을 구하라
(b) 이 구역 내에서 석유가 발견되었다면 C회사에 의한 발견일 확률을 구하라
(c) 세 회사 중 한 곳의 회사만 석유를 발견할 확률을 구하라

2.66 한 공항에서 비행기의 출발 지연 확률은 날씨와 시간에 따라 다음과 같이 달라진다.

1) 오전 중(AM)에는 날씨가 좋으면 비행기의 지연은 발생하지 않는다. 그러나 날씨가 좋지 않으면 비행기의 절반은 지연된다.
2) 오후(PM)에는 날씨가 좋으면 30%, 날씨가 좋지 않을 대는 90%의 비행기가 지연된다.
3) 전체 비행기의 30%는 오전에 출발하고, 70%는 오후에 출발한다.
4) 날씨는 오전 중에 안 좋을 때가 많다. 오전에 날씨가 안 좋을 확률은 20%이고, 오후에 날씨가 안 좋을 확률은 10%이다.
5) 날씨는 좋은 날씨 안 좋은 날씨 두 가지로만 분류한다.

이와 같은 사전 조사 결과가 있을 때

(a) 이 공항에서 비행기의 출발이 지연될 확률을 구하라(Ans. 0.282)
(b) 비행기의 지연이 발생했다. 그 때 날씨가 안 좋을 확률을 구하라(Ans. 0.330)
(c) 오전 비행기 출발의 몇 %가 지연되는가?(Ans. 10%)

2.67 한 생산 라인에서 불량품은 독립적인 두 가지 원인에 의해서 발생한다. 첫 번째 원인은 기계 불량으로 전체 생산 시간의 5% 동안 발생하며. 다른 원인은 작업자의 부주의로 이는 전체 생산 시간의 8%동안 발생한다. 기계가 불량인 시간 동안의 불량률은 0.10이고, 작업자가 부주의한 동안의 불량률은 0.20이다. 기계도 불량이고 작업자도 부주의한 상태에서의 불량률은 0.80이다.

(a) 이 생산 라인의 불량률을 구하라
(b) 한 불량품이 발견되었다. 이 불량품이 작업자가 부주의한 상태에서 제작되었을 확률을 구하라

2.68 쓰레기 매립지 주변에 A, B 두 검측소가 있다. 이 두 검측소는 쓰레기 매립지에서 오염물이 누출되었는지 여부를 확인한다. 쓰레기 매립지에서 오염물이 누출되면 A, B 두 검측소는 각각 80%, 90%의 확률로 오염물 누출을 검측한다. 두 검측소는 서로 영향을 주지 않는다. 쓰레기 매립지의 누출 이외에 다른 원인으로 검측소에서 오염물질이 검측되는 일은 없다고 하자. 쓰레기 매립지 설계상 쓰레기 매립지에서 오염물이 누출될 확률은 70%라고 한다.

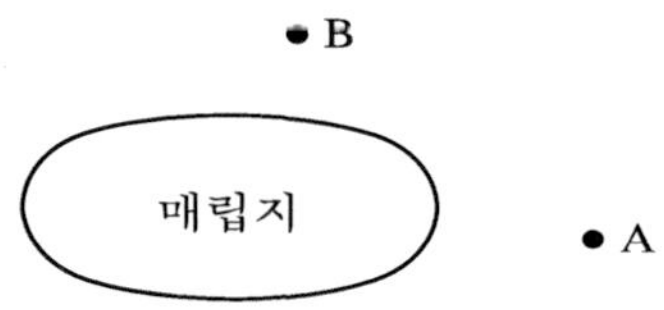

(a) A검측소에서 누출이 발견되지 않았다. 이를 근거로 쓰레기 매립지에서 오염물의 누출이 발생하지 않았을 확률을 구하라(Ans. 0.318)
(b) 한 개 이상의 검측소에서 오염물의 누출이 발견될 확률을 구하라(Ans. 0.686)
(c) 두 검측소에서 모두 오염물의 누출이 발견되지 않았다면 쓰레기 매립지에서 오염물의 누출이 발생하지 않았을 확률을 구하라(Ans. 0.955)
(d) A, B검측소 중 한 곳만을 운영해야 한다면 어느 곳을 운영해야 하는가?(Ans. B검측소)

2.69 한 마을의 식수는 A, B 두 가지 오염물질에 의해서 오염될 수 있다. 식수가 A오염물질을 포함하고 있을 확률은 0.1이고, B오염물질을 포함하고 있을 확률은 0.2이다. A오염물질이 포함되어 있는 물을 마시면 100% 건강에 문제가 발생한다. 반면에 B오염물질이 포함되어 있는 물을 마시면 20%의 확률로 건강에 문제가 발생한다. 또한 A오염물질이 포함되어 있는 물에는 B오염물질이 항상 포함되어 있다. 이 마을에서 임의의 한 사람을 검사했을 때 식수로 인해 건강에 문제가 발생해 있을 확률을 구하라

2.70 한 엔지니어가 도로건설회사에 세 곳 빌딩건설회사에 두 곳 총 다섯 곳에 입사 지원을 했다. 각 회사에서 취직에 성공할 확률은 0.6이라고 한다. 각각의 회사에서 취직 성공여부는 서로 독립된 사건이다.

(a) 이 엔지니어가 한 곳 이상에서 취직에 성공할 확률은?
(b) 이 엔지니어가 두 곳 이상에서 취직에 성공할 확률은?
(c) 이 엔지니어가 도로 건설 회사 한곳에서만 취직에 성공할 확률은?

▶ 참고문헌

Feller, W., An Introduction to Probability Theory and Its Applications, Vol. 1, 2nd ed., John Wiley and Sons, New York, 1957.

Papoulis, A., *Probability, Random Variables, add Stochastic Processes*, McGraw-Hill Book Co., New York, 1965.

Parzen, E., *Modern Probability Theory and Its Applications*, J. Wiley&Sons, Inc, New York, 1960.

CHAPTER 3

확률현상의 해석적 모델

3.1 확률변수(random variables)와 확률분포(probability distribution)

제2장에서는 확률현상(random phenomena)의 발생을 규명하고, 이와 관련된 확률을 결정하기 위한 기초적인 개념 및 방법에 대해 알아보았다. 본 장에서는 확률변수(random variables)와 확률분포(probability distribution)에 관련된 개념의 해석방법에 대해 소개한다.

3.1.1 확률사건(random events)과 확률변수(random variables)

확률변수는 해석적 형태로 확률사건을 표현하기 위한 수학적 기법이다. 특정한 값을 가정할 수 있는 확정적 변수와는 대조적으로 확률변수의 값은 가능한 값의 범위 안에서 정의된다. 만약 X가 확률변수로 정의되었다면, $(a < x < b)$가 X의 가능한 값의 범위인 경우 $X = x$ 나 $X < x$ 혹은 $X > x$는 사건을 나타낸다. 직관적으로, 확률변수는 가능 공간(possibility space)내의 사건들을 수치체계로(실수 축 상으로) 변환(사상 map)시키는 하나의 사상함수라고 수학적으로 정의할 수 있다.

공학이나 자연과학 분야에서 관심을 갖는 여러 가지 확률현상은 물리량의 수치적인 결과와 관련되어 있다. 제2장의 여러 예제들에서 이를테면 6개월 후에 가동 가능한 불도저의 수, 건설공사를 완공하기 위해 필요한 기간, 하천의 평수위를 넘는 홍수 등은 결과를 수치적인 형태로 표현하는 좋은 예라 할 수 있다. 그러나 다른 예제에서는 가능한 결과가 수치적인 형태로 표현되지 않는 문제도 있었다. 이를테면 체인의 파단(failure)이나 연결(survival), 건설공사의 완공 정도, 고속도로 노선의 개방과 통제 등이 그 예이다. 이런 후자의 형식에 속하는 사건들은 각각의 발생 가능한 사건에 수치적인 값을 인위적으로 부여함으로써, 확률현상을 수치적으로 표현을 할 수 있다. 예를 들어 체인의 경우 파단상태를 0, 연결(비파단)상태에 1을 부여함으로서 수치적으로 표현할 수 있다.

그러므로 확률현상의 발생 가능한 결과는 자연적(naturally)이건 인위적(artificially)이건 간에 수치적으로 표현할 수 있다. 어떠한 경우라도 확률현상의 어떤 결과나 사건은 함수의 값이나 값의 범위로 표현될 수 있으며, 이런 함수를 확률변수(random variable)라고 부른다. 확률변수는 통상 대문자로 나타내며, 확률변수의 가능한 값은 소문자로 나타낸다. 확률변수의 값 혹은 값의 범위는 명확히 구분되는 어떤 사건을 나타낸다. 예를 들면 X의 값이 평수위이상의 홍수를 나타낸 것이라면 $X > 2$m는 2m 이상의 홍수의 발생을 의미한다. 반면에, 앞의 제2장에서 언급하였듯이 만약 X가 (위의 문단에서 기술했듯이)체인의 일련의 가능한 상태를 나타낸다면, $X = 0$은 체인의 절단을 의미한다. 다시말하면 확률변수는 수치적 형태로 사건을 나타내기 위해 수학적으로 고안된 것이다. 그 때문에 확률변수의 관점에서, 여러 가지 사건들을 $X = a$, 또는 $X \leq b$ 또는 $a < X \leq b$와 같은 형태로 표현할 수 있다.

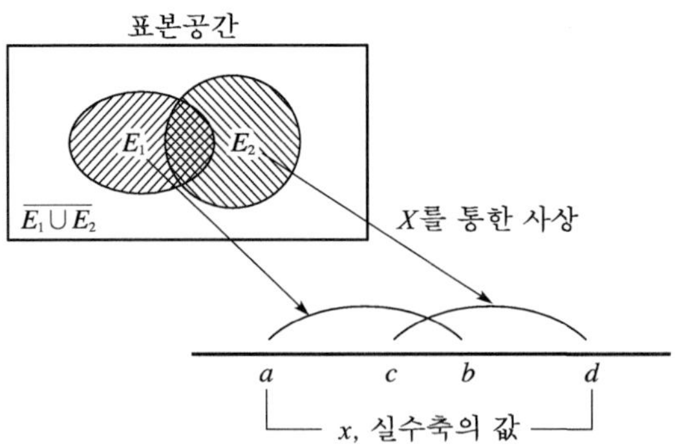

그림 3.1 표본공간 S의 사건을 실수축 x로 사상

좀 더 엄밀하게 말하자면, 확률변수는 표본 공간내의 사건들을 수치체계로(실수축 상으로) 사상(map)시키는 수학적 함수나 규칙이라고 생각할 수 있다. 이 사상은 일대일이며 또한 상호배반사건인 경우에는 실수축 상에 겹치는 부분이 없이 사상된다. 반면에 중첩되는 사건은 실수축 상에 중복된 구간으로 표현된다. 그림 3.1에서는 사건 E_1, E_2가 확률변수 X을 통해 실수축으로 사상되고 있으며, 사건들은 각각 다음과 같이 표시될 수 있다.

$$E_1 = (a < X \le b)$$
$$E_2 = (c < X \le d)$$
$$\overline{E_1 \cup E_2} = (X \le a) \cup (X > d),$$

그리고

$$E_1 E_2 = (c < X \le b)$$

표본공간을 구성하는 표본이 이산적이거나 연속적일수 있는 것과 마찬가지로 확률변수도 이산형(discrete) 혹은 연속형(continuous)으로 나눌 수 있다.

수치적인 형태로 사건을 정의하는 것에 대한 목적과 그 이점은 명확하다. 이렇게 사건과 그 발생확률을 도해적으로 나타낼 수 있을 뿐 만 아니라 해석적으로 서술하는데도 편리한 장점이 있다.

3.1.2 확률변수의 확률분포(probability distribution of a random variable)

확률변수의 값이나 값의 범위는 하나의 사건을 나타내므로, 확률변수의 수치적인 값은 특정 확률이나 확률의 척도(probability measure)와 연관된다. 이러한 확률척도는 확률분포(probability distribution) 혹은 확률법칙(probability law)이라고 일컬어지는 정해진 규칙에 따라 부여될 수 있다.

만약 X가 확률변수라면, 확률분포는 누적분포함수(cumulative distribution function, CDF)로 항상 나타낼 수 있다. 즉, 모든 x*에 대하여

$$F_X(x) \equiv P(X \le x) \tag{3.1}$$

식 (3.1)에서 만약 x가 이산적인 값에 대해서만 확률을 갖는다면 X는 이산형 확률변수이다. 반면 확률의 척도가 x의 모든 값에 대해 정의된다면 X는 연속적인 확률변수이다. X의 확률분포가 x의 이산형 값 뿐만 아니라 연속적인 값의 범위에서도 정의된다면 X는 혼합형 확률변수가 될 수 있다.

이산형 확률변수 X의 경우, 그 확률분포는 단순히 모든 x_i에 대한 확률 $P(X = x_i)$을 표현하는 함수인 $p_X(x_i) \equiv P(X = x_i)$로 표시되는 확률질량함수(probability mass function, PMF)로도 나타낼 수 있다. 이 경우 누적분포함수는 다음

* 확률변수는 통상 대문자로 표현하며, 확률변수의 가능한 값은 대응하는 소문자로 표현한다.

과 같이 표현된다.

$$F_X(x) = \sum_{\mathrm{all}\ x_i \le x} P(X = x_i) = \sum_{\mathrm{all}\ x_i \le x} p_X(x_i) \tag{3.2}$$

그렇지만, 만약 X가 연속이라면 사건들은 실수선상의 구간으로만 정의되므로, 확률은 x의 구간범위로 정의된다. 그 때문에 $X = x$와 같은 X의 특정 값에 대해서는 확률의 밀도(density of probability)만 정의할 수 있으며 확률은 정의되지 않는다. 즉, $P(X = x) = 0$이다. 그러므로 연속형 확률변수에 대한 확률법칙은 확률밀도함수(probability density function, PDF)로만 표현할 수 있다. $f_X(x)$가 X의 확률밀도함수라면 구간$(a,\ b]$에서의 X의 확률은

$$P(a < X \le b) = \int_a^b f_X(x)\, dx \tag{3.3}$$

고로 이에 대응하는 분포함수는 다음과 같이 정의된다.

$$F_X(x) = P(X \le x) = \int_{-\infty}^{x} f_X(\tau)\ d\tau \tag{3.4}$$

따라서 $F_X(x)$가 일차도함수를 가진다면, 식 (3.4)로부터 확률밀도함수는

$$f_X(x) = \frac{dF_X(x)}{dx} \tag{3.5}$$

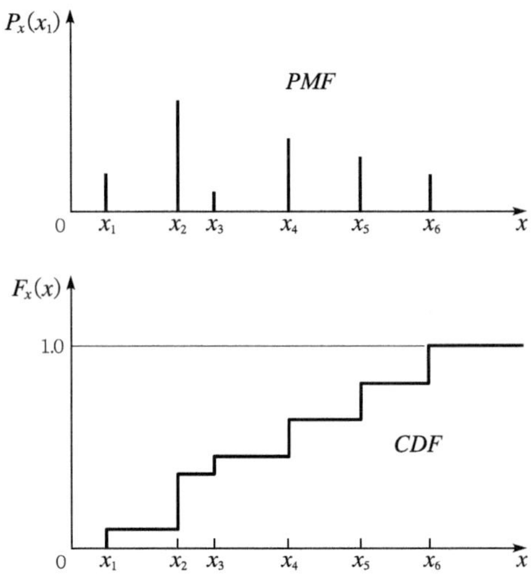

그림 3.2a 이산형 확률분포

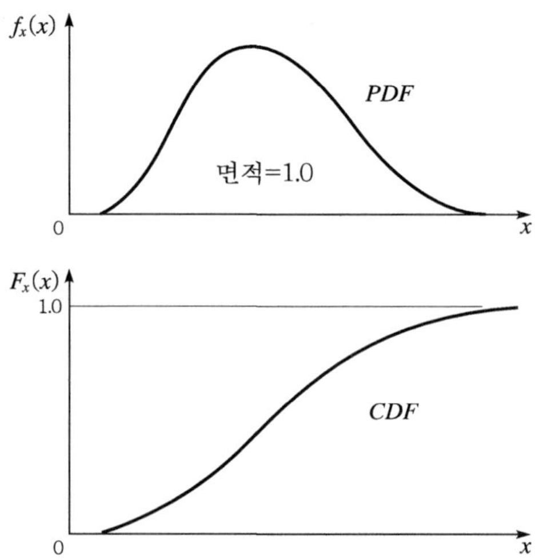

그림 3.2b 연속형 확률분포

다시 한 번 강조하지만, $f_X(x)$는 확률이 아니라 확률밀도이다; 즉, 이것은 질량을 내포하고 있지 않은 질량 밀도와 유사하다. 그렇지만

$$f_X(x)dx = P(x < X \leq x + dx)$$

는 X의 값이 구간 $(x, \ x + dx]$ 내에 있을 확률이다. 위에서 설명한 세 가지 형식의 확률 분포를 도해적으로 나타내면 그림 3.2a-c와 같다.

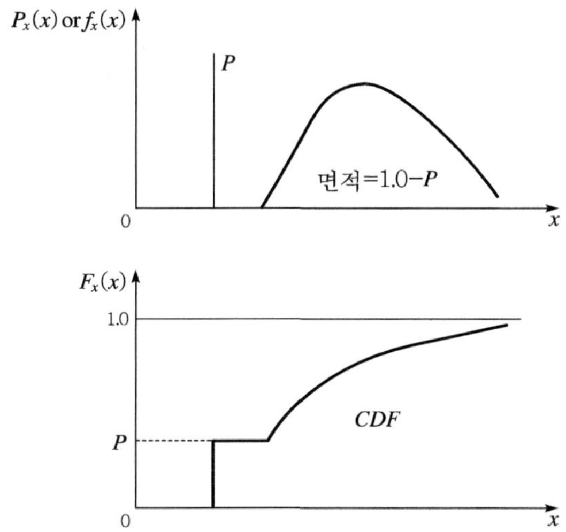

그림 3.2c 혼합형 확률분포

확률변수의 확률분포를 표현하는데 사용되는 임의의 함수는 앞의 2.3.1절에 기술된 확률의 공리를 반드시 만족해야 한다. 따라서 그 함수는 음의 값이 아니어야 하며 확률변수의 모든 가능한 값의 확률을 합하면 1.0이 되어야 한다. 다시 말해서 $F_X(x)$가 X의 누적분포함수(CDF)라면 다음의 성질을 만족해야 한다.

(a) $F_X(-\infty) = 0$; $F_X(+\infty) = 1$

(b) 모든 가능한 x에 대해 $F_X(x) \geq 0$ 이고 x축을 따라 감소하지 않는다.

(c) $F_X(x)$는 x의 오른편으로 연속이다

또한 역으로, 위에서 설명한 모든 특성들을 만족하는 임의의 함수는 누적분포함수라 할 수 있다. 이러한 위의 특성들과 그리고 식 (3.2)~(3.5)로부터 확률질량함수(PMF)와 확률밀도함수(PDF)는 x에 대한 음이 아닌 함수임을 알 수 있으며, 확률질량함수(PMF)의 모든 확률질량을 합하면 1.0이며 확률밀도함수(PDF)의 전체면적

또한 합하면 1.0과 같다.

그림 3.2에는 타당한 확률분포들의 도식적 예 뿐 만 아니라 이산형, 연속형 및 혼합형 변수의 확률분포의 특징들을 도시하여 설명하였다.

식 (3.3)은 다음과 같이도 표현될 수 있다.

$$P(a < X \leq b) = \int_{-\infty}^{b} f_X(x)\,dx - \int_{-\infty}^{a} f_X(x)\,dx$$

이와 마찬가지로 이산형 변수 X에 대해서는

$$P(a < X \leq b) = \sum_{\text{all } x_i \leq b} p_X(x_i) - \sum_{\text{all } x_i \leq a} p_X(x_i)$$

따라서 식 (3.2)와 식 (3.4)로부터 다음과 같은 식을 얻을 수 있다.

$$P(a < X \leq b) = F_X(b) - F_X(a) \tag{3.6}$$

▶ **예제 3.1** 이산형 확률변수의 예로서 예제 2.1의 불도저 문제를 다시 생각해보자. 6개월 후에 상태가 양호한 불도저의 수를 확률변수 X라 한다면, 그림 E3.1a와 같이 표본공간 S내에 있는 사건들은 실수축상의 이산적인 값들로 사상된다. 그러므로 $(X=0)$, $(X=1)$,$(X=2)$,$(X=3)$는 관심 있는 각각의 사건들을 정의하기위해 사용될 수 있다.

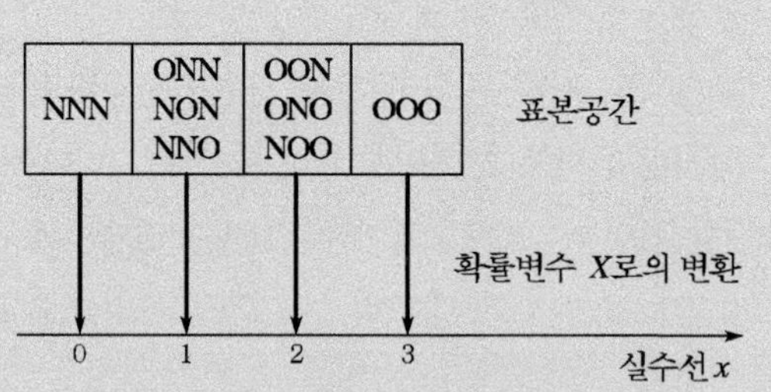

그림 E3.1a 사건들을 실수선으로 사상하기

6개월 후에 세 대의 불도저가 각각 가동 상태이거나 고장난 상태로 남아있을 가능성은 다 같고(즉 가동 확률은 0.5이고), 불도저 사이의 상관조건들은 통계적 독립이라고 가정할 때 X의 확률질량함수PMF는 그림 E3.1b와 같으며, 이에 대한 누적분포함수는 그림 E3.1c와 같이 나타낼 수 있을 것이다.

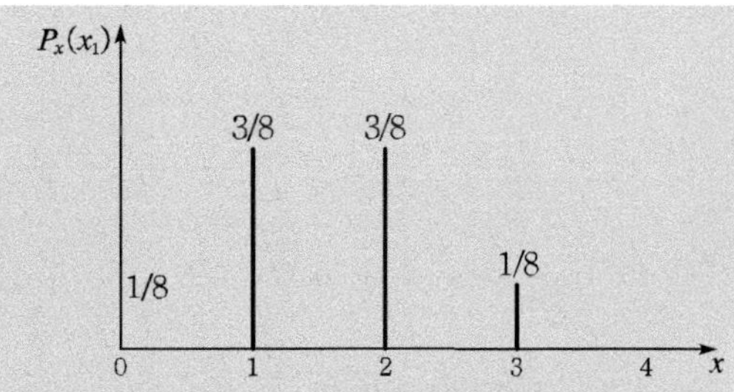

그림 E3.1b X의 확률질량함수 PMF

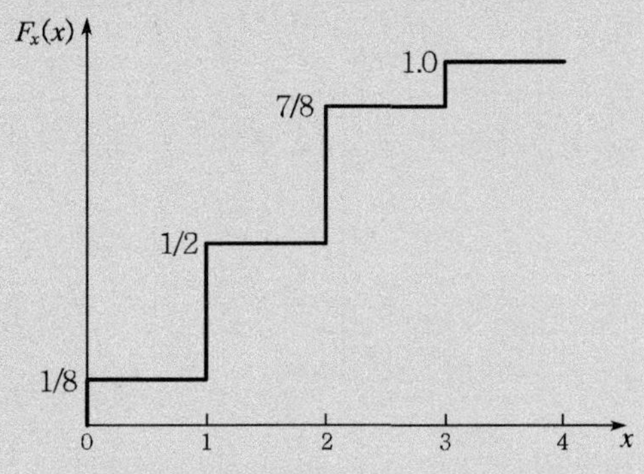

그림 E3.1c X의 누적분포함수 CDF ◀

▶ **예제 3.2** 연속형 확률변수의 예로서 예제 2.5에서 보에 100kg 하중을 재하한 문제를 다시 고려하자. 만약 하중이 10m 보 경간을 따라 어디에든 놓일 수 있는 가능성이 다 같다면 하중위치 X의 확률밀도함수(PDF)는 $0 \le x \le 10$에 균등하게 분포된다. 즉,

$$\begin{aligned} f_X(x) &= c \qquad 0 \le x \le 10 \\ &= 0 \qquad \text{그 외의 모든 } x\text{값} \end{aligned}$$

여기서 c는 일정하며, PDF의 면적은 1.0이 되어야 하므로 $c = 1/10$이다.
이 결과를 도시하면 그림 E3.2a와 같다.
이에 대응하는 X의 누적분포함수 CDF는

$$\begin{aligned} F_X &= \int_0^x c\ dx = cx = \frac{x}{10} \qquad 0 < x \le 10; \\ &= 1.0 \qquad x > 10; \\ &= 0 \qquad x < 0 \end{aligned}$$

이를 도시하면 그림 E3.2b와 같다.

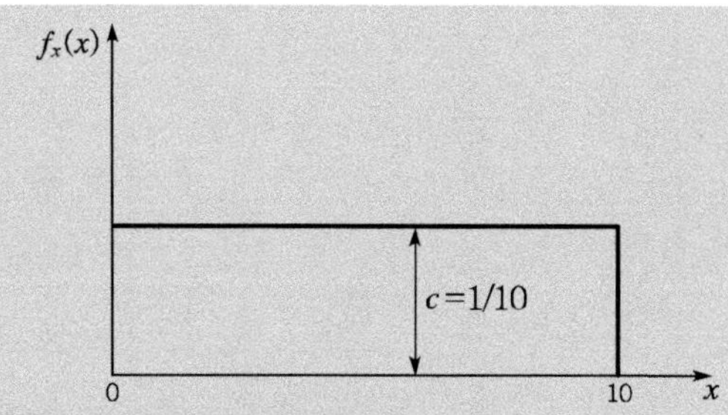

그림 E3.2a X의 PDF

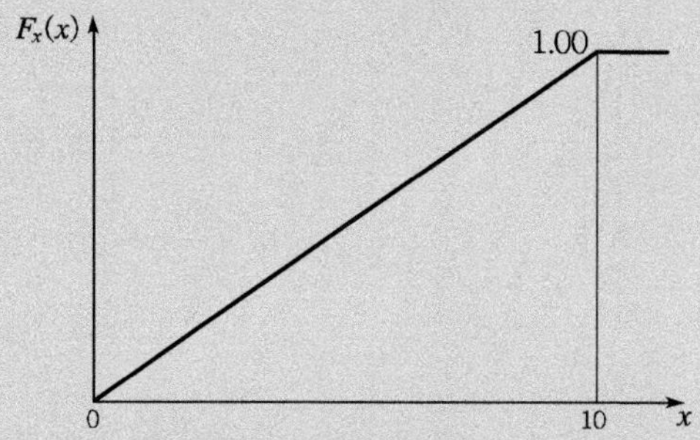

그림 E3.2b X의 CDF

2-5m 사이에 하중이 재하될 확률은

$$P(2 < X \le 5) = \int_2^5 \frac{1}{10} dx = 0.30$$

또 다른 방법으로서 식 (3.6)을 이용하면

$$P(2 < X \le 5) = F_X(5) - F_X(2) = \frac{5}{10} - \frac{2}{10} = 0.30$$ ◀

▶ 예제 3.3 용접기계의 작동 수명 T(시간 단위)는 정확하게 예측하기 어렵지만 다음과 같은 PDF를 갖는 지수분포로 묘사할 수 있다.

$$f_T(t) = \lambda e^{-\lambda t} \qquad t \ge 0$$
$$= 0 \qquad t < 0$$

이때 λ는 상수이며, 그림 E3.3a는 이의 지수분포함수이다.

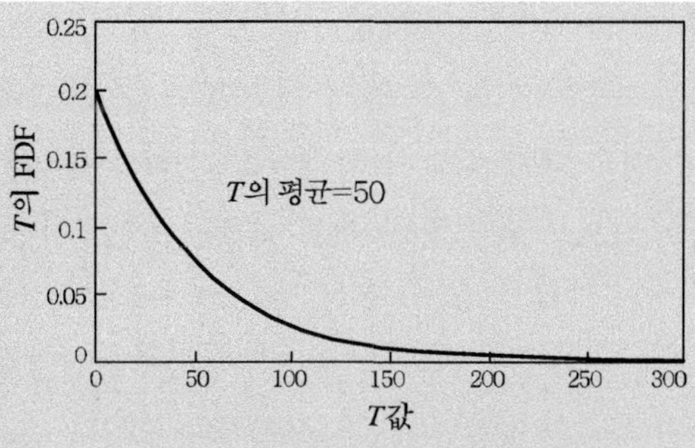

그림 E3.3a 수명 T의 지수분포 PDF

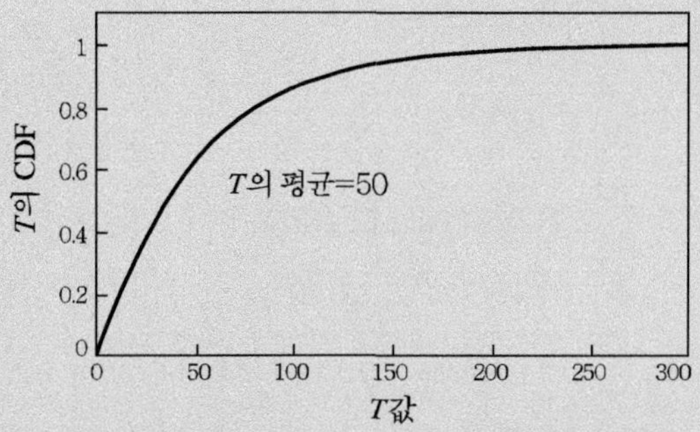

그림 E3.3b 유효수명 T의 누적 분포 함수 CDF

이에 대응하는 누적확률분포는 $F_T(t) = \int_0^t \lambda e^{-\lambda t} dt = 1 - e^{-\lambda t}$로 그림 E3.3b 처럼 도시할 수 있다. ◀

3.1.3 확률변수의 주 특성값

만약 분포함수의 형태를 누적분포함수 CDF나 확률밀도함수 PDF(연속형 확률변수의 경우)/확률질량함수 PMF(이산형 확률변수의 경우)와 그와 연관된 모수(parameter)를 이용해서 구체적으로 정의 할 수 있다면, 확률변수의 확률적 특성들을 완벽하게 기술될 수 있다. 그러나 실제로 확률분포함수의 정확한 형태는 알지 못할 수도 있기 때문에, 주 특성값들(main descriptors)에 의해 확률변수를 근사적으로 기술하는 것이 유용하고 때론 필요하다.

더구나, 분포함수를 알고 있는 경우에도 실제 응용에서 주 특성값들을 통해서 확률변수의 특성에 관한 우선적 중요 정보를 얻을 수 있으므로 여전히 유용하다. 또한 기지의 확률분포의 모수들은 이들 주(확률적)변량들(principal quantities)의 함수로 유도될 수 있거나 적절한 모수 그 자체일 수도 있다(제6장 참조).

중심값(central values)

확률변수가 취할 수 있는 가능한 값들에는 어떤 범위가 있으므로 평균값 뿐만 아니라 변수 값들의 범위의 중심값(central values)에 대해서도 관심을 갖는 것은 당연하다. 특히 확률변수의 개별 값들은 각기 다른 확률 혹은 확률밀도를 가지고 있기 때문에 “가중평균값”(weighted average)(즉, 각각의 계량 확률 척도들에 의해 기중된 값)이 특별한 관심사가 될 것이다. 이러한 가중평균값을 확률변수의 평균값(mean value) 혹은 기대값(expected value)으로 부른다.

따라서 만약 X의 확률질량함수 PMF가 $p_X(x_i)$인 이산형 확률변수라면 평균값 $E(X)$는 다음과 같다.

$$E(X) = \sum_{\text{all } x_i} x_i \, p_X(x_i) \tag{3.7a}$$

반면에 X의 확률밀도함수PDF가 $f_X(x)$인 연속형 확률변수라면 그 평균값은

$$E(X) = \int_{-\infty}^{\infty} x \, f_X(x) \; dx \tag{3.7b}$$

확률변수의 중심값을 나타내기 위해 사용되는 또 다른 변량들로는 최빈값(mode or modal value)과 중앙값(median)을 들 수 있다. 최빈값 $\tilde{x}$는 확률변수의 발생 확률이 가장 높은 값이다. 즉, 이는 가장 큰 확률 또는 가장 높은 확률밀도를 가지는 확률변수의 값을 말한다. 확률변수X의 중앙값 x_m은 CDF가 50%인 값이고 그래서 그 이상 혹은 그 이하의 값이 발생할 확률이 똑같을 가능성을 갖는 값이다. 즉

$$F_X(x_m) = 0.50 \tag{3.8}$$

일반적으로 확률변수의 평균값, 중앙값 및 최빈값은 각각 다른 값을 가지는데, 특히 확률밀도함수가 한쪽으로 편기된(비대칭일) 경우에는 더욱 그러하다. 하지만 만약 확률분포함수가 대칭이고 단모드적(unimodal, 단일한 모드)일 경우에는 이들 세 가지 값은 일치한다.

수학적 기댓값(mathematical expectation)

식 (3.7)에 기술한 기댓값이나 가중평균의 개념은 X의 함수로서 일반화 될 수 있다. 주어진 확률함수 $g(X)$에 대하여 그 기댓값 $E[g(X)]$는 식 (3.7)을 일반화 하여 표현할 수 있다. X가 이산형 변수이면,

$$E[g(X)] = \sum_{\text{all } x_i} g(x_i) \, p_X(x_i) \tag{3.9a}$$

반면에 X가 연속형 변수이면

$$E[g(X)] = \int_{-\infty}^{\infty} g(x) f_X(x)\ dx \tag{3.9b}$$

이는 경우에나, $E[g(X)]$는 $g(X)$의 수학적 기댓값(mathematical expectation)으로 알려져 있으며 확률함수$g(X)$의 가중평균값(weighted average)이다.

분산의 척도(measures of dispersion)

그 다음으로 $p_X(x_i)$나 $f_X(x)$와 같이 서로 다른 확률이나 확률척도와 연관된 확률변수값의 분포에는 범위가 존재하므로 이 값들이 얼마나 넓게 혹은 가깝게 분산되어 있는가를 나타내기 위한 분산의 척도(measures of dispersion)가 필요하다. 이것들은 변량의 값이 중심값 근처에서 얼마나 가깝게 혹은 넓게 군집되어 있는가에 대한 척도를 나타내는 정량적 값이라는게 특히 흥미로운 점이다. 직관적으로, 그러한 변량은 중심값에 대한 편차의 함수이어야 함을 알 수 있다. 하지만 편차가 중심값보다 크거나 작은 것은 문제가 되지 않아야 하므로, 그 함수는 편차의 우함수(even function)이어야 한다.

만약 편차가 평균값을 기준으로 얻어진 것이라면 산포를 나타내는 적절한 척도는 분산(variance)이다. 확률질량함수 PMF가 $p_X(x_i)$인 이산형 확률변수 X에 대하여, X의 분산은 다음과 같이 구해진다.

$$Var(X) = \sum (x_i - \mu_X)^2 p_X(x_i) \tag{3.10a}$$

여기서 $\mu_X \equiv E(X)$이다. 위 식은 평균으로부터의 편차를 제곱한 가중평균이며, 또는 식 (3.9)를 기준으로 보면 $g(X) = (X - \mu_X)^2$의 수학적 기댓값임을 알 수 있다. 따라서 식 (3.9b)에 의하면 확률밀도함수가 $f_X(x)$인 연속형 확률변수 X의 분산은

$$Var(X) = \int_{-\infty}^{\infty} (x - \mu_X)^2 f_X(x)\ dx \tag{3.10b}$$

식 (3.10b)의 적분항을 전개하면

$$\begin{aligned} Var(X) &= \int_{-\infty}^{\infty} (x^2 - 2\mu_X x + \mu_X{}^2) f_X(x)\ dx \\ &= E(X^2) - 2\mu_X E(X) + \mu_X{}^2 \end{aligned}$$

식 (3.10a)를 전개하여도 똑같은 결과가 얻어지므로 분산에 대한 유용한 관계식은

$$Var(X) = E(X^2) - {\mu_X}^2 \tag{3.11}$$

식 (3.11)에서 $E(X^2)$은 X의 제곱평균(mean square)으로 알려져 있다.

차원적(dimensionally)으로 볼 때 좀 더 편리한 산포도(dispersion)의 척도는 분산의 제곱근인 표준편차(standard deviation) σ_X이다. 즉,

$$\sigma_X = \sqrt{Var(X)} \tag{3.12}$$

순전히 분산이나 표준편차만을 기준으로 하여 산포도의 정도가 크다 작다는 말하기는 어렵다. 이 보다는 산포도를 중심값에 상대적으로 표현하는 것이 더 적당하다. 다시 말해, 산포도가 크냐 작으냐 하는 것은 오로지 대표값에 상대적으로 나타낸 경우에만 의미가 있는 것이다. 이런 이유 때문에, $\mu_x > 0$인 경우에 변동계수(coefficient of variation; COV)는 다음 식과 같이 정의된다.

$$\delta_X = \frac{\sigma_X}{\mu_X} \tag{3.13}$$

이 COV 식은 종종 산포도나 변동성의 무차원적 척도로 선호되고 편리하게 사용된다.

▶ 예제 3.4 예제 3.1의 그림 E3.1b는 6개월 후에 작동 가능한 불도저수의 확률질량함수PMF이다. 이에 바탕을 두고 6개월 후 작동가능한 불도저의 기대수는 다음과 같이 구해진다.

$$\begin{aligned}\mu_X = E(X) &= 0(1/8) + 1(3/8) + 2(3/8) + 3(1/8)\\ &= 1.50\end{aligned}$$

확률변수가 이산형이므로, 평균값 1.5는 가능한 값이 아니다. 즉, 이 경우에는 6개월 뒤에 작동 가능한 불도저의 평균수는 다만 1과 2사이라고 결론내릴 수 있다.

이에 대응하는 분산은

$$\begin{aligned}Var(X) &= (0-1.5)^2(1/8) + (1-1.5)^2(3/8) + (2-1.5)^2(3/8)\\ &\quad + (3-1.5)^2(1/8)\\ &= 0.75\end{aligned}$$

또한, 식 (3.11)을 사용하여 분산을 계산하면

$$\begin{aligned}Var(X) &= [0^2(1/8) + 1^2(3/8) + 2^2(3/8) + 3^2(1/8)] - (1.5)^2\\ &= 0.75\end{aligned}$$

따라서 표준편차는

$$\sigma_X = \sqrt{(0.75)} = 0.866$$

그리고 변동계수(cov)는

$$\delta_X = \frac{\sigma_X}{\mu_X} = \frac{0.866}{1.50} = 0.577$$

분산의 정도가 평균값의 50%를 넘는다는 것은 상대적으로 산포도가 크다는 것을 의미한다. ◀

▶ **예제 3.5** 예제 3.3에서 용접기의 유효한 수명 T는 지수분포를 갖는 확률변수이다. 확률밀도함수PDF와 누적분포함수 CDF는 각각 다음과 같다.

$$f_T(t) = \lambda x^{-\lambda t}, \ F_T(t) = 1 - e^{-\lambda t} \ ; \ t \geq 0$$

이는 또한 그림 E3.3a와 E3.3b에서 도시적으로 보여주고 있다.

용접 기계의 평균수명은

$$\mu_T = E(T) = \int_0^\infty t \cdot \lambda e^{-\lambda t} dt$$

부분적분을 통해 $\mu_T = 1/\lambda$을 얻을 수 있다.

그러므로 지수분포의 모수 λ는 평균값의 역수이다. 즉 $\lambda = 1/E(T)$이다.

이 경우 최빈값(mode)은 0이고, 그에 반해 기계 수명의 중앙값(median) t_m은 다음과 같이 구해진다.

$$\int_0^{t_m} \lambda e^{-\lambda t} dt = 0.50$$

그러므로, 기계 수명의 중앙값은

$$t_m = \frac{-\ln 0.50}{\lambda} = \frac{0.693}{\lambda}$$

$$= 0.693 \mu_T$$

T의 분산은

$$Var(T) = \int_0^\infty (t - 1/\lambda)^2 \lambda e^{-\lambda t} dt$$

부분적분법을 사용하여 구하면,

$$Var(T) = \frac{1}{\lambda^2}$$

이것을 통해 T의 표준편차를 구하면,

$$\sigma_T = \frac{1}{\lambda} = \mu_T$$

이것은 지수분포의 변동계수 cov$= \frac{\sigma_T}{\mu_T}$는 100%라는 것을 보여준다. ◀

▶ **예제 3.6** 어떤 건설회사의 과거기록에 의하면 수행했던 공사 중 60%가 계획대로 완공되었다고 한다. 만약 이 기록이 설득력이 있다면 장래 6건의 공사 중 예정공기 내에 완공할 수 있는 공사건수의 확률은 다음과 같이 이항분포(binomial distribution)(3.2.3절 참조)로 나타낼 수 있다.

만약 장래 시행할 6건의 공사 중 예정공기 내에 완공할 수 있는 공사건수를 X라 하면

$$P(X = x) = \binom{6}{x}(0.6)^x(0.4)^{6-x} \qquad x = 0, 1, 2, \ldots, 6$$
$$= 0 \qquad \text{그 외}$$

여기서, $\binom{n}{r} = \frac{n!}{r!\,(n-r)!}$는 이항계수(binomial coefficient)이다. 현재 문제에서 $n = 6$이고 $r = x$이다.

위 이항분포의 확률질량함수PMF는 그림 E3.6에 도시하였다.

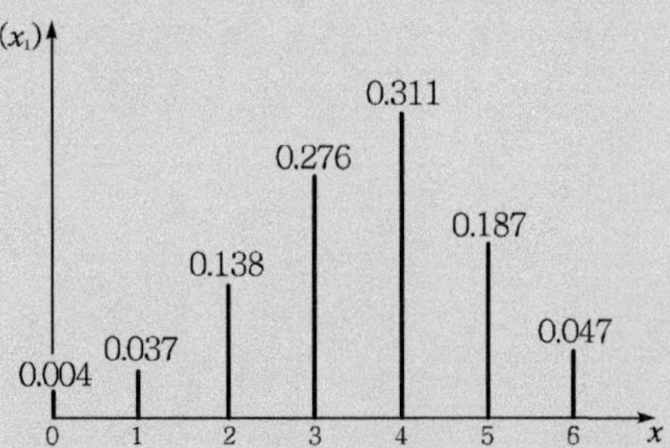

그림 E3.6 예정공기 내에 완공될 공사건수 X의 확률질량함수 PMF

따라서 예정공기 내에 완공될 공사건수의 평균값은

$$E(X) = \sum_{x=0}^{6} x \frac{6!}{x!(6-x)!} (0.6)^x (0.4)^{6-x}$$

$$= (1)\frac{6!}{1!(6-1)!}(0.6)^1 (0.4)^5 + (2)\frac{6!}{2!(6-2)!}(0.6)^2 (0.4)^3$$

$$+ (3)\frac{6!}{3!(6-3)!}(0.6)^3 (0.4)^3 + (4)\frac{6!}{4!(6-4)!}(0.6)^4 (0.4)^2 +$$

$$+ (5)\frac{6!}{5!(6-5)!}(0.6)^5 (0.4) + (6)\frac{6!}{6!(6-6)!}(0.6)^6 (0.4)^0$$

$$= 0.03686 + 2(0.13830) + 3(0.27640) + 4(0.31110) + 5(0.18660) + 6(0.04666)$$

$$= 3.60$$

그러므로 이 회사가 6건의 공사 중에 예정공기 내에 완공할 수 있는 평균 건수는 3건 내지 4건이다. 이에 대한 분산은

$$Var(X) = \sum_{x=0}^{6} (x-3.60)^2 \frac{6!}{x!(6-x)!}(0.6)^x (0.4)^{6-x}$$

$$= (-3.60)^2 \frac{6!}{0!(6-0)!}(0.6)^0 (0.4)^6 + (1-3.60)^2 \frac{6!}{1!(6-1)!}(0.6)(0.4)^5$$

$$+ (2-3.60)^2 \frac{6!}{2!(6-2)!}(0.6)^2 (0.4)^4 + (3-3.60)^2 \frac{6!}{3!(6-3)!}(0.6)^3 (0.4)^3$$

$$+ (4-3.60)^2 \frac{6!}{4!(6-4)!}(0.6)^4 (0.4)^2 + (5-3.60)^2 \frac{6!}{5!(6-5)!}(0.6)^5 (0.4)$$

$$+ (6-3.60)^2 \frac{6!}{6!(6-6)!}(0.6)^6 (0.4)^0$$

$$= 0.0531 + 0.2482 + 0.3539 + 0.0995 + 0.498 + 0.1626 + 0.2684$$

$$= 1.2355$$

따라서 표준편차는

$$\sigma_X = \sqrt{Var(X)} = \sqrt{1.2355} = 1.11$$

그리고 변동계수(c.o.v.)는

$$\delta_X = \frac{\sigma_X}{\mu_X} = \frac{1.11}{3.60} = 0.308$$

이 경우 그림 E3.6에서 보여주듯이 $X = 4$일 확률이 가장 높으며, 그때의 확률은 0.311이다. 따라서 6건의 공사중 기간내에 완공할 가능성이 가장 높은건수(최빈값)는 4건이다. ◀

왜곡도의 척도(measure of skewness)

확률변수의 또 다른 유용한 성질 중의 하나는, 확률밀도함수PDF 혹은 확률질량함수PMF의 대칭성 및 비대칭성, 그리고 비대칭성의 정도 및 방향이다. 이 비대칭성 혹은 왜곡도(skewness)의 척도로는 3차 중앙모멘트(third central moment)가 사용된다.

$$E(X-\mu_X)^3 = \sum_{\text{all } x_i} (x_i-\mu_X)^3\, p_X(x_i), \quad \text{이산형 } X\text{의 경우}$$

그리고

$$E(X-\mu_X)^3 = \int_{-\infty}^{\infty} (x-\mu_X)^3 f_X(x)\,dx, \quad \text{연속형 } X\text{의 경우}$$

확률변수의 PDF 혹은 PMF가 평균값 μ_X에 대하여 대칭이라면 $E(X-\mu_X)^3$은 0임을 알 수 있으며 그렇지 않으면 양이거나 음일 것이다. μ_X보다 더 큰 X의 값들이 μ_X보다 작은 X의 값들보다 더 넓게 흩어져 있다면 왜곡도는 양이 될 것이다. 역의 상황이라면, 평균값에 대한 3차 모멘트는 음이 될 것이다.

그러므로 확률변수의 PDF나 PMF의 왜곡도는 3차 중앙 모멘트 $E(X-\mu_X)^3$의 부호에 따라 양이나 음으로 나타나며 또한 이 3차 모멘트의 크기는 대응하는 왜곡도의 정도를 나타낸 것이다. 이러한 성질은 그림 3.3에서 설명되고 있다.

왜곡도 계수(skewness coefficient)는 왜곡도를 정의하기 위해 편리하게 사용되는 무차원 척도이며 다음식과 같다.

$$\theta = \frac{E(X-\mu_X)^3}{\sigma^3} \tag{3.14}$$

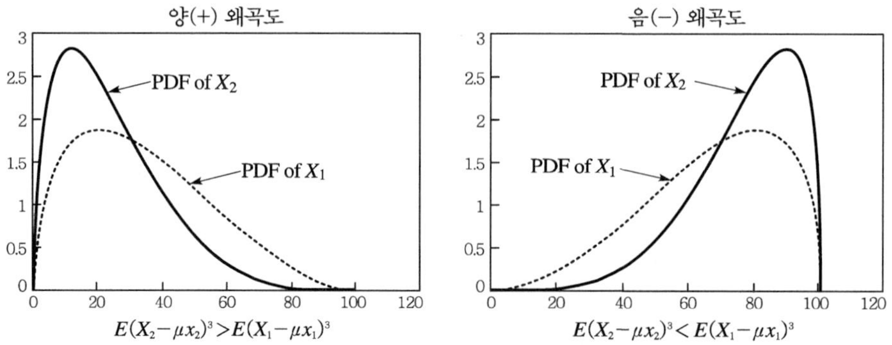

그림 3.3 비대칭 PDF의 성질

편평도(the kurtosis)

마지막으로, 확률변수의 또 다른 유용한 성질 중의 하나는 편평도(kurtosis)라고 알려진 확률변수의 4차 중앙모멘트(the fourth central moment)이다. 2차와 3차 중앙모멘트에 대해 앞에서 보여주었던 바를 확장해보면, 편평도는

$$E(X-\mu_X)^4 = \sum_{all\ x_i}(x_i-\mu_X)^4 p_X(x_i),\ \text{이산형 } X\text{의 경우}$$

그리고

$$E(X-\mu_X)^4 = \int_{-\infty}^{\infty}(x-\mu_X)^4 f_X(x)\,dx,\ \text{연속형 } X\text{의 경우}$$

물리적으로, 편평도는 X의 PDF형상의 뾰족도(peakness)의 척도이다.

기하학적 특성의 유사성(analogies with geometrical properties)

확률변수의 평균값과 분산은 단위 면적의 중심(도심)거리(centroidal distance)와 중심 관성모멘트(central moment of inertia)에 각각 유사하게 대응한다. 이를 알아보기 위해 그림 3.4에 보인 바와 같이 함수 $y=f(x)$로 정의된 불규칙한 모양의 단위 면적을 생각해 보자.

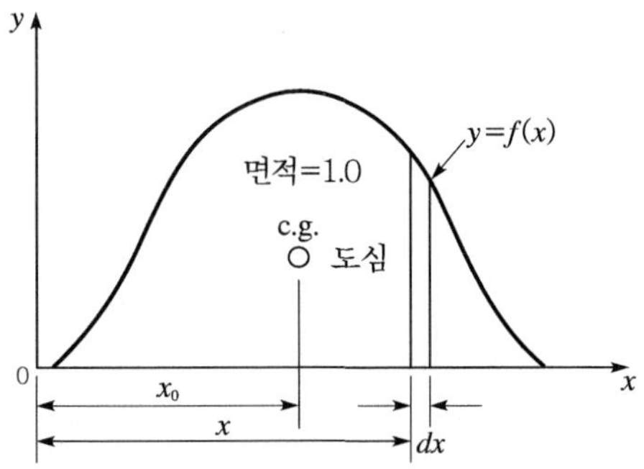

그림 3.4 불규칙한 모양의 단위 면적

이 면적의 도심 거리 x_0는

$$x_0 = \frac{\int_{-\infty}^{\infty} x\,f(x)\,dx}{\text{면적}} = \int_{-\infty}^{\infty} x\,f(x)\,dx \tag{3.15}$$

이것은 또한 불규칙한 모양을 한 단위면적의(원점에 대한) 1차 모멘트이기도 하다.

수직 중심축(도심축)에 대한 면적의 관성모멘트는

$$I_y = \int_{-\infty}^{\infty} (x - x_0)^2 f(x)\,dx \tag{3.16}$$

식 (3.7b)와 식 (3.15)를 그리고 식 (3.10b)와 식 (3.16)을 각각 비교해 보면, 평균값은 면적의 도심거리와 같고, 반면에 분산은 단위 면적의 중심축에 대한 관성모멘트와 같다는 것을 알 수 있다.

그러므로 평균값은 확률변수의 1차 모멘트(first moment), 분산은 2차 모멘트(second moment)이라고 칭할 수 있다. 이러한 용어를 확장하여 일반화하면 확률변수 X의 n차 모멘트(nth moment)는 다음과 같이 정의 할 수 있다.

$$E(X^n) = \int_{-\infty}^{\infty} x^n f_X(x)\,dx \tag{3.17}$$

▶ 예제 3.7 예제 3.6의 확률질량함수PMF의 왜곡도를 계산해 보자. 이산형 확률변수이기 때문에, 다음과 같이 왜곡도를 계산할 수 있다.

예제 3.6으로부터, $\mu_X = 3.60$이고 $\sigma_X = 1.11$이므로,

$$\begin{aligned} E(X-\mu_X)^3 &= \sum_{i=0}^{6} (x_i - 3.60)^3 p_X(x_i) \\ &= (0-3.60)^3(0.004) + (1-3.60)^3(0.037) + \\ &\quad + (2-3.60)^3(0.138) + (3-3.60)^3(0.276) \\ &\quad + (4-3.60)^3(0.311) + (5-3.60)^3(0.187) \\ &\quad + (6-3.60)^3(0.047) \\ &= -0.279 \end{aligned}$$

따라서 X의 분포는 식 (3.14)에 아래와 같은 왜곡도 계수로 음(−)으로 편기되어 있다.

$$\theta = -\frac{0.279}{1.11^3} = -0.204$$ ◀

▶ 예제 3.8 예제 3.5의 용접기계의 수명 T는 지수분포에 대한 기계의 평균 수명은 μ_T이다. 그런 경우 확률분포함수 PDF의 3차 중앙모멘트는(μ_T 대신 μ을 사용하면)

$$E(T-\mu)^3 = \int_0^\infty (t-\mu)^3 \left(\frac{1}{\mu} e^{-t/\mu}\right) dt$$
$$= \frac{1}{\mu} \int_0^\infty (t^3 - 3t^2 + 3t\mu^2 - \mu^3) e^{-t/\mu} dt$$
$$= \mu^3 e^{-t/\mu} \left\{ -\left[\left(\frac{t}{\mu}\right)^3 + 3\left(\frac{t}{\mu}\right)^2 + 6\left(\frac{t}{\mu}\right) + 6\right] + 3\left[\left(\frac{t}{\mu}\right)^2 + 2\left(\frac{t}{\mu}\right) + 2\right] - 3\left[\left(\frac{t}{\mu}\right) + 1\right] + 1 \right\}_0^\infty$$
$$= -\mu^3 e^{-t/\mu} \left[\left(\frac{t}{\mu}\right)^3 + \left(\frac{t}{\mu}\right) + 2\right]_0^\infty = 2\mu^3$$

예제 3.5로부터 지수분포의 표준편차는 $\sigma_T = \mu_T$이다. 그러므로 식 (3.14)에 따라 이 분포의 왜곡도계수는 $\theta = 2.0$이다. ◀

▶ 3.2 유용한 확률분포들

이론적으로는 앞선 3.1.1 절에서 언급한 성질을 모두 가지고 있으면 어떠한 함수라도 확률변수의 확률분포를 나타내는 데 사용될 수 있다. 하지만 아래와 같은 이유 때문에 특별히 유용하게 사용되는 이산형이나 연속형 함수들이 있다.

1. 그들 함수가 관련 과정의 물리적인 결과이고, 물리적으로 타당한 가정에 기초하여 유도되는 경우
2. 그들 함수가 극한 과정(limiting process)의 결과인 경우
3. 널리 잘 알려진 함수이며(확률표를 포함하여), 필요한 확률 및 통계정보가 널리 가용한 경우

본 절에서는 이러한 조건을 만족하는 확률분포함수들 중에 몇 가지를 제시하고 그들의 독특한 특성을 기술하고 설명하였다.

3.2.1 가우스(Gaussian, 정규)분포

일명 정규분포(normal distribution)라고도 알려져 있는 가우스분포(Gaussian distribution)는 의심할 여지없이 일반인들에게 가장 잘 알려져 있고 가장 널리 이용되는 확률분포이다. 연속형 확률변수 X에 대한 확률밀도함수PDF는 다음과 같다.

$$f_X(x) = \frac{1}{\sigma\sqrt{2\pi}} \exp\left[-\frac{1}{2}\left(\frac{x-\mu}{\sigma}\right)^2\right] \qquad -\infty < x < \infty \qquad (3.18)$$

여기서 μ와 σ는 분포의 모수이다. 가우스분포의 경우 각각 확률변수 X의 평균과 표준편차를 의미한다. 이 분포를 나타내는데 대중적이고 편리한 간편 기호는 $N(\mu,\sigma)$이며, 앞으로 정규확률밀도함수 PDF를 표시하는데 이 기호를 사용한다.

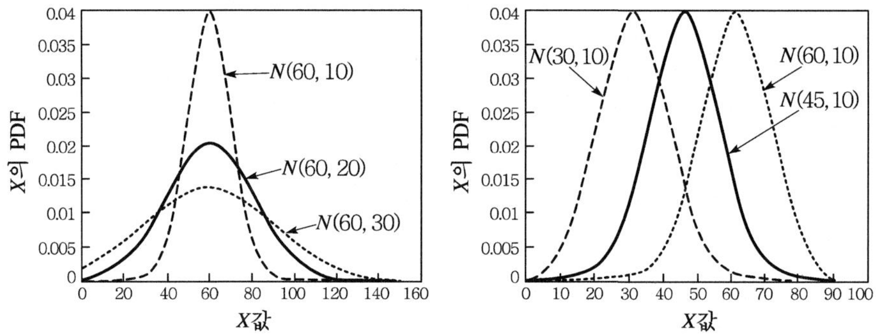

(a) σ가 변하는 경우　　　(b) μ가 변하는 경우

그림 3.5 가우스분포의 PDF

두개의 모수 μ와 σ의 의미는 그림 3.5에서 도해적으로 알 수 있다. 그림 3.5a에서 μ는 60으로 고정되어 있고 σ가 10, 20, 30으로 변하는 경우를 나타내고 있으며, 반면에 그림 3.5.b는 $\sigma=10$이라는 일정한 값에 대해서 μ가 30, 45, 그리고 60의 값으로 변하는 경우를 나타내고 있다.

표준정규분포(the standard normal distribution)

모두가 $\mu=0$이고 $\sigma=1.0$인 가우스확률분포는 표준정규분포(standard normal distribution)라고 일컬어지며, 통상 $N(0,1)$로 표시한다. 그 확률밀도함수는 다음과 같다.

$$f_X(x) = \frac{1}{\sqrt{2\pi}} \exp\left(-\frac{1}{2}x^2\right) \qquad -\infty < x < \infty \qquad (3.18a)$$

표준 정규분포는 광범위하게 사용되기 때문에 특수기호 $\Phi(s)$가 표준정규변량 S의 누적분포함수를 표기하기 위해 통상 사용된다. 즉,

$$\Phi(s) = F_S(s)$$

그림 3.6에서 보듯이, PDF 아래의 음영진 면적 P를 $\Phi(s_p)$로 나타낸 것이다.

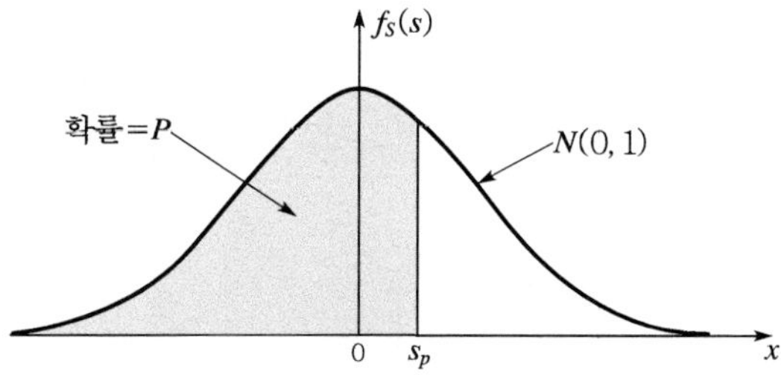

그림 3.6 N(0, 1)의 CDF

역으로, 누적확률 p에 대한 표준정규변량의 값은 다음과 같이 표시된다.

$$s_p = \Phi^{-1}(p)$$

이 교재 전체에 걸쳐 이 기호들을 사용할 것이다.

그림 3.7에서, $\pm 1\sigma$, $\pm 2\sigma$, $\pm 3\sigma$, 즉 표준정규분포의 평균 $\mu=0$에 대한 ±표준편차의 수 이내에 들어가는 면적(또는 확률)은 각각 68.3%, 95.4%, 99.7%와 같다. 동일한 확률이 평균 μ에 대한 똑같은 $\pm\sigma$수를 가지는 일반적인 정규분포, N(μ, σ)에 대해서도 역시 그대로 적용된다.

N(0, 1)의 누적분포함수 CDF, 즉 $\Phi(s)$는 부록 A의 표 A.1과 같은 정규확률표로 도표화되어 있다. 부록 표 A.1에서 확률값은 $x=0$에서 시작하고 확률변수의 양의 값만이 주어져 있다는 것을 유의해야 한다. 이것은 원점(영점)에 대한 표준정규 확률밀도함수 PDF의 대칭성으로 인하여 변량의 음의 값에 대한 확률은 다음 식으로 구할 수 있기 때문이다.

$$\Phi(-s) = 1 - \Phi(s) \tag{3.19}$$

또한 확률 $p<0.5$에 해당하는 s의 값은 음수이고 부록 표 A.1을 이용하여 다음 식으로 구해질 수 있다.

$$s_p = \Phi^{-1}(p) = -\Phi^{-1}(1-p) \tag{3.20}$$

부록 표 A.1에 주어진 $\Phi(s)$의 진정한 유용성은 이를 이용하면 여하한 가우스분포의 확률도 계산할 수 있다는 것이다. 즉, 어떠한 정규분포확률도 다음과 같이 $\Phi(s)$을 사용하여 즉각 그 값을 구할 수 있다. 분포 $N(\mu,\sigma)$를 갖는 정규변량 X를 생각해 보자. $(a < X \le b)$의 확률은

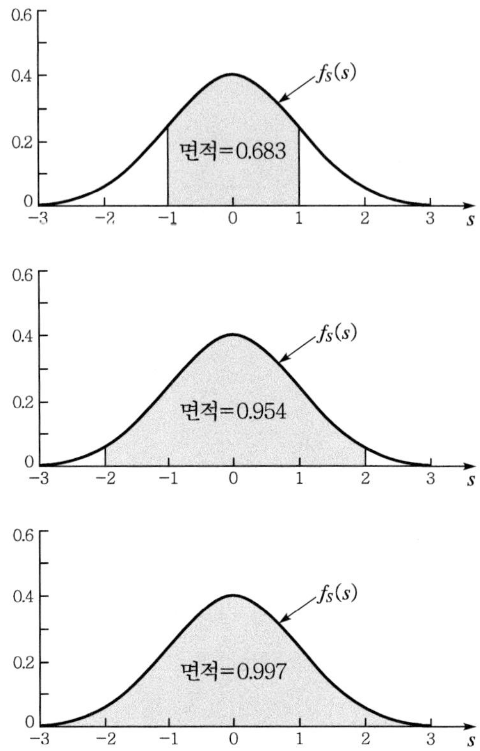

그림 3.7 σ의 1,2,3배 면적을 표시한 $N(0,1)$의 PDF

$$P(a < X \leq b) = \frac{1}{\sigma\sqrt{2\pi}} \int_a^b \exp\left[-\frac{1}{2}\left(\frac{x-\mu}{\sigma}\right)^2\right] dx$$

분명 이것은 그림 3.8에 보인 a와 b사이의 일반 정규분포 확률밀도함수 PDF 하의 면적을 나타낸다. 이론적으로 윗식의 확률은 직접 적분함으로써 구할 수 있다. 그러나 이것은 부록 표 A.1에서 주어진 $\Phi(s)$의 도표화된 값을 사용하여 보다 손쉽게 구할 수 있다. 이와 같은 목적으로 다음과 같이 변수변환을 한다.

$$s = \frac{x-\mu}{\sigma}, \quad dx = \sigma\, ds$$

그러면, 위의 적분은 다음과 같이 된다.

$$\begin{aligned} P(a < X \leq b) &= \frac{1}{\sigma\sqrt{2\pi}} \int_{(a-\mu)/\sigma}^{(b-\mu)/\sigma} e^{-(1/2)s^2} \sigma\, ds \\ &= \frac{1}{\sqrt{2\pi}} \int_{(a-\mu)/\sigma}^{(b-\mu)/\sigma} e^{-(1/2)s^2} ds \end{aligned}$$

이 적분은 $N(0, 1)$의 PDF의 $(a-\mu)/\sigma$ 와 $(b-\mu)/\sigma$ 사이의 면적임을 알 수 있으며, 따라서 식 (3.6)에 의해서 다음과 같이 구해질 수 있다.

$$P(a < X \leq b) = \Phi\left(\frac{b-\mu}{\sigma}\right) - \Phi\left(\frac{a-\mu}{\sigma}\right) \tag{3.21}$$

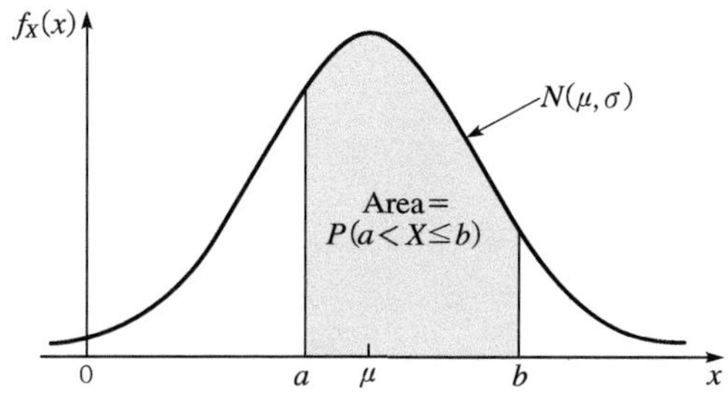

그림 3.8 a와 b사이의 $N(\mu, \sigma)$ 면적

▶ **예제.3.9** 폭우가 내릴 때 한 지역도시의 배수량은 하루 평균 1.2백만갤런(million gall-ons per day; mgd)이고 표준편차가 0.4mgd인 것으로 추정되는 정규확률변수, 즉 $N(1.2, 0.4)$이다. 만약 배수(우수관거)시스템(drain system)이 최대 배수량 1.5mgd으로 설계되었다면, 이러한 배수시스템의 설계에서 가정된 폭우가 내릴 때 범람할 잠재확률은 얼마인가?

그 지역도시의 범람은 배수부하가 배수시스템의 용량을 초과할 때 발생하므로, 범람의 확률은 다음과 같다.

$$P(X > 1.5) = 1 - P(X \leq 1.5) = 1 - \Phi\left(\frac{1.5-1.2}{0.4}\right) = 1 - \Phi(0.75)$$
$$= 1 - 0.7734 = 0.227$$

위에서, $\Phi(0.75) = 0.7734$라는 값은 부록 A의 표 A.1로부터 구했다.

또한 다음과 같은 관련 관심 상황에 대해서도 생각해보자.

(i) 폭우가 내리는 동안 배수량이 1.0mgd와 1.6mgd 사이가 될 확률은 다음과 같다.

$$\begin{aligned} P(1.0 < X \leq 1.6) &= \Phi\left(\frac{1.6-1.2}{0.4}\right) - \Phi\left(\frac{1.0-1.2}{0.4}\right) \\ &= \Phi(1.0) - \Phi(-0.5) \\ &= 0.8413 - [1 - \Phi(0.5)] = 0.8413 - (1 - 0.69 \\ &= 0.533 \end{aligned}$$

(ii) 폭우 동안 그 지역도시로부터 90%의 배수부하가 발생할 가능성은? 이것은

누적확률의 값이 0.90보다 작은 확률변수의 값에 해당하고, 다음과 같이 구할 수 있다.

$$P(X \leq x_{0.90}) = \Phi\left(\frac{x_{0.90} - 1.2}{0.40}\right) = 0.90$$

그러므로

$$\frac{x_{0.90} - 1.2}{0.40} = \Phi^{-1}(0.90)$$

표 A.1로부터, $\Phi^{-1}(0.90) = 1.28$이라는 값을 얻는다. 따라서

$$x_{0.90} = 1.28(0.40) + 1.2 = 1.71 \text{ mgd}$$ ◀

▶ 예제.3.10 차량사고 통계자료의 분석결과에 의하면, 중대 교통사고 사이에서 주행한 연간 주행거리(annul vehicle miles)(즉, 차량당 연간 주행거리)는 연평균 15,000마일과 25%의 c.o.v를 가지는 정규확률변수로 나타낼 수 있다. 표준편차는 $\sigma = 0.25(15{,}000) = 3750$마일/년 이다. 그러므로 교통사고와 사고 사이에 차량이 주행한 거리의 분포는 연간 N(15,000, 3750)마일이다. 그렇다면, 연간 10,000마일을 운행하는 전형적인 운전자가 일으키는 연간 사고의 확률은 다음과 같다.

$$P(X < 10{,}000) = \Phi\left(\frac{10{,}000 - 15{,}000}{3{,}750}\right) = \Phi(-1.33) = 1 - \Phi(1.33)$$
$$= 1 - 0.9082$$
$$= 0.092$$

이는 개인 운전자의 연간 사고확률이 약 9% 정도이고 무사고확률이 91% 라는 것을 의미한다. 만약에 주어진 년도에 어떠한 사고도 일으키지 않은 운전자가 8,000마일을 운전한다면, 그 해의 남은 기간 동안에 그 운전자가 사고를 일으킬 확률은 어떻게 되는가? 이러한 경우에, 다음과 같은 조건부 확률 문제로 해를 구할 수 있다.

$$P(X < 10{,}000 | X > 8{,}000) = \frac{P(8{,}000 < X < 10{,}000)}{P(X > 8{,}000)}$$
$$= \frac{0.092 - \Phi\left(\frac{8{,}000 - 15{,}000}{3{,}750}\right)}{1 - \Phi\left(\frac{8{,}000 - 15{,}000}{3{,}750}\right)}$$

$$= \frac{0.092 - \Phi(-1.87)}{1 - \Phi(-1.87)}$$
$$= \frac{0.092 - (1 - 0.9692)}{1 - (1 - 0.9692)} = \frac{0.061}{0.9692}$$
$$= 0.063$$

그러므로 연간 남은기간 동안 무사고 운전을 할 확률은 약 94% 정도이다. ◀

▶ **예제.3.11** 제조업자가 강재보와 기둥을 제작하는데 있어서, 강부재의 치수(예를 들어, 길이)는 피할 수 없는 변동성을 가진다. 건축공사를 할 때 건물의 골조를 위해 보와 기둥을 세우는데 있어서 이들의 실제 길이는 99.7%의 확률 또는 신뢰도를 가지고 지정된 치수의 ±5mm의 허용오차이내에 들어오게 해야 한다고 가정해 보자. 생산과정에서, 허용표준편차 σ의 항으로 요구되는 정확도는 얼마인가?

강재보의 제작의 변동성은 일반적으로 제작과정의 정확도를 나타내는(제작과정에 체계적 편기(bias)경향이 없다는 것을 나타내는) 영평균(zero mean)과 표준편차 σ을 가지는 정규분포를 가정할 수 있다. 이러한 경우에 99.7%의 신뢰도는 정규확률분포 PDF에 대한 그림 3.7에서 보여주는 것처럼 $\pm 3\sigma$와 같다. 그러므로 요구되는 신뢰도를 만족시키기 위해서는 허용오차 E가 다음과 같아야 한다.

$$P(-5 \leq E \leq 5) = \Phi\left(\frac{5-0}{\sigma}\right) - \Phi\left(\frac{-5-0}{\sigma}\right) = 2\Phi\left(\frac{5}{\sigma}\right) - 1 = 0.997$$

또는

$$\frac{5}{\sigma} = \Phi^{-1}(0.9985) = 2.97$$

이로부터 $\sigma = 1.68$mm를 구할 수 있다. 따라서, 제작과정에서 요구되는 정확도, σ가 1.68mm이어야 한다.

이것은 품질관리의 6-σ법칙에 대한 설명이다. ◀

3.2.2 대수정규분포

대수정규분포(logarithmic normal or log-normal distribution) 또한 널리 사용되는 인기 있는 확률분포이다. 만약에 확률변수 X가 대수분포를 가진다면, 그 확률밀도함수PDF는

$$f_X(x) = \frac{1}{\sqrt{2\pi}\,(\zeta x)} \exp\left[-\frac{1}{2}\left(\frac{\ln x - \lambda}{\zeta}\right)^2\right] \qquad x \geq 0 \tag{3.22}$$

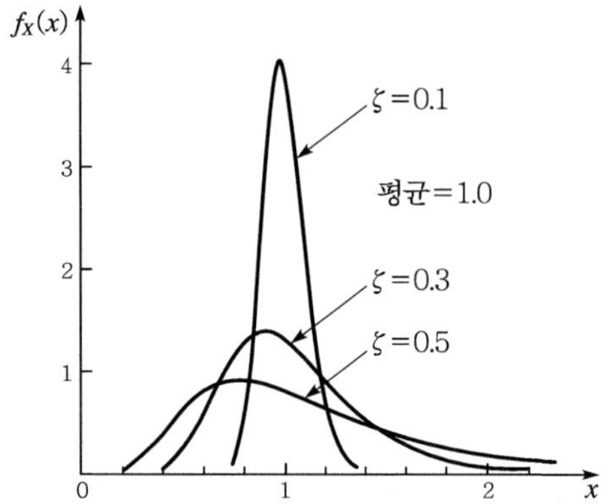

그림 3.9 ζ의 여러 값에 대한 대수정규 PDF

여기서 $\lambda = E(\ln X)$와 $\zeta = \sqrt{Var(\ln X)}$은 대수정규분포의 모수이다. 그래서 모수는 각각 확률변수 $\ln X$의 평균과 표준편차임을 의미한다. 이러한 확률분포의 특성은 그림 3.9에서는 모수 ζ의 여러값에 대해 도해적으로 설명하고 있다. 이 분포는 엄격하게 변량 X의 양의 값에 대해서만 선정함을 알아야 한다.

그림 3.9로부터 모수 ζ가 증가할수록 확률밀도함수의 양(+)의 왜곡도(skewness) 또한 증가하는 것을 알 수 있다.

제4장의 예제 4.2에서 X가 모수 λ와 ζ을 가지는 대수정규변수라면, $\ln X$는 평균 λ와 표준편차 ζ을 갖는 정규분포, 즉 $N(\lambda, \zeta)$가 되는 것을 보여줄 것이다. 정규분포와 대수정규분포가 이러한 대수적 관계를 가지고 있기 때문에, 대수정규분포와 관련된 확률 역시 부록 표 A.1과 같은 표준정규확률분포표로부터 편리하게 구할 수가 있다. 즉, 식 (3.3)과 (3.22)에 기초하여 X가 구간$(a,\ b)$ 내에 있는 값을 취할 확률은

$$P(a < X \leq b) = \int_a^b \frac{1}{\sqrt{2\pi}\,\zeta\, x} \exp\left[-\frac{1}{2}\left(\frac{\ln x - \lambda}{\zeta}\right)^2\right] dx$$

$s = \dfrac{\ln x - \lambda}{\zeta}$ 라고 하면 $dx = \zeta x\, ds$ 이므로, 이를 대입하면 위의 적분은 다음과 같이 된다.

$$P(a < X \leq b) = \frac{1}{\sqrt{2\pi}} \int_{(\ln a - \lambda)/\zeta}^{(\ln b - \lambda)/\zeta} e^{-(1/2)s^2}\, ds \tag{3.23}$$

$$= \Phi\left(\frac{\ln b - \lambda}{\zeta}\right) - \Phi\left(\frac{\ln a - \lambda}{\zeta}\right)$$

이는 식 (3.21)과 유사하며, 부록 표 A.1로부터 구해지는 표준정규분포확률의 계산

법에 똑같이 포함된 식 (3.23)에서 보여주듯이 대수정규확률변수의 확률을 계산하는데 있어서 편리한 방편이라는 관점에서 그리고, 또한 확률변수의 값이 항상 ($x \geq 0$에 대해서만 정의되는) 양이 되어야 하기 때문에, 대수정규분포는 물리적으로 변량의 값이 엄격하게 양으로 알려져 있는 부류의 응용문제에 특히 유용하게 적용될 수 있다. 이러한 예들 중에는 재료의 강도 및 피로수명, 강우강도, 항공교통량 등등이 있다.

대수정규분포의 모수λ와 ζ는 다음과 같이 확률변수 X의 평균 및 표준편차와 연관되어있다.

$$\mu_X = E(X) = \frac{1}{\sqrt{2\pi}\,\zeta} \int_0^{\infty} x \cdot \frac{1}{x} \exp\left[-\frac{1}{2}\left(\frac{\ln x - \lambda}{\zeta}\right)^2\right] dx$$

이 때, $y = \ln x$라 하면 $dx = x\,dy$이므로

$$\begin{aligned}\mu_X &= \frac{1}{\sqrt{2\pi}\,\zeta} \int_{-\infty}^{\infty} e^y \cdot \exp\left[-\frac{1}{2}\left(\frac{y-\lambda}{\zeta}\right)^2\right] dy \\ &= \frac{1}{\sqrt{2\pi}\,\zeta} \int_{-\infty}^{\infty} \exp\left[y - \frac{1}{2}\left(\frac{y-\lambda}{\zeta}\right)^2\right] dy\end{aligned}$$

지수부를 완전제곱형으로 바꾸면,

$$\mu_X = \left\{\frac{1}{\sqrt{2\pi}\,\zeta} \int_{-\infty}^{\infty} \exp\left[-\frac{1}{2}\left(\frac{y-(\lambda+\zeta^2)}{\zeta}\right)^2\right] dy\right\} \exp\left(\lambda + \frac{1}{2}\zeta^2\right)$$

대괄호 내의 적분은 1.0과 같은 $N(\lambda+\zeta^2, \zeta)$인 가우스 확률밀도함수의 전체 단위 면적임을 알 수 있다. 따라서

$$\mu_X = \exp\left(\lambda + \frac{1}{2}\zeta^2\right) \tag{3.24a}$$

이로부터 모수 λ는 다음과 같이 구해진다.

$$\lambda = \ln \mu_X - \frac{1}{2}\zeta^2 \tag{3.24b}$$

마찬가지로 X의 분산은 다음과 같이 유도된다.

$$\begin{aligned}E(X^2) &= \frac{1}{\sqrt{2\pi}\,\zeta} \int_{-\infty}^{\infty} e^{2y} \exp\left[-\frac{1}{2}\left(\frac{y-\lambda}{\zeta}\right)^2\right] dy \\ &= \frac{1}{\sqrt{2\pi}\,\zeta} \int_{-\infty}^{\infty} \exp\left\{-\frac{1}{2\zeta^2}\left[y^2 - 2(\lambda+2\zeta^2)y + \lambda^2\right]\right\} dy\end{aligned}$$

지수부를 완전제곱형으로 바꾸면, 위의 적분은 다음과 같이 된다.

$$E(X^2)=\left\{\frac{1}{\sqrt{2\pi}\,\zeta}\int_{-\infty}^{\infty}\exp\left[-\frac{1}{2}\left(\frac{y-(\lambda+2\zeta^2)}{\zeta}\right)^2dy\right]\right\}\exp[2(\lambda+\zeta^2)]$$

다시 한번, 대괄호 내의 적분 또한 1.0과 같은 $N(\lambda+2\zeta^2,\zeta)$인 확률밀도함수의 전체면적의 합임을 알 수 있다. 따라서

$$E(X^2)=\exp[2(\lambda+\zeta^2)]=\exp\left[2\left(\lambda+\frac{1}{2}\zeta^2\right)+\zeta^2\right]=\mu_X{}^2\cdot e^{\zeta^2}$$

고로 식 (3.11)에 따라서 그리고 식 (3.24a)를 사용하면, X의 분산은 다음과 같이 구해진다.

$$Var(X)=E(X^2)-\mu_X{}^2=\mu_X{}^2\left(e^{\zeta^2}-1\right)$$

이로부터 두 번째 모수 ζ를 다음과 같이 구할수 있다.

$$\zeta^2=\ln\left[1+\left(\frac{\sigma_X}{\mu_X}\right)^2\right]=\ln\left(1+\delta_X{}^2\right) \tag{3.25}$$

만약 X의 c.o.v, δ_X가 크지 않다면, 예컨대 $\delta_X\leq 0.30$이라면 $\ln\left(1+\delta_X{}^2\right)\simeq\delta_X{}^2$이다. 이와 같은 경우에,

$$\zeta\simeq\delta_X \tag{3.26}$$

평균값 대신에 중앙값(median)을 대수정규확률변수의 중심값(central value)을 나타내는데 종종 사용한다. 식 (3.8)의 정의에 의해 중앙값 x_m은 $P(X\leq x_m)=0.5$이다.

대수정규분포에서 이것은 다음을 의미한다.

$$\Phi\left(\frac{\ln x_m-\lambda}{\zeta}\right)=0.50$$

따라서

$$\frac{\ln x_m-\lambda}{\zeta}=\Phi^{-1}(0.5)=0$$

그러므로, X의 중앙값의 항으로 모수 λ를 나타내면,

$$\lambda=\ln x_m \tag{3.27}$$

역으로,

$$x_m = e^{\lambda} \tag{3.28}$$

식 (3.24b)와 식 (3.27)의 우측항들을 등식으로 놓고 나서, 식 (3.25)를 이용하면 대수정규확률변수의 평균값과 중앙값 사이의 관계를 얻게 된다.

$$\mu_X = x_m \sqrt{1+\delta_X{}^2} \tag{3.29}$$

이것은 대수정규변량의 평균값이 항상 상응하는 중앙값보다 크다는 것을 의미한다, 즉 $\mu_X > x_m$이다.

▶ 예제 3.12 앞의 예제 3.9에서 지역도시에서 폭우시 배출되는 배수량의 분포가 정규분포 대신에 동일한 평균과 표준편차를 갖는 대수정규확률변수라 한다면, 폭우동안에 범람할 확률은 다음과 같이 구해진다.

먼저 아래와 같이 대수정규분포의 모수 λ와 ζ을 구한다. 식 (3.25)로부터,

$$\zeta^2 = \ln\left[1+\left(\frac{0.4}{1.2}\right)^2\right] = \ln(1.111) = 0.105$$

그러므로

$$\zeta = 0.324$$

그리고 식 (3.24b)로부터,

$$\lambda = \ln 1.20 - \frac{1}{2}(0.324)^2 = 0.130$$

따라서 범람할 확률은 다음과 같다.

$$\begin{aligned} P(X > 1.50) &= 1 - P(X \le 1.50) = 1 - \Phi\left(\frac{\ln 1.5 - 0.130}{0.324}\right) \\ &= 1 - \Phi(0.85) = 1 - 0.8023 \\ &= 0.198 \end{aligned}$$

이 값은 앞선 예제 3.9의 0.227과 비교되는데, 확률 값의 결과는 확률변수의 고려되는 분포 특성에 따라 좌우된다는 사실을 설명해준다.

또한, 확률분포가 대수정규분포를 가질 때 배수량이 1.0 mgd와 1.6 mgd사이일 경우의 확률은

$$\begin{aligned} P(1.0 < X \le 1.6) &= \Phi\left(\frac{\ln 1.6 - 0.130}{0.324}\right) - \Phi\left(\frac{\ln 1.0 - 0.130}{0.324}\right) \\ &= \Phi(1.049) - \Phi(-0.401) \\ &= 0.8531 - [1 - \Phi(0.401)] \\ &= 0.8531 - (1 - 0.6554) \\ &= 0.509 \end{aligned}$$

이 결과도 앞선 예제 3.9의 결과가 0.533이었던 것과 비교된다. 마지막으로, 대수정규분포를 따르는 경우 지역도시로부터 나오는 90%수준의 배수부하의 값은 다음과 같다.

$$P(X \leq x_{0.90}) = \Phi\left(\frac{\ln x_{0.90} - 0.130}{0.324}\right) = 0.90$$

이로부터

$$\frac{\ln x_{0.90} - 0.130}{0.324} = \Phi^{-1}(0.90) = 1.28$$

따라서 90% 수준의 배수는

$$x_{0.90} = e^{0.545} = 1.72\text{mgd}$$

예제 3.9의 정규분포에 대한 90% 배수는 1.71 mgd이다. ◀

▶ 예제 3.13 석유 시추 시설에 있어서 주요장비의 고장이 발생하는 시점 사이의 시간 T는 6개월의 중앙값과 0.30의 c.o.v를 가지는 대수정규분포로 정의된다. 장비가 어느 때라도 작동될 확률이 95%가 되도록 하기 위한 점검 및 수리의 시간간격은 아래와 같이 결정할 수 있다.

이 경우에 대수정규분포의 모수는 $\lambda = \ln 6 = 1.792$이고 $\zeta \simeq 0.30$이다. $t_0 =$ 점검 및 수리사이의 시간이라고 가정하면, t_0는 다음과 같이 구할 수 있다.

$$P(T > t_0) = 1 - P(T \leq t_0) = 0.95$$

또는

$$\Phi\left(\frac{\ln t_0 - 1.792}{0.30}\right) = 0.05$$

이로부터,

$$\begin{aligned}\ln t_0 - 1.792 &= 0.30\Phi^{-1}(0.05) = 0.30\left[-\Phi^{-1}(0.95)\right] \\ &= 0.30(-1.65) = -0.495\end{aligned}$$

따라서 점검이 필요한 간격은

$$t_0 = e^{1.297} = 3.66\text{개월}$$

만약에 정기적인 유지보수 및 점검이 계획되어있는 시간에 장비가 작동상태에 있다면, 이후 2개월 동안 고장 없이 작동하고 있을 확률은 다음과 같다.

$$\begin{aligned} P(T>5.66 \mid T>3.66) &= \frac{P(T>5.66)\cap P(T>3.66)}{P(T>3.66)} = \frac{P(T>5.66)}{P(T>3.66)} \\ &= \frac{1-\Phi\left(\dfrac{\ln 5.66-1.792}{0.30}\right)}{0.95} = \frac{1-\Phi(-0.195)}{0.95} \\ &= \frac{1-(1-0.577)}{0.95} \\ &= 0.61 \end{aligned}$$

그러므로 장비가 정기적인 일정계획에 의한 유지관리를 지나서 2개월 동안 고장 없이 작동되는 상태에 있을 확률은 (50%보다 더 좋은) 61%이다. 하지만 처음부터 5.66개월 동안 작동되는 장비의 확률은 50%보다도 낮은, $P(T>5.66)=0.423$ 이라는 것을 알 수 있다. ◀

3.2.3 베르누이 시행과 이항분포(The bernoulli sequence and the binomial distribution)

수많은 공학적인 응용 예에서 일련의 이산적 반복 "시행(trials)"에서 결과를 예측할 수 없는 사건의 발생이나 재발생을 수반하는 문제들을 흔히 볼 수 있다. 예를 들면, 건설공사에 필요한 일정 규모의 시공 장비를 배치하려고 할 때 해당 공사기간 동안 그 장비집단의 모든 장비 개개의 예상 가동상태는 전체 소요 장비집단의 규모를 결정하는데 어느 정도 영향을 미치게 된다. 또는 어떤 하천 유역의 홍수조절 시스템을 계획하는데 있어서 여러 해 동안에 걸친 그 하천의 연 최대 하천수위는 설계 홍수위를 결정하는데 중요한 요소가 된다. 이러한 경우들에, 모든 장비 개개의 가동상태 그리고 어떤 특정 홍수위를 기준으로 한 년 최대 하천수위가 각각의 시행(trials)을 구성하게 된다. 이런 문제들은 각 시행에서 다음과 같은 오직, 두 가지의 가능한 결과들이 존재한다는 것을 즉, 어떤 사건이 일어날 것인가(occurrence), 일어나지 않을 것인가(nonoccurrence)만 있다는 것을 적시해야 한다. 예컨대 개개의 장비가 공사기간 중에 고장이 날 것인가 나지 않을 것인가, 혹은 매년 그 하천의 최대 수위가 어떤 특정한 설계 홍수위를 초과할 것인가, 초과하지 않을 것인가 하는 문제들이다.

위에서 방금 설명한 유형의 문제들은 다음과 같은 가정들에 바탕을 두고 베르누이 시행열(Bernoulli sequence)으로 모형화 할 수 있다.

1. 각 시행에는 오직 두 가지의 가능한 결과, 즉 사건의 발생 또는 미발생 만 있다.

2. 각 시행에서 사건의 발생 확률은 일정하다.
3. 각 시행은 통계적으로 독립이다.

그러므로 위에서 소개한 두 가지 예에 있어서, 각각의 문제를 다음과 같이 베르누이 시행으로 모형화할 수 있다.

- 공사기간에 걸쳐, 개개 장비 간의 가동상태는 통계적으로 독립이며, 개개의 장비의 고장 확률이 동일하다면 전체 장비 집단의 가동상태는 베르누이시행열을 구성한다.
- 만약 임의의 2년 사이에 연 최대 홍수위가 통계적으로 독립이고 매년 연간 홍수위가 어떤 특정 수준을 초과하는 확률이 일정하다고 가정하다면 일련의 여러 해에 걸친 연 최대홍수위 또한 베르누이시행열로 모형화될 수 있다.

이항분포(binomial distribution)

베르누이 시행렬에서 만약 X가 n회 시행 중 사건이 발생한 무작위 수이고, 이때 각 시행에서 사건이 일어날 확률이 p, 일어나지 않을 확률 $(1-p)$라면, n회 시행중 정확히 x회 발생할 확률은 다음과 같은 이항확률질량함수 PMF를 따른다.

$$P(X=x)=\binom{n}{x}p^{x}(1-p)^{n-x} \quad x=0,1,2,\ldots,n \tag{3.30}$$

여기서, n과 p는 모수들이며,

$$\binom{n}{x}=\frac{n!}{x!(n-x)!}$$

는 이항계수(binominal coefficient)로 알려져 있다.

이에 상응하는 누적분포함수는 다음과 같다.

$$F_X(x)=\sum_{k=0}^{n}\binom{n}{k}p^{k}(1-p)^{n-k} \tag{3.30a}$$

식 (3.30a)에서 특정한 정수 값 n과 주어진 확률 p에 대한 누적분포함수 값은 표 A.2에 도표화되어 있다.

다음과 같은 사항을 살펴보면 식 (3.30)의 이론적인 배경을 더 잘 이해할 수 있다: 통계적 독립이므로 n회 시행 중에서 사건이 정확하게 x회 발생하고 $(n-x)$회는 미 발생하는 특수한 시행열을 실현할 확률은 $p^{x}(1-p)^{n-x}$이다. 그렇지만 사건이 x회 발생하는 시행열은 n회 시행 가운데 바꾸어 가며 나타낼 수 있으며, 그래서 정확히 x회 발생하는 서로 구별되는 시행열의 수는 $\binom{n}{x}$이다. 예를 들어, n개로 구성된 장비 집단 가운데서 x개가 고장 난다면 x개의 고장이 생기는 경우는 n개 가운데 $\binom{n}{x}$라는 서로 다른 시행열로 실현될 수 있다. 따라서 식 (3.30)이 성립된다.

▶ 예제 3.14 어떤 고속도로공사에 5대의 그레이더가 사용된다고 생각하자. 각 장비의 가동수명 T는 평균값이 1500시간이고 변동계수 c.o.v가 30%인 대수정규분포를 갖는다. (그림 E3.14 참조). 각 장비의 상태 사이에는 통계적 독립이 성립한다고 가정하면, 사용 중인 5대의 장비 중 2대가 가동시간 900시간 이내에 고장 날 확률은 다음과 같이 구해질 수 있다.

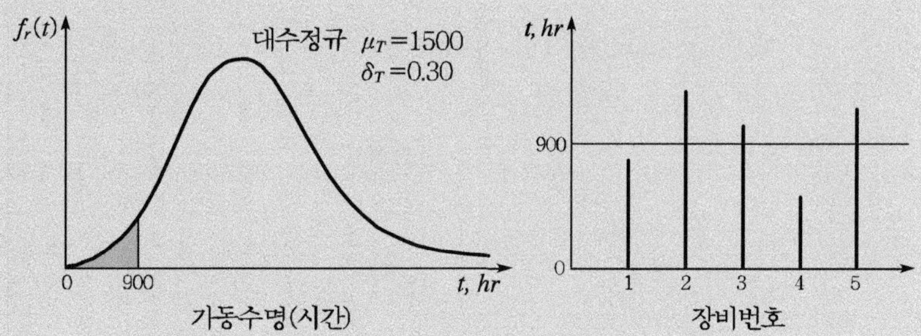

그림 E3.14 그레이더의 가동수명

대수정규분포의 모수는 $\zeta \simeq 0.30$이고 $\lambda = \ln 1500 - \frac{1}{2}(0.30)^2 = 7.27$이다. 그러므로 어느 한 그레이더가 가동시간 900시간 이내에 고장 날 확률(그림 E3.14 참조)은

$$p = P(T < 900) = \Phi\left(\frac{\ln 900 - 7.27}{0.30}\right) = \Phi(-1.56) = 0.0594$$

5대의 그레이더에 대하여 집합적으로 보면, 실제의 가동수명은 그림 E3.14와 같다고 생각할 수 있을 것이다. 즉, 그림에서 설명하는 바와 같이 1번과 4번 그레이더는 가동수명이 900시간 이내이지만, 반면에 2번, 3번 및 5번 그레이더의 가동수명은 900시간 이상 계속 되고 있다. 이와 같은 시행렬이 발생할 확률은 $p^2(1-p)^3$이다. 그러나 2대의 장비의 고장은 5대의 장비 중 임의의 2대에서 생겨 날 수 있으므로, 5대 중에 2대 그레이더가 고장날 경우의 수는 $5!/2!3! = 10$이다. 따라서 X가 900시간 이내에 고장날 그레이더의 수라고 하면

$$P(X=2)=10(0.0594)^2(1-0.0594)^3=0.0294$$

또한, 5대의 그레이더 중에 1개 이상 장비가 고장날 확률은

$$P(X\geq 1)=1-P(X=0)=1-(0.9406)^5=0.264$$

반면에 900시간 이내에 고장이 난 장비가 2대 이상 되지 않을 확률은 다음과 같다.

$$P(X\leq 2)=\sum_{k=0}^{2}\binom{5}{k}0.0594^k(0.9406)^{5-k}$$

$$=(0.9406)^5+5(0.0594)(0.9406)^4+10(0.0594)^2(0.94$$

$$=0.7362+0.2325+0.0294=0.9981$$

마지막 결과는 이항분포의 누적분포 함수를 이용한 것인데, 부록 표 A.2에 이항분포의 누적 분포함수 값을 찾아볼 수 있다. $n=5$, $x=2$, 그리고 $p=0.05$의 값을 가지고 부록 표 A.2를 사용하면 이 표에서 0.9988의 값을 얻을 수 있다.* ◀

베르누이 모형은 그 단순성에도 불구하고, 공학의 수많은 응용분야에서 매우 유용하다. 오직 양자택일의 두 가지의 가능성만을 갖는 그런 상황을 수반하는 공학적인 문제는 수없이 많이 있다. 위에서 언급한 예 이외에도, 베르누이 시행열로 모형화할 수 있는 또 다른 문제들로는 다음과 같은 것들을 들 수 있다.

- 지반에 일련의 말뚝을 항타할 때, 각 말뚝은 호박돌이나 경암과 마주칠 수도 있고 그렇지 않을 수도 있다.
- 산업체 공장 옆을 흐르는 하천의 하류에서 수질을 매일 모니터링 하는 경우, 매일 행하는 수질검사는 오염제한기준을 만족할 수도 있고 그렇지 않을 수도 있다.
- 제조공장의 조립공정에서 생산되는 개개의 제품은 품질을 확보하기 위한 검사에 합격할 수 도 있고 못할 수도 있다.
- 활성지진대 지역내에 있는 건물은 매년 손상을 입을 수도 있고 그렇지 않을 수도 있다.

---

* 표 A.2는 특정 n과 p에만 해당하는 것이고, 일반적인 값에 대해서는 컴퓨터를 사용하는것이 소요 확률을 구하는데 더 편리하다(제5장의 예제 5.2와 5.11 참조).

각 문제에서 상황의 반복의 결과로 생기는 시리즈가 바로 베르누이 시행열로 모형화 될 수 있는 것이다.

베르누이 시행열로 문제를 모형화하는데 있어서, 개개의 시행들은 이산형이고 통계적으로 독립이어야 한다. 하지만 베르누이시행열을 이용해 (최소한 근사적으로) 모델링 할 수 있는 연속형 문제들도 있다. 예를 들면 연속적인 시공간적인 문제들도 적당히 유한한 구간으로 이산화 된 시간(또는 공간) 구간 내에서 오직(양자택일적) 두 가지의 가능성만을 인정함으로써 베르누이 시행열로 모형화 할 수 있다. 즉, 각 시간(또는 공간)의 구간에서 발생하는 것은 하나의 시행을 구성하며, 구간들의 시리즈는 베르누이 시행열을 구성한다. 이것을 다음 예를 들어 이것을 설명해 보자.

▶ 예제 3.15 캘리포니아주 오렌지카운티의 연간 강우량(일반적으로 겨울에서 봄 사이에 누적 강우량)은 평균 15in, 표준편차 4in, 즉, $N(15,4)$의 가우스 확률변수이다. 현재 카운티의 물 공급 정책에 따르면 만약 연간 강우량이 7in보다 적으면 그해 여름과 가을동안 물 배급이 필요하게 된다. X를 연간 강우량으로 가정하면 오렌지카운티에 물을 배급하게 될 확률은

$$P(X<7)=\Phi\left(\frac{7-15}{4}\right)=\Phi(-2.0)=1-\Phi(2.0)$$
$$=1-0.9772=0.0228$$

오렌지카운티의 물 배급 시행 확률을 현재의 절반으로 줄이고 싶다면 물배급을 시행해야 하는 임계 강우량은 다음과 같이 결정된다.

$$P(X<x_r)=\Phi\left(\frac{x_r-15}{4}\right)=\frac{1}{2}(0.0228)=0.0114$$

그러므로

$$\frac{x_r-15}{4}=\Phi^{-1}(0.0114)=-\Phi^{-1}(0.9885)=-2.28$$

그러므로 물배급을 시행하는 임계 강우량을 다음과 같이 조정하면 물배급 시행 확률이 절반으로 감소한다.

$$x_r=15-(4)(2.28)=5.88\text{in}$$

현재 물 정책을 유지하고 연간 강우량이 서로 통계적으로 독립이라고 가정하면 향후 5년 안에 물배급이 필요하게 될 해가 최소한 1년이 있을 확률은 다음과 같이

구할 수 있다.

N을 물 배급이 필요할 해의 수라고 하면 이 확률은 아래와 같다.

$$P(N \geq 1) = 1 - P(N=0) = 1 - \binom{5}{0}(0.0228)^0(0.9772)^5 = 0.109$$

마지막으로 어느 해에 연강우량이 7in보다 작을 때마다 카운티내 농작물이 손상될 확률은 30%이다. 건기와 가뭄이 발생한 즉, 강우량이 7in보다 작은 해의 곡물 손상은 통계적으로 독립이라고 가정하고 향후 3년 동안 곡물의 손상(D)확률에 관심이 있다고 하자. 이 경우에 작물이 손상될 확률은 연 강우량이 7in보다 작게 될(0과 3사이의) 횟수에 좌우된다. 따라서 전확률정의에 의해 손상확률은 다음과 같이 구해진다.

$$\begin{aligned} P(D) &= 1 - P(\overline{D})^* \\ &= 1 - [1.00(0.9772)^3 + (0.70)\binom{3}{1}(0.0228)(0.9772)^2 \\ &\quad + (0.70)^2\binom{3}{2}(0.0228)^2(0.9772) + (0.70)^3\binom{3}{3}(0.0228)^3] \\ &= 1 - (0.9331 + 0.0457 + 0.0007 + 0) = 1 - (0.9795) \\ &= 0.020 \end{aligned}$$

그러므로 향후 3년 안에 곡물이 손상될 확률은 단지 2%이다. ◀

3.2.4 기하분포(geometric distribution)

베르누이시행열에서 특정한 사건이 처음으로 발생할 때까지의 시행횟수는 기하분포(geometric distribution)에 의해 지배된다. 사건이 n번째 시행에서 처음으로 일어났다면 그 이전의 $(n-1)$회 시행의 어디에서는 이 사건이 일어나지 않았어야 한다. 따라서 N을 사건이 발생할 때 시행횟수를 나타내는 확률변수라 하면

$$P(N=n) = pq^{n-1} \qquad n = 1, 2, \ldots \tag{3.31}$$

여기서, $q = (1-p)$이고, 식 (3.31)은 기하분포(geometric distribution)로 알려져 있다.

재발시간과 재현기간(recurrence time and return period)

시간 T가 N개의 간격으로 적절하게 이산화되어 베르누이 시행열로 모형화 될 수

---

* 역자 주 : $P(\overline{D}) = \sum_{j=0}^{3}$ (곡물 손상의 여확률)^j × (강우량이 7in 보다 j번 적을 확률)

있는 문제에서 어떤 사건이 처음 발생할 때까지의 시간 구간 수를 초발시간 (first occurrence time) 이라고 한다.

시행열에 있어서 개개의 이산화된 시간구간이 통계적으로 독립이라면 사건이 처음 발생할 때까지 시간 간격은 동일사건이 연속발생하게 되는 시간 간격과 같아야 하고, 그래서 재발시간(recurrence time)의 확률분포는 초발시간의 확률분포와 같다는 것을 알 수 있다. 그러므로 베르누이 시행열에서 재발시간도 역시 식 (3.31)과 같은 기하분포를 갖게 된다. 따라서 공학에서 (평균)재현기간으로 널리 알려져 있는 평균재발시간 (mean recurrence time)은 다음과 같이 표시된다.

$$\overline{T} = E(T) = \sum_{t=1}^{\infty} t \cdot pq^{t-1} = p(1 + 2q + 3q^2 + \cdots)$$

일반적으로 $q = (1-p) < 1.0$ 일 때 괄호 안의 무한급수는 $1/(1-q)^2 = 1/p^2$ 이다. 고로 재현기간은

$$\overline{T} = \frac{1}{p} \tag{3.32}$$

이다. 이식은 어떤 사건이 두 번 계속해서 발생하는 사이의 평균재발시간(mean occurrence time)은 단위 시간구간 내에서 사건발생 확률의 역수와 같다는 것을 의미한다.

재현기간은 연속해서 발생하는 동일 사건 사이 시간의 평균치이며, 실제 시간 그 자체는 아님에 유의하기 바란다. 사건 사이의 시간은 확률 변수이다.

▶ 예제 3.16 해안지역에 설계되는 건물의 건축법규에서는 “설계풍속(design wind)”으로 50년 풍속을 규정하고 있다고 하자. 즉, 재현기간 50년의 풍속, 또는 평균적으로 매 50년에 한번 발생이 기대되는 풍속을 말한다. 이 경우, 어느 한 해에 50년 설계풍을 만날 확률은 $p = 1/50 = 0.02$ 이다. 그렇다면 그 지역에서 새로 완공된 건물이 완공 후 5년째 되는 해에 처음으로 설계풍속을 받게 될 확률은,

$$P(T=5) = (0.02)(0.98)^4 = 0.018$$

반면 처음 그런 설계풍속이 건물이 완공 후 5년 이내에 발생할 확률은 다음과 같이 구해진다.

$$\begin{aligned} P(T \le 5) &= \sum_{t=1}^{5} (0.02)(0.98)^{t-1} \\ &= 0.02 + 0.0196 + 0.0192 + 0.0188 + 0.0184 \\ &= 0.096 \end{aligned}$$

이 사건(5년 이내에 설계풍속이 최초발생)은 50년풍이 5년안에 적어도 1회 발생할 사건과 똑같다는 것을 알 수 있다. 즉 이는 또한 5년 안에는 50년풍이 없다는 것의 여사건이기도하다.

따라서 구하고자 하는 확률은 $1-(0.98)^5 = 0.096$과 같은 방법으로도 구할 수도 있다. 그러나 위의 결과는 5년안에 50년풍을 정확하게 1회 경험할 확률과는 다르다. 즉, 이러한 경우 이 확률은

$\binom{5}{1}(0.02)(0.98)^4 = 0.092$로 되는 이항분포 확률에 의해 구해진다. ◀

▶ **예제 3.17** 그림 E 3.17과 같은 어떤 해양 석유 시추 시설이 평균해수면보다 8m 높은 파고에 대해 설계되어 있다. 파고가 이를 초과하게 될 확률이 5%가 되는 높이에 해당된다. 그러므로 설계파고의 재현기간은

$$\overline{T} = \frac{1}{0.05} = 20\text{년}$$

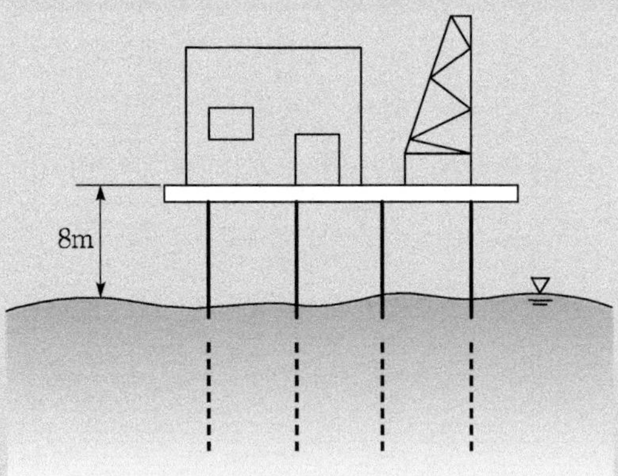

그림 E3.17 해양 석유 시추 시설

따라서 석유시추시설이 재현기간 내에 설계 파고를 받게 될 확률은 다음과 같이 계산된다.

$$P(20\text{년 내 } H > 8\text{m}) = 1 - P(20\text{년 내 } H \le 8\text{m}) = 1-(0.95)^{20}$$
$$= 0.3585$$

3년 후에 처음으로 설계파고를 초과하는 파도가 일어날 확률은, 기하 분포에 의해

$$\begin{aligned} P(T>3) &= 1-P(T\leq 3) \\ &= 1-\left[0.05(0.95)^{1-1}+0.05(0.95)^{2-1}+0.05(0.95)^{3-1}\right] \\ &= 1-(0.05+0.0475+0.0451)= 1-0.1426 \\ &= 0.8574 \end{aligned}$$

만약 위에서 언급한 바와 같이 3년이 지난 후에 처음으로 설계 파고를 초과하는 파도가 일어난다면 그러한 초과 파도가 5년 만에 처음 발생할 확률은

$$P(T=5\,|\,T>3) = \frac{P(T=5\cap T>3)}{P(T>3)} = \frac{P(T=5)}{P(T>3)} = \frac{0.05(0.95)^4}{0.8574} = 0.048 \blacktriangleleft$$

이제, 재현기간 $\overline{T}$ 이내에 아무런 사건이 발생하지 않을 확률은 다음과 같다는 것을 주목하자.

$$P(\overline{T}\text{ 동안 발생하지 않음}) = (1-p)^{\overline{T}}$$

여기서 $P=1/\ \overline{T}$ 이다. 위 식을 이항정리로 전개하면

$$(1-p)^{\overline{T}} = 1-\overline{T}\,p+\frac{\overline{T}(\overline{T}-1)}{2!}p^2-\frac{\overline{T}(\overline{T}-1)(\overline{T}-2)}{3!}p^3+\cdots$$

더욱이 $\overline{T}$ 가 크거나 p가 작은 경우 오른쪽 급수항들은 근사적으로 $e^{-\overline{T}p}$ 와 같다는 것을 알 수 있다. 그러므로 $\overline{T}$ 가 큰 경우

$$P(\overline{T}\text{내에 발생하지 않음}) \simeq e^{-\overline{T}p} = e^{-1} = 0.3679$$

그리고

$$P(\overline{T}\text{내에 발생함}) \simeq 1-0.3679 = 0.6321$$

다시 말하면 긴 재현기간, 즉 $\overline{T}$ 로 정의되는 발생이 드문 사건에 대해 그 재현기간 안에 발생하는 사건의 확률은 항상 0.632이다. 이 결과는 재현기간이 그다지 길지 않은 경우에 유용한 근해가 된다. 예를 들어 예제 3.16과 같이 $\overline{T}=20$년인 경우에도, 그 확률은

$$P(\overline{T}\text{ 내에 발생함}) = 1-\left(1-\frac{1}{20}\right)^{20} = 1-0.6415 = 0.359$$

이는 위의 지수분포 근사식의 오차가 1.5% 이하임을 보여 준다.

3.2.5 부의 이항분포(negative binomial distribution)

기하분포적 확률밀도함수 PMF는 베르누이시행열에서 어떤 사건이 처음 발생할

때까지의 시행횟수 또는 이산적 시간단위의 수를 지배하는 확률 법칙이다. 동일한 사건이 몇 회 이어서 계속 일어날 때까지의 시간 단위의 수(시행횟수)는 부의 이항 분포(negative binomial distribution)에 따른다. 즉, T_k가 일련의 베르누이 시행 열에서 사건이 k회 발생할 때까지의 시행횟수라면

$$\begin{aligned} P(T_k = n) &= \binom{n-1}{k-1} p^k q^{n-k} \quad \text{for } n = k, k+1, \cdots \\ &= 0 \qquad\qquad\qquad\qquad \text{for } n < k \end{aligned} \tag{3.33}$$

식 (3.33)의 이론적 근거는 다음과 같다. 만약 k번째 사건이 n번째 시행에서 발생한다면 이전의 $(n-1)$회 시행에서는 사건이 정확하게 $(k-1)$회 발생했을 것이며 n번째 시행에서도 그 사건이 발생한다. 따라서 이항 정리로부터 확률은

$$P(T_k = n) = \binom{n-1}{k-1} p^{k-1} q^{n-k} p$$

이 되고, 고로 식 (3.33)이 유도된다.

▶ 예제 3.18 예제 3.16의 문제에서 그 지역의 건물이 10년 만에 3번의 설계풍을 받을 확률은 식 (3.33)에서

$$\begin{aligned} P(T_3 = 10) &= \binom{10-1}{3-1}(0.02)^3(0.98)^{10-3} = \binom{9}{2}(0.02)^3(0.98)^7 \\ &= 72(0.00001)(0.8681) = 0.0005 \end{aligned}$$

반면에 3번째 설계풍이 5년 안에 발생할 확률은

$$\begin{aligned} P(T_3 \le 5) &= \sum_{n=3}^{5} \binom{n-1}{3-1}(0.02)^3(0.98)^{n-3} \\ &= \binom{2}{2}(0.02)^3(0.98)^0 + \binom{3}{2}(0.02)^3(0.98) + \binom{4}{2}(0.02)^3(0.98)^2 \\ &= (0.000008) + 3(0.000008)(0.98) + 12(0.000008)(0.96040) \\ &= 0.00012 \end{aligned}$$

◀

▶ 예제 3.19 그림 E3.19와 같은 어떤 강 케이블이 다수의 독립된 강선으로 구성되어 있다고 하자. 이 케이블은 때때로 과도한 하중을 받는다. 그와 같은 경우 1개의 강선이 파괴될 확률은 0.05이다. 한번의 과하중이 작용시 2개 또는 그 이상의 강선이 동시에 파괴될 가능성은 거의 없다고 가정하자.

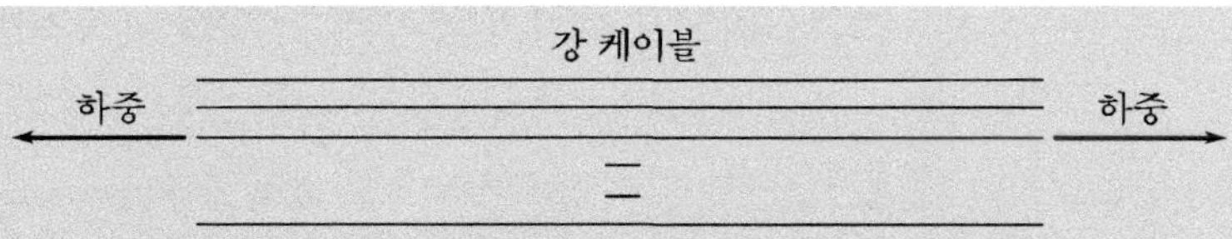

그림 E3.19 강 케이블

만약 강선 중 3개가 파괴되었을 때 케이블을 교환해야 한다고 하면 케이블을 교환하기 이전에 적어도 5회의 과하중의 작용에 견딜 수 있는 확률을 구하는 문제를 고려해 보자.

이는 3번째로 생기는 강선의 파괴는 6번의 과하중이 재하되는 시점이나 그 이후 시점에 발생함을 의미하므로, 식 (3.33)에 의해 구하고자 하는 확률은

$$P(T_3 \geq 6) = 1 - P(T_3 < 6) = 1 - \sum_{n=3}^{5} P(T_3 = n)$$

$$= 1 - \binom{2}{2}(0.05)^3 - \binom{3}{2}(0.05)^3(0.95) - \binom{4}{2}(0.05)^3(0.95)^2$$

$$= 1 - 0.00184 = 0.9982$$ ◀

3.2.6 포아송 과정과 포아송 분포(Poisson process and the Poisson distribution)

엔지니어들의 관심을 불러 일으키는 물리적인 문제들의 상당수는 시간이나 공간의 어떤 위치에서 발생하는 사건의 가능성과 관련되어 있다. 예를 들면, 지진은 전 세계적으로 지진활동지대의 언제 어디서나 일어날 수 있으며, 피로균열은 연속되는 용접부를 따라 어디에서든 일어날 수 있으며, 교통사고도 임의의 도로상에서 언제든지 일어날 수 있다. 그러한 시-공간적인 문제들도 시간이나 공간을 적절하게 소구간으로 분할하면 베르누이 시행열로 모델링할 수 있다. 각각의 구간 내에서는 사건발생 혹은 미발생(오직 두 개의 가능성)만을 가정하여 하나의 베르누이 시행을 구성한다. 그러나 사건이 임의의 짧은 순간에(또는 공간에서의 임의의 어느 점에서) 무작위로 일어날 수 있다면 주어진 시간 또는 공간구간에서는 한번 이상 발생할 수 있다. 이 경우 사건의 발생은 포아송 시행열 (Poisson sequence)이나 포아송 과정(Poisson process)으로 모형화 할 수 있다.

형식적으로는 포아송 과정은 다음과 같은 가정에 기초를 두고 있다.

1. 사건은 무작위로 임의의 어느 시각 또는 장소에서도 발생할 수 있다.
2. 주어진 시간 (혹은 공간)구간에서 사건의 발생은 중복되지 않는 다른 구간들에 대하여 통계적으로 독립이다.

3. 미소구간 Δt 내에서 사건의 발생확률은 Δt 에 비례하며 $\nu\Delta t$ 로 구할 수 있다. 여기서 상수 ν는 사건의 평균발생비율이고 상수로 가정되었다.
4. Δt 내에서 사건이 2회 또는 그 이상 발생할 확률은 Δt 보다 고차항이므로 무시할 수 있다.

이상의 가정에 바탕을 두고 t 시간 내에 통계적으로 독립된 어떤 사건의 발생 횟수는 포아송 확률질량함수(Poisson PMF)를 따른다. 즉, X_t 가 어떤 시간(혹은 공간) 구간 $(0, t)$에서 사건이 발생할 회수라면 확률분포는 아래와 같다.

$$P(X_t = x) = \frac{(\nu t)^x}{x!} e^{-\nu t} \qquad x = 0, 1, 2, \cdots \tag{3.34}$$

여기서 ν 는 평균발생률(mean occurrence rate), 즉 단위시간(혹은 공간) 구간당 사건이 발생할 평균 횟수이다. 그러면 t시간에 발생한 평균 횟수는 $E(X_t) = \nu t$ 가 되며, X_t 의 분산도 역시 νt 임을 쉽게 보여줄 수 있다. 식 (3.34)의 수학적인 유도과정은 부록 C를 참조하기 바란다. 식 (3.34)에 따른 확률과정은 상수 모수 ν를 갖는 계수적 과정(計數的)(counting process)이라는 점에 유의해야 한다.

베르누이 시행열과 포아송 과정 사이에는 유사점과 상이점이 있다. 우선 첫 째로, 예제 3.13의 작동가능한 도로 그레이더의 수와 같은 확연히 구분되는 것들을 포함하는 문제라면 적당한 모델은 베르누이 시행 뿐이다. 그러나 시공간 문제에서는 두 모형중 어느쪽도 적용 가능하다. 사실 베르누이시행열은 아래에 설명되었듯이 시간(혹은 공간) 간격이 점차로 감소하게 되면서 포아송 과정에 접근한다. 이를 위해 다음 예를 고려해보자.

예컨대 이전의 교통량 조사 통계자료에서 시간당 평균 60대의 자동차가 교차점에서 좌회전을 하는 것으로 관측되었다고 하자. 그러면 정확히 10대의 자동차가 10분간에 그 교차점에서 좌회전 할 확률을 알아보자.

근사적으로 먼저 1시간을 120개의 각 30초 구간으로 나누게 되면, 임의의 30초 구간에서 하나의 좌회전 할 차량의 발생 확률은 $p = 60/12o = 0.5$가 될것이다. 다음에 30초 구간에 한 대만 좌회전이 허용된다고 가정하면, 이 문제는 10분간에 최대로 가능한 20대 좌회전 가운데 10대의 좌회전이 생길 이항분포 확률을 구하는 문제로 단순화된다. 이때 각 30초구간 시행에서 좌회전의 발생확률은 0.5이다. 그러므로,

$$P\ (10\text{분내에 } 10\text{대 좌회전}) = \binom{20}{10}(0.5)^{10}(0.5)^{20-10} = 0.1762$$

위의 해는 조악한 근사해법인데, 왜냐 하면 임의의 30초 구간 동안 단지 1대만이

좌회전을 할 수 있다고 가정하고 있기 때문이다. 당연히 2대 또는 그 이상의 좌회전도 실제로 가능하다.

이 해법은 시간구간을 좀 더 짧게 잡으면 개선될 수 있다. 예를 들어 만약 10초 구간을 사용한다면 각 구간에서의 좌회전 확률은 $p = 60/360 = 0.1667$ 이고, 그래서

$$P\,(10\text{분 내에 } 10\text{대 좌회전}) = \binom{60}{10}(0.1667)^{10}(0.8333)^{60-10} = 0.1370$$

더 짧은 구간으로 시간을 더 짧게 세분화하여 더 개선된 해를 얻을 수 있다. 일반적으로 시간 t를 n개의 똑같은 구간으로 세분하면 이항분포의 확률밀도함수 PMF는

$$P\,(\text{시간 } t\text{에 } x\text{회 발생할 사상}) = \binom{n}{x}\left(\frac{\lambda}{n}\right)^{x}\left(1-\frac{\lambda}{n}\right)^{n-x}$$

가 된다. 여기서 λ는 시간 t 내에 사건의 평균발생횟수이다. 어떤 사건이 임의의 시각에(좌회전 교통의 경우와 같이) 발생할 수 있다면 시간 t는 수많은 구간으로 세분화 될, 즉 $n \to \infty$ 될 필요가 있다. 그렇게 되면

$P\,(\text{시간 } t\text{내에 사건의 } x\text{회 발생})$

$$\begin{aligned}
&= \lim_{n\to\infty}\binom{n}{x}\left(\frac{\lambda}{n}\right)^{x}\left(1-\frac{\lambda}{n}\right)^{n-x} \\
&= \lim_{n\to\infty}\frac{n!}{x!(n-x)!}\left(\frac{\lambda}{n}\right)^{x}\left(1-\frac{\lambda}{n}\right)^{n-x} \\
&= \lim_{n\to\infty}\frac{n}{n}\cdot\frac{n-1}{n}\cdots\frac{(n-x+1)}{n}\cdot\frac{\lambda^{x}}{x!}\left(1-\frac{\lambda}{n}\right)^{n}\left(1-\frac{\lambda}{n}\right)^{-x}
\end{aligned}$$

그런데,

$$\lim_{n\to\infty}\left(1-\frac{\lambda}{n}\right)^{n} = 1-\lambda+\frac{\lambda^{2}}{2!}-\frac{\lambda^{3}}{3!}+\cdots = e^{-\lambda}$$

이고, $\lambda^x/x!$을 제외한 모든 다른 값들은 $n \to \infty$ 인 경우 1에 접근하게 된다는 사실을 알 수 있다. 따라서 $n \to \infty$ 일 때의 극한으로 가면 다음과 같아진다.

$$P\,(\text{시간 } t\text{내에 사건의 } x\text{회 발생}) = \frac{\lambda^{x}}{x!}e^{-\lambda}$$

여기서 $\lambda = \nu t$ 로 하면 식 (3.34)의 포아송 분포가 된다. 이에 기초하여 1분당 좌회전차 발생율 $\nu = 1$일 때, 10분 동안 좌회전 차량이 10대일 확률은 다음과 같다.

$$P(X_{10} = 10) = \frac{(1\times 10)^{10}}{10!}e^{-1\times 10} = 0.125$$

▶ 예제 3.20 어떤 도시의 과거 20년 동안의 폭우 기록으로부터 매년 평균적으로 4회의 폭우가 발생했다는 것을 알아냈다. 폭우의 발생을 포아송 과정으로 모형화 할 수 있다고 가정하면, 다음해에 폭우가 없을 확률은 얼마인가?

$$P\ (X_t = 0) = \frac{(4 \times 1)^0}{0!} e^{-4} = 0.018$$

반면에 다음 해에 4번의 폭우가 발생할 확률은

$$P\ (X_t = 4) = \frac{(4 \times 1)^4}{4!} e^{-4} = 0.195$$

이 마지막 결과는 비록 폭우의 년 평균 발생 횟수가 4회일지라도, 1년에 정확히 4회의 폭우가 발생할 확률은 약 20%이하임을 나타낸다. 다음 해에 2회 또는 그 이상의 폭우가 발생할 확률은

$$P\ (X_t \geq 2) = \sum_{x=2}^{\infty} \frac{(4 \times 1)^x}{x!} e^{-4 \cdot 1} = 1 - \sum_{x=0}^{1} \frac{4^x}{x!} e^{-4}$$
$$= 1 - 0.018 - 0.074 = 0.908$$

한해에 폭우의 발생 횟수에 대한 각각의 상이한 확률을 표로 나타내면 아래와 같고 이를 확률질량함수(PMF)로 나타내면 그림 E3.20과 같이 도시된다.

폭우의 발생 횟수	x의 확률	폭우의 발생 횟수	x의 확률
0	0.018	7	0.060
1	0.074	8	0.030
2	0.146	9	0.013
3	0.195	10	0.005
4	0.195	11	0.002
5	0.156	12	0.001
6	0.104	13	0.000

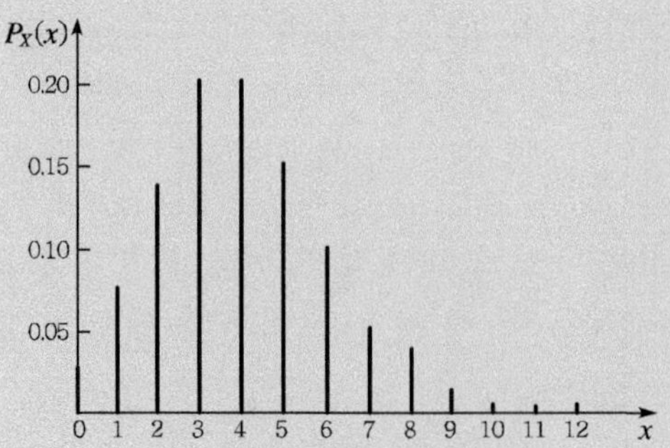

그림 E3.20 년간 폭우의 발생 횟수의 PMF ◀

▶ 예제 3.21 도로 교차점에 좌회전 차선구역을 설계하려고 하는 경우, 교차점에서 좌회전하는 차량들은 포아송 과정으로 모형화 할 수 있다. 좌회전 교통신호의 주기가 1분이며 설계기준은 그 시간 안에 96%가 충분히 좌회전이 가능하게 될 좌회전 차선의 길이를 요구할 경우(이는 미국 몇몇 주의 설계기준이기도 한데), 시간당 평균 100회의 좌회전을 허용하기 위해 필요한 (자동차 길이로 나타낸) 좌회전 차선길이는 다음과 같이 결정할 수 있다.

위에서 언급한대로, 교차로에서 좌회전 차량의 평균 발생비율은 분당 $\nu = 100/60$이다. 우리는 좌회전 차선의 설계길이가 k 대의 차량의 길이라고 생각할 수 있다. 그 때, 설계기준은 1분의 신호주기동안에 좌회전을 위해 대기하고 있는 차량이 k대 이하일 확률이 적어도 96%여야 한다고 요구하고 있다. 따라서,

$$P\ (X_{t=1} \le k) = \sum_{x=0}^{k} \frac{1}{x!}\left(\frac{100}{60} \times 1\right)^x e^{-100/60} = 0.96$$

시행착오적으로 다음의 결과를 얻을 수 있다.

$$k = 3\text{이면},\ P(X_t \le 3) = \sum_{x=0}^{3} \frac{1}{x!}\left(\frac{100}{60}\right)^x e^{-100/60} = 0.91$$

반면에 $k = 4$이면, $P(X_t \le 4) = 0.968$

따라서 차량4대 길이의 좌회전 차선구역이면 설계기준을 만족하기에 충분하다. ◀

▶ 예제 3.22 토네이도가 발생하는 지역에 구조물을 설계할 때는 토네이도의 풍력을 고려하여야 한다. 이 지역의 지난 20년 동안 토네이도 기록으로부터, 이 지역의 토네이도의 발생률은 평균적으로 매 10년에 한번이라고 하고, 토네이도의 발생은 포아송 과정으로 가정하자.

만약 구조물이 토네이도에 대해 20%의 허용손상확률을 갖도록 설계되었다면, 향후 50년 안에 구조물이 손상될 확률은?

$$\begin{aligned} P(D) &= 1 - P(\overline{D}) \\ &= 1 - \left[\sum_{n=0}^{\infty} (1-0.20)^n \frac{(0.1 \times 50)^n}{n!} e^{-(0.1 \times 50)}\right] \\ &= 1 - \left[e^{-5.0} + (0.80)\frac{5.0}{1!}e^{-5.0} + (0.80)^2\frac{(5.0)^2}{2!}e^{-5.0} + (0.80)^3\frac{(5.0)^3}{3!}e^{-5.0} + \ldots\ldots\right] \\ &= 1 - e^{-5.0}\left[1 + (0.80)\frac{5.0}{1!} + (0.80)^2\frac{(5.0)^2}{2!} + (0.80)^3\frac{(5.0)^3}{3!}\ldots\ldots\right] \end{aligned}$$

대괄호 안의 무한급수의 극한 값들은 결국 지수값 $e^{0.80\times 5.0}$ 으로 수렴한다. 그 때문에 50년 안에 손상될 확률은

$$P(D) = 1 - e^{-5.0} \cdot e^{0.80\times 5.0} = 1 - e^{-5.0\times 0.20} = 1 - 0.368 = 0.632$$

분명, 위의 손상 확률은 너무 크다. 만약 구조물의 50년 파괴 확률을 5%로 줄이기 위해서 구조물이 개조되어야 한다면 토네이도 바람에 대해 허용손상확률이 어느 정도 되어야 할까? 당연히 이 경우,

$$P(D) = 0.05$$

이는 곧 다음을 의미한다.

$$1 - \sum_{n=0}^{\infty}(1-p)^n \frac{(0.1\times 50)^n}{n!} e^{-(0.1\times 50)} = 1 - e^{-5.0} e^{5.0(1-p)} = 0.05$$

그러므로

$$1 - e^{-5p} = 0.05 \text{ 또는 } p = 0.010$$

이것은 토네이도 바람에 대한 손상확률을 0.010 즉 1%로 줄이기 위해 원래 구조물을 개조해야 한다는 것을 의미한다.

현재 지역정부에서 위에서 언급한 표준에 따라 10개의 유사한 구조물을 개선하고자 계획한다고 가정해보자. 즉, 각각의 구조물은 50년 내에 토네이도풍에 의해 손상될 확률이 0.05 이하라야 한다는 것이다. 10개의 개선된 구조물중 향후 50년 안에 기껏해야 하나가 손상될 확률은 다음과 같이 계산될 것이다.

구조물사이의 파괴는 서로 통계적으로 독립이라고 가정하면, 해법은 각 구조물의 50년 손상확률이 0.05인 이항분포확률을 수반한다. 50년 안에 손상된 구조물의 수를 X라 하면

$$P(X \le 1) = \binom{10}{0}(0.05)^0(0.95)^{10} + \binom{10}{1}(0.05)^1(0.95)^9 = 0.914$$

다른 한편으로 열 개의 구조물 중에 최소한 하나이상이 향후 50년 안에 토네이도에 의해 손상될 확률은

$$P(X \ge 1) = 1 - P(X=0) = 1 - \binom{10}{0}(0.05)^0(0.95)^{10} = 0.401$$ ◀

다음 예제에서는 포아송과정으로 모형화 될 수 있는 공간 문제이다.

▶ 예제 3.23 석유시추기지에서 100km 넘는 거리에 있는 정유시설로 원유를 이송하기 위해서 주요 강파이프 관로가 사용된다. 전체 파이프 관로는 1년에 한번씩 조사되고 필요할 때마다 수리를 하지만, 강파이프는 손상을 초래하는 부식에 노출되어 있다. 과거 조사기록으로부터 그러한 부식 개소는 평균 0.15/km인 것으로 알려져 있다고 가정하자. 이 경우 파이프 관로에 따른 부식발생이 평균발생률 $v=0.15$/km인 포아송 과정으로 모델링되었다면 정기조사 사이에 전구간에서 10개의 손상 부식개소가 발생할 확률은

$$P(X_{100}=10)=\frac{(0.15\times 100)^{10}}{10!}e^{-0.15\times 100}=0.049$$

반면에 조사구간 내에서 적어도 5개소에서 부식이 발생할 확률은

$$P(X_{100}\geq 5)=1-P(X_{100}<5)=1-\sum_{n=0}^{4}\frac{(0.15\times 100)^{n}}{n!}e^{-0.15\times 100}$$

$$=1-\left[\frac{(15)^0}{0!}e^{-15}+\frac{(15)^1}{1!}e^{-15}+\frac{(15)^2}{2!}e^{-15}+\frac{(15)^3}{3!}e^{-15}+\frac{(15)^4}{4!}e^{-15}\right]$$

$$=1-e^{-15}(1+15+112.5+562.5+2109.4)=1-0.0009=0.9991$$

부식이 발생한 어느 한 곳에서도 파단파괴를 유발할 수 있는 균열이 하나 혹은 그 이상 있을 수 있다. 만약 부식이 발생한 장소에서 이러한 사건이 발생할 확률이 0.001이라고 하면, 정기 조사 및 보수사이에 구간 전체 100km 파이프 관로에서 파괴확률은 다음과 같이 구해진다(파이프의 파단파괴는 F로 표시).

$$P(F)=1-P(\overline{F})=1-P\left(\overline{F}\cap X_{100}\geq 0\right)$$

$$=1-\sum_{n=0}^{\infty}P(\overline{F}\,|\,X_{100}=n)P(X_{100}=n)$$

$$=1-\sum_{n=0}^{\infty}(1-0.001)^n\frac{(0.15\times 100)^n}{n!}e^{-15}$$

$$=1-e^{-15}\left[1+(0.999)\frac{15}{1!}+(0.999)^2\frac{(15)^2}{2!}+(0.999)^3\frac{(15)^3}{3!}+\dots\right]$$

$$=1-e^{-15}e^{0.999\times 15}=1-e^{-0.001\times 15}=1-0.985=0.015$$ ◀

▶ **예제 3.24** 과거 50년 동안 캘리포니아 남부에서 지진규모 $M \geq 6$인 두 번의 큰 지진이 일어났다고 가정하자. 만약 베르누이 시행렬로 그런 큰 지진의 발생을 모델링한다면 향후 15년 안에 캘리포니아 남부에서 그런 큰 지진이 발생할 확률은 다음 계산을 따른다.

먼저, 큰 지진이 년간 한번 발생할 확률 $p = 2/50 = 0.04$ 임을 알고 있다. 그래서,

$$P(X \geq 1) = 1 - P(X = 0) = 1 - \binom{15}{0}(0.04)^0(0.96)^{15} = 0.458$$

다음에는 다른 방법으로, 만약 남켈리포니아에서 큰 지진의 발생을 포아송 과정으로 모델링 해보자. 우선, 년 평균발생률은 $v = 2/50 = 0.04$로 결정된다. 그러면 향후 15년 안에 그런 큰 지진이 발생할 확률은

$$P(X_{15} \geq 1) = 1 - P(X_{15} = 0) = 1 - \frac{(0.04 \times 15)^0}{0!}e^{-0.04 \times 15} = 0.451$$

어떤 부지에서 지진의 최대 지반 흔들림강도는 중력가속도(g=980cm/sec²)로 측정할 수 있다. $M \geq 6$ 크기의 지진이 발생하는 동안 특정 건물 부지에서의 지반 흔들림 진도 Y는 중앙값 0.20g, 변동계수 0.25 의 대수정규분포를 갖는다. 만약 건물의 지진 강도가 0.30g일 때, 지진규모 $M \geq 6$의 지진동안 건물이 손상을 받을 확률은

$$\begin{aligned} P(D|M \geq 6) &= P(Y > 0.30g) = 1 - P(Y \leq 0.30g) \\ &= 1 - \Phi\left(\frac{\ln 0.3g - \ln 0.2g}{0.25}\right) = 1 - \Phi\left(\frac{\ln\frac{0.3g}{0.2g}}{0.25}\right) \\ &= 1 - \Phi\left(\frac{\ln 1.5}{0.25}\right) = 1 - 0.947 = 0.053 \end{aligned}$$

향후 20년 안에 큰 지진(큰 지진의 발생은 포아송 과정으로 가정)으로부터 건물이 손상되지 않을 확률은

$$\begin{aligned} P(20\text{년 안에 } \overline{D}) &= \sum_{n=0}^{\infty}(0.947)^n \frac{(0.04 \times 20)^n}{n!}e^{-0.04 \times 20} \\ &= e^{-0.80}\left[1 + (0.947)\frac{0.80}{1!} + (0.947)^2\frac{(0.80)^2}{2!} + (0.947)^3\frac{(0.80)^3}{3!} + \ldots\right] \\ &= e^{-0.80}e^{0.947 \times 0.80} = e^{-0.0424} = 0.958 \end{aligned}$$

◀

베르누이 시행렬와 포아송 과정 모두에 대해 중요하게 강조해야 하는 사항이 있다. 베르누이 모형의 시행들 간의 사건 발생과 포아송 모형의 구간들 간의 사건발생은 모두 통계적으로 독립이라는 점이다. 그러나 일반적으로는 한 번의 시행(또는 구간)에서 특정 사건의 발생은 이어지는 축차적인 시행(또는 구간)들에서도 그와 똑같은 사건의 발생 또는 비 발생에 영향을 미친다. 달리 말하면 특정 시행에서 어떤 사건의 발생 확률은 이전의 시행결과에 좌우되며, 따라서 조건부 확률을 수반한다. 이 조건부 확률이 바로 직전의 시행(또는 구간)에만 좌우된다면 그 결과 모형을 Markov 연쇄(혹은 Markov 과정)라고 한다. Markov 연쇄에 대한 기본원리는 제2권(Ang and Tang Vol.2, 1984)을 참조하기 바란다.

3.2.7 지수분포(exponential distribution)

앞서, 베르누이 시행열에서 사건들 사이의 재발시간 확률은 기하분포에 의해 표현된다는 것을 보았다(3.2.4절 참조). 반면에, 만약 사건의 발생이 포와송 과정을 구성한다면, 재발시간은 지수분포로 표현될 수 있다.

포와송 과정의 경우에는 만약 T_1이 사건의 첫 번째 발생할 때까지의 시간이면, $(T_1 > t)$는 $(0,t)$에서 사건이 발생하지 않았다는 것을 의미하므로, 식 (3.34)에 따라서

$$P\ (T_1 > t) = P(X_t = 0) = e^{-\nu t}$$

포아송 과정에서 중복이 없는 구간들에서의 사건의 발생은 통계적으로 독립이기 때문에 T_1은 동일사건의 두 연속적인 발생들 간의 재발시간(recurrence time)이다.

따라서 T_1의 누적분포함수 CDF는 지수분포이며,

$$F_{T_1}(t) = P(T_1 \leq t) = 1 - e^{-\nu t} \tag{3.35}$$

그리고 T_1의 확률밀도함수PDF는

$$f_{T_1}(t) = \frac{dF}{dt} = \nu e^{-\nu t} \tag{3.36}$$

만약 평균발생률 ν가 상수라면, 포아송 과정의 평균 재발시간(재현기간 return period) $E(T_1)$의 평균값은

$$E(T_1) = 1/\nu \tag{3.37}$$

임을 보일 수 있다.

이것은 식 (3.32)의 베르누이 시행열의 상응하는 재현기간 $1/p$ 와 비교된다. 그러나 작은 발생률 ν를 가진 사건들에 대해서는 $1/\nu \simeq 1/p$ 이다. 이 점을 설명하기 위하여 평균 발생률 ν인 포아송 과정에서 단위 시간 구간($t=1$)에서 발생하는 사건의 확률은

$$p = P(X_1 = 1) = \nu e^{-\nu} = \nu(1 - \nu + \frac{1}{2}\nu^2 + \cdots)$$

이다. 따라서 작은 ν 값에 대하여 $p \simeq \nu$ 이다.

그러므로, 드문 사건, 즉 작은 평균 재발률 또는 긴 재현기간 사건의 경우에는, 베르누이와 포아송 모형은 거의 같은 결과를 제공한다.

▶ 예제 3.25 벤자민(Benjamin, 1968)이 1836년에서 1961년까지 샌프란스시코(San Francisco) 시에 발생한 지진은 MMI 스케일로 지반운동 진도 VI 또는 그 이상이 16회 발생하였다고 한다. 샌프란스시코만 지역에서 발생하는 그러한 높은 진도의 강진 발생이 포아송 과정을 따른다면, 향후 2년 이내에 이와 같은 높은 진도의 강진이 발생할 확률을 다음과 같이 평가할 수 있다.

이 지역에서 높은 진도 강진의 평균 발생율은 다음과 같다.

$$\nu = \frac{16}{125} = 0.128 \quad (\text{회}/\text{년})$$

고로 식 (3.35)에 따라

$$P(T_1 \le 2) = 1 - e^{-0.128 \times 2} = 0.226$$

위 문제는 향후 2년 안에 그러한 높은 진도의 강진이(하나 혹은 그 이상) 발생할 확률과 등가적이다. 포아송 모델을 따른다면 이 확률은 다음과 같이 계산할 수 있다.

$$\begin{aligned} P(X_2 \ge 1) &= 1 - P(X_2 < 1) = 1 - P(X_2 = 0) \\ &= 1 - \frac{(0.128 \times 2)^0}{0!} e^{-0.128 \times 2} = 1 - e^{-0.128 \times 2} = 0.226 \end{aligned}$$

향후 10년 내에는 이러한 높은 진도의 강진이 발생하지 않을 확률은

$$P(T_1 > 10) = e^{-10(0.128)} = 0.278$$

다시, 이 확률을 포아송 분포로 구한다면,

$$P(X_{10} = 0) = \frac{(0.128 \times 10)^0}{0!} e^{-0.128 \times 10} = 0.278$$

따라서, 샌프란시스코에서 진도 VI이상 지진의 재현기간은 식 (3.37)에 의하면

$$\overline{T_1} = \frac{1}{0.128} = 7.8\text{ 년}$$

일반적으로 주어진 시간 t 내에 이와 같은 큰 지진이 발생할 확률은 T_1의 누적 분포 함수 CDF로 주어진다. 본 문제의 경우 다음과 같다.

$$P(T_1 \le t) = 1 - e^{-0.128t}$$

위의 CDF를 도해적으로 나타내면 그림 E3.25와 같다.

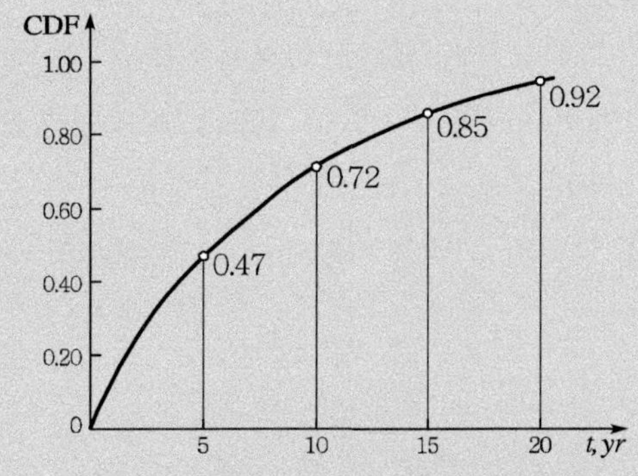

그림 E3.25 샌프란시스코의 큰 지진 CDF

특히 재현기간 7.8년 이내에 높은 진도의 강진이 발생할 확률은

$$P(T_1 \le 7.8) = 1 - e^{-0.128 \times 7.8} = 1 - e^{-1.0} = 0.632$$ ◀

사실, 위에서 설명한 바와 같이 포아송 과정에서 그 재현기간 이내에(1회 또는 그 이상)발생하는 사건의 확률은 항상 $1 - e^{-1} = 0.632$이다. 이 결과는 이미 앞의 3.2.3절에서 설명한 바와 같이 베르누이 모형에서 큰 재현기간을 갖는 확률과 비교된다.

물론 지수분포는 일반적인 목적을 갖는 확률함수로서도 역시 유용하게 사용할 수 있다. 이미 앞의 예제 3.3에서 보여주듯이 용접기의 유효수명 문제를 기술하기 위해 이 문제(지수분포)를 다루었다. 일반적으로 지수분포의 확률밀도함수 PDF는 다음 식으로 주어진다.

$$f_X(x) = \lambda e^{-\lambda x} \qquad x \ge 0$$
$$= 0 \qquad x < 0 \tag{3.38}$$

여기서 λ 는 상수이다. 이에 상응하는 누적분포함수 CDF는,

$$F_X(x) = 1 - e^{-\lambda x} \qquad x \geq 0$$
$$= 0 \qquad x < 0 \tag{3.39}$$

이고, 또한 X의 평균과 분산은 각각,

$\mu_X = 1/\lambda$와 $\sigma_X^2 = 1/\lambda^2$

이다.

이동 지수분포(shifted exponential distribution)

식 (3.38)과 식 (3.39)에서 지수분포의 확률밀도함수 PDF와 누적분포함수 CDF는 $x=0$에서 시작한다. 일반적으로, 지수분포는 어떠한 양의 값에서 출발할 수 있으며, 이러한 분포를 이동 지수분포라고 부른다. a에서 시작하는 이동 지수함수의 확률밀도함수와 누적분포함수는 다음과 같이 주어진다.

$$f_X(x) = \lambda e^{-\lambda(x-a)} \qquad x \geq a$$
$$= 0 \qquad x < a \tag{3.40}$$

그리고

$$F_X(x) = 1 - e^{-\lambda(x-a)} \qquad x \geq a$$
$$= 0 \qquad x < a \tag{3.41}$$

이 PDF와 CDF를 도해적으로 도시하면 그림 3.10과 같이 된다.

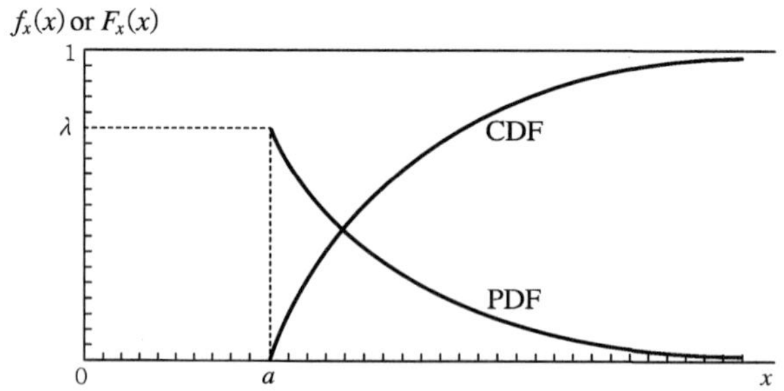

그림 3.10 이동된 지수분포의 PDF and CDF

지수분포는 작동수명 분포 혹은 "우발고장"하에서 시스템의 고장전 시간(time-to-failure) 혹은 일정한 파손율 조건 등을 모델링하는데 적당하다. 이점에 있어서 모수 λ는 평균수명(mean life)이나 평균 고장전 시간(mean time-to-failure) $E(T)$와 다음과 같은 관계가 있다.

$$\lambda = \frac{1}{E(T)}$$

반면에, $x = a$에서 출발하는 이동 지수분포의 확률변수 X의 경우, X의 평균값은

$$E(X) = a + \frac{1}{\lambda} \quad 또는 \quad E(X - a) = \frac{1}{\lambda}$$

이며, 표준편차는 $\sigma_x = 1/\lambda$ 이다.

▶ 예제 3.26 원자력 발전소의 비상 제어 시스템에서는 성능이 동일한 4대의 디젤 엔진이 예비 전력 발전을 위해 사용된다고 생각하자. 비상시에는 적어도 2대의 디젤엔진 발전기가 소요 비상전력을 공급하기 위하여 필요하다. 다시 말해 외부전력이 급작스레 상실되는 비상시에는 4대중에 적어도 2대의 엔진이 자동적으로 시동되어야 한다. 개개의 디젤 엔진의 작동수명 T는 이동된 지수분포를 따르며 평가된 평균 작동수명은 15년이고 최소 보증기간은 2년이다.

이러한 경우에 비상 예비전력 시스템의 신뢰도는 분명 관심을 끄는 사안이다. 예를 들어, 4대의 디젤엔진중 적어도 2대가 시스템의 수명중 처음 4년 내에 비상시에 자동적으로 시동될 확률은 다음과 같이 결정할 수 있다.

먼저 어느 엔진이든지 4년내에 아무런 문제없이 시동될 확률은

$$P(T > 4) = e^{\frac{-1}{(15-2)}(4-2)} = 0.8574$$

그러면 비상시에 시동되는 엔진의 수를 N이라고 하면, 4년 내에 그 예비지원시스템의 신뢰도는

$$\begin{aligned} P(N \geq 2) &= \sum_{n=2}^{4} \binom{4}{n} (0.8574)^n (0.1426)^{4-n} \\ &= 1 - \sum_{n=0}^{1} \binom{4}{n} (0.8574)^n (0.1426)^{4-n} \\ &= 1 - \binom{4}{0} (0.1426)^4 - \binom{4}{1} (0.8574)(0.1426)^3 = 1 - 0.0004 - 0.0099 \\ &= 0.990 \end{aligned}$$

따라서, 비록 각각의 엔진의 신뢰도는 대략 86%이지만, 4년 이내에 예비 지원 시스템의 신뢰도는 99%이다. ◀

3.2.8 감마분포(Gamma distribution)

일반적으로, 확률변수 X의 감마분포*는 다음과 같은 확률밀도함수PDF를 갖는다.

$$\begin{aligned} f_X(x) &= \frac{\nu(\nu x)^{k-1}}{\Gamma(k)} e^{-\nu x} \quad x \geq 0 \\ &= 0 \qquad\qquad\qquad\quad x < 0 \end{aligned} \tag{4.42}$$

여기서, ν와 k는 분포의 모수이고, $\Gamma(k)$는 다음과 같은 감마 함수이다.

$$\Gamma(k) = \int_0^{\infty} x^{k-1} e^{-x} dx \quad \text{여기서} \quad k > 1.0 \tag{3.43}$$

감마함수는 계승(factorial)을 비정수로 일반화한 함수라는 것을 알아야 한다. 특히 $k > 1.0$일 때 이 함수는 부분적분에 의해 다음과 같이 구해진다.

$$\Gamma(k) = (k-1)\Gamma(k-1) = (k-1)(k-2)\cdots(k-i)\Gamma(k-i)$$

식 (3.42)에서 감마 분포의 평균과 표준편차는, 각각

$$\mu_X = k/\nu \text{와 } \sigma_X^2 = k/\nu^2$$

로 구해진다. 감마분포를 수반하는 확률계산은 불완전 감마함수의 표를 이용하여 구할 수 있는데, 이는 보통 다음의 비율로 도표화되어 있다(Harter, 1963).

$$I(u,k) = \frac{\int_0^u y^{k-1} e^{-y} dy}{\Gamma(k)}$$

그러면, $(a < X \leq b)$의 확률은 다음과 같이 얻을 수 있다.

$$P(a < X \leq b) = \frac{\nu^k}{\Gamma(k)} \int_a^b x^{k-1} e^{-\nu x} dx$$

$y = \nu x$ 라 놓고 윗 식을 적분하면

$$\begin{aligned} P(a < X \leq b) &= \frac{1}{\Gamma(k)} \left[\int_0^{vb} y^{k-1} e^{-y} dy - \int_0^{va} y^{k-1} e^{-y} dy \right] \\ &= I(\nu b, k) - I(\nu a, k) \end{aligned} \tag{3.43a}$$

가 된다. 사실 불완전 감마 함수비는 곧 감마 분포의 CDF이다.

---

* 역자 주 : 감마분포는 사건의 발생이 포와송 과정일 때 k번째 사건까지의 시간 또는 거리(혹은 공간)의 분포이다.

▶ 예제 3.27 감마분포는 건물의 등가등분포하중(equivalent uniformly distributed load: EUDL)의 분포를 나타내는데 사용될 수 있다. 특정한 건물에서, 만약 EUDL의 평균이 15 psf이고, 변동계수 c.o.v가 25%일 때, 적절한 감마분포의 모수는 다음과 같이 구해진다.

$$\delta = \frac{\sigma}{\mu} = \frac{\sqrt{k}/\nu}{k/\nu} = \frac{1}{\sqrt{k}};\ \text{또한},\ k = \frac{1}{\delta^2} = \frac{1}{(0.25)^2} = 16$$

그리고

$$\nu = \frac{k}{\mu} = \frac{16}{15} = 1.067$$

설계활하중은 일반적으로 높은쪽으로(보수적으로) 규준화 된다. 이를테면, 설계 EUDL이 25psf로 규정되어 있다면, 이 설계 하중을 초과할 확률은 식 (3.43a)를 따른다.

$$P(L > 25) = 1 - P(L \le 25) = 1 - I(25 \times 1.0676, 16) = 1 - (26.67, 16)$$
$$= 1 - 0.671 = 0.329$$ ◀

감마분포와 포아송 과정

감마분포는 포아송 과정과 관련되어 있다는 것을 명시해야 한다. 만약 사건의 발생이 시간축 상의 포아송 과정을 구성한다면, k번째 사건까지의 시간은 감마분포로 지배된다. 3.2.7절에서는 사건의 첫 번째 발생시 까지의 시간은 지수함수로 지배된다는 것을 보았다.

사건의 k번째 발생까지의 시간을 T_k라 하면, $(T_k \le t)$는 t시간내에 사건의 k회 또는 그 이상의 발생이 있다는 것을 뜻한다. 따라서 식 (3.34)를 바탕으로 T_k의 누적분포함수 CDF는 다음과 같이 구해진다.

$$F_{T_k}(t) = \sum_{x=k}^{\infty} P(X_t = x) = 1 - \sum_{x=0}^{k-1} \frac{(\nu t)^x}{x!} e^{-\nu t}$$
$$= 1 - [1 + \frac{(\nu t)}{1!} + \frac{(\nu t)^2}{2!} + \cdots + \frac{(\nu t)^{k-2}}{(k-2)!} + \frac{(\nu t)^{k-1}}{(k-1)!}] e^{-\nu t}$$

위의 누적분포함수의 도함수를 취하면, T_k의 확률밀도함수 PDF는 다음과 같다는 것을 보일 수 있다.

$$f_{T_k}(t) = \frac{\nu(\nu t)^{k-1}}{(k-1)!} e^{-\nu t} \quad (t \ge 0) \tag{3.44}$$

위의 감마분포가 정수 k를 갖는 경우, 이는 Erlang 분포로도 알려져 있다. 이런 경우에 k번째 사건이 발생할 때까지의 평균시간은

$$E(T_k) = \frac{k}{\nu}$$

이고, 분산은

$$Var(T_k) = k/\nu^2$$

이다.

$k=1$의 경우, 즉 사건의 첫 번째 발생시 까지의 시간에 대한 경우, 식 (3.44)는 식 (3.36)의 지수분포로 된다는 것을 알 수 있다.

▶ 예제 3.28 어떤 고속도로상에서 치명적인 사고는 평균 약 6개월에 한 번씩 정도로 발생한다고 가정해보자. 만약 이 도로 상에서 사고의 발생이 1개월당 평균 발생률이 $\nu = 1/6$인 포아송 과정을 구성한다고 가정할 수 있다면, 최초 사고까지의 시간(또는 두 연속적인 사건사이의 시간 간격)은 아래 확률밀도함수를 갖는 지수분포를 따른다.

$$f_{T_1}(t) = \frac{1}{6}e^{-t/6}$$

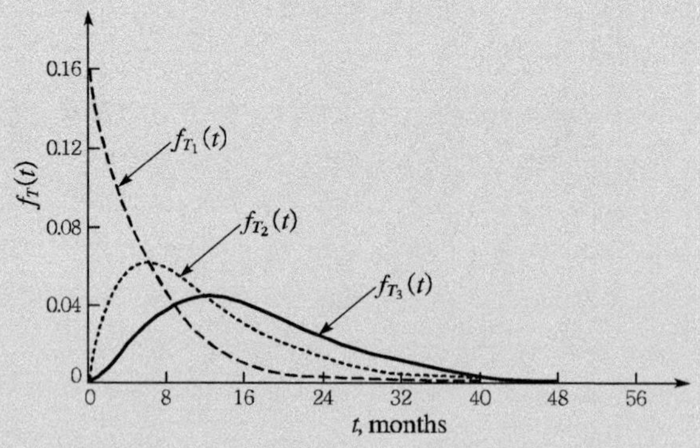

그림 E3.28 고속도로에서 첫 번째, 두 번째, 세 번째 사고의 발생까지의 시간에 대한 PDF

같은 고속도로 상에서 두 번째 사고가 발생할 때까지의 시간(또는 매 다른 사고 사이의 시간간격)은 아래 확률밀도함수를 갖는 감마분포로 표현된다.

$$f_{T_2}(t) = \frac{1}{6}(t/6)e^{-t/6}$$

반면에 세 번째 사고가 발생할 때까지의 시간도 역시 감마분포일 것이고, 그 PDF는

$$f_{T_3}(t) = \frac{1}{6}\frac{(t/6)^2}{2!}e^{-t/6}$$

이상의 확률 밀도함수는 그림 E 3.28에 도해적으로 설명되어 있으며, T_1, T_2, T_3의 각 경우에 대응하는 평균 발생시간은 각각 6, 12, 및 18개월이다. ◀

지수분포와 감마분포는 각각 기하분포 및 부의 이항분포의 연속화 분포와 유사성을 갖는다는 것을 인식할 수 있다. 즉, 기하분포와 부의 이항분포는 베르누이 시행렬의 첫 번째, k번째 발생하는 시간에 관련되며, 반면 지수 및 감마 분포는 포아송 과정에 따른 상응하는 발생시간과 관련 된다.

이동 감마분포(shifted Gamma distribution)

대부분의 확률분포는 두 개의 확률모수로 혹은 지수분포와 같이 단지 한 개의 확률 모수로도 표현된다. 그러나 이동된 감마분포는 세 개의 확률모수를 갖는 예외적인 분포중 하나이다. 세 개의 모수는 3차 모멘트를 수반하는 데이터의 왜곡도가 중요한 의미를 갖는 통계적 자료를 분석하는데 유용하게 이용될 수 있다. 즉, 세 번째 확률 모수는 관측 데이터의 왜곡도를 명백하게 포함하기 위해 필요한 것이다.

식 (3.42)를 확장하여 확률 변수 X에 대해 세 번째 모수를 도입하여 이동된 감마분포의 확률밀도함수를 다음과 같이 표현 할 수 있다.

$$f_X(x) = \frac{\nu[\nu(x-\gamma)^{k-1}]}{\Gamma(k)}\exp[-\nu(x-\gamma)]; \qquad x \geq \gamma \tag{3.45}$$

여기서 ν, $k \geq 1.0$, γ는 이동 감마분포의 세 분포 모수이다. 만약 γ=0이라면 식 (3.42)로 확인됨을 알 수 있다.

X의 평균과 분산은 각각

$$\mu_X = \frac{k}{\nu} + \gamma \text{와 } {\sigma_X}^2 = \frac{k}{\nu^2}$$

▶ 예제 3.29 삼모수 감마분포는 관측 데이터의 편기가 중요한 의미를 갖는 경우에 통계 데이터를 보다 더 잘 적합시킬 수 있다는 것을 보여준다. 예를 들면 아래 그림 E3.29는 H 형강의 플랜지에서 계측 잔류 응력의 도수분포를 보여준다. 잔류 응력/항복 응력의 측정 비의 평균, 표준편차, 왜곡도 계수는 각각 0.3561, 0.1927, 0.8230이다.

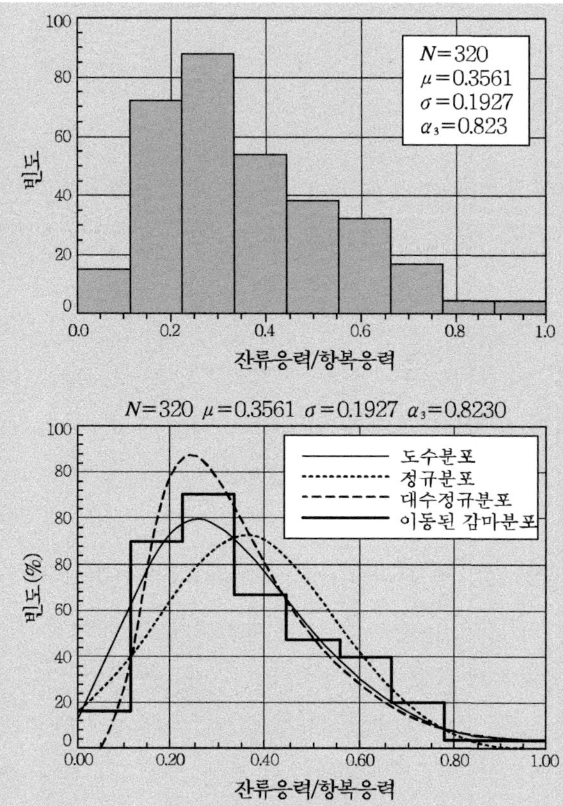

그림 E3.29 잔류응력의 도수분포를 적합시킨 분포(Zhao & Ang, 2003 참조)

분명, 데이터는 상당한 정도의 왜곡도를 보여주므로, 계측 잔류 응력의 도수분포를 적절하게 적합시키는데 왜곡도를 포함하기 위해 삼모수분포가 필요하다. 그림 E3.29에서 보여 주듯이 왜곡도 0.8230을 포함하는 삼모수 감마분포 PDF(실선)가 물론 이 모수 분포인 정규분포나 대수정규분포에 비해 도수분포에 훨씬 더 근접한 적합도를 갖는다.

이에 대해선 뒤에 예제 7.10의 K-S 적합도 검정(K-S goodness-of-fit test)에서 더 자세히 다루게 된다. ◀

3.2.9 초기하 분포(hypergeometric distribution)

초기하 분포(hypergeometric distribution)는 두종류의 요소, 예를 들면 양호, 불량으로 구성된 유한 모집단에서 추출한 표본을 검사할 때 생긴다. 이것은 합격 표본 추출과 품질제어(관리)를 위해 수행되는 표본추출 계획에 필요한 기본적인 확률분포이다.

어떤 제품을 아주 많은 수 N개 생산했다고 하자. 그 중 m개가 불량품이면 나머지 $(N-m)$개는 합격품이다. 이 N개의 제품군 중에서 무작위로 n개의 표본을 추출하면 이 표본 중에서 x개가 불량품일 확률은 다음과 같은 초기하분포로 주어진다.

$$P(X=x)=\frac{\binom{m}{x}\binom{N-m}{n-x}}{\binom{N}{n}} \qquad x=1,2,\cdots,m \tag{3.46}$$

위의 분포는 다음과 같은 개념에 바탕을 두고 있다 : N개의 제품 전부에서 크기 n인 표본을 추출할 수 있는 가지수는 $\binom{N}{n}$ 가지이다. 이 가운데서 x개의 불량품을 포함하는 표본의 수는 $\binom{m}{x}\binom{N-m}{n-x}$ 이다. 따라서 표본추출 가능성이 대등하게 다 같다고 가정하면 식 (3.46)의 초기하분포를 얻을 수 있다.

▶ 예제 3.30 100개의 변형률계가 들어 있는 상자 속에 4개가 불량품일 가능성이 있다고 해보자. 만약 그 중 6개의 변형률계를 어떤 실험에 사용하였다면, 그 실험에서 불량 게이지가 한 개 사용되었을 확률은 다음과 같이 평가될 수 있다(이 경우 $N=100,\ m=4,\ n=6$ 이다. 그러므로 구하고자 하는 확률은

$$P(X=1)=\frac{\binom{4}{1}\binom{100-4}{6-1}}{\binom{100}{6}}=0.205$$

반면에 이 실험에서 불량 변형률계가 한 개도 사용되지 않았을 확률은

$$P(X=0)=\frac{\binom{4}{0}\binom{100-4}{6}}{\binom{100}{6}}=0.778$$

또한 적어도 하나의 불량 변형률계가 실험에 사용되었을 확률은

$$P(X\geq 1)=1-P(X=0)=1-0.778=0.222$$ ◀

▶ 예제 3.31 규모가 큰 한 건설현장으로 운반되는 레미콘으로부터 매일 100개의 콘크리트 공시체를 수집해야 한다. 이 현장의 재료 품질을 확보하기 위한 합격/불합격 기준은 이

공시체들 중 10개를 무작위로 추출해서 1주일 동안 양생한 후 압축강도 시험을 수행하여, 10개중 9개의 공시체가 규정된 최소압축강도를 만족해야 한다. 이 합격/불합격 기준이 충분히 엄격하다고 할 수 있는가?

합격기준이 너무 엄격하느냐 엄격하지 않느냐는 불량 콘크리트 배합이 검출되지 않은 채 사용되는 것이 쉬운가 어려운가에 좌우된다. 예를 들어, 불량 콘크리트가 $d\%$ 있다면 위의 규정된 합격/불합격 기준으로부터 하루의 콘크리트 배합이 불합격될 확률은 다음과 같다. 여기서 X는 시험에서 불합격 공시체의 수를 나타낸다.

$$P(X>1)=1-P(X\le 1)$$
$$=1-\left[\frac{\binom{100(1-d)}{10}}{\binom{100}{10}}+\frac{\binom{100d}{1}\binom{100(1-d)}{9}}{\binom{100}{10}}\right]$$

예를 들면, $d=5$, 즉 당일 배합된 콘크리트중 5%가 불량하다면,

$$P(\text{불합격})=1-\left[\frac{\binom{95}{10}}{\binom{100}{10}}+\frac{\binom{5}{1}\binom{95}{9}}{\binom{100}{10}}\right]$$
$$=1-(0.5837+0.0034)$$
$$=0.413$$

반면에 $d=2\%$ 라면,

$$P(\text{불합격})=1-\left[\frac{\binom{98}{10}}{\binom{100}{10}}+\frac{\binom{2}{1}\binom{98}{9}}{\binom{100}{10}}\right]$$
$$=1-(0.8091+0.1818)$$
$$=0.009$$

그러므로 만약 콘크리트의 5%가 불량품일 경우, 제안된 합격/불합격 기준에 의하면 불량재료가 발견될 가능성이 (41%의 확률로) 높게 나타나게 될 것이다. 반면에 불량콘크리트 배합이 2%뿐이라면 1일 콘크리트 배합이 불합격될 가능성의 확률은 (확률 0.9% 로) 매우 낮아진다.

그러므로 계약상 2%이하의 불량 콘크리트를 요구한다면 합격/불합격기준은 충분히 엄격하지 않은 것이 되며, 반면에 5% 만큼의 불량 재료가 받아들여지면 제안된 합격 기준은 만족할만하게 된다. ◀

3.2.10 베타분포(Beta distribution)

대부분 확률분포의 확률변수는 값의 범위가 한방향 혹은 양방향으로 제한이 없다. 균등분포 제외하고 지금까지 살펴본 모든 연속적인 확률분포의 경우 이와 같은 특징을 가지고 있다. 하지만 일부 공학적인 응용에서는 확률변수가 상하한치를 가지는 문제가 존재한다. 이와 같은 경우에는 상하한이 유한한 확률분포가 적당할 것이다.

베타 분포는 가능한 값의 범위가, 이를테면 a와 b 사이와 같이, 경계를 가진 경우에 적용할 수 있는 몇 안 되는 확률분포 중 하나이다. 이 분포의 확률밀도함수 PDF는 다음과 같다.

$$
\begin{aligned}
f_X(x) &= \frac{1}{B(q,r)} \frac{(x-a)^{q-1}(b-x)^{r-1}}{(b-a)^{q+r-1}} & a \le x \le b \\
&= 0 & \text{그 외의 경우}
\end{aligned}
\tag{3.47}
$$

여기서 q와 r은 분포의 모수이며 $B(q,r)$는 다음과 같은 베타함수(Beta function)이다.

$$
B(q,r) = \int_0^1 x^{q-1}(1-x)^{r-1}dx \tag{3.48}
$$

이 식은 식 (3.43)의 감마함수와 다음과 같이 연관되어 있다.

$$
B(q,r) = \frac{\Gamma(q)\Gamma(r)}{\Gamma(q+r)} \tag{3.49}
$$

두 개의 모수 q와 r에 따라 베타분포의 확률밀도함수는 다른 모양을 가지게 된다. 그림 3.11은 $q=2.0$이고 $r=6.0$일 때 $2 \le x \le 12$사이의 밀도함수를 나타낸다.

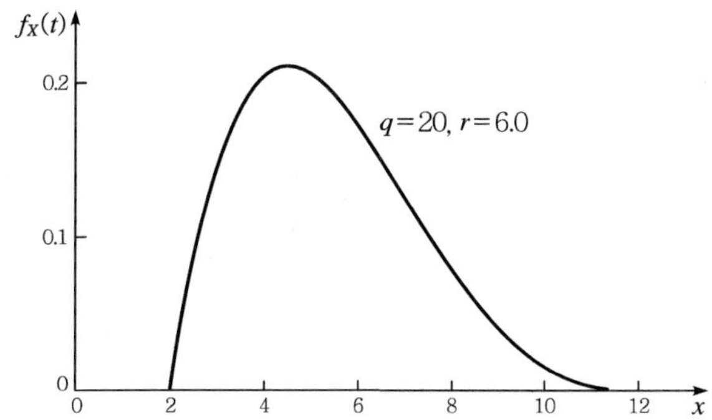

그림 3.11 $2<x<12$ 구간에 정의된 $q=2.0$이고 $r=6.0$인 베타분포

만약 변수의 상하한 값이 0과 1.0사이로 제한되어 있다면, 즉, $a=0$, $b=1.0$인 경우 식 (3.47)은 다음과 같이 된다.

$$f_X(x) = \frac{1}{B(q,r)} x^{q-1}(1-x)^{r-1} \qquad 0 \le x \le 1.0$$
$$= 0 \qquad \text{그 외의 경우} \tag{3.47a}$$

위 식은 표준 베타분포(standard beta distribution)라고 일컬어 진다.

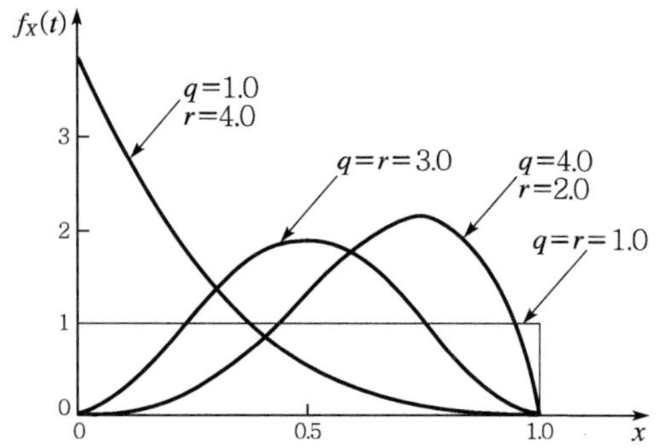

그림 3.12 표준베타분포의 확률밀도함수

그림 3.12는 여러 가지 q와 r의 값에 대한 표준베타분포의 확률밀도함수이다. 이 그림으로부터 베타분포는 두 모수 q, r의 값에 따라 다른 형태를 취하게 된다는 것을 알 수 있다. 특히 $q<r$인 경우에 정(+)편기(positively skewed)되며, 반면에 $q>r$인 경우 부(−)편기(negatively skewed)되고, $q=r$인 경우 확률밀도함수가 대칭이 되는 것을 알 수 있다.이와 같은 특성을 가지고 있는 베타분포는 매우 다양한 용도로 사용될 수 있으며, 관측데이터의 히스토그램을 폭넓게 적합시키는데 사용할 수 있다.

베타분포와 관련있는 확률 계산은, 다음 식으로 정의되는, 불완전 베타함수(incomplete Beta function)를 사용하여 계산할 수 있다.

$$B_x(q,r) = \int_0^x y^{q-1}(1-y)^{r-1}dy \qquad 0 < x < 1.0 \tag{3.50}$$

불완전 베타함수비의 값 $B_x(q,r)/B(q,r)$는 Pearson(1934)과 Pearson과 Johnson (1968) 등에 의해, 도표화되어 있다. 특히 표준베타분포의 CDF는

$$P_X(x) = \frac{1}{B(q,r)} \int_0^x x^{q-1}(1-x)^{r-1}dx = \frac{B_x(q,r)}{B(q,r)} \tag{3.50a}$$

이므로 불완전 베타함수비는 표준베타 분포의 CDF와 같다. 불완전 베타함수비는 다음과 같이 정의된다.

$$\beta(x|q,r)=\frac{B_x(q,r)}{B(q,r)} \tag{3.51}$$

불완전 베타함수비는 일반적으로 $q \geq r$인 경우에 대해 도표화 되었으며 $q < r$인 경우는 다음 식에서 얻을 수 있다.

$$\beta(x|q,r)=1-\beta(x|r,q)$$

식 (3.47)의 일반적인 베타분포에 대해서 $x=x_1$과 $x=x_2$ 사이의 확률은 다음과 같이 계산된다.

$$P(x_1 < X \leq x_2)=\frac{1}{B(q,r)}\int_{x_1}^{x_2}\frac{(x-a)^{q-1}(b-x)^{r-1}}{(b-a)^{q+r-1}}dx$$

변수 y를 도입하여

$$y=\frac{x-a}{b-a}$$

라 치환하면

$$(1-y)=\frac{b-x}{b-a} \quad 및 \quad dy=\frac{dx}{b-a}$$

이므로, 위의 적분식을 다음과 같이 쓸 수 있다.

$$P(x_1 < X \leq x_2)$$

$$=\frac{1}{B(q,r)}\left[\int_0^{(x_2-a)/(b-a)}y^{q-1}(1-y)^{r-1}dy-\int_0^{(x_1-a)/(b-a)}y^{q-1}(1-y)^{r-1}dy\right]$$

여기서 $u=(x_2-a)/(b-a)$, $v=(x_1-a)/(b-a)$로 나타내면 위 식의 확률은 식 (3.51)의 표준 베타분포의 누적분포함수 CDF를 이용해서 구할 수 있다.

$$P(x_1 < X \leq x_2)=\beta(u|q,r)-\beta(v|q,r) \tag{3.52}$$

a와 b사이의 베타분포를 갖는 X의 평균값과 분산은 다음과 같다.

$$\mu_X=a+\frac{q}{q+r}(b-a) \tag{3.53}$$

$$\sigma_{X^2}=\frac{qr}{(q+r)^2(q+r+1)}(b-a)^2 \tag{3.53a}$$

그리고 왜곡도 계수는

$$\theta_X = \frac{2(r-q)}{(q+r)(q+r+2)\sigma_X} \tag{3.54}$$

이고, X의 최빈값은 다음과 같다.

$$\tilde{x} = a + \frac{1-q}{2-q-r}(b-a) \tag{3.55}$$

▶ **예제 3.32** 한 건설공사의 어떤 공정을 완료하는데 소요되는 공기가 다음과 같이 추정되었다.

최소 공기 = 5일

최대 공기 = 10일

기대 공기 = 7일

또한 소요 공기의 변동계수는 10%로 추정되었다. 이 경우에는 $a=5$일, $b=10$일을 같는 베타분포를 사용하는 것이 적절하다. 분포의 모수는 다음과 같이 결정 될 수 있다. 식 (3.53)의 평균값을 등식으로 나타내면

$$5 + \frac{q}{q+r}(10-5) = 7$$

이므로, $q = \frac{2}{3}r$이다. 이것을 식 (3.53a)의 분산식

$$\frac{qr}{(q+r)^2(q+r+1)}(10-5)^2 = (0.1\times 7)^2$$

에 대입하여 풀면 $q = 3.26$, $r = 4.89$을 얻는다.

그러면, 식 (3.50a)로부터 공정이 9일 이내에 완공될 확률은 다음과 같이 얻어진다.

$$P(T \le 9) = \beta_u(3.26, 4.89)$$

이때, $u = (9-5)/(10-5) = 0.8$이므로 불완전 베타함수비표(Pearson & Johnson 1968)를 적당한 내삽하여 다음 결과를 얻는다.

$$P(T \le 9) = \beta_{0.8}(3.26, 4.89) = 0.993$$ ◀

▶ **예제 3.33** 강교량 부재요소의 피로 손상에 대한 신뢰성 평가에서, 각 재하주기에 대한 작용응력범위(작용응력의 최대값에서 최소값을 뺀 값)는 주요 모수이다. 여기서 작용응력의 변동범위는 유한하여, 작용응력범위는 상하한치를 가진다고 가정하는게

타당하다. 예를 들면 그림 E3.33에 보인 바와 같이 일리노이(Illinois)주에 있는 주간(州間) 고속도로 상에 있는 교량에서 측정된 중차량 교통에 의한 변형률 범위를 측정한 결과를 고려해 보자.

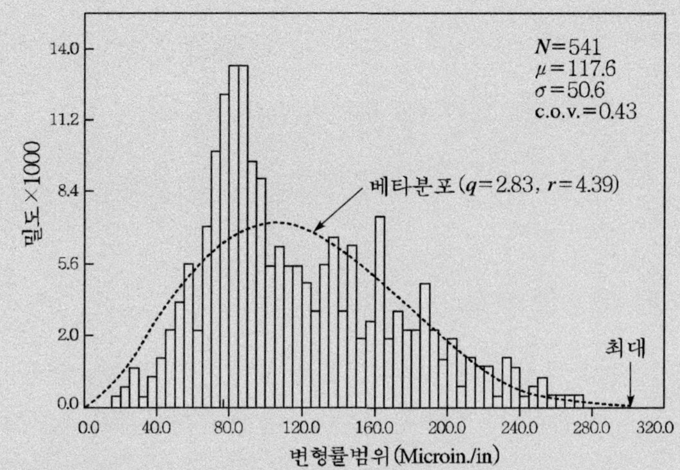

그림 E3.33 일리노이주, 새퍼크리크 교의 중차량 교통에 의한 변형률 범위 계측치의 도수분포

이에 상응하는 응력범위(psi)는 그림 E3.33의 변형률범위(microin/in)에 30000 psi/1000=30psi*로 곱하여 얻을 수 있다. 이에 바탕을 두고 이 교량의 작용응력범위 S는 모수 $q=2.83$과 $r=4.39$, 하한치 0, 상한치 10,000psi를 갖는 베타 확률밀도함수로 모델링할 수 있다.

강교의 WF(H형)강보가 그림 E3.33의 베타 분포를 가진 응력 범위를 받고 있다고 하자. 강구조물의 피로 수명은 두 개의 모수 c와 m으로 지정되는 소위 SN관계식으로 기술될 수 있다.

이 경우 H형 강재 보의 SN 모수는

$$c = 3.98 \times 10^8 \text{cycles}, \quad m = 2.75$$

(그림 E3.33의) 무작위 응력을 받을 경우 평균 피로수명은 다음과 같이 주어진다.

$$\bar{n} = \frac{c}{E(S^m)}$$

여기서 $E(S^m)$은 S의 m차 모멘트이다; 베타 분포된 S의 경우(Ang, 1977 참조) 이것은 다음과 같이 구해진다.

* 역자 주 : 재료의 탄성계수

$$E(S^m) = S_0^m \frac{\Gamma(m+q)\Gamma(q+r)}{\Gamma(q)\Gamma(m+q+r)}$$

위의 H형 강재 보의 경우

$$E(S^m) = 10^{2.75} \frac{\Gamma(5.58)\Gamma(7.22)}{\Gamma(2.83)\Gamma(9.97)} = 89.486$$

그러므로, 보의 피로수명의 평균값은

$$\bar{n} = \frac{3.98 \times 10^8}{89.486} = 4.45 \times 10^6 \text{cycles}$$ ◀

3.2.11 기타 유용한 분포

지금까지 소개한 확률분포는 실제 공학적 응용에 있어서 가장 유용하고 중요한 것들에 속한다. 그러나 이것들이 유용한 확률분포 전부를 포괄하는 것은 아니다. 특수한 응용분야에서는 균등분포와 삼각형 분포 PDF 등을 포함하는 분포들이 보다 더 적절하고 유용할 수 있다. 특히 극치(최대값과 최소값)에 관계되는 부류의 분포들은 수많은 공학 문제에서 특별한 의미를 지니고 있다. 이 극치분포들은 제4장에 상세히 소개되어 있다. 또한 통계적 해석에서 매우 중요한 의미를 갖는 독특한 분포들로는 Student t분포, χ^2분포, F 분포, Pearson 분포(Elderton, 1953) 등이 있다. 예를 들면 t-분포는 분산이 미지인 경우 모집단 평균의 신뢰구간을 결정하는데 유용하며, 반면에 χ^2분포는 모집단 분산의 구간추정에 유용하다(제6장 참조).

▶ 3.3 다중 확률변수

단일 확률변수와 해당 확률분포의 기본 개념은 2개 또는 그 이상의 확률변수와 그들의 결합(joint) 확률분포로 확장될 수 있다. 두 가지 또는 이상의 물리적 과정들의 결과인 사건들을 수치적 형태로 나타내기 위하여 표본공간내의 사건들을 2차원 (혹은 그 이상)의 실수 공간에서 정의할 수 있다. 이는 2개 또는 그 이상의 확률변수를 사용해야 한다는 것을 은연중에 알 수 있다. 예를 들면 관측소의 강우강도와 하천의 유출량의 관계를 생각해 보자. 확률변수 X와 또 하나의 확률변수 Y를 사용할 수 있는데, X의 값 x는 가능한 강우 강도를 나타내고, Y의 값 y는 가능한 하천의 유출량을 나타낸다. 따라서 $(X=x,\ Y=y)$과 $(X \le x,\ Y \le y)$는 xy공간내에서 확률변수에 의해 정의되는 결합 사건 $(X = x \cap Y = y)$과 $(X \leq x \cap Y \leq y)$를 나타내도록 할 것이다. 물론 이와 같은 개념은 보다 일반적인 다중 확률변수로도 직접적으로 확장될 수 있다.

3.3.1 결합 및 조건부 확률분포

확률변수 X와 Y의 임의의 한 쌍은 사건을 나타내므로, x와 y의 값에 관련되는 확률이 존재하게 마련이다. 따라서 모든 가능한 x와 y쌍에 대한 확률은 다음과 같은 확률변수 X와 Y의 결합분포함수(joint distribution function)CDF에 의해 표현할 수 있다. 즉,

$$F_{X,Y}(x, y) = P(X \leq x, \ Y \leq y) \tag{3.56}$$

이것은 $X \leq x$와 $Y \leq y$로 동일시되는 사건들이 결합하여 발생하는 경우의 CDF를 의미한다. 확률의 기본 공리에 의하면 위의 결합분포함수는 다음의 성질을 만족시켜야 한다.

1. $F_{X,Y}(-\infty, -\infty) = 0 \qquad F_{X,Y}(\infty, \infty) = 1.0$
2. $F_{X,Y}(-\infty, y) = 0 \qquad F_{X,Y}(\infty, y) = F_Y(y)$
   $F_{X,Y}(x, -\infty) = 0 \qquad F_{X,Y}(x, \infty) = F_X(x)$
3. $F_{X,Y}(x, y)$는 음수가 아니며 x와 y의 비감소함수이다.

확률변수 X와 Y가 이산형이라면 확률분포는 결합확률질량함수(Joint probability mass function), 결합 PMF로 표현할 수 있다. 이것은 단순히,

$$p_{X,Y}(x_i, y_j) = P(X = x_i, \ Y = y_j) \tag{3.57}$$

이고, 결합분포함수 CDF는

$$F_{X,Y}(x, y) = \sum_{(x_i \leq x, \, y_j \leq y)} p_{X,Y}(x_i, y_j) \tag{3.58}$$

반면 확률변수 X와 Y가 연속형이라면 결합확률밀도함수(joint probability density function)는 결합 PDF $f_{X,Y}(x,y)$로 다음과 같이 정의할 수 있다.

$$f_{X,Y}(x,y)\,dxdy = P(x < X \leq x + dx, \ y < Y \leq y + dy)$$

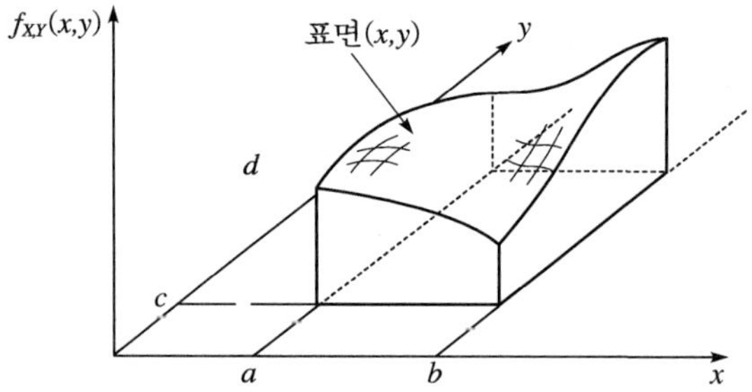

그림 3.13 PDF $f_{X,Y}(x,y)$ 아래 부피

고로,

$$F_{X,Y}(x,y) = \int_{-\infty}^{x} \int_{-\infty}^{y} f_{X,Y}(u,v)\,dv\,du \tag{3.59}$$

역으로, 편도함수가 존재한다면,

$$f_{X,Y}(x,y) = \frac{\partial^2 F_{X,Y}(x,y)}{\partial x\, \partial y} \tag{3.60}$$

또한 확률은 다음과 같이 구해진다는 것을 알 수 있다.

$$P(a < X \le b, c < Y \le d) = \int_a^b \int_c^d f_{X,Y}(u,v)\,dv\,du$$

이것은 그림 3.13과 같이 표면적$f_{X,Y}(x,y)$ 아래쪽의 체적이다.

조건부 및 주변 확률 분포(The conditional and marginal distributions)

X와 Y가 이산형일 때, $(X=x_i)$의 확률은 Y의 값에 좌우되며 역도 마찬가지이다. 따라서 식 (2.11)에 의하여 조건부 확률질량함수 PDF는 다음과 같다. 즉, $p_Y(y_i) \neq 0$ 이면

$$p_{X|Y}(x_i \mid y_j) \equiv P(X=x_i \mid Y=y_j) = \frac{p_{X,Y}(x_i, y_j)}{p_Y(y_j)} \tag{3.61}$$

마찬가지로 $p_X(x_i) \neq 0$이면

$$p_{Y|X}(y_j \mid x_i) = \frac{p_{X,Y}(x_i, y_j)}{p_X(x_i)} \tag{3.61a}$$

또한 개개 확률변수의 확률질량함수 PMF는 결합 PMF로부터 구해질 수 있다. 식 (2.19)의 전확률의 정리를 적용하면 X의 주변 확률질량함수(marginal PMF)가 구해진다.

$$\begin{aligned} p_X(x_i) &= \sum_{\text{all } y_j} P(X=x_i \mid Y=y_j)P(Y=y_j) \\ &= \sum_{\text{all } y_j} P(X=x_i,\ Y=y_j) \end{aligned} \tag{3.62}$$

마찬가지로 Y의 주변 PMF는 다음과 같다.

$$p_Y(y_j) = \sum_{\text{all } x_i} p_{X,Y}(x_i, y_j) \tag{3.62a}$$

만약 확률변수 X와 Y가 통계적으로 독립이면, $X=x_i$와 $Y=y_j$ 사건이 통계적으로 독립임을 의미한다. 그러면,

$$p_{X|Y}(x_i \mid y_j) = p_X(x_i),\ \ p_{Y|X}(y_j \mid x_i) = p_Y(y_j)$$

그러므로 식 (3.57)은 다음과 같이 된다.

$$p_{X,Y}(x_i,\ y_j) = p_X(x_i)\,p_Y(y_j) \tag{3.63}$$

만약 확률변수 X와 Y가 연속형이면, 주어진 Y에 대한 X의 조건부 확률밀도함수 PDF는

$$f_{X|Y}(x \mid y) = \frac{f_{X,Y}(x,y)}{f_Y(y)} \tag{3.64}$$

이로부터

$$f_{X,Y}(x,y) = f_{X|Y}(x \mid y)\,f_Y(y) \tag{3.65}$$

또는,

$$f_{X,Y}(x,y) = f_{Y|X}(y \mid x)\,f_X(x)$$

그렇지만 X와 Y가 통계적으로 독립이면, 즉, $f_{X|Y}(x \mid y) = f_X(x)$이고 $f_{Y|X}(y \mid x) = f_Y(y)$ 일 때, 조건부 PDF는 다음과 같다.

$$f_{X,Y}(x,y) = f_X(x)\,f_Y(y) \tag{3.66}$$

마지막으로, 전확률의 정리를 적용하면 다음과 같이 주변밀도함수(marginal PDF) 식이 구해진다.

$$\begin{aligned} f_X(x) &= \int_{-\infty}^{\infty} f_{X|Y}(x \mid y) f_Y(y)\,dy \\ &= \int_{-\infty}^{\infty} f_{X,Y}(x,y)\,dy \end{aligned} \tag{3.67}$$

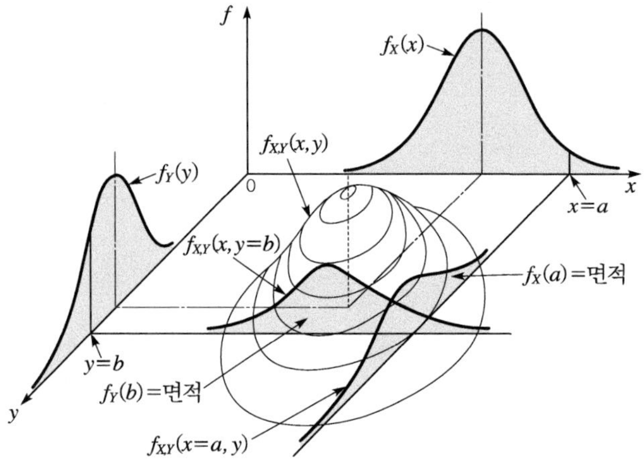

그림 3.14 두 연속 확률변수의 결합 및 주변

그리고 이와 마찬가지로

$$f_Y(y) = \int_{-\infty}^{\infty} f_{X,Y}(x,y)\,dx \tag{3.68}$$

2개의 확률변수 X와 Y의 결합 PDF와 이와 관련된 주변 PDF의 특징은 그림 3.14에 도해적으로 도시되어있다.

▶ 예제 3.34 건설현장의 노동과 생산성 조사결과 작업시간(1일 시간단위로)과 평균 생산성(작업능률은 백분율의 형태로)을 아래 보인 도표처럼 기록했다고 생각하자. 간단히 하기 위하여 작업시간 자료는 6, 8, 10, 12시간으로 기록되며 반면에 평균 생산성은 50%,70%, 90%로 기록되어 있다. X=시간, Y=생산성으로 나타내면, 기록된 자료의 결과는 다음과 같다.

작업시간과 생산성(x,y)	관측횟수	상대빈도
6,50	2	0.014
6,70	5	0.036
6,90	10	0.072
8,50	5	0.036
8,70	30	0.216
8,90	25	0.180
10,50	8	0.058
10,70	25	0.180
10,90	11	0.079
12,50	10	0.072
12,70	6	0.043
12,90	2	0.014

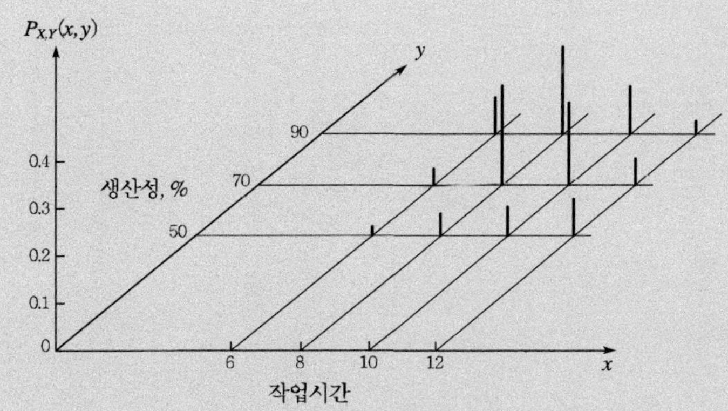

그림 E3.34a joint PMF $P_{x,y}(x,\ y)$

위의 자료들은 그림 E3.34a에서 보인 것처럼 도해적으로 그릴 수 있다.
작업시간 X의 주변 확률밀도함수는

$$p_X(x) = \sum_{(y_j = 50,70,90)} p_{X,Y}(x, y)$$

으로 되고 그림 E3.34b와 같이 나타날 것이다.
예를 들면 $X = 8$에 대한 종축값은 다음과 같이 구한다.

$$p_X(8) = 0.036 + 0.216 + 0.180 = 0.432$$

이와 마찬가지로 생산성에 대한 Y의 주변 확률밀도함수는 그림 E3.34c와 같이 된다.

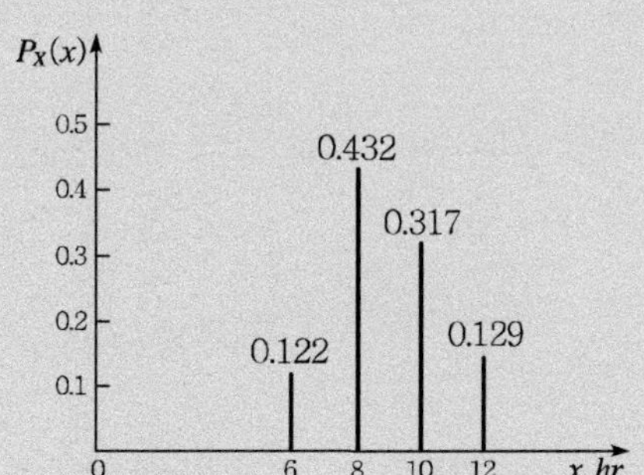

그림 E3.34b 주변 PMF $P_x(x)$

마지막으로, 1일 노동시간이 8시간이라면 평균 생산성이 90%가 될 확률은 다음과 같이 식 (3.61a)의 조건부 확률로 구할 수 있다.

$$p_{Y \mid X}(90\% \mid 8\text{hr}) = \frac{p_{X \mid Y}(8, 90)}{p_X(8)} = \frac{0.180}{0.432} = 0.417$$

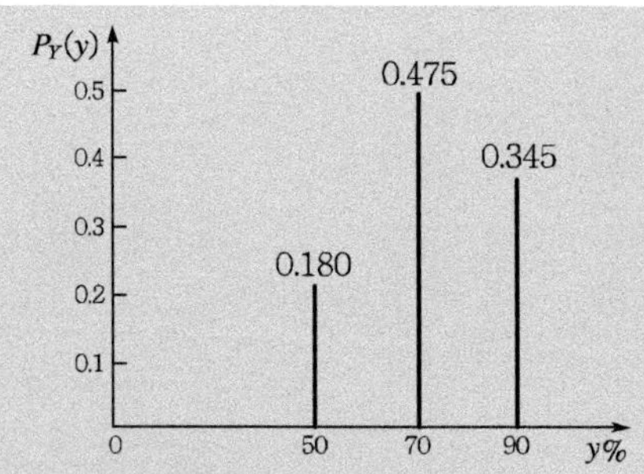

그림 E3.34c 주변 PMF $P_y(y)$

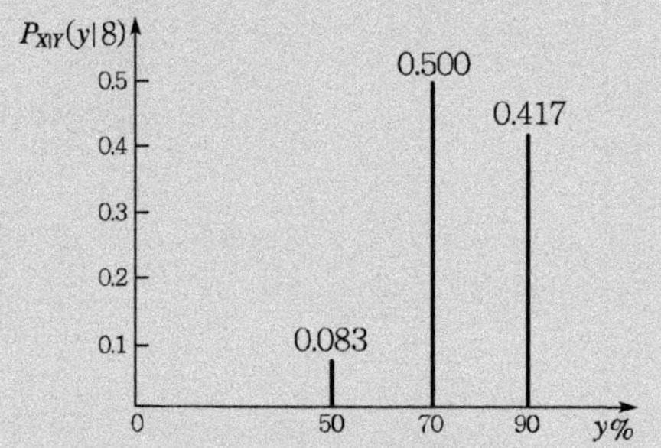

그림 E3.34d 조건부 PMF $P_{Y|X}(y|8)$

그러므로, 하루 8시간의 작업시간에 대해 생산성이 90%인 확률은 42%보다 적다. 하루 8시간 작업에 대한 생산성 수준의 조건부 PMF는 그림 E.3.34d과 같다. ◀

▶ 예제 3.35 2개의 연속 확률변수 X와 Y의 결합밀도함수의 예로서 2변량 정규밀도함수(bivariate normal density function)을 들 수 있다.

$$f_{X,Y}(x,y)=\frac{1}{2\pi\sigma_X\sigma_Y\sqrt{1-\rho^2}}\exp\left[\frac{-1}{2(1-\rho^2)}\left\{\left(\frac{x-\mu_X}{\sigma_X}\right)^2 - 2\rho\left(\frac{x-\mu_X}{\sigma_X}\right)\left(\frac{y-\mu_Y}{\sigma_Y}\right)+\left(\frac{y-\mu_Y}{\sigma_Y}\right)^2\right\}\right]$$

$$-\infty < x < \infty; \quad -\infty < y < \infty$$

여기서 ρ는 X와 Y의 상관계수(correlation coefficient) (3.3.2절 참조)이다. 윗 식을 다음과 같이도 쓸 수 있다.

$$f_{X,Y}(x,y)=\frac{1}{\sqrt{2\pi}\,\sigma_X}\exp\left[-\frac{1}{2}\left(\frac{x-\mu_X}{\sigma_X}\right)^2\right]\cdot\frac{1}{\sqrt{2\pi}\,\sigma_Y\sqrt{1-\rho^2}}$$

$$\exp\left[-\frac{1}{2}\left\{\frac{y-\mu_Y-\rho(\sigma_Y/\sigma_X)(x-\mu_X)}{\sigma_Y\sqrt{1-\rho^2}}\right\}^2\right]$$

식 (3.64)에서 보면 $X=x$ 로 주어진 경우 Y의 조건부 PDF는 다음과 같다는 것을 알 수 있다.

$$f_{Y|X}(y|x)=$$
$$\frac{1}{\sqrt{2\pi}\,\sigma_Y\sqrt{1-\rho^2}}\exp\left[-\frac{1}{2}\left\{\frac{y-\mu_Y-\rho(\sigma_Y/\sigma_X)(x-\mu_X)}{\sigma_Y\sqrt{1-\rho^2}}\right\}^2\right]$$

반면에 X의 주변 PDF는

$$f_X(x)=\frac{1}{\sqrt{2\pi}\,\sigma_X}\exp\left[-\frac{1}{2}\left(\frac{x-\mu_X}{\sigma_X}\right)^2\right]$$

위의 두 식은 정규 분포이다. 특히 조건부 PDF는 다음과 같은 평균값을 가지는 정규분포이다.

$$E(Y|X=x)=\mu_Y-\rho(\sigma_Y/\sigma_X)(x-\mu_X)$$

그리고 분산은

$$Var(Y|X=x)=\sigma_Y^2(1-\rho^2)$$

이와 마찬가지로 $Y=y$ 로 주어진 경우 X의 조건부 PDF는 다음과 같다.

$$f_{X|Y}(x|y)=$$
$$\frac{1}{\sqrt{2\pi}\,\sigma_X\sqrt{1-\rho^2}}\exp\left[-\frac{1}{2}\left\{\frac{x-\mu_X-\rho(\sigma_X/\sigma_Y)(y-\mu}{\sigma_X\sqrt{1-\rho^2}}\right.\right.$$

그리고 Y의 주변 PDF는

$$f_Y(y)=\frac{1}{\sqrt{2\pi}\,\sigma_Y}\exp\left[-\frac{1}{2}\left(\frac{y-\mu_Y}{\sigma_Y}\right)^2\right]$$ ◀

3.3.2 공분산과 상관(covariance and correlation)

두 확률변수 X와 Y가 있을 때, 변수사이의 상관관계가 있을 수 있다. 특히 선형 통계 관계의 유무는 다음과 같이 분석할 수 있다: 먼저 X와 Y의 결합2차적률을 다음과 같이 정의한다.

$$E(XY)=\int_{-\infty}^{\infty}\int_{-\infty}^{\infty}x\,y\,f_{X,Y}(x,y)\,dx\,dy \tag{3.69}$$

X와 Y가 통계적으로 독립이라면 식 (3.69)는 다음과 같이 된다.

$$E(X\,Y) = \int_{-\infty}^{\infty}\int_{-\infty}^{\infty} x\,y\,f_X(x)\,f_Y(y)\,dx\,dy$$
$$= \int_{-\infty}^{\infty} x\,f_X(x)\;dx \int_{-\infty}^{\infty} y\,f_Y(y)\;dy = E(X)\;E(Y) \tag{3.70}$$

결합2차중앙적률은 X와 Y의 공분산(covariance)으로 정의된다. 즉,

$$\mathrm{Cov}(X, Y) = E\left[(X-\mu_X)(Y-\mu_Y) = E(X\,Y) - E(X)\,E(Y)\right] \tag{3.71}$$

따라서 식 (3.70)에 의해 X와 Y가 통계적으로 독립이면 $\mathrm{Cov}(X, Y) = 0$이다. 공분산의 물리적인 유의성은 식 (3.71)로부터 추론할 수 있다. 만약 $\mathrm{Cov}(X, Y)$가 큰 양의 값을 가지면, X와 Y의 값은 각각의 평균값에 비하여 상대적으로 둘다 크거나 둘다 작아지는 경향이 있다. 반면에 $\mathrm{Cov}(X, Y)$가 큰 음의 값을 가지면 각각의 평균값에 대하여 Y의 값이 작아지면 X 값은 커지는 경향이 있고 또한 그 역도 그렇다. 그러나 만약 $\mathrm{Cov}(X, Y)$가 작거나 0이면 X와 Y값 사이에는 (선형적인) 관계가 약하거나 전혀 없다. 아니면 그들의 관계는

그러므로 $\mathrm{Cov}(X, Y)$는 변수 X와 Y간의 선형상호관계의 정도를 나타내는 척도이다. 실용적 측면에서 다음 같이 정의된 정규화된 공분산이나 상관계수(correlation coefficient)를 사용하는 것이 바람직하다.

$$\rho = \frac{\mathrm{Cov}(X, Y)}{\sigma_X \sigma_Y} \tag{3.72}$$

ρ의 크기는 무차원이고, 그 값의 범위는 -1 과 1 사이에 있다. 즉

$$-1 \;\le \rho \le\; +1 \tag{3.73}$$

식 (3.73)의 증명은 다음과 같다. Schwarz의 부등식에 의하면(Kaplan, 1953; Hardy, Littlewood, and Ploya, 1959)

$$\left[\int_{-\infty}^{\infty}\int_{-\infty}^{\infty}(x-\mu_X)(y-\mu_Y)f_{X,Y}(x,y)\;dx\,dy\right]^2$$
$$\le \int_{-\infty}^{\infty}\int_{-\infty}^{\infty}(x-\mu_X)^2 f_{X,Y}(x,y)dxdy \int_{-\infty}^{\infty}\int_{-\infty}^{\infty}(y-\mu_Y)^2 f_{X,Y}(x,y)dxdy$$

부등식의 왼쪽 식은 $[\mathrm{Cov}\,(X, Y)]^2$ 인 반면에 부등식 오른쪽의 각 2중적분은 각각 아래와 같다.

$$\int_{-\infty}^{\infty}(x-\mu_X)^2 f_X(x)dx=\sigma_X^2$$

그리고

$$\int_{-\infty}^{\infty}(y-\mu_Y)^2 f_Y(y)dy=\sigma_Y^2$$

그러므로 다음식이 구해진다.

$$[\mathrm{Cov}(X,Y)]^2 \le \sigma_X^2\sigma_Y^2$$

혹은

$$\rho^2 \le 1.0$$

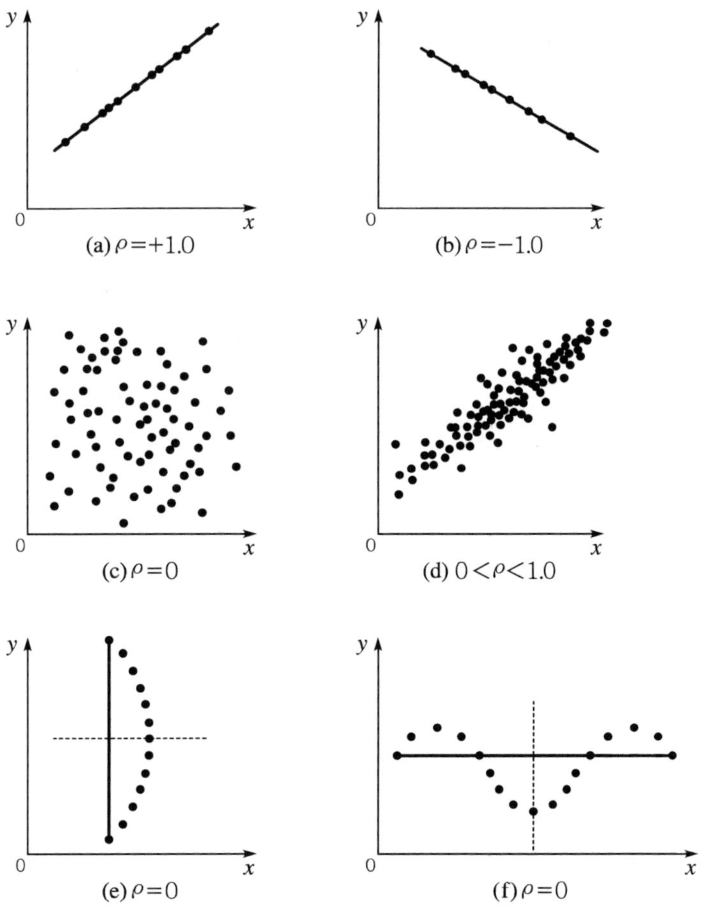

그림 3.15 상관계수 ρ의 유의성

그래서 식 (3.73)이 증명된다.

상관계수 ρ의 유의성이 그림 3.15에 도해적으로 잘 나타나 있다. 특히 $\rho=\pm 1.0$일 때 X와 Y는 각각 그림 3.15(a), 그림 3.15(b)에서 나타낸 바와 같이 선형관계가 있다. 반면에 $\rho=0$일 때 는 X와 Y의 값은 그림 3.15(c)와 같이 나타난다. ρ의 값이 0과 1.0사이의 값일 경우 X와 Y의 값이 그림 3.15(d)에서처럼 나타난다. 즉, ρ가 커짐에 따라 "흩어짐"은 작아진다. 그러나 그림 3.15(e)와 3.15(f)로부터 X와 Y간의 관계가 비선형일 때는 변량들 사이에 완전한 함수관계가 있더라도 $\rho=0$이 됨을 알 수 있다.

그러므로 상관계수 ρ의 크기(0과 1사이)는 두 변량간의 선형관계 정도의 척도가 된다고 말할 수 있다.

메모 : 비록 ρ가 두 변량 간의 (선형)상관성 정도의 척도일지라도, 이것이 반드시 두 변량간의 인과관계를 의미하는 것이 아니라는 것을 지적할 필요가 있다. 두 변량 X와 Y 둘 다 다른 변수에 의하여 좌우되는 경우에는 X와 Y의 값 사이에는 강한 상관성이 있을 것이나 한 변수의 값이 다른 변수의 값에 직접적인 영향은 줄 수는 없다. 예를 들면 하천의 홍수위과 건설공사 작업반의 생산성 간에는 높은 상관성을 가지고 있다. 왜냐하면 두 가지 모두 기후조건에 좌우되기 때문이다. 그러나 홍수위은 건설공사 작업반의 생산성에 직접적인 영향이 없으며 또한 이 반대도 마찬가지다. 예제 3.36에서 생각해 보자.

▶ 예제 3.36 어떤 캔틸레버보에 두 개의 무작위 하중 S_1과 S_2가 작용한다(그림 E3.36). 이 하중은 서로 통계적으로 독립이며 평균값과 표준편차는 각각 μ_1, σ_1과 μ_2, σ_2이다.

고정단에서의 휨 모멘트 M과 전단력 Q는

$$Q=S_1+S_2$$
$$M=aS_1+2aS_2$$

Q와 M 역시 확률변수며 평균과 분산은 다음과 같다(4.3.2절 참조).

$$\mu_Q=\mu_1+\mu_2 \quad \sigma_Q^2=\sigma_1^2+\sigma_2^2$$
$$\mu_M=a\mu_1+2a\mu_2 \quad \sigma_M^2=a^2(\sigma_1^2+4\sigma_2^2)$$

비록 S_1과 S_2는 통계적으로 독립이지만 Q와 M은 서로 상관되어 있다. 즉, 이 상관은 다음과 같이 구할 수 있다.

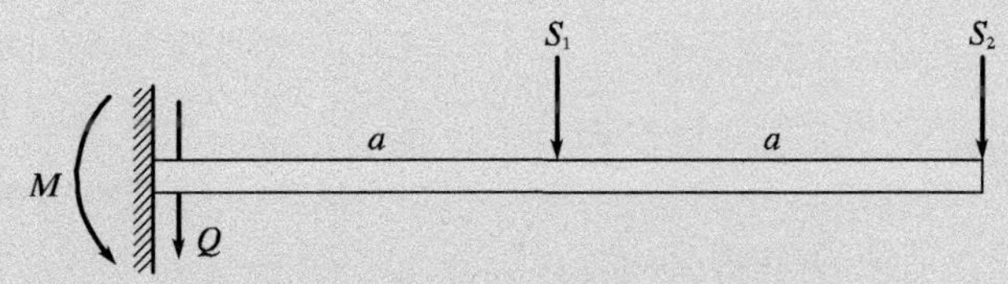

그림 E3.36 두 하중이 재하된 캔틸레버보

$$E(QM) = E[(S_1 + S_2)(aS_1 + 2aS_2)]$$
$$= aE(S_1^2) + 3aE(S_1 S_2) + 2aE(S_2^2)$$

그러나 $E(S_1 S_2) = E(S_1)\,E(S_2)$ 이며 $E(S_1^2) = \sigma_1^2 + \mu_1^2; E(S_2^2) = \sigma_2^2 + \mu_2^2$ 이므로

$$E(QM) = a(\sigma_1^2 + \mu_1^2) + 2a(\sigma_2^2 + \mu_2^2) + 3a\mu_1\mu_2$$
$$= a(\sigma_1^2 + 2\sigma_2^2) + \mu_Q\mu_M$$

그러므로

$$Cov(Q, M) = E(QM) - \mu_Q\mu_M = a(\sigma_1^2 + 2\sigma_2^2)$$

그리고 이에 대한 상관계수는

$$\rho_{QM} = \frac{Cov(Q, M)}{\sigma_Q \cdot \sigma_M} = \frac{\sigma_1^2 + 2\sigma_2^2}{\sqrt{(\sigma_1^2 + \sigma_2^2)(\sigma_1^2 + 4\sigma_2^2)}}$$

여기서 $\sigma_2 = \sigma_1$ 이면

$$\rho_{QM} = \frac{3}{\sqrt{10}} = 0.948$$

이것은 그 지점의 전단력과 휨모멘트 간에는 강한 상관관계가 있다는 것을 의미하며 이 관계는 Q와 M 모두 하중 S_1과 S_2의 함수이기 때문에 가능하다. 그러나 Q와 M 사이에 인과관계가 있는 것은 아니다. ◀

▶ 3.4 결 론

본 장에서는 여러 가지 매우 유용한 확률분포함수와 그 성질을 고찰하여 확률변수 및 관련 확률분포의 주된 개념을 살펴보았다. 그 중에서도 실제 문제에 광범위하게 사용되고 있는 정규분포(또는 가우스분포)와 대수정규분포를 가장 중요하게 검토

하였다. 여러 공학분야에 극치분포 또한 매우 중요하게 활용되고 있지만 극치분포는 자연 재해 등과 직접적인 관계를 가지므로 극치분포의 기본 내용이나 접근적 특성은 본 장 보다는 제4장에서 중점적으로 다루도록 하였다.

확률변수의 특성은 확률밀도함수 또는 누적분포함수 중 하나의 분포를 결정하면 완전히 기술할 수 있다. 혹은 확률변수의 평균값과 분산(혹은 표준편차)과 같은 확률변수의 특성값(main descriptors)으로도 근사적으로 표현할 수 있다. 확률변수가 2개 이상인 경우는 변량 간의 공분산이나 상관계수도 특성값에 포함하여야 한다.

이러한 내용은 제5장의 이론적 모델부분에서 더 자세히 논의된다. 일반적으로 확률변수의 확률분포와 모수 혹은 특성값을 이미 알고 있는 것으로 가정하지만, 실제 문제에서는 이 가정 또한 검증하는 절차가 반드시 필요하며 모수나 특성값의 적정성은 실제 데이타와 정보를 통해 분석되어야만 한다. 이 내용은 제6장과 제8장을 참조하기 바란다.

연습문제

3.1 공사계획 중 공정 A와 B의 기간이 각각 T_A, T_B이고 확률질량함수 그래프가 아래와 같을 때, T_A와 T_B가 통계적으로 독립적이며, 공정 B는 공정 A가 종료된 후 시작한다고 가정한다면, 두 공정을 모두 만족시키는 전체시간 T의 확률질량함수 그래프는 어떻게 그려지겠는가.

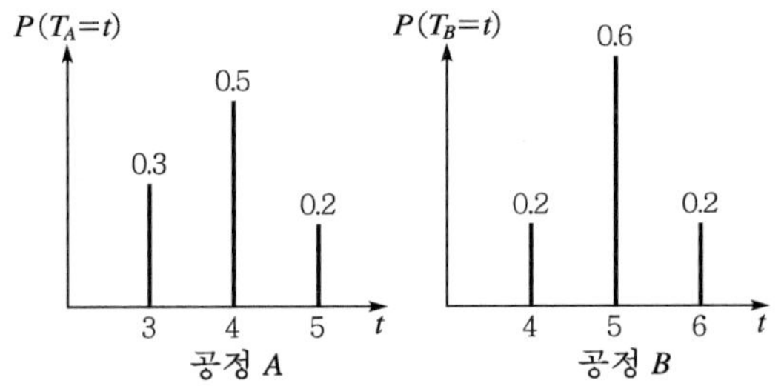

3.2 공사 이윤의 확률밀도함수가 아래와 같을 때,

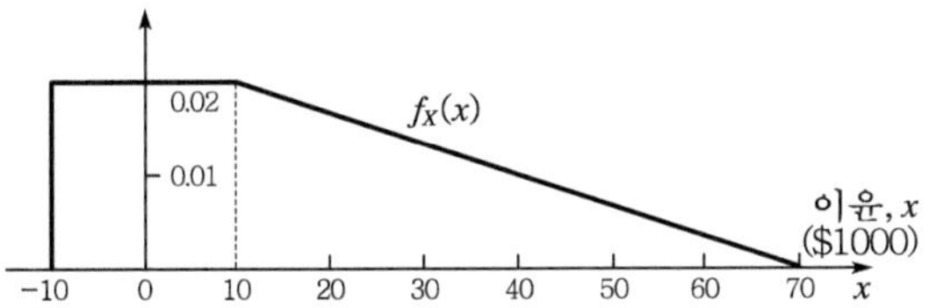

(a) 도급업자가 손해를 입을 확률은?

(b) 도급업자의 이익이 4만 달러 이상일 확률은?

3.3 일정 구획의 강우총유출량 $X(1\text{m}^3/\text{s})$는 확률변수를 이용해 다음과 같은 확률밀도함수로 표현된다.

$$f_X(x) = c\left(x - \frac{x^2}{6}\right); \qquad 0 \le x \le 6$$
$$= 0; \qquad \text{그 외의 경우}$$

(a) c값을 구하고, 확률밀도함수를 그려라.

(b) $4\text{m}^3/\text{s}$의 수용력을 갖는 파이프의 용량을 초과하여 유출수가 넘쳐흐를 때, 유출량이 $5\text{m}^3/\text{s}$보다 적을 확률은?

(c) 한 기술자가 파이프를 $5\text{m}^3/\text{s}$의 용량을 가진 것으로 교체하려고 한다. 폭풍우가 오기 전에 교체를 완료시킬 확률이 60%라고 한다면, 폭풍우에 의해 유출수가 넘치게 될 확률은?

3.4 강설량이 10inch가 넘을 경우 폭설로 규정하고 이때의 강설량을 X라고 할 때, 어느 도시의 X에 대한 누적분포함수가 다음과 같다고 한다.

$$F_X(x) = 1 - \left(\frac{10}{x}\right)^4 \qquad x \ge 10$$
$$= 0; \qquad x < 10$$

(a) X의 중앙값을 구하라.

(b) 폭설시 이 도시에 예상되는 강설량은?

(c) 강설량이 15inch가 넘을 경우를 대폭설이라고 규정한다면, 폭설이 대폭설의 경우일 확률은?

(d) 이 도시에 한 해 폭설이 0번, 1번, 2번 내릴 확률이 각각 0.5, 0.4, 0.1이라고 한다면, 한 해 동안 폭설이 내리지 않을 확률은? (폭설시 각 강설량은 통계적으로 독립적이라고 가정함)

3.5 $X = \dfrac{\text{과제의 최종금액}}{\text{과제의 견적금액}}$ 위와 같은 확률변수 X의 확률밀도함수가 아래와 같을 때,

$$f_X(x) = \begin{cases} 0 & x < 1 \\ 3/x^2 & 1 \le x \le a \\ 0 & x > 1.5 \end{cases}$$

(a) a값을 구하라.

(b) 과제의 최종금액이 견적가의 25%를 초과할 확률은?

(c) X의 평균값과 표준편차를 구하라.

3.6 어느 지역의 폭풍우 지속시간이 아래와 같은 확률밀도함수로 나타났다.

$$f_X(x) = \begin{cases} x/8 & 0 < x \le 2 \\ 2/x^2 & 2 < x < 8 \\ 0 & \text{그 외} \end{cases}$$

(a) 폭풍우의 평균 지속시간을 구하라.

(b) 폭풍우가 두 시간 전에 시작되었다고 가정한다면, 한 시간 안에 그칠 확률은?

3.7 미 북부지방 평지붕 빌딩의 연간 최대적설하중 X (lb/ft^2)가 아래와 같은 누적분포함수로 나타났다.

$$F_X(x) = 0 \qquad x \le 0$$
$$= 1 - \left(\frac{10}{x}\right)^4 \qquad x > 0$$

(a) 어느 빌딩의 설계적설하중이 30lb/ft^{2}일 때, 주어진 한 해에 지붕이 파괴될 확률은? (설계하중 초과 시 지붕파괴가 일어난다고 가정함) 5년 안에 지붕파괴가 일어날 확률은?

(b) 10년 동안 지붕파괴가 일어나지 않을 확률은?

3.8 어느 터널굴착공사의 1일 진척사항에 대한 누적분포함수가 다음과 같을 때,

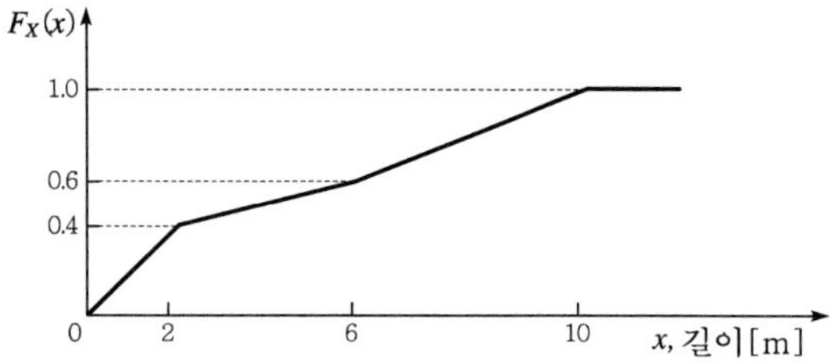

(a) 터널굴착작업 하루 작업량이 2~8m일 확률은?

(b) 1일 터널 굴착길이의 중앙값은?

(c) 1일 굴착작업에 대한 확률밀도함수 그래프를 그려라.

(d) 1일 터널 굴착길이의 평균은?

3.9 구조물의 최대하중 S(톤)를 연속확률변수로 놓을 때, 누적분포함수가 다음과 같다면,

$$F_S(s) = \begin{cases} 0 & s \le 0 \\ -\dfrac{s^3}{864} + \dfrac{s^2}{48} & 0 < s \le 12 \\ 1 & s > 12 \end{cases}$$

(a) S의 최고값과 평균값은 무엇인가.

(b) 구조물의 지지력 R을 이산확률변수로 놓을 때, 확률질량함수가 다음과 같다면, 구조물이 붕괴될 확률은 얼마인가(S가 R보다 클 확률).

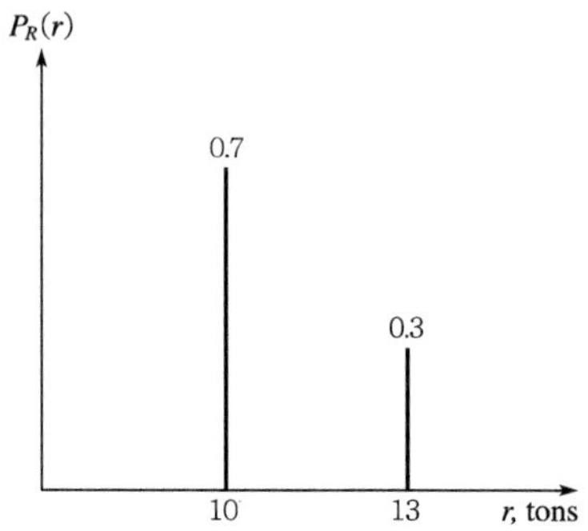

3.10 어느 강의 연간 최고 홍수위가 다음과 같은 누적분포함수를 가질 때,

$$F_X(x) = \begin{cases} 0 & x \le 0 \\ -0.0025x^2 + 0.1x & 0 < x \le 20 \\ 1 & x > 20 \end{cases}$$

(a) 확률밀도함수 $f_X(x)$를 그려라.

(b) 연간 최고 홍수위의 중앙값은?

3.11 용접한 부분의 균열의 크기(mm)를 확률변수 X로 정의할 때, 확률밀도함수는 다음과 같다.

$$f_X(x) = \begin{cases} x/8 & 0 < x \le 2 \\ 1/4 & 2 < x \le 5 \\ 0 & \text{그 외} \end{cases}$$

(a) 확률밀도함수와 누적분포함수를 그래프종이 위에 그려보라.

(b) 균열크기의 평균값은?

(c) 균열이 4mm보다 적을 확률은?

(d) 균열크기의 중앙값을 구하라.

(e) 용접부위에 4개의 균열이 나타났다고 가정할 때, 그 중 1개의 크기만이 4mm보다 클 확률은?

3.12 건물 지붕위에 작용하는 총 하중 X(톤)의 확률밀도함수가 다음과 같을 때,

$$f_X(x) = \begin{cases} 24/x^3 & 3 \le x \le 6 \\ 0 & \text{그 외} \end{cases}$$

(a) X의 누적분포함수를 그려보라. [$f_X(x)$]

(b) 총 하중의 기대값은 얼마인가.

(c) 총 하중의 변이계수는?

(d) 만약 지붕이 5.5톤까지 수용할 수 있다고 가정한다면, 지붕이 붕괴될 확률은 얼마인가.

3.13 어느 해양구조물이 200 년 파도를 견디도록 설계하여 실질적으로 30년만 운용하게 된다면,

(a) 첫해 운용시 설계한 값을 초과하는 파도로 피해를 입을 확률은?

(b) 이 해양구조물의 생애주기인 30년 동안 설계한 값을 초과하는 파도로 피해를 입지 않을 확률은?

3.14 100년 주기로 강도 높은 지진이 발생할 수 있는 지역에 50년의 생애주기를 갖는 건축물을 건설했

다. 지진간의 파괴에 대한 영향은 통계적으로 독립적이며, 건축물이 생애주기 동안 파괴되지 않을 확률을 0.99로 설정하였다고 한다면,

(a) 이 지역의 강진 발생을 베르누이 시행(Bernoulli sequence)로 나타낼 때, 한 번의 지진으로 건축물이 피해를 입을 확률은?

(b) (a)에서 도출한 피해 확률을 이용, 앞으로 20년 동안 건축물이 피해를 입을 수 있는 확률을 구하시오. (지진 발생은 포아송 과정(Poisson process)을 따르는 것으로 가정함)

3.15 어떤 항공기의 기계적 결함이 포아송 과정(Poisson process)을 따르고, 과거 기록에 비추어 볼 때 평균적으로 5000시간의 비행마다 한 번의 결함이 발행한다고 한다.

(a) 2500비행시간에 한 번씩 점검 및 정비가 이루어진다고 가정할 때, 기계적 결함이 발생할 확률은?

(b) 위의 정비기간을 준수할 경우, 같은 종류의 항공기 10대에서 기계적 결함이 총 두번을 넘지 않을 확률은? (항공기 간의 결함은 통계적으로 독립적임)

(c) 항공기의 안전을 위해 결함이 발생할 확률을 5% 이하로 줄이고자 한다. (a)의 정비기간이 어떻게 수정되어져야 하겠는가.

3.16 강재 보 제작 시 소량의 이물질(슬래그)이 섞이거나 미세균열이 발생하는 등의 결함이 발생할 수 있는데, 실험결과 미세균열간의 평균간격은 보의 길이방향으로 40ft였으며, 100ft 당 평균 4개의 슬래그를 포함하고 있는 것으로 나타났다(각 결함은 모두 포아송 과정(Poisson process)을 따르는 것으로 가정함).

(a) 보의 길이가 20ft일 때, 두 개의 미세균열이 발생될 확률은?

(b) 보의 길이가 20ft일 때, 하나 이상의 슬래그가 포함될 확률은?

(c) 20ft의 보에서 세 개 이상의 결함이 발견된 경우 폐기처분시킨다고 한다. 20ft의 보가 폐기처분될 확률은?

(d) 4개의 20ft 보 중에서 1개가 폐기처분 될 확률은? (각 보 간의 결함조건은 통계적으로 독립적임)

3.17 산업도시에서는 날씨조건이나 공장 생산량에 따라 공기의 질이 나빠질 수 있다. 오염된 공기가 포아송과정(Poisson process)에 따라 한달에 한번 평균율로 나타난다고 가정할 때, 오염된 공기에 노출되어있는 시간동안 그 오염물질의 농도가 인체에 위험한 수준에 이를 확률은 10%라고 한다(각 오염기간 사이의 오염물질의 농도는 통계적으로 독립적임).

(a) 4달 반 동안 공기가 오염되어 있는 기간이 두 번 이하일 확률은?

(b) 3달 동안 공기의 질이 인체에 위험한 수준까지 이를 수 있는 확률은?

3.18 홍수나 지진, 토네이도와 같은 자연재해에 대해서, 지진이 포아송 과정(Poisson process)으로 10년에 1의 평균율을, 토네이도 역시 포아송분포로 1년에 0.3의 평균율을 갖는다고 가정하고, 홍수는 매년 한번 발생하거나 혹은 발생하지 않기 때문에 베르누이 시행(Bernoulli sequence)을 따르며 평균 재현주기는 5년이라고 할 때(홍수, 지진, 토네이도는 각각 독립적으로 발생함).

(a) 한 해 동안 어떠한 재해도 입지 않을 확률은?

(b) 5년 중에서 2년 동안 어떠한 재해도 입지 않을 확률은?

(c) 한 해에 한 가지 재해만 발생할 확률은?

3.19 교차로에서의 교통사고 발생건수가 포아송 과정(Poisson process)을 따르며, 3년에 평균 1건 정도의 교통사고가 발생하고 있다고 한다.

(a) 5년 동안 교통사고가 한 건도 발생하지 않을 확률은?

(b) 교차로에서의 모든 교통사고가 5%의 치사율을 갖는다고 가정할 때, 위의 포아송 모형을 바탕으로 3년 동안의 교차로 교통사고 사망자수를 구하여라.

3.20 눈보라가 치는 날 고속도로 50mile 구간마다 한 건의 교통사고가 발생한다고 가정할 때, 30mile 구간에 대한 아래사항들을 검토하라(각 교통사고 발생은 포아송과정을 따름).

(a) 눈보라가 치는 날 한건 이상의 교통사고가 발생할 확률은?

(b) 눈보라치는 5일 중 2일이 교통사고가 없을 확률은? (눈보라치는 날 간의 사고는 통계적으로 독립적임)

3.21 교차로에서의 교통사고 발생은 포아송과정을 따르며, 평균 3년마다 한건의 교통사고가 발생하고 있다고 한다.

(a) 2달 동안 한 번의 사고가 발생할 확률을 구하고, 4달에 두 번의 사고가 발생할 확률과 같은지 비교하라.

(b) 교통사고가 20%의 치사율을 갖는다고 가정할 때, 교차로에서 2달 동안 발생할 수 있는 사망자 수는? (사고 간 사망자수는 통계적으로 독립적임)

3.22 어느 도시가 아래 그림과 같이 두 개의 강으로 경계를 이루고 있으며, 그에 따라 제방 A와 B가 각각 홍수에 대비하기 위해 재현주기 5년, 10년을 갖고 설치되어져 있다(두 강의 홍수는 통계적으로 독립적임).

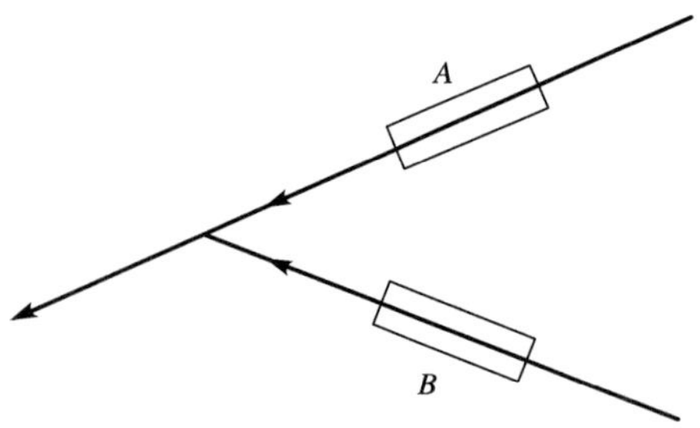

(a) 이 도시가 한 해에 홍수피해를 입을 확률은?

(b) 이 도시가 5년 중 최소 2년 이상 홍수피해를 입을 확률은?

(c) 주민들이 연간 홍수피해를 입을 확률을 15% 이하로 줄이고자 제방 A에 5백만 달러 혹은 2천만 달러를 투자하여 각각 재현주기 10년, 20년을 갖고 강의 범람을 수용할 수 있도록 하고, 제방 B에 천만 혹은 2천만 달러를 투자하여 각각 재현주기 20년, 30년을 갖고 홍수에 대비할 수 있도록 조정한다고 할 때, A와 B 각각 어떻게 투자하는 것이 가장 적절하겠는가.

3.23 어느 건물의 외관이 100개의 3m×5m 유리패널로 구성되어져 있다. 과거 기록으로 비추어볼 때 이 유리패널은 평균 $50m^2$마다 한 개의 결함이 발생되어지며 두 개 이상의 결함을 포함하고 있는 패널은 파손의 원인이 되기 때문에 교체되어야만 한다(결함 발생은 포아송과정을 따름).

(a) 패널이 교체될 확률은?

(b) 유리패널을 교체하는데 5천 달러의 비용이 소요된다고 한다면, 이 건물의 유리패널 교체에 소요되는 비용은 얼마정도로 예상할 수 있겠는가.

(c) 평균적으로 $80m^2$마다 한 개의 결함이 발생하는 고급 유리패널은 100달러가 더 비싸다. 유리패널에 대한 초기비용과 교체비용을 고려한 총 예상비용을 최소화하려면 어느 유리패널을 쓰는 것이 더 경제적이겠는가.

3.24 한 고속도로에서 평균 1분당 1대의 트럭이 지나가고 트럭의 무게는 각각 다르며, 과적트럭일 확률은 10%라고 한다(트럭교통량은 포아송과정을 따름).

(a) 5분 동안 두 대 이상의 트럭이 적재하중측정소를 지나갈 확률은?

(b) 적재하중측정소를 지나는 다섯 대의 트럭 중 한 대 이하의 트럭이 과적차량일 확률은?

(c) 적재하중측정소가 점심시간인 관계로 30분간 측정을 못한다고 할 때, 그 시간동안 과적트럭이 측정소를 지나칠 확률은?

3.25 지난 20년간 어느 지역에 20개의 토네이도가 발생했으며, 한 해에 최소 1개 이상의 토네이도가 발생했다면 그 해는 토네이도 년도로 분류한다고 한다(토네이도의 발생은 포아송과정을 따름).

(a) 이듬해가 토네이도 년도일 확률은?
(b) 3년 동안에 2개의 토네이도 년도가 있을 확률은?
(c) 10년 동안 평균적으로,
(1) 얼마나 많은 토네이도가 발생될 것이라고 예상해볼 수 있는가.
(2) 얼마나 많은 토네이도 년노가 예상되는가.

3.26 어느 대도시 지역에 강진이 포아송과정을 따라 평균적으로 50년에 한번 발생하고, 강진발생시 0.3의 확률로 붕괴될 가능성이 있는 세 개의 다리가 있다고 한다(강진 발생시 다리간의 붕괴는 통계적으로 독립적임).
(a) 20년 동안 강진이 한번 이하로 발생할 확률은?
(b) 강진 발생 시 세 개의 다리중 하나가 붕괴될 확률은?
(c) 20년 동안 다리가 붕괴되지 않을 확률은?

3.27 땅속에 있는 파이프라인은 무분별한 굴착작업에 의해 손상되곤 한다. 100mile의 파이프라인으로 구성되어져 있는 시스템이 있는데, 매년 파이프라인을 따라 평균 50mile에 1번 굴착작업이 이루어진다고 한다. 굴착작업 수는 포아송과정을 따르며, 굴착 시 파이프라인이 손상을 입을 확률은 40%라고 가정한다(굴착간의 손상은 통계적으로 독립적임).
(a) 이 파이프라인을 따라 내년에 적어도 두 번 이상 굴착작업이 행해질 확률은?
(b) 두 번의 굴착 작업 시 파이프라인이 파손될 확률은?
(c) 내년 굴착 작업에 의해 파이프라인이 손상되지 않을 확률은?

3.28 용접부위의 결함이 포아송과정에 따라 평균 용접부위 1foot당 0.1의 확률로 발생한다고 한다.
(a) 일반적인 구조물의 연결부위에 30inch의 용접이 필요하고 각 연결부위는 결함이 없어야 승인이 된다. 용접부위가 승인될 확률은?
(b) 비슷한 구조물 3개의 연결부위 용접작업이 있다. 두 개 이상의 용접부가 승인을 받을 확률은?
(c) 3개의 용접부 중 총 1개의 결함이 발생할 확률은?

3.29 다음은 도시 A에 10년 동안 발생했던 홍수에 대한 기록이다(홍수발생은 포아송과정을 따름).

년	홍수발생	년	홍수발생
1994	1	1999	0
1995	0	2000	2
1996	1	2001	0
1997	1	2002	0
1998	0	2003	1

(a) 위 홍수 자료에 기초하여 앞으로 3년간 이 도시에 1~3번 홍수가 발생할 확률을 구하라.
(b) 도시의 위쪽에 하수처리시설이 위치해있는데, 홍수 시 이곳이 침수될 확률은 0.02이다. 하수처리시설이 5년간 침수되지 않을 확률은?

3.30 고속도로상의 교통사고는 부상이 있는 사고와 부상이 없는 사고로 분류된다. 한 해 동안 이 두 종류 사고의 발생률은 1mile당 각각 0.01, 0.05였다. 50mile정도 떨어져 있는 두 도시를 잇는 고속도로에 대하여 다음 사항들을 검토하라(각 종류 사고발생은 포아송과정을 따른다고 가정함).
(a) 한 해 동안 두 건의 부상 없는 사고가 발생할 확률은?
(b) 한 해 동안 총 세 건 이상의 교통사고가 발생할 확률은?
(c) 작년에 총 두 건의 교통사고가 발생했다고 할 때, 두 사고 모두 부상이 있는 사고였을 확률은?

3.31 일리노이주 피오리아에서 두 시즌[겨울(10월~3월), 여름(4월~9월)]동안 발생하는 뇌우가 포아송과정을 따르며, 21년간 겨울철에 총 173번, 여름철에 총 840번의 뇌우가 발생했다고 한다.
(a) 겨울철과 여름철의 월간 평균 뇌우 발생율을 각각 구하여라.
(b) 3월과 4월 2달 동안 총 4번의 뇌우가 발생할 확률은?
(c) 5년 중 2년이 12월에 뇌우가 발생하지 않을 확률은?

3.32 지오멤브레인(geomembrane)은 불투과성 벽으로써 효과적인 방수성능을 갖고 있지만, 이음매를 따라 결함이 발생 할 수 있기 때문에 전체적으로 잘 이어질 수 있도록 시공해야 한다. 이음작업의 질에 따라 결함이 발생하게 되는데, 총 3000m의 이음매가 필요한 쓰레기매립장 건설공사인 경우, 평균적으로 200m당 한 개의 결함이 발생한다고 한다. 지오멤브레인층은 설치 이후 바로 검사가 실시되는데, 검사 시에 발견된 결함들은 충분히 수리되어질 수 있지만 일부 검사시에 발견되지 못한 결함들은 그대로 남아 지오멤브레인의 방수역할을 저하시키는 요인이 된다고 한다. 현 검사절차로는 전체결함 중 20%의 결함을 발견하지 못한다고 가정해보겠다.

(a) 검사 후 남게 되는 결함들의 평균율은 얼마인가.

(b) 발견되지 않고 남겨지게 되는 결함들이 포아송과정을 따른다고 할 때, 방수층에 두 개 이상의 결함이 남을 확률은?

(c) 비슷하지만 조금 작은 1000m의 이음매를 가진 공사가 있다고 한다. 이 공사는 조금 까다로워서 검사 후에 총 95%의 무결점성을 가져야만 한다고 한다. 검사전후의 결함에 대한 평균율은 같지만, 검사절차는 개선되어질 수 있다고 할 때, 개선된 검사절차를 통해 어느정도의 결함이 더 발견되어져야 하는가.

3.33 어느 비행기를 기다리는 시간이 평균 0.5시간의 지수분포를 따른다고 한다. 이 비행기를 타려던 열 명의 승객이 다음 연결항공편 비행기를 타고자 하는데, 환승소요시간은 마지막 종착점에 따라 각각 1시간 내지 2시간이라고 한다. 10명 중 3명, 7명이 각각 1시간, 2시간의 환승소요시간을 갖는 연결항공편을 선택하였다고 할 때,

(a) 연결항공편을 타려고 하는 John이라는 사람이 자신의 연결항공편을 놓칠 확률은?

(b) 그가 Mike를 비행기에서 보기로 했는데, Mike도 마찬가지로 연결항공편을 타려고 한다. 그런데 Mike는 다른 종착지를 가진 비행기를 선택하여 John과 다른 환승소요시간을 갖게 되었다. John과 Mike 모두 그들의 연결항공편을 놓칠 확률은?

(c) Mary라는 John의 친구가 John이 경유하고자 하는 공항에 가까이 살고 있는데, 현재 그녀는 공항에서 John을 만나고자 원래 예정되어있던 시간부터 30분째 기다리고 있다고 한다. John이 연결편을 놓쳐 둘의 오붓한 저녁식사가 취소될 확률은? (John의 환승소요시간은 1시간 이라고 가정함)

3.34 공급업체가 제공하는 철근 중 2%는 요구성능을 만족시키지 못한다고 한다. 어느 철근콘크리트구조 공사현장에 1000개의 철근이 도착하여 시공회사에서 그 중 20개를 선택하여 요구성능을 만족시키는지 시험해보았다. 결함있는 철근이 2% 존재한다고 가정했을 때,

(a) 20개의 철근 모두 정상일 확률은?

(b) 적어도 두 개 이상의 철근이 불량일 확률은?

(c) 시공업체가 공급업자로부터 90%의 품질보증을 받았다면 몇 개 철근이 불량 없이 통과되어야 하겠는가.

3.35 아래와 같은 일방통행도로에서의 교통이 포아송과정을 따르며 분당 평균 10대의 차가 지나간다고 한다. 현재 한 운전자가 15초의 여유시간이 주어지면 건너가고자 대기하고 있다고 할 때,

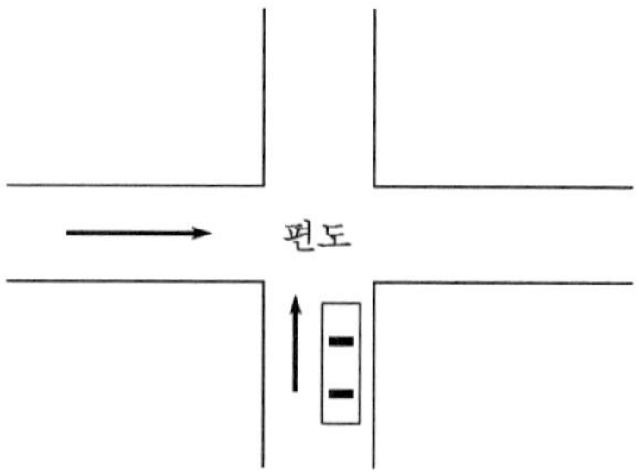

(a) 여유시간이 15초 이상일 확률은?

(b) 운전자가 네 번째의 여유시간에 길을 건널 확률은?

(c) 운전자가 길을 건너기까지 겪을 여유시간의 평균 개수는?

(d) 운전자가 4개의 여유시간 안에 길을 건널 확률은?

3.36 어떤 재료에 존재하는 균열의 길이가 평균 71μm이고, 분산은 6.25라고 한다.

(a) 74μm를 넘는 균열은 몇 %인가.

(b) 72μm를 넘는 균열 중에서 77μm를 넘는 균열은 몇 %인가.

3.37 아래의 공정표와 같은 공사가 있다. 단위작업A와 B는 서로 독립적인 작업으로써, 0의 날짜에 동시에 시작하도록 계획되어져 있고, 노드 a는 A와 B의 작업이 모두 완료되었음을 나타내며, 단위작업 C는 작업 A와 B가 모두 완료된 후에만 시작할 수 있다. 단위작업에 필요한 모든 공정기간들은 정규확률변수로 나타내어진다.

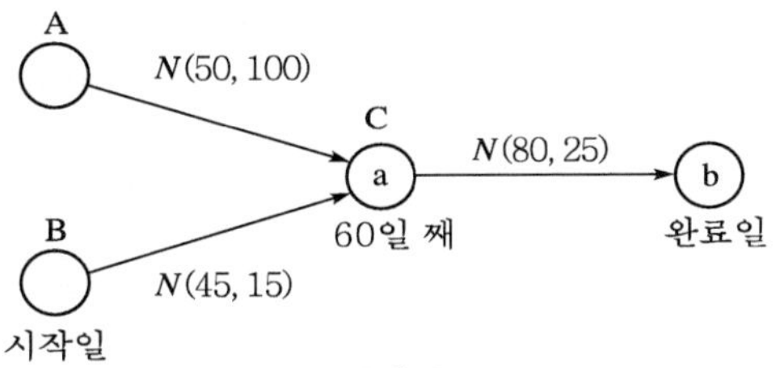

공정표

노드 a의 단위작업 C는 60일째에 시작되도록 계획되어져 있으며, 만일 지연이 있을 경우 다른 계획들의 자원을 재분배해야 하기 때문에 계획한 시작날짜로부터 15일 동안은 작업을 시작하지 못한다고 한다.

(a) 단위작업 C가 계획대로 60일째에 시작될 확률은?

(b) 이 공사가 예정대로 150일에 완료될 확률은?

3.38 어느 공항의 1일 피크타임(시간단위)의 교통량(이착륙 량)이 평균 200대인 정규분포를 따르며 표준편차는 60대라고 할 때,

(a) 현재 활주로 수용량이 시간당 350대라면 이 공항에 교통혼잡이 있을 확률은? (하루 한 번의 피크타임이 있다고 가정함)

(b) 평균 교통량이 연간 10%씩 증가하고 있다면, 10년 후의 교통혼잡 확률은? (변동계수(c.o.v)는 그대로 유지함)

(c) 예상한 만큼 10년 후 교통량이 증가한다면, 현재의 서비스 조건을 유지하기 위해 어느정도의 수용능력이 더 요구되어지는가.

3.39 어느 공항에 남북방향과 동서방향의 활주로가 있는데, 바람의 영향으로 남북활주로는 80%, 동서활주로는 20%정도의 확률로 사용되며, 그날의 활주로는 아침시간의 바람에 따라 선택되어진다고 한다. 이 공항은 오후 4시부터 5시까지 한 시간 동안의 피크타임이 있는데, 피크타임의 교통량은 날마다 상황에 따라 다르고, 표준변수 N(100,10)으로 나타날 수 있다고 한다. 또한 남북활주로와 동서활주로는 피크타임에 각각 최대 120대와 115대의 비행기를 수용할 수 있다고 한다.

(a) 남북활주로를 사용할 경우, 그날 활주로에 교통혼잡이 있을 확률은?

(b) 동서활주로를 사용할 경우, 그날 활주로에 교통혼잡이 있을 확률은?

(c) 어느 활주로를 사용할지 모를 때, 그날 공항에 교통혼잡이 있을 확률은?

3.40 한 기술자가 어떤 구조물의 정착침하량이 95%의 확률로 2inch를 넘지 않을 것이라고 추정하고, 비슷한 구조물들에 대한 기록을 통해 정착침하에 대한 변이계수가 약 20%라는 것을 알아내었다. 이 구조물의 정착침하량이 정규분포를 따를 때, 2.5inch 이상의 침하량을 가질 확률은?

3.41 한 여학생이 자신이 만든 콘크리트실린더를 가지고 내구성 측정대회에 참가를 하게 되었다. 이 여학생은 참가자 중 가장 마지막 순번이며, 현재까지 1, 2등 기록은 각각 100kips, 70kips라고 한다. 이 여학생의 콘크리트실린더의 내구성이 정규분포를 따라 kips당 $N(80,\ 20)$으로 나타난다고 할 때,

(a) 그녀가 2등 할 확률은?

(b) 그녀의 실린더가 현재 90kips의 하중에서도 견디고 있다. 그녀가 1등을 할 확률은?

(c) 그녀의 남자친구가 그녀와 다른 방법으로 그녀보다 내구성이 1% 크고 변동계수(c.o.v)는 50% 큰 실린더를 제작했다. 둘 중 누가 더 좋은 성적을 거두겠는가. 그 이유를 설명하라.

3.42 파도에 견뎌낼 수 있도록 설계되어진 한 해양구조물이 있다.

(a) 연간 최대 파고(평균바다의 높이에 대한)는 가우스분포를 따르고, 평균 높이는 4.0m, 변동계수는 0.80인 확률변수이다. 어떤 한 해에 파고가 6m를 넘을 확률은?

(b) 만약 구조물이 80%의 확률로 재현주기 3년의 파고에 대해 견딜 수 있도록 설계되어졌다면, 구조물의 높이가 평균바다의 높이보다 얼마나 높아야 하겠는가(연간 파고의 높이는 통계적으로 독립적임).

(c) 6m가 넘는 파도의 발생이 포아송과정을 따르며, 이러한 파도가 구조물에 손상을 입힐 확률이 0.40이라고 한다. 구조물이 3년 동안 손상을 입지 않을 확률은? (파도 간 구조물의 손상은 통계적으로 독립적임)

3.43 어느 도시의 1일 대기 중 아황산가스(SO_2)의 농도가 정규분포를 따라 평균 0.03ppm, 변동계수 40%로 나타났다. 아황산가스의 농도는 매일 통계적으로 독립적이라고 가정할 때, 다음의 공기청정 기준을 참고하여 질문에 답하라.

1. 주간 아황산가스 농도는 평균 0.04ppm을 넘어서는 안된다.
2. 주중 하루 이상 아황산가스의 농도가 0.075ppm를 넘어서는 안된다.

이 도시는 둘 중 어떤 기준을 더 위반하고 있는가. 확률로 계산하여 답을 입증하라.

3.44 오수유량 배출규정이 14unit일 때, 어느 공장의 일일 오수유량이 정규확률변수로써 평균값 10unit와 변동계수 20%의 값을 갖는다고 한다(일별 오수유량은 통계적으로 독립적임).

(a) 측정한 날의 오수유량이 규정을 벗어날 확률은?

(b) 3일간의 오수유량 측정치로 규정이 적용되는데, 관찰된 3일 내 규정을 초과하여 오수를 배출한 것이 발견되면 규정위반으로 벌금을 내야만 한다. 공장이 벌금을 내지 않을 확률은?

(c) 오수유량측정기간을 5일로 늘려 그 중 하루 이상 규정을 위반했을 경우 벌금을 물도록 해야 한다는 안이 있다. 공장입장에서는 규정이 바뀌는 것이 유리한가. 이유는 무엇인가.

(d) 공장이 1일 오수유량의 편차를 줄이지는 못하지만, 화학공정을 통해 일일 평균 오수유량을 줄일 수는 있다고 한다. 이 공장이 규정을 위반할 확률을 1%로 제한시키고자 결정하였다면 일일 평균 오수배출량은 어떻게 바뀌어야 하겠는가.

3.45 어느 지역의 강진 발생 시점 사이의 기간이 로그정규분포를 따르며 40%의 변이계수를 가질 때, 예상되는 강진 간 휴식기간이 80년이라고 한다.

(a) 이 로그정규분포를 따르는 재발시간 T의 한도를 구하라.

(b) 강진발생 후 20년 안에 또 강진이 발생할 확률은?

(c) 100년 전에 강진이 일어났다고 가정할 때, 내년에 강진이 일어날 수 있는 확률은?

3.46 어느 하천의 1일 평균 오염농도가 평균 60mg/l, 변동계수 20%의 값을 갖는 로그정규분포를 따른다고 한다.

(a) 하천의 1일 평균 오염농도가 100mg/l를 넘을 확률은?

(b) 한 주 동안 1일 평균 오염농도가 100mg/l를 넘는 날이 없을 확률은? (일별 오염농도는 통계적으로 독립적임)

3.47 지표면으로부터 비정형적인 암반층까지의 깊이인 H는 로그정규확률변수로써 20m 깊이의 중앙값과 30%의 변동계수를 갖는다. 충분한 지지를 위해 강관말뚝은 아래 그림과 같이 0.5m 깊이로 암반층에 박아져야 한다.

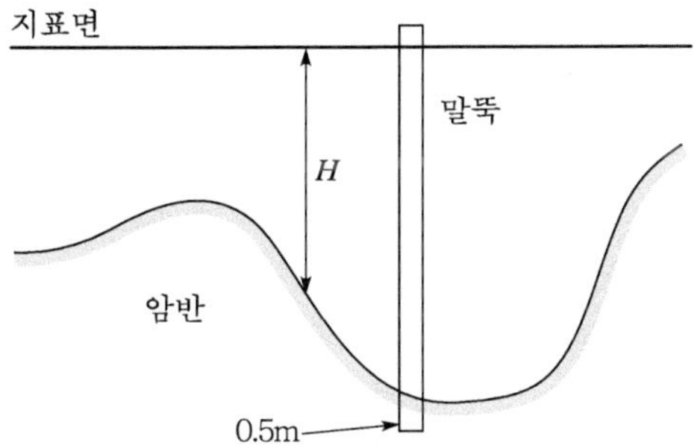

(a) 25m 길이의 말뚝이 암반층에 충분히 박히지 않을 확률은?
(b) 25m 길이의 말뚝을 24m 깊이까지 땅속에 박았으나 암반층에 도달하지 못했다고 한다. 말뚝을 용접하여 원래 길이보다 2m를 더 길게 했을 때, 암반에 충분히 지지될 확률은?

3.48 송전탑을 지지하는 말뚝의 지지력이 평균 100톤, 변동계수 20%인 로그정규확률변수로 나타내어질 수 있다고 할 때,
(a) 말뚝이 100톤의 하중을 견뎌낼 확률은?
(b) 말뚝설치 중 말뚝재하시험을 통하여 말뚝이 최소 75톤을 지지할 수 있다는 것을 알게 되었다면, 이 말뚝이 100톤의 하중을 견뎌낼 확률은 얼마인가.
(c) 최근 말뚝에 90톤의 하중을 전달하는 허리케인을 견뎌냈다고 할 때, 이 말뚝이 100톤의 하중을 견뎌낼 확률은?

3.49 어느 도시에 발생하는 토네이도 바람의 최대속도는 로그정규분포를 따르며, 평균은 90mph, 변동계수는 20%라고 한다.
(a) 토네이도 발생시, 바람의 최대속도가 120mph를 넘을 확률은?
(b) 복귀주기가 100년인 토네이도 바람의 속도를 설계하라. (매년 하나의 토네이도가 이 도시에 발생한다고 가정함)

3.50 어느 컴퓨터의 무고장 기간이 감마분포에 따라 40일의 평균값과 10일의 표준편차 값을 갖으며, 가끔 95%의 확률을 갖는 유지보수 서비스를 받는다고 한다.
(a) 유지보수 서비스를 얼마나 자주 받아야 하겠는가. (힌트 : 평균값은 40일이다.)
(b) 지금까지는 컴퓨터 상태가 양호하여 정기점검 시에도 수리할 부분이 없었다고 한다. 정기 점검이후 1주일 내에 컴퓨터가 고장 날 확률은?
(c) 어느 회사에서 이 컴퓨터 세 대를 한 번에 구입하여 같은 환경에서(작업량, 점검일정) 사용했다고 한다. 적어도 한 개 이상의 컴퓨터가 첫 점검일 전에 고장 날 확률은? (컴퓨터간의 고장 발생은 통계적으로 독립적임)

3.51 지진발생시 어느 건물의 내진성능이 감마분포를 따르며 평균값은 2500톤, 변동계수는 35%라고 한다.
(a) 이 건물이 1500톤 급의 지진을 견뎌냈다고 가정할 때, 3000톤 급의 지진도 견뎌낼 확률은?
(b) 2000톤 급의 지진발생이 포아송과정을 따를 때, 예상되는 지진 발생 건수는 20년에 한번이라고 한다. 50년의 건물생애주기 동안 건축물이 지진으로 인한 피해를 입지 않을 확률은?
(c) 위와 같은 내진성능을 가진 5개의 비슷한 건물들 중 적어도 4개의 건물이 2000톤급의 지진 후에도 건재할 확률은? (각 빌딩들 간의 내진성능은 통계적으로 독립적임)

3.52 어느 항구에 상선이 하역작업을 위해 정박을 기다리고 있다. 각 배들의 하역작업은 1일에서 3일의 상대적인 가능성을 두고 보통 2, 3일이 소요되며, 부두에는 하나의 적재 크레인과 세척의 배가 정박할 수 있는 계류장이 있다(상선 간의 작업시간은 통계적으로 독립적임).

대기 값 (배의 수)	확 률
0	0.1
1	0.3
2	0.4
3	0.2

(a) 두 척의 배가 대기하고 있고, 첫 번째 배의 하역작업이 이제 막 시작하려고 한다면, 이 배의 항구 도착 시점부터 하역작업 시작 전까지의 총 대기시간이 5일이 넘을 확률은?

(b) (a)에서 대기 중인 배가 현재 몇 척인지 모른다고 할 때, 이 상선의 총 대기시간이 5일 보다 더 길 확률은?

(c) 하역작업시간이 베타분포확률변수이고 최소 및 최대 작업시간이 각각 1.5, 4일이며, 형상모수는 3.00, 4.50이라고 한다. 이 경우의 (b)의 값을 구하라. (상선 간 작업시간은 통계적으로 독립적임) (제5장 참조)

3.53 시간당 1000대의 자동차를 수용할 수 있는 다리가 있다. 이 다리의 일일 최대 교통량은 베타분포를 따르며 시간당 최저 및 최대 교통량은 각각 600대, 1100대이고, 시간당 평균 교통량은 750대, 변동계수는 0.20이라고 한다. 교통량이 다리의 수용량을 넘어서거나 사고가 발생했을 시 교통체증이 나타나게 되는데, 다리위에서 사고가 발생할 확률은 최대 교통량일 때 0.02라고 한다(최대교통량과 사고발생은 통계적으로 독립적임).

(a) 다리에서 교통체증이 발생할 확률은?

(b) 다리에서 교통체증이 발생했을 경우 이것이 사고로 인한 체증일 확률은?

3.54 통계적으로 20%의 공과대학 신입생들이 1년 후에 휴학을 한다고 한다. 공과대학 소속의 어느 과에 30명의 신입생이 들어왔다면, 임의의 8명 중 2명의 학생이 1년 후 휴학할 확률은?

3.55 고속도로 시공업체가 장비대여회사로부터 10대의 굴착기를 주문했다. 통계적으로 이 굴착기의 무고장기간은 평균 35일이고, 변동계수는 0.25라고 한다. 무고장기간의 분포가 감마분포를 따른다고 할 때,

(a) 굴착기가 40일 동안 고장 없이 작동할 확률은?

(b) 대여업체가 50대의 굴착기를 가지고 있는데, 이 중 10%의 무고장기간이 40일보다 적다고 한다. 대여한 10대의 굴착기 중 2대의 굴착기가 40일 안에 고장 날 확률은?

3.56 지진대에 위치한 어느 건축물의 내진성능이 로그정규분포로 나타나며, 중앙값 6.5, 표준편차 1.5를 갖는다고 한다. 예상할 수 있는 최대 지진 강도가 5.5라고 할 때,

(a) 최대 강도의 지진발생 시, 이 건축물이 피해를 입을 확률은?

(b) 이 건축물이 진도 4.0의 지진에 아무런 피해도 입지 않았다고 할 때, 최대 강도의 지진발생 시 피해를 입을 확률은?

(c) 최대 강도 지진 발생은 포아송과정을 따르며, 복귀주기는 500년이라고 한다. 지진간의 피해가 통계적으로 독립적일 때, 이 건물의 생애주기 100년 동안 지진에 의한 피해를 입지 않을 확률은?

(d) 이 지역에 같은 구조의 건축물 5동이 있다고 가정 할 때, 적어도 2동 이상의 건축물이 100년 동안 피해를 입지 않을 확률은? (건물들 간의 피해는 통계적으로 독립적임)

3.57 아래 그림과 같이 급배수관망이 구성되어 있고, 원활한 물 공급을 위해 각 분기점에서는 압력양정이 이루어지는데, 평균 6~14unit의 압력이 작용해야 물 공급이 원활히 이루어질 수 있다고 한다. 분기점 A의 압력이 로그정규분포를 따르며, 평균값은 10unit, 변동계수는 20%라고 할 때,

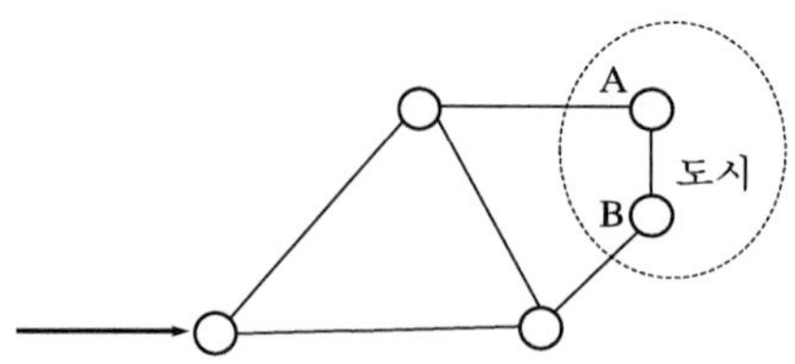

(a) A의 압력양정 성능이 만족스러울 확률은?

(b) 이 도시는 A와 B를 통해 물을 공급받고 있다. 보통, B는 90% 확률로 평균범위의 성능을 발휘하며, B의 압력은 A의 압력에 영향을 받아 A가 평균범위 보다 떨어진 성능을 보일 때, B가 제 기능을 발휘하지 못할 확률은 평상시보다 두 배 더 떨

어진다고 한다. 이 도시에 물 공급이 원활히 이루어지기 위해서는 A와 B 둘 중 적어도 하나는 평균범위의 압력을 유지해야 한다고 할 때, 이 도시에 물 공급이 원활하지 못할 확률은?

(c) 아래와 같은 방법으로 물 공급 성능을 향상시킬 수 있다고 할 때, 둘 중 어느 방법을 사용할 때 이 도시에 보다 효과적인 물 공급이 이루어지겠는가. 그 이유를 설명하라.

(1) A의 압력에 대한 변동계수를 10%로 줄인다.

(2) B가 평균범위의 성능을 발휘할 확률을 95%로 올린다.

3.58 A, B 두 저수지의 1일 수위가(각각 모든 조건에서 정규성을 갖음) 아래와 같은 확률밀도함수를 갖는 X, Y의 확률변수로 표현된다고 할 때,

$$f(x,y) = (6/5)(x+y^2), \quad 0 < x < 1; \quad 0 < y < 1$$

(a) 저수지 A의 1일 수위에 대한 주변밀도함수를 구하라.

(b) 저수지 A가 절반 차있을 때, 수위가 절반 이상일 확률은?

(c) 두 저수지간의 수위에 통계적인 상관관계가 존재하는가.

3.59 어느 지역에서 발생하는 폭풍우에 의한 강수량의 결합확률밀도함수 X(in)와 유출량 Y(cft)가 아래와 같다고 할 때,

	X=1	X=2	X=3
Y=10	0.05	0.15	0.0
Y=20	0.10	0.25	0.25
Y=30	0.0	0.10	0.10

(a) 폭풍우에 의한 강수량과 유출량이 각각 2inch, 20cfs 이상일 확률은?

(b) 폭풍우가 지나간 후 우량계에 나타난 강수량이 2inch였다면, 이 폭풍우에 의한 유출량이 20cfs 이상일 확률은?

(c) X와 Y가 통계적으로 독립적인가? 그 이유를 설명하라.

(d) 유출량의 주변확률밀도함수 그래프를 그려라.

(e) 강수량이 2in일 때, 유출량의 확률밀도함수를 그려라.

(f) 강수량과 유출량간의 상관계수를 구하라.

▶ 참고문헌

Ang, A. H-S., "Baees for Reliabilty Approach to Structural Fatigue," Proc. 2nd. Inf. Conf. on Structural Safety and Reliability, ICCOSSA'R' 77,Munich, Germany, Werner-Verlag, Dusseldorf, Sept. 1977.

Ang, A.H-S., and Tang, W.H, "Probability Concepts in Engineering Planning and Design," Vol. 2, *Decision, Risk and Reliability*, John Wiley & Sons, New York, 1984.

Elderton, W.P, *Frequency Curves and Correlation*, 4th ed., Cambridge University Press, Cambridge, England, 1953.

Hardy, G.H, Littlewood, J.E, and Polya, G., *Inequalities*, Canbridge University Press, Cambridge, England, 1959.

Harter, H.L, *New Tables of the Incomplete Gamma Function Ratio and of Percentage Points of the Chi-square and Beta Distributions*, Aerospace Research Laboratories, U.S. Air Force, U.S Government Printing Office, Washington, D.C., 1963.

Kaplan, W., *Advanced Calculus, Addison-Wesley Publishing* Co., Cambridge, MA, 1953.

Pearson, E.S, and Johnson, N.L, *Tables of the Incomplete Beta Function*, 2nd ed., Cambridge University Press, Cambridge, England, 1968.

Ruhl, J.A., and Walker, W.H., "Stress Histories for Highway Bridges Subjected to Traffic Loading." *Civil Engineering Studies, Structural Research Series No. 416*, University of Illinois at Urbana Champaign, March 1975.

Zhao, Y.G, and Ang, A.H-S., "Three-Parameter Gamma Distribution and Its Significance in Structural Reliability," *Computational Structural Engineering, An International Journal*, Vol. 2, Seoul, Korea, 2002.

CHAPTER 4

확률변수의 함수

4.1 서 론

많은 공학 문제들은 종종 하나의 종속변수와 한 개 또는 그 이상의 독립변수*들 사이의 함수관계를 결정하는 작업과 관련된다. 본 장에서는 하나 또는 그 이상의 확률변수로 구성된 함수에 대해서 소개한다. 독립 변수가 확률변수인 경우 종속변수도 역시 확률변수가 된다. 확률분포 뿐 만 아니라 적률(moments)도 기본 변수와 함수적인 관계를 갖게 되고, 기본 확률 변수로부터 유도된다. 간단한 예로, 캔틸레버보의 연단에 작용하는 집중하중P를 받고 있는 길이 L인 캔틸레버보의 처짐 D는, 재하되었을 때(앞의 예제 1.2 참조), 집중하중 P와 보의 재료적 특성인 탄성계수 E와 함수관계를 갖는 다음 식으로 표현될 수 있다.

$$D = \frac{PL^3}{3EI}$$

여기서 I는 보의 단면 2차모멘트이다. 분명, P와 E(건설용 목재와 같은 재료의 탄성계수)가 모두 확률변수이고, 각각의 확률밀도함수 PDF $f_P(p)$와 $f_E(e)$을 가지고 있다면, 처짐 D도 역시 P와 E의 확률밀도함수로부터 유도될 수 있는 확률밀도함수 $f_D(d)$를 가진 확률변수가 될 것이다. D의 (평균과 분산과 같은)모멘트도 역시 P와 E 각각의 모멘트의 함수로도 유도될 수 있다. 이 장에서는 이와 같은 목적을 위해 필요한 개념과 절차를 유도하고 설명하기로 한다.

* 역자 주 : 기본변수라고 하기도 한다.

▶ 4.2 유도된 확률분포(Derived Probability Distribution)

4.2.1 단일 확률변수의 함수

다음과 같은 단일 확률변수의 함수를 고려해 보자.

$$Y = g(X) \tag{4.1}$$

이 경우에 $Y = y$일 때, $X = g^{-1}(y)$이다. 이때 g^{-1}는 g의 역함수이다. 만약 역함수 $g^{-1}(y)$가 단일근을 가지며 (단조증가함수이며) 그래서 유일한 해를 갖는다면,

$$P(Y = y) = P\ [X = g^{-1}(y)]$$

따라서, Y의 PMF는 다음과 같다.

$$p_Y(y) = p_X[g^{-1}(y)] \tag{4.2}$$

이산형 확률변수 X의 함수인 변량 Y의 예로서 아래 관계를 고려해 보자..

$$Y = X^2,\ x \geq 0\text{일때},$$

X의 PMF는 왼쪽 아래 그림처럼 주어졌다고 가정한다.

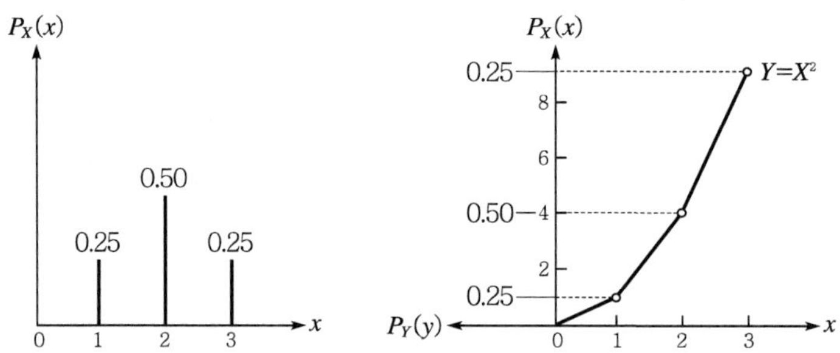

이 경우에 식 (4.2)에 따라 $x = 1,\ y = 1$일 때, $p_Y(1) = p_X(1) = 0.25$이고, 반면 $y = 4$일 때, $p_Y(4) = p_X(2) = 0.5$이고, $y = 9$일 때 $p_Y(9) = p_X(3) = 0.25$라는 것을 알 수 있다. 그리고 Y의 다른 모든 값에 대해서는 확률밀도함수가 0이다. 예를 들어 $p_Y(5) = p_X(\sqrt{5}) = p_X(2.24) = 0$이다. Y의 PMF는 위 오른쪽 그림과 같으며 다음 식을 따른다.

$$P(Y \leq y) = P\ [X \leq g^{-1}(y)],\ g(x)\text{가 } x\text{에 대한 증가함수일 경우}$$

반면에 $g(x)$가 x에 대한 감소함수라면, $P(Y \leq y) = P[X \geq g^{-1}(y)]$이다.

때문에, x에 따라 y가 증가할 경우, Y의 누적분포 함수 CDF는 다음 식과 같다.

$$F_Y(y) = F_X[g^{-1}(y)] \tag{4.3}$$

그러므로 이산형 변수 X에 대해 다음 식과 같아진다.

$$F_Y(y) = \sum_{\text{all } x_i \le g^{-1}(y)} p_X(x_i) \tag{4.4}$$

반면 확률밀도함수 $f_X(x)$를 갖는 연속형 변수 X는 식 (4.3)에서

$$F_Y(y) = \int_{\{x \le g^{-1}(y)\}} f_X(x)dx = \int_{-\infty}^{g^{-1}(y)} f_X(x)dx \tag{4.5}$$

이다. 식 (4.5)의 세 번째 항은 적분변수를 통해 다음 식과 같아진다.*

$$F_Y(y) = \int_{-\infty}^{g^{-1}(y)} f_X(x)dx = \int_{-\infty}^{y} f_X(g^{-1})\frac{dg^{-1}}{dy}dy$$

여기서, $g^{-1} = g^{-1}(y)$이다. 따라서 이로부터 Y의 밀도함수는 다음과 같이 얻을 수 있다.

$$f_Y(y) = \frac{dF_Y(y)}{dy} = f_X(g^{-1})\frac{dg^{-1}}{dy}$$

위의 식에서 y가 x에 따라 증가하면 dg^{-1}/dy가 양수이지만, x의 증가에 따라 y가 감소하는 경우에는 $F_Y(y) = 1 - F_X(g^{-1})$이 되고 다음 식과 같이된다.

$$f_Y(y) = -f_X(g^{-1})\frac{dg^{-1}}{dy}$$

그러나 dg^{-1}/dy가 음수가 된다.

따라서 확률변수 Y의 확률밀도함수는 다음과 같이 유도된다.

$$f_Y(y) = f_X(g^{-1})\left|\frac{dg^{-1}}{dy}\right| \tag{4.6}$$

---

* 역자 주 : $dx = \frac{dy^{-1}}{dy}dy$의 변수변환에는 $g(x)$가 x에 대한 증가(혹은 감소)함수라는 가정이 존재한다는 점에 유의하기 바란다.

▶ 예제 4.1 먼저 식 (4.2)에서 나타난 바와 같은 이산형분포의 유도에 대해 설명한다. 아래 그림과 같이 보의 자유단 끝에 작용하고 있는 집중하중 F를 받고 있는 길이 L인 캔틸레버보를 고려해 보자.

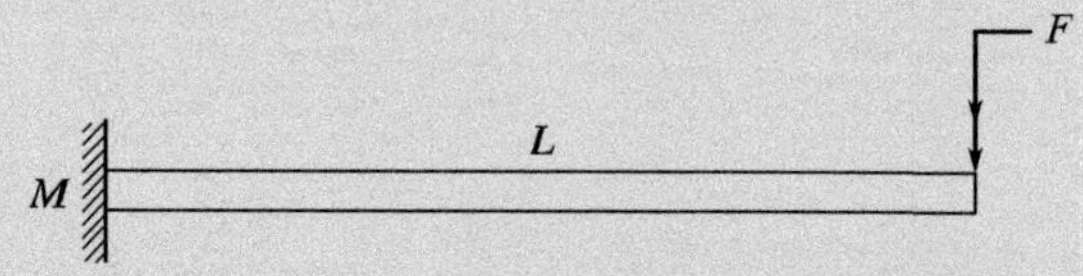

그림 E4.1

보의 끝에 무게가 꼭 같은 상자 여러 개를 이용해서 하중 F를 가한다고 가정하자. F를 구성하는 상자들의 개수는 x이고, 0에서 n까지 값을 가질 수 있다. 한 개의 상자가 재하될 확률은 p이며, 이항분포를 따른다. 즉, 하중 F의 확률분포는 다음의 이항 PMF를 따른다.

$$p_F(x) = \binom{n}{x} p^x (1-p)^{n-x};\ x = 0, 1, \cdots, n$$

여기서 x는 보에 재하된 박스의 수이다. x개의 상자하중에 따라 캔틸레버보에 고정지지단의 휨모멘트는

$$m = x \cdot L$$

이다. 그리고 역함수는 $g^{-1} = x = m/L$이다. 그렇다면 식 (4.2)에 따라 휨모멘트의 확률분포는

$$\begin{aligned} p_M(m) = p_F[g^{-1}(m)] &= P(F = \frac{m}{L}) \\ &= \binom{n}{m/L} p^{m/L} (1-p)^{n-m/L} \end{aligned}$$

$m = xL$이므로 보의 고정단에서의 휨모멘트 M의 분포는 재하된 하중 F와 같이 동일한 이항분포 PMF를 갖는다는 것을 쉽게 알 수 있다. ◀

▶ 예제 4.2 X는 모수(parameter)가 μ, σ인 정규분포 변량 $N(\mu, \sigma)$이며, 즉, 다음과 같은 PDF를 가진다.

$$f_x(x) = \frac{1}{\sqrt{2\pi}\sigma} \exp\left[-\frac{1}{2}\left(\frac{x-\mu}{\sigma}\right)^2\right]$$

$Y = (X-\mu)/\sigma$라 하면, Y의 PDF는 식 (4.6)에 의해 다음과 같이 구할 수 있다. 먼저, 역함수는 $g^{-1}(y) = \sigma y + \mu$이며 $dg^{-1}/dy = \sigma$이다. 따라서 식 (4.6)에 의해 다음과 같이 Y의 PDF는 다음과 같이 구해진다.

$$\begin{aligned} f_Y(y) &= \frac{1}{\sqrt{2\pi}\,\sigma}\exp\left[\frac{-\frac{1}{2}(\sigma y + \mu - \mu)^2}{\sigma^2}\right] \cdot |\sigma| \\ &= \frac{1}{\sqrt{2\pi}} e^{-y^2/2} \end{aligned}$$

따라서 Y는 PDF가 $N(0,1)$인 표준정규 변수이다. ◀

▶ 예제 4.3 X는 모수가 λ, ζ인 대수정규분포를 가진다고 가정하자. 식 (4.6)에 따라 함수 $Y = \ln X$의 PDF를 다음과 같이 유도할 수 있다.

이 경우, X의 PDF는

$$f_X(x) = \frac{1}{\sqrt{2\pi}\,\zeta}\frac{1}{x}\exp\left[-\frac{1}{2}\left(\frac{\ln x - \lambda}{\zeta}\right)^2\right]$$

그리고 역함수는

$$g^{-1}(y) = e^y$$

와

$$\frac{dx}{dy} = e^y$$

이다. 따라서 식 (4.6)에 의해 다음과 같이 된다.

$$\begin{aligned} f_Y(y) &= \frac{1}{\sqrt{2\pi}\,\zeta}\frac{1}{e^y}\exp\left[-\frac{1}{2}\left(\frac{y-\lambda}{\zeta}\right)^2\right] \cdot e^y \\ &= \frac{1}{\sqrt{2\pi}\,\zeta}\exp\left[-\frac{1}{2}\left(\frac{y-\lambda}{\zeta}\right)^2\right] \end{aligned}$$

이것은 $Y = \ln X$의 분포는 평균 λ, 표준편차 ζ를 가진 정규분포, 즉 $N(\lambda, \zeta)$이다. 이는 또한 다음과 같은 결과를 준다.

$$E(\ln X) = \lambda, \quad Var(\ln X) = \zeta^2$$ ◀

역함수 $g^{-1}(y)$는 단일값을 갖지 않을 수 있다. 즉, 주어진 y의 값에 대하여 $g^{-1}(y)$는 다중값을 가질 수 있다. 이를테면 만일 $g^{-1}(y) = x_1, x_2, \cdots\cdots, x_k$이라면, 다음과 같이 표현할 수 있다.

$$(Y = y) = \bigcup_{i=1}^{k} (X = x_i)$$

그리고, 만약 X가 이산형이라면, Y의 PMF는,

$$p_Y(y) = \sum_{i=1}^{k} p_X(x_i) \tag{4.7}$$

이다. 반면, X가 연속형일 때는 Y의 PDF는,

$$f_Y(y) = \sum_{i=1}^{k} f_X(g_i^{-1}) \left| \frac{dg_i^{-1}}{dy} \right| \tag{4.8}$$

이다. 여기서 $g_i^{-1} = x_i$는 $g^{-1}(y)$의 i번째 근이다.

▶ 예제 4.4 축력 S를 받는 선형탄성체 봉의 변형에너지는 다음 식과 같이 주어진다.

$$U = \frac{L}{2AE} S^2$$

여기서, L : 봉의 길이
A : 봉의 단면적
E : 재료의 탄성계수

$c = L/2AE$을 이용해서 윗식을 다시 나타내면,

$$U = cS^2$$

가 된다. 이 경우, 역함수는 두 개의 근을 갖는다. 그 식은

$$s = \pm \sqrt{\frac{u}{c}}$$

이고, 도함수는

$$\frac{ds}{du} = \pm \frac{1}{2\sqrt{cu}} \text{와} \left| \frac{ds}{du} \right| = \frac{1}{2\sqrt{cu}}$$

이 된다. 여기서 만약 S가 모수, λ와 ζ을 갖는 대수정규분포라면, 식 (4.8)에 따라 U의 PDF는

$$f_U(u) = \left[f_S\left(\sqrt{\frac{u}{c}}\right) + f_S\left(-\sqrt{\frac{u}{c}}\right)\right]\left|\frac{1}{2\sqrt{cu}}\right|$$

이 된다. 그러나 $s<0$인 경우, $f_S(s)=0$므로 다음과 같아진다.

$$\begin{aligned} f_U(u) &= f_S(\sqrt{u/c})\frac{1}{2}\sqrt{cu} \\ &= \frac{1}{\sqrt{2\pi}\,\zeta}\frac{1}{\sqrt{u/c}}\exp\left[-\frac{1}{2}\left(\frac{\ln\sqrt{u/c}-\lambda}{\zeta}\right)^2\right]\frac{1}{2\sqrt{cu}} \end{aligned}$$

이것으로부터 다음 식이 구해진다.

$$f_U(u) = \frac{1}{\sqrt{2\pi}\,(2\zeta)}\frac{1}{u}\exp\left[-\frac{1}{2}\left(\frac{\ln u - \ln c - 2\lambda}{2}\right)^2\right]$$

이는 U의 PDF도 역시 대수정규이고 그 모수는 다음과 같다.

$\lambda_U = \ln c + 2\lambda$와 $\zeta_U = 2\zeta$ ◀

▶ 예제 4.5 예제 4.4에서 만약 작용력 S가 PDF $N(0,1)$을 갖는 표준정규분포라면, 변형 에너지 U의 PDF는 식 (4.8)을 따르면, 다음과 같이 나타낼 수 있다.

$$f_U(u) = \left[f_S\left(\sqrt{\frac{u}{c}}\right) + f_S\left(-\sqrt{\frac{u}{c}}\right)\right]\frac{1}{2\sqrt{cu}}$$

이 경우에, 0에 대한 S의 PDF의 대칭성 때문에, $f_s(-s)=f_s(s)$이다. 따라서

$$f_U(u) = 2f_s\left(\sqrt{\frac{u}{c}}\right)\left(\frac{1}{\sqrt{2\pi cu}}\right) = \frac{1}{\sqrt{2\pi cu}}\exp\left(-\frac{u}{2c}\right) \quad u \geq 0$$

이며, 일자유도의 χ^2 분포이다(제6장 참조). 도해적으로 이 PDF는 그림 E4.5와 같다.

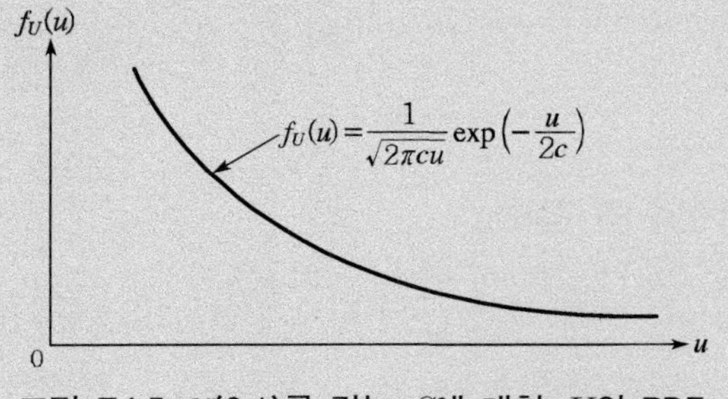

그림 E4.5 $N(0,1)$를 갖는 S에 대한 U의 PDF ◀

▶ 예제 4.6 토사 댐의 전체 높이는 파도에 의한 월류를 막기 위하여, 댐 상부를 최대 저수위보다 충분히 높도록 건현(freeboard)을 확보해야 한다. 전체 댐 높이를 결정할 때 바람에 의한 조류와 이의 파고(wave height)를 반드시 포함해야 한다.

바람에 의해 주어진 정수위에 부가되는 조류파고는 다음 식과 같다.

$$Z = \frac{F}{1400d} V^2$$

여기서, V = 풍속(mph)

F = 파도가 이는 지역, 또는 바람이 부는 수면의 길이(ft)

d = 파도가 이는 저수 지역의 평균 수위(ft)

풍속 V는 평균풍속 v_0를 갖는 지수분포라고 가정하면, 그 PDF는 다음과 같다.

$$f_V(v) = \frac{1}{v_0} e^{-V/v_0} \quad v \geq 0$$
$$= 0 \qquad v < 0$$

이 때, 바람에 의한 조류의 분포는 식 (4.8)에 따라 다음과 같이 결정된다.

$a = F/1400d$로 나타내면, $Z = aV^2$이다. 그래서 역함수는 $\nu = \pm\sqrt{\frac{z}{a}}$ 이고, 그 도함수는

$$\left|\frac{d\nu}{dz}\right| = \frac{1}{2\sqrt{az}}$$

이 된다. 식 (4.8)에 의해 Z의 PDF는 다음과 같이 구해진다.

$$f_Z(z) = \left[f_V\left(\sqrt{\frac{z}{a}}\right) + f_V\left(-\sqrt{\frac{z}{a}}\right)\right]\left(\frac{1}{2\sqrt{az}}\right)$$

하지만, $\nu < 0$에 대해 $f_V(\nu) = 0$이므로 다음과 같이 나타낼 수 있다.

$$f_Z(z) = f_V\left(\sqrt{\frac{z}{a}}\right)\frac{1}{2\sqrt{az}} = \frac{1}{2\nu_0\sqrt{az}}\exp\left(-\frac{\sqrt{z/a}}{\nu_0}\right) \quad z \geq 0$$ ◀

4.2.2 다중 확률변수의 함수

종속변수는 두 개 혹은 그 이상의 확률변수의 함수가 될 수 있다. 이러한 경우에도 그것은 역시 확률변수이고, 그 확률분포는 특정한 함수 관계를 통한 독립 확률변수들의 분포에 종속된다.

먼저 2개의 확률변수 X, Y의 함수를 생각해보자.

$$Z = g(X,\ Y) \tag{4.9}$$

만약 X와 Y가 둘 다 이산 확률변수이면 다음과 같으며

$$(Z = z) = [g(X,\ Y) = z] = \bigcup_{\{g(x_i,\, y_j) = z\}} (X = x_i,\ Y = y_i)$$

이로부터, Z의 PMF는

$$p_Z(z) = \sum_{g(x_i,\, y_j) = z} p_{X,\,Y}(x_i, y_j) \tag{4.10}$$

이에 대응하는 Z의 CDF는

$$F_z(z) = \sum_{g(x_i,\, y_j) \le z} p_{X,\,Y}(x_i, y_j) \tag{4.10a}$$

이다.

이산형 변량들의 합 - 먼저 두 개의 이산형 확률변수의 합을 고려하자.

$$Z = X + Y$$

이러한 경우, 식 (4.10)은 다음과 같아진다.

$$p_Z(z) = \sum_{x_i + y_j = z} p_{X,\,Y}(x_i, y_j) = \sum_{\text{all } x_i} p_{X,\,Y}(x_i, z - x_i) \tag{4.11}$$

상호독립인 포아송 과정들(Poisson processes)의 합 – 두 개의 이산형 확률변수의 합의 예로, 모수가 각각 ν, μ인 포아송 분포를 갖는 다음과 같은 통계적으로 독립인 변수 X와 Y를 다고 가정하자.

$$p_X(x) = \frac{(\nu t)^x}{x!} e^{-\nu t}$$

$$p_Y(y) = \frac{(\nu t)^y}{y!} e^{-\mu t}$$

X와 Y가 통계적인 독립이므로, 식 (4.11)에 의해 다음과 같은 식을 갖는다.

$$\begin{aligned} p_Z(z) &= \sum_{\text{all } x} p_{X,\,Y}(x, z - x) \\ &= \sum_{\text{all } x} \frac{(\nu t)^x (\mu t)^{z-x}}{x!(z-x)!} e^{-(\nu+\mu)t} = e^{-(\nu+\mu)t} \cdot t^z \sum_{\text{all } x} \frac{\nu^x \mu^{z-x}}{x!(z-x)!} \end{aligned}$$

그러나 모든 x에 대한 윗식의 합은 $(\nu + \mu)^z / z!$의 이항전개이다. 따라서, Z의 PMF는 다음과 같이 구할 수 있다.

$$p_Z(z) = \frac{[(\nu + \mu)t]^z}{z!} e^{-(\nu+\mu)t}$$

이는 Z도 모수가$(\nu + \mu)$인 포아송 분포를 갖는다는 것을 의미한다. 이 결과를 일반화하면 n개의 독립된 포아송 과정의 합도 또한 포아송 과정이 된다는 것을 추론할 수 있다. 보다 구체적으로 만약

$$Z = \sum_{i=1}^{n} X_i$$

이고, 여기서 각 X_i 가 모수 ν_i의 포아송 PMF를 갖는다면, Z의 PMF도 역시 포아송 분포이며 그 모수는 다음 식으로 주어진다.

$$\nu_Z = \sum_{i=1}^{n} \nu_i$$

그러나 2개의 독립된 포아송 과정의 차(difference)는 포아송 과정이 아니라는 점에 유의하기 바란다. X와 Y가 각각 포아송 분포를 갖는다면 $Z = X - Y$의 PMF는 포아송 분포가 되지는 않는다.

▶ 예제 4.7 매일 최대 교통 혼잡시간(peak time)대에 이 세 지역에서 발생하는 평균 교통량은 각각 매분당 2, 3, 4대라고 추정된다. 각 지역으로부터의 최대 혼잡시간대에 차량 교통이 각각 $\nu_A = 2$, $\nu_B = 3$, $\nu_C = 4$의 모수를 가진 포아송 과정을 따른다고 가정할 수 있다면 유료통행교량에서의 총 혼잡시간대 교통도 역시

$$\nu = 2 + 3 + 4 = 9 \text{ 차량/분}$$

를 가진 포아송 과정이 된다. 1분당 교량을 통과하는 차량이 9대 보다 많을 확률은

$$P(X_1 > 9) = 1 - \sum_{n=0}^{9} \frac{(9 \times 1)^n}{n!} = 1 - 0.5874 = 0.413$$

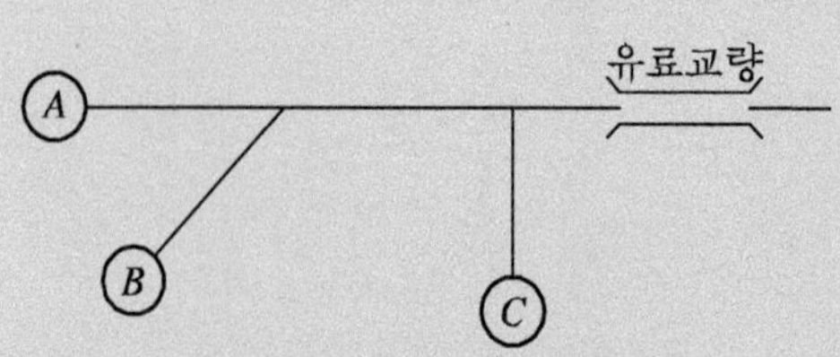

그림 E4.7 세 지역의 교통통행을 위한 유료교량 ◀

그림 E4.7과 같이 세 개의 교외 주거지역 A, B, C 주민들은 유료교량을 이용하고 있다. 이제, 만약 X와 Y가 연속형 확률변수인 경우에는 Z의 CDF는 다음과 같다.

$$F_Z(z) = \iint_{\{g(x,y) \leq z\}} f_{X,Y}(x,y)dxdy = \int_{-\infty}^{\infty}\int_{-\infty}^{g^{-1}} f_{X,Y}(x,y)dxdy$$

여기서 $g^{-1} = g^{-1}(z, y)$이다. 적분의 변수를 x에서 z로 변환하면, 위의 적분은

$$F_Z(z) = \int_{-\infty}^{\infty}\int_{-\infty}^{z} f_{X,Y}(g^{-1},y)\left|\frac{\partial g^{-1}}{\partial z}\right|dzdy \tag{4.12}$$

이 된다. 식 (4.11)의 z에 대한 도함수를 취하면 따라서 Z의 PDF는 다음과 같이 된다.

$$f_Z(z) = \int_{-\infty}^{\infty} f_{X,Y}(g^{-1},y)\left|\frac{\partial g^{-1}}{\partial z}\right|dy \tag{4.13}$$

또 다른 방법으로, y의 역함수 즉, $g^{-1} = g^{-1}(x, z)$를 취하면 Z의 PDF는 역시 다음과 같이 구해진다.

$$f_Z(z) = \int_{-\infty}^{\infty} f_{X,Y}(x,g^{-1})\left|\frac{\partial g^{-1}}{\partial z}\right|dx \tag{4.13a}$$

연속형 변수의 합 – 두 개의 연속형 확률변수 X와 Y의 합을 고려하면,

$$Z = aX + bY$$

이때, a와 b가 상수이다. 그러면,

$$x = \frac{z - by}{a} \text{ 이고, } \frac{\partial g^{-1}}{\partial z} = \frac{\partial x}{\partial z} = \frac{1}{a}$$

이다. 그래서 식 (4.13)은 다음과 같이 된다.

$$f_Z(z) = \int_{-\infty}^{\infty} \frac{1}{a} f_{X,Y}\left(\frac{z-by}{a}, y\right)dy \tag{4.14}$$

또는 식 (4.13a)에 의해,

$$f_Z(z) = \int_{-\infty}^{\infty} \frac{1}{b} f_{X,Y}\left(x, \frac{z-ax}{b}\right)dx \tag{4.14a}$$

가 된다. 만약 X와 Y가 통계적으로 독립인 변량이면 위의 식 (4.14)는 다음과 같아진다.

$$f_Z(z) = \frac{1}{a}\int_{-\infty}^{\infty} f_X\left(\frac{z-by}{a}\right) f_Y(y)dy \tag{4.15}$$

또는

$$f_Z(z) = \frac{1}{b}\int_{-\infty}^{\infty} f_{X(x)} f_Y\left(\frac{z-ax}{b}\right) dx \tag{4.15a}$$

가 된다.

▶ 예제 4.8 그림 E4.8은 지진력을 받는 공조 건물을 보여주고 있다. 건물질량 m는 지붕 높이에 집중되어 있는 것으로 가정한다. 지진시 지반이 진동하게 되면 건물은 합성속도 $Z = \sqrt{X^2 + Y^2}$로 질량의 X, Y성분의 속도를 유발하며 원래(정지) 위치에 대해 진동한다.

X와 Y가 각각 분포 $N(0,1)$를 갖는 표준정규 변량이라면 지진시 건물 질량의 합성운동 에너지의 확률분포는 다음과 같이 결정된다.

합성운동 에너지는

$$W = mZ^2 = m(X^2 + Y^2)$$

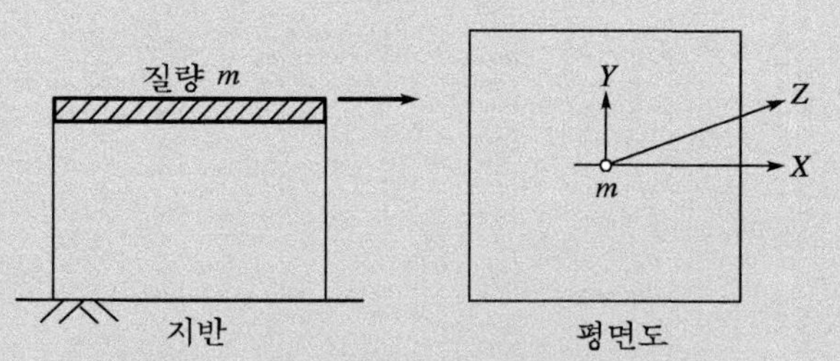

그림 E4.8 지진 하중하의 건물 외 운동에너지

$U = mX^2$, $V = mY^2$라 놓으면 합성운동에너지는

$W = U + V$

가 된다. 예제 4.5의 결과로 부터 U와 V의 PDF는 각각 즉

$$f_U(u) = \frac{1}{\sqrt{2\pi mu}} e^{u/2m} \qquad u \geq 0$$

$$f_V(v) = \frac{1}{\sqrt{2\pi mv}} e^{v/2m} \qquad v \geq 0$$

그 다음, 식 (4.15a)에 따라 그리고 U와 V는 통계적으로 독립이라고

가정하면, 운동에너지 W의 밀도함수 PDF는 다음과 같이 나타낸다. 이때, $v = w - u$로 놓으면, 운동에너지 W의 밀도함수는 다음과 같이 나타낸다.

$$\begin{aligned} f_W(w) &= \frac{1}{2\pi m}\int_0^w \frac{1}{\sqrt{u}} e^{-u/2m} \cdot \frac{1}{\sqrt{(w-u)}} e^{-(w-u)/2m} du \\ &= \frac{1}{2\pi m} e^{-w/2m} \int_0^w u^{-1/2}(w-u)^{-1/2} du \end{aligned}$$

이제, $r = u/w$라 놓으면, $du = wdr$이므로

$$f_W(w) = \frac{1}{2\pi m} e^{-w/2m} \int_0^1 r^{-1/2}(1-r)^{-1/2} dr$$

위의 적분은 베타 함수 $B\left(\frac{1}{2}, \frac{1}{2}\right)$임을 알 수 있다. 즉

$$B\left(\frac{1}{2}, \frac{1}{2}\right) = \frac{\Gamma\left(\frac{1}{2}\right)\Gamma\left(\frac{1}{2}\right)}{\Gamma(1)} = \pi$$

따라서

$$f_W(w) = \frac{1}{2m} e^{-w/2m}$$

이것은 이 자유도의 χ^2분포가 된다(제6장 참조). ◀

독립적인 정규변량의 합(과 차) **–** X와 Y가 각각 통계적으로 독립적인 정규변량이고 그 평균과 분산이 각각 μ_X, σ_X 및 μ_Y, σ_Y인 경우, 그 합 $Z = X + Y$의 분포는 식 (4.15)에 의해

$$\begin{aligned} f_Z(z) &= \frac{1}{2\pi\sigma_X\sigma_Y}\int_{-\infty}^{\infty} \exp\left[-\frac{1}{2}\left\{\left(\frac{z-y-\mu_X}{\sigma_X}\right)^2 - \left(\frac{y-\nu_Y}{\sigma_Y}\right)^2\right\}\right] dy \\ &= \frac{1}{2\pi\sigma_X\sigma_Y}\exp\left[-\frac{1}{2}\left\{\left(\frac{\mu_Y}{\sigma_Y}\right)^2 + \left(\frac{z-\nu_X}{\sigma_X}\right)^2\right\}\right]\int_{-\infty}^{\infty} \exp\left[-\frac{1}{2}(uy^2 - 2vy)\right] dy \end{aligned}$$

여기서

$$u = \frac{1}{\sigma^{2_X}} + \frac{1}{\sigma_Y^2} \quad \text{그리고} \quad v = \frac{\mu_Y}{\sigma_Y^2} + \frac{z-\mu_X}{\sigma_X^2}$$

$$w = y - \frac{v}{u}$$

를 대입하면 위의 적분은 다음과 같이 된다.

$$\int_{-\infty}^{\infty} \exp\left[-\frac{1}{2}(uy^2 - 2vy)\right]dy = e^{v^2/2u}\int_{-\infty}^{\infty} \exp(-\frac{1}{2}uw^2)dw$$
$$= \sqrt{\frac{2\pi}{u}}\exp\left(\frac{v^2}{2u}\right)$$

위 식들을 단순화하면 Z의 확률밀도함수 PDF는 다음과 같이 된다.

$$f_Z(z) = \frac{1}{\sqrt{2\pi(\sigma_X + \sigma_Y)^2}}\exp\left[-\frac{1}{2}\left(\frac{z - (\mu_X + \mu_Y)}{\sqrt{\sigma_X^2 + \sigma_Y^2}}\right)^2\right]$$

이 결과도 역시 정규확률밀도함수로써 평균치는

$$\mu_Z = \mu_X + \mu_Y$$

이고, 분산은

$$\sigma_Z{}^2 = \sigma_X{}^2 + \sigma_Y{}^2$$

으로 된다.

똑같은 절차에 의해 $Z = X - Y$도 역시 평균 $\mu_X - \mu_Y$, 똑같은 분산 $\sigma_Z^2 = \sigma_X^2 + \sigma_Y^2$를 가진 가우스(Gaussian) 분포를 가진다.

변량 간의 상관관계가 존재하는 경우에는 공분산(covariance)을 위 식에 포함시켜야 한다.

위의 결과로부터 귀납적으로 다음과 같이 추론할 수 있다. 즉 만약

$$Z = \sum_{i=1}^{n} a_i X_i$$

이면, 이때 a_i는 상수 이고 X_i는 각각 통계적으로 독립인 가우스변량 $N(\mu_{X_i}, \sigma_{X_i})$이므로, Z도 역시 가우스분포를 가지며 그 평균은

$$\mu_Z = \sum_{i=1}^{n} a_i \mu_{X_i} \tag{4.10p}$$

그리고 분산은

$$\sigma_Z^2 = \sum_{i=1}^{n} {a_i}^2 {\sigma_{X_i}}^2 \tag{4.10q}$$

위의 마지막 결과는 가우스변량의 선형함수도 역시 가우스변량이 된다는 것을 보여준다. 그러나 평균과 분산에 대한 식 (4.10p)와 (4.10q)의 관계는 정규변량에만 국한되는 것은 아니다. 나중에 4.3.1절에서 분포와는 상관없이 위 식들을 통계적으로 독립적인 확률변수들의 선형함수에 대해서도 타당하게 적용가능하다는 점을 확인하게 된다.

▶ 예제 4.9 한 도시의 배수시설(storm drain)은 정규분포로 1일 평균용량 150만 갤런(1.5mgd)이고, 표준편차는 30만 갤런(0.3mgd)을 소화할 수 있다. 즉, 용량이 $N(1.5, 0.3)$이다. 배수시설은 도시 내 두 개의 배수지(drainage sources)의 배수처리를 위해 사용되는데, 두 배수지 역시 다음과 같은 정규분포를 가지며 상호독립이다.

$A = N(0.70, 0.20)$이고, $B = N(0.50, 0.15)$mgd

폭우가 내릴 때, 배수관거의 용량 D를 초과할 확률은 다음 식에 의해 결정된다.

$$P(D < A + B) = P[D - (A + B) < 0]$$

D, A, B는 독립적인 정규변량들이고, 합 $S = D - (A + B)$ 역시 식 (4.16)과 (4.17)에 따라 다음과 같은 평균과 분산을 가진 정규분포이다.

$$\mu_S = \mu_D - (\mu_A + \mu_B) = 1.5 - (0.70 + 0.50) = 0.30$$

그리고,

$$\sigma_S = \sqrt{\sigma_D^2 + \sigma_A^2 + \sigma_B^2} = \sqrt{(0.3)^2 + (0.20)^2 + (0.15)^2} = 0.39$$

이다. 따라서, 배수 용량이 초과되는 확률은

$$P(S < 0) = \Phi\left(\frac{0 - 0.3}{0.39}\right) = \Phi(-0.769) = 1 - \Phi(0.769) = 1 - 0.779 = 0.221$$

이다.

이전의 폭우에 비추어 볼 때 기존의 배수시설을 최소한 1.2mgd를 처리할 수 있을 것으로 판단된다고 가정하자. 이 정보는 신뢰할 수 있다고 한다면, 극심한 폭우가 내리는 동안 배수시설이 총 배수량 1.9mgd를 견딜 수 있는 확률은 얼마인가?

명확히, 이 확률은 배수시설의 용량이 > 1.2mgd이 되라는 정보에 조건화 되어 있다. 따라서,

$$P(D>1.9|D>1.2)=\frac{P(D>1.9)}{P(D>1.2)}=\frac{1-P(D\le 1.9)}{1-P(D\le 1.2)}=\frac{1-\Phi\left(\frac{1.9-1.5}{0.3}\right)}{1-\Phi\left(\frac{1.2-1.5}{0.3}\right)}$$

$$=\frac{1-\Phi(2.00)}{1-\Phi(-1.00)}=\frac{1-0.9772}{1-(1-0.8413)}=0.03$$

그러므로, 배수시설 용량이 1.9mgd의 폭우를 처리해 낼 가능성은 거의 없다.

이제 만약 또 다른 배수지 $C=N(0.8,\ 0.2)$mgd가 기존 배수시설에 추가되었다면, 얼마의 현 기존 시스템의 초과 확률(0.221)과 같게 유지하기 위해 현 배수시설의 평균 용량이 얼마나 증가되어야 하나? 새로운 배수시설의 표준 편차는 0.3mgd로 변함없다고 가정한다.

따라서 새로운 용량을 D'로 나타내면,

$$P(S<0)=P[D'-(A+B+C)<0]=0.221$$

이고,

$$\mu_S=\mu_{D'}-0.70-0.50-0.80=\mu_{D'}-2.0$$

$$\sigma_S=\sqrt{(0.30)^2+(0.20)^2+(0.15)^2+(0.20)^2}=0.44$$

이다. 따라서,

$$P(S<0)=\Phi\left(\frac{0-(\mu_{D'}-2.0)}{0.44}\right)=0.221$$

또는,

$$\frac{2.0-\mu_{D'}}{0.44}=\Phi^{-1}(0.221)=-0.77$$

이다. 여기서,

$$\mu_{D'}=2.0+0.77\times 0.44=2.34\text{ mgd}$$

이므로, 기존 배수시설의 평균 용량은 $2.34-1.5=0.84$ mgd로 증가 되어야 한다.◀

▶ 예제 4.10 뉴욕과 LA사이의 화물운동은 철도나 트럭에 의할 수 있고, 양 운송방식 모두 중간에 시카고를 거치게 되어 있다. 두 주요 도시 간에 각 운송방식의 평균 운송시간은 그림 E4.10에 도시 되어 있다.

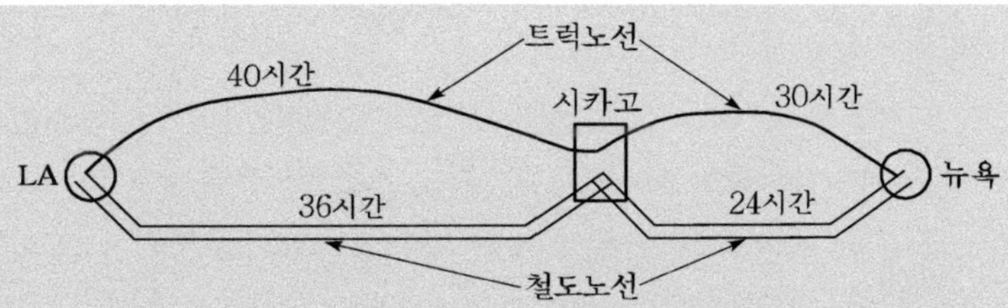

그림 E4.10 LA와 뉴욕 간 철도와 트럭의 노선 및 운송시간

두 가지 운송방식의 운송시간에 대한 변동계수 c.o.v는 철도와 트럭이 각각 15%와 20%이다. 두 도시 간의 운송시간은 통계적으로 독립인 정규변량이라고 가정하자. 즉,

$$\mu_T = 40 + 30 = 70\text{시간};\ \sigma_T = \sqrt{(0.2\times 40)^2 + (0.2\times 30)^2} = 10\text{시간}$$

이고,

$$\mu_R = 36 + 24 = 60\text{시간};$$

$$\sigma_R = \sqrt{(0.15\times 36)^2 + (0.15\times 24)^2} = 6.49\text{시간}$$

만약 시카고에서의 재/하적시간이 트럭이 10시간, 철도가 15시간일 때, 뉴욕과 LA사이의 실제 운송 시간이 85시간를 초과할 확률은 다음과 같다.

시카고에서 적재/하적 시간은 결정적(c.o.v=0)이라고 하고, 반드시 각각의 평균 운송시간에 포함되어야 한다. 따라서,

트럭의 경우,

$$P(T_T > 85) = 1 - P(T_T \le 85)$$
$$= 1 - \Phi\left(\frac{85-80}{10}\right) = 1 - \Phi(0.5) = 1 - 0.691 = 0.309$$

반면 열차의 경우

$$P(T_R > 85) = 1 - P(T_R \le 85)$$
$$= 1 - \Phi\left(\frac{85-75}{6.49}\right) = 1 - \Phi(1.54) = 1 - 0.938 = 0.062$$

이다. 따라서, 뉴욕에서 LA까지 열차로 상품이 배송되는 85시간안에 도착할 확률은 0.938이고, 반면에 트럭에 의해 배송될 상응하는 확률은 0.691이다. ◀

▶ 예제 4.11 고층건물의 안전성에 기둥의 건전도는 결정적으로 중요하다. 기둥에 작용하는 총 하중에는 주로 구조물의 무게로 인한 사하중 D, 사람의 거주, 가구, 그리고 움직일 수 있는 하중 등으로 인한 활하중 L 및 풍하중 W의 작용력을 포함한다. 건물의 기둥에 작용하는 개별 하중은 통계적으로 독립적인 가우스 변량으로서 각각 다음과 같은 평균과 표준편차를 갖는다고 가정하자.

$$\mu_D = 4.2\,t \qquad \sigma_D = 0.3\,t$$
$$\mu_L = 6.5\,t \qquad \sigma_L = 0.8\,t$$
$$\mu_W = 3.4\,t \qquad \sigma_W = 0.7\,t$$

각 기둥에 작용하는 조합된 총하중 S는

$$S = D + L + W$$

으로 나타내고, 이 또한 다음과 같은 평균과 표준편차를 가진 가우스분포가 된다.

$$\mu_S = \mu_D + \mu_L + \mu_W = 4.2 + 6.5 + 3.4 = 14.1 \text{ tons}$$
$$\sigma_S = \sqrt{{\sigma_D}^2 + {\sigma_L}^2 + {\sigma_W}^2} = \sqrt{(0.3)^2 + (0.8)^2 + (0.7)^2} = 1.1 \text{ tons}$$

개개의 기둥은 재하되는 총 평균 하중보다 1.5배 크기가 되는 평균 강도로 설계되었고, 이것은 변동계수 c.o.v가 15%인 가우스분포로 가정 할 수 있다. 각 기둥의 강도 R는 작용 하중들과는 명백하게 독립적이다. 작용하중 S가 강도 R을 초과할 경우 기둥은 과응력을 받게 된다. 이 사건 $(R < S)$가 발생할 확률(파괴확률)은 다음과 같다.

$$P(R < S) = P(R - S < 0) = \Phi\left(\frac{0 - (1.5 \times 14.1) - 14.1}{\sqrt{(0.15 \times 1.5 \times 14.1)^2 + (1.1)^2}}\right)$$
$$= \Phi\left(\frac{-7.05}{3.36}\right) = \Phi(-2.10) = 1 - 0.982 = 0.018$$

만약 사건$(R < S)$의 발생 확률을 감소시키고, 기둥의 안전을 증가시키려 한다면, 기둥의 강도를 증가시킬 필요가 있다. ◀

▶ 예제 4.12 주택건설의 골조공사는 공장에서 부재들을 가조립하여 이것들을 현장에 반입함으로써 이루어질 수 있다. 이러한 부재 가조립 제작이 진행될 동안, 병행해서 지반 굴착에서 벽기초 공사에 이르기까지 동시에 진행할 수 있다. 서로 다른 공정들과

그들의 순서 공정은 그림 E4.12의 공정 네트워크(network)와 같이 나타낼 수 있으며 또한 각각의 공정에 대한 소요 작업기간은 다음 표와 같다.

공정	내용	완공공기(일)	
		평균	표준편차
1-2	지반굴착공사	2	1
2-3	기초공사	1	1/2
3-5	벽기초공사	3	1
1-4	부재의 제작 및 조립	5	1
4-5	조립부재의 현장에 반입	2	1/2

각 상이한 공정의 소요 완료 공기는 가우스(Gauss) 확률변수로서 평균과 표준편차는 위의 표에서 제시된 값을 가지며 서로 통계적으로 독립이다. 주택 골조공사를 시작하기 위해서는, 벽기초가 완성되고 가조립된 부재가 현장에 반입되어야 한다. 주택 골조공사가 공사착공일부터 8일 이내에 시작될 수 있는 확률은 얼마인가?

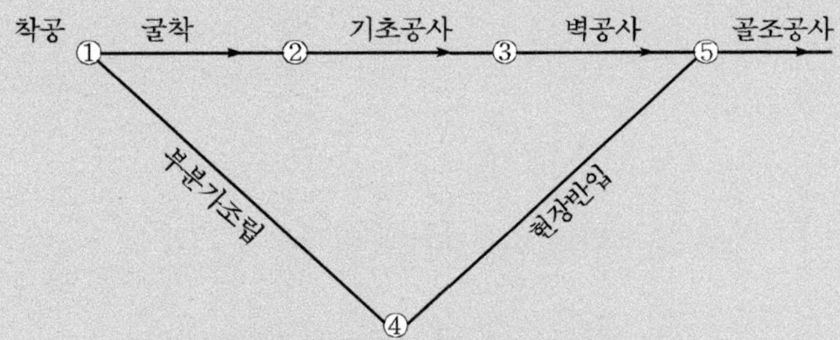

그림 E4.12 건설공사의 공정 네트워크

위의 표에 나열된 각 공정의 공기를 각각 X_1, X_2, X_3, X_4, X_5라 하자.
그리고

$$T_1 = X_1 + X_2 + X_3$$
$$T_2 = X_4 + X_5$$

이라 하자. 이때 T_1과 T_2도 또한 통계적으로 독립이다. 구하고자 하는 골조공사의 착공시기 F의 확률은

$$P(F) = P(T_1 \le 8 \cap T2 \le 8) = P(T_1 \le 8)P(T_2 \le 8)$$

이때,

$$P(T_1 \le 8) = \phi\left(\frac{8-(2+1+3)}{\sqrt{(1.0)^2+(0.5)^2+(1.0)^2}}\right) = \Phi\left(\frac{2}{1.5}\right)$$
$$= \Phi(1.33) = 0.907$$

그리고,

$$P(T_2 \le 8) = \phi\left(\frac{8-(5+2)}{\sqrt{(1.0)^2+(0.5)^2}}\right) = \Phi\left(\frac{1.0}{1.12}\right)$$
$$= \Phi(0.89) = 0.813$$

따라서, 구하고자 하는 확률은 다음과 같다.

$$P(F) = 0.907 \times 0.813 = 0.74$$ ◀

확률변수의 곱과 몫(*products and quotients of random variables*)

만약 함수가 2개의 확률변수의 곱, 즉

$$Z = XY$$

이라면,

$$X = \frac{Z}{Y} \text{이고, } \frac{\partial x}{\partial z} = \frac{1}{y}$$

가 된다. 그러면 식 (4.13)에 의해 Z의 PDF는

$$f_Z(z) = \int_x^{\infty} \left|\frac{1}{y}\right| f_{X,Y}\left(\frac{z}{y}, y\right) dy \tag{4.18}$$

이 되며, 이와 유사하게 함수가 다음과 같이 2개의 확률변수의 몫, 즉

$$Z = X/Y$$

이라면, Z의 밀도함수는

$$f_Z(z) = \int_x^{\infty} |y|\, f_{X,Y}(zy, y)\, dy \tag{4.19}$$

실용적 입장에서 보면 대수정규분포의 곱(과 몫)이 특히 중요하다. 통계적으로 독립인 대수정규 변량의 곱과 몫도 또한 대수정규 변수임을 알 수 있다. Z를 다음 식과 같이 가정하자.

$$Z = \prod_{i=1}^{n} X_i$$

라고 하자. 여기서 $X_i(i = 1, 2 \cdots\cdots, n)$는 모수가 각각 λ_{X_i}, ξ_{X_i}인 통계적으로 독립인 대수정규 확률변수이다. 그렇다면,

$$\ln Z = \sum_{i=1}^{n} \ln X_i$$

하지만, $\ln X_i$ 각각은 평균 λ_i와 분산 ζ_i^2를 갖는 정규 분포(예제 4.3에서 보여 주듯이)이다. 그러면 $\ln Z$는 정규변량의 항이므로 이 또한 다음과 같은 정규분포이고, 정규분포의 평균과 분산은 다음과 같이 구해진다.

$$\lambda z = E(\ln Z) = \sum_{i=1}^{n} \lambda x_i \tag{4.20}$$

또한 식 (3.27)에서 $\lambda_{X_i} = \ln x_{m,i}$임을 기억하고 이때 $x_{m,i}$는 X_i의 중앙값이다. 따라서 λ_Z는 또한

$$\lambda_Z = \sum_{i=1}^{n} \ln x_{m,i} \tag{4.20a}$$

이고, 분산은

$$\zeta_X^2 = Var(\ln Z) = \sum_{\mathrm{i}=1}^{\mathrm{n}} \zeta_{\mathrm{X_i}}^2 \tag{4.21}$$

이다. 그러므로 Z는 모수 λ_Z, ζ_Z을 가진 대수정규 변량이다.

▶ 예제 4.13 폐기물처리공장의 년간 운영비는 고체폐기물의 무게 W, 단위 비용 계수 F, 그리고 효과계수 E의 함수이며 다음과 같다.

$$C = \frac{WF}{\sqrt{E}}$$

여기서 W, F, E는 통계적으로 독립인 대수정규 분포이고, 각각의 중앙값과 변동계수(c.o.v)는 다음과 같다.

변수	중앙값	c.o.v
W	2000 tons/yr	20%
F	20 $/톤	15%
E	1.6	12.5%

C는 대수정규 변량의 합과 몫의 함수이므로, 그 확률 분포도 대수정규 분포이며 다음 식을 따른다는 것을 보일 수 있다.

$$\ln C = \ln W + \ln F - \frac{1}{2}\ln E$$

식 (4.18a)와 식 (4.19)에 따르면 $\ln C$는 평균 $\lambda_C = \lambda_W + \lambda_F - \frac{1}{2}\lambda_E$와 분산 $\zeta_C^2 = \zeta_W^2 + \zeta_F^2 + \left(\frac{1}{2}\zeta_E\right)^2$을 갖는다. 따라서 C는 다음과 같은 모수를 갖는 대수정규 변량이다.

$$\lambda_C = \ln 2000 + \ln 20 - \ln 1.6 = 10.13$$

$$\zeta_C = \sqrt{(0.20)^2 + (0.15)^2 + (1/2 \times 0.125)^2} = 0.26$$

위의 결과를 토대로, 폐기물처리 공장의 연간 운영비가 35,000$을 초과할 확률은

$$P(C > 35{,}000) = 1 - P(C \leq 35{,}000) = 1 - \Phi\left(\frac{\ln 35{,}000 - 10.13}{0.26}\right)$$

$$= 1 - \Phi(1.28) = 1 - 0.900 = 0.100$$

이다. ◀

▶ **예제 4.14** 그림 E4.14와 같이 고층건물의 구조물과 기초는 둘 다 각각 다음과 같은 내풍강도(pressure capacity)를 갖고서 풍하중(wind-induced pressure)에 견디도록 설계되어 있다.

상부구조, $R_S = 40 \text{psf} (\text{lb}/\text{ft}^2)$

기초, $R_F = 30 \text{psf}$

폭풍이 일어나는 동안 첨두 풍압력 P_W는 다음식과 같이 주어진다.

$$P_W = 1.165 \times 10^{-3} CV^2, \text{ psf}$$

여기서, V = 최대풍속 fps, C = 항력 계수(drag coefficient)

50년의 폭풍기간 동안 최대풍속 V는 평균 $\mu_V = 100 \text{fps}$ 이고, c.o.v. $\delta_V = 0.25$ 인 대수정규변량으로 가정할 수 있다고 하자. 또한 항력 계수 C도 대수정규변량으로 평균 $\mu_C = 1.80$ 이고, $\delta_C = 0.30$ 이다.

분명, 풍압력 P_W의 분포 또한 대수정규분포를 따르며, 50년 풍에 대한 모수는 다음과 같다.

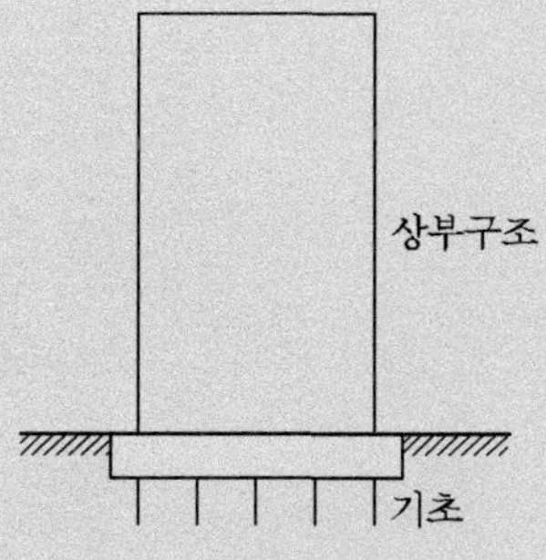

그림 E4.14 고층 건물

$$\begin{aligned}\lambda_{P_W} &= \ln 1.165\times 10^{-3} + \lambda_C + 2\lambda_V \\ &= -6.755 + (\ln 1.80 - 0.30^2) + 2(\ln 100 - 0.25^2 \\ &= -6.755 + 0.498 + 2(4.543) = 2.829\end{aligned}$$

이고,

$$\zeta_{P_W} = \sqrt{(0.25)^2 + (0.30)^2} = 0.39$$

최대 풍하중이 상부구조나 기초의 설계 내풍강도를 초과할 때 마다 피해를 유발할 수 있다. 이 확률은 각각 다음과 같다.

상부구조의 경우,

$$\begin{aligned}P(P_W > 40) &= 1 - P(P_W \le 40) = 1 - \Phi\left(\frac{\ln 40 - 2.829}{0.39}\right) \\ &= 1 - \Phi(2.20) = 1 - 0.986 = 0.014\end{aligned}$$

반면, 기초의 경우,

$$\begin{aligned}P(P_W > 30) &= 1 - P(P_W \le 30) = 1 - \Phi\left(\frac{\ln 30 - 2.829}{0.39}\right) \\ &= 1 - \Phi(1.47) = 1 - 0.929 = 0.071\end{aligned}$$

이 경우에는 상부구조와 기초의 내풍 저항은 결정론이기 때문에 50년 풍을 받을 때, 고층건물 시스템의 손상(D: damage) 확률은,

$$P(D) = P(S \cup F) = P(P_W > 30) = 0.071$$

마지막으로, 50년 풍의 발생이 포아송 과정(Poisson process)을 구성하고, 폭풍들 간에 건물에 미치는 손상이 통계적으로 독립일 때, 20년 기간동안 고층건물에 발생할 풍하중에 의한 손상 D의 확률은 다음과 같이 나타난다.

$$P(20\text{년간 } D) = 1 - \left[[p(\overline{D})^n \sum_{n=0}^{\infty} \frac{(0.02 \times 20)^n}{n!} e^{-0.02 \times 20} \right]$$
$$= 1 - e^{-0.02 \times 20}\left[1 + 0.929 \times 0.02 \times 20 + \frac{1}{2}(0.929)^2 (0.02 \times 20)^2 + \cdots\cdots\right]$$
$$= 1 - e^{-0.02 \times 20} \cdot e^{0.929 \times 0.02 \times 20} = 1 - e^{-0.071 \times 0.02 \times 20}$$
$$= 1 - e^{-0.0284} = 1 - 0.972 = 0.028$$

◀

중심극한정리 **–** 다수 확률변수의 합의 극한 확률분포에 관한 중심극한정리(central limit theorem)는 확률론에서 가장 중요한 의미를 가진 정리 중 하나이다. 좀 더 알기쉽게 설명하자면, 어느 것도 지배적이지 않은 다수의 개별 무작위 성분들의 합은, 이들 성분의 초기분포에 관계없이 그 성분변수의 수가 점점 증가함에 따라 정규분포에 가까워지는 성향이 있다는 것이다. 따라서 어떤 물리적 과정이 다수의 개별 작용효과들이 결합된 총합으로 유도된 결과라면 중심극한정리에 의해 이 과정은 가우스분포가 되는 경향이 있다.

중심극한정리의 엄밀한 증명은 본 교재의 관심 범위 밖이지만, 다음 예에 의해서 증명의 핵심요점만을 설명할 수 있다. 예를 들어 다음과 같은 합을 고려해 보자.

$$S = \frac{1}{\sqrt{n}} \sum_{i=1}^{n} X_i$$

여기서, $X_i (i = 1, 2 \cdots\cdots, n)$는 통계적으로 독립이고 다음과 같은 PMF를 갖고 동일하게 분포된 랜덤변수이다.

$$P(X_i = 1) = \frac{1}{2}$$

$$P(X_i = -1) = \frac{1}{2}$$

그 외의 경우, 그리고 $P(X_i = x) = 0$

중심 극한정리에 따르면, 합 S는 $n \to \infty$로 갈수록 가우스분포 $N(0,1)$로 점근하게 된다. 이것은 n이 2에서 20으로 증가할 때의 위 X_i의 초기 PMF(의 合 S의 정근형 PMF)에 대해 그림 4. 1에서 보여주고 있다.

중심극한정리에 의해 어느 것도 지배적이지 않은 독립요소의 곱(혹은 몫)은 대수정규분포로 접근하는 경향이 있다고 추론할 수 있다. 즉, X_i의 분포에 무관하게

$$P = c\prod_{i=1}^{n} X_i$$

로 표시되는 곱의 분포는 $n \to \infty$ 에 따라 대수정규분포에 접근하게 된다.

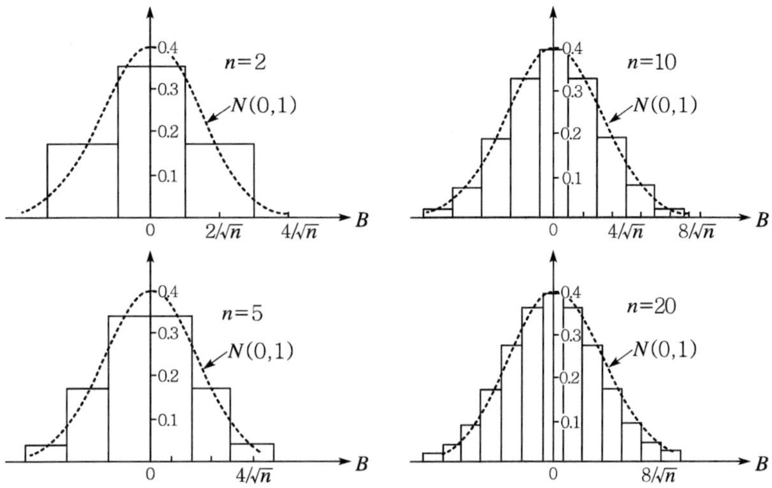

그림 4.1 중심극한정리의 예시

▶ **예제 4.15** 여러 확률변수의 곱을 고려해 보자.

$$P = \prod_{i=1}^{n} X_i$$

이때 각 X_i들은 다음과 같은 지수분포를 따른다.

$$f_X(x) = \frac{1}{\lambda}e^{-x/\lambda};\ x \geq 0$$

$Y_i = \ln X_i$를 사용하면,

$$\ln P = \sum_{i=1}^{n} \ln X_i = \sum_{i=1}^{n} Y_i$$

따라서, $n \to \infty$ 일 때, $\sum_{i=1}^{n} \ln X_i$의 분포는 중심극한정리에 따라 가우스분포로 접근할 것이다. 모수 $\lambda = 2$를 갖는 지수분포에 대한(제5장에 제시된 몬테카를로 시뮬레이션에 의해) n의 증가에 따른 수치해석적인 방법으로 이것을 다음과 같이 보일 수 있다.

$$Y_1 = \ln X_1$$

라 하면, 10,000개의 표본을 가지고, Y_1에 대한 히스토그램을 생성하고 다음 같은 대응하는 통계를 얻는다.

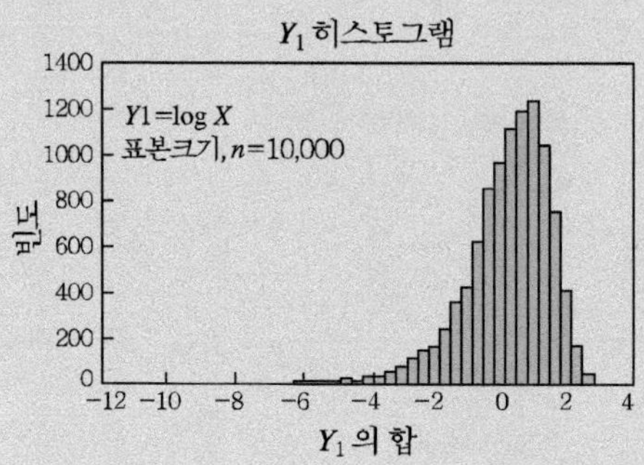

평균(Y_1) = 0.136
표준변차(Y_1) = 1.276
왜곡도(Y_1) = −1.207

$n = 5$일 때, $A = \sum_{i=1}^{n} Y_i$의 합에 대한 히스토그램과 대응하는 통계는 다음과 같다.

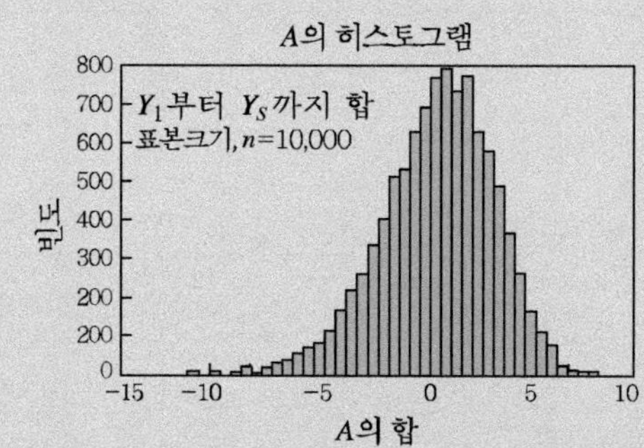

평균(A) = 0.571
표준변차(A) = 2.873
왜곡도(A) = −0.465

또한 $n = 100$일 때, $B = \sum_{i=1}^{100} Y_i$의 합에 대한 히스토그램과 대응 통계는 다음과 같다.

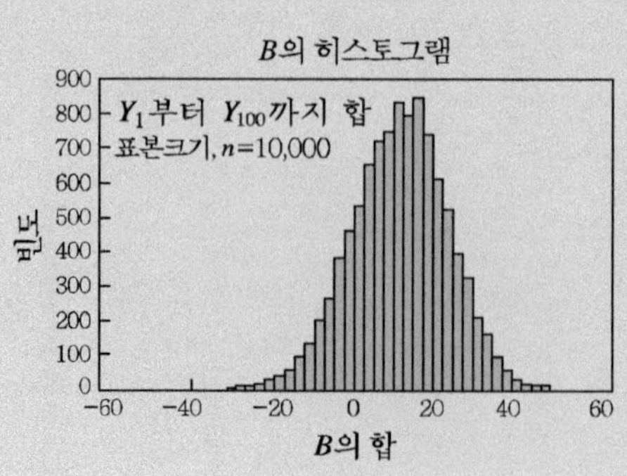

평균(B) = 11.670
표준변차(B) = 12.775
왜곡도(B) = −0.054

위에서 보듯이, n이 1, 5, 100으로 증가함에 따라 합 $\sum_{i=1}^{n} Y_i$의 왜곡도 계수는 0으로 접근하는 것처럼 점점 더 대칭적이 되고 $n=100$에서는 영에 근접하는 것을 알 수 있다. 또한, n이 증가함에 따라 편평도(kurtosis)도 영으로 접근하는 것을 보여줄 수 있는데, 따라서 $\sum_{i=1}^{n} Y_i$는 가우스 분포로 접근한다. 그러므로, 합계 $P=\prod_{i=1}^{n} X_i$는 대수정규 분포로 접근한다. ◀

▶ 예제 4.16 마지막으로 각각 범위가 0에서 2사이인 균등분포(uniform distribution) 확률변수 X_i의 n개의 합을 고려해보자. 즉,

$$S=\sum_{i=1}^{n} X_i$$

$n=2,\ 5,\ 10,\ 100$인 경우에 대해, 각각의 S의(평균이 100이 되도록 정규화된)히스토그램과, 동일한 평균과 표준편차를 갖는 대응하는 중첩된 PDF는 아래 그림과 같다.

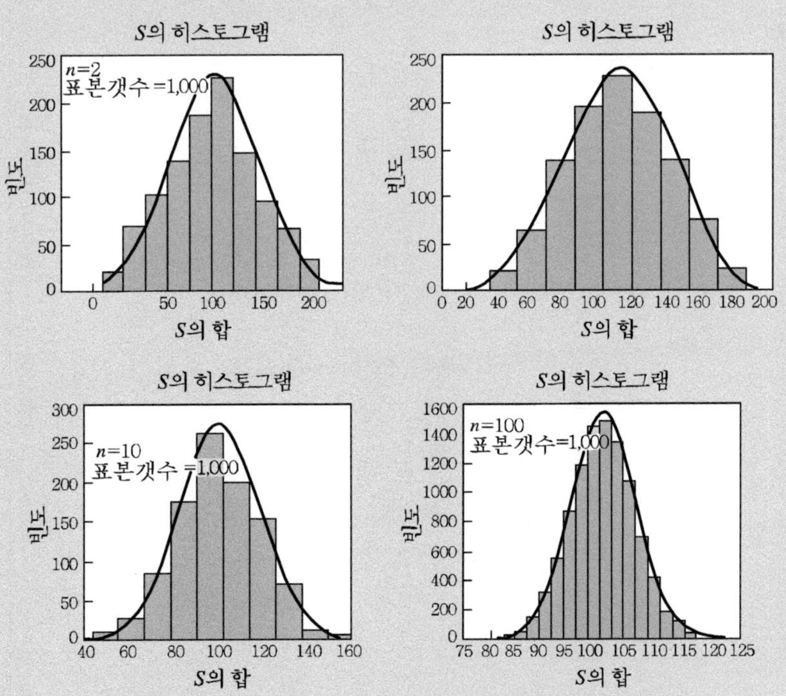

위의 모든 히스토그램은 1000 또는 10,000회의 반복시행(표본 크기)으로 생성된 것이다. n이 증가함에 따라 정규 PDF로 수렴하는 것을 명확하게 볼 수 있다. ◀

일반화 **–** 식 (4.13)의 두 확률변수의 함수는 n개의 확률변수의 함수의 분포를 유도하기 위해 일반화할 수 있다. 만약

$$Z = g(X_1, X_2, \cdots, X_n) \tag{4.22}$$

라면 식 (4.13)을 일반화하여 다음 식을 얻는다.

$$\begin{aligned} F_Z(z) &= \int \cdots \int_{\{g(x_1, \cdots, x_n) \le z\}} f_{X_1, \cdots, X_n}(x_1, \cdots, x_n)\, dx_1 \cdots dx_n \\ &= \int_{-\infty}^{\infty} \cdots \int_{-\infty}^{g^{-1}} f_{X_1, \cdots, X_n}(x_1, \cdots, x_n)\, dx_1 \cdots dx_n \end{aligned} \tag{4.23}$$

여기서 $g^{-1} = g^{-1}(z, x_2, \cdots, x_n)$. 적분변수를 x_1에서 z로 변경하면

$$F_Z(z) = \int_{-\infty}^{\infty} \cdots \int_{-\infty}^{\infty} \int_{-\infty}^{z} f_{X_1, \cdots, X_n}(g^{-1}, x_2, \cdots, x_n) \left| \frac{\partial g^{-1}}{\partial z} \right| dz\, dx_2 \cdots dx_n$$

이 식으로부터 다음을 얻을 수 있다.

$$F_Z(z) = \int_{-\infty}^{\infty} \cdots \int_{-\infty}^{\infty} f_{X_1, \cdots, X_n}(g^{-1}, x_2, \cdots, x_n) \left| \frac{\partial g^{-1}}{\partial z} \right| dx_2 \cdots dx_n \tag{4.24}$$

4.2.3 극치분포(extreme value distribution)

자연현상의 극치값(즉 최대, 최소값)은 공학적으로 특히 흥미있고 중요한 의미를 가진다. 극치값의 통계는, 향후 100년간 하천의 최대 홍수위, 향후 50년 동안 건물에 기대되는 최대 지진의 진도, 향후 25년간 하천의 최소유량(가뭄) 등과 같은 자연재해를 포함하는 여러 문제들에 특별히 중요한 의미를 가진다. 본장에서는 이에 대한 기본 개념을 요약하였다(이에 대한 좀 더 완전한 내용은 Ang and Tang vol.2, 1984에서 찾을 수 있음). 무엇보다 여기에서는 실제응용에 중요한 개념적 요소들에 대해서만 강조할 것이다.

극치값에 대해 얘기할 때는, 이미 알고 있는 모집단 내에 크기 n의 표본의, 가장 큰 값과, 가장 작은 값의 확률적인 특성을 고려하고 있는 것이다. 이러한 경우, 가장 큰

값과 작은 값은 정확한 확률분포 또는 점근분포를 가지는 확률변수이다.

정확한 확률분포 – 확률분포 $f_X(x)$ 또는 $F_X(x)$를 가진 확률변수 X(또는 모집단)에 대해 고려해 보자. 모집단에서 추출된 크기 n의 표본은 당연히 최대값과 최소값이 존재한다. 이것들의 극치값 또한 초기 변량 X의 분포와 관련된 확률분포를 갖는다.

크기 n의 표본은 각각 첫 번째, 두 번째, ..., n번째 관측치($x_1, x_2, \ldots, x_n$)의 집합이다. 무작위적인 관측값은 미리 예측할 수 없기 때문에, 확률변수 집합($X_1, X_2, \ldots, X_n$)의 특정 실현값이다. 따라서 확률변수 ($X_1, X_2, \ldots, X_n$)의 최대 및 최소값은

$$Y_n = \max(X_1, X_2, \ldots, X_n)$$

이고

$$Y_1 = \min(X_1, X_2, \ldots, X_n)$$

이다. Y_1과 Y_n의 확률분포는 다음과 같이 유도된다.

첫째로 만약 최대값 Y_n이 특정 값 y보다 작을 때, 모든 표본 확률변수 $X_1, X_2, \ldots, X_n$는 개별적으로 y보다 작을 것이라는 것을 알 수 있다. 그렇다면, $X_1, X_2, \ldots, X_n$이 통계적으로 독립이고, 초기 변량 X와 같은 동일한 분포로 되어 있다는 가정을 하면, 즉

$$F_{X_1}(x) = F_{X_2}(x) = \ldots = F_{X_n}(x) = F_X(x)$$

이면, 따라서 Y_n의 CDF는

$$\begin{aligned} F_{Y_n}(y) &= P(X_1 \le y, X_2 \le y, \ldots, X_n \le y) \\ &= [F_X(y)]^2 \end{aligned} \tag{4.25}$$

이고, 상응하는 PDF는

$$f_{Y_n}(y) = \frac{dF_{Y_n}(y)}{dy} = n[F_X(y)]^{n-1} f_X(y) \tag{4.26}$$

이다. 여기서, $F_X(y)$와 $f_X(y)$는 각각 초기 변량 X의 CDF와 PDF이다.

이와 유사하게, 최소값 Y_1의 확률분포는 다음과 같이 유도될 수 있다. 최소값인 Y_1이 y보다 크다면, 모든 표본 확률변수 $X_1, X_2, \ldots, X_n$는 개별적으로 y보다 커야 한다. 그러므로 생존함수(survival function)는 다음과 같이 $F_{Y_1}(y)$ CDF의 상보

함수(the compliment)가 된다.

$$1-F_{Y_1}(y)=P(X_1>y,\ X_2>y,\ \ldots,\ X_n>y)=[1-F_X(y)]^2$$

그러므로, Y_1의 CDF는

$$F_{Y_1}(y)=1-[1-F_X(y)]^n \tag{4.25}$$

이고, 대응하는 PDF는

$$f_{Y_1}(y)=n[1-F_X(y)]^{n-1}f_X(y) \tag{4.26}$$

이다. 식 (4.23)부터 식 (4.26)에 이르기까지 크기 n인 표본의 최대값과 최소값의 엄밀한 확률분포는 초기 변수분포의 함수인 것을 알 수 있다.

▶ 예제 4.17 다음과 같이 지수분포 PDF를 갖는 변량 X를 고려해 보자.

$$f_X(x)=\lambda e^{-\lambda x} \quad x\geq 0$$

X의 상응하는 CDF는

$$F_X(x)=1-e^{-\lambda}$$

이다. 따라서 여기서 추출한 크기 n의 표본으로부터 최대값의 CDF는 식 (4.23)에 따라 다음과 같다.

$$F_{Y_n}(y)=(1-e^{-\lambda y})^n$$

그리고, 상응하는 PDF는

$$f_{Y_n}(y)=\lambda n(1-e^{-\lambda y})^{n-1}e^{-\lambda y}$$

위의 Y_n의 PDF와 CDF는 1부터 100까지의 상이한 표본크기 n에 대해 도해적으로, ($\lambda=1.0$) 그림 E4.17의 경우에서 보여주고 있다.

그림 E4.17로부터, CDF 뿐만 아니라 PDF는 n이 증가함에 따라 오른쪽으로 이동한다는 것을 알 수 있다. 또한, n의 증가와 함께 최대값의 중앙값(the mode)도 증가한다는 것을 쉽게 예상할 수 있다.

이항 급수의 전개에 대해 위의 $F_{Y_n}(y)$을 전개하면, 다음과 같은 급수를 얻게 된다.

$$(1-e^{-\lambda y})^n = 1-ne^{-\lambda}+\frac{n(n-1)}{2!}e^{-2\lambda y}-\cdots$$

아주 큰 n에 대해 위의 급수는 이중 지수 $\exp(-ne^{-\lambda y})$로 접근한다. 고로,아주 큰 n의 경우 지수분포 모집단으로부터의 최대값의 CDF는 이중 지수분포에 근접한다.

$$F_{Y_n}(y)=\exp(-ne^{\lambda y})$$

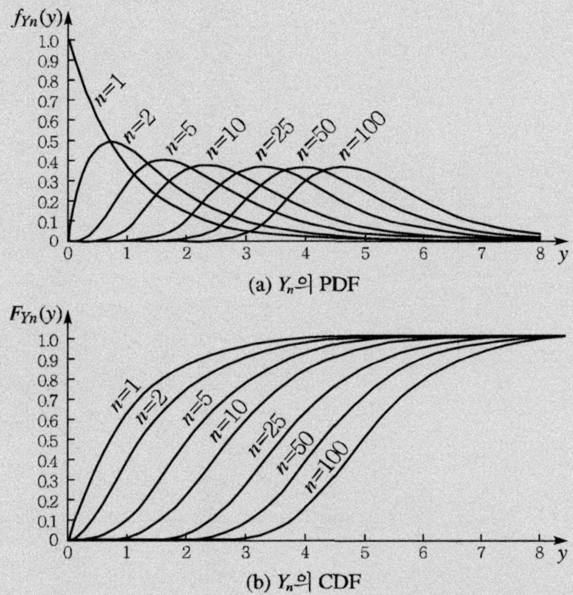

그림 E4.17 서로 다른 표본수 $n(\lambda=1.0)$에 대한 Y_n의 PDF와 CDF

◀

***점근형분포**(asymptotic distributions)* – 예제 4.17에서 모집단이 지수분포형 분포인 경우에 크기 n 표본의 최대값의 CDF는 n이 증가하면서 이중 지수분포로 접근한다는 것을 볼 수 있었다. 이 경우, 이러한 이중 지수분포는 최대값의 점근형 분포이다. 이러한 특성은 그림 4.2에서도 볼 수 있는데, 이 그림을 통해 $n\to\infty$ 일 때 Y_n의 정확한 확률분포는 점근형 이중 지수 분포로 수렴한다는 것을 알 수 있다.

그림 4.2에서 도해적으로 설명하고 있는 모집단 분포가 지수 분포인 경우에 대한 특성은 실제로 다른 초기 분포에도 그대로 적용된다. 즉 극치값의 분포는 n이 증가하면서 점근형 분포에 수렴한다. 비록 모든 경우를 다 포괄하지는 않지만, Gumbel

(1954, 1960)은 초기분포의 꼬리(즉, 끝) 부분의 거동에 따라 다음 세 가지 형태의 접근거동으로 분류하였다.

Type Ⅰ : 이중지수형태
Type Ⅱ : 단일지수형태
Type Ⅲ : 상한(또는 하한) 범위를 갖는 지수형태

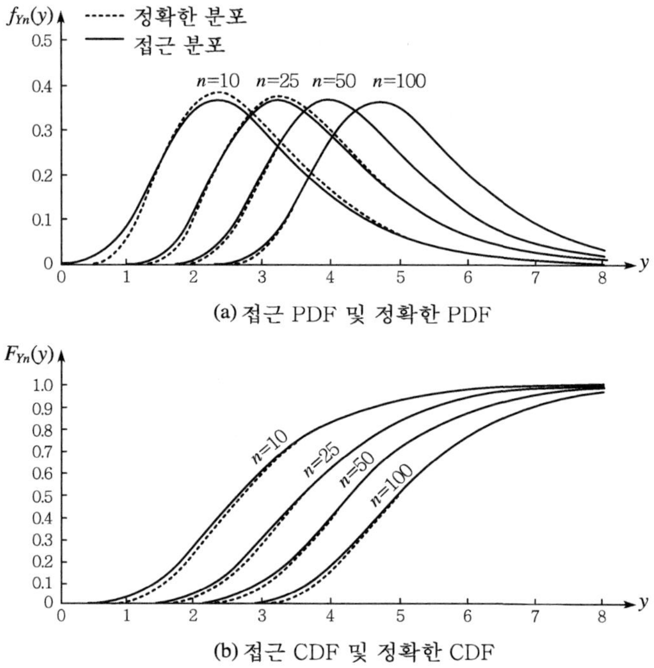

그림 4.2 모집단의 분포가 지수분포인 경우 점근분포의 비교

초기 모집단 분포의 끝 부분이 지수형태로 감소하는 경우의 극치분포는 Type I형태로 점근적으로 수렴한다. 이것은 앞에 예제 4.17에 설명하였고, 그림 4.2에서 도해적으로 보여주고 있다. 끝 부분이 다항식 형태로 감소하는 PDF를 가진 초기 변수의 경우, 극단값 분포는 Type II의 형태로 수렴한다. 반면에, 만약 모집단의 분포가 한정적이라면, 상응하는 극단값 분포는 Type III의 점근적 형태로 수렴한다.

점근형분포의 모수 – 비록 점근형분포의 형태가 모집단 변량의 분포에 좌우되지 않는다고는 해도, 점근 분포의 매개변수, 가령 Type Ⅰ 점근형 분포의 u_n과 α_n와 같은, 점근형 분포의 모수들은 초기변량의 분포에 영향받는다. 여기서는 다음과 같은

Type Ⅰ 점근형 형태의 모수에 대한 설명에 국한하도록 한다(다른 점근형 형태에 대한 상세한 설명은 Ang and Tang, Vol.2, 1984 참조).

Gumbel 분포 – 최대값의 Type Ⅰ 점근형 형태 CDF는 검벨(Gumbel) 분포로 잘 알려져 있다(Gumbel, 1958).

$$F_{Y_n}(y) = \exp[-e^{-\alpha_n(y-u_n)}] \tag{4.29a}$$

그리고 그 PDF는

$$f_{Y_n}(y) = \alpha_n e^{-\alpha_n(y-u_n)} \exp[-e^{-\alpha_n(y-u_n)}] \tag{4.29b}$$

이고, 여기서

u_n= Y_n값의 최확치(most propable value)

α_n= Y_n 값의 산포도의 역척도

게다가 최대값 Y_n과 최소값 Y_1의 평균과 분산은 다음과 같이 각 모수와 연관되어 있다. 최대값 Y_n의 평균은

$$\mu_{Y_n} = u_n + \frac{\gamma}{\alpha_n} \tag{4.30a}$$

이며, 여기서 $\gamma = 0.577216$(오일러 상수)이다. 그리고 분산은

$$\sigma_{Y_n}^2 = \frac{\pi^2}{6\alpha_n^2} \tag{4.30b}$$

이다. 반면에 최소값의 상응하는 평균과 분산은

$$\mu_{Y_1} = u_1 - \frac{\gamma}{\alpha_1} \text{와 } \sigma_{Y_1}^2 = \frac{\pi^2}{6\alpha_1^2}$$

이다.

▶ **예제 4.18** 다음과 같은 표준 정규분포 PDF, 즉 $N(0,1)$을 갖는 초기 변량 X를 생각해보자.

$$f_{X(x)} = \frac{1}{\sqrt{2}} e^{-x^2/2}$$

이 경우에, PDF의 꼬리는 분명히 지수형이다. 그러므로, 최대값의 점근형 분포는

이중지수 형태 분포(Type Ⅰ)이다. 특히, Y_n의 CDF는,

$$F_{Y_n}(y) = \exp[-e^{-\alpha_n(y-u_n)}]$$

이고, 그 PDF는

$$f_{Y_n}(y) = \alpha_n e^{-\alpha_n(y-u_n)} \exp[-e^{-\alpha_n(y-u_n)}]$$

이때, 모수는

$$u_n = \sqrt{2\ln n} - \frac{\ln\ln n + \ln 4\pi}{2\sqrt{2\ln n}}$$

와

$$\alpha_n = \sqrt{2\ln n}$$

이다. 위 모수들의 유도에 대한 설명은 Ang and Tang, Vol.2(1984)에서 찾아볼 수 있다. 최대값의 평균과 표준편차는 각각 식 (4.28a)와 식 (4.28b)로부터 구할 수 있다.

만약 초기 변량 X가 일반적인 정규분포 $N(\mu, \sigma)$를 따른다면, 예제 4.2로부터 $(X-\mu)/\sigma$는 표준정규 분포 $N(0,1)$으로 될 것이다. 그렇다면, $(X-\mu)/\sigma$으로부터 최대값의 점근형 분포는 위에서 구한 모수 u_n과 α_n을 갖는 이중 지수형태가 된다. 따라서 만약 Y_n'이 초기 가우스 변량 X로부터 최대값이라면,

$$Y_n = \frac{Y_n' - \mu}{\sigma}$$

는 $(X-\mu)/\sigma$의 최대값이 되며, 그래서 Y_n'의 CDF는 다음과 같이 된다.

$$F_{Y_n'}(y') = F_{Y_n}\left(\frac{y'-\mu}{\sigma}\right) = \exp\left[-e^{-\alpha_n\left(\frac{y'-\mu-\sigma u_n}{\sigma}\right)}\right] = \exp\left[-e^{\frac{\alpha_n}{\sigma}(y'-\mu-\sigma u_n)}\right]$$

그러므로, Y_n'의 CDF는 Y_n과 같은 이중 지수형태이고, 모수는 다음과 같다.

$$u_n' = \sigma u_n + \mu$$
$$\alpha_n' = \alpha_n / \sigma$$ ◀

크기 n 표본의 최저값에 상응하는 분포의 PDF와 CDF는 n이 증가함에 따라 왼쪽으로 이동한다. 최대값의 경우와 유사하게 최소값의 분포도 역시 초기변량 PDF의 최소값 방향의 꼬리부분 거동에 좌우되는 점근형 분포의 세 유형(Type Ⅰ~Ⅲ으로) 수렴된다.

▶ **예제 4.19** 표준 정규분포 $N(0,\ 1)$을 갖는 초기 변량을 생각해 보자. 이 PDF의 하단 끝의 꼬리부분 거동도 또한 명백히 지수형이다. 그렇다면, 이 초기 변량으로부터 최소값의 CDF는 또한 다음과 같은 점근형 분포 Type Ⅰ에 수렴한다.

$$F_{Y_1}(y) = 1 - \exp[-e^{\alpha_1(y-u_1)}]$$

그리고 상응하는 PDF는

$$f_{Y_1}(y) = \alpha_1 e^{\alpha_1(y-u_1)} \exp[-e^{\alpha_1(y-u_1)}]$$

이며, 여기서 모수 u_1과 α_1은

$$u_1 = -\sqrt{2\ln n} + \frac{\ln\ln n + \ln 4\pi}{2\sqrt{2\ln n}}$$

$$\alpha_1 = \sqrt{2\ln n}$$

이 된다. ◀

▶ **예제 4.20** 만약 초기 변량 X가 다음과 같은 PDF를 갖는 Rayleigh 분포로서 기술된다면,

$$f_X(x) = \frac{x}{\alpha^2} e^{-(1/2)(x/\alpha)^2} \quad x \geq 0$$

여기서 $\alpha =$최빈값이다. 비록 이 PDF의 꼬리부분 거동이 명백하지 않더라도, 이것은 지수형(Ang and Tang, Vol.2, 1984 참조)이며, 그래서 최대값의 분포는 다음과 같은 모수를 갖는 Type Ⅰ 분포에 점근적으로 수렴할 것이다.

$$u_n = \alpha\sqrt{2\ln n}$$

이고

$$\alpha_n = \frac{\sqrt{2\ln n}}{\alpha}$$

그렇다면, 식 (4.28a)와 식 (4.28b)에 의해 Y_n의 평균과 표준 편차는 각각 다음과 같이 된다.

$$\mu_{Y_n} = \alpha\sqrt{2\ln n} + 0.5772\left(\frac{\alpha}{\sqrt{2\ln n}}\right)$$

$$\sigma_{Y_n} = \frac{\pi}{\sqrt{6}} \frac{\alpha}{\sqrt{2\ln n}} = \frac{\pi\alpha}{2\sqrt{3\ln n}}$$ ◀

피셔-팁펫 분포(Fisher-Tippett distribution) – 최대값의 Type Ⅱ 점근형 분포는 종종 피셔-팁펫 분포로 언급되고 있다(Fisher and Tippett, 1928). 그 CDF는

$$F_{Y_n}(y) = \exp\left[-\left(\frac{\nu_n}{y}\right)^k\right] \tag{4.31}$$

이다. 상응하는 PDF는

$$f_{Y_n}(y) = \frac{k}{\nu_n}\left(\frac{\nu_n}{y}\right)^{k+1}\exp\left[-\left(\frac{\nu_n}{y}\right)^k\right] \tag{4.32}$$

이며, 이때 매개변수는

ν_n = Y_n값의 최확치

k = 형상 모수로서 Y_n 값의 산포도의 역척도

변량 Y_n의 평균과 표준편차는 다음과 같이 위의 모수에 연관된다.

$$\mu_{Y_n} = \nu_n \Gamma\left(1-\frac{1}{k}\right) \tag{4.33}$$

$$\sigma_{Y_n} = \nu_n\sqrt{\Gamma\left(1-\frac{2}{k}\right) - \Gamma^2\left(1-\frac{1}{k}\right)}$$

Type Ⅰ과 Ⅱ 점근형 형태는 다음과 같은 대수 변환(logarithmic transfornation)과 관련되어 있다. 만약 Y_n이 식 (4.29)의 모수 ν_n과 k를 가진 Type Ⅱ 점근형 분포를 가진다면, $\ln Y_n$의 분포는 다음과 같은 모수를 갖는 Type Ⅰ 점근형 분포 형태를 가지게 된다.

$u_n = \ln\nu_n$와 $\alpha_n = k$

위의 대수적 변환은 Y_1과 $\ln Y_1$의 최소값에도 역시 그대로 적용된다.

▶ 예제 4.21 만약 초기 변량 X가 모수 λ_X와 ζ_X를 갖는 대수정규분포라면, $\ln X$는 매개변수 $\mu = \lambda_X$와 $\sigma = \zeta_n$를 갖는 정규분포이다. 그러면, 예제 4.17의 결과에 따라 $\ln X$의 최대값은 다음과 같은 모수를 갖는 Type Ⅰ의 분포에 점근적으로 수렴한다.

$$u_n = \zeta_X\left(\sqrt{2\ln n} - \frac{\ln\ln n + \ln 4\pi}{2\sqrt{2\ln n}}\right) + \lambda_x \text{와 } \alpha_n = \frac{\sqrt{2\ln n}}{\zeta_X}$$

따라서, 대수적 변환에 따라 초기 대수정규 변량 X의 최대값은 다음 모수를 갖는 Type Ⅱ의 점근 형태로 수렴한다.

$\nu_n = e^{u_n}$ 와 $k = \alpha_n$ ◀

와이블 분포(Weibule distribution) – Type Ⅲ 점근형에서 최소값의 점근형 분포가 더욱 더 흥미있다. 공학에서는, 재료의 파괴강도(fracture strength)의 모델링을 위한 분포로 발견된 와이블 분포로 잘 알려져 있다. 이것의 CDF는 다음과 같이 주어진다.

$$F_{Y_1}(y) = 1 - \exp\left[-\left(\frac{y-\epsilon}{w_1-\epsilon}\right)\right] \quad ; \quad y \geq \epsilon \tag{4.34}$$

여기서, w_1 = 최확 최소값

k = 형상 모수

ϵ = y의 하한 값

이다.

Y_1의 평균과 표준편차는 다음과 같이 위의 모수와 관련되어 있다.

$$\mu_{Y_1} = \epsilon + (w_1 - \epsilon)\Gamma\left(1+\frac{1}{k}\right) \tag{4.35}$$

$$\sigma_{Y_1} = (w_1-\epsilon)\sqrt{\Gamma\left(1+\frac{2}{k}\right) - \Gamma^2\left(1+\frac{1}{k}\right)}$$

이다.

▶ 예제 4.22 용접 접합의 하한 파괴강도가 4.0ksi이라 가정해 보자. 만약 접합부의 실제 강도 Y_1는 식 (4.34)에 따라, 모수 $w_1 = 15.0\text{ksi}$와 $k = 1.75$, 최저강도 $E = 4ksi$를 갖는 최소치 점근형 Type Ⅲ 분포로 모델링한다면, 접합 강도가 최소한 16.5ksi이상의 될 확률은 다음과 같다.

$$P(Y_1 \geq 16.5) = \exp\left[-\left(\frac{16.5-4}{15-4}\right)^{1.75}\right] = 0.286$$

접합 강도의 평균과 표준편차는 식 (4.35)에 따라 각각

$$\mu_{Y_1} = 4 + (15-4)\Gamma\left(1+\frac{1}{1.75}\right) = 4 + 11 \times \Gamma(1.5714) = 4 + 11 \times 0.8906$$
$$= 13.80\,\text{ksi}$$

$$\sigma_{Y_1} = (15-4)[\Gamma(1+2/1.75) - \Gamma^2[1+1/1.175)]^{1/2}$$
$$= 11 \times \left[\Gamma(1.1429) - \Gamma^2(1.5714)\right]^{1/2} = 11\left[0.9354 - (0.8906)^2\right]^{1/2}$$
$$= 4.15\text{ ksi}$$

여기서 감마 함수의 값은 MATLAB을 이용해서 계산하였다. ◀

▶ 4.3 확률변수의 함수적률

4.2절에서는 하나 또는 그 이상의 확률변수 함수의 확률분포를 유도하였다. 이론적으로는 다중확률변수 함수의 확률분포도 적절한 조건이 있으면 유도 가능하다. 이를테면 정규 변량의 선형 함수는 그대로 정규 분포가 되고, 반면 대수정규 변량의 곱(또는 몫) 또한 대수정규 분포가 된다. 그러나 일반적으로, 다중 확률변수 함수의 확률분포는 (특히 비선형함수의 경우)해석적으로 유도하기가 지극히 어렵다(거의, 불가능하기까지도 하다). 그래서 일반적인 경우에는 몬테카를로 시뮬레이션(Monte Carlo Simulation)이 필요하게 된다.

이런 후자의 상황에서는 확률분포의 근사해로서 함수의 적률 특히 평균치의 분산만을 사용할 수 있다. 이러한 근사적 접근은 비록 정확한 확률 분포는 미확정 상태로 남아 있더라도, 실용적 목적상으로는 충분할 것이다. 함수의 적률은 개별의 기본변량의 적률과 함수관계가 있으므로 이들 적률은 기본변량의 적률의 함수로서 근사적으로 유도될 수 있는 것이다.

4.3.1 함수의 수학적 기대치

수학적 기대치라고 일컬어지는 확률변수 함수의 기대치는 식 (3.9b)의 일반형으로 유도 될 수 있다. 즉, n개의 변수의 함수 $Z = g(X_1, X_2, \cdots, X_n)$의 수학적 기대치는 다음 식과 같다.

$$E(Z) = \int_{-\infty}^{\infty} \cdots \int_{-\infty}^{\infty} g(x_1, x_2, \cdots, x_n) f_{X_1, X_2, \cdots, X_n}(x_1, \cdots, x_n) dx_1 dx_2 \cdots dx_n \quad (4.36)$$

식 (3.9a)의 일반형은 이산형 변량에 대한 함수의 수학적 기대치 $E(z)$를 제공한다.

비선형 확률변수 함수의 일차 근사 적률뿐 아니라 아래의 선형함수의 적률을 유도하기 위해서도 식 (4.34)를 이용해야 한다.

선형함수의 평균과 분산 – 우선 다음과 같은 선형함수의 적률을 생각해 보자.

$$Y = aX + b$$

식 (3.9b)에 의하면 Y의 평균치는,

$$E(Y) = E(aX+b) = \int_{-\infty}^{\infty}(ax+b)f_X(x)dx \tag{4.37}$$
$$= a\int_{-\infty}^{\infty}xf_X(x)dx + b\int_{-\infty}^{\infty}f_X(x)dx$$
$$= aE(X)+b$$

반면, Y의 분산은

$$Var(Y) = E[(Y-\mu_Y)^2] \tag{4.38}$$
$$= E[(aX+b-a\mu_X-b)^2]$$
$$= a^2\int_{-\infty}^{\infty}(x-\mu_X)^2 f_X(x)dx$$
$$= a^2\ Var(X)$$

a_1과 a_2가 정수인 $Y = a_1X_1 + a_2X_2$의 경우

$$E(Y) = \int_{-\infty}^{\infty}\int_{-\infty}^{\infty}(a_1x_1+a_2x_2)f_{X_1,X_2}(x_1,x_2)dx_1dx_2$$
$$= a_1\int_{-\infty}^{\infty}x_1f_{X_1}(x_1)dx_1 + a_2\int_{-\infty}^{\infty}x_2f_{X_2}(x_2)dx_2$$

위의 마지막 두 적분은 각각 $E(X_1)$, $E(X_2)$라는 것을 알 수 있기 때문에 두 확률변수의 선형조합의 기대값은,

$$E(Y) = a_1E(X_1) + a_2E(X_2) \tag{4.39}$$

또한 그 분산은

$$Var(Y) = E[(a_1X_1+a_2X_2)-(a_1\mu_{X_1}+a_2\mu_{X_2})]^2$$
$$= E[a_1(X_1-\mu_{X_1})+a_2(X_2-\mu_{X_2})]^2$$
$$= E[a_1^2(X_1-\mu_{X_1})^2+2a_1a_2(X_1-\mu_{X_1})(X_2-\mu_{X_2})+a_2^2(X_2-\mu_{X_2})^2]$$

괄호 안 제1항과 제3항의 기대치는 각각 X_1과 X_2의 분산이며, 반면에 중간항은 X_1과 X_2사이의 공분산이다. 그러므로 다음식을 얻는다.

$$Var(Y) = a_1^2\,Var(X_1) + a_2^2\,Var(X_2) + 2a_1a_2\,Cov(X_1,X_2) \tag{4.40}$$

이와 유사하게 $Y = a_1X_1 - a_2X_2$인 경우, 결과는 다음과 같이 될 것이다.

$$E(Y) = a_1E(\mu_{X_1}) - a_2E(\mu_{X_2}) \tag{4.41}$$

반면에 그 분산은 다음과 같이 될 것이다.

$$Var(Y) = a_1^2\,Var(X_1) + a_2^2\,Var(X_2) - 2a_1a_2\,Var(X_1,X_2) \tag{4.42}$$

X_1과 X_2가 통계적으로 독립이면 $Cov(X_1, X_2) = 0$이므로 식 (4.38)과 식 (4.40)은 다음과 같이 된다.

$$Var(Y) = a_1^2 Var(X_1) + a_2^2 Var(X_2)$$

위의 식 (4.37)에서 식 (4.40)을 통해 얻을 수 있는 결과는 다음과 같이 n 확률변수의 일반적 선형 함수로 확장 될수 있다.

$$Y = \sum_{i=1}^{n} a_i X_i$$

여기서 a_i는 정수이다. 이러한 일반적인 경우에 대한 Y의 평균값을 다음과 같이 얻을 수 있다.

$$E(Y) = \sum_{i=1}^{n} a_i E(X_i) = \sum_{i=1}^{n} a_i \mu_{X_i} \tag{4.43}$$

반면, 이에 대한 분산은

$$\begin{aligned} Var(Y) &= \sum_{i=1}^{n} a_i^2 Var(X_i) + \sum_{i,j=1}^{n} \sum_{i \neq j}^{n} a_i a_j Cov(X_1, X_2) \\ &= \sum_{i=1}^{n} a_i^2 \sigma_{X_i}^2 + \sum_{i \neq}^{n} \sum_{j}^{n} a_i a_j \rho_{ij} \sigma_{X_i} \sigma_{X_j} \end{aligned} \tag{4.44}$$

여기서, ρ_{ij}는 식 (3.72)에서 정의한 X_i와 X_j간의 상관계수(correlation coefficient)이다. 또한 Z가 X_i의 다른 선형함수,

$$Z = \sum_{i=1}^{n} b_i X_i$$

라 하면 Y와 Z의 공분산은 다음과 같이 구해진다.

$$\begin{aligned} Cov(Y, Z) &= \sum_{i=1}^{n} a_i b_i Var(X_i) + \sum_{i,j=1}^{n} \sum_{i \neq j}^{n} a_i b_j Cov(X_i, X_j) \\ &= \sum_{i=1}^{n} a_i b_i \sigma_{X_i}^2 + \sum_{i,j=1}^{n} \sum_{i \neq j}^{n} a_i b_j \rho_{ij} \sigma_{X_i} \sigma_{X_j} \end{aligned} \tag{4.45}$$

▶ 예제 4.23 고층 철근콘크리트 건물의 기둥에 작용하는 최대하중은 고정하중(D), 활하중(L), 지진하중(E)으로 구성될 수 있다. 기둥이 지지하는 최대 총 하중은 $T = D + L + E$이다. 개개의 하중 성분의 통계는 다음과 같이 가정하자.

$$\mu_D = 2000\,\text{tons},\ \sigma_D = 210\,\text{tons}$$
$$\mu_L = 1500\,\text{tons},\ \sigma_L = 350\,\text{tons}$$
$$\mu_E = 2500\,\text{tons},\ \sigma_E = 450\,\text{tons}$$

만약, 세 하중이 통계적으로 독립이라면, 즉, $\rho_{ij} = 0$이라면, 총 하중 T의 평균과 표준 편차는 식 (4.41)과 식 (4.42)를 따라 다음과 같이 구해진다.

$$\mu_T = 2000 + 1500 + 2500 = 6000\,\text{tons}$$
$$\sigma_T^2 = 210^2 + 350^2 + 450^2 = 369,100\,\text{tons}$$

그래서, 표준편차는

$$\sigma_T = 607.5\,\text{tons}$$

그렇지만, 고정하중 D와 지진하중 E사이에는 상관성이 있다. 예컨대, 상관계수 $\rho_{ij} = 0.5$라고 하자. 반면에 활하중 L은 D와 E와는 상관성이 없다. 그러면, 이에 상응하는 분산은 식 (4.42)를 따라,

$$\sigma_T^2 = 210^2 + 350^2 + 450^2 + 2(0.5)(210)(450) = 463,600\,\text{tons}^2$$

이고, 그래서 표준편차는 $\sigma_T = 680.88\,\text{tons}$가 된다.

기둥 C의 내하력의 평균과 표준편차는 $\mu_C = 10,000\,\text{tons}$와 $\sigma_C = 1500\,\text{tons}$라고 가정하자. 기둥이 초과하중을 받을 확률은 다음과 같다.

$$P(C < T) = P(C - T < 0)$$

그러나 평균값은 $C - T = 10000 - 6000 = 4000\,\text{tons}$이고, 표준편차는

$$\sigma_{C-T} = \sqrt{607.5^2 + 1500^2} = 1618\,\text{tons}$$

이다. 모든 변수는 가우스분포를 갖는다고 가정하면, $C - T$ 역시 가우스분포가 되고, 기둥에 초과하중이 재하될 확률은 다음과 같다.

$$P(C - T < 0) = \Phi\left(\frac{0 - 4000}{1618}\right) = \Phi(-2.47)$$
$$= 1 - \Phi(2.47) = 1 - 0.9932 = 0.007$$ ◀

▶ 예제 4.24 진도 $I = 5$의 지진이 발생하는 경우 어느 한 도시의 도심 지역의 평균 경제적 손실이 다음과 같은 평균과 표준편차를 갖는 것으로 추정된다.

- 재산 손실비용 : $\mu_P = 2.5$백만\$; $\sigma_P = 1.5$ 백만\$
- 비지니스 손실비용 : $\mu_B = 6.0$ 백만\$; $\sigma_B = 2.5$ 백만\$
- 상해 손실비용 : $\mu_J = 4.0$ 백만\$; $\sigma_J = 2.0$ 백만\$

생명의 손실 가능성은 무시할 만 하다고 가정하고, 위의 세 가지 비용 항목 중에 비즈니스의 손실비용은 재산 손실비용과 상관계수 0.70, 즉, $\rho_{BP} = 0.70$의 상관성이 있고, 반면에 상해 손실비용은 다른 손실비용들과는 관련이 없다고 가정하자.

또한, 위의 평균 손실은 I^2에 따라 변하고, 지진 발생동안 지역 안에 가능한 진도는 $I = 4, 5, 6$이며 상대적 발생가능 성향(relative likelihoods)은 2:1:1이지만, 그 표준편차는 I에 대해 변함없다.

지진 발생동안 총 손실은 다음과 같다.

$$T = P + B + J$$

진도 $I = 5$의 지진 발생의 평균 또는 기대 총 손실비용은 다음과 같다.

$$E(T|I=5) = 2.5 + 6.0 + 4.0 = 12.5 \text{ 백만\$}$$

기대 총 손실비용은 I^2에 비례하므로, 다른 I에 대해서는 다음과 같이 구해진다.

$$E(T|I=4) = 12.5\left(\frac{4}{5}\right)^2 = 8.00$$

$$E(T|I=6) = 12.5\left(\frac{6}{5}\right)^2 = 18.00$$

지진발생동안 무조건적 총 기대 손실비용은 다음과 같다.

$$\mu_T = 8.0(2/4) + 12.5(1/4) + 18.0(1/4) = 11.625 \text{ 백만\$}$$

총 손실의 분산은 다음과 같다.

$$Var(T) = 1.5^2 + 2.5^2 + 2.0^2 + 2(0.70)(1.5 \times 2.5) = 17.75$$

그러므로, 총 손실의 표준편차는 $\sigma_T = \sqrt{17.75} = 4.21$ 백만\$이다. ◀

4.3.2 일반함수의 평균과 분산

단일 확률변수 X의 일반 함수

$$Y = g(X)$$

의 경우 Y의 엄밀한 적률은 $g(X)$의 수학적 기대치로 얻어진다. 특히, 식 (3.9b)에 의해 평균과 분산은 다음과 같다.

$$E(Y) = \int_{-\infty}^{\infty} g(x) f_X(x)\, dx$$

$$Var(Y) = \int_{-\infty}^{\infty} [g(x) - E(Y)]^2 f_X(x)\, dx$$

위의 관계를 이용하여 함수 Y의 평균과 분산을 구하는 데에는 분명 PDF $f_X(x)$에 관한 정보를 필요로 한다. 그렇지만 많은 응용 예에서 X의 PDF는 없는 경우가 허다하다. 그와 같은 경우 다음과 같이 함수 Y의 개략적인 평균치와 분산을 구하게 된다.

함수 $g(X)$를 X의 평균치에 관한 Taylor 급수로 전개하면

$$g(X) = g(\mu_X) + (X - \mu_X)\frac{dg}{dX} + \frac{1}{2}(X - \mu_X)^2 \frac{d^2 g}{dX^2} + \cdots$$

여기서 도함수는 μ_X에서 구해지는 값이다.

이제, 만약 이차 항 이상을 생략하여 선형화하면

$$g(X) \simeq g(\mu_X) + (X - \mu_X)\frac{dg}{dX}$$

Y의 제 1계 근사 평균과 분산은 다음과 같이 구해진다.

$$E(Y) \simeq g(\mu_X) \tag{4.46}$$

그리고

$$Var(Y) \simeq Var(X - \mu_X)\left(\frac{dg}{dX}\right)^2 \simeq Var(X)\left(\frac{dg}{dX}\right)^2 \tag{4.47}$$

만일 함수 $g(X)$가 X의 전 영역에서 근사적으로 선형이라면 식 (4.46)와 식 (4.47)은 $g(X)$의 엄밀한 평균과 분산에 매우 근접한 값을 제공한다는 것을 알아야 한다 (Hald, 1952). 더구나 X의 분산이 $g(\mu_X)$에 비해 작을 경우, 위의 근사해는 함수 $g(X)$가 비선형인 경우에도 적절하게 된다.

상기한 일차 근사해는 Taylor 급수 전개의 고차항을 고려함으로써 축차적으로 개선할 수 있다. 예를 들어 급수에서 이차항까지 포함한다면, 상응하는 이차 근사해는 다음과 같이 된다.

$$E(Y) \simeq g(\mu_X) + \frac{1}{2} Var(X)\frac{d^2 g}{dX^2} \tag{4.48}$$

그리고

$$Var(Y) \simeq \sigma_X^2\left(\frac{dg}{dX}\right)^2 - \frac{1}{4}\sigma_X^2\left(\frac{d^2g}{dX^2}\right) + E(X-\mu_X)^3\frac{dg}{dX}\frac{d^2g}{dX^2} + \frac{1}{4}E(X-\mu_X)^4\left(\frac{d^2g}{dX^2}\right)^2 \tag{4.49}$$

식 (4.47)에 나타난 것처럼 Y의 이차 근사 분산은 원래 변량 X의 제 3 및 제 4 중앙적률을 포함한다는 것을 알 수 있다. 하지만 실제 응용 문제에서 이러한 고차확률을 구할 수 있는 상황은 거의 없다. 실용적인 목적으로는 평균값이 무엇보다 중요하다. 그러므로 식 (4.47)의 일차 근사 분산과 함께 식 (4.48)의 함수의 이차근사 평균을 사용할 수 있다. 이와 같은 방식으로 X의 평균과 분산 이상의 적율을 포함하는 것을 피하고 Y의 평균값을 개선하게 된다.

▶ 예제 4.25 해안구조물에 작용하는 해안파의 최대 충격압(psf)을 다음 식으로 구한다.

$$p_m = 2.7\frac{\rho K U^2}{D}$$

여기서 U는 평균 4.5fps와 변동계수 c.o.v 20%를 갖는 전진파(advancing wave)의 무작위 수평속도.

ρ = 1.96 slugs/ft^3, 바닷물의 밀도
K = 가상 피스톤(piston)의 길이
D = 공기 쿠션(air cushion)의 두께

식 (4.44)와 식 (4.45)에 따라 p_m의 일차근사 평균과 표준편차는 다음과 같이 구해진다. $K/D = 35$라 가정하자.

$$E(p_m) \simeq 2.7(1.96)(35)(4.5)^2 = 3750.7 \text{ psf} = 26.05 \text{ psi}$$

$$Var(p_m) \simeq Var(U)\left(2.7\rho\frac{K}{D}\right)^2(2\mu_u)^2 = (0.20\times 4.5)^2(2.7\times 1.96\times 35)^2(2\times 4.5)^2$$

따라서 p_m의 표준편차는

$$\sigma_{p_m} \simeq (0.20\times 4.5)(2.7\times 1.96\times 35)(2\times 4.5) = 1500.3 \text{ psf} = 10.42 \text{ psi}$$

이다.

개선된 평균값을 위해서는 식 (4.46)으로부터 이차근사 평균을 다음과 같이 구한다.

$$E(Y) \simeq 3750.7 + \frac{1}{2}(0.20 \times 4.5)^2\left(2.7\rho\frac{K}{D}\right)(2)$$

$$= 3750.7 + \frac{1}{2}(0.20 \times 4.5)^2(2.7 \times 1.96 \times 35 \times 2)$$

$$= 3750.7 + 150.0 = 3900 \text{ psf} = 27.09 \text{ psi}$$

이 결과는 일차근사 평균은 이차근사 평균보다 약 4% 정도 작다는 것을 보여주고 있다. ◀

▶ 예제 4.26 미국 주요도시로부터 혼잡시간 동안 시카고 오헤어공항으로 도착하는 항공기의 평균대수는 다음과 같다고 가정해 보자.

출발 도시	도착하는 평균 비행기수	표준편차
뉴욕	10	4
마이애미	6	2
LA	10	5
워싱턴 DC	12	4
샌프란시스코	8	4
달라스	10	3
시애틀	5	2
기타 도시	15	6

총 평균 도착 수는 76대이고, 표준편차는 11.22대이다. 여기서 개별 도시들로부터 도착하는 항공기는 통계적으로 독립이라 가정한다.

대기시간 T(분)은 총 도착대수의 경험적인 함수이고 다음과 같다고 가정하자.

$$T = 3\sqrt{N_A} \text{ (분)}$$

이때, N_A는 혼잡시간동안 도착하는 총 항공기 수이다. 그러면, 제 1계 근사해에 의한 평균 대기시간은

$$\mu_T \simeq 3\sqrt{\mu_{N_A}} = 3\sqrt{76} = 26.15 \text{ min}$$

이고, 분산은

$$\sigma_T^2 \simeq \sigma_{N_A}^2\left(\frac{3}{2}\mu_{N_A}^{-1/2}\right) = (11.22)^2\left(\frac{3}{2}(76)^{-1/2}\right) = 21.66$$

이다. 따라서, 표준편차는 다음과 같다.

$$\sigma_T = 4.65 \text{ 분}$$

식 (4.46)에서 상응하는 이차근사 평균 대기시간은

$$\mu_T \simeq 3\sqrt{\mu_{N_A}} + \frac{1}{2}\sigma_{N_A}^2\left(-\frac{3}{4}\mu_{N_A}^{-3/2}\right)$$
$$= 26.15 - \frac{3}{8}(11.22)^2(76)^{-3/2} = 26.08 \text{ min}$$

이 경우, 일차근사 평균은 상당히 정확하며, 이차근사 평균과 거의 비슷하다. ◀

다중 확률변수의 함수 **–** 만약 Y가 다중 확률변수의 함수, 즉

$$Y = g(X_1, X_2, \cdots, X_n)$$

인 경우 유사한 방법으로 Y의 근사적인 평균과 분산을 다음과 같이 구할 수가 있다. 먼저, 함수 $g(X_1, X_2, \cdots, X_n)$을 평균치 $(\mu_{X_1}, \mu_{X_2}, \cdots, \mu_{X_n})$에 대해 Taylor 급수로 전개하면 다음 식이 얻어진다.

$$Y = g(\mu_{X_1}, \mu_{X_2}, \cdots, \mu_{X_n}) + \sum_{i=1}^{n}(X_i - \mu_{X_i})\frac{\partial g}{\partial X_i}$$
$$+ \frac{1}{2}\sum_{i=1}^{n}\sum_{j=1}^{n}(X_i - \mu_{X_i})(X_j - \mu_{X_j})\frac{\partial^2 g}{\partial X_i \partial X_j} + \cdots$$

여기서 편도함수는 $\mu_{X_1}, \mu_{X_2}, \cdots, \mu_{X_n}$에서 구한 값이다.

만약 위 급수의 선형항 이후를 절삭한다면, 즉

$$Y \simeq g(\mu_{X_1}, \mu_{X_2}, \cdots, \mu_{X_n}) + \sum_{i=1}^{n}(X_i - \mu_{X_i})\frac{\partial g}{\partial X_i}$$

이면, 일차근사 평균과 분산은 각각 다음과 같이 얻어진다.

$$E(Y) \simeq g(\mu_{X_1}, \mu_{X_2}, \cdots, \mu_{X_n}) \tag{4.50}$$

$$Var(Y) \simeq \sum_{i=1}^{n}\sigma_{X_i}\left(\frac{\partial g}{\partial X_i}\right)^2 + \sum_{i,j=1}^{n}\sum_{i \neq j}^{n}\rho_{ij}\sigma_{X_i}\sigma_{X_j}\frac{\partial g}{\partial X_i}\frac{\partial g}{\partial X_j} \tag{4.51}$$

만약 X_i와 X_j가 모든 i와 j에 대해 상관이 없다면(또는 통계적으로 독립이면), 즉, $\rho_{ij=0}$라면, 식 (4.51)는 다음과 같이 된다.

$$Var(Y) \simeq \sum_{i=1}^{n} \sigma_{X_i} \left(\frac{\partial g}{\partial X_i} \right)^2 \tag{4.51a}$$

식 (4.51)와 식 (4.51a)는 "불확실성의 전파"라고 할 수도 있다. 이것은 독립변수의 분산과 편도함수 형태로 나타나는 민감도 계수 모두의 함수이다.

역시, 위의 일차근사 평균과 분산은 $g(X_1, X_2, \cdots, X_n)$의 Taylor 급수 전개의 고차항의 포함시킴으로써 향상될 수 있다. 특히, Y의 이차근사 평균은 다음과 같이 된다.

$$E(Y) \simeq g(\mu_{X_1}, \mu_{X_2}, \cdots, \mu_{X_n}) + \frac{1}{2} \sum_{i=1}^{n} \sum_{j=1}^{n} \rho_{ij} \sigma_{X_i} \sigma_{X_j} \left(\frac{\partial^2 g}{\partial X_i \partial X_j} \right) \tag{4.52}$$

여기서, 도함수 X_i의 평균값에 대해 구해진다. 또한, 만약, X_i와 X_j가 상관이 없다면, 식 (4.52)은 다음과 같이 된다.

$$E(Y) \simeq g(\mu_{X_1}, \mu_{X_2}, \cdots, \mu_{X_n}) + \frac{1}{2} \sum_{i=1}^{n} \sigma_{X_i}^2 \left(\frac{\partial^2 g}{\partial X_i} \right) \tag{4.52a}$$

▶ 예제 4.27 Manning 식에 따르면, 개수로의 등속류(uniform flow)의 속도(fps)는

$$V = \frac{1.49}{n} R^{2/3} S^{1/2} \text{ 이다.}$$

여기서,

S = 에너지선의 구배, %
R = 동수반경(hydraulic radius), ft
n = 수로의 조도계수

콘크리트 표면으로 된 직사각형 개수로에서, 위의 변수들은 다음과 같은 평균값과 c.o.v를 가진다고 가정한다.

변수	평균값	c.o.v
S	1%	0.10
R	2 ft	0.05
n	0.013	0.30

위의 각 확률 변수는 통계적으로 독립이라 가정하면, 속도 V의 일차근사 평균과 분산는 각각 다음과 같다.

$$\mu_V \simeq \frac{1.49}{0.013} (2)^{2/3} (1)^{1/2}$$

$$\sigma_V^2 \simeq \sigma_S^2\left(\frac{1.49}{2\mu_n}\mu_R^{2/3}\mu_S^{-1/2}\right)^2 + \sigma_R^2\left(\frac{2\times 1.49}{3\mu_n}\mu_S^{1/2}\mu_R^{-1/3}\right)^2 + \sigma_n^2\left(-1.49\mu_R^{2/3}\mu_S^{1/2}\mu_n^{-2}\right)^2$$

$$= (0.10\times 1)^2\left(\frac{1.49}{2\times 0.013}(2)^{2/3}(1)^{-1/2}\right)^2 + (0.05\times 2)^2\left(\frac{2\times 1.49}{3\times 0.013}(1)^{1/2}(2)^{-1/3}\right)^2$$

$$+ (0.03\times 0.013)^2(-1.49(2)^{2/3}(1)^{1/2}(0.013)^{-2})^2$$

$$= 82.79 + 36.80 + 0.21 = 119.80$$

고로, 표준편차는

$$\sigma_V = 10.94\,\text{fps}$$

상응하는 이차근사 평균속도는

$$\mu_V \simeq 182 + \frac{1}{2}\left[\sigma_S^2\left(-\frac{1.49}{4\mu_n}\mu_R^{2/3}\mu_S^{-3/2}\right) + \sigma_R^2\left(-\frac{2\times 1.49}{9\mu_n}\mu_S^{1/2}\mu_R^{-4/3}\right)\right.$$

$$\left. + \sigma_n^2\left(\frac{2\times 1.49}{\mu_n^3}\mu_R^{2/3}\mu_S^{1/2}\right)\right]$$

$$= 182 + \frac{1}{2}\left[-(0.1)^2\left(\frac{1.49}{4\times 0.013}(2)^{2/3}(1)^{-3/2}\right)\right.$$

$$-(0.05\times 2)^2\left(-\frac{2\times 1.49}{9\times 0.013}(1)^{1/2}(2)^{-4/3}\right)$$

$$\left. + (0.30\times 0.013)^2\left(\frac{2\times 1.49}{0.013^3}(2)^{2/3}(1)^{1/2}\right)\right]$$

$$= 182 + \frac{1}{2}(-0.46 - 0.10 + 32.76) = 198.10\,\text{fps}$$

일차근사 평균속도는 이차근사 평균속도에 비해 대략 8%정도 낮다. ◀

▶ 예제 4.28 하중에 의해 보에 작용하는 응력 S는 다음과 같이 계산된다.

$$S = \frac{M}{Z} + \frac{P}{A}$$

여기서, M = 작용 휨모멘트

P = 작용 축 하중

A = 보의 단면적

Z = 보의 단면계수

M, Z와 P는 다음과 같은 각각의 평균과 변동계수 c.o.v를 갖는 확률 변수이다.

$$\mu_M = 45{,}000 \text{ in-lb} \; ; \; \delta_M = 0.10$$

$\mu_Z = 100 \text{ in}^3$; $\delta_Z = 0.20$

$\mu_P = 5000 \text{ lb}$; $\delta_P = 0.10$

$A = 50 \text{ in}^2$

M과 P는 상관계수 $\rho_{MP} = 0.75$의 상관성이 있고, 반면에 Z는 M과 P에 대해 통계적으로 독립이라고 가정하자. 다음과 같이 보의 작용응력 S의 일차근사 평균과 표준편차를 결정한다.

$$\text{평균값 : } \mu_S \simeq \frac{\mu_M}{\mu_Z} + \frac{\mu_P}{A} = \frac{45000}{100} + \frac{5000}{50} = 550 \text{ psi}$$

그리고, 분산은 다음 같다.

$$\begin{aligned}\sigma_S^2 &\simeq a_M^2\left(\frac{1}{\mu_Z}\right)^2 + \sigma_Z^2\left(\frac{-\mu_M}{\mu_Z^2}\right)^2 + \sigma_P^2\left(\frac{1}{A}\right)^2 + 2\rho_{M,P}\sigma_M\sigma_P\left(\frac{1}{\mu_Z}\right)\left(\frac{1}{A}\right) \\ &= 4500^2\left(\frac{1}{100}\right)^2 + 20^2\left(\frac{-45000}{100^2}\right)^2 + 500^2\left(\frac{1}{50}\right)^2 \\ &\quad + 2\times 0.75\times 4500\times 500\times\left(\frac{1}{100}\right)\left(\frac{1}{50}\right) \\ &= 10{,}900.00\end{aligned}$$

이로부터 S의 표준편차는 $\sigma_S = 104.40 \text{psi}$ 이다.

실험자료를 근거로, 보의 내하력 강도 S_C는 800 psi의 평균 강도와 110 psi의 표준편차로 추정된다. S와 S_C는 위와 같이 결정된 각각의 평균과 표준편차를 갖는 대수정규 변량이라고 가정하면 다음과 같은 대수정규 분포의 모수로 각각 구해진다.

$$\zeta_S^2 = \ln\left(1 + \frac{104.40^2}{550^2}\right)^2 = 0.0354 \ ; \ \zeta_{S_C}^2 = \left(\frac{110}{800}\right)^2 = (0.14)^2$$

그리고,

$$\lambda_S = \ln 550 - \frac{1}{2}(0.0354) = 6.29 \ ; \ \lambda_{S_C} = \ln 800 - \frac{1}{2}(0.14)^2 = 6.67$$

보의 안전계수는 $\theta = S_C/S$로 정의된다. 여기서 S_C와 S는 둘 다 대수정규 변량이므로, 안전계수 θ 역시 다음과 같은 모수를 갖는 대수정규 분포가 된다.

$$\lambda_\theta = \lambda_{S_C} - \lambda_S = 6.67 - 6.29 = 0.38$$

와

$$\zeta_\theta = \sqrt{\zeta_{S_C}^2 + \zeta_S^2} = \sqrt{(0.14)^2 + 0.0354} = 0.23$$

을 갖는다.

보는 $\theta < 1.0$일 때, 초과응력을 받게 될 것이므로 이 사건의 확률은

$$P(\theta < 1.0) = \overline{\zeta}\left(\frac{en1.0 - \lambda_\theta}{\zeta_\theta}\right) = \overline{\zeta}\left(\frac{0 - 0.38}{0.23}\right) = 1 - \overline{\zeta}(1.65) = 1 - 0.950 = 0.050$$

즉 보가 작용하중하에 초과응력을 받게 될 가능성은 5%가 있다. ◀

▶ 예제 4.29 300m의 강폭을 가로지르는 2경간 교량은 강의 한쪽 제방으로부터 약 150m 부근에 중앙경간의 교각을 갖도록 건설되었다. 교각의 중앙점을 위치시키기 위해 기저 선 B를 한쪽 제방을 따라 그림 E4.29와 같이 설정하였다. 교각의 위치는 측점 a에서 90°로 고정된 각을 갖는 측점 a와 b의 시선이 교차하도록 결정되어야 한다.

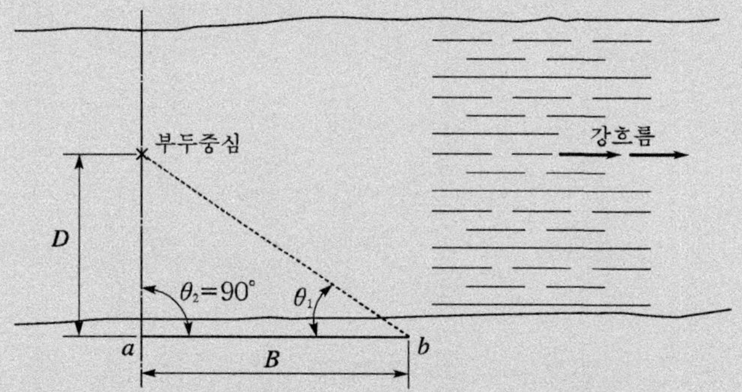

그림 E4.29 경간중앙 교각 위치 선정

제안된 교각의 중앙점의 위치는 기저 선으로부터 150m에 위치되어야 하고, 이 기저선은 평균거리가 $\overline{B} = 200\text{m}$ 이고, 표준오차*가 $\sigma_{\overline{B}} = 2\text{cm}$ 를 갖도록 계측되었다. 또한, 측정된 측점 b로부터 각 θ_1은 평균측정각 36°52'과 표준오차 2'를 갖는다.

기저선으로부터 교각 위치까지 소요거리 D의 일차근사 조사평균과 표준오차는 다음과 같다.

$$D = \overline{B}\tan\overline{\theta_1} = 200\tan 36°52' = 149.98\text{m}$$

이고,

$$\sigma_D^2 = \sigma^{2_{\overline{B}}}(\tan\overline{\theta_1})^2 + (\overline{B}\sec^2\overline{\theta_1})^2\,\sigma_{\overline{\theta_1}}^2$$

$$= (0.02)^2(\tan 36°52')^2 + (200\sec^2 36°52')^2(5.818\times10^{-4})^2$$
$$= 0.000225 + 0.033050 = 0.033275$$

따라서, 측정거리 D의 표준오차는 다음과 같이 됨을 알게 된다.

$$\sigma_D = 0.1824\,\text{m} = 18.24\,\text{cm}$$

반면에, 거리 D의 이차 근사 평균은

$$D = 149.95 + \frac{1}{2}[\sigma_{\overline{B}}^2(0) + \sigma_{\overline{\theta_1}}^2(2\overline{B}\sec^2\overline{\theta_1}\tan\overline{\theta_1})]$$
$$= 149.98 + 200(5.818\times10^{-4})^2[(\sec^2 36°52')(\tan 36°52')]$$
$$= 149.98 + 0.00008 = 149.98\text{m}$$

따라서, 이 경우, 이차근사 평균은 일차 근사 평균과 똑같은 결과를 준다. 즉, 이차 근사치는 아무런 개선값을 주지 않는다. ◀

몬테카를로 시뮬레이션(Monte Carlo Simulations) – 4.2절에서 본 것처럼 단일 확률 변수 함수의 PDF는 그리 어렵지 않게 해석적으로 유도할 수 있다. 그러나, 다중 확률변수 함수의 경우, 확률 분포의 유도는 4.2.2절에서 보았듯이 다중 정규 변량의 합이나 다중 대수적 변량의 곱/몫의 합과 같은 몇몇의 경우를 제외하고, 다루기가 매우 힘든 작업이다. 이러한 특별한 경우를 제외한 일반적인 함수의 확률 분포는 몬테카를로 시뮬레이션이나, 다른 수치해석 기법을 통해 최소한 개략적으로 생성해 낼 수 있다(제5장 몬테카를로 시뮬레이션의 기초내용 참조). 예를 들어, 두 개의 대수 변량의 합은(정규분포나 대수정규분포가 어느 쪽도 아니다) 또한, 두 개의 정규 확률 변수 곱의 확률 분포도 대수정규분포나 정규분포가 아니다. 그러한 경우 함수의 확률분포 정보가 요구된다면, 수치 해석이나, 몬테카를로 시뮬레이션이 분명히 필요하다. 몬테카를로 시뮬레이션의 기초는 제5장에서 소개되고 상세히 설명되어 있다.

---

* 측량 이론에서, 평균측정의 표준편차는 "표준오차" 라고 일컫는다.

▶ 4.4 결론

이 장에서는 확률변수 함수의 확률적 특성이 이것을 구성하는 기본변량의 확률적 특성으로부터 유도될 수 있음을 알았다. 특히 이중에는 함수의 확률분포와(평균 및 분산 등의) 주 특성치들이 포함되어 있다. 단일 변수의 함수에서, 함수의 PDF는 해석적으로 쉽게 얻을 수 있다. 그러나 다변량의 확률분포를 유도하는 것은 특히 비선형함수의 경우 수학적으로 복잡하게 될 수 있다. 그러므로 설사 구하고자 하는 확률분포를 이론적으로 유도 가능하더라도 이것을 이용하는 것은 독립적인 정규 확률변량의 1차함수나 독립적인 정규변량의 엄격한 곱/몫의 함수같은 특별한 경우를 제외하고는 적용하기가 비실용적인 경우도 많다. 이와 같은 점을 고려하면 많은 응용예에서 평균과 분산에 의해서만 근사적으로 함수의 특성을 기술하는 것이 흔히 필요한 경우가 많다. 이런 경우에도 선형 함수의 평균과 분산은 구하기가 쉬운 편이지만, 일반적인 비선형 함수에 대해서는 흔히 일차나 이차 근사해에 의존하지 않으면 안 된다. 일반적인 함수의 확률분포가 필요할 때는 몬테카를로 시뮬레이션이나 그 밖의 다른 수치 해석을 사용하는게 필요할 수 있다.

▶ 연습문제

4.1 공학적 변수 Y는 확률 변수 X의 지수함수 형태로 다음과 같이 정의된다.

$$Y = e^X$$

또한 변수 X는 $N(2,\ 0.4)$와 같은 정규분포를 다른다. Y의 PDF를 구하고, 그 분포가 대수 정규분포를 따름을 보여라

4.2 가스 입자의 절대 속도 (X)는 맥스웰 분포를 따른다. 따라서 다음 식과 같은 PDF를 나타낸다.

$$f_X(x) = \begin{cases} \dfrac{4x^2}{a^3\sqrt{\pi}}\exp\left(-\dfrac{x^2}{a^2}\right) & \text{if } x > 0 \\ 0 & \text{그 밖의 경우} \end{cases}$$

여기서 a는 상수이다. 입자의 운동에너지가 $Y = \dfrac{1}{2}mX^2$라고 할 때 $f_Y(y)$의 PDF를 구하라. 여기서 m은 입자의 질량이다.

$$f_Y(y) = \begin{cases} \dfrac{4}{a^3}\sqrt{\dfrac{2y}{\pi m^3}}\exp\left(-\dfrac{2y}{ma^2}\right) & y \ge 0 \\ 0 & y < 0 \end{cases}$$

4.3 한 도시의 전기 공급원은 원자력에너지, 화석에너지, 수소에너지가 있다. 각각 에너지를 이용한 발전량은 서로 독립적인 정규 확률변수로 다음과 같은 분포를 따른다(단위는 메가와트이다.)

원자력에너지 : $N(100,\ 15)$
화석에너지 : $N(200, 40)$
수소에너지 : $N(400, 100)$

(a) 이 도시의 전기 공급량을 구하라. 즉, 전기 공급의 확률 분포를 구하고 평균과 표준 편차를 구하라.

(b) 이 도시의 전기 사용량은 따뜻한 날씨 때는 400 메가와트이고, 추운 날씨에는 600메가와트 이다. 어느 해에 따뜻한 날씨인 날이 추운 날씨인 날보다 두 배 가량 많다고 할 때, (a)에서 결정된 전기 공급량으로 일년 동안 전기 부족이 발생할 확률을 구하라

(c) 1년간 전기 부족이 발생한다면 따뜻한 날씨 때 발생할 확률은 얼마인가?

(d) 원자력에너지, 화석에너지, 수소에너지를 이용하여 각각 도시의 전기 사용량의 15%, 30%, 55%를 생산한다고 하자. 따뜻한 날씨 동안에 세 발전소 중 한 곳 이상이 할당량을 생산하지 못할 확률을 구하라

4.4 Bob과 John이 아래와 같은 지도를 보고 A 도시에서 D 도시까지 이동을 한다. Bob은 B도시를 거쳐서 가는 길을 택하였고, John은 C 도시를 거쳐서 가는 길을 선택하였다.

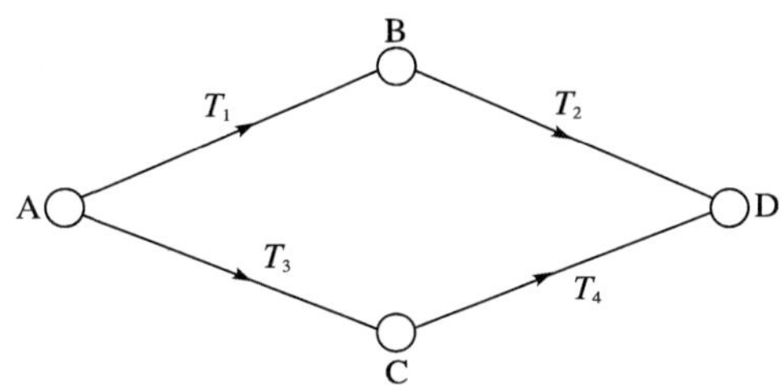

$T_1 \sim T_4$도로를 지나는데 걸리는 시간은 각각 $N(6,2)$, $N(4,1)$, $N(5,3)$, $N(4,1)$의 정규분포를 따른다. 각각의 도로를 지나는데 걸리는 시간은 서로 독립이지만 T_3와 T_4사이의 상관 계수는 0.8이다.

(a) John이 D 도시까지 10시간 내에 도착 못할 확률을 구하시오.(Ans. 0.397)

(b) Bob이 John보다 한시간 이상 일찍 D 도시에 도착할 확률을 구하시오.(Ans. 0.327)

(c) B 도시를 거쳐가는 길과 C 도시를 거쳐가는 길 중 어느 길이 더 빠른가? 증명하라(Ans. C 도시 쪽)

4.5 한 구조물이 지층 위에 있다. 지층은 A층, B층, C층으로 이루어져 있으며 구조물의 침하량(cm) S는 다음 식과 같이 구할 수 있다.

$$S = 0.3A + 0.2B + 0.1C$$

여기서 A, B, C 각 층의 두께는 서로 독립이며 각각 $N(5,1)$, $N(8,2)$, $N(7,1)$의 정규 분포를 따

르고 단위는 [m] 이다.

(a) 침하량이 4cm 이상일 확률을 구하라

(b) 세 층의 두께의 합이 20m라고 한다. 또한 A층의 두께와 B층의 두께는 서로 연관되어 있으며 둘 사이의 상관계수는 0.5라고 할 때 침하량이 4cm 이상일 확률을 구하라

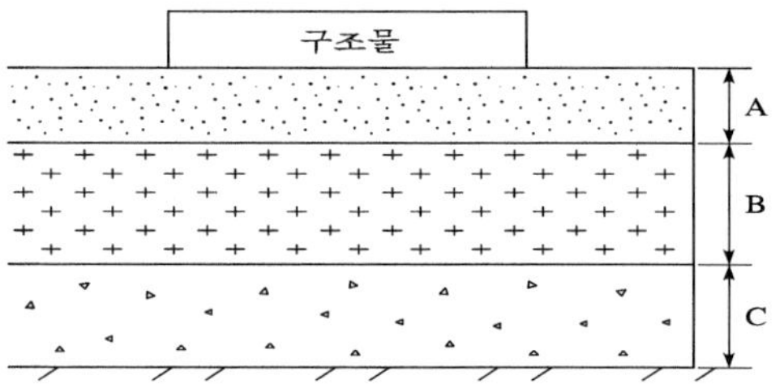

4.6 아래 그림과 같이 마찰 말뚝이 A, B, C 세 층에 걸쳐서 관입되어 있다.

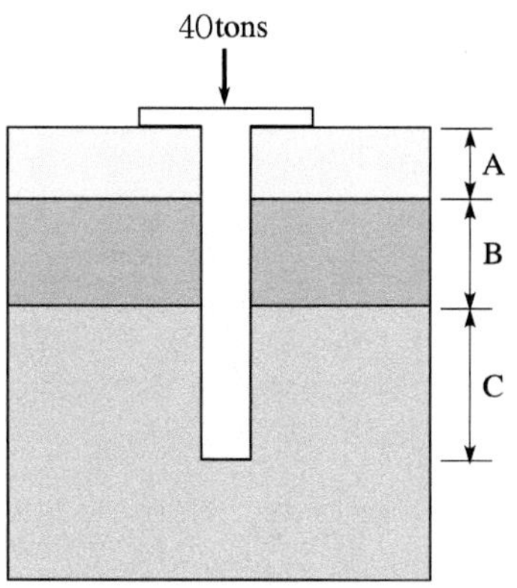

이 말뚝의 마찰력 Q[톤]는 각 층의 깊이에 대한 함수로 다음 식과 같이 계산된다.

$$Q = 4A + B + 2C$$

여기서 A, B, C는 각 층의 관입 깊이로 m 단위이며 A층의 깊이와 B층의 깊이는 각각 $N(5,3)$, N(8,2)의 정규 분포를 따른다. 또한 A와 B는 $\rho = -0.5$의 음의 상관계수를 가지며, 총 말뚝의 길이는 30m이다. 말뚝 마찰력이 하중 보다 작을 경우 말뚝 구조물이 전도 된다고 한다. 말뚝 위쪽에서 40톤의 하중이 가해질 때 말뚝이 전도될 확률을 구하라

4.7 그림과 같이 한 도시가 두 상류가 만나는 지점에 위치하고 있다. 1번 강의 연중 최대 수량의 평균값은 35m^3/sec이고, 표준편차는 10m^3/sec이다. 또한 2번 강의 연중 최고 수량의 평균값은 25 m^3/sec이고, 표준편차는 10m^3/sec이다. 두 강의 최고 수량은 정규분포를 따르며 두 강의 상관계수는 0.5이다. 강의 양쪽으로 둑이 설치되어 있어, 수량이 100m^3/sec까지는 홍수가 나지 않게 막아 준다. 그러나 두 강의 수량의 합쳐져 100m^3/sec 이상이 되면 도시에 홍수가 발생하게 된다고 한다.

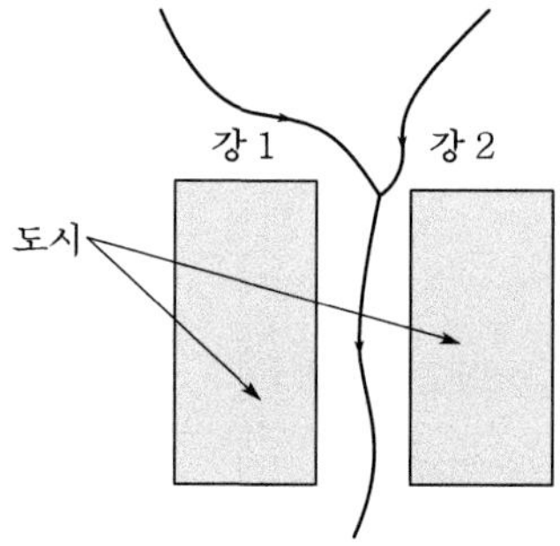

(a) 도시를 흐르는 강의 연중 최고수량의 평균값과 표준편차를 구하라(Ans. 60, 17.32m^3/sec)

(b) 1년 내에 도시에 홍수가 발생할 확률을 구하라. 그에 따른 return period는 몇 년인가?(Ans. 0.0105, 96년)

(c) 향후 10년 내에 도시에 홍수가 발생할 확률을 구하라(Ans. 0.10)

(d) 10년 내에 홍수 발생 확률을 반으로 줄이기 위해서는 둑이 막아줄 수 있는 수량을 몇 m^3/sec 까지 증가시켜야 하는가?

4.8 섬유가 콘크리트 안에 보강재로 포함되어 있다. 섬유보강콘크리트의 인장강도 T는 콘크리트의 인장강도와 섬유의 인장강도의 합으로 다음 식과 같이 나타난다.

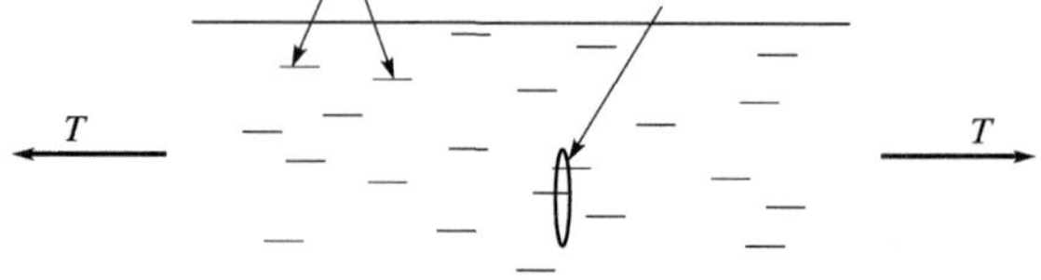

$$T = C + (F_1 + F_2 + \cdots + F_N)$$

여기서 C는 콘크리트의 인장강도이고 F_1, F_2 등은 각 균열면에 있는 섬유의 인장강도이다. 또한 N은 균열면에 있는 섬유의 숫자 이다. 콘크리트의 인장강도는 $N(30, 5)$의 정규분포를 따르고 각 섬유의 인장강도는 $N(5, 3)$의 정규분포를 따른다. 또한 N은 다음 그림과 같은 PMF를 갖는다.

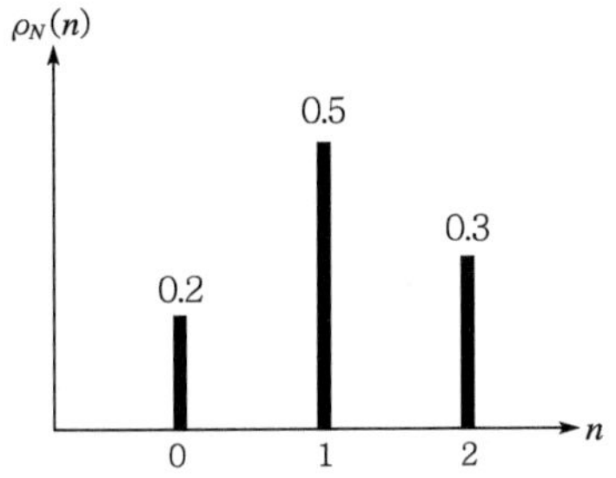

콘크리트의 인장강도와 섬유의 인장강도는 서로 영향을 주지 않는다. 섬유보강콘크리트의 인장강도 T가 30 미만일 확률을 구하라

4.9 다음 그림과 같이 쇼핑센터의 셔틀 버스가 쇼핑 센터를 출발하여 A마을과 B마을을 거쳐서 쇼핑 센터로 돌아온다.

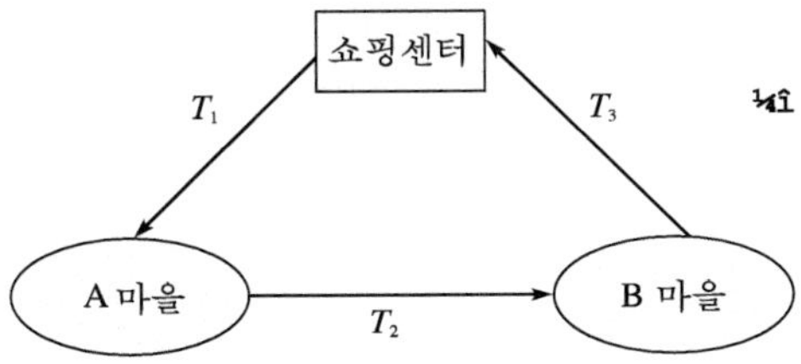

평상시에 각 도로를 지나가는데 걸리는 시간은 서로 독립적이며 다음 표와 같은 내용의 가우스 확률변수를 따른다.

이동 시간	평균(분)	c.o.v.
T_1	30	0.30
T_2	20	0.20
T_3	40	0.30

출퇴근 시간 대(오전 8시~10시, 오후 4시~6시)에는 c.o.v는 변하지 않으나 평균 이동 시간은 50% 증가한다.

(a) 쇼핑센터에서는 셔틀버스가 두 마을을 지나 다시 돌아오는데 2시간을 지정하였다. 출퇴근 시간 대가 아닌 평상시에 2시간 내에 셔틀버스가 돌아올 확률을 구하라

(b) 평상 시간 대에 A마을에서 탄 승객이 1시간 내에 쇼핑 센터에 도착 할 확률을 구하라

(c) B마을에서 타는 승객 숫자는 A마을에서 타는 승객 숫자의 2배이다. 출퇴근 시간 대 때 전체 승객의 몇 퍼센트 정도가 탑승 후 1시간 내에 쇼핑센터에 도착하는가?

(d) B마을에 타는 승객 한 명은 쇼핑 센터에서 오후 3시에 약속이 있다. 2시에 B마을에서 출발한 셔틀버스가 2시 45분에 아직 도착하지 않았다. 이 승객이 약속에 늦지 않게 쇼핑센터에 도착할 확률을 구하라

4.10 인접한 두 기둥의 침하량의 평균은 2인치이고, 변동계수는 30%이다. 두 기둥의 침하량 간의 상관계수는 0.7이다. 두 기둥의 차이 D는 두 기둥의 침하량의 차를 의미한다.

(a) D값의 평균과 분산을 구하라

(b) D값이 0.5보다 작을 확률을 구하라

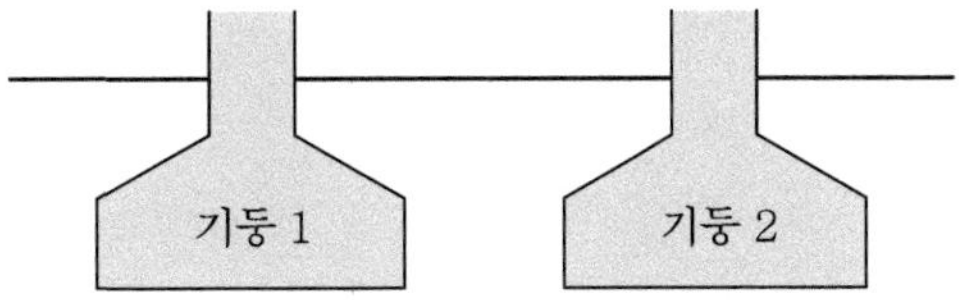

4.11 아래 그림과 같은 하수도 망이 도시의 지하를 흐르고 있다. 유입되는 물은 폭풍우로 인한 유입인 X_1과 X_2가 있고, 일반 가정 하수인 X_3가 있다. 각 유속은 다음 표와 같은 분포를 가진다.

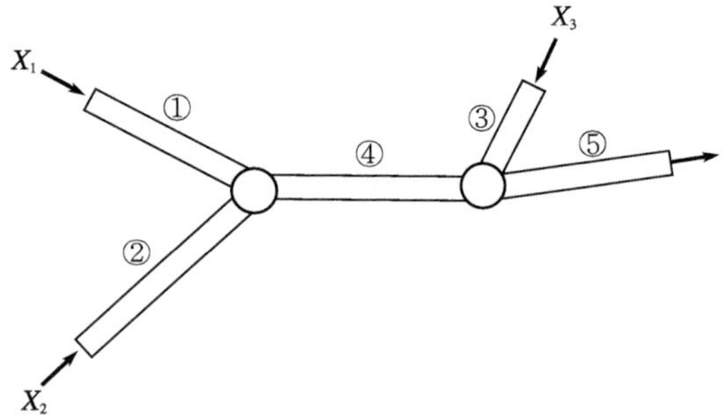

유입	평균 [톤/sec]	변동계수	분포형태
X_1	10	0.30	정규분포
X_2	15	0.20	정규분포
X_3	20	0.00	-

X_1과 X_2는 서로 종속 관계 이며 둘 사이의 상관계수는 0.6이다.

(a) 5번 파이프로 흐르는 유속의 평균값과 표준편차를 구하라

(b) 2번 파이프의 1분간 유량이 1번 파이프의 1분간 유량보다 400톤 이상 많을 확률을 구하라.(1분 동안의 유속은 일정하다고 가정한다.)

(c) 인구의 증가로 인해서 일반 가정 하수가 매년 3톤/sec 씩 증가하고 5번 파이프로 지나갈 수 있는 최대 유속은 70톤/sec라고 한다. 설계 시방규준에 의하면 5번 파이프가 역류할(최대 유속 이상의 유속이 유입될 때) 확률이 5% 이내로 제한되어야 한다고 한다. 몇 년 후에 5번 파이프의 교체가 필요하게 되는가?

4.12 아래 그림과 같이 1번, 2번 두 물줄기가 합쳐져서 3번 강이 흐른다. 1번 강의 오염물질 농도 X는 $N(20, 4)$의 정규분포를 따르고, 2번 강의 오염물질 농도 Y는 $N(15, 3)$의 정규분포를 따른다. 오염물질의 농도는 puv를 사용한다. 1번 강의 유속은 600톤/sec 이고, 2번 강의 유속은 400톤/sec 이다. 그러므로 3번 강의 오염물질 농도 Z는 다음 식과 같다.

$$Z = \frac{600X + 400Y}{600 + 400} = 0.6X + 0.4Y$$

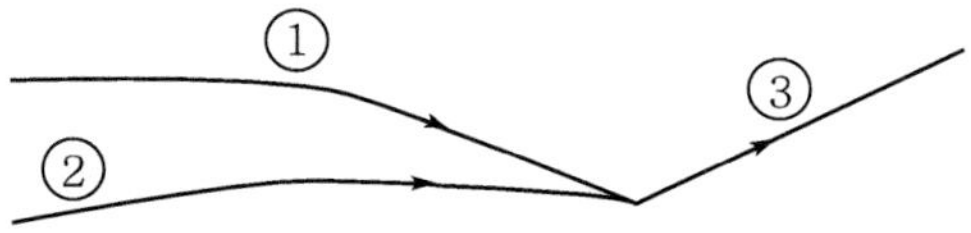

오염물질의 농도가 20puv를 넘을 경우 강이 오염되었다고 규정 한다.

(a) 1, 2, 3번 3개의 강 중에서 한 곳 이상이 오염되었다고 규정될 확률을 구하라

(b) X와 Y는 서로 독립이다. 각 강이 오염되었다고 규정될 확률을 구하라

(c) X와 Y사이의 상관계수가 0.8이라고 할 때 각 강이 오염되었다고 규정될 확률을 구하라

4.13 한 엔지니어링 회사에서 도로건설프로젝트 3개와 빌딩건설프로젝트 2개에 입찰 지원서를 제출하였다. 각 프로젝트의 입찰에 성공할 확률은 0.6이다. 또한 도로건설프로젝트의 연간 수입은 N(10만, 4만) 달러의 정규 분포를 따르고 빌딩 건설 프로젝트의 연간 수입은 N(8만, 4만) 달러의 정규 분포를 따른다. 각 프로젝트 입찰의 성공은 서로 독립된 사건이며 연간 수입과도 연관이 없다.

(a) 이 엔지니어링 회사가 두 개 이상의 프로젝트 입찰에 성공할 확률을 구하라

(b) 도로 건설프로젝트 중 한 곳에서만 입찰에 성공하고, 빌딩건설프로젝트에서는 입찰에 모두 실패할 확률을 구하라

(c) 이 엔지니어링 회사가 도로 건설 프로젝트 2개와 한 개의 빌딩건설프로젝트에서 입찰에 성공하였다고 하자. 전체 연간 수입이 30만 달러 이상일 확률을 구하라

(d) 입찰에 성공한 두 도로건설프로젝트의 년간 수입이 상관계수 0.8로 서로 연관이 있다면 (c)에서의 확률은 어떻게 변하는가?

4.14 한 도시에서 다음 달 동안의 상수도 공급량은 로그정규분포를 따르며 평균은 1백만 리터이고, c.o.v는 40%이다. 반면에 상수도 수요량은 평균이 1백 5십만 리터이고, c.o.v는 10%이다. 다음 달에 이 도시에서 상수도 수요량이 공급량보다 많을 확률을 구하라

4.15 폭풍이 자주 지나가는 한 도시에 TV 수신 안테나가 설치되어 있다. 폭풍이 지나가는 동안의 최대 풍하중 P는 다음과 같은 식으로 계산된다.

$$P = \frac{1}{2} CRV^2$$

여기서 C는 상수이고, R은 공기의 밀도 이고, V는 최대풍속이다. C, R, V는 로그 정규분포를 따르는 서로 독립적인 변수이며 각각의 평균은 1.8, 0.0023, 120이고, 각각의 c.o.v는 0.20, 0.10, 0.45이다.

(a) 최대 풍하중 P의 확률분포를 구하라

(b) 최대 풍하중이 30이상일 확률을 구하라

(c) 안테나의 저항강도는 평균이 90이고, c.o.v가 0.15인 로그정규 분포를 따른다. 안테나의 파손은 최대 풍하중이 저항강도 이상일 때 발생한다고 할 때, 폭풍이 지나가는 동안 안테나가 파손될 확률은 얼마인가?

(d) 폭풍의 빈도는 발생 빈도가 5년에 한 번인 포아송 과정을 따른다. 향후 25년간 안테나가 파손될 확률을 구하라.

(e) 한 건물에 위에서 언급한 안테나가 5개 설치되어 있다고 하자. 향후 25년간 5개중 2개 이상의 안테나가 파손 될 확률을 구하라. 각 안테나의 파손은 서로 독립적인 사건이다.

4.16 기초파일은 평균 20톤의 하중을 견딜 수 있도록 설계되었다. 그러나 제작 상의 오차로 인해서 파일의 저항 성능은 평균 20톤, 변동계수(c.o.v.) 20%인 로그정규분포를 따르게 되었다. 기초파일의 수명 동안의 외부하중은 평균 10톤, 변동계수 30%로 예상되고 있다. 파일의 하중과 저항성능은 서로 연관이 없다고 할 때

(a) 기초파일의 파괴확률을 구하라

(b) 두 개의 기초파일이 구조물을 지지하고 있다. 전체 구조물의 저항성능은 각 기초파일의 저항성능의 합으로 나타난다. 한 구조물을 지지하고 있으므로 두 개의 기초파일의 저항성능은 서로 연관이 있게 된다. 두 기초파일 저항성능 사이에는 0.8의 상관계수가 있다. 전체 구조물의 저항성능을 T라고 할 때, T의 평균과 변동계수를 계산하라. 확률변수 T는 정규분포, 로그정규분포, 혹은 다른 확률분포 중 어느 분포를 따르는지 확인하라

4.17 한 빌딩의 모서리의 기둥은 두 개의 파일에 의해서 지지되고 있다. 각 파일의 저항성능은 두 개의 서로 독립적인 저항 성능인 파일의 길이 방향의 마찰 저항력 F와 기초 파일 끝 부분에 위치한 지압 저항력 B의 합으로 이루어져 있다. 마찰 저항력과 지압 저항력의 평균 값은 20, 30톤이고 변동계수는 각각 0.2, 0.3이다. 두 개의 파일의 저항성능은 상관계수가 0.8이다.

(a) 한 파일의 저항성능 평균값 및 변동계수를 구하라

(b) 두 파일의 저항성능 합의 평균값 및 변동계수를 구하라

(c) 위 빌딩의 모서리의 기둥에는 평균이 50톤이고 변동계수가 0.3인 하중이 가해질 예정이다. 이 기둥의 지지가 파괴될 확률을 구하라

4.18 한 탑이 18도 기울어 있다. 이 탑은 매년 A도 만큼 더 기울고 있는데 A의 평균값은 0.1도이고 변동계수는 30%이다.

(a) 매 년마다 기울어지는 각도는 서로 독립 변수라고 할 때, 16년 내에 탑의 기울기가 20도 이상이 될 확률을 구하라

(b) 탑의 붕괴 각도(이 각도 이상 탑이 기울어지면 탑이 쓰러진다)가 평균값은 20도 이고 변동계수가 1%일 때 향후 16년 동안 탑이 쓰러지지 않을 확률을 구하라

(c) (a)에서의 가정과는 달리 매 년마다 기울어지는 각도는 항상 일정하다고 할 때, 이 탑이 향후 16년 동안 쓰러지지 않을 확률을 구하라

4.19 정유회사에서 다섯 개의 실린더 탱크에 석유를 보관하고 있다. 석유가 보관된 각 실린더의 무게는 200kips이다. 또한 지진이 발생했을 때의 힘 F는 다음 식과 같이 계산된다.

$$F = \frac{W}{g}a$$

여기서 g는 중력 가속도로 32.2ft/sec^{2}이다. 그리고 a는 지진에 의해 발생하는 수평방향의 최대 가속도로 평균값은 $0.30g$이고, 변동계수는 25%이다. 또한 이 실린더와 바닥과의 마찰계수는 평균값으로 0.40을, 변동계수로 0.20의 값을 갖는다.

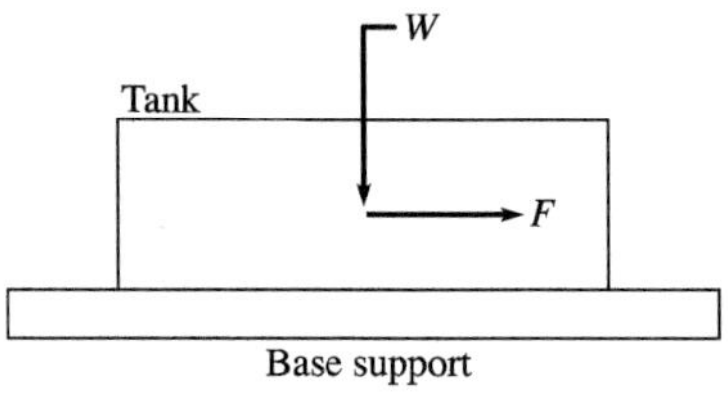

(a) 마찰력은 무게와 마찰계수의 곱으로 계산되고, 지진 하중 F는 위의 식으로 계산된다. 지진 하중이 마찰력보다 클 때 실린더가 수평방향으로 움직여 실린더에 손상이 가해진다. 다음 지진 때 실린더가 손상될 확률을 구하라

(b) 지진 때 다섯 개의 실린더 모두 손상되지 않을 확률을 구하라. 각 실린더의 거동은 서로 독립적이다.

4.20 라이언록 터널에서 각 차량이 톨게이트를 지나는데 걸리는 시간은 평균값이 5초인 지수분포를 따르는 확률변수이다. 50대의 차가 이 터널의 톨게이트에서 진입하려고 대기 중인 상태에서 50대의 차량이 3.5분내에 모두 통과할 확률을 구하라

4.21 다음 그림과 같은 캔틸레버 보에서 고정점 A로부터 X만큼 떨어진 곳에 힘 F가 가해지고 있다. F와 X는 로그정규분포를 따르는 독립변수로서 평균값은 각각 0.2kips, 10ft이고 c.o.v.는 각각 20%, 30%이다.

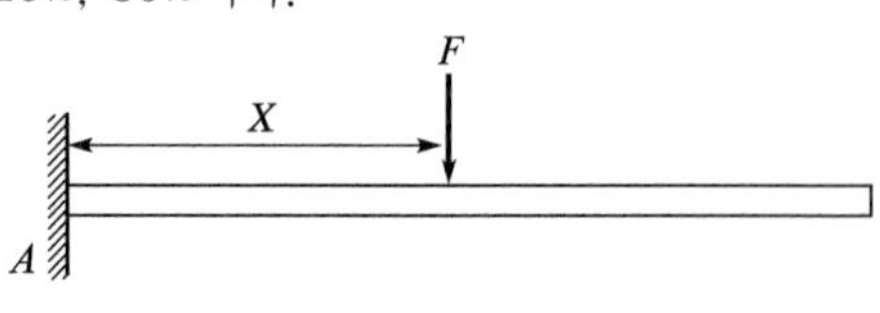

(a) 고정점 A에서의 모멘트가 3ft-kip 이상일 확률을 구하라(Ans. 0.093)

(b) 총 50번의 힘이 캔틸레버 보의 임의의 위치에 가해진다고 하자. 50회의 힘은 평균값이 0.2kip이고 c.o.v.가 20%인 로그정규분포를 따른다. 힘이 가해지는 위치는 평균값이 A로부터 10ft이고, c.o.v.는 30%라고 하자. 50회의 힘의 크기와 위치는 서로 독립적인 변수이다. A에서의 모멘트가 120ft-kip이상일 확률을 구하라
(Ans. 5.5×10^{-5})

4.22 한 엔지니어링 회사에서 보조 엔지니어의 월급은 3만달러에서 5만달러 사이에 고르게 분포되어 있다.

(a) 임의의 보조 엔지니어를 한명 골랐을 때 그 엔지니어의 월급이 4만 달러 이상일 확률을 구하라

(b) 이 회사에서 임의로 50명의 보조 엔지니어를 골랐을 때, 그들의 월급 평균이 4만 달러 이상일 확률을 구하라

(c) (a)와 (b)의 답이 다른 이유를 설명하라

4.23 한 교량위를 지나는 차량을 승용차와 트럭으로 구분한다. 승용차의 경우 평균 무게가 4kips이고 표준편차가 1kip이다. 반면에 트럭의 경우에는 평균 무게가 20kips이고 표준편차가 5kips이다. 각 차량은 로그정규분포를 따르고 차량간의 무게는 확률적으로 독립이라고 하자. 일반적으로 100대의 승용차와 30대의 트럭이 이 교량 위를 지나가고 있다고 하자.

(a) 교량 위 차량의 총 중량의 평균 및 변동계수를 구하라

(b) 교량 위 차량의 총 중량이 1200kips 이상일 확률을 구하라. 사용한 가정도 설명하라

(c) 교량의 총 사하중은 평균이 1200kips이고 변동계수가 10%라고 한다. 교량 위 차량의 총 중량이 총 사하중 이상일 확률은 얼마인가? 또한 사하중과 차량 총 중량의 합이 2500kips 이상일 확률은 얼마인가?

4.24 오성 시멘트 공장에서 트럭에 시멘트 포대를 실어서 공급을 하고 있다. 한 트럭에는 시멘트 포대가 40개가 들어간다. 이전까지의 조사를 통해서

이 시멘트 회사의 시멘트 한 포대는 평균값이 2.5kg이고 표준 편차가 0.1kg임이 밝혀져 있다. 그러나 시멘트 포대의 정확한 PDF값은 알려져 있지 않다

(a) 한 트럭에 싣게 되는 포대 40개의 총 무게의 평균값을 구하라

(b) 트럭에 포대 40개의 평균 무게 보다 1kg 이상 더 무겁게 적재를 할 경우 추가 운송 요금을 내야 한다고 할 때, "오성" 시멘트 공장에서 추가 운송 요금을 낼 확률을 구하라

(c) 만약에 시멘트 한 포대 무게의 표준 편차가 0.1kg이 아니라 1kg이라면 추가 운송 요금을 낼 확률을 구하라

4.25 한 오피스 빌딩의 활하중을 조사한 결과 단위 면적당 활하중은 평균값이 12psf이고 c.o.v.이 30%였다고 한다. 이 빌딩의 수명동안 단위 면적당 활하중은 입주자 혹은 사용 용도에 따라 변동될 수 있다.

(a) 단위 면적당 활하중이 2년마다 한번씩 바뀐다고 할 때, 이 오피스 빌딩의 50년간의 수명 동안 단위 면적당 활하중의 분포를 구하라

(b) 오피스 빌딩의 50년간의 수명 동안의 단위 면적당 활하중 최댓값의 점근 분포를 나타내어라. 또한 50년 수명에 대한 점근 분포의 매개변수도 구하라

4.26 감마분포(gamma distribution)의 PDF는 다음 식과 같이 나타난다.

$$f_X(x) = \frac{\nu(\nu x)^{k-1}}{\Gamma(k)} e^{-\nu x};\, x \geq 0;\, k > 1$$

여기서 ν와 k는 감마함수 $\Gamma(k)$의 매개변수(parame-ter) 이다.

(a) n개의 표본에서 최대값의 CDF와 PDF를 구하라

(b) 표본 개수 n이 무한대일 때의 표본 최대값의 적절한 점근분포를 나타내어라

4.27 차축 하중 트럭의 차축 하중은 18톤 이상의 값을 가지며 다음 식과 같은 지수 분포를 따른다.

$$f_X(x) = \frac{1}{3.2} e^{-(x-18)/3.2}; \qquad x \geq 0$$

한 교량 위로 위와 같은 차축 하중을 가진 트럭이 일년에 1355대 지나간다. 각 트럭의 하중은 서로 독립이라고 할 때

(a) 향후 1년, 5년, 10년, 25년 동안 교량을 지나가는 트럭의 최대 차축 하중의 기대값과 변동계수를 구하라

(b) 교량의 수명이 20년이라고 할 때, 80톤 이상의 차축 하중을 가진 트럭이 수명 내에 교량을 지나갈 확률을 구하라

(c) 향후 20년간 지나가는 트럭의 10%만이 "통행 제한 하중"이상의 하중을 가지도록 "통행 제한 하중"을 결정하라

4.28 한 하천의 매일 용존 산소량은 가우스분포를 따르며 그 평균은 3.00mg/l이고 표준편차는 0.50mg/l라고 한다. 특정 날의 용존 산소량은 다른 날의 용존 산소량과 독립이라고 한다.

(a) 한 달 기간 동안의 최저 용존 산소량의 점근분포를 나타내어라. 기간이 1년일 경우에서도 구하라

(b) 한 달 기간동안 용존산소량이 0.5mg/l이하로 떨어지는 날이 있을 확률을 구하라. 기간이 일 년일 경우에서도 구하라

(c) 한 달 기간동안 용존산소량의 최저값의 기대값과 변동계수를 구하라. 기간이 1년일 경우에서도 구하라

4.29 한 건물이 150kph 속력의 바람에 견딜 수 있도록 설계되었다. 즉 150kph 미만의 바람에는 손상을 입지 않는다. 이 건물이 있는 도시에 오는 허리케인은 평균풍속이 100kph이고 c.o.v.는 0.45인 Type Ⅰ 점근분포를 따른다고 한다.

(a) 허리케인이 지나가는 동안 이 건물이 손상을 입을 확률을 구하라

(b) 허리케인이 지나가는 동안 이 건물이 손상을 입을 확률을 (a)에서 구한 값의 1/10으로 떨어뜨리려면 건물이 몇 kph의 바람을 견딜 수 있도록 설계해야 하는가?

(c) 이 건물이 있는 도시에 허리케인의 출현은 복귀주기가 200년인 포아송 과정으로 모델링 된다고

한다. 이 건물의 수명이 100년이라면 수명 내에 허리케인에 의해 손상을 입을 확률은 얼마인가? (b)에 의해서 설계를 개정한 경우라면 손상을 입을 확률은 어느정도 감소하는가?

(d) 이 도시에 원래 방식(150kph 설계)으로 설계된 건물이 세 곳 있다. 향후 100년 동안 세 곳의 건물 중 한 곳 이상의 건물이 손상을 입을 확률을 구하라

4.30 빌딩 조립 건설현장에서 돌풍은 위험한 변수이다. 조사에 따르면 그 날의 최대풍속은 가우스확률변수로서 평균속도는 40mph이고 변동계수는 25%라고 한다.

(a) 빌딩 조립이 총 3개월 걸린다면 빌딩 조립기간 동안 최대풍속은 몇 mph라고 예상할 수 있는가?

(b) 빌딩 조립 기간동안 최대풍속이 70mph를 넘을 확률을 구하라

(c) 빌딩 조립 기간동안 최대풍속의 기댓값과 변동계수를 구하라

4.31 30번 문제에서 돌풍의 최대풍속이 로그정규분포를 따른다면(평균 속도는 40mph, 변동계수는 25%로 동일함)

(a) 3개월 동안의 조립 공사기간에서 최대풍속은 몇 mph로 예상되는가?

(b) 최대풍속이 70mph를 넘을 확률은 얼마인가?

4.32 파이프의 수두손실은 Darcy−Weisbach공식에 의해서 다음과 같이 나타난다.

$$h=\frac{fLV^2}{2Dg}$$

여기서 L은 파이프의 길이, V는 파이프를 흐르는 유속, D는 파이프의 지름, f는 마찰계수를 의미하고 g는 중력가속도로 32.3ft/sec^{2}의 값을 갖는다. 각 변수의 평균값과 변동계수는 다음 표와 같다

변수	평균값	c.o.v.
L	100ft	0.05
D	12in	0.15
f	0.02	0.25
V	9.0fps	0.2

(a) 1차근사에 의해서 수두손실의 평균값과 표준편차를 구하라

(b) 2차근사에 의해서 수두손실의 평균값과 표준편차를 구하라

4.33 단순 보 이론에 따르면 캔틸레버 보의 최대 처짐은 다음 식과 같이 나타난다.

$$D=\frac{PL^3}{3EI}$$

여기서 L은 보의 길이, E는 재료의 탄성계수, I는 보 단면의 2차단면모멘트이다. 이때 집중 하중 P를 받는 길이 단면이 6 "×12" 인 15ft의 나무 보가 있다고 하자. 하중 P의 평균값은 500lb이고 변동계수는 20%이다. 또한 단면은 평균 단면은 5.5 "×11.5" 이고 변동계수는 0.05이다. 마지막으로 탄성계수는 평균이 3,000,000psi이고 변동계수는 0.25이다. P, E, I는 서로 독립된 변수이다.

(a) 1차근사에 의해서 최대 처짐 D의 평균과 표준편차를 구하라. 단면의 2차 모멘트는 $I=\frac{1}{12}bh^3$으로 구할 수 있으며 b와 h 사이의 상관계수는 0.80이다.

(b) 2차근사에 의해서 최대 처짐 D의 평균과 표준편차를 구하라

4.34 다음 식은 Z를 계산하는 공식이다.

$$Z=XY^2W^{1/2}$$

여기서 X는 2와 4 사이에 고르게 분포되어 있는 값이고, Y는 0과 3 사이에 베타 분포로 분포되어 있는 값이다. 베타 분포에서 q=1이고 r=2이다. 또한 W는 중앙값이 1인 지수분포를 나타낸다. 세 변수 X, Y, Z는 서로 독립이다.

(a) X, Y, Z 각각의 평균과 분산을 구하라(Ans. 3,

1/3; 1, 1/2; 1.443, 2.081)

(b) 일차근사를 이용하여 Z의 평균, 분산, 변동계수를 구하라(Ans. 3.6, 29.7, 1.51)

4.35 점토 층(clay liner)이 쓰레기 매립지에서의 오염물질 누출을 방지하기 위해 그림과 같이 쓰레기 매립지를 둘러싼 형태로 시공되었다.

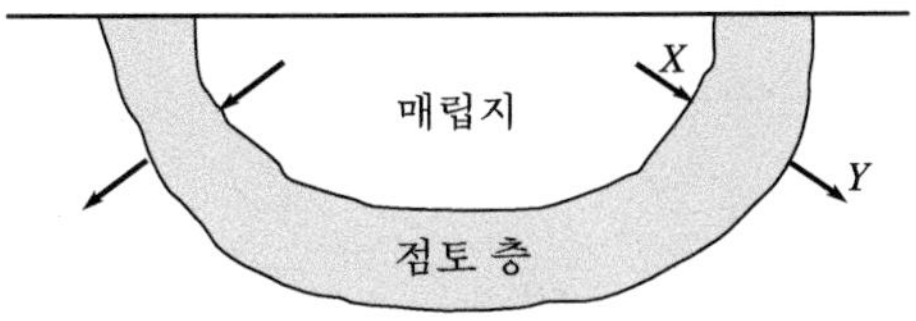

여기서 X는 오염물질이 점토 층 쪽으로 흘러가는 횟수이고, L은 점토 층의 차단 효율이라고 할 때, 누출 횟수 Y는 다음 식과 같이 나타난다.

$$Y=(1-L)X$$

X는 대수정규분포를 따르며 1년에 평균 횟수가 100회이고, 변동계수는 20%이다. 허용 누출 횟수는 연간 8회라고 하자.

(a) 설치 된 점토 층의 차단 효율을 0.95라고 하면 연간 허용 누출 횟수를 초과하지 않을 확률은 얼마인가?(Ans. 0.993)

(b) 점토 층의 차단 효율이 0.95가 아니고, 평균값이 0.96 표준편차가 0.01인 분포를 따른다고 할 때, Y의 평균과 분산을 일차근사를 이용하여 계산하라.

(c) 차단 효율이 평균값이 0.96, 표준편차가 0.01인 대수정규분포를 따른다고 할 때 Y의 평균을 계산하라

4.36 Manning의 법칙에 따르면 원형 우수관거의 한계 유속은 다음 공식에 따라 계산된다.

$$Q_c=0.463n^{-1}D^{2.67}S^{0.5}$$

여기서 Q_c는 유속이고 단위는 in ft^3/sec이다. n은 거칠기 계수이고, D는 우수관거의 지름으로 단위는 in ft 이고 S는 파이프의 기울기이다.(ft/ft 사용). 또한 n, D, S의 평균값은 각각 0.015, 3.0, 0.005이고, 변동계수는 각각 0.10, 0.02, 0.05이다.

변수	평균	c.o.v.
n	0.015	0.10
D(ft.)	3.0	0.02
S(ft/ft)	0.005	0.05

세 변수는 서로 영향을 주지 않는다

(a) 1차근사를 이용하여 우수관거 한계 유속의 평균값과 분산을 구하라

(b) 각 확률변수 n, D, S가 전체 우수관거 한계 유속의 불확실성에 미치는 영향을 구하라(Ans. 74.2%, 21.2%, 4.6%)

(c) 2차근사를 이용하여 우수관거 한계 유속의 평균값과 분산을 구하라

(d) 우수관거의 한계 유속이 로그정규분포를 따르고 평균값과 분산은 (a)에서 계산된 값을 사용한다고 할 때, 한계 유속이 30 ft^3/sec보다 클 확률을 구하라(Ans. 0.996)

4.37 각 태풍이 지나갈 때마다의 강우량 R은 서로 독립적이지 않으며 평균이 1인치이고, c.o.v.가 100%인 로그정규분포를 따른다.

(a) 1년에 50개의 태풍이 지나간 다고 할 때, 그 해 일년 동안 강우량 R이 60인치 이상일 확률을 구하라. 태풍이 지나갈 때 이외의 강우량은 무시한다고 하자

(b) 한 태풍에 의한 저수지의 저수량은 다음 공식으로 계산된다고 한다.

$$V=NR\ln(R+1)$$

여기서 V는 저수량이고, N은 R과 독립인 확률변수로서 평균값은 1이고 c.o.v.는 50%이다. 여기서 V의 평균값과 c.o.v.를 1차 근사값을 구하라. 이 경우에 1차 근사값은 유효한가? 2차 근사값도 구해서 비교하라

4.38 스프링 역학 시스템의 고유진동수 w는 다음 식과 같이 계산된다.

$$w=\sqrt{\frac{K}{M}}$$

여기서, K는 스프링의 강성이고, M은 전체 시스템의 질량이다.

(a) K의 평균과 표준편차가 각각 400, 200이고 M의 값은 100이다. 전체 시스템의 고유 진동수 w의 평균값과 표준편차를 1차 근사값으로 계산하라

(b) M의 값이 평균이 100이고 표준편차가 20인 확률 변수라고 할 때 (a)의 계산 결과는 어떻게 바뀌는가?

(c) (b)의 계산을 2차 근사값으로 계산하라

▶ 참고문헌

Ang, A. H-S., and W.H., Tang. *Probability Concepts in Engineering Planning and Design*, Vol. II, Decision, Risk and Reliability, John Wiley & Sons, Inc., New York, 1984.

Fisher, R.A., and L.H.C., Tippett. "Limiting Forms of the Frequency Distribution of the Largest or Smallest Numbeer of a Sample,"*Proc. Combridge Philosophical Soc.*, XXIV, Part II, 1928, pp. 180~190.

Gumbel, E., *Statistics of Extremes*, Columbia Universiy Press, New York, 1958.

Hald, A., *Statistical Theory and Engineering Applications*, John Wiley and Sons, Inc., New York, 1952.

Weibull, W., "A Statistical Distribution of Wide Applicability,"*Journal of Applied Mechanics*, *ASME*, Vol, 18, 1951.

CHAPTER 5

컴퓨터에 기반을 둔 확률의 수치해석과 시뮬레이션 방법

5.1 서 론

본 장의 주 목적은 유도가 어렵거나 분석적인 방법을 통해서는 해결이 불가능한 확률적인 문제를 풀기 위한 수치해석 기법과 시뮬레이션 방법을 소개하는 것이다. 본 장의 수치해석기법의 적용 및 활용을 위해서는 좋은 사양의 컴퓨터가 꼭 필요하다. 본 장의 기법들을 통해 불확실성을 포함하고 있는 공학문제의 확률모델 개발의 가능성과 유용성을 크게 확장시킬 수 있다. 제2장부터 제4장의 예와 마찬가지로 이 장에서도 확률개념을 수치적인 예를 통해 설명하였다. 하지만 각 예제에 대한 구체적인 해답은 MATLAB 등과 같은 상용 소프트웨어를 사용하여 코딩된 컴퓨터 프로그램을 이용해서 얻어야만 한다. 현시점에서는 필요한 해법을 위해 사용할 수 있도록 사전에 프로그래밍 되어있는 소프트웨어 패키지도 없는 실정이다. 본 장의 예제들용으로 코딩된 프로그램들은 단지 설명 만을 위한 것으로서 최적화된 프로그램은 아니라는 점을 유의하기 바란다.

실제 공학문제의 여러 상황에서, 문제들(결정론적인 것들)은 복잡하게 뒤얽혀 있기 마련이며 해석적으로 다루기가 쉽지 않을 수도 있다. 이러한 상황에서는 수치해석 방법이 필요하며, 종종 실증적으로 볼 때 수치해석적 접근방법만이 유효한 경우가 많다. 문제에 확률변수가 포함되어 있을 때나 확률적인 고려가 요구될 때, 수치해석 과정은 몬테카를로 샘플링 기법에 의한 반복된 시뮬레이션을 포함해야 한다.

우발적 불확실성과 인식적 불확실성을 포함하는 문제들을 분리하여 고려할 때는, 몬테카를로 시뮬레이션 기법이 더욱 더 필요하게 된다.

예를 들어 개개의 기본 변수의 분포들이 모두 정규분포가 아닐 때는, 4.2절에서 보았던 것처럼 2개 혹은 그 이상의 기본 변수의 합의 확률분포는 정규분포가 아닌 경우가 많다. 이와 비슷하게 여러 확률변수의 곱과 몫의 경우에도 확률변수가 모두 다 대수정규분포 되어 있지 않는다면, 함수(곱 또는 몫)의 확률분포도 4.2절에서처럼 대수정규분포가 아닐 것이다. 더군다나 함수가 다중 변수의 비선형 함수라면, 분포들에 무관하게 함수의 분포를 흔히 해석적으로 결정하기가 어렵거나 거의 불가능하다. 설령 근사값만이 필요하더라도 실제적인 해를 구하려면 수치해석적인 방법에 의존해야만 한다.

공학분야에서 확률적이고 통계학적인 모델의 적용성을 높이기 위해 필요한 수치해석적인 방법의 적용과정을 설명하는 것이 이번 장의 목적이다. 하지만 수치해석 기법 자체에 대한 일반적인 설명은 이 장의 범위를 넘어선다.

▶ 5.2 수치해석과 시뮬레이션 방법

앞서 언급했던 것처럼, 공학적인 문제들에서는 비록 근사값이 필요하더라도 수치적 해들이 필요한 경우가 많다. 이러한 것들에는 복잡한 함수를 적분하기 위한 수치해석적인 구적법이나 연속적인 시스템을 이산화하기 위해서 유한요소법이나 유한차분법 등도 포함된다. 확률변수가 포함되는 경우에도 문제의 해를 구하기 위해 수치해석적인 방법을 사용하는 경우가 자주 발생한다. 몬테카를로 시뮬레이션(MCS: Monte Carlo Simulation)도 확률문제에 사용되는 수치해석 기법에 포함되는데 이는 해석적 기법을 보완하기 위한 효과적인 도구이고 종종 복잡한 확률문제에서는 해를 찾아내기 위한 유일한 실용적인 방법이다. 그 밖에 확률문제의 해법을 찾아내기 위한 전문적인 수치해석기법으로는, 예컨대 공학적인 시스템의 신뢰성 해석을 위한 FORM*(Cornell, 1969)과 SORM**(Der Kiureghian et al., 1987)의 방법같은 것들도 있다.

몬테카를로 시뮬레이션은 경험적인 연산자를 수리적이거나 반복적으로 계산을 하는 수치해석적인 과정이다. 이때, 확률변수이거나 지정된 확률분포를 가진 불확

* 역자주 : FORM: First Order Reliability Method

** 역자주 : SORM: Second Order Reliability Method

실성을 직접 고려한다. 수치해석적인 과정의 반복시행으로부터 얻어진 결과는 물리적인 경험으로부터 관측된 표본과 유사한 정확해의 표본으로 고려될 수 있다. 확률변수가 포함되어 있을 때, 서로 다른 변수들의 값은 반복시행하는 각각의 확률분포로부터 표본으로서 구해진다. 따라서, 이러한 과정의 본질적인 구성요소는 확률변수 값의 생성이다. 확률변수 값의 생성은 지정된 확률분포를 갖고 있는 난수발생기(random number generators, 예를 들면, Rubinstein, 1981; Ang과 Tang, 1984 참조)를 따라 이루어진다. 본 장에서는 오직 기본적인(Monte Carlo Sampling) 기법만 사용되고 예를 통해 설명하기로 한다. 물론 분산감소(variance-reduction)기법이나 "지능적" 몬테카를로 방법과 같은 보다 더 정교한 Monte Carlo Sampling 방법을 사용하는 것도 가능하지만 이 책의 범위를 벗어나는 내용이다.

몬테카를로 시뮬레이션과 같은 수치해석적 기법들은 컴퓨터 사용이 가능한 경우에만 실용적인 도구가 될 수 있다. *MATLAB*(2004), *MATHCAD*(2002), 그리고 *MATHEMATICA*(2002)와 같은 상용 소프트웨어를 사용하면 본 장의 수치적인 방법을 적용할 수 있으며, MS EXCEL, *VISUAL BASIC*(예를 들어, Halverson, 2003; MacDonald, 2003 참조)이나 유사한 스프레드시트 소프트웨어를 사용할 수도 있다. 이번 장의 예제들은 *MATLAB*이나 *MATHCAD*를 사용하는 몬테카를로 시뮬레이션이나 수치해석 절차에 의해 해를 구하였다. 하지만, 위에서 언급한 다른 소프트웨어 역시 대등하게 효과적으로 수치해석을 위해 사용할 수 있다. 소프트웨어의 선택은 사용자나 독자의 프로그램에 대한 친숙함과 선호도에 달려 있다고 할 수 있다.

제한된 크기의 표본을 가지는 몬테카를로 시뮬레이션 일회의 반복시행(실행)으로 얻어진 수치해는 동일한 표본의 크기로 반복시행에 의해 계산되었을 경우와 약간의 차이가 있을 수도 있다. 즉, 특정한 문제를 동일하게 시뮬레이션해도 표본의 크기가 매우 크지 않으면 결과가 정확하게 같지는 않다.

5.2.1 몬테카를로 시뮬레이션의 기초개념

몬테카를로 시뮬레이션은 각각의 지정된 확률분포를 가지는 난수의 발생으로 시작한다. 지정된 확률분포를 가지는 난수 발생기법은 여러 가지가 있다(예를 들어, Rubinstein, 1981; Ang과 Tang, 1984 참조). 또한, *MATLAB*을 사용하는 경우는 수많은 확률분포의 난수를 발생시킬 수 있는 통계도구상자를 활용할 수도 있다. *MATHCAD*와 *MATHEMATICA*도 본질적으로 비슷한 난수 발생기를 가지고 있다.

몬테카를로 시뮬레이션에서는 각각의 분포에 대해 발생되는 표본의 크기 n, 또는 난수의 개수를 사전에 지정해야만 한다. 몬테카를로 시뮬레이션을 통해 구해진 해의 정확성은 표본의 크기에 따라 개선될 수 있으며 이 정확성은 해의 변동계수(c.o.v.)로 측정될 수 있다.

나중에 제6장의 식 (6.27)에서 확률 p를 크기 n인 표본을 이용해서 측정할 때 표본 추정값 $\overline{P}$가 확률 p에 대한 불편기 측정치인 것을 확인할 수 있다. $\overline{P}$의 표본분산은 다음과 같은 식 (6.28a)로 주어진다.

$$\sigma_{\overline{P}}^{\ 2} = \frac{\overline{P}\left(1-\overline{P}\right)}{n}$$

몬테카를로 시뮬레이션에서 표본크기 n을 가지고 추정된 $\overline{P}$의 변동계수 c.o.v.는 다음과 같다.

$$\text{c.o.v.}\left(\overline{P}\right) = \sqrt{\frac{1-\overline{P}}{n\overline{P}}} \tag{5.1}$$

Shooman(1968)은 근사해법에 바탕을 두고, 몬테카를로 시뮬레이션을 통하여 시스템 성능의 확률을 정해도 똑같은 결과가 나온다는 것을 보여주었다.

몬테카를로 해법의 실제 c.o.v.를 구하기 위해서는, 각각 동일한 표본의 크기 n을 가진, 이를테면 N회의 반복 시뮬레이션과 함께 동일한 시뮬레이션 과정을 반복해서 수행해야만 한다. 그리고나서 해의 c.o.v.가 추정될 수 있는 N회 시뮬레이션의 평균과 표준편차를 계산해야 한다. 이것은 구체적으로 예제 5.5에 잘 나타나 있다.

또한, 식 (5.1)을 사용하면, 주어진 표본의 크기 n에 대한 몬테카를로 해의 오차(백분율)를 다음과 같이 평가할 수 있다.

$$\text{오차}(\%) = 200\sqrt{\frac{1-\overline{P}}{n\overline{P}}} \tag{5.2}$$

역으로, 식 (5.2)는 지정된 허용오차 내에서 $\overline{P}$를 추정할 때 몬테카를로 시뮬레이션에서 필요한 표본의 크기 n을 결정하는데 사용될 수 있다.

5.2.2 수치해석적 예제들

해석적인 방법에 의해서 접근할 수 없거나 해석적인 해법이 없어서 수치해석적인 과정이나 몬테카를로 시뮬레이션(MCS) 방법이 필요한 예제들을 아래에 많이 설명하였다. 이러한 것들은 반복시행이 요구되는 우발적이거나 인식적인 불확실성(예제 5.13~5.15 참조)을 수반하고 있는 문제들을 포함한다. 예제의 풀이과정은 적절한 수치해석 방법을 통하여 개인용 컴퓨터를 이용하면 자동적으로 수행된다.

각 예제들의 수치해석적인 해법은 *MATHCAD*나 *MATLAB*용 컴퓨터 코드나 프로그램과 함께 제시되어 있다. *MATLAB*의 경우 통계학과 기호적인 수학의 도구상자(*Statistics and Symbolic Math tool boxes*)가 필요하다. 그밖에도 널리 사용되고 있는 *MATHEMATICA*를 포함한 기타의 상업적인 소프트웨어를 이용해서도 본 장의 예제들을 편리하고 효과적으로 풀 수 있다. 모든 경우에 있어서 개인용 컴퓨터가 필수적이다.

아래에 설명되어 있는 예제들에 나오는 컴퓨터에 기반을 둔 풀이과정과 제공된 컴퓨터 코드를 이해하기 위해서는 *MATLAB*이나 *MATHCAD* 문장이나 프로그램에 대한 기본적인 지식이 필요하다. 본 장의 예제용으로 개발된 *MATLAB*이나 *MATHCAD* 프로그램은 설명을 위한 것이지 최적은 아니라는 점에 유의하기 바란다.

▶ 예제 5.1 어떤 회사의 근로자들이 두 주요 도시 사이를 비행기로 여행해야 한다고 가정해 보자. 두 도시 간의 여행 시간은 날씨와 교통상황에 따라 최소 4시간, 최대 8시간이 필요한 것으로 추정되고 있다. 회사의 근로자들의 경험에 기초한 자료로부터, 모수 $q = 2.50$와 $r = 5.50$을 가지는 베타분포가 두 도시간의 실 여행시간의 확률분포를 모형화하기에 적합하다고 판단된다.

여행시간 T가 6시간보다 작을 확률, $P(T < 6)$는 통계학도구상자의 불완전한 베타함수를 사용하는 *MATLAB*으로 편리하게 계산될 수 있다. 그러므로, 식 (3.52)에 따라

$$u = (6-4)/(8-4) = 0.5$$

*MATLAB*으로부터 불완전한 베타함수는

$$P(T < 6) = betainc(0.5, 2.5, 5.5) = 0.872$$

여기서, *betainc*는 “불완전 베타함수비”를 의미하는 *MATLAB* 함수이다.

두 도시간 여행시간이 4.5시간과 5.5시간 사이가 될 확률은

$$P(4.5 < T \le 5.5) = betainc(0.375, 2.5, 5.5) - betainc(0.125, 2.5, 5.5)$$
$$= 0.6753 - 0.1058 = 0.570$$

베타분포 대신에, 감마분포 또한 두 도시 간의 여행시간에 대한 합당한 대안분포로서 제안되었다. 감마분포가 위의 베타분포와 동일한 평균 $\mu_T = 5.32$와 표준편차 $\sigma_T = 0.50$를 가진다고 가정하면 그에 상응하는 감마분포의 모수는 $\nu = 21.73$과 $k = 115.60$이다. 그런 다음 다시 *MATLAB*을 사용하면, 다음과 같이(식 (3.43a) 참조), 여행시간이 6시간 이하일 확률을 구하게 된다.

$$P(T < 6) = gammainc(21.73 \times 6, 115.60) = 0.912$$

여기서, *gammainc*는 불완전한 감마함수비에 대한 *MATLAB* 구문, 혹은 서술문이다. 반면에 여행시간이 4.5시간과 5.5시간일 확률은 이제 다음과 같이 구해진다.

$$P(4.5 < T \le 5.5) = gammainc(21.73 \times 5.5, 115.60) -$$
$$gammainc(21.73 \times 4.5, 115.60) = 0.6523 - 0.0428 = 0.610$$

[수치적분에 의한 풀이]

다른 방법으로 확률 $P(T < 6)$은 수치적분에 의해서도 구해질 수 있다. 이것은 다음과 같이 *MATLAB*을 사용하여 구적법에 의해서 편리하게 구해질 수 있다:

"M-file"을 생성한다: function f=bfun(x)

```
f=((beta(2.5,5.5)).^-1).*(((x-4).^1.5).*(8-x).^4.5)./4.^7
```

그리고 저장한다. 그러고 나서 *MATLAB*의 command창에 다음과 같은 명령어를 사용하여 4와 6 사이에 구적법을 수행하면,

```
quad(@bfunc, 4, 6)
```

확률 $P(T < 6)$에 대해서 0.872의 결과를 얻는다. 4.5와 5.5시간 사이에 있을 T의 확률은 다음과 같은 명령어로 사용하면,

```
quad(@bfunc, 4.5, 5.5)
```

0.570의 결과를 얻는다.

이러한 결과들은 앞에서 베타분포에 대해 구한 값들과 동일하다는 것을 알 수 있다. 위의 M-File에서 베타를 감마로 대신하면, 감마분포의 경우와 비슷한 결과를 얻을 수 있다. ◀

▶ **예제 5.2** 이 문제에서는 *MATLAB*이나 *MATHCAD*를 사용하여 이항분포의 *CDF*를 생성하는 경우를 살펴보자.

차량조립공장에서, 매일 50대의 차량이 생산된다고 하자. 자동차가 정상적으로 기능하는데 필요한 주요부분이 차량내에 15군데가 있다. 그러한 부분을 무작위로 선정하여 검사한다. 그 검사기록에 따르면 평균적으로 결함이 있는 부분은 백분율로 6%이다. 차량내 15군데의 상태는 통계적으로 독립이라고 가정한다.

만약 세군데나 그 이상의 주요부분 결함이 있다면, 1개월이나 1000마일 이내에 자동차 기능에 문제가 발생된다. 그러므로, 소비자가 기능에 문제가 있는 차량을 구입하게 될 확률은

$$P(X \geq 3) = 1 - P(X < 3) = 1 - P(X \leq 2)$$
$$= 1 - binocdf(2, 15, 0.06) = 0.0571$$

여기서 $binocdf(2{,}15{,}0.06)$은 모수 $n = 15$, $x = 2$, $p = 0.06$을 가진 이항분포의 CDF에 대한 *MATLAB* 함수이다.

또한, 이 조립공장에서 하루 생산되는 50대 중에서, 4대 이하의 차량에서만 결함 문제가 발생할 확률은

$$P(X \leq 4) = binocdf(4, 50, 0.0571) = 0.8445$$

이 문제의 모수는 부록 표 A.2의 범위를 넘어선다. 동일한 결과를 구하는데 *MATLAB* 대신에 *MATHCAD*가 사용될 수도 있다. ◀

▶ **예제 5.3** 통계적으로 독립인 세 개의 확률변수 X_1, X_2, X_3의 합을 고려해보자. 세 가지 변수 모두 개별적으로 각각과 같은 다음 평균과 c.o.v.를 가진 대수정규 분포로 되어 있다:

$$\mu_{X_1} = 500\,\text{units} \;;\; \mu_{X_2} = 600\,\text{units} \;;\; \mu_{X_3} = 700\,\text{units}$$
$$\delta_{X_1} = 0.50 \;;\; \delta_{X_2} = 0.60 \;;\; \delta_{X_3} = 0.70$$

그러므로, 각 대수정규분포의 상응 모수는

$$\zeta_{X_1} = \sqrt{\ln(1 + 0.50^2)} = 0.47 \;;\; \lambda_{X_1} = \ln 500 - \frac{1}{2}(0.47)^2 = 6.10$$

$$\zeta_{X_2} = \sqrt{\ln(1 + 0.60^2)} = 0.55 \;;\; \lambda_{X_2} = \ln 600 - \frac{1}{2}(0.55)^2 = 6.25$$

$$\zeta_{X_3} = \sqrt{\ln(1 + 0.70^2)} = 0.63 \;;\; \lambda_{X_3} = \ln 700 - \frac{1}{2}(0.63)^2 = 6.35$$

이 경우, 합변량 $S = X_1 + X_2 + X_3$의 확률분포는 정규분포나 대수정규분포가 아니다. 사실, 이러한 분포를 해석적으로 결정하기란 어려운 일이다. 그러므로 만약 S의 확률분포가 필요하다면, 몬테카를로 시뮬레이션이 실용적인 해법이다. 10,000번의 반복(즉, 표본의 크기, n=10,000)을 하도록 *MATLAB*을 사용하면 아래에 나타낸 것처럼 다음의 S의 통계치를 가지고 S의 히스토그램의 값을 생성할 수 있다:

S의 평균값, 표준편차, 왜곡도는 각각,

$$\text{mean}(S) = 1.799 \times 10^3 \quad \text{Stdev}(S) = 644.869 \quad \text{skew}(S) = 1.316$$

왜곡도계수가 0이 아니기 때문에, 합변량 S의 분포는 분명 정규분포가 아니다. 또한, S에 대한 75%와 90%의 값은 각각,

$$S_{75} = 2.121 \times 10^3 \quad S_{90} = 2.628 \times 10^3$$

[위에서 살펴본 MCS 해법에 대한 표본크기 10,000을 가지는 *MATHCAD* 문:]

$X_1 := \text{rlnorm}(10000, 6.10, 0.47)$

$X_2 := \text{rlnorm}(10000, 6.25, 0.55)$

$X_3 := \text{rlnorm}(10000, 6.35, 0.63)$

$S := \overrightarrow{(X_1 + X_2 + X_3)}$

$v = \text{sort}(S)$

$S_{90} := v_{9000}$

[S에 대한 히스토그램 작성:]

$n := 4C$

$j := 0..4C$

$\text{int}_j := 100 + 4000\dfrac{j}{n}$

$h := \text{hist}(\text{int}, S)$

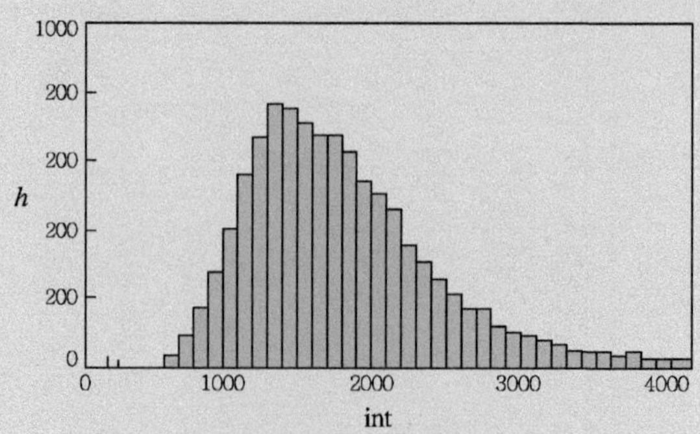

S의 히스토그램

비슷하게 *MATLAB*을 사용하여, 10,000회의 반복실행을 하는 몬테카를로 시뮬레이션을 통해서 S에 대한 다음과 같은 히스토그램을 얻을 수 있다.

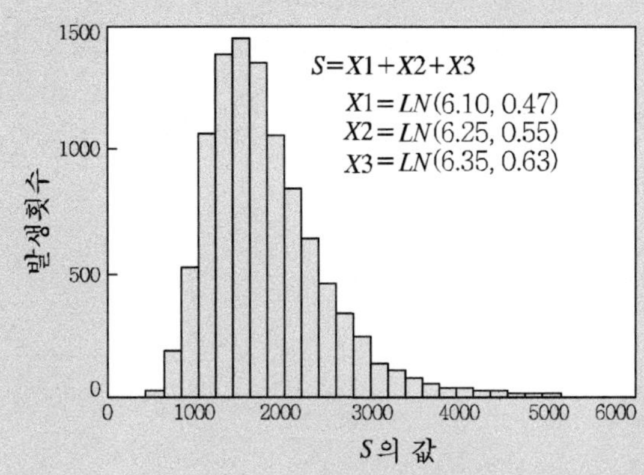

S의 히스토그램

이에 상응하는 S에 대한 평균값, 표준편차, 왜곡도계수는 각각,

1.797E + 3, 651.1972, 1.3767

반면에 S에 대한 50%(중앙값), 75%, 90%값은 각각,

1.680E + 3, 2.1212E + 3, 2.6389E + 3

[예제 5.3에 대한 *MATLAB*문]

```
X1 = lognrnd(6.10,0.47,10000,1) ;
X2 = lognrnd(6.25,0.55,10000,1) ;
X3 = lognrnd(6.35,0.63,10000,1) ;
S = X1+X2+X3 ;
hist(S,40)                         % plots the histogram of S
mean(S) ;
std(S) ;
skewness(S)
prctile(S,50)                      % the 50% value of S
prctile(S,75) ;
prctile(S,90)
```

이 예제의 풀이는 또한 Microsoft사의 EXCEL을 사용해서 수행할 수도 있으며 다음과 같은 단계를 거쳐 스프레드시트를 이용한다.

1. Tools로 가서, Add-in을 선택하고 나서, Analysis Tool Pak과 Analysis Tool Pak-VBA를 선택한다.

2. Excel은 대수정규분포에 대해서 장치되어 있는 난수발생기가 없기 때문에, 먼저 정규확률변량 Y에 대한 값을 생성하고 나서 $X=\exp(Y)$관계로부터 그에 상응하는 대수정규 확률변량의 값을 구할 수 있다.
3. Tools-Data/Analysis-Random Number Generation을 사용하여 3열의 정규분포 난수를 생성한다. Normal을 선택하고 이전에 계산된 모수로부터 (6.10, 0.47); (6.25, 0.55); (6.35, 0.63)의 평균과 표준편차를 각각 입력한다. 이것을 Y_1, Y_2, Y_3라 부른다.
4. 함수 $X=\exp(Y)$를 통해 Y_1, Y_2, Y_3 각각의 열을 변환시킴으로써 다른 3개의 X_1, X_2, X_3의 열을 생성한다.
5. EXCEL의 기존 계산수식을 사용하며 난수 $X_1+X_2+X_3$의 4번째 열을 생성한다. 첫째 란(Cell)에서 마지막까지 그 수식을 복사한다
6. 평균, 표준편차, 그리고 다른 적절한 통계치를 구하기 위하여 5단계에서 생성된 자료를 바탕으로 EXCEL의 Tools-Data Analysis-Descriptive Statistics를 사용한다.
7. 히스토그램을 작성하기 위하여 5단계에서 생성된 자료를 바탕으로 EXCEL의 Tools-Data Analysis-Histogram을 사용한다. 필요한 만큼 적당한 간격(bin)을 선택한다.

3개의 대수정규 난수변량들의 합에 대한 통계치는 각각 다음과 같다.

평균 = 1795.4 표준편차 = 671.5 왜곡도 = 2.623

10,000의 표본크기를 바탕으로 한 합 S의 히스토그램은 다음과 같이 나타난다.

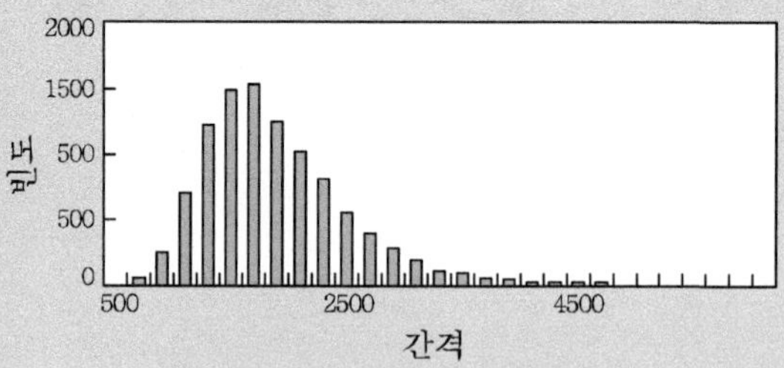

◀

▶ **예제 5.4** 예제 5.3의 확률변량이 다음과 같이 각각 평균과 표준편차를 가지는 정규변량이라고 가정해보자:

$$X_1=N(500,75)\ ;\ X_2=N(600,120)\ ;\ X_3=N(700,210)$$

여기서 우리가 관심을 가지는 것은 3개의 변량의 곱과 몫의 함수, 즉 다음과 같은 함수의 확률분포이다.

$$P = \frac{X_1 X_3}{X_2}$$

위의 함수의 분포는 분명 대수정규분포도 정규분포도 아니다. P의 확률분포를 결정하기 위해서는, 함수 P의 난수값을 결정하는 몬테카를로 시뮬레이션을 다시 이용해야 한다. *MATHCAD*를 사용하여 각 확률변량당 100,000개의 표본값을 생성한다.

P의 평균, 중앙값, 표준편차, 왜곡도는 각각 다음과 같다.

mean(P) = 610.456   median(P) = 575.856   Stdev(P) = 256.239

skew(P) = 1.16

또한, P의 75%와 90%의 값은, 각각

P_{75} = 744.586, P_{90} = 933.762

[P의 MCS 해를 위한 *MATHCAD*문]

X_1 : = rnorm(100000,500,75)

X_2 = rnorm(100000,600,120)

X_3 : = rnorm(100000,700,210)

$P : \overrightarrow{\frac{X_1 X_3}{X_2}}$

v : = sort(P)

P_{75} : = v_{75000}

P_{90}=v_{90000}

[P의 히스토그램의 작성]

h = hist(int, P)

n : = 4C

j : = 0..40

$int_j : = -500+3000 \cdot \frac{j}{40}$

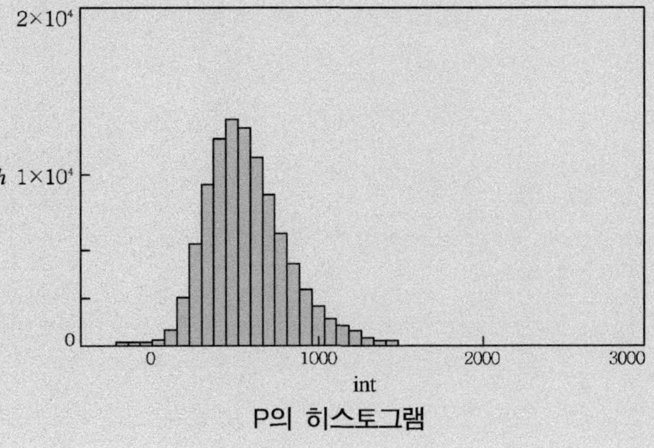

P의 히스토그램

또다른 방법으로는 *MATLAB*을 사용하면 10,000회 반복하는 몬테카를로 시뮬레이션을 통해서 다음과 같은 P의 히스토그램을 구할 수가 있다:

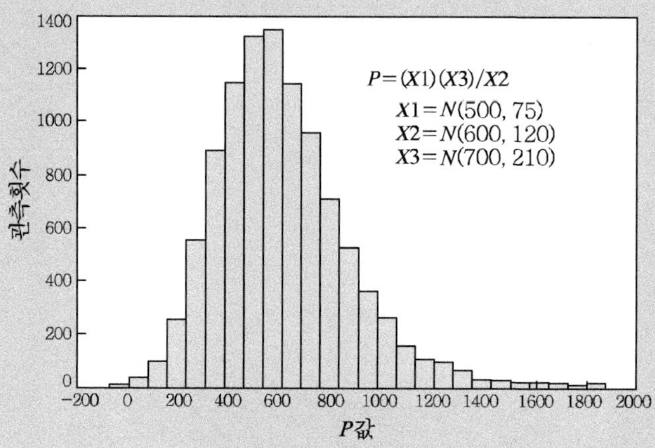

P의 히스토그램

이에 상응하는 P의 평균값, 표준편차, 왜곡도계수는 각각,
mean(P) = 609.76, std(P) = 255.64, skewness(P) = 1.17.

[예제 5.4의 *MATLAB* 문]

```
X1 = normrnd(500,75,10000,1) ;
X2 = normrnd(600,120,10000,1) ;
X3 = normrnd(700,210,10000,1) ;
u = X1.*X3 ;
P = u. / X2 ;
hist(P,40)                    % construct histogram of product P
mean(P)
std(P)
skewness(P)
```

EXCEL 스프레드시트를 사용한 시뮬레이션을 하기 위한 단계는 다음과 같다:

1. Tools에서 Add-in을 선택하고 Analysis Tool Pak과 Analysis Tool Pak-VBA를 선택한다.
2. Tools-Data Analysis-Random Number Generation을 사용하여 정규분포 난수의 3개열을 발생시킨다(Normal을 선택하고 parameters: mean & standard deviation)를 입력한다. 이것을 X_1, X_2, X_3라 부른다.

3. EXCEL의 계산식을 사용해서 $X_1 * X_3 / X_2$ 난수의 4번째 열을 생성한다. 첫 번째 칸(Cell)부터 마지막 칸까지 이 수식을 복사한다.
6. 평균, 표준편차, 그리고 다른 적절한 통계치를 구하기 위하여 3단계에서 생성된 자료를 바탕으로 EXCEL의 Tools-Data Analysis-Descriptive Statistics를 사용한다.
7. 히스토그램을 작성하기 위해 3단계에서 생성된 자료를 바탕으로 EXCEL의 Tools-Data Analysis-Histogram을 사용한다. 필요한 만큼 적당한 간격(bin)을 선택한다.

10,000회 반복을 바탕으로 한 $X_1 * X_3 / X_2$의 통계치는 다음과 같다:

평균 = 612.9, 표준편차 = 261.3, 왜곡도 = 1.155

이에 해당하는 히스토그램은 다음과 같다.

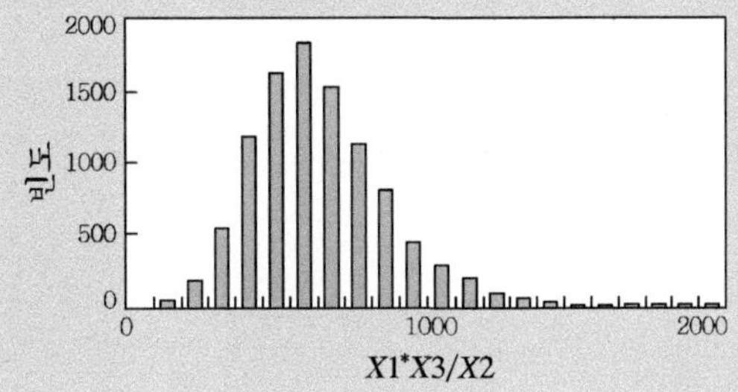

◀

▶ **예제 5.5** 이 예제에서는, 서로 다른 확률분포를 가지는 2개의 독립 확률변량을 포함하는 문제를 생각해보자. 구체적인 문제로, 군말뚝의 내하력 R과 작용하중 S는 각각 다음과 같이 정규분포와 대수정규변량을 갖는다고 고려하자:

$$R = N(50, 15)\text{톤} \ ; \ S = LN(30, 0.33)\text{톤}$$

즉, R은 평균 50톤과 표준편차 15톤을 가지는 정규분포변량인 반면에, S는 중앙값 30톤과 변동계수 c.o.v.을 0.33 가지는 대수정규변량이다.

작용하중 하에서 군말뚝의 파괴확률은

$$p_F = (R - S \leq 0)$$

$(R-S)$의 분포가 분명 정규분포나 대수정규분포가 아니기 때문에, 몬테카를로 시뮬레이션은 위에서의 파괴확률을 구하는데 효과적인 수단이 된다. 이러한 목적으로, 주어진 정규분포에서 R의 n 표본값과 로그정규분포에서 S의 동일한 수의 n 표본값을 생성하고, 각각의 i번째 표본값들의 차이$(R_i - S_i)$를 계산한다. 그러면

총 표본크기 n에 대해 $(R_i - S_i) \leq 0$인 표본 수의 비가 파괴확률을 나타내는데 사용될 수 있다.

즉,

$$p_F = \frac{\sum_{i=1}^{n} (R_i - S_i) \leq 0}{n}$$

$n = 100{,}000$에 대한 *MATHCAD*로부터 얻어진 결과는 파괴확률로서 다음과 같다:

$$p_F = 0.155$$

[예제 5.5의 MCS 해를 위한 *MATHCAD* 프로그램]

R : = rnorm(100000,50,15)

S : = rlnorm(100000,ln(30),0.33)

$\mathrm{v} := \overrightarrow{[(\mathrm{R} - \mathrm{S}) \leq 0]}$

$\mathrm{PF} := \frac{\sum_{\mathrm{i}=1}^{99999} \mathrm{v_i}}{100000}$ PF = 0.155

식 (5.1)에 따르면, $n = 100{,}000$의 표본을 가지고 얻어진 p_F의 c.o.v.는 0.0074 즉, 0.74%가 될 것이다.

$n = 100{,}000$의 똑같은 표본크기를 가지고 *MATLAB*을 사용하면, 파괴확률은 다음과 같이 구해진다.

$$p_F = 0.1566$$

[예제 5.5에 대한 *MATLAB* 프로그램]

```
R = normrnd(50,15,100000,1) ;
S = lognrnd(log(30),0.33,100000,1) ;
x = (R - S) ;
y = sum(x<0) ;
pF = y / 100000        yielding   pF = 0.156
```

이 예제를 표본크기 n의 함수로 몬테카를로 시뮬레이션 결과의 c.o.v.를 설명하는데 사용해보자. 아래에 설명된 *MATLAB* 프로그램을 사용하면 편리하다. 이 *MATLAB* 프로그램은 파괴확률 p_F의 c.o.v.를 얻기 위해 100회의 MCS 계산을 표본크기 n을 이용해서 수행한다.

$n = 100$ c.o.v.(pF) = 23%

$n = 1000$ c.o.v.(pF) = 7%

$n = 10,000$ c.o.v.(pF) = 2%

$n = 100,000$ c.o.v.(pF) = 0.7%

이상의 결과는 표본크기 n에 따라 c.o.v.가 감소된다는 것을 분명하게 보여준다.

[각각 지정된 표본크기 n을 가지고 100회 계산하여 구해지는 p_F에 대한 *MATLAB* 프로그램]

```
R = normrnd(50,15,1000,100) ;  % generates 100 vectors each
                                 of size n=1000
S = lognrnd(log(30),0.33,1000,100) ;
x = R - S ;
y = sum(x<0) ;
p = y/1000 ;                   % a row vector of 100 values of p
pF = p'                        % a vector of 100 values of pF
```

이상에서 생성된 100개의 p_F의 벡터로부터, p_F의 평균과 표준편차와 이에 상응하는 c.o.v.(p_F)를 계산한다. ◀

▶ 예제 5.6 이 예제는 예제 4.12와 동일한 예제인데, 각 공정의 작업기간이 정규분포가 아닌 베타분포이다. 공정네트워크는 그림 E5.6에 도시되었다.

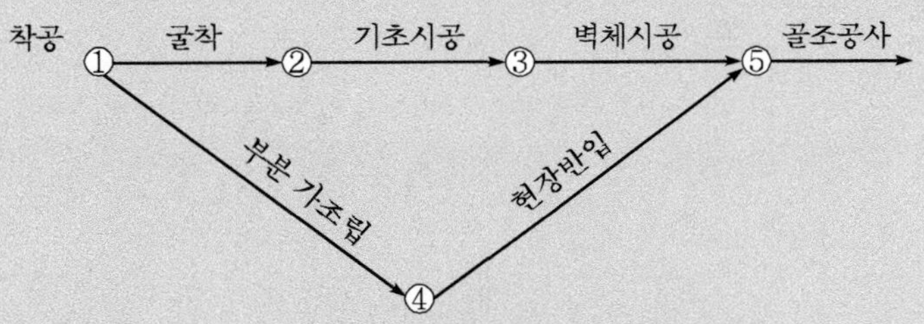

그림 E5.6 건설공사의 공정 네트워크

주택의 골조작업은 우선 공장에서 부재들을 부분조립 한 후에 골조공사를 위해 건설현장으로 반입되어 이루어진다. 이 부재들이 부분적으로 조립되는 동안 현장사전작업이 동시에 진행된다. 기초지반굴착에서 기초벽 공사에 이르는 작업들이 포함된다. 서로 다른 골조와 각 공정 작업순서는 그림 E5.6의 공정네트워크와 같다;

각각의 공정의 소요 작업기간은 각각의 분포모수와 함께, 아래의 표와 같다.

작업	변수	완료시간(일)		베타분포 모수			
		평균	표준편차	q	r	a	b
1-2	X_1	2	1	2.00	3.00	0	5.00
2-3	X_2	1	1/2	2.00	3.00	0	2.50
3-5	X_3	3	1	2.00	3.00	1.00	6.00
1-4	X_4	5	1	2.00	3.00	3.00	8.00
4-5	X_5	2	1/2	2.00	3.00	1.00	3.50

각 작업들에 대한 소요 완료시간은 위의 표에서 3, 4열에 나타낸 것과 같은 각각의 평균과 표준편차를 가지는, 통계적으로 독립인 베타분포를 갖는 변량이라고 가정해보자. $q= 2.00$과 $r= 3.00$의 형상모수를 가지는 각각의 베타분포에 상응하는 하한값과 상한값은 위의 표에 나타낸 바와 같다.

주택골조공사를 착수하기 위해서는 당연히 기초벽 시공이 완료되고 조립된 부재들이 현장에 반입되어야만 한다. 주택골조공사가 공사가 착공된 후 8일 안에 시작할 수 있는 확률은 다음과 같이 구할 수 있다.

위의 표에 나타낸 각 공정작업의 기간을 가지고 2개의 상이한 공정경로에 필요한 총기간을 구해보면

$$T_1 = X_1 + X_2 + X_3$$

그리고

$$T_2 = X_4 + X_5$$

T_1과 T_2 또한 통계적으로 독립이다. 개별적인 변량 X_1, X_2, X_3, X_4, X_5가 베타분포이기 때문에, 위에서 구한 T_1과 T_2에 대한 합은 해석적으로 결정하기가 힘들다. 이 때 몬테카를로 시뮬레이션은 실용적인 대안을 제공한다. *MATHCAD*를 사용하여 100,000회 반복해서 구한 몬테카를로 시뮬레이션 결과는 다음과 같이 산출된다. 즉,

$$P(T_1 < 8) = 0.772$$

그리고

$$P(T_2 \le 8) = 0.736$$

T_1과 T_2가 통계적으로 독립이기 때문에, 따라서 골조공사가 8일 안에 시작할 확률은

$$P(\text{framing}) = 0.899 \times 0.802 = 0.721$$

*MATHCAD*와 *MATLAB* 모두 형상모수 q와 r을 가지는 0과 1 사이의 x에 대한 표준베타분포에 대한 난수를 생성한다. 똑같은 모수를 가지는 a와 b 사이의 X에 대한 이에 상응하는 베타분포의 난수는 $X = (b-a)x + a$로 구해진다.

예제 5.6의 MCS 해를 위한 *MATHCAD* 프로그램

```
X1 : = rbeta(100000,2.0,3.0)        generate standard
X2 : = rbeta(100000,2.0,3.0)         beta-distributed values
X3 : = rbeta(100000,2.0,3.0)         x1, x2, x3, x4, x5
X4 : = rbeta(100000,2.0,3.0)
X5 : = rbeta(100000,2.0,3.0)
X1 = 5×1
X2 = 2.5×2
X3 = (6-1)×3+1.00
X4 : =(8-3)×4+3.00
X5 : =(3.50-1.00)×5+1.00
```

$$T1 := \overrightarrow{(X1 + X2 + X3)}$$

$$T2 := \overrightarrow{(X4 + X5)}$$

$$S1 := \overrightarrow{(T1 \le 8)} \quad S2 := \overrightarrow{(T2 \le 8)}$$

$$P1 := \frac{\sum_{i=1}^{99999} S1i}{100000} \qquad P2 := \frac{\sum_{i=1}^{99999} S2i}{100000}$$

P(T1<8) : = P1   P1 = 0.899   P(T2<8) : = P2   P2 = 0.802

*MATLAB*을 가지고도 8일안에 골조공사를 시작할 수 있는 해당 확률을 결정할 수 있다.

$$P(\text{framing}) = 0.902 \times 0.802 = 0.723$$

예제 5.6에 대한 *MATLAB* 프로그램

```
X1 : =  betarnd(2,3,100000,1) ;     %generate standard beta-
X2 : = betarnd(2,3,100000,1) ;       distributed random numbers
X3 : = betarnd(2,3,100000,1) ;       x1, x2, x3, x4, x5
X4 : = betarnd(2,3,100000,1) ;
```

```
X5 : = betarnd(2,3,100000,1) ;
X1 = 5.* ;
X2 = 2.5.*x ;
X3 = (6-1).*x+1 ;
X4 = (8-3).*x+3 ;
X5 = (3.5-1).*x+1 ;
T1 = X1+X2+X3 ;
T2 = X4+X5 ;
y = sum(T1<8) ;
P1 = y. / 100000                    % gives P1 = 0.902
z = sum(T2<8) ;
P2 = z./100000                      % gives P2 = 0.802
```

*MATHCAD*나 *MATLAB*으로 수행한 이상의 결과는 예제 4.12의 결과와 비교해 볼 수 있다. 앞의 예에서는 8일안에 골조공사를 착수할 수 있는 확률은 0.74로 주어졌고 예제 4.12의 경우, 개별적인 공정작업들의 기간이 모두 정규분포이었다. 예제 4.12와는 결과가 상당한 차이가 있음을 알 수 있다. ◀

▶ 예제 5.7 Ang과 Tang(1984)의 예제 4.25에서, 일리노이즈 주 마운트카멜의 와바쉬강의 연간 홍수량(최대방출용량) F는 다음의 모수를 가지는 Type I 점근형 최대 극단치 분포에 의해 모형화될 수 있다:

$$u_n = 120 \times 10^3 \, \text{cfs} \text{ 와 } \alpha_n = 0.015 \times 10^{-3}$$

강을 가로질러 중앙교각을 가진 교량을 건설할 계획이 되어있다고 가정해보자. 교각기초는 높은 홍수위 동안 세굴되지 않도록 설계되어 있다. 세굴에 대한 교각기초의 홍수방출용량, R은 $400 \times 10^3 \, \text{cfs}$ 의 중앙 값과 0.30의 c.o.v.를 가지는 대수정규확률변량을 가진다고 가정할 수 있다. 높은 홍수위 동안에 세굴로 인한 중앙교각의 파괴확률은 다음과 같다.

$$p_F = P(R \le F)$$

이 요구되는 파괴확률 p_F를 몬테카를로 시뮬레이션을 사용하면 효과적으로 계산할 수 있다. 교각의 파괴확률이 0.037이라는 것을 보이기 위해 10,000회의 반복을 통해 몬테카를로 시뮬레이션을 수행하는 *MATHCAD* 프로그램을 아래에 제시하였다.

특별 主 : *MATHCAD* 프로그램은 Type I 점근형 최대치 분포를 가지는 필요한 난수를 생성하도록 만들어졌다. 모수 α와 β를 가지는 Type I 난수 x는 다음과 같이 생성된다:

$$F_X(x) = \exp(-e^{-\alpha(x-\beta)})$$

확률 $F_X(x) = u$에서, u=등분포의 난수의 값인 경우,

$$x = \beta - (1/\alpha)\ln[\ln(1/u)]$$

위의 목적과 파괴확률 계산을 위한 *MATHCAD* 프로그램

$u := \mathrm{runif}(10000,0,1)$ with $\beta := 120 \cdot 10^3$, $\alpha := 0.015 \cdot 10^{-3}$

$$F := 120 \cdot 10^3 - \frac{1}{0.015 \cdot 10^{-3}}\left(\ln\left(\ln\left(\frac{1}{u}\right)\right)\right)$$

$R := \mathrm{rlnorm}\,(10000, \ln(400.10^3), 0.30)$

$$x := \overrightarrow{[(R - F) \le 0]}$$

$$pF := \frac{\sum_{i=1}^{9999} x_i}{10000} \qquad pF = 0.037$$

F에 대한 히스토그램의 작성

$N := 4C$

$j := 1..N$

$$\mathrm{int}_j := 0 + 5 \cdot 10^5 \frac{j}{N}$$

$h := \mathrm{hist}\,(\mathrm{int},\ F)$

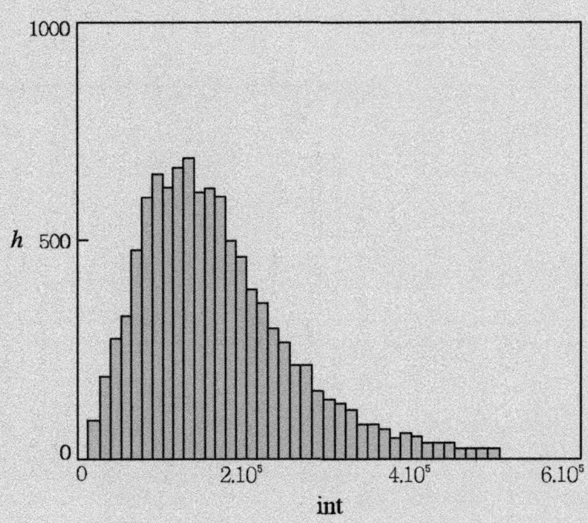

F의 히스토그램

이와 비슷하게, 다음과 같은 *MATLAB* 프로그램으로도 문제의 해답을 동일하게 얻을 수 있다. 그 결과, $p_F = 0.0359$가 교각의 파괴확률로 구해진다.

예제 5.7에 대한 *MATLAB* 프로그램과 MCS 결과

```
M-File:                                      Explanations:
u = unifrnd(0,1,10000,1)
F = 120*10^3 - (1/(0.15*10^-3))    % generates a vector of
    *(log(log(1/u)))                10,000 Type I random numbers
R = lognrnd(log(400*10^3),0.3,10000,1)
x = (R - F)
y= sum (x<=0)
pF = y/10000                        % calculates the failure probability
```

그리고

이 프로그램을 실행하면 $pF = 0.0359$를 얻을 수 있다. ◀

▶ 예제 5.8 무게가 X톤인 중차량에 의해 교좌장치에 발생하는 재하효과(충격하중 포함)는 $X^{1.33}$톤이라고 가정해보자. 교량 위의 중차량의 수는 평균 25의 포와송 분포를 갖는 확률변수 N으로 모델하고 교량상의 평균 차량무게는 정규분포 확률변수 $N(12,4)$라면, 교좌장치에 작용하는 총 차량재하효과, Y는 다음 식으로 나타낼 수 있다.

$$Y = N(X)^{1.33}$$

여기서 N은 모수 $\lambda = 25$를 가지는 포아송 확률변수, 즉,

$$P(N = n) = \frac{\lambda^n}{n!} e^{-\lambda} \text{ 그리고 } X = N(12,4)$$

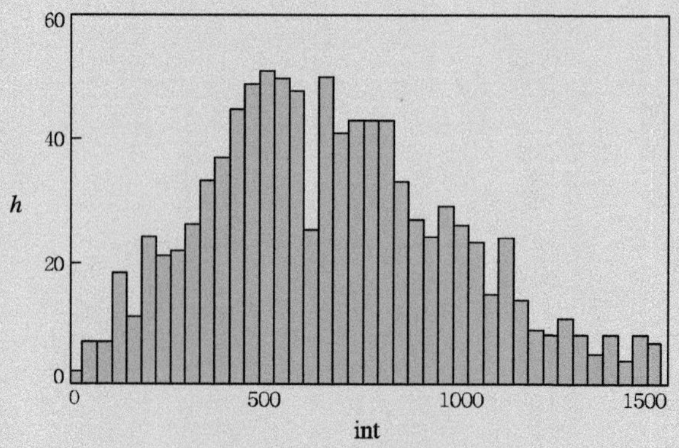

Y의 히스토그램

Y 역시 확률변수이다. 이 분포를 해석적으로 결정하기는 어렵다. 차량재하효과 Y의 히스토그램을 산출하기 위해 *MATHCAD*를 사용하여 1000회 반복의 몬테카를로 시뮬레이션을 수행하였다.

1000 표본값으로부터, Y의 평균, 표준편차, 왜곡도계수는 다음과 같이 구해진다.

$$\text{mean}(Y) = 691.3\text{tons}$$
$$\text{Stdev}(Y) = 346.365\ \text{tons}$$
$$\text{skew}(Y) = 0.786$$

예제 5.8에 대한 *MATHCAD* 프로그램

```
N : = rpois(1000,25)
X : = rnorm(1000,12,4)
```

$$Y := \overrightarrow{(N \cdot X)^{1.33}}$$

또한, *MATLAB*을 사용하여, 1000회 반복의 몬테카를로 시뮬레이션 통해 다음과 같은 히스토그램을 구할 수도 있다.

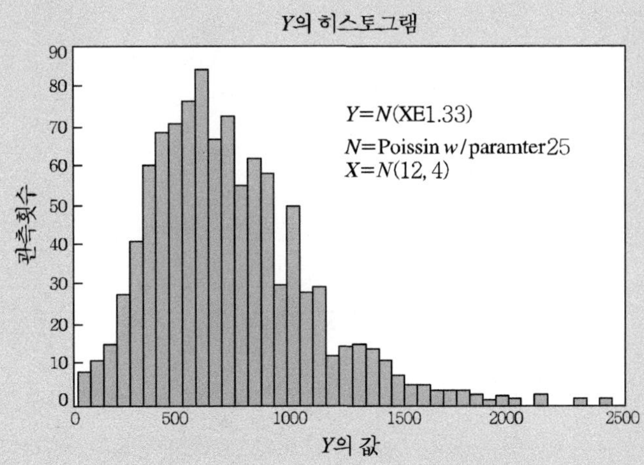

Y에 대한 각각의 상응하는 평균, 표준편차, 왜곡도계수는,

$\text{mean}(Y) = 689.23$, $\text{Stdev}(Y) = 348.41$, $\text{skew}(Y) = 0.666$

예제 5.8의 MCS 해를 위한 *MATLAB* 프로그램

```
N = poissrnd(25,1000,1) ;
X = normrnd(12,4,1000,1);
Y = N.*X,^1.33;
hist(Y,40)                    % generates the histogram for Y
```

mean(Y) = 689.23

std(Y) = 348.41

skewness(Y) = 0.666

이 예제를 일차 근사화 기법(제4장 참조)에 의해 평균과 표준편차를 구할 수 있다.

$$\text{mean}(Y) = 681.16\,\text{tons}, \quad \text{Stdev}(Y) = 331.29\,\text{tons}$$ ◀

▶ 예제 5.9 풍하중에 저항하도록 설계된 구조-기초시스템으로 구성된 고층빌딩에 관한 예제 4.14를 고려해보자. 대신에, 다음에 나오는 몇 가지 변수에 대한 분포를 변경하여 문제를 수정해 보자: 상부구조물과 기초의 풍하중에 대한 내하력이 각각 정규변량으로 다음과 같다고 가정해보면:

$$R_s = N(70, 15)\,\text{psf} \text{ 와 } R_f = N(60, 20)\,\text{psf}$$

폭풍이 부는 동안에 빌딩에 작용하는 최대 풍압력, P_w는

$$P_w = 1.165 \times 10^{-3}\,CV^2 \quad \text{psf}$$

여기서, C=항력계수, 정규분포변량 $N(1.80, 0.50)$.

V=100fps의 최빈(Model) 풍속과 30%의 c.o.v.를 갖는 극단치변량 Type I 의 최대풍속; 즉, 동등한 극단치 모수는 $\alpha = 0.037$과 $u = 100$이다.

분명히 P_w의 확률분포는 일반적인 표준분포는 아니다; 그렇기 때문에 이를 위해서는 Monte Carlo 시뮬레이션이 필요하다. 1000회의 반복(표본크기)으로 다음 *MATHCAD* 프로그램으로 P_w의 히스토그램을 생성한다:

V와 P_w를 생성하기 위한 *MATHCAD* 문장 프로그램

C : = rnorm(1000,1.8,0.5)

u : = runif(1000,0,1)

$$V := 100 - \frac{1}{0.037}\left(\ln\left(\ln\left(\frac{1}{u}\right)\right)\right)$$

$$P := \overrightarrow{\left(1.165 \cdot 10^{-3} \cdot C \cdot V^2\right)}$$

P_w에 대한 히스토그램의 작성

$$h := \text{hist}(\text{int}, P) : \quad N := 4C : \quad j := 1..N : \quad \text{int}_j := 0 + 100 \cdot \frac{j}{N}$$

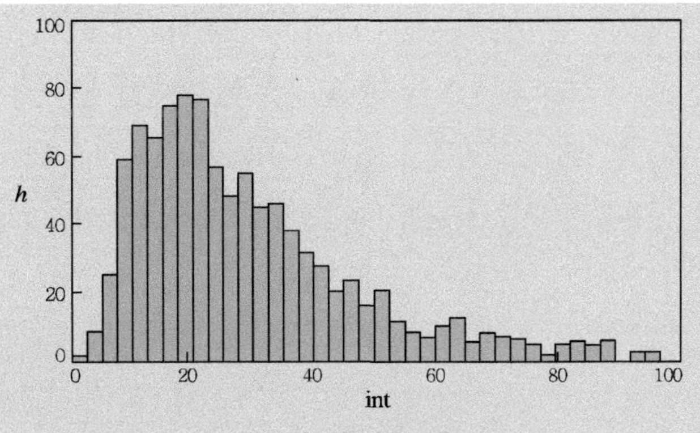

P_w의 히스토그램

크기 $n = 1000$인 표본으로 구한 위의 시뮬레이션 결과를 가지고 제6장의 식 (6.1)과 (6.3)을 사용하여 P_w의 표본평균과 표준편차를 산정하면 다음과 같다.

mean(P) = 31.09

Stdev(P) = 24.18

skew(P) = 2.73

게다가 1000회 반복을 하는 몬테카를로 시뮬레이션에 의해, 다음과 같은 *MATHCAD*를 사용하면 상부구조물과 기초의 파괴확률을 각각 구할 수가 있다.

$$P_{F_s} = P(R_s - P_w) = 0.072$$

그리고 $$P_{F_f} = P(R_f - P_w) = 0.138$$

상부구조물과 기초의 파괴확률을 계산하기 위한 *MATHCAD* 프로그램

S : = rnorm(1000,70,15)

$\text{v} := \overrightarrow{(S - P)} \le 0$

$\text{PF} := \dfrac{\sum_{i=1}^{999} \text{v}_i}{1000}$ PF = 0.072

F : = rnorm(1000, 60, 20)

$\text{P} := \overrightarrow{(F - P)} \le 0$

$\text{PF} := \dfrac{\sum_{i=1}^{999} v_i}{1000}$ PF = 0.138

구조-기초 시스템의 파괴는 상부구조물과 기초의 파괴의 합집합(Union)이다;

이러한 두 구조요소의 파괴는 공통하중인 P_w로 인해 통계적으로 독립이 아니다는 점에 유의하기 바란다. 몬테카를로 시뮬레이션에 의해 구한, 이 시스템의 파괴확률은 0.144로 나타난다.

구조-기초 시스템의 파괴확률 계산용 *MATHCAD* 프로그램

$$
\begin{aligned}
pF :=\ & C \leftarrow \text{rnorm}(1000,1.80,0.50)\\
& u \leftarrow \text{runif}(1000,0,1)\\
& V \leftarrow 100 - \frac{1}{0.037}\cdot\left(\ln\left(\ln\left(\frac{1}{u}\right)\right)\right)\\
& P \leftarrow \overrightarrow{(1.165\cdot 10^{-3}\cdot C\cdot V^2)}\\
& S \leftarrow \text{rnorm}(1000,70,15)\\
& F \leftarrow \text{rnorm}(1000,60,20)\\
& \text{for } I \in 1..1000\\
& \quad x \leftarrow \overrightarrow{(S \le P)}\\
& \quad y \leftarrow \overrightarrow{(F \le P)}\\
& \quad pF \leftarrow \frac{\sum_{i=1}^{999}(X_i \vee y_i)}{1000}\\
& \quad pF\\
& pF
\end{aligned}
\qquad pF = 0.144
$$

***MATLAB*을 이용한 예제 5.9의(표본크기 $n = 1{,}000$에 대한) 결과**

상부구조물에 대한 파괴확률은 $p_{Fs} = 0.072$;

반면에 기초에 대한 파괴확률은 $p_{Ff} = 0.127$;

상부구조물-기초 시스템의 파괴확률은 $p_F = 0.149$.

V와 P_w의 난수생성을 위한 *MATLAB* 프로그램:

```
u = unifrnd(0,1,1000,1) ;
V = 100-(log(log(1./u)))/0.037 ;
hist(V,40)                          % plots histogram of V
mean(V) = 115.3406
std(V) = 35.1357
C=normrnd(1.80,0.50,1000,1) ;
Pw = 1.165*10^-3.*C.*V.^2 ;
hist(Pw,40)                         % plots histogram of Pw
```

```
mean(Pw) = 30.1943
std(Pw) = 22.4987
skewness(Pw)=2.793
```

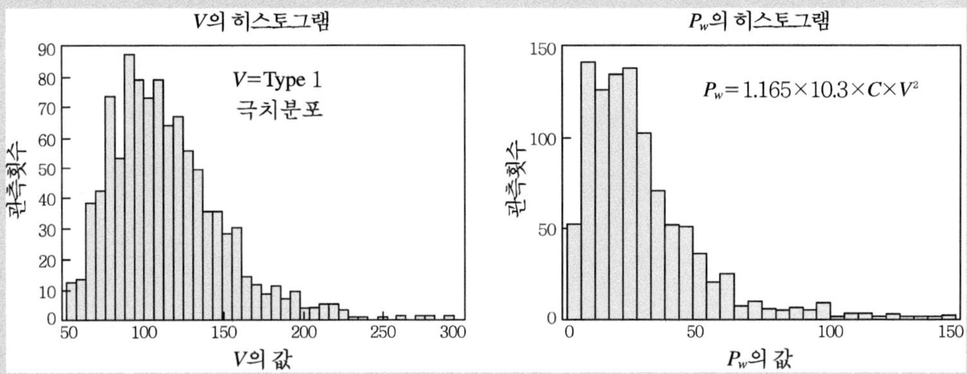

상부구조물의 파괴확률을 계산하기 위한 *MATLAB* 프로그램

```
Rs = normrnd(70,15,1000,1) ;
n = (Rs-Pw)<0 ;
pFs = sum(n)/1000 ;                    pFs = 0.072
```

기초의 파괴확률을 계산하기 위한 *MATLAB* 프로그램

```
Rf = normrnd(60,20,1000,1) ;
m = (Rf-Pw)<0 ;
pFf = sum(m)/1000                      pFf = 0.127
```

구조-기초 시스템의 파괴확률을 계산하기 위한 *MATLAB* 프로그램

```
x = (Rs-Pw)<=0;
y = (Rf-Pw)<=0;
z = x|y ;                                          % xUy
PFss = sum(z)/1000                     PFss = 0.149
```

*MATLAB*과 *MATHCAD*에 의해 구한 결과가 서로 일치하지는 않는다는 것을 볼 수 있다. 1000개의 표본으로 수행한 몬테카를로 시뮬레이션에서 이 정도의 차이는 충분히 기대할 수 있는 정도이다. ◀

▶ 예제 5.10 예제 4.9에서 어떤 도시의 1일 빗물 배수량은 1,500만갤런(mgd)의 평균용량과 0.3 mgd의 표준편차의 정규변량이다; 즉, 용량이 $N(1.5, 0.30)$이다. 빗물배수는 예제 4.9와

동일한 평균과 표준편차를 가지는 감마분포를 가지는 도시의 2개의 독립된 배수지의 배수처리를 위해 이용된다. 예를 들어, A배수지는 $k=12$와 $v=17.5$의 감마분포이고 B배수지는 $k=11$와 $v=22.22$의 감마분포이다. 이 모수 값은 평균$=k/v$와 분산$=k/v^2$의 관계를 이용하면 제3장의 내용과 일치한다. 이 예제에서 제시된 모수 값을 갖는 A배수지와 B베수지의 평균과 표준편차는 예제 4.9의 것과 동일하다; 즉, $\mu_A=0.70$mgd, $\mu_B=0.50$mgd이고, $\sigma_A=0.20$mgd, $\sigma_B=0.15$mgd.

폭우가 내리는 동안에 빗물 배수용량을 초과하게 될 확률은 다음과 같이 결정될 수 있다.

$$P(D<A+B)=P\{[D-(A+B)]<0\}$$

D는 정규변량이지만 A와 B는 독립된 감마분포 변량이기 때문에, 함수 $S=[D-(A+B)]$의 분포는 해석적으로 결정하기란 힘들다. 이것의 분포는 아래와 같이 몬테카를로 시뮬레이션에 의해 결정될 수 있다.

초과될 배수용량이 확률은 아래와 같은 *MATHCAD*를 사용한 몬테카를로 시뮬레이션에 의해 다음과 같이 구해진다.

$$P(S<0)=0.202$$

A와 B에 대해 2모수 감마분포 난수를 생성하는 *MATHCAD* 프로그램

특별 主: *MATHCAD*(Version 11)은 1모수 감마분포만에 대한 난수만을 생성한다. 2모수 감마분포 난수를 생성하기 위해 다음 프로그램을 사용한다.

```
A := | for i ∈ 1..9999
     |   | u ← runif(10000,0,1)
     |   | A_i ← (−1/17.5)( Σ_{j=1}^{12} ln(u_j) )
     |   | i ← i+1
     |   | A
     | A

B := | for i ∈ 1..9999
     |   | u ← runif(10000,0,1)
     |   | B_i ← (−1/22.22)( Σ_{j=1}^{11} ln(u_j) )
     |   | i ← i+1
     |   | B
     | B
```

이로부터 다음과 같이 산출된다:

mean(A) = 0.685 mean(B) = 0.495
Stdev(A) = 0.197 Stdev(B) = 0.149
skew(A) = 0.605 skew(B) = 0.653

배수용량 초과 확률을 계산하기 위한 *MATHCAD* 프로그램

D : = rnorm(10000,1.50,0.30)

$$S := \overrightarrow{[D - (A + B)]}$$

x : = S ≤ 0

$$pF := \frac{\sum_{j=1}^{9999} x_j}{10000} \qquad pF = 0.202$$

*MATLAB*도 1모수 감마분포를 생성한다. 2모수 감마분포 난수는 다음의 *MATLAB* 프로그램으로 생성될 수 있다.

A와 B의 2모수 감마분포 난수를 생성하는 *MATLAB* 프로그램:

```
u = unifrnd(0,1,1000,12) ;
X = log(u) ;
Y = X' ;
Z = sum(Y( : , 1:1000)) ;
A = -(1/17.5)*Z ;

hist(A, 20)

mean(A) = 0.6847
std(A) = 0.1944
skewness(A) = 0.4493
```

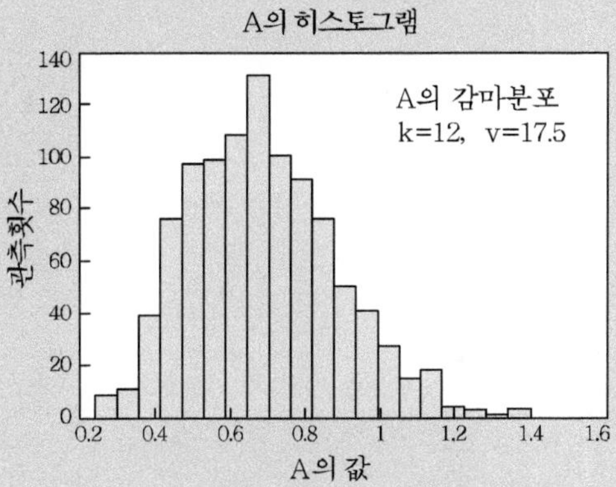


```
u = unifrnd(0,1,1000,11) ;
X = log(u) ;
Y = X' ;
Z = sum(Y( : , 1:1000)) ;
B = -(1/22.22)*Z ;
hist(B,20)
mean(B) = 0.4931
std(B) = 0.1545
skewness(B) = 0.6220
```

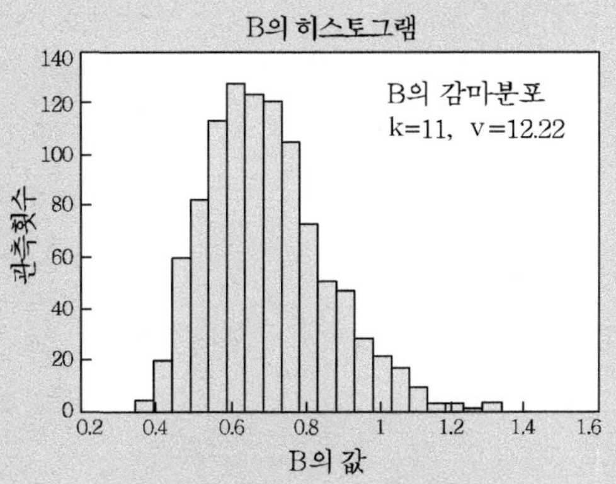

아래의 *MATLAB* 프로그램을 사용하여 빗물 배수용량이 초과될 확률을 구하면

pF = 0.196

배수용량 초과 확률을 계산하기 위한 *MATLAB* 프로그램

```
D = normrnd(1.50,0.30,1000,1) ;
E = D−(A'+B') ;
F = (E<=0) ;
G = sum(F) ;
pF =G/1000 = 0.1960
```

*MATHCAD*나 *MATLAB*으로 구해진 이상의 결과는 0.221이 나왔던 예제 4.9의 결과와는 다르다는 것을 알 수 있다. 이것은 2개의 배수지의 분포로 예제 4.9와 같은 정규분포 대신에 감마분포를 사용했기 때문이다.

다음으로, 만약 $k = 16$와 $v = 20$인 모수를 가진 감마분포이고 평균 0.80mgd이고 표준편차 0.20mgd인 또 다른 C 배수지도 배수처리해야 하는 경우 배수용량 초과 확률을 원래의 확률인 0.202로 유지하기 위해서는 현재 빗물 배수관의 평균용량이 얼마나 늘어나야 하는가? 새로운 빗물 배수관의 표준편차는 0.3mgd를 그대로 유지한다 가정해보자.

이 경우에 반복 몬테카를로 시뮬레이션을 아래와 같이 수행할 수 있다. *MATHCAD* 프로그램은 파괴확률이 ≤ 0.202가 될 때까지 D의 평균값이 $\mu_D = 1.70$과 3.0 사이에서 다르게 가정하고 반복해서 파괴확률을 자동적으로 계산하도록 개발되었다. 이 프로그램을 가지고 얻어진 결과에 의하면 평균용량은 $\mu_D = 2.35$mgd으로 개량되어야 한다는 것을 보여준다. 따라서, 기존의 빗물배수관의 평균용량은 $2.35 - 1.5 = 0.85$mgd로 증가되어야만 한다.

개량된 빗물배수관 용량을 결정하기 위한 *MATHCAD* 프로그램:

```
V := | for v ∈ 1.70,1.71..3.0
     |     | E ← rnorm(10000,v,0.30)
     |     | g ← [E − (A + B + C)] ≤ 0   (vectorized)
     |     |          999
     |     |          Σ  gi
     |     |         j = 1
     |     | p ← ―――――――――
     |     |        10000
     |     | v if p > 0.202
     |     | (break) if p≤0.202
     |     | v
     | V ← v
     | V                                  yielding V = 2.35
```

위의 결과를 검증하기 위한 *MATHCAD* 프로그램

D : = rnorm(10000,2.35,0.3)

$$g := \overrightarrow{[D-(A+B+C)]} \le 0$$

$$p := \frac{\sum_{j=1}^{9999} g_j}{10000} \qquad p = 0.201$$

*MATLAB*에 의해서도 개량된 배수용량은 $V = 2.36$mgd로 결정된다. 이것은 다음의 *MATLAB* 프로그램으로 구해진다.

개량된 빗물배수용량을 반복 시행적으로 결정하는 *MATLAB* 프로그램

M-File	*Explanations (indicated by %)*
u = unifrnd(0,1,1000,12)	
X = log(u)	
Y = X′	
Z = sum (Y(: , 1:1000))	
A = -(1/17.5)*Z	% generates vector of 1000 gamma-distributed values for A
v = unifrnd(0,1,1000,11)	
x = log(v)	
y = x′	
z = sum (y(: , 1:1000))	
B = -(1/22.22)*z	% generates vector of 1000 gamma-distributed values for B
w = unifrnd(0,1,1000,16)	
a = log(w)	
b = a′	
c = sum (b(: , 1:1000))	
C = -(1/20)*c	% generates vector of 1000 gamma-distributed values for C
for v = 1.7:0.01:3.0	% disignates range of V
D = normrnd(n,0.30,1000,1)	
E = D-(A′+B′+C′)	
F = (E<=0)	

```
G = sum(F)
pF = (1/1000)*G                    % calculates failure probability
                                     of upgraded capacity
if pF>0.196
v = v+0.1
elseif pF<=0.196
V = v
break
end
```

이상의 프로그램을 실행하면 개량된 배수용량 V =2.36mgd가 산출된다. 이에 상응하는 계산된 파괴확률은 원래 시스템의 0.196보다 작은 pF = 0.192이다. ◀

▶ 예제 5.11 아파트건물에 화재가 발생할 때 건물내부에 있는 거주자의 수는 매우 가변적이다. 아파트에 살고있는 거주자의 총 수가 150명이라고 가정해보자. 그러나, 화재 당시에는 건물 내에 있는 사람의 수는 50명 정도로 작을 것이다. 그러므로, 화재 시 실제 인원은 $q= 1.50$과 $r= 3.00$인 모수를 가진 50과 150 사이의 베타분포로 기술되는 확률변수일 것이다. 또한 화재시 건물내 개인이 심각한 부상을 입을 확률이 0.001이라고 가정해보자. 그러므로 개인들간에 부상 입을 확률은 통계적으로 독립이고 화재 시 x명의 부상자가 생길 확률은 다음과 같은 이항분포(3.2절 참조)로 주어진다고 가정한다:

$$P(X= x)= \binom{n}{x}(0.001)^x(1-0.001)^{n-x}$$

그러나, 화재에 노출된 거주자의 숫자, n은 위에서 설명한 것처럼, 베타분포된 확률변량이다. 그러므로, 요구되는 확률은 다음과 같이 구해진다.

$$P(X= x)= \sum_{n=50}^{150} P(X= x|N= n)P(N= n)$$

$$= \sum_{n=50}^{150}\left\{\left[\binom{n}{x}(0.001)^x(1-0.001)^{n-x}\right]P(N= n)\right\}$$

여기서 N은 (50, 150)의 범위와 $q= 1.50$과 $r= 3.00$의 모수를 가지는 베타분포이다.

주어진 x에 대한 확률을 구하기 위해서는 수치적인 해답이 필요하다. 이 예제에서 해답은 베타확률분포함수 PDF의 이산화를 포함하는 이산확률의 합을 구해야 한다. 프로그램이 요구되는 해를 자동적으로 수행하도록 아래와 같은 *MATLAB* 프로그램을 개발하였다. 그리하여 다음과 같은 결과를 산출한다.

$$P(X=0)=0.91890$$
$$P(X=1)=0.07632$$
$$P(X=2)=0.00332$$
$$P(X=3)=1.0033\times 10^{-4}$$
$$P(X=4)=2.37\times 10^{-6}$$

결과의 검증을 위해 위의 확률들을 더해보면 그 값이 거의 1.00에 가깝다는 것을 알 수 있다.

예제 5.11을 위한 *MATLAB* 프로그램

```
M-File                                     Explanations (indicated by %)
x = 1                                      % illustrated for x = 1
Pinj = 0
for n = 50:1:150
p = ((factorial(n)./(factorial(x).*.factorial(n-x))).*.
    (.001).^x.*(.999).^(n-x))
f = (1./(beta(1.5,3.0))).*(((n-50).^(0.5)).*(150-n).^2)./(100).^3.5
P = p*f
if n<150
  n = n+1
  Pinj = Pinj+P                            % calculates probability of injury with
                                             n occupants
elseif n>=150
  n = n
break
end
```

이 예제에서는 이항분포의 누적분포함수가 있다. 하지만, 요구되는 누적분포함수 CDF는 부록 표 A.2를 포함하여 이 CDF의 대부분이 표의 한계를 훨씬 넘어서게 된다. 본 예제와 같은 문제에서 컴퓨터에 기반을 둔 수치해석적인 도구가 꼭 필요하다. ◀

▶ 예제 5.12 환경공학에서 폐수의 최종 BOD 수준을 관리하기 위해 폐수처리과정이 필요하다. 주어진 단계에서 폐수의 BOD 수준은 폐수처리가 이루어지지 않는다면 전단계에서 측정한 BOD로부터 예측할 수 있다. $t=5$일일 때 BOD가 0.22mg/L로 측정되었다고 가정하자. $t=5$일 이후 더 이상의 처리가 이루어지지 않는다면 폐수의 최종 BOD는 궁극적으로 다음식과 같은 수준에 도달한다.

$$L_O = (BOD)_5 / [1 - \exp(-5k)]$$

모수 k는 반응비 상수이다. 이것은 온도, 폐수의 종류, 침전과정에 좌우된다. k는 정규변량으로 일단 $N(0.22, 0.03)$로 모형화된다고 가정하자.

더구나, BOD 수준 측정값의 변동성 때문에 $(\mathrm{BOD})_5$는 mg/L 단위로 $N(200, 10)$으로 가정된다. L_O의 분포는 당연히 정규분포가 아닐뿐더러, 그 분포도 표준분포 중 하나는 아닐 것이다. 아래에 나타낸 바와 같이 *MATHCAD*를 사용한 몬테카를로 시뮬레이션을 통하여, 종국 BOD 수준, L_O의 분포와 통계치를 결정할 수 있다. 이를 통해서, 다음과 같은 결과를 구할 수 있다:

mean(Lo) = 303.72 Stdev(Lo) = 29.2 skew(Lo) = 0.79

히스토그램은 아래와 같다.

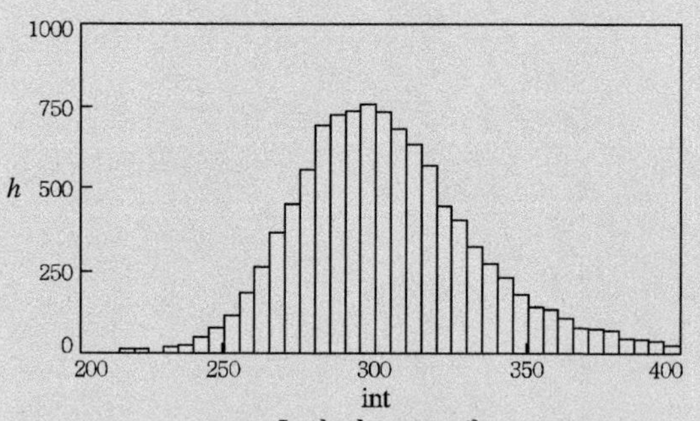

L_o의 히스토그램

예제 5.12의 *MATHCAD* 프로그램

$BOD_5 := \mathrm{rnorm}(10000,200,10)$

$k := \mathrm{rnorm}(10000,0.22,0.03)$

$$Lo := \overrightarrow{\frac{BOD_5}{1-e^{-5k}}}$$ ◀

5.2.3 우발적(aleatory)이고 인식론적(epistemic)인 불확실성을 포함하는 문제

제1장의 1.2절에서, 두 가지 종류의 불확실성, 즉, 우발적(aleatory)이고 인식론적(epistemic)인 불확실성에 대해서 살펴보았다. 이러한 두가지 종류의 불확실성이 지닌 그 의미는 확연하게 다르고 분리해서 평가하고 나타내어야 한다. 말하자면, 우발적(aleatory) 불확실성은 임의의 사건에 내재된 변동성과 관련되어 있고, 그래서 그 의미는 사건발생의 확률의 항으로 표현해야만 한다. 반면에, 인식론적(epistemic)인 불확실성은 발생확률의 계산에 있어서의 불완전성과 관련되어 있어서 계산된 확률의 발생 가능한 오차범위로 나타내야 한다. 즉, 이론적으로 인식론적인 불확실성은 확률 계산에 포함되어서는 안되고, 계산된 확률의 불확실성으로 반영되어야만 한다.

이러한 이유로, 다음에 설명된 예제들에 설명되어 있는 바와 같이 몬테카를로 시뮬레이션에 대한 필요가 더욱 절실해지게 되었다.

▶ 예제 5.13 어떤 엔지니어링 시스템이 중앙안전율 $\overline{\theta}$를 가지도록 지금까지 설계되어 왔었다고 가정해보자. 내재된 변동성 δ_θ에 의해서 파괴확률은 다음과 같다.

$$p_F = \Phi\left(-\frac{\ln \overline{\theta}}{\delta_\theta}\right)$$

여기서,

$\overline{\theta}$ = 2.5로 가정된 중앙안전율

δ_θ = 0.25로 가정된 θ의 c.o.v.

하지만, 인식론적인 불확실성 때문에, $\overline{\theta}$도 역시 확률변량이다. 그 분포는 LN(2.5, 0.15) 중앙값이 2.5, c.o.v.가 0.15인 대수정규분포라고 가정해보자. $\overline{\theta}$가 확률변량이기 때문에, p_F 또한 확률변량이다;

물론 이 분포는 표준형태의 분포 중 하나는 아닐 것이다. 몬테카를로 시뮬레이션을 통해서 p_F의 값과 히스토그램을 생성할 수 있다. 표본크기 10,000에 대한 *MATHCAD* 프로그램은 아래에 제시되어 있다.

10,000개의 $\overline{\theta}$ 값 각각에 대해, 위의 p_F를 계산한다.

그 결과는 p_F의 10,000개 값의 벡터이다. 이로부터 다음과 같은 평균, 중앙값, 표준편차, 왜곡도를 평가하는 것 뿐만 아니라, $\ln(p_F)$에 대해 아래에 보인 것처럼 p_F에 대한 막대그래프를 작성할 수 있고, 90%의 값을 결정할 수도 있다:

$$\text{mean(pF)} = 8.414 \times 10^{-4}$$

$$\text{median(pF)} = 1.218 \times 10^{-4}$$

$$\text{Stdev(pF)} = 2.833 \times 10^{-3}$$

$$\text{skew(pF)} = 10.578$$

$$\text{PF}_{9000} = 1.842 \times 10^{-3}$$

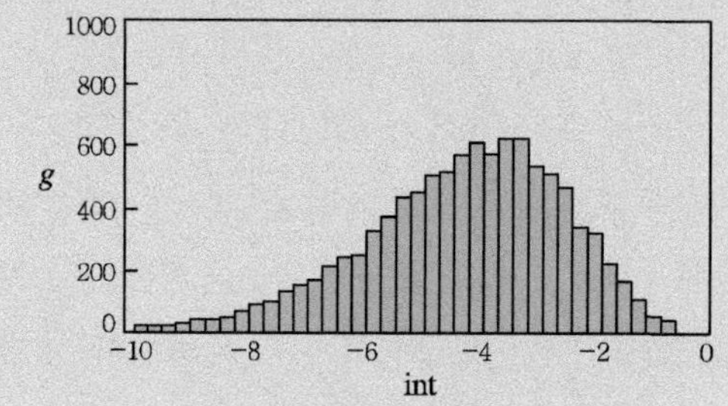

$\log(p_F)$의 **히스토그램**

우발적인 불확실성은 파괴확률 p_F를 구하게 하지만 반면에 인식론적인 불확실성은 p_F의 범위와 분포에 반영된다는 점을 강조하고 싶다. p_F의 분포는 의사결정권자에게 90%값인 $p_{F_{90}} = 1.842 \times 10^{-3}$처럼, p_F의 보수적인 값을 선택할 선택권을 제공해 준다.

예제 5.13를 위한 *MATHCAD* 프로그램

x : = rlnorm(1000,ln(2.5),0.15)

$$\text{pF} := \text{cnorm}\left(\frac{-\ln(x)}{0.25}\right)$$

mean(pF) = 8.414×10^{-4}

median(pF) = 1.218×10^{-4}

Stdev(pF) = 2.833×10^{-3}

skew(pF) = 10.578

*MATLAB*을 사용하면, 다음과 같은 결과를 얻는다.

평균 = 8.46e − 004

표준편차 = 0.0029

왜곡도계수= 17.61

또한 중앙값과 PF의 90%값은 각각 다음과 같다.

중앙값 $= 1.228e - 004$

$\mathrm{PF}_{90} = 0.0019$

그리고 log(p_F)에 대한 상승하는 히스토그램은 다음과 같다.

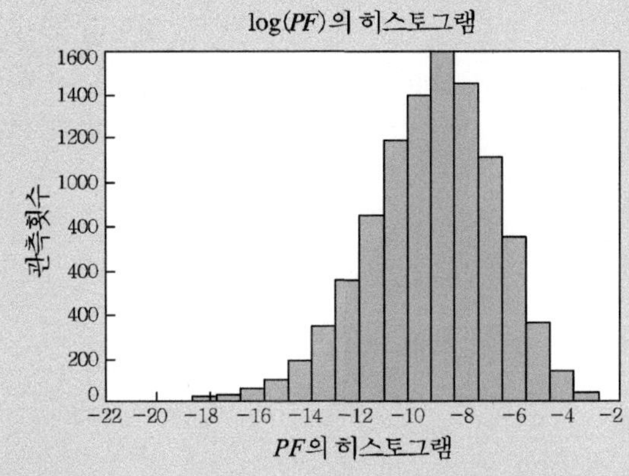

예제 5.13를 위한 *MATLAB* 프로그램

```
A = lognrnd(log(2.5),0.15,10000,1)
X = -log(A)./0.25
pf = normcdf(X)
```

◀

▶ **예제 5.14** 내재된 변동성(우발적 불확실성)으로 인한 어떤 엔지니어링 시스템의 파괴확률은

$$p_F = P(R - S)$$

여기서, $R = N(40, 15)$

$S = LN(25, 0.35)$, 즉, 중앙값 25, c.o.v. 0.35

p_F는 몬테카를로 시뮬레이션에 의해 쉽게 구할 수 있지만 $(R - S)$가 표준분포의 형태가 아니기 때문에 해석적으로 구하는 것은 어려운 일이다. 게다가, μ_R(R의 평균)과 s_m(S의 중앙값)의 측정에 발생할 수 있는 오차 때문에, 이러한 모수들을 평가하는데 있어서 인식론적인 불확실성이 존재한다. 편기가 없고 각각의 c.o.v.가 0.10과 0.15라고 가정하면 이러한 모수들의 분포는 각각 $N(1.0, 0.10)$과 $N(1.0, 0.15)$이다. μ_R과 s_m에 있는 이러한 인식론적인 불확실성 때문에, 실제 파괴확률은 확률변량이 될 것이다.

μ_R과 s_m의 각 쌍에 대해 p_F를 계산할 수 있고, 특정범위의 무작위 μ_R과 s_m에 대해서 p_F의 벡터를 얻을 수 있다.

이 수치해를 구하기 위해서는 이중루프의 몬테카를로 시뮬레이션에 의한 반복시행이 필요하다. 내부루프는 μ_R과 s_m의 특정한 값에 대한 p_F를 계산하지만, 외부루프는 주어진 μ_R과 s_m의 쌍에 대한 R과 S의 확률벡터를 생성한다. 이것은 자동 반복시행적으로 수행되는 프로그램을 요구한다. 표본크기 $n = 10{,}000$을 가지고 *MATHCAD*를 이용하여 구한 결과 값은 아래와 같다:

파괴확률의 평균, 표준편차, 왜곡도 계수는 각각 다음과 같다.

$$\text{mean(pF)} = 0.235 \quad \text{Stdev(pF)} = 0.094, \quad \text{skew(pF)} = 0.437$$

또한, pF의 90%값은 $pF_{90} = 0.366$이다. 다시, 파괴확률의 보수적인 값을 위하여 평균 pF 대신에 $pF_{90} = 0.366$를 사용할 수 있다. pF에 대한 상응하는 히스토그램은 다음과 같다:

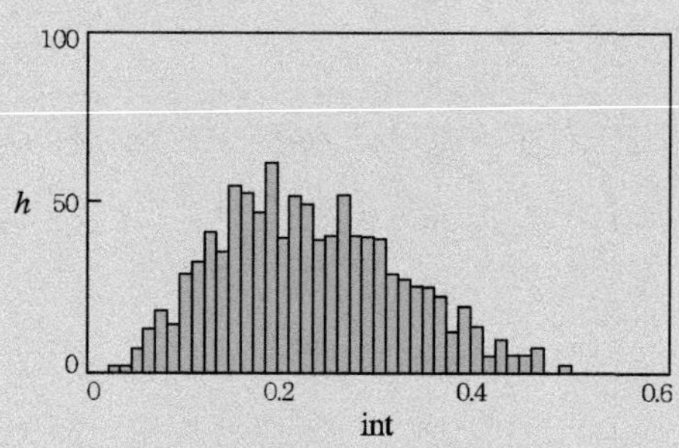

p_F의 히스토그램

중앙값과 75%와 90%의 값은 각각 다음과 같다.

$$pF_{50} = 0.226 \qquad pF_{75} = 0.298 \qquad pF_{90} = 0.366$$

예제 5.14의 *MATHCAD* 프로그램

```
U : = rnorm(1000,1.0,0.10)
V : = rnorm(1000,1.0,0.10)
pF : = | for I ∈. . 999
       |   R ← rnorm(10000,40Ui ,15)
       |   S ← rlnorm(10000,In(25Vi ),0.35)
       |   x ← (R − S) ≤ 0
       |   pFi ← (Σ_{j=1}^{9999} Xj) / 10000
       |   pF
       | pF
```

다음의 *MATLAB* 프로그램 역시 이 예제에 대한 수치해를 제공한다.

예제 5.14의 *MATLAB* 프로그램

M-File:	*Explanations (indicated by %)*
for i = 1:1000	
u = normrnd(1.0,0.1,1000,1)	% generates a vector of μ_R of size 1000
R = normrnd((40.*u(i,1)), 15,1000,1)	% generates a vector of R of size 1000 with ith value of μ_R.
v = normrnd(1.0,0.15,1000,1)	% generates a vector of s_m of size 1000.
S = lognrnd(log(25.*v(i,1)),0.35,1000,1)	% generates a vector of S of size 1000 with ith value of s_m.
x = R-S	
y = (x<=0)	
n = sum(y)	
pf = n/1000	
pF(i,1)=pf′	% a vector of 1000 values of pF.

위의 프로그램의 실행은 다음과 같은 히스토그램과 함께, 1,000개의 pF값 벡터를 산출한다.

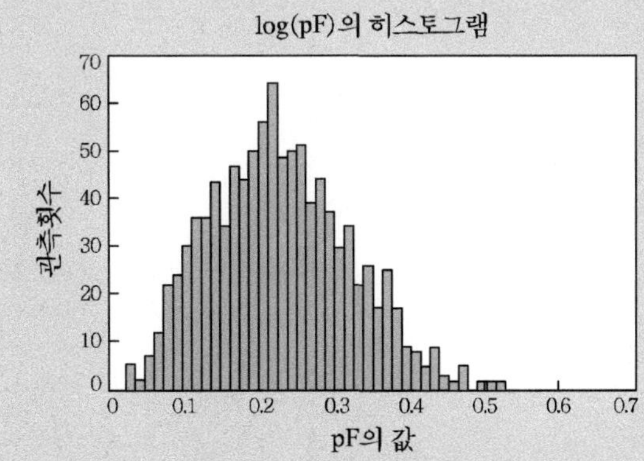

pF의 **히스토그램**

평균, 표준편차, 왜곡도 계수는 다음과 같다:

$$\text{pF 평균} = 0.2269,\quad \text{pF 표준편차} = 0.0960,\quad \text{pF 왜곡도} = 0.5673$$

p_F의 50%, 75%, 90%값 또한 각각, 0.2140, 0.2870, 그리고 0.3570이다. ◀

▶ 예제 5.15 예제 5.9에서, 항력계수 μ_C의 평균값의 시방규정과 평균풍속 μ_V의 추정에 무시할 수 없을 정도의 상당한(인식론적인) 불확실성이 있다는 것을 기대할 수 있다. 게다가, 풍압 P_w를 계산하는 방정식(편기성과 확률오차로 구성된)의 불완전성이 있을 수 있다. 각각 c.o.v.로 표현되는 다음의 인식론적인 불확실성을 가정해보자.

$\Delta_C = 0.30$의 c.o.v.를 가지는 μ_C

$\Delta_V = 0.15$의 c.o.v.를 가지는 μ_V

P_w에 대한 방정식은 편기성이 없지만, $\Delta P_w = 0.20$(c.o.v.의 항으로)의 불확실성이 있다. 그러므로, 풍압 P_w를 계산하는데 있어서 인식론적인 총 불확실성은 다음과 같이 구해진다.

$$\Omega_{p_w} = \sqrt{0.30^2 + (2 \times 0.15)^2 + 0.20^2} = 0.47$$

이상의 인식론적인 불확실성에 비추어, 풍압 P_w를 *MATHCAD*를 사용하여 표본크기 10,000의 몬테카를로 시뮬레이션에 의해 재계산한 결과는 다음과 같다:

mean(P) = 34.208
Stdev(P) = 26.424
skew(P) = 3.255

이에 상응하는 P_w의 히스토그램은 다음과 같다:

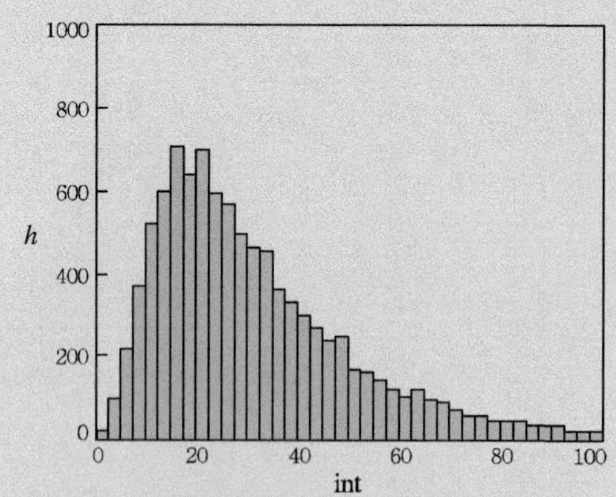

P_w의 히스토그램

풍압 P_w을 생성하기 위한 *MATHCAD* 프로그램

```
P := | N ← rnorm(1000,1.0,0.30)
     | M ← rnorm(1000,1.0,0.15)
     | L ← rnorm(1000,1.0,0.20)
     | for i ∈ 0..999
     |   | C ← rnorm(1000,1.8 · N_i,0.50)
     |   | U ← runif(1000,0,1)
     |   | V ← (100)M_i - [ (1/0.037) · (ln(ln(1/u))) ]
     |   | P ← 1.165 · 10^-3 · vec(C · V^2) · L_i
     |   | continue
     | P
```

그러므로, 기초뿐만 아니라 상부구조물의 파괴확률 계산은 평균 풍압 값에 좌우된다. R_s와 R_f에는 인식론적인 불확실성이 없다고 가정하고, 1000개의 평균 풍압 표본값에 대한 몬테카를로 시뮬레이션을 반복해서 수행한다(아래의 *MATHCAD* 프로그램 참조). 그러면 다음과 같은 통계치를 갖는 상부구조물과 기초의 파괴확률의 확률분포를 얻게 된다:

mean(pFs)=0.092 Stdev(pFs)=0.092 skew(pFs)=2.264

mean(pFf)=0.156 Stdev(pFf)=0.121 skew(pFf)=1.615

또한, 동일한 몬테카를로 시뮬레이션으로부터, 아래와 같이 상부구조물과 기초의 각 파괴확률의 히스토그램을 얻을 수 있다.

이 히스토그램을 근거로 하여, 상부구조물과 기초의 90% 파괴확률을 결정할 수 있다; 이러한 값들은 10%의 오차확률을 갖는 값으로 언급될 수 있다.

상부구조물의 경우 $p_{F90} = 0.244$, 기초의 경우 $p_{F90} = 0.312$이다.

예제 5.9에서처럼, 상부구조물과 기초의 파괴는 하중 P_w 작용에 의해 유발되므로 통계적으로 독립이 아니다. 몬테카를로 시뮬레이션에 의해, 상부구조물과 기초의 합집합(union)인, 구조물-기초 시스템의 파괴확률은 다음과 같이 얻어진다:

mean(pFSS)=0.173

Stdev(pFSS)=0.129

skew(pFSS)=1.445

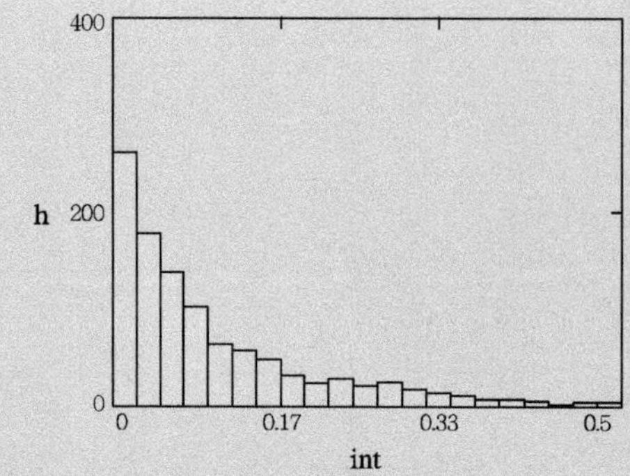

상부구조의 파괴확률 P_F

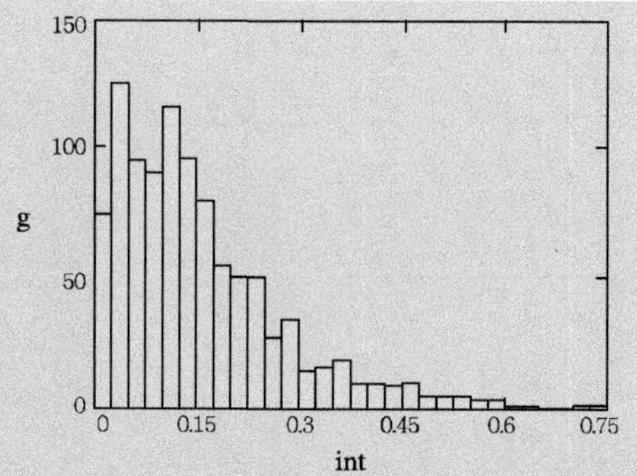

기초의 파괴확률 P_F

그러므로 구조물-기초시스템의 파괴확률의 90%값은 0.361이다.

세 경우 파괴확률 계산용 *MATHCAD* 프로그램

```
pFSS := | N ← rnorm(1000,1.0,0.3)
        | M ← rnorm(1000,1.0,0.15)
        | L ← rnorm(1000,1.00,0.20)
        | for j ∈ 0..999
        |   | C ← rnorm(1000,1.8·N_j,0.50)
        |   | u ← runif(1000,0,1)
        |   | V ← [100·(M_j) − (1/0.037)·(ln(ln(1/u)))]
        |   | P ← 1.165·10^-3 ·(C·V^2)→ ·L_j
        |   | S ← rnorm(1000,70,15)
        |   | F ← rnorm(1000,60,20)
        |   | x ← (S ≤ P)→
        |   | pFs_j ← Σ_{i=1}^{999} x_i/1000
        |   | y ← (F ≤ P)→
        |   | pFf_j ← Σ_{i=1}^{999} y_i/1000
        |   | pFSS_j ← Σ_{i=1}^{999} (x_i ∨ y_i)/1000
        |   |
        |   | continue
        | pFSS
```

상부구조물 파괴, 기초 파괴, 구조물-기초 파괴의 세 경우에 대한 각 파괴확률을 계산하기 위한 *MATHCAD* 프로그램을 위에 제시하였다. 상부구조물에 대한 pFs,

기초에 대한 pFf, 구조물-기초 시스템의 파괴확률 pFSS에 대한 프로그램을 실행하기 이전에 이 프로그램에 적절한 입력/출력이 자세히 지정되어야만 한다. 그 후 위에 설명되어 있는 것처럼, 이 프로그램은 pFSS를 산출하게 된다.

또한 예제 5.15에 대한 몬테카를로 시뮬레이션 수치해는 *MATLAB*으로도 구할 수 있다. P_w의 분포를 생성하고, 구조물-기초 뿐 만 아니라 상부구조물과 기초의 파괴확률을 계산하기 위한 MATLAB 프로그램은 다음과 같다:

예제 5.15의 *MATLAB* 프로그램

M-File	*Explanations (indicated in %)*
for i=1:1000	
c = normrnd(1.0,0.3,1000,1)	
C = normrnd(1.8.*.c(i,1),0.50,1000,1)	% generates vector of 1000 values of C
v = normrnd(1.0,0.15,1000,1)	
u = unifrnd(0,1,1000,1)	
V = (100.*.v(i,1))-(1/0.037).* (log(log(1./u)))	% generates vector of 1000 values of V
p = normrnd(1.0,0.20,1000,1)	
Pw = (1.165*.(10^-3)).*C. *(V.^2).*p(i,1)	% generates vector of 1,000 values of Pw
Rs = normrnd(70,15,1000,1)	% generates vector of 1000 values of Rs
a = (Rs<=Pw)	
Rf = normrnd(60,20,1000,1)	% generates vector of 1000 values of Rf
x = (Rf<=Pw)	
Ps(i,1) = sum(a)/1000	% vector of 1000 pF's of superstructure
Pf(i,1) = sum(x)/1000	% vector of 1000 pF's of foundation
U = a|x	% union of structure-foundation system failure
PSS(i,1) = sum(U)/1000	% vector of 1000 pF's of struct-fdn system

그리고

1000개의 표본크기를 가지고 구한 결과를 요약하면 다음과 같다:

mean(Pw)=32.38; std.dev.(Pw)=29.93; skewness(Pw)=2.55

mean(Ps)=0.0900; std.dev.(Ps)=0.0879; skewness(Ps)=1.84;
90%(Ps)=0.204

mean(Pf)=0.1531; std.dev.(Pf)=0.1147; skewness(Pf)=1.33;
90%(Pf)=0.308

mean(PSS)=0.1729; std.dev.(PSS)=0.1287; skewness(PSS)=1.28;
90%(PSS)=0.348

이에 대한 각각의 히스토그램은 아래와 같다:

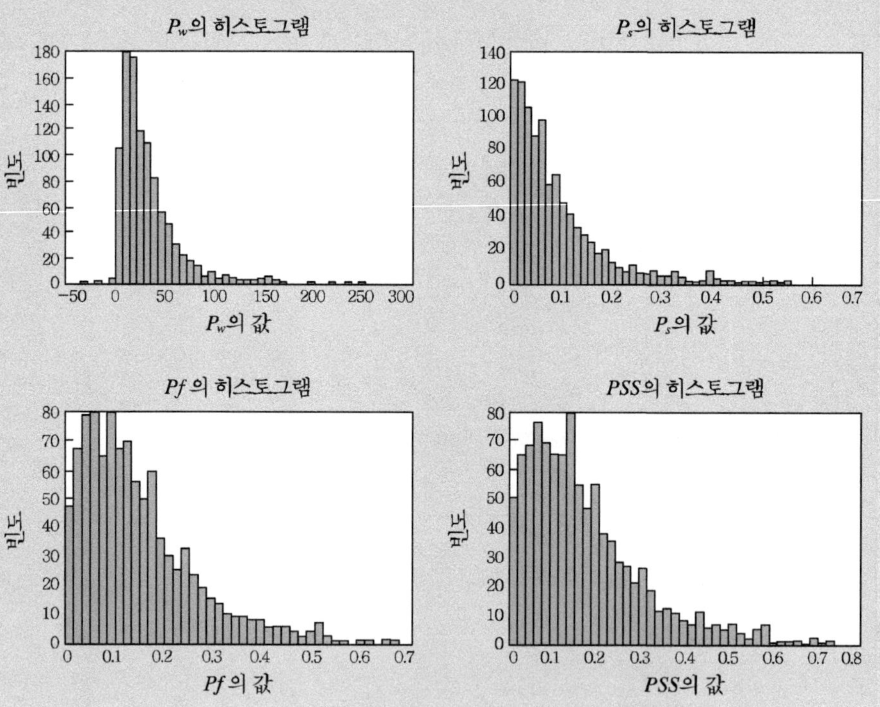

◀

5.2.4 상관된 확률변량을 포함하는 몬테카를로 시뮬레이션

몬테카를로 시뮬레이션은 종속되거나 상관된 난수를 생성하는 데에도 적용될 수 있다. 각 분포가 알려진 X와 Y라는 확률변량에 상관된 난수를 생성하는 데에 설명을 국한시키고자 한다. 두 개의 변량에 대한 설명과정은 다변량 분포로도 확장될 수 있다.

일반적으로 두 개의 확률변수 PDF $f_{X,\,Y}(x, y)$나 CDF $F_{X,\,Y}(x, y)$의 종속적인 확률변량 X와 Y에 상응하는 이변량 난수는 다음과 같이 생성될 수 있다:

먼저 결합 CDF는 다음과 같이 표현될 수 있다.

$$F_{X,\,Y}(x, y) = F_X(x) F_{Y|X}(y|x)$$

이변량 난수를 생성하기 위해서, 각각 표본크기가 n이고 각각 0과 1사이의 균등분포를 가진 두 개의 난수 벡터 U_1과 U_2를 생성한다. X에 대한 난수는 다음과 같이 생성된다(Ang과 Tang, 1984 참조).

$$\underline{X} = F_X^{-1}(U_1) \tag{5.3}$$

$\underline{X}$는 U_1과 동일한 표본크기 n을 가진 X의 난수 벡터이다.

$X = x$로 주어진 경우 이에 상응하는 Y에 대한 난수는 다음과 같이 구해진다.

$$\underline{Y} = F_{Y|X}^{-1}(U_2 | \underline{X}) \tag{5.4}$$

Y는 U_2나 $\underline{X}$와 동일한 크기의 벡터이다.

이상의 해석과정은, 이를테면 알려진 결합 PDF $f_{X_1, X_2, \ldots\ldots, X_k}(x_1, x_2, \ldots\ldots, x_k)$나 결합 CDF $F_{X_1, X_2, \ldots\ldots, X_k}(x_1, x_2, \ldots\ldots, x_k)$를 가지는 k개의 확률변량 X_1, X_2,......, X_k와 같이, 3개나 그 이상의 확률변량으로 확장시킬 수 있다. 이와같은 종속적인 확률변량에 대한, 결합 PDF와 CDF는 각각 다음과 같이 표현될 수 있다.

$$f_{X_1, X_2, \ldots\ldots, X_k}(x_1 | x_2, \ldots\ldots, x_k) =$$
$$f_{X_1}(x_1) \cdot f_{X_2|X_1}(x_2|x_1) \ldots f_{X_k|X_1, \ldots\ldots, X_{k-1}}(x_k|x_1, \ldots\ldots, x_{k-1})$$

그리고

$$F_{X_1, X_2, \ldots\ldots, X_k}(x_1 | x_2, \ldots\ldots, x_k) =$$
$$F_{X_1}(x_1) \cdot F_{X_2|X_1}(x_2|x_1) \ldots F_{X_k|X_1, \ldots\ldots, X_{k-1}}(x_k|x_1, \ldots\ldots, x_{k-1})$$

k 확률변량들의 난수를 생성하기 위해서, 먼저 0과 1 사이에서 각각 n의 크기로 균등분포 된 난수인 k개의 벡터 U_1, U_2,......, U_k를 생성한다. 그다음 X_k에 대한 n개의 난수의 k번째 벡터를 다음과 같이 생성한다.

$$\underline{X_k} = F_{X_k|X_1, \ldots\ldots X_{k-1}}^{-1}(U_k | x_1, \ldots, x_{k-1}) \tag{5.5}$$

지정된 결합분포를 가지는 일련의 확률변량에 적용할 수 있는 일반적인 과정이외에, 아래에 이변량 정규분포에 대한 예제 5.16과 이변량 대수정규분포에 대한 예제 5.17에 설명되어 있는 것처럼 다변량의 결합정규분포와 같은 경우에 적용되는 특수한 기법들도 있다.

▶ 예제 5.16 이변량 정규분포를 가지는 X와 Y의 두개의 확률변량에 대한 난수의 생성을 고려해보자. Ang과 Tang(1984)에 나오는 예제 5.10에 따라서, 이변량 분포의 결합 PDF는 다음과 같이 표현된다.

$$f_{X,Y}(x,y) = f_{Y|X}(y|x) f_X(x)$$

여기서, $f_{Y|X}(y|x)$는 3장에서 정의한 것처럼 μ_Y와 σ_Y의 평균과 표준편차를 가지는, 주어진 X에 대한 Y의 조건부 정규 PDF이고, $f_X(x)$는 μ_X와 σ_X의 평균과 표준편차를 가지는 X의 주변확률(marginal) 정규 PDF이다. X와 Y는 ρ의 상관계수로 상관되어 있다.

두개의 확률변량의 모수는 다음과 같이 정의된다고 가정하자:

$$\mu_X = 150;\ \sigma_X = 20$$

$$\mu_Y = 120;\ \sigma_Y = 25;\ \rho = 0.75$$

다음의 *MATLAB* 프로그램은 $n = 100{,}000$의 표본크기를 가지는 관련된 이변량 정규 분포 난수를 생성한다.

예제 5.16의 *MATLAB* 프로그램

```
M-File                                 Explanations (indicated in %)
x = normrnd(150,20,100000,1)           % generates vector of 100,000
                                         values of X
uy = 120+0.75*.(25/20).*.(x-150)       % calculates the conditional
                                         mean of Y for each value of X
sy = 25*sqrt(1-(.75)^2)
y = normrnd(uy,sy)                     % generates vector of 100,000
                                         values of Y|X
```

결과의 통계값은 다음과 같이 요약된다:

mean(X) = 150.08; std(X) = 20.4; mean(Y|x)=120.12;

std(Y|x) = 25.05 corrcoef(X,Y) = 0.750

생성된 난수들은 원래 지정된 이변량 정규분포의 통계치를 재생시킨다.

또한, 둘 다 0에 근접하는 주변확률 히스토그램의 왜곡도는 다음과 같다:

$$\text{skewness}(X) = -0.015 \quad \text{skewness}(Y|x) = 0.005$$

이는 X와 $Y|x$에 대해서 생성된 난수들은 각각 정규분포에 매우 근접하고 있다는 것을 확인할 수 있다.

X와 $Y|x$에 대한 주변확률 히스토그램은 각각 다음과 같다:

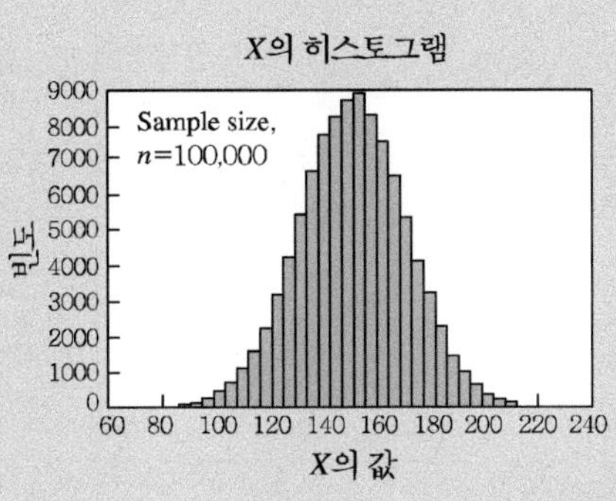

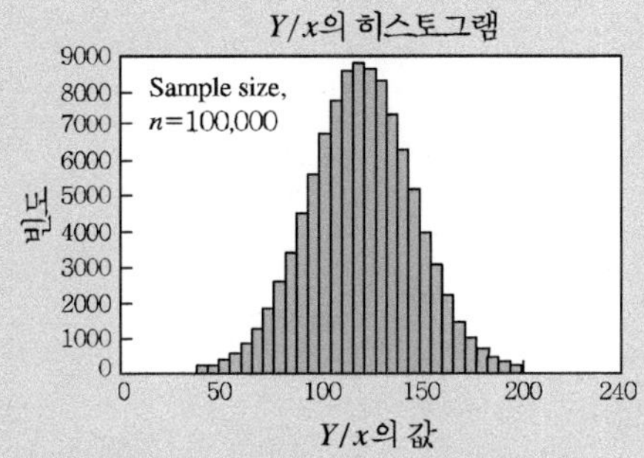

이상의 몬테카를로 시뮬레이션 결과들을 더 확인해보기 위해서, 확률 $P(X < Y)$를 해석적으로 그리고 몬테카를로 시뮬레이션을 이용하여 계산해보면, 이상의 결합분포에 대해서 다음의 결과들을 얻을 수 있다.

정확한 확률, $P(X < Y) = 0.03522$;

표본크기, $n = 100{,}000$의 몬테카를로 시뮬레이션 $P(X < Y) = 0.03544$ ◀

▶ 예제 5.17 이 예제에서는 결합 대수정규 분포로 되어 있는 두개의 확률변량 X와 Y의 난수를 생성을 고려해보자. 예제 4.3에서 보았던 것처럼, X가 대수정규변량이면, $\ln(X)$는 정규분포이다. 그러므로, 예제 5.16에 설명되어 있는 것처럼 이변량 정규분포를 가지는 $\ln(X)$와 $\ln(Y)$에 대한 난수들을 생성할 수 있고, 그 후 X와 Y에 대한 각각의 대수정규 난수를 결정할 수 있다:

이것을 수치적으로 설명하기 위해 다음을 가정해보자:

X는 중앙값 $x_m = 150$과 c.o.v. $\delta_X = 0.13$을 가지는 대수정규분포이다;

Y는 중앙값 $y_m = 120$과 c.o.v. $\delta_X = 0.21$을 가지는 대수정규분포이다;

그리고 $\ln(X)$와 $\ln(Y)$ 사이의 상관계수는 0.75이다.

다음의 *MATLAB* 프로그램은 $n = 10{,}000$의 표본크기에 대해서 위에서 지정한 특성치들을 가지는 이변량 대수정규의 난수를 생성한다.

예제 5.17의 *MATLAB* 프로그램

M-File	*Explanations (indicated in %)*
X = lognrnd(log(150),0.13, 10000,1)	% generates vector of 10,000 values of lognormal X
A = log(X)	
uB = log(120)+0.75.*(0.21./0.13).*(A-log(150))	
sB = (0.21).*sqrt(1-0.75^2)	
B = normrnd(uB,sB)	% vector of 10,000 values of log (Y)
Y = exp(B)	% vector of 10,000 values of lognormal $Y \| X$

결과의 통계값은 다음과 같이 요약될 수 있다:

median(X) = 150.19 c.o.v.(X) = 0.131 skewness(X) = 0.396;
skewness(A) = −0.009 median(Y|x) = 120.35 c.o.v.(Y|x) = 0.213
skewness(Y|x) = 0.618; skewness(B) = −0.031; corrcoef(A, B) = 0.749

이상의 통계값들은 미리 정해져 있는 값들과 일치한다는 걸 알 수 있다. 또한, $A = \ln(X)$와 $B = \ln(Y|x)$의 왜곡도는 둘 다 0에 근접하여 이들이 정규분포라는 사실을 가리킨다.

X와 Y의 주변확률 히스토그램은 각각 다음과 같다:

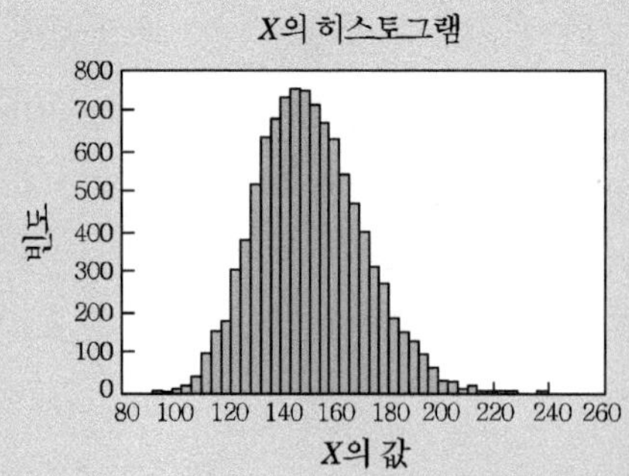

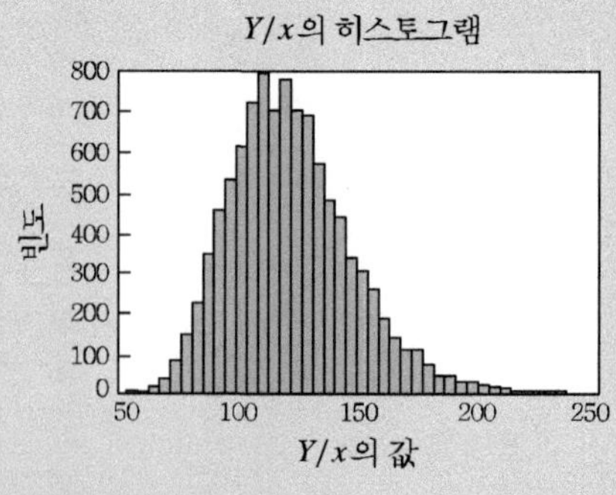

이제 X가 건설재료의 공급이고 Y가 건설프로젝트에서의 재료의 수요라고 가정을 해보자. 공급과 수요는 정(+)의 상관관계가 있다고 즉, 공급은 수요의 증감에 따라 높아지거나 낮아질 것이라고 가정하는 것이 타당하다. X와 Y 사이의 상관계수가 0.75라고 가정하자. 이러한 경우에, 프로젝트에서 필요한 재료가 부족할 확률

$P(X< Y)$에 관심을 가져 보자. 이것은 다음의 $n=10{,}000$의 몬테카를로 시뮬레이션 대한 *MATLAB*문을 사용해서 구할 수 있다:

```
f = (X < Y);
s = sum(f);
P = s / 10000
```

이에 대한 확률은 $P(X< Y)= 0.0563$으로 산출된다.

만약 공급과 수요가 상관성이 없거나 통계적으로 독립인 경우의 확률을 이와 비교하는 것은 흥미로운 일일 것이다. 후자의 경우 확률은 $P(X< Y)= 0.1901$가 된다. 그러므로, X와 Y 사이의 상관도를 75%로 가정한 것은 부족확률의 계산에 영향을 크게 미친다는 것을 알 수 있다. ◀

▶ 예제 5.18 예제 5.16의 이변량 정규분포에 관해 전술한 일반적인 해석과정에 대해 설명하고자 한다. 이때 X와 Y의 통계치는 다음과 같다.

$$\mu_X = 150;\ \sigma_X = 20$$

$$\mu_Y = 120;\ \sigma_Y = 25;\ \rho = 0.75$$

이 경우에, 식 (5.3)에 따라서, u_1은 U_1의 값이라고 할 때 각각의 $\underline{X}$ 벡터의 값은 $x=\Phi^{-1}(u_1)\cdot\sigma_X+\mu_X$이고, 반면에 식 (5.4)에 따라서, u_2는 u_2의 값이라고 할 $X=x$로 주어진 경우 각각의 $\underline{Y}$의 값은

$$y|x=\Phi^{-1}(u_2)\cdot\delta_Y\sqrt{1-\rho^2}+\left[\mu_Y+\rho\left(\frac{\sigma_Y}{\sigma_X}\right)(x-\mu_X)\right]$$

*MATLAB*을 사용하여, 다음과 같이 크기 10,000에 상응하는 이변량 난수를 생성할 수 있다.

예제 5.18의 *MATLAB* 프로그램

```
u1 = unifrnd(0,1,10000,1)       % generates vector of 10,000 values of U1
u2 = unifrnd(0,1,10000,1)       % generates vector of 10,000 values of U2
x = norminv(u1).*20+150         % vector of 10,000 x's
y = (norminv(u2)).*(25).        % vector of 10,000 y|x
  *(sqrt(1.-0.75.^2))+(0.75).
  *(1.25).*(x-150))+(120)
```

위의 *MATLAB* 프로그램을 실행하면 X와 $Y|x$에 대한 다음의 통계값을 얻는다.

mean(X) = 149.72 ; std(X) = 19.88 ; mean(Y|x) = 119.52 ;

std(Y|x) = 24.91 ; corrcoef(X,Y) = 0.753

이 결과는 예제 5.16의 값들과 매우 근접한 것을 알 수 있다. X와 Y의 각 히스토그램은 다음과 같다:

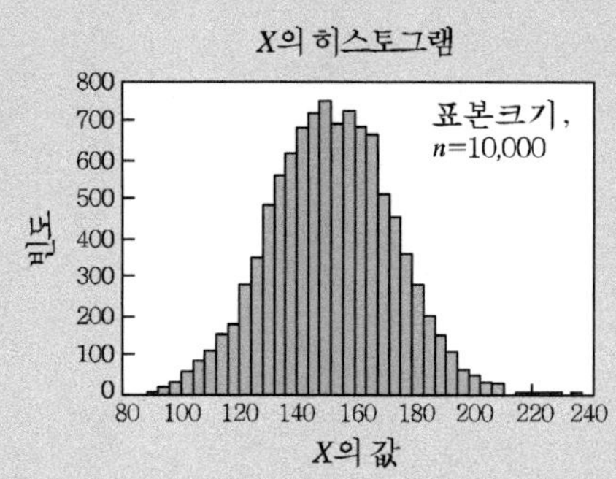

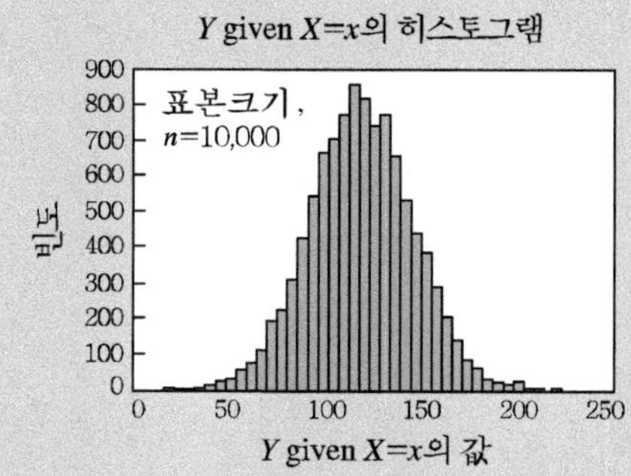

또한, 주변확률 히스토그램의 왜곡도는 각각,

$$\text{skewness}(X) = -0.007 \quad \text{skewness}(Y) = -0.012$$

둘 다 0에 근접한다. 기대했던 것처럼, 이상의 통계값들은 예제 5.16의 값들과 근접하게 일치한다는 것을 알 수 있다. ◀

▶ 예제 5.19 일반적인 이변량 분포로, 다음과 같은 X와 Y의 PDF를 고려해보자:

$$f_{X,Y}(x,y) = \frac{1}{24}(x+y) \quad 0 \le x \le 2;\ 0 \le y \le 4$$

그러면 X와 Y의 결합 CDF는

$$F_{X,Y}(x,y) = \frac{1}{48}(x^2y + xy^2)$$

이고, 이에 대한 주변확률 PDF와 CDF는 다음과 같다:

$$f_X(x) = \frac{1}{6}(x+2);\ f_Y(y) = \frac{1}{12}(y+1)$$

$$F_X(x) = \frac{1}{6}\left(\frac{x^2}{2} + 2x\right);\ F_Y(y) = \frac{1}{12}\left(\frac{y^2}{2} + y\right)$$

반면에 $X = x$로 주어진 경우 Y의 조건부 CDF는 다음과 같이 된다.

$$F_{Y|X}(y|x) = \frac{(xy + y^2)}{4(x+4)}$$

X와 Y의 주변확률 PDF의 곱은 이변량 결합 PDF와 같지 않기 때문에, 두 개의 변량은 통계적으로 독립이 아니다.

이상의 결과는 다음의 *MATLAB*의 Symbolic Math도구상자를 사용하여 확인할 수 있으며, 또한 이 프로그램은 각 CDF의 역함수를 생성한다.

역함수 등을 구하기 위한 SYMBOLIC Math도구상자를 이용한 *MATLAB* 프로그램

```
syms x y                            Explanations (indicated by %)
fXY = (1/24)*(x+y)                  % joint PDF of X and Y
FXy = int(fXY,y)                    % integrates joint PDF of X and Y
                                      wrto y
FXY = int(FXy,x)                    % integrates wrto x to obtain
                                      joint CDF of X & Y
fX = (1/6)*(x+2)                    % PDF of X
FX = int (fX,x)                     % integrates wrto x to obtain
                                      CDF of X
IFX = finverse(FX,x)                % inverse of CDF of X
fY = (1/2)*(y+1)                    % PDF of Y
FY = int(fY,y)                      % integrates wrto y to obtain
                                      CDF of Y
IFY = finverse(FY,y)
FYx = (1/4)*(x*y+y.^2)/(x+4)        % CDF of Y given X=x
IYx = finverse(FYx,y)               % inverse of conditional
                                      CDF of Y| x
```

위의 프로그램에서 생성된 역함수를 가지고, 다음의 *MATLAB* 프로그램에서는 X, Y, 그리고 $Y|x$의 난수를 생성해 낸다.

X, Y, $Y|x$의 이변량 난수를 생성하기 위한 *MATLAB* 프로그램:

```
u1 = unifrnd(0,1,10000,1)
x = -2+2.*(1+3.*u1).^(1/2)          % generates a vector of 10,000
                                      values of X
u2 = unifrnd(0,1,10000,1)
y = -1+(1+24.*u2).^(1/2)            % generates a vector of 10,000
                                      values of Y
```

```
Yx = -1/2*x+1/2.*(x.^2 + 64*u2    % vector of 10,000 values of Y| x
     +16*u2.*x).^(1/2)
```

위의 두 번째 프로그램을 실행시키면, 다음과 같이 X, Y, $Y|x$에 대한 통계치를 얻을 수 있다:

```
mean(X) = 1.113 ;     std(X) = 0.565 ;     skewness(X) = -0.231
mean(Y) = 2.429 ;     std(Y) = 1.062 ;     skewness(Y) = -0.413
mean(Y|x) = 2.513 ;   std(Y|x) = 1.023 ;   skewness(Y|x) = -0.480
   corrcoef(X,Y) = -0.054
```

이러한 통계값으로부터, $Y|x$의 통계값은 Y의 통계값과는 다르다는 것을 알 수 있는데, 이는 X와 Y 사이에 약간의 종속성이 있다는 것을 가르키는 것이다. -0.054의 상관계수는 X와 Y 사이에 약한 상관성이 있다는 나타낸다. 이에 대한 히스토그램들은 아래와 같다.

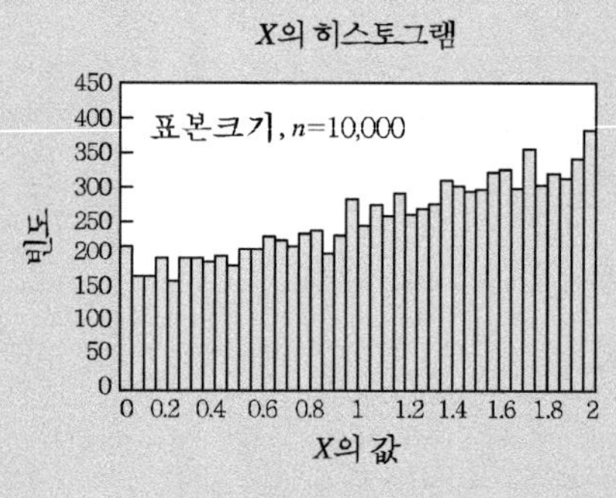

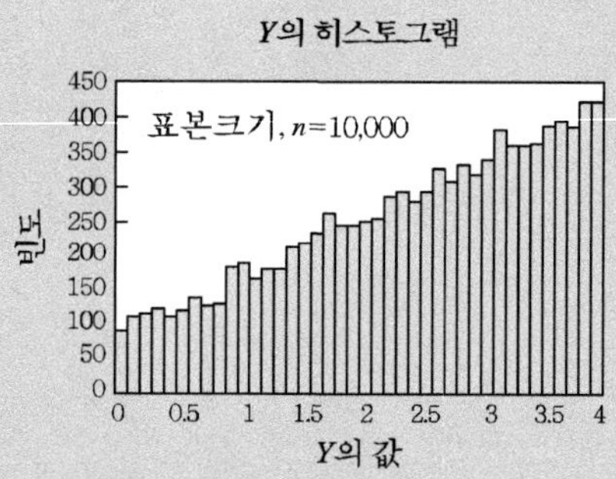

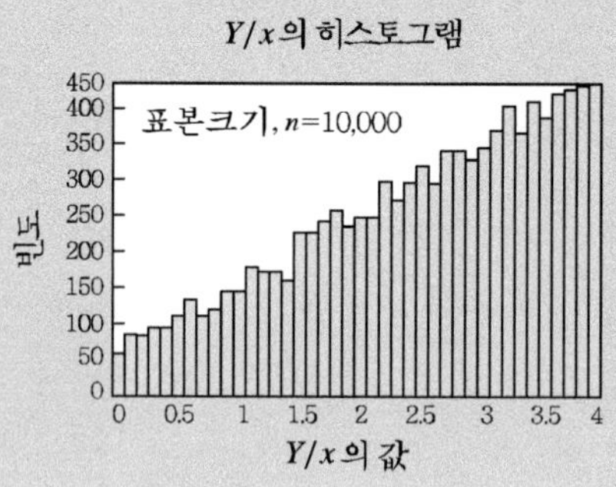

◀

▶ **예제 5.20** 이번에는 다음과 같이 조금 더 복잡한 이변량 결합 PDF를 고려해보자:

$$f_{X,Y}(x,y) = \frac{1}{3}\left(\frac{x}{y^2} + 1\right) \quad 0 \le x \le 2;\ 1 \le y \le 2$$

이에 상응하는 주변확률분포는 다음과 같다는 것을 쉽게 보일 수 있다.

$$f_X(x) = \frac{1}{3}\left(\frac{x}{2}+1\right);\ F_X(x) = \frac{1}{3}\left(\frac{x^2}{4}+x\right)$$

$$f_Y(y) = \frac{2}{3}\left(\frac{1}{y^2}+1\right);\ F_Y(y) = \frac{2}{3}\left(y-\frac{1}{y}\right)$$

그리고 $Y|x$의 조건부 CDF는 다음과 같아진다.

$$F_{Y|x}(y|x) = \frac{x/2+y-x/2y-1}{1+x/4}$$

MATLAB Symbolic Math도구상자를 사용한, 다음 프로그램으로부터 위의 CDF의 역함수를 얻을 수 있다:

```
syms x y                          Explanations (indicated by %)
fXY = (x/y^2)+1                   % joint PDF of X and Y
FXy = int (fXY,y)                 % integrates joint PDF of X & Y wrto y
FXY = int (FXy,x)                 % integrates wrto x to obtain joint
                                    CDF of X & Y
fX = (1/3)*(1+x/2)                % PDF of X
FX = int(fX,x)                    % integrates wrto x to obtain CDF of X
IFX = finverse(FX,x)              % inverse of CDF of X
fY = (2/3)*(1+1/y^2)              % PDF of Y
FY = int (fY ,y)                  % integrates wrto y to obtain CDF of Y
IFY = finverse(FY,y)              % inverse of CDF of Y
FYx = (-x/(2*y)+y                 % CDF of Y|x
        +x/2-1)/(1+x/4)
IYx = finverse(FYx,y)             % inverse of conditional CDF of Y|x
```

위에서 구한 각 역함수를 이용하여, 다음의 *MATLAB* 프로그램은 X, Y, $Y|x$의 벡터들을 생성한다.

```
u = unifrnd(0,1,10000,1)
x = -2+2*(1+3.*u).^(1/2)          % generates a vector of 10000
                                    values of X
v = unifrnd(0,1,10000,1)
y = (3/4).*v+(1/4).               % generates a vector of 10000
    *(9.*v.^2+16 ).^(1/2)           values of Y
```

```
Yx = -(1/4).*x+1/2+(1/2).       % generates a vector of 10,000
    *v+(1/8).*v.*x+(1/8).         values of Y|x
    *4.*x.^2+16.*x-8.*v.
    *x-4.*v.*x.^2+16+32.*v+16.
    *v.^2+8.*v.^2.*x+v.^2.
    *x.^2.^(1/2)
```

결과는 다음과 같다.

mean(X) = 1.111 ; std(X) = 0.565 ; skewness(X) = -0.228

mean(Y) = 1.462 ; std(Y) = 0.291 ; skewness(Y) = 0.154

mean(Y|x) = 1.477 ; std(Y|x) = 0.291 ; skewness(Y|x) = 0.094

corrcoef(X,Y) = -0.036

여기서, X와 Y 사이의 상관계수가 -0.036 이라는 것도 알 수 있다. 이는 X와 Y 사이에 약간의 종속성이 있다는 것을 가리키는 것이다.

이에 대한 각각의 히스토그램이 아래에 도시되어 있다.

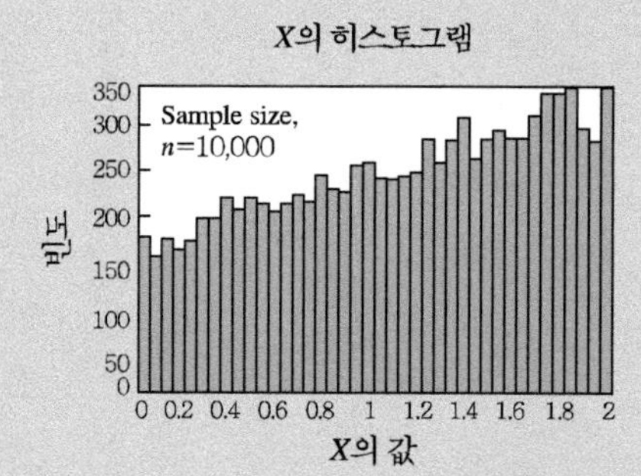

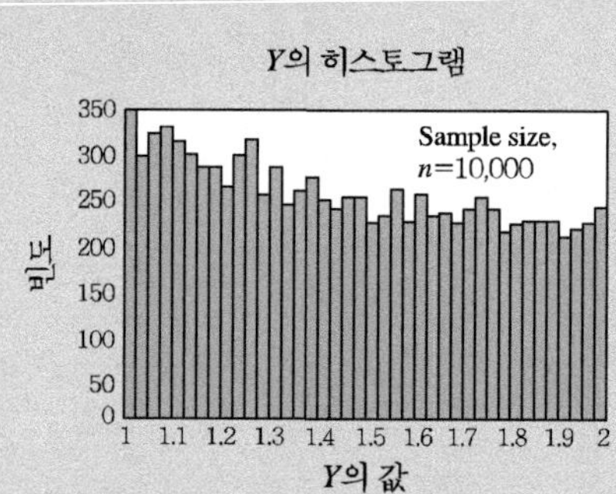

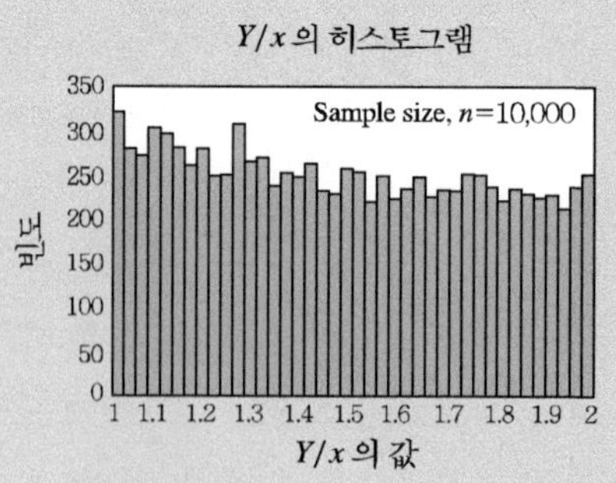

◀

▶ **예제 5.21** 마지막으로, 두 개의 변량 X와 Y에 대한 다음의 결합 PDF를 고려해보자:

$$f_{X,Y}(x,y) = \frac{1}{54}(x^2 + y^2) \quad 0 \le x \le 3;\ 0 \le y \le 3$$

이에 대한 해당 결합 CDF는

$$F_{X,Y}(x,y) = \frac{1}{162}(yx^3 + xy^3)$$

그리고 X, Y에 대한 주변확률분포와 $Y|x$의 조건부 분포는 다음과 같다.

$$f_X(x) = \frac{1}{18}(x^2+3);\ f_Y(y) = \frac{1}{18}(y^2+3)$$

$$F_X(x) = \frac{1}{54}(x^3+9x);\ F_Y(y) = \frac{1}{54}(y^3+9y);\ F_{Y|x}(y|x) = \frac{(yx^2+y^3)}{3(x^2+9)}$$

***MATLAB* SYMBOLIC MATH도구상자를 사용하여, 다음의 프로그램으로 위 CDF의 각 역함수 계산**

```
syms x y                          Explanations (indicated by %)
fXY = (1/54)*(x^2+y^2)            % joint PDF of X and Y
FXy = int(fXY,y)                  % integrates joint PDF of X & Y wrto y
FXY = int(FXy,x)                  % integrates wrto x to obtain joint
                                    CDF of X & Y
fX = (1/18)*(3+x^2 )              % PDF of X
FX = int(fX,x)                    % integrates wrto x to obtain CDF of X
IFX = finverse(FX,x)              % inverse of CDF of X
fY = (1/18)*(3+y^2 )              % PDF of Y
FY = int(fY,y)                    % integrates wrto y to obtain CDF of Y
IFY = finverse(FY,y)              % inverse of CDF of Y
FYx = (1/3)*(y*x^2+y^3 )          % CDF of Y|x
      (9+x^2 )
IYx = finverse(FYx,y)             % generates the inverese of the CDF of Y|x
```

위에서 구한 각 역함수를 이용하여 다음의 *MATLAB* 프로그램은 X, Y, $Y|x$의 벡터를 생성한다.

```
u = unifrnd(0,1,10000,1)
x = (27*u+3*(3+81*u.^2).^(1/2)).^(1/3)   % generates vector x
    -3./(27*u+3*(3+81*u.^2)
    .^(1/2) ).^(1/3)
v = unifrnd(0,1,10000,1)
y = (27*v+3*(3+81*v.^2).^(1/2)).          % generates vector y
   ^(1/3)-3./(27*v+3*(3+81*v.^2).
```

```
    ^(1/2)).^(1/3)
Yx = 1/6*(2916*v+324*.x^2.                % generates vector Y|x
     *v+12*(12*.x.^6+59049
     *v.^2+13122*v.^2*x.
     ^2+729*v.^2.*x.^4).
     ^(1/2)).^(1/3)-2*x.^2/
     (2916*v+324*x.^2.*v+12*(12*x.^6+
     59049*v.^2.+13122*v.^2.*x.^2+729*v.
     ^2.*x.^4 ).^(1/2)).^(1/3)
```

이로부터 X, Y, $Y|x$에 대한 다음의 통계값을 구한다:

mean(X) = 1.871 ;   std(X) = 0.826 ;   skewness(X) = -0.557
mean(Y) = 1.869 ;   std(Y) = 0.823 ;   skewness(Y) = -0.541
mean(Y|x) = 2.033 ;   std(Y|x)=0.747 ;   skewness(Y|x) = -0.783
corrcoef(X,Y) = -0.150

이상의 통계치를 바탕으로, X와 Y 사이에는 종속성이 있다는 알 수 있다; 특히, Y에 대한 통계치는 $Y|x$의 통계치와 다르다. 또한, X와 Y 사이의 약간의 종속성을 가리키는 -0.150의 상관계수가 있다는 것을 알 수 있다.

이에 대한 각각의 히스토그램은 아래와 같다.

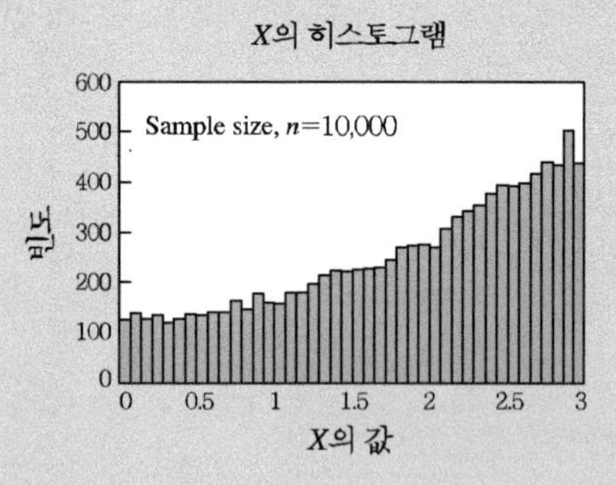

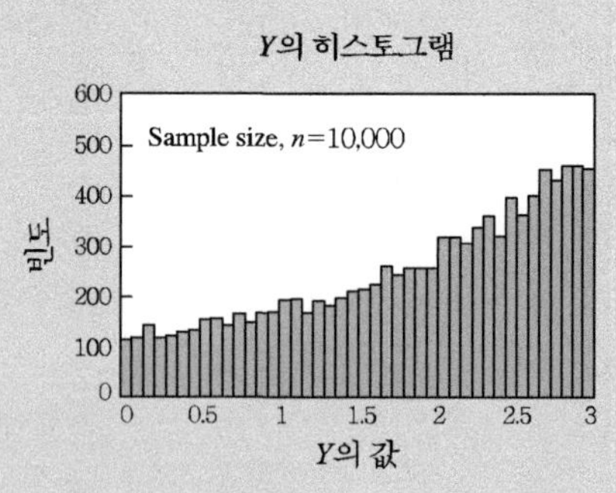

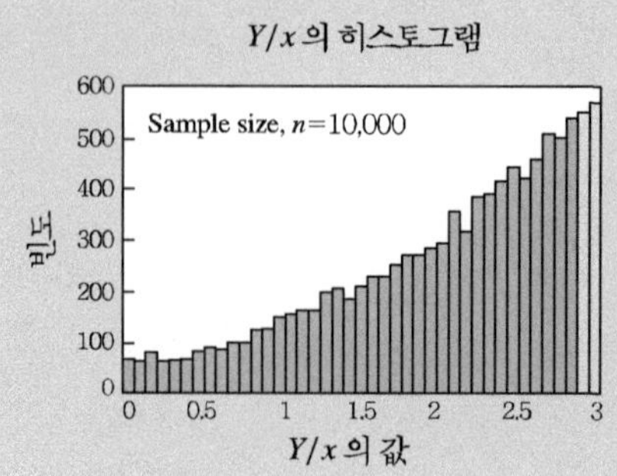

위에서 생성된 결과를 가지고, 다음과 같은 사항을 가정하고 아래사항을 조사해 보자.

X = 운송화물의 100톤당 운송비($1,000 단가)
Y = 100톤의 단위에서, 운송화물의 전체 톤수

이 경우에, 운송된 총톤수는 운송가격과 부(-)의 상관관계를 갖게 될 것이라는 것을 기대하는 것이 타당하다. 앞에서 가정했듯이 X와 Y 사이의 상관계수는 -0.150이다. 운송회사의 주인이라면, 운송에 따른 판매수익이 어떤 최소 한계액보다 낮게 될 확률에 관심을 가지게 되는데 이 한계액을 $3,000이라고 가정하자. 총 수익은 XY이다; 따라서, 확률 $P(XY < 3)$을 결정할 필요가 있다. 다음의 *MATLAB* 프로그램이 이 확률을 계산한다.

```
f = (x.*Yx<3) ;            % calculates (XY < 3) for each pair of
                             values of X and Y/x
S = sum(f) ;
P = S/10000                % yielding P(X.Y|x < 3) = 0.412
```

반면에 만약 X와 Y가 통계적으로 독립이라면, 이에 대한 *MATLAB* 프로그램은

```
g = (x.*y<3) ;
s = sum(g) ;
p = g/10000                          yielding P(XY<3)=0.454
```

그러므로, 위의 결과는 상관성이 한계수익의 확률에 영향을 끼친다는 것을 가리킨다. ◀

▶ 5.3 결 론

이 장에서는 공학적으로 의미있는 확률문제의 정식화와 이의 해를 구하기 위한 컴퓨터 기반 수치해석 과정과 몬테카를로 시뮬레이션 기법의 적용을 구체적인 수치 예를 통해 설명하는데 주안점을 두었다. 이 예들은 해석적인 방법을 적용하기가 비실용적이거나 어려운 점들이 있다. *MATHEMATICA*와 같은 상업적인 소프트웨어가 효과적임에도 불구하고, *MATLAB*이나 *MATHCAD*를 사용해도 대등하게 각 예제 문제의 풀이에 적합한 컴퓨터 프로그램을 코드화 할 수 있다. 그러므로, 이러한 프

로그램은 예제 풀이과정의 일부분이다. 이 설명의 주된 목적은 순수하게 해석적인 방법의 분석능력 가능성을 넘어서 공학에서 확률적인 모델의 유용성과 효용성을 확장시키는데 있다. 그렇지만 그 외 여러분야에서 널리 이용되고 있는 관련 수치해석방법이나 몬테카를로 시뮬레이션의 원리 그 자체에 대해 서술할 의도가 있었던 것은 아니다.

예제 문제들의 프로그램을 이해하기 위해서는 *MATLAB*이나 *MATHCAD* 언어를 약간 아는 것이 필요하고 도움이 된다. 마지막으로, 여기에 설명된 모든 유형의 문제를 풀기 위해 사용될 수 있는 범용 프로그램은 없다는 점을 강조하고 싶다. 각 문제는 유일한 것이고 그것의 풀이는 확률 모델링과 관련된 컴퓨터프로그램을 필요로 한다.

▶ 연습문제

5.1 각 기둥에 가해지는 총 하중 S는 고정하중 D와 활하중 L, 풍하중 W의 합으로 표현되어지는데, 이러한 각 하중들은 아래와 같은 통계적으로 독립적인 변량들을 갖는다고 한다.

- D는 정규분를 따르며, μ_D=4.2톤, σ_D=0.3톤 임
- L은 로그정규분포를 따르며, μ_L=6.5톤, σ_L=0.8톤 임
- W는 Type I을 따르며, 극점은 μ_W=3.4톤, σ_W=0.7톤 임

각 기둥은 지지할 수 있는 전체 평균하중의 1.5배를 평균 강도로 산정, 로그정규변수로서 변동계수 15%의 값을 갖는다는 가정하에 설계되었다. 각 기둥의 강도 R이 적용된 하중들에 대해 독립성을 갖는다고 할 때, 각 기둥에 가해지는 하중 S가 강성 R을 초과할 확률을 구하라.

(유사문제 : 제 4장. - 예제 4.10)

5.2 폐기물처리시설의 연간 운영비가 아래와 같은 함수식으로 표현되고,

$$C = \frac{WF}{\sqrt{E}}$$

여기서, W: 고형폐기물, F: 단위비용인자, E: 효율계수

W, F, E는 모두 통계적으로 독립적인 변량들이며, 각각 아래와 같은 확률분포를 갖는다고 한다.

변수	분포	중앙값	변동계수
W	로그정규	2000톤/년	20%
F	베타 (0~500)	20달러/톤	15%
E	정규	1.6	12.5%

n=10,000값을 갖는 몬테카를로 방법을 이용, 폐기물처리시설의 연간 운영비용이 35,000달러를 초과할 확률을 구하라.

5.3 (문제 4.15에 이어) 다음 달 도시 전체 물 수요량과 공급 가능량이 로그정규분포에 따라 각각 평균 150만 갤런, 100만 갤런이고, 변동계수는 10%, 40%라고 할 때,

(a) 몬테카를로 시뮬레이션을 이용하여 다음달 이후 이 도시에 물 부족 현상이 일어날 확률을 계산하라.

(b) 이 도시에 다음 달 가능한 물 공급량이 매개변수 q=2.00, r=4.00 값을 갖는 베타분포를 따르고, 전체 요구량은 로그정규분포를 따른다고 할 때, 베타분포의 극값 a와 b를 구하고, 몬테카를로 시뮬레이션을 이용하여 이 도시에 다음 달 물 부족 현상이 발생할 확률을 구하여라.

(c) (a)에서 100만 갤런의 평균 공급량이 다음 달 실질적으로 80만과 110만 사이의 가변적인 값을 가질 것이라고 한다. 몬테카를로 시뮬레이션을 이용하여 다음 달 이후 이 도시에 물 부족 현상이 발생할 확률을 구하여라.

5.4 쇼핑센터에서 운용하는 한 셔틀버스가 아래 그림과 같이 도시 A와 B를 순회 후 쇼핑센터로 돌아온다고 한다.

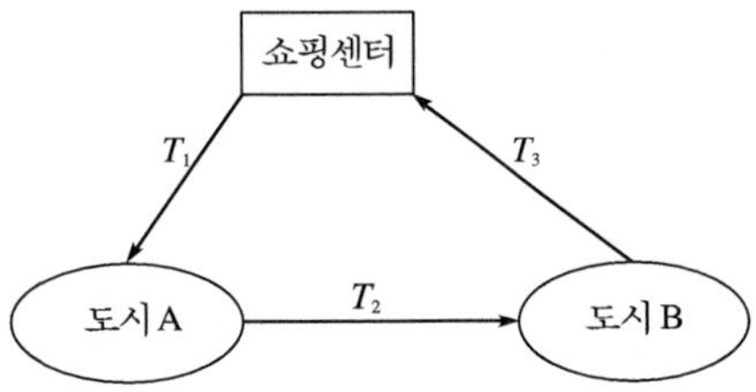

정상적인 운행 시, 각 운행시간은 아래의 표와 같은 분포를 갖는 독립적인 확률변수로 나타나고,

운행 시간	분포	평균 (min)	c.o.v.
T_1	정규분포	30	0.30
T_2	대수정규분포	20	0.20
T_3	대수정규분포	40	0.30

출퇴근 시간인 아침 8시~10시, 오후 4시~6시에는 A와 B를 잇는 평균 운행시간이 50%정도 증가된다고 한다. (변동계수는 그대로 유지됨)

(a) 예정된 셔틀버스의 1회 왕복 운행시간이 2시간이라고 할 때, 정상적인 왕복운행 시 예정된 시간 안에 도착하지 못할 확률을 몬테카를로 시뮬레이션을 이용하여 구하라.

(b) 정상적 운행 시 도시 A에 살고 있는 고객이 1시간 내에 쇼핑센터에 도착할 확률은?

(c) 출퇴근시간대에 A에서 출발하는 고객보다 B에서 출발하는 고객이 2배 더 많다고 할 때, 1시간 내로 쇼핑센터에 도착할 수 있을 확률은?

(d) B에 살고 있는 한 사람이 오후 3시까지 쇼핑센터에 가고자 한다. 버스가 B에서 오후 2시에 출발하여 현재 45분이 지났으나 아직 쇼핑센터에 도착하지 못했다면, 이 사람이 3시까지 쇼핑센터에 도착할 수 있을 확률은?

5.5 아래 그림과 같은 기초의 정착침하량은 정규분포에 따라 평균 2inch, 변동계수 30%값을 갖는다고 한다. 두 개의 인접한 지점은 0.7의 동일한 상관계수를 갖으며, 부등침하는 $D=|S_1-S_2|$로 나타내어 진다고 할 때 (S_1과 S_2는 각각 지정 1과 2의 침하임)

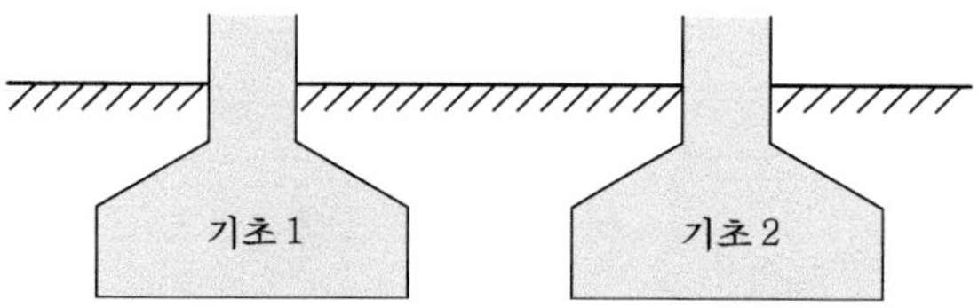

(a) D의 평균과 분산을 구하라.

(b) 부등침하가 0.5inch보다 적을 확률은 얼마인가. 몬테카를로 시뮬레이션 방법을 통해 (a)와 (b)를 입증하라.

(c) 평균과 변동계수의 변화 없이 S_1과 S_2가 대수정규분포를 따를 때, (a)와 (b)를 구하여라.

5.6 아래 그림과 같이 두 강의 합류점에 어느 도시가 위치하고 있다. 강 1의 연간 최대 유속은 평균 30 m^3/sec, 표준편차 10m^3/sec의 값을 가지며 강 2는 평균 25m^3/sec, 표준편차 10m^3/sec의 값을 갖는다고 한다. 두 강의 연간 최대 유속은 통계적으로 독립적인 대수정규 확률변수이고, 현재 이 도시를 통과하는 수로는 최대 100m^3/sec의 유속을 수용할 수 있다고 할 때, 몬테카를로 방법을 사용하여 아래의 질문에 답하라.

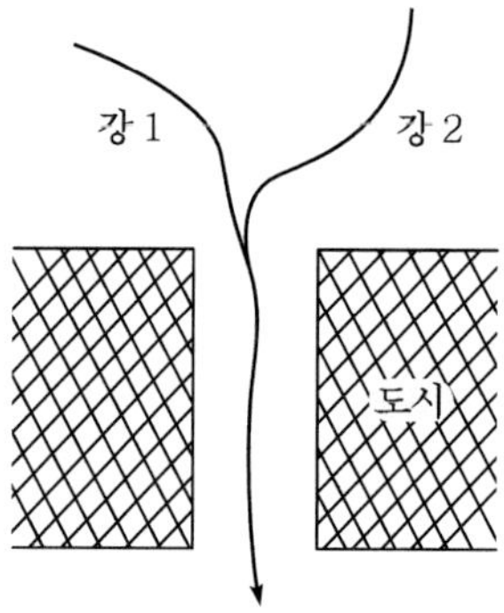

(a) 이 도시를 통과하는 연간 최대 유속의 평균과 표준편차는 얼마인가.

(b) 현재의 수로 용량을 고려해볼 때, 이 도시가 홍수 피해를 입을 위험은 연간 어느 정도이며, 해당하는 복귀주기는 얼마인가.

(c) 홍수에 대한 위험치를 반절로 줄여야 한다면, 현재의 수로 용량을 얼마나 더 늘려야 하겠는가.

(d) 강1과 2의 연간 최대 유속이 상관계수 0.8을 갖는다고 할 때, (a), (b), (c)의 값을 구하라.

5.7 아래와 같은 원통형 유류저장 탱크의 각 무게가 W이고, 내용물이 200kips의 무게를 갖고 있다고 할 때, 지진발생시의 수평관성력은 다음과 같은 함수식으로 표현될 수 있다고 한다.

$$F=\frac{W}{g}a$$

g=중력가속도=32.2ft/sec^2

a=지진에 의한 최대 지반수평가속도

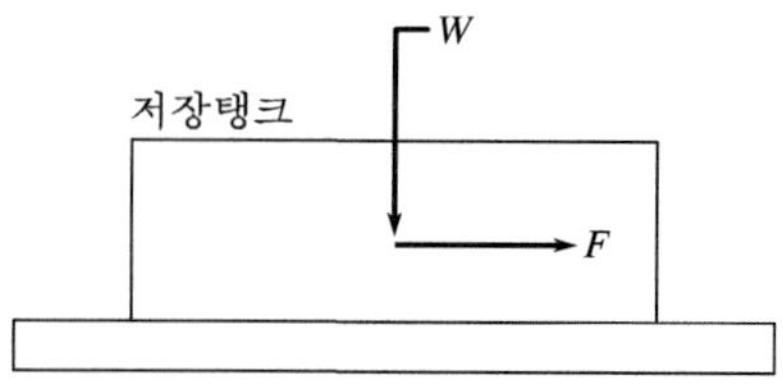

지진발생시 탱크 밑 부분의 마찰력이 탱크의 미끄러짐을 방지해주는데, 탱크와 바닥판과의 마찰계수가 베타분포변량이고 형상모수 q=r=3.00, 중앙값 0.40, 변동계수 0.20의 값을 갖는다고 한다. 또한 지진시 최대지반가속도는 Type I 을 따르며 평균 0.30g, 변동계수 0.35%의 값을 갖는다고 할 때,

(a) 몬테카를로 방법을 이용, 탱크가 바닥판으로부터 미끄러질 확률을 구하시오.

(b) (a)에서 탱크가 미끄러질 확률을 30%로 줄이려면, 바닥에 앵커처리를 해야 한다고 한다. 각 탱크에 설치되는 앵커의 전단저항성능은 얼마가 되어야 하겠는가.

(c) 관련 분포의 모수들을 측정하는데 불확실성이 있을 수 있다고 가정하고, 마찰계수의 중앙값이 25%의 변동계수를 가지며 평균 최대 지반가속도가 변동계수 45%의 값을 갖는다고 할 때, 지진시 탱크의 미끄러짐에 대한 통계표와 히스토그램을 구하라(미끄러짐에 대한 안전율은 90%로 설정함).

5.8 몬테카를로 시뮬레이션을 이용하여 문제 4.16의 마지막 소문제를 풀어보도록 하자. 어느 말뚝이 20톤의 허용응력을 갖도록 설계되었고, 실제 말뚝의 허용응력은 로그정규분포에 따라 변동계수 20%의 값을 갖으며, 로그정규분포를 따르는 평균 10톤, 변동계수 20%의 최대하중을 받는다고 한다. 하중을 원활히 전달하기 위해 여러 말뚝이 서로 연결되어 말뚝군을 이루고 있으며, 말뚝군의 허용응력은 각 말뚝의 허용응력을 합한 값과 같다고 한다. 전술한 성질을 갖는 두 개의 말뚝으로 구성된 말뚝군이 있는데, 두 말뚝이 서로 가까이 위치해 있기 때문에 각 말뚝의 허용응력은 상관계수 $\rho=0.8$의 값을 갖는다고 한다. T가 이 말뚝군의 허용응력을 나타낸다고 할 때, T의 평균값과 변동계수를 구하고, 몬테카를로 시뮬레이션을 이용하여 말뚝군이 파괴될 확률을 계산하라.

5.9 문제 3.58을 몬테카를로 시뮬레이션을 이용하여 풀어보시오.

5.10 문제 3.59를 몬테카를로 시뮬레이션을 이용하여 풀어보시오.

참고문헌

Ang, A. H-S. and W.H. Tang. *Probability Concepts in Engineering Planning and Design*, Vol. II-Decision, Risk, and Reliability, John Wiley & Sons, Inc, New York, 1984.

Cornell, C.A., "A Probability-Based Structural Code,"*Jour. of the American Concrete Institute*, 1969, pp. 974~985.

Der Kiureghian, A., H-Z. Lin, and S.-J. Hwang, "Second-order reliability approzimations,"*Jour. of Engineering Mech.*, ASCE, 113(8), 1987, pp. 1208~1225.

Halvorson, M., Microsoft VISUAL BASIC Step by Step, Microsoft Press, Redmond, WA, 2003.

MacDonald, M., *Microsoft VISUAL BASIC. Net Prgrammer's Handbook*, Microsoft Press, Redmond, WA, 2003.

MATLAB, Version 7, The Mathworks, Inc., Natick, MA, 2004.

MATHCAD. 11, Mathsoft Engineering and Education, Inc., Cambridge, MA, 2002.

MATHEMATICA, Version 4.2, Wolfram Research, Inc., Champaign, IL, 2002.

Rubinstein, R.Y., *Simulation and the Monte Carlo Method*, John Wiley and Sons, Inc., New York, 1981.

Shooman, M.L., *Probabilistic Reliability: An Engineering Approach*, McGraw-Hill Book, Co., New York, NY 1968.

CHAPTER 6

관측자료를 이용한 통계적 추론

6.1 공학에서 통계적 추론의 역할

앞의 여러 장, 특히 제3장과 제4장에서 확률변수의 확률분포함수(PDF나 CDF)와 모수 값을 알게 되면, 확률변수의 수치 값으로 정의되는 사건의 발생 확률을 계산할 수 있다는 것을 알았다. 계산된 확률은 분포모델(PDF나 CDF)의 형태 뿐만 아니라 모수의 값에 당연히 좌우된다. 그러므로 모수를 결정하고 적절한 분포 형태를 선택하는 것은 실제적으로 중요하다.

이것을 위해 필요한 정보는 실제 데이터에 기초해야 한다. 예를 들어 고층건물의 내풍설계를 위해서 최대풍속을 결정하는 데에는 건물부지 부근에서의 과거 풍속에 대한 실측기록이 유용하고 또한 중요하다. 또한 어느 고속도로 교차로에 개선된 좌회전 차선을 설계하는 경우에도 그 교차점에서의 좌회전 하는 차량에 대한 반복된 관측치가 적절하고 유용한 정보를 제공한다. 이들의 관측자료을 토대로 통계적으로 모수를 추정하고, 또한 분포의 적정한 형태에 대한 정보도 추정하게 되는 것이다.

지리적으로 특성이 다른 세계 여러 지역에서의 강우강도, 하천의 홍수위, 풍속, 지진의 진도 및 빈도, 교통량, 오염물질 농도, 해양파의 파고와 파력 등과 같은 각종 자연현상에 관한 자료들은 계속적으로 수집 기록되고 목록화되어 왔고, 앞으로도 그럴 것으로 생각된다. 콘크리트 강도, 강재의 항복 및 극한강도, 재료의 피로수명, 흙의 전단강도, 건설기능공과 장비의 능률, 측량의 계측오차 등의 변동성과 기타 많은 다른 것들에 대한 현장측정이나 실험자료가 공학적 목적상 필요도에 따라 계속적으로 수집되고 있다. 이들 통계자료 모두는 공학적응용에 필요한 적절한 확률모형과 그에 관련되는 모수들을 도출하고 평가하는데 가치 있는 정보를 제공하는 것이다.

이용 가능한 관측 자료로부터 적절한 확률 분포 모델을 유도하고 모수 값을 추정하는 기법은 통계적 추론(statistical inference)의 방법에서 구체화되고, 이때 표본 자료에서 얻어지는 정보는 그 표본을 얻어낸 모집단의 정보를(근사적으로) 나타내는데 사용된다. 따라서 통계적 추론방법은 확률해석에서 지정 또는 가정되는 이상적인 확률모형과 실세계 사이의 연결고리를 제공하는 것이다. 의사결정 과정에서 통계적 추론의 역할은 그림 6.1에 도식적으로 설명되어 있다. 본장에서는 확률모델의 모수를 추정하기 위한 통계적 방법을 다루게 된다. 확률분포의 형태를 경험적으로 결정하거나 검증하는 문제는 다음장(제7장)에서 다루어진다.

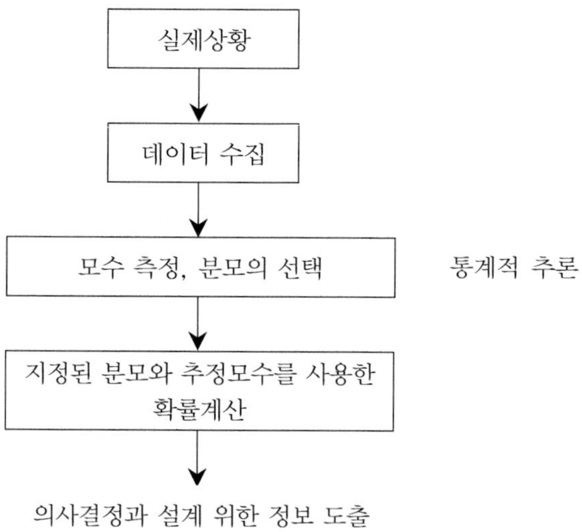

그림 6.1 의사결정 과정에서 통계적 추론의 역할

좀 더 특화된 기법들을 포함한 여러 통계적 추론법들이 있으나 여기서는 가장 기초적이고 공학적 응용에서 유용한 개념과 방법들에 국한하여 논한다. 이들 가운데 본장에서는 주로 추정방법(점추정, 구간추정)과 가설의 검증을 다룬다. 제7장에서는 확률분포의 경험적 결정과 정당화를 다루게 된다. 제8장의 주제는 두 개 또는 그 이상의 확률변수를 포함하는 회귀분석과 상관분석이고, 마지막으로 통계적 추론의 베이지안 접근이 9장 내용의 일부로 다루어 진다.

▶ 6.2 모수의 통계적 추론

고전적인 모수 추정법은 (1) 점추정(point estimation)과 (2) 구간추정(interval estimation)의 두 가지 유형으로 나누어진다. 점 추정은 관측 데이터의 집합으로부터 해당 모집단의 모수를 나타내는 단 하나의 값을 계산하는데 반해서 구간 추정은 참 모수가 구간 내에 존재할 수 있는 확률로 표현되는 "신뢰도(confidence)"를 이용하여 참 모수가 놓일 수 있는 구간을 결정한다.

6.2.1 무작위 표본 추출과 점추정

전술한 바와 같이 확률모형이나 분포의 모수는 자료집단에 상응하는 "모집단(population)"으로 부터 획득된 일련의 관측자료를 기초로 평가 또는 추정된다. 그러한 자료집단은 모집단의 표본(sample)을 대표한다. 그러므로 표본 값들에 근거하여 계산되는 모수의 값은 필연적으로 일종의 추정값(estimate)이 될 수 밖에 없으며 모수의 정확한 값은 알 수 없는 것이 일반적이다. 할 수 있는 최선의 방법은 모집단의 한정된 표본에 근거하여 그들의 값을 추정하는 것이다.

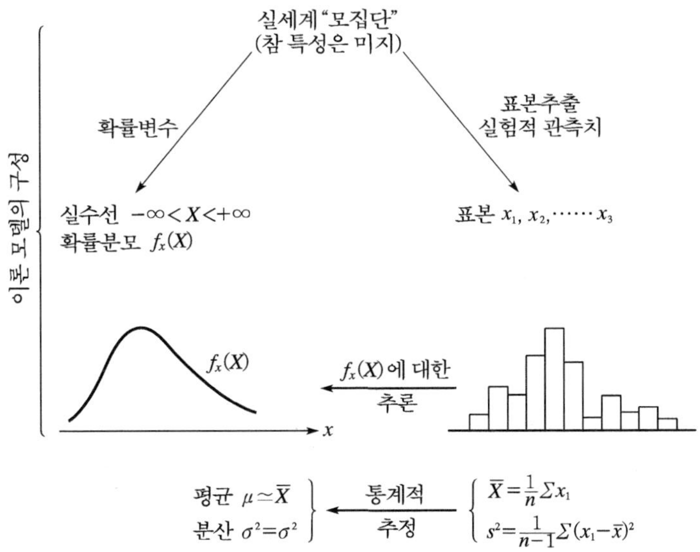

그림 6.2 통계적 추론에서 표본추출의 역할

통계적 추론에서 표본추출의 역할을 그림 6.2에 도식화하였다. 실세계의 모집단은 PDF $f_X(x)$ 그리고 정규 분포인 경우의 μ와 σ와 같이 관련 모수를 갖는 확률변수 X로 모형화할 수 있다. 모집단으로부터 표본을 구성하는 제한된 수의 관측치를 얻을 수 있으며, 이로부터 모수를 추정할 수 있다. 가장 적절한 분포 모델을 경험적으로 결정하는데도 동일한 표본 관측치 집합을 사용한다(제7장 참조).

모집단으로 부터 표본 관측치의 한 집단이 주어지면 모수를 추정하는 데는 여러 방법들을 사용할 수 있다. 이들 방법 중에는 적률법(method of moments)과 최대우도법(method of maximum likelihood)이 있다. 추정방법을 무론하고 모수추정은 모집단 X로부터 크기 n의 표본이라고 일컫는 표본값 x_1, x_2, ..., x_n들의 유한집합에 필연적으로 바탕을 두고 있다. 통상적으로 그러한 표본은 무작위표본(random sample)으로 구성하는 것으로 가정한다. 이것은 연속적으로 추출되는 표본 값들은 통계적으로 독립이고 기본 해당 모집단은 하나의 표본관측치에서 또 다른 하나로 갈 때 동일하다는 것을 의미한다.

바람직한 점 추정자(point estimator)는 다음 정의와 같은 비편향성(unbiasedness), 일관성(consistency), 유효성(efficiency), 충족성(sufficiency)을 가져야 한다.

- 추정자의 기대값이 모수와 같다면 그 추정자는 비편향(unbiased)되어 있다고 말한다. 따라서 비편향성이란(만약 반복적으로 추정치가 만들어진다면) 추정자의 평균값이 모수와 같다는 것을 의미한다.
- 일관성이란 $n \to \infty$로 갈때 추정자가 모수의 값에 접근한다는 것을 의미한다. 따라서, 일관성은 점근적인 성질을 갖는다. 실제로 표본 크기가 증가하게 되면 추정자의 오차는 감소하게 된다는 것을 의미한다.
- 유효성은 추정자의 분산과 관련되는데 주어진 자료집단에 대해서 만약 어느 한 추정자 θ_1의 분산이 또 다른 θ_2의 분산보다 적을 경우 추정자 θ_1은 θ_2 보다 유효하다고 말한다.

끝으로, 추정자가 만약 모수의 추정에 적절한 표본 내의 모든 정보를 활용한다면 그 추정자는 충족적이라고 말한다.

그러나 실제적으로는 어느 한 추정자로 하여금 이들 속성의 전체 또는 대부분을 만족하도록 요구하는 것은 거의 불가능하다. 실제로 위의 모든 속성들을 갖춘 추정자는 거의 찾아볼 수 없다.

다음에 나오는 내용들에서는 특정한 추정자들과 연관하여 이들 속성들 가운데 하나 또는 그 이상에 대해서 언급하게 된다.

적률법(method of moments)

제3장에서 확률변수의 일차와 이차 적률인 평균과 분산은 확률변수의 주요 특성치(main descriptors)임을 보았다. 이들 적율은 수많은 통상적인 분포에 대해 표 6.1에 나타낸 것과 같이 같은 확률 분포의 모수와 관련되어 있다. 예를 들면 정규분포의 경우 모수 μ와 σ는 변량의 평균과 표준편차이고, 반면에 감마(Gamma) 분포에서는 모수 ν와 k는 변량의 평균 및 분산에 대하여 다음과 같은 관계를 갖는다.

$$즉,\ E(X) = k/\nu,\ \mathrm{Var(X)} = k/\nu^2$$

그러므로, 표 6.1에 요약된 바와 같이 확률변수의 적률과 그 해당 분포의 모수와의 관계에 기초하여 우선 평균과 분산(그리고 2개 이상의 모수가 있을 경우 고차의 적률)을 추정하여 분포의 모수를 결정할 수 있는 것이다. 이러한 과정이 본질적으로 적률법(method of moments)의 기초가 된다.

표본 값($x_1, x_2, \cdots, x_n$)를 가지는 크기 n의 표본이 주어졌을 때 표본 적률은 확률변수의 적률을 추정하는데 사용될 수 있다. 이런 관점에서 볼 때 평균과 분산이 X와 $(X-\mu)^2$의 가중평균치인 것처럼 표본평균(sample mean)과 표본분산(sample variance)은 다음 식과 같이 각각 표본값의 평균으로 정의 될 수 있다. 즉, 표본평균의 경우,

$$\bar{x} = \frac{1}{n}\sum_{i=0}^{n} x_i \tag{6.1}$$

그리고 표본분산의 경우,

$$s^2 = \frac{1}{n-1}\sum_{i=1}^{n}(x_i - \bar{x})^2 \tag{6.2}$$

따라서 $\bar{x}$ 와 s^2 은 각각 모평균 μ 과 모분산 σ^2의 점 추정치(point estimates)이다.

식 (6.2)의 표본분산은 σ^2 의 "비편향" 추정치라고 있다. 그렇지만, 이것은 $i = 1, 2, \cdots\cdots, n$인 $\left(x_i - \bar{x}\right)^2$의 표본값의 평균값은 아니라는 것을 알아야 한다. 평균값은 $(n-1)$ 대신에 n으로 나누어야 한다. σ^2의 편향 추정자가 된다. 식 (6.2)의 제곱항을 전개하면 식 (6.2)는 다음 식과 같이 표현될 수 있다.

$$s^2 = \frac{1}{(n-1)}\left(\sum_{i=1}^{n} x_i^2 - n\overline{x^2}\right) \tag{6.3}$$

표 6.1 통상적인 분포와 그 모수

분포	FDF or PMF	모수	적률과의 관계
이 항	$p_X(x) = \binom{n}{x} p^x (1-p)^{n-x};$ $x = 0, 1, 2, \ldots, n$	p	$\mu_X = np$ $\sigma_X^2 = np(1-p)$
기 하	$p_X(x) = p(1-p)^{x-1};$ $x = 0, 1, 2, \ldots$	p	$\mu_X = 1/p$ $\sigma_X^2 = (1-p)/p^2$
포아송	$p_X(x) = \frac{(\nu t)^x}{x!} e^{-vt};$ $x = 0, 1, 2, \ldots$	ν	$\mu_X = \nu t$ $\sigma_X^2 = \nu t$
지 수	$f_X(x) = \lambda e^{-\lambda x};$ $x \ge 0$	λ	$\mu_X = 1/\lambda$ $\sigma_X^2 = 1/\lambda^2$
감 마	$f_X(x) = \frac{\nu(\nu x)^{k-1}}{\Gamma(k)}$ $x \ge 0$	ν, k	$\mu_X = k/\nu$ $\sigma_X^2 = k/\nu^2$
3모수 감마 (이동 감마)	$f_X(x) = \frac{\nu[\nu(x-\gamma)]^{k-1}}{\Gamma(k)} \exp[\nu(x-\gamma)];$ $x \ge \gamma$	ν, γ, k	$\mu_X = k/\nu + \gamma$ $\sigma_X^2 = k/\nu^2$ $\theta_X = 2/\sqrt{k}, \nu > 0$ $= -2\sqrt{k}, \nu < 0$
정규분포 (정규)	$f_X(x) = \frac{1}{\sqrt{2\pi}\sigma} \exp\left[-\frac{1}{2}\left(\frac{x-\mu}{\sigma}\right)^2\right];$ $-\infty < x < \infty$	μ, σ	$\mu_X = \mu$ $\sigma_X^2 = \sigma^2$
대수정규	$f_X(x) = \frac{1}{\sqrt{2\pi}\zeta x} \exp\left[-\frac{1}{2}\left(\frac{\ln x - \lambda}{\zeta}\right)^2\right];$ $x \ge 0$	λ, ζ	$\mu_X = \mathrm{esp}\left(\lambda + \frac{1}{2}\zeta^2\right)$ $\sigma_X^2 = \mu_X^2\left(e^{\zeta^2} - 1\right)$
레이리어	$f_X(x) \frac{x}{\alpha^2} \exp\left[-\frac{1}{2}\left(\frac{x}{\alpha}\right)^2\right];$ $x \ge 0$	α	$\mu_X = \sqrt{\frac{\pi}{2}}\alpha$ $\sigma_X^2 = \left(2 - \frac{\pi}{2}\right)\alpha^2$
균 등	$f_X(x) = \frac{1}{(b-a)}; a \le x \le b$	a, b	$\mu_X = \frac{a+b}{2}$ $\sigma_X^2 = \frac{1}{12}(b-a)^2$
삼각형	$f_X(x) = \frac{2}{b-a}\left(\frac{x-a}{u-a}\right); a \le x \le u$ $= \frac{1}{b-a}\left(\frac{b-x}{b-u}\right); u \le x \le b$	a, b, u	$\mu_X = \frac{1}{3}(a+b+u)$ $\sigma_X^2 = \frac{1}{18}(a^2+b^2+u^2-ab-au-bu)$

분포	FDF or PMF	모수	적률과의 관계
베타	$f_X(x)=\dfrac{1}{B(q,r)}\dfrac{(x-a)^{q-1}(b-x)^{r-1}}{(b-a)^{q+r-1}}$; $a \le x \le b$	q, r	$\mu_X = a+\dfrac{q}{q+r}(b-a)$ $\sigma_X^2=\dfrac{qr(b-a)^2}{(q+r)^2(q+r+1)}$
규벨 (Type I 최대값)	$f_X(x)=\exp(-e^{-\alpha(x-u)})$;	u, α	$\mu_X=u+\dfrac{0.5772}{\alpha}$ $\sigma_X^2=\dfrac{\pi^2}{6\alpha^2}$
와이블 (Type Ⅲ 최대값)	$f_X(x)=\dfrac{k}{w-\varepsilon}\left(\dfrac{x-\varepsilon}{w-\varepsilon}\right)^{k-1}e^{-\left(\frac{x-\varepsilon}{w-\varepsilon}\right)^k}$; $x \ge \varepsilon$	k, w	$\mu_X=\varepsilon+(x-\varepsilon)\Gamma\left(1+\dfrac{1}{k}\right)$ $\sigma_X^2=(w-\varepsilon)^2\left[\Gamma\left(1+\dfrac{2}{k}\right)-\Gamma^2\left(1+\dfrac{1}{k}\right)\right]$

▶ 예제 6.1 표 E6.1에 열거된 25개의 콘크리트 공시체에 대해 시험한 압축(crushing)강도의 데이터를 살펴보자. 식 (6.1)과 식 (6.3)을 적용하면 다음과 같이 표본 평균과 분산을 각각 구할 수 있다.(표 E 6.1의 결과를 이용)

표 E6.1 예제 6.1의 표본평균 및 표본분산

공사체 #	압축강도, x_i	x_i^2
1	5.6ksi	31.36
2	5.3	28.09
3	4.0	16.00
4	4.1	19.36
5	5.5	30.25
6	5.7	32.49
7	6.0	36.00
8	5.6	31.36
9	7.1	50.41
10	4.7	22.09
11	5.5	30.25
12	5.9	34.81
13	6.4	40.96
14	5.8	33.64
15	6.7	44.89
16	5.4	29.16
17	5.0	25.00
18	5.8	33.64

19	6.2	38.44
20	5.6	31.36
21	5.7	32.49
22	5.9	34.81
23	5.4	29.16
24	5.1	26.01
25	5.7	32.49
	$\sum = 140.00$	$\sum = 794.52$

$$\bar{x} = \frac{1}{25}\sum_{i=1}^{25} x_i = \frac{140}{25} = 5.6\,ksi$$

그리고

$$s^2 = \frac{1}{24}\left[\sum_{i=1}^{25} x_i^2 - 25(5.6)^2\right] = \frac{1}{24}(794.52 - 784) = 0.44$$

그러므로 모집단의 평균과 표준편차의 추정치는 $\bar{x} = 5.6$ksi 와 $s = \sqrt{0.44} = 0.66$ ksi 이다.

이제, 만약 압축강도의 확률분포가 정규분포로 모형화된다면 그 모수(표 6.1 참조)는 $\hat{\mu} = 5.6$ksi 와 $\hat{\sigma} = \sqrt{0.44} = 0.66$ksi 이 된다.

하지만, 만약 콘크리트의 압축강도를 감마분포로 가정하면 표 6.1에 따라 모수 ν와 k는 $\widehat{k/\nu} = 5.6$ 와 $\widehat{k/\nu^2} = 0.44$이 된다.

이로부터 해당 모수 $\hat{\nu} = 12.73$와 $\hat{k} = 71.29$를 구할 수 있다. ◀

▶ 예제 6.2 75 S-T 알루미늄의 피로수명을 재하싸이클로 나타낸 데이터를 통해 피로수명의 표본평균과 표본분산을 다음과 같이 구했다고 하자.

$$\bar{x} = 26.75\,\text{million cycles}$$
$$s^2 = 360.0\,(\text{million cycles})^2$$

표 6.1에 주어진 관계에 따르면 대수정규분포의 평균과 분산은 다음과 같이 주어진다.

$$\mu_X = \exp\left(\lambda + \frac{1}{2}\zeta^2\right)$$
$$\sigma_X^2 = \mu_X^2\left(e^{\zeta^2} - 1\right)$$

참평균과 참분산을 각각 표본평균과 표본분산으로 대체하면 모수 λ와 ζ의 추정치의 값을 구할 수 있다(각각의 추정자는 $\hat{\lambda}$, $\hat{\zeta}$ 로 표기됨).

$$\exp\left(\hat{\lambda}+\frac{1}{2}\hat{\zeta}^2\right)=26.75$$

그리고

$$(26.75)^2\left(e^{\hat{\zeta}^2}-1\right)=360.0$$

이로부터 다음을 구할 수 있다.

$$\hat{\lambda}=3.08,\quad \hat{\zeta}=0.64$$ ◀

최대우도법(maximum likelihood method)

또 다른 점 추정 방법으로 최대우도법이 있다. 적률법과는 반대로 최대우도법은 모수의 점 추정치를 직접 유도한다.

PDF $f_X(x;\theta)$ 을 가지는 확률변수 X 를 생각하자. 여기서 θ는 모수이다. 만약 관측 표본값이 $x_1, x_2, \ldots\ldots, x_n$ 이라면 "관측치의 특정 집합을 생겨나게 할 가장 가능한(the most likely) θ 값은 얼마인가? " 라는 의문이 들 수 있다. 다시 말하면 가능한 θ 의 값 중에서 표본값의 관측치 집합 $x_1, x_2, \ldots\ldots, x_n$을 얻을 가능성(likelihood)이 가장 최대가 될 θ의 값은 얼마인가 하는 것이다. 이것이 곧 최대우도법의 점 추정에 깔려있는 근본적인 의도이다.

특정 표본값 x_i를 얻을 수 있는 가능성은 x_1에서의 PDF의 값과 비례한다고 가정하는게 합리적이다. 그렇다면, 무작위로 표본추출을 한다고 가정하면 n개의 독립된 관측치의 집합 $x_1,\ x_2, \cdots, x_n$을 얻을 가능성은 다음과 같다.

$$L(x_1, \cdots, x_n; \theta) = f(x_1; \theta)\, f(x_2; \theta) \cdots f(x_n; \theta) \tag{6.4}$$

이것은 표본값의 집합 $x_1,\ x_2, \cdots\ x_n$의 관측 얻어지는 우도함수(likelihood function)이다. 이때, 이 우도함수 $L(x_1, \cdots\ x_n; \theta)$을 최대로 하는 θ의 값으로 최대우도 추정치(maxmum likelihood estimator) $\hat{\theta}$를 정의할 수 있다. 이를 통해 만약 우도함수 L이 모수 θ에 대해 미분 가능하다면 다음 방정식을 얻을 수 있다.

$$\frac{\partial L(x_1, \cdots\ x_n; \theta)}{\partial \theta} = 0 \tag{6.5}$$

식 (6.4)의 우도함수는 곱의 함수이기 때문에 위의 방법 대신에 우도함수의 대수를

최대화 하는 것이 보다 편리하다. 즉

$$\frac{\partial \log L(x_1, \cdots \; x_n \,; \theta\,)}{\partial \theta} = 0 \tag{6.6}$$

물론 식 (6.6)으로부터의 $\hat{\theta}$에 대한 해는 식 (6.5)에서 얻은 결과와 같다. 두 개 또는 그 이상의 모수를 가지고 정의된 밀도함수 PDF에 대한 우도함수는 다음과 같아진다.

$$L(x_1, \cdots \;, x_n \,; \theta_1, \cdots \;, \theta_n\,) = \prod_{i=1}^{n} f\,(x_i\,; \theta_1, \cdots \;, \theta_m\,) \tag{6.7}$$

여기서 $\theta_1, \theta_2, \cdots, \theta_m$은 추정되어야 할 m개의 모수이다. 이 경우 이들 모수의 최대우도추정자는 다음 연립 방정식으로 부터 얻어진다.

$$\frac{\partial L(x_1, \cdots \;, x_n \,; \theta_1, \cdots \;, \theta_n\,)}{\partial \theta} = 0\,; \quad j = 1, \cdots, m \tag{6.8}$$

모수의 최대우도추정치(MLE)는 앞에서 기술했던 추정자의 속성 중 많은 부분에 연관되어 있다. 특히 표본크기 n이 클 경우에는 최대우도추정자는 종종 분산이 점근적으로 최소가 된다는 의미에서 "최우량" 추정치를 제공하는 것으로 간주되고 있다(Hoel, 1962).

▶ 예제 6.3 유료 통행 부스에서 차량의 연속적인 도착시간 간격이 다음과 같이 관측되었다.

1.2, 3.0, 6.3, 10.1, 5.2, 2.4, 그리고 7.1sec

만약 통행 부스에서 차량의 도착시간 간격을 지수분포로 모형화되면, 다음과 같은PDF를 가진다.

$$f_T(t) = \frac{1}{\lambda} e^{-t/\lambda}$$

여기서 λ 는 분포의 모수이며 평균 도착간격시간이기도 하다.

식 (6.4)에서 7개의 도착시간 간격의 관측에 대한 우도함수는

$$L(t_1, \cdots \;, t_7\,; \lambda\,) = \prod_{i=1}^{7} \frac{1}{\lambda} \exp(-t_i\,/\lambda\,) = (\lambda)^{-7} \exp\left(-\frac{1}{\lambda} \sum_{i=1}^{7} t_i\right)$$

그리고 대수를 취하면

$$\text{Log}\, L = -\, 7\text{Log}\,\lambda - \frac{1}{\lambda} \sum_{i=1}^{7} t_i$$

그리고 현 예제의 경우

$$\text{Log}\,L = -7\text{Log}\,\lambda - \frac{35.30}{\lambda}$$

그래서, 식 (6.6)의 도함수를 취하면 다음 값을 얻을 수 있다.

$$\frac{\partial \text{Log} L}{\partial \lambda} = -\frac{7}{\lambda} + \frac{35.30}{\lambda^2} = 0$$

이로부터 λ의 최대우도추정치(MLE)를 다음과 같이 얻는다.

$$\hat{\lambda} = \frac{35.30}{7} = 5.04\,\text{sec}$$

위의 결과로부터 일반적으로 크기 n의 표본에 대한 모수 λ의 최대우도추정치(MLE)는 다음 식과 같다는 것을 추론할 수 있다.

$$\hat{\lambda} = \frac{1}{n}\sum_{t=1}^{n} t_i$$ ◀

▶ **예제 6.4** 실험실에서 5개의 포화 모래 공시체를 가지고 삼축 압축실험을 하였다. 각 공시체는 ±200psf의 응력범위(Stress amplitude)를 가진 주기적인 수직하중을 받는다. 각 공시체가 파괴될 때까지 재하된 싸이클의 횟수는 다음과 같이 관측되었다.

25, 20, 28, 33, 26 싸이클

포화 모래가 파괴될 때까지의 재하횟수를 대수정규분포로 모형화한다면 두 개의 모수λ, ζ 는 최대우도법에 의해 다음과 같이 추정할 수 있다.

식 (6.7)를 따르면 크기 n의 표본의 경우 우도함수는 다음과 같이 될 것이다.

$$L(x_1, x_2, \ldots, x_n; \lambda, \zeta) = \prod_{i=1}^{n}\left\{\frac{1}{\sqrt{2\pi}\,\zeta x_i} exp\left[-\frac{1}{2}\left(\frac{\ln x_i - \lambda}{\zeta}\right)^2\right]\right\}$$

$$= \left(\frac{1}{\sqrt{2\pi}\,\zeta}\right)^n \left(\prod_{i=1}^{n}\frac{1}{x_i}\right)\exp\left[-\frac{1}{2\zeta^2}\sum_{i=1}^{n}(\ln x_i - \lambda)^2\right]$$

양쪽 항에 자연대수를 취하면

$$\ln L(x_1, \ldots, x_n; \lambda, \zeta) = -n\ln\sqrt{2\pi} - n\ln\zeta - \sum_{i=1}^{n}\ln x_i - \frac{1}{2\zeta^2}\sum_{i=1}^{n}(\ln x_i - \lambda)^2$$

최대우도함수를 얻기 위해서 다음 방정식을 풀어야 한다.

$$\frac{\partial \ln L}{\partial \lambda}=0 \ ; \ \frac{1}{\zeta^2}\sum_{i=1}^{n}(\ln x_i-\lambda)=0$$

$$\frac{\partial \ln L}{\partial \zeta}=0 \ ; \ -\frac{n}{\zeta}+\frac{1}{\zeta^3}\sum_{i=1}^{n}(\ln x_i-\lambda)^2=0$$

위의 두 방정식으로부터 두 모수에 대한 MLE를 각각 다음과 같이 얻을 수 있다.

$$\hat{\lambda}=\frac{1}{n}\sum_{i=1}^{n}\ln x_i \text{ 그리고 } \hat{\zeta^2}=\frac{1}{n}\sum_{i=1}^{n}(\ln x_i-\lambda)^2$$

현 예제에 적용한 5개의 공시체에 대한 관측된 재하싸이클의 횟수와 함께 해당 MLE를 얻을 수 있다.

$$\hat{\lambda}=\frac{1}{5}(\ln 25+\ln 20+\ln 28+\ln 33+\ln 26)=3.26$$

그리고

$$\hat{\zeta^2}=\frac{1}{5}[(\ln 25-3.26)^2+(\ln 20-3.26)^2+(\ln 28-3.26)^2$$
$$+(\ln 33-3.26)^2+(\ln 26-3.26)^2]=0.027$$

또는

$$\hat{\zeta}=0.164$$

이 예제에서 적률법을 이용해서 동일한 모수를 추정하면 다음과 같다.

표본 평균은

$$\overline{x}=\frac{1}{5}(25+20+28+33+26)=26.40\text{cycles}$$

표본 분산은

$$s^2=\frac{1}{4}[(25-26.4)^2+(20-26.4)^2+(28-26.4)^2+(33-26.4)^2$$
$$+(26-26.4)^2]=22.30$$

그러므로 표본 표준편차는 $s=4.72$ 사이클이다.

대수정규분포에 대해 표 6.1에 주어진 관계를 이용하여 다음 값을 얻을 수 있다.

$$26.40=\exp\left(\lambda+\frac{1}{2}\zeta^2\right)$$

$$22.30=(26.40)^2\left(e^{\zeta^2}-1\right)$$

이로부터 두 모수의 해당 추정 값을 다음과 같이 얻을 수 있다.

$$\hat{\lambda}= 3.26 \text{ 그리고 } \hat{\zeta}= 0.178$$

두 방법으로 모수 λ에 대한 똑같은 추정값을 얻을 수 있다. 모수에 대한 두 방법의 추정값은 약 8%정도 다르게 나온다는 것을 알 수 있다. ◀

비율의 추정

어떤 사건의 발생과 비발생의 확률이 중요한 수많은 공학적 문제에서 적합한 확률척도는 그 사건의 경험이나 현장관찰의 비율로 추정될 수 있다. 예를 들어 해안지역에 연간 허리케인이 발생할 확률이라든지 또는 주요 교차로에서 좌회전할 차량교통의 비율이나 또는 특정 압밀 기준을 만족하는 제방 재료의 배합 비율 등이 있다.

그와 같은 상황에서 필요로 하는 확률은 베르누이 시행열(Bernoulli segueuce)에서 (사건)발생의 비율로 추정될 수 있다. n회의 독립시행이나 확률변수 $X_1, X_2, \ldots, X_n$의 시행열을 가지고 있다고 가정하자. 여기서 각각의 X_i는 두 가지 값의 확률변수, 즉, i번째 시행에서 사건이 발생하거나 발생하지 않은 것을 의미하는 $X_i = 0$ 또는 1이다. 시행열 $X_1, X_2, \ldots, X_n$는 크기 n의 확률표본(random sample)으로 구성되어 있다. 어떤 시행에서 사건의 발생확률 p는 베르누이시행열을 가지는 이항분모 확률질량함수(PMF)의 모수이다. 모수 p의 최대가능성 추정자는 다음과 같다.

$$\hat{P}= \frac{1}{n}\sum_{i=1}^{n} X_i \tag{6.9}$$

다시말해, p의 추정값은 n시행열 사건의 발생 비율이다.

6.2.2 표본 분포(sampling distributions)

분산을 알고 있을 경우의 표본평균의 분포

지금까지는 모집단의 평균 μ를 추정하기 위해서 표본 평균 $\overline{x}$를 사용하였다. 당연히 추정치에 내포 가능한 부정확성에 대한 의문이 제기될 수 있다. 여기서 표본 평균의 분포에 기초하여 그 의문을 검증해보자.

먼저 크기 n인 표본값의 특정 집단 $x_1, x_2, \cdots, x_n$ 은 통계적으로 독립된 표본 확률변수 $X_1, X_2, \cdots, X_n$ 의 실현으로 생각할 수 있다. 더욱이 무작위 표본추출에 있어서 이 표본 확률 변수의 PDFs는 모집단 X 의 확률분포함수와 동일한 분포를

갖는다고 가정할 수 있다. 즉,

$$f_{X_1}(x_1) = f_{X_2}(x_2) = \cdots \ f_{X_n}(x_n) = f_X(x)$$

따라서 실제로 표본평균도 다음 식과 같은 확률변수가 된다.

$$\overline{X} = \frac{1}{n}\sum_{i=1}^{n} X_i \tag{6.10}$$

이것의 기대치는

$$\mu_{\overline{X}} = E\left(\frac{1}{n}\sum_{i=1}^{n} X_i\right) = \frac{1}{n}(n\mu) = \mu \tag{6.11}$$

이것은 표본평균의 기대치는 모평균과 같다는 것을 의미한다. 따라서 $\overline{X}$ 는 모평균 μ의 비편향 추정자라고 말할 수 있다.

여기서 $X_1, X_2, \cdots, X_n$ 은 통계적으로 독립적이고 X와 동일한 분포로 되어 있으므로 고로 $\overline{X}$ 의 분산은 다음식과 같게 된다.

그러므로

$$Var(\overline{X}) = Var(\frac{1}{n}\sum_{i=1}^{n} X_i) = \frac{1}{n^2} Var(\sum_{i=1}^{n} X_i) = \frac{1}{n^2}(n\sigma^2) = \frac{\sigma^2}{n} \tag{6.12}$$

또는 표본평균의 표준편차는

$$\sigma_{\overline{X}} = \frac{\sigma}{\sqrt{n}}$$

그러므로 표본평균 $\overline{X}$ 는 평균치 μ와 표준편차 $\sigma / \sqrt{n}$ 를 가진다. 표준편차는 μ의 추정자로 $\overline{X}$ 에 내재된 표본추출 오차(sampling error)이고 제1장에서 정의된 바와같은 인식적 불확실성(epistemic uncertainty)을 구성하는 것이다. 제4장의 결과에 따르면 모집단 X가 가우시안분포이면 표본 평균 $\overline{X}$도 가우시안분포가 된다. 더욱이 비록 모집단이 가우시안분포가 아닌 경우에 표본크기 n가 충분히 크면, 중심극한정리에 의해 표본평균 $\overline{X}$ 도 가우시안 분포에 거의 근접한다. 그러므로 대부분의 실제적 응용에서 $\overline{X}$ 는 $N(\mu, \sigma / \sqrt{n})$의 분포를 가진 정규 확률변량으로 본다. 분명 표본크기 n가 증가하게 되면 그림 6.3에서 도해적으로 보여주듯이 표본평균 $\overline{X}$의 분포가 점점 좁아지는 것을 알 수 있다. 즉, 모집단 평균 μ에 대한 추정자 $\overline{x}$는 표본크기 n과 함께 개선된다.

그러므로 $\dfrac{\overline{X}-\mu}{\sigma/\sqrt{n}}$ 의 분산은 $N(0,1)$ 이다.

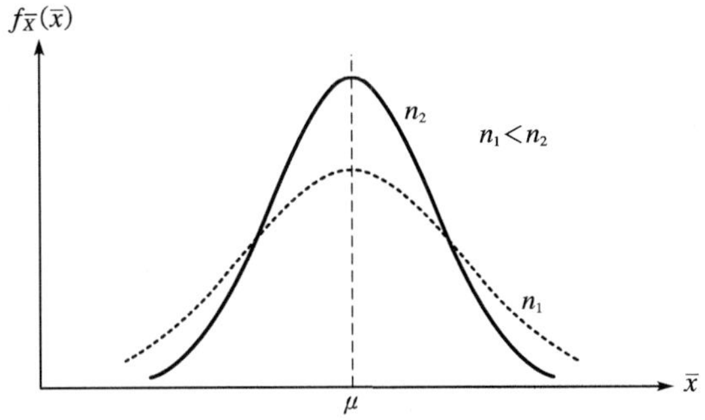

그림 6.3 n의 변동에 따른 표본평균 $\overline{X}$ 의 PDF

분산을 모를 경우의 표본평균의 분포

일반적으로 모집단의 표준편차 σ는 알려져 있지 않고, 그런 상태에서 식 (6.2) 또는 식 (6.3)의 표본분산을 추정할 필요가 있다.

그러므로 σ 대신에 s를 사용해야 한다. 그러한 경우에 특히 표본크기 n이 작다면, 확률변수 $\dfrac{\overline{X}-\mu}{s/\sqrt{n}}$는 정규분포가 아닐 것이다. 보다 정확하게 말하자면, 확률변수 $\dfrac{\overline{X}-\mu}{s/\sqrt{n}}$는 $(n-1)$ 인 자유도(degree of freedom)의 Student t 분포(Freud, 1962)를 가지고 있다. t 분포의 확률분포함수(PDF)는 다음과 같다.

$$f_T(t) = \frac{\Gamma[(f+1)/2]}{\sqrt{\pi f}\,\Gamma(f/2)}\left(1+\frac{t^2}{f}\right)^{-\frac{1}{2}(f+1)} \quad ; \; -\infty < t < \infty \tag{6.13}$$

여기서 f는 자유도의 수이다. 다양한 값에 대한 t 분포의 여러 확률분포함수(PDF)가 그림 6.4에 주어져 있다.

여기서 각각의 PDF는 가우시안 PDF와 유사한 종모양 곡선을 가지며, 원점에 대해 대칭임을 확인할 수 있다. f의 작은 값에 대해 t분포의 확률분포함수(PDF)는 표준정규 PDF 보다 더 넓게 퍼져있다. 그렇지만 f가 커지면 그림 6.4에서 볼 수 있듯이 표준정규분포에 가까워지는 경향이 있다.

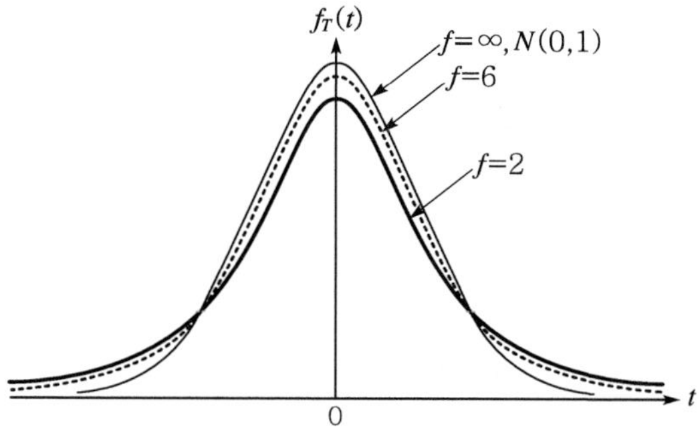

그림 6.4 자유도에 따른 student t 분포의 PDF

표본 분산의 분포

식 (6.2)로부터 표본 확률변수의 표본 분산을 추정하면 다음과 같다.

$$S^2 = \frac{1}{n-1}\sum_{i=1}^{n}(X - \overline{X})^2 \tag{6.14}$$

이것은 다음과 같은 기대값을 갖는 확률변수이기도 하다.

$$E(S^2) = \frac{1}{n-1}E\left[\sum_{i=1}^{n}(X_i - \overline{X})^2\right] = \frac{1}{n-1}E\left\{\sum_{i=1}^{n}\left[(X_i-\mu)-(\overline{X}-\mu)\right]^2\right\}$$
$$= \frac{1}{n-1}\left\{\sum_{i=1}^{n}E\,(X_i-\mu)^2 - n\,E\,(\overline{X}-\mu)^2\right\}$$

그런데, $f_{X_i}(x) = f_X(x)$ 이고

$$E(X_i - \mu)^2 = \sigma^2$$

그리고

$$E(\overline{X} - \mu)^2 = \frac{\sigma^2}{n}$$

이므로, 다음 식을 얻을 수 있다.

$$E(S^2) = \frac{1}{n-1}\left(\sum_{i=1}^{n}\sigma^2 - n\cdot\frac{\sigma^2}{n}\right) = \frac{1}{n-1}(n.\sigma^2 - \sigma^2) = \sigma^2 \tag{6.15}$$

그러므로 식 (6.15)에 바탕을 두고 계산한 식 (6.14)의 표본 분산은 앞의 식 (6.2)에서 이미 언급한 바와 같이 모집단 분산 σ^2의 비편향추정자(unbiased estimator)임을 알 수 있다.

S^2의 분산은 다음 식으로 주어진다(Hold, 1952 참조).

$$Var(S^2) = \frac{\sigma^4}{n}\left(\frac{\mu_4}{\sigma^4} - \frac{n-3}{n-1}\right) \tag{6.16}$$

여기서 $\mu_4 = E(X-\mu)^4$ 은 모집단 확률변수 X의 4차 중앙적률(fourth central moment) 또는 편평도(kurtosis)이다. n 의 증가에 따라 S^2 의 분산은 감소함을 알 수 있다. 가우스 모집단에서 표본 추출한 경우, 즉 X가 가우시안 확률변수이면, 표본 분산의 분포는 다음 식에서 결정된다.

식 (6.14)를 다시 쓰면

$$(n-1)\,S^2 = \sum_{i=1}^{n}\left[(X_i-\mu)-(\overline{X}-\mu)\right]^2 = \sum_{i=1}^{n}(X_i-\mu)^2 - n(\overline{X}-\mu)^2$$

양변을 σ^2 으로 나누면 다음 식과 같아진다.

$$\frac{(n-1)\,S^2}{\sigma^2} = \sum_{i=1}^{n}\left(\frac{X_i-\mu}{\sigma}\right)^2 - \left(\frac{\overline{X}-\mu}{\sigma/\sqrt{n}}\right)^2 \tag{6.17}$$

여기서 X_i 와 $\overline{X}$ 는 둘 다 가우시안분포이다. 식 (6.17)의 우변의 제 1항은 독립된 n개의 표준정규 확률변수의 자승 합이다. 이 분포는 예제 4.7의 결과를 일반화함으로써 자유도가 n인 카이제곱분포(χ_n^2로 표현)가 된다는 것을 확인할 수 있다 . 유사하게 식 (6.17)의 우변의 제 2항도 자유도가 1인 χ^2 분포이다. 나아가 Hoel (1962)에 따르면, 자유도가 각각 p 와 q인 두 개의 카이제곱분포의 합도 역시 자유도가 $(p+q)$인 카이제곱분포가 된다. 이들을 기초하여 $(n-1)S^2/\sigma^2$ 의 분포는 자유도가 $(n-1)$인 χ^2 분포 즉, χ_{n-1}^2 분포가 된다.

일반적으로 자유도(d.o.f) f의 χ^2 분포의 확률분포함수(PDF)는 다음 식으로 주어진다.

$$f_c(c) = \frac{1}{2^{f/2}\Gamma\left(\frac{f}{2}\right)} c^{\left(\frac{f}{2}-1\right)} e^{-c/2} \tag{6.18}$$

식 (6.18)의 PDF는 그림 6.5에서 서로 다른 자유도 f 에 대해 구체적으로 보여주고 있다. 이 그림에서 보면 f 가 증가함에 따라 중심 극한정리에 의해서 χ_f^2 분포는 정규분포에 가까워지는 경향이 있다. χ_f^2 분포의 평균과 분산은 각각 다음과 같다.

$$\mu_c = f$$

그리고

$$\sigma_c^2 = 2f; \quad \text{또는 } \sigma_c = \sqrt{2f}$$

6.2.2절에 제시된 내용들은, 각각 6.3과 6.4절의 주제이기도 한, 가설검증의 제시와 신뢰구간의 결정에 유용하게 쓰일 것이다.

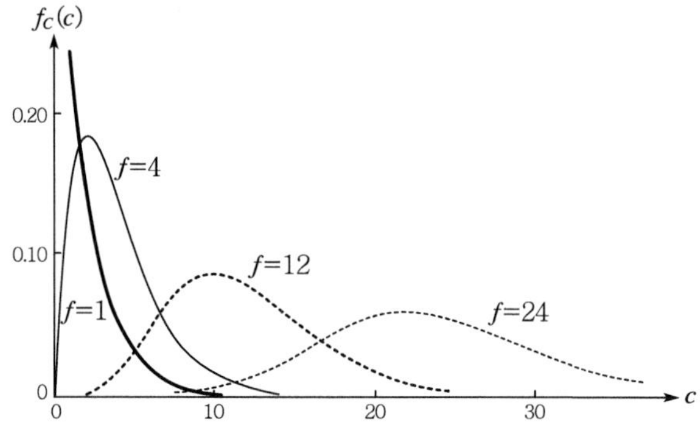

그림 6.5 다양하게 변하는 자유도 f를 가진 χ^2 PDFs

6.3 가설의 검증

6.3.1 서론

가설 검증은 가용한 표본 자료에서 얻은 정보에 기초한 모집단의 추정에 관한 추론적인 의사결정을 내리는 통계적 방법이다. 이 추론은 하나 또는 그 이상의 모수 또는 분포 모델에 관한 것일 수 있다. 분포 모델은 제7장에서 다루게 될 적합도 검증(goodness-of-fit-test)이다. 이와 같은 가설검증은 수많은 공학적 적용에서 유용하게 사용될 수 있다. 예를 들어 공학적 시방서들에는 종종 철근의 최소 항복강도와 같은 특정한 최소값 u_0이 규정되어 있다. 철근콘크리트 공사에서 엔지니어는 사용하는 철근이 요구 최소강도를 만족하는지에 관심이 있을 것이다. 적절한 결론을 내리기 위해 철근의 표본을 시험할 수 있고 그 결과를 최소 요구값에 적합하는지에 대한 적절한 의사결정을 내리는데 반영할 수 있다. 이와 같은 것이 가설 검증의 목적중의 일부이다.

가설은 모집단의 모수에 관한 묘사이다. 통상 두 가지 대립되는 가설이 있는데, 첫째는 H_0로 표기하는 영가설(null hypothesis)이고, 대립되는 것은 H_A로 표기하는 대안 가설(alternative hypothesis)이다. 영가설은 서로 같다고 가정하고 대안 가설은 서로 다르다고 가정한다. 이를테면

영가설 : $H_0 : \mu = \mu_0$

대안 가설 : $H_A : \mu \neq \mu_0$

여기서 μ는 모집단 모수이고 μ_0는, 시방서에 규정되어 있는 철근의 최소항복강도와 같은, 지정 또는 요구되는 기준이다.

관측된 자료집단과 적절한 통계적 분석을 바탕으로하여 영가설은 받아 들여(accepted) 지거나 기각(rejected)된다. 후자가(즉, 영가설이 기각) 될 경우에는 대안 가설이 받아들여 진다. 다시 한번, 가설 검증은 모집단 모수 및, 또는 분포에 관한 통계적 추론을 내리는 것이라는 점을 강조하고 싶다. 다시 말하자면, 가설검증은 모집단 모수가 특정한 통계적 유의수준(level of significance) 내에서 특정한 값과 동일 여부를 결정하는 것이다.

6.3.2 가설 검증 절차

가설검증에서 필요로 하는 주요 단계는 다음과 같다.

단계 1－영가설과 대안가설을 정의한다.

분포의 상한(upper tail)과 하한(lower tail)을 포함하는 양측검증(two-sided test)이라고 불리는 영가설과 대안가설의 정의를 앞에서 살펴보았다. 또한 단측검증(one-sided test) 은 다음과 같다.

$H_0 : \mu = \mu_0$

$H_A : \mu > \mu_0$

이것은 분포의 상한을 포함한다. 유사하게 분포의 하한을 포함하는 단측검증은 다음과 같다.

$H_0 : \mu = \mu_0$

$H_A : \mu < \mu_0$

단계 2－적절한 검증 통계량(test statistic)과 그 분포를 정한다.

적절한 검증 통계량과 그 확률분포는 검증대상 모집단의 모수에 좌우된다.

단계 3－관측된 자료의 표본을 기초로하여 검증통계량을 추정한다.

단계 4 – 유의수준(level of significance)을 정한다.

검증 통계량은 확률변수이기 때문에 그 변수는 관측된 유한 표본으로부터 추정되며, 잘못된 가설이 선택될 오차의 확률을 가지고 있다. 오차의 두 가지 가능한 유형은 다음과 같다.

1종 오차(Type Ⅰ error) - 정말로 참일 때 영가설 H_0를 기각함

2종 오차(Type Ⅱ error) - 정말로 거짓일 때 영가설 H_0를 받아들임.

통상 α로 나타내는 1종 Type Ⅰ 오차의 확률은 유의수준(level of significance)으로 일컫어 진다. 유의수준의 선택이 주관적임에도 불구하고 이 수준은 어느 정도는 조심성 있게 선택되어야 한다. 실제 적용에서는 1%에서 5%사이의 α값이 종종 유의수준으로 선택된다. 통상 β로 표현되는 2종 TypeⅡ 오차의 확률이 있음에도 불구하고 이 오차는 실제로는 거의 사용하지 않는다. 그러므로 여기서는, 1종 오차에만 치중할 것이다.

단계 5 – 영가설의 기각영역을 정의한다.

검증 통계량의 확률 분포에 기초하여 특정 유의수준 α에 대응하는 영가설의 기각영역을 정의할 수 있다. 양측검증의 경우, 기각영역은 분포의 양측지역에 동일하게 분할된다. 그에 반해 단측검증에서는 그 영역은 그림 6.6에서와 같이 상한 끝 영역 또는 하한 끝 영역에 있게 될 것이다.

기각영역은 그림 6.6에 보인 바와 같이 특정 유의수준인 α에 대응하는 검증통계량의 적절한 한계치(critical value)에 의해 정의된다. 그러한 한계치들은 검증 통계량의 확률분포의 적정성에 의해 달라진다. 보완영역(complementary region)은 영가설의 비기각영역이다.(실용적인 목적상, 이것은 영가설의 합격(acceptance)영역과 등가식이다)

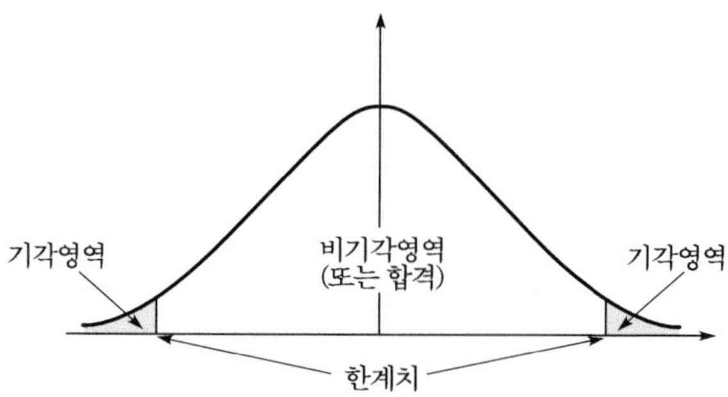

그림 6.6 기각과 합격의 영역

▶ 예제 6.5　분산이 알려져 있는 경우 평균의 검증

어떤 시방서에 철근의 항복강도로서 38psi의 평균값을 요구한다고 가정하자. 그러므로 철근콘크리트 구조물의 시공에 사용될 철근의 모집단은 요구되는 평균강도를 갖는 것이 무엇보다 중요하다. 기술자가 공사현장에 반입된 철근 중 무작위로 25개의 표본을 선택하여 항복강도 시험을 하도록 주문하였다. 시험으로부터 표본 평균은 37.5psi의 값이 나왔다. 공급자로부터 제공된 철근강도의 표준편차는 3.0psi으로 알려져 있다.

해당 기술자는 단지 38 psi 보다 낮은 평균 항복강도를 가지는가에만 관심이 있기 때문에 단측검증을 사용하는 것이 적절하다. 구체적으로, 적절한 영가설과 대안가설은 다음과 같다.

$$H_0: \mu_Y = 38\text{psi}$$

그리고

$$H_A: \mu_Y < 38\text{psi}$$

이 경우에 검증통계량을 정식화하기 위해서 표본 평균 $\overline{X}$를 사용한다.

$$Z = \frac{\overline{X} - \mu}{\sigma / \sqrt{n}}$$

$\overline{X}$가 평균치 μ와 표준편차 $\sigma/\sqrt{n}$을 가진 정규분포이므로 Z의 분포는 $N(0\,,\,1)$이다. 25개의 표본자료로부터 Z의 추정값은

$$z = \frac{37.5 - 38.0}{3.0\sqrt{25}} = -0.833$$

$\alpha = 5\%$의 유의수준에서 z의 한계치는 부록 표 A.1에서 $z_\alpha = \Phi^{-1}(0.05) = -\Phi^{-1}(0.95) = -1.95$를 구할 수 있다. 추정 통계치는 -0.833이고, 이는 기각영역 밖에 있거나 합격영역 안에 있는 것이므로, 영가설은 합격으로 받아 들여 진다. 따라서 공급자의 철근은 시방서의 요구항복강도를 만족하고 그래서 받아드릴 수 있다. ◀

▶ 예제 6.6　분산이 알려져 있지 않은 경우 평균의 검증

예제 6.5에서 철근의 모집단 표준편차 σ는 3.0 psi으로 알려져 있었지만 모집단 표준편차에 대한 정보가 알려져 있지 않은 경우가 많다. 이 또한 이용 가능한 표본 자료로부터 추정해야 한다. 예제 6.5에서 25개의 시험 값의 결과가 다음과 같다고 가정하면

$$\overline{x} = 37.5\text{psi}, \quad s = 3.50\text{psi}$$

영가설과 대안 가설은 예제 6.5에서와 똑같이 여전히 그대로 일 것이다. 그렇지만 이제 검증 통계량은 다음과 같아진다.

$$T = \frac{\overline{X} - \mu}{s/\sqrt{n}}$$

검증 결과로부터 검증통계량의 추정치를 구하면 다음과 같다.

$$t = \frac{37.5 - 38}{3.5/\sqrt{25}} = -0.714$$

$f = 25 - 1 = 24$ 인 자유도를 가지고 부록 표 A.3으로부터 5%의 유의수준에서 t의 한계치는 $t_\alpha = -1.711$로 구할 수 있다. 그러므로 검증 통계값은 기각영역 밖인 $-0.714 > -1.711$이다. 즉 영가설이 받아들여지고 공급 철근은 최소 항복강도 이상인 것으로 받아드릴 수 있게 된다. ◀

▶ 예제 6.7 분산의 검증

똑같은 예제 6.5에 계속하여 이제는 $\sigma^2 = 9.0$의 모집단 분산을 검증해보자. 이를 위해서 표본크기는 41로 커지고 시험결과는 $\overline{x} = 37.60$, $s = 3.75$로 나왔다고 가정해보자. 이 경우에 대해 영가설과 대안가설은

$$H_\alpha : \sigma^2 = 9.0$$

$$H_A : \sigma^2 > 9.0$$

이 검증을 위해 적절한 검증 통계량은 다음과 같다.

$$C = \frac{(n-1)S^2}{\sigma^2}$$

이 식은 식 (6.17)에서 $(n-1)$인 자유도를 가진 χ^2분포이다.

41개의 표본 시험 데이터의 결과에 대한 검증통계량의 추정치는 다음과 같이 구해진다.

$$c = \frac{40(3.75)^2}{9} = 62.50$$

$\alpha = 2.5\%$ 의 유의수준에 대해서 자유도 $f = (41-1) = 40$을 가지고 부록 표 A.4로부터 한계치 $c_{0.975} = 59.34$를 구할 수 있다. 기각영역안에 있는 $c_{0.975}$보다 큰 $C = 62.50 > c_{0.975}$로 인하여 영가설은 기각되고 대안 가설이 받아들여진다. 즉 이는 $\delta > 3.0$임을 의미한다. ◀

▶ 6.4 신뢰구간(구간 추정)

6.2절에서는 모집단 모수의 점추정에 대해 다루었다. 크기 n인 특정한 표본으로부터 얻은 추정치는 관심 대상 모수에 대한 "최우량 추정치(best estimate)"로 간주할 수 있다. 그렇지만 추정값이 표본크기 n에 따라 개선되는 것을 제외하고는 추정치의 정확성에 대한 정보가 없다.

6.3절에서는 표본자료의 통계량을 이용해서 모집단 모수의 최대 또는 최소값이 규정이나 요구되는 목표값을 만족하는가를 결정하는데 사용되는 가설검증을 소개하였다. 이 방법에서도 추정된 모수들의 정확성에 대한 정량적 척도는 없다. 추정자의 정확성에 대한 정량적 척도를 제공하기 위해서 신뢰 구간을 사용할 수 있다. 모수에 대한 신뢰구간은 모수의 참값이 지정된 확률로 놓이게 될 범위(상측 및 하측 한계치, 단순이 하나의 상측한계치나 하측한계치)를 정의하는 것이다.

6.4.1 평균의 신뢰구간

분산을 알고 있을 경우

모집단의 분산을 알고 있을 때 6.2.2절에서 본 것과 같이 표본 평균 $\overline{X}$ 의 확률분포는 $N(\mu\ ,\ \sigma/\sqrt{n})$의 분포를 가지는 가우시안 분포인 것을 알았다.

$K=\dfrac{\overline{X}-\mu}{\sigma/\sqrt{n}}$ 는 $N(0\ ,\ 1)$ 분모를 가지는 표준 정규 확률변수이다. 이것을 바탕으로 다음 식을 표현할 수 있다.

$$P\left(k_{\alpha/2} < \frac{\overline{X}-\mu}{\sigma/\sqrt{n}} \leq k_{(1-\alpha/2)}\right) = (1-\alpha)$$

여기서 $(1-\alpha)$는 지정된 확률이다. 그리고

$$K_{\alpha/2} = -\Phi^{-1}(1-\alpha/2) \text{ 와 } K_{(1-\alpha/2)} = \Phi^{-1}(1-\alpha/2)$$

는 그림 6.7에서 보여주는 바와 같이 하한과 상한의 한계 값이다.

위의 확률 식은 다음과 같이 고쳐 쓸 수 있다.

$$P\left(\overline{x}+k_{\alpha/2}\frac{\sigma}{\sqrt{n}} < \mu \leq \overline{x}+k_{(1-\alpha/2)}\frac{\sigma}{\sqrt{n}}\right) = (1-\alpha)$$

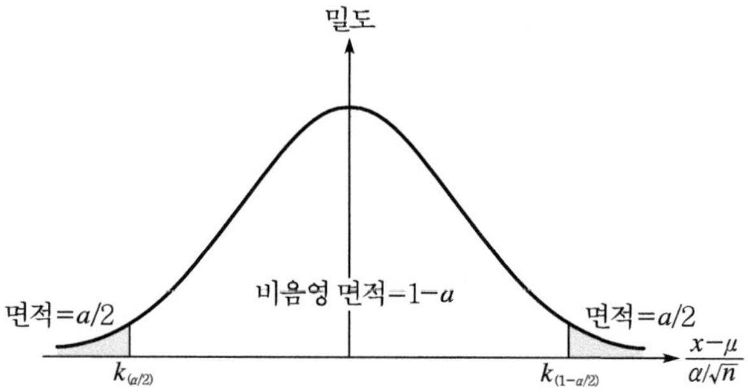

그림 6.7 $\frac{\overline{X}-\mu}{\sigma/\sqrt{n}}$의 표준정규 확률분포함수 한계 값

이로부터 모집단 평균 μ의 $(1-\alpha)$ 신뢰구간을 다음과 같이 구한다.

$$< \mu >_{1-\alpha} = \left(\overline{x} + k_{\alpha/2}\frac{\sigma}{\sqrt{n}} \ ; \ \overline{x} + k_{(1-\alpha/2)}\frac{\sigma}{\sqrt{n}} \right) \tag{6.19}$$

여기서 $k_{\alpha/2} = -\Phi(1-\alpha/2)$, $k_{(1-\alpha/2)} = \Phi(1-\alpha/2)$ 이다.

▶ 예제 6.8 예제 6.5에서 설명한 철근의 항복강도를 생각해보자. 그런데 이제 여기서는 철근의 실제 평균항복강도의 95% 신뢰구간을 결정하기를 원한다. 다시 주요 핵심 정보들을 살펴보면 다음과 같다. 항복강도의 표준 편차는 3.0psi로 알려져 있으며, 시험된 철근의 수는 25개이고, 추정된 표본평균은 37.5psi이다. 평균항복강도 μ의 95%의 신뢰구간은 다음과 같이 결정된다.

먼저 하한 한계 값은 $k_{\alpha/2} = k_{0.025} = -\Phi^{-1}(0.975) = -1.96$이고, 상한 한계 값은 $k_{(1-\alpha/2)} = k_{0.975} = \Phi^{-1}(0.975) = 1.96$이다.

그러므로

$$\langle \mu \rangle_{0.95} = \left(37.5 - 1.96\frac{3.0}{\sqrt{25}} \ ; \ 37.5 + 1.96\frac{3.0}{\sqrt{25}} \right) = (36.32 \ ; \ 38.68)\,\text{psi}$$

위의 구간은 95% 확률로 참평균값 μ이 36.32와 38.68사이에 있음을 의미한다. ◀

분산을 모를 경우

대부분의 실제 상황에서는 모집단 분산을 알지 못할 수 있다. 그런 경우 크기 n인 표본으로부터 표본 평균 $\overline{x}$ 이외에 표본분산 s^2도 추정해야 한다. 6.2.2절을 참고해서 통계량 $T = \dfrac{\overline{X} - \mu}{s/\sqrt{n}}$의 분포는 그림 6.8에서 보여주는 바와 같이 $(n-1)$의 자유도를 가진 Student t 분포를 가지고 있다. 이를 기초로 다음과 같은 확률적 표현의 정식화가 가능하다

$$P\left(t_{\frac{\alpha}{2}, n-1} < \frac{\overline{X} - \mu}{S/\sqrt{n}} \leq t_{\left(1-\frac{\alpha}{2}\right), n-1}\right) = (1-\alpha)$$

여기서 그림 6.8에 나타낸 바와 같이 $t_{\alpha/2, n-1}$와 $t_{1-\alpha/2, n-1}$는 각각 $(n-1)$의 자유도를 가지는 t 분포의 $\alpha/2$와 $(1-\alpha/2)$의 확률에 대한 하한과 상한의 한계 값들이다. 이 한계 값들은 주어진 자유도에 대해 표 A.3에도 표로 제시되어 있다. 원점을 기준으로 t 분포의 대칭성 때문에 $t_{\alpha/2, n-1} = -t_{1-\alpha/2, n-1}$이다. 이로부터 모집단 평균에 대한 $(1-\alpha)$ 신뢰구간을 다음과 같이 결정한다.

$$\langle \mu \rangle_{1-\alpha} = \left(\overline{x} + t_{\frac{\alpha}{2}, n-1} \frac{s}{\sqrt{n}} \; ; \; \overline{x} + t_{\left(1-\frac{\alpha}{2}\right), n-1} \frac{s}{\sqrt{n}}\right) \tag{6.20}$$

앞의 6.2.2절에서 본 바와 같이 예컨대 50이상의 큰 표본크기 n, 즉, $n > 50$에 대해 t 분포는 표준 정규 분포에 가까워진다는 것을 짚고 넘어갈 필요가 있다. 그러므로 그런 경우 식 (6.20)에서 구한 신뢰구간은 식 (6.19)에서 구한 신뢰구간과 가까워 질 것이라고 기대할 수 있다.

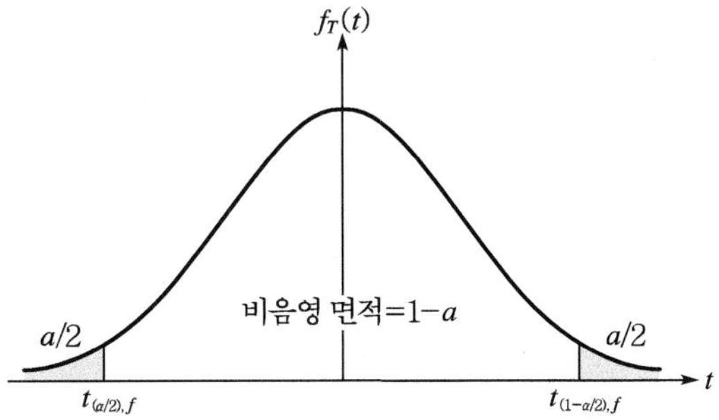

그림 6.8 t 분포의 PDF와 한계치

▶ 예제 6.9 예제 6.6에서 보면 항복강도에 대해 시험한 25개의 철근표본의 값은 $\overline{x} = 37.5$ psi, $s = 3.5$psi로 드러났다. 이 경우 모집단 분산은 미지이고 그래서 표본데이터로부터 추정되어야 하기 때문에 적절한 통계량은 t 분포를 가지는 $T = \dfrac{\overline{X} - \mu}{s/\sqrt{n}}$ 이다.

95%의 신뢰구간에 대해 표 A.3으로부터 각각 $t_{0.025\,,\,24}=-2.064$, $t_{0.975\,,\,24}=2.064$의 한계 값을 얻을 수 있다. 그러므로 식 (6.20)을 이용해 평균 항복 강도에 대한 95%의 신뢰구간을 구하면 다음과 같다.

$$\langle \mu \rangle_{0.95}=\left(37.-2.064\frac{3.5}{\sqrt{25}}\,;37.5+2.064\frac{3.5}{\sqrt{25}}\right)=(36.06\,;\,38.94)\text{psi}$$

이 결과를 예제 6.8의 값과 비교해보면 95%의 신뢰구간이 예제 6.8의 결과보다 더 넓어진 것을 알 수 있다. 그렇지만, 만약 표본크기 n이 25에서 120으로 증가된다면 상응하는 95%의 신뢰구간은 다음과 같다.

$$\langle \mu \rangle_{0.95}=\left(37.-1.980\frac{3.5}{\sqrt{120}}\,;37.5+1.980\frac{3.5}{\sqrt{120}}\right)=(36.87\,;\,38.13)\text{psi}$$ ◀

평균에 대한 편측 신뢰한계

위에서 설정한 신뢰구간은 모평균 μ의 값에 대하여 상하한 값으로 정의되므로 양측신뢰구간(two-sided confidence interval)이라 일컫어 진다. 하지만 실제 문제에서는 평균치의 하한 또는 상한값 만이 필요한 경우들이 있다. 이와 같은 경우 모평균에 관한 편측 신뢰한계(one-sided confidence limit)가 중요하다. 예를 들면, 재료강도, 또는 고속도로의 교통용량, 또는 하천 고수부의 용량 등의 경우에는 평균 μ의 하한이 주요 관심사가 된다.

이와 같은 목적으로 $<\mu)_{1-\alpha}$ 로 표현되는 $(1-\alpha)$ 하한 신뢰한계치는 모평균 μ가 $(1-\alpha)$의 확률을 가지는 이 한계치보다 크다는 것을 의미한다. 하한 신뢰한계치는 모집단 표준편차 σ가 알려져 있는지 여부에 따라 결정된다. 만약 σ를 사전에 이미 알고 있다면, 하한 한계치는 다음과 같이 통계량 $K=\dfrac{\overline{X}-\mu}{\sigma/\sqrt{n}}$의 표준 정규분포에 기초하여 얻을 수 있다.

$$p\left(\frac{\overline{X}-\mu}{\sigma/\sqrt{n}}\leqq k_{(1-\alpha)}\right)=(1-\alpha)$$

여기서, $(1-\alpha)$는 지정된 신뢰구간이며, $k_{(1-\alpha)}$는 $k_{(1-\alpha)}=\Phi^{-1}(1-\alpha)$에 의해 주어진 한계치이다. 위의 식을 다시 정리하면

$$P\left(\mu\geqq\overline{X}-k_{(1-\alpha)}\frac{\sigma}{\sqrt{n}}\right)=(1-\alpha)$$

이로부터 모평균 μ에 관한 $(1-\alpha)$ 하한 신뢰한계는 다음과 같이 된다.

$$< \mu)_{1-\alpha} = \left(\bar{x} - k_{(1-\alpha)}\frac{\sigma}{\sqrt{n}}\right) \tag{6.21}$$

하지만 만약 모분산 σ^2이 알려져 있지 않을 경우 표본 분산 s^2이 모분산 대신 사용되어야 한다. 그렇게 되면, 적절한 통계량은 $(n-1)$ 자유도의 t분모를 갖는 $T = \dfrac{\bar{x}-\mu}{\dfrac{s}{\sqrt{n}}}$이 될것이다. 그래서 $(1-\alpha)$ 하측신뢰한계는 다음과 같아진다.

$$< \mu)_{1-\alpha} = \left(\bar{x} - t_{1-\alpha,\, n-1}\frac{s}{\sqrt{n}}\right) \tag{6.22}$$

여기서 $t_{1-\alpha\,,\,n-1}$는 t 분포에 대한 $(1-\alpha)$의 확률의 한계 값이다.

▶ 예제 6.10 직경 1cm인 A36 강 시편 중에서 100개를 무작위로 뽑아 시험한 결과, 재료의 항복강도의 표본평균과 표본표준편차는 $\bar{x} = 2200\,\mathrm{kgf}$, $s = 220\,\mathrm{kgf}$로 산출되었다. 시방서 규정을 만족할 목적상, 제조회사는 평균항복강도의 95% 하한 신뢰한계를 정하도록 요구받고 있다. 표본 규모 $n = 100$은 합당한 크기이므로 모집단 표준편차 σ는 표본표준편차 $s = 220\mathrm{kgf}$에 의해 꽤 만족스럽게 나타내어진다고 가정하자.

그러면, $(1-\alpha) = 0.95$, $\alpha = 0.05$를 이용해서 표 A.1로부터 다음 값을 얻는다.

$$k_{0.95} = \Phi^{-1}(0.95) = 1.65$$

그러므로, 95%의 하한 신뢰한계치는

$$< \mu)_{0.95} = 2200 - 1.65\frac{220}{\sqrt{100}} = 2164\mathrm{kgf}$$

다시 말하면, 강재의 제조회사는 평균항복강도가 적어도 2,164kgf이고 이 값은 95%의 확률로 신뢰할 수 있다. ◀

▶ 예제 6.11 예제 6.10에서 만약 단지 15개의 시편(즉, $n = 15$)으로 똑같은 표본 평균과 표본 표준편차를 구했다면 이에 해당하는 95%의 하한신뢰한계치는 식 (6.22)로부터 다음과 같이 구할 수 있다.

부록 표 A.3으로부터 $(1-\alpha) = 0.95$의 확률의 한계치와 자유도 $f = 14$에 대한

$T_{0.95,14} = 1.761$를 얻을 수 있다. 그러므로 모평균의 95%의 하한 신뢰한계치는 다음과 같다.

$$<\mu)_{0.95} = \left(2200 - 1.761\frac{220}{\sqrt{15}}\right) = 2100\text{kgf}$$ ◀

반대로 모평균의 상한신뢰한계치가 관심이 되는 상황이 있을 수 있다. 예를 들어 건물의 설계에서 풍하중을 결정할 때는 평균 풍하중의 상한 신뢰한계가를 사용하는게 적절하다. 이와 유사하게 하천이 범람할 때는 하천의 평균 최대유량의 상한한계치에 관심이 있을 것이다. 이와 같은 경우에는 당연히 μ에 관한 상한신뢰한계치에 관심을 둔다. 식 (6.21)의 경우와 똑같은 과정을 바탕으로 $(1-\alpha)$ 상한 신뢰한계(upper confidence limit)는(모분산 σ^2이 알려져 있는 경우) 다음과 같이 구해진다는 것을 보여줄 수 있다.

$$(\mu >_{1-\alpha} = \left(\bar{x} + k_{1-\alpha}\frac{\sigma}{\sqrt{n}}\right) \tag{6.23}$$

반면에 만약 모분산이 알려져 있지 않은 경우 이에 해당하는 $(1-\alpha)$상한신뢰한계는 식 (6.22)와 같이 t 분포에 바탕을 두어야 하고 다음과 같이 구해진다.

$$(\mu >_{1-\alpha} = \left(\bar{x} + t_{1-\alpha,\,n-1}\frac{s}{\sqrt{n}}\right) \tag{6.24}$$

만약 바탕이 되고 있는 모집단이 정규분포를 가진다면, 모평균 μ 에 관한 식 (6.19)와 식 (6.20)에 주어진 신뢰구간과 식 (6.21)에서 식 (6.24)까지의 편측 신뢰한계치는 정확하다고 강조할 수 있다. 그렇지만 실용적 목적상 표본 크기가 상당한 크기 이상(예컨대 $n > 20$)이면 중심극한정리에 의해 이들 결과는 정규분포가 아닌 분포(non-Gaussian)의 모집단에도 적용 될 수 있다. 이러한 이유로 인해, 기본 모집단의 분포에 관계없이 앞의 식들은 모평균 μ의 신뢰구간과 편측 신뢰한계치를 최소한 근사하게 구하는데 이용될 수 있다.

▶ 예제 6.12 표 E 6.12는 메릴랜드 주 모노캐씨강의 저그교 지점에서 측정한 25개의 강우량과 그에 따른 유출량의 기록이다(Linsley와 Franzini, 1964로부터 발췌).

여기서,

$X =$ 강우량

$Y =$ 유출량

이라고 각각의 표본평균과 표본분산은 다음과 같다.

$$\bar{x}=\frac{53.89}{25}=2.16\text{in},\ s_X^2=\frac{1}{24}\left[153.39-25(2.16)^2\right]=1.53\ ,\ s_X=1.24\text{in}$$

그리고,

$$\bar{y}=\frac{20.05}{25}=0.80\text{in},\ s_Y^2=\frac{1}{24}\left[24.68-25(0.80)^2\right]=0.36\ ,\ s_Y=0.60\text{in}$$

위의 표본정보를 가지고 평균강우량 μ_X에 대한 99%의 신뢰구간을 얻을 수 있다. $f=24$의 자유도를 가지고 부록 표 A.3에서 한계치 $t_{0.005\,,\,24}=-2.797$과 $t_{0.995\,,\,24}=2.797$을 구하면, 평균강우량에 대한 신뢰구간을 다음과 같이 구할 수 있다.

$$\langle\mu_X\rangle_{0.99}=\left(2.16-2.797\frac{1.24}{\sqrt{25}}\ ;\ 2.16+2.797\frac{1.24}{\sqrt{25}}\right)=(1.47;2.85)\text{in}$$

유출량의 경우 평균유출량 μ_Y의 상한 신뢰한계에 보다 더 관심이 있을 것이다. 그러므로 식 (6.24)에 의해 다음과 같이 99%의 상한신뢰한계치를 구할 수 있다.

표 E6.12 강우량과 유출량

강우번호	X=강우량(in.)	Y=유출량(in.)
1	1.11	0.52
2	1.17	0.40
3	1.79	0.97
4	5.62	2.92
5	1.13	0.17
6	1.54	0.19
7	3.19	0.76
8	1.73	0.66
9	2.09	0.78
10	2.75	1.24
11	1.20	0.39
12	1.01	0.30
13	1.64	0.70
14	1.57	0.77
15	1.54	0.59
16	2.09	0.95
17	3.54	1.02
18	1.17	0.39
19	1.15	0.23
20	2.57	0.45
21	3.57	1.59
22	5.11	1.74
23	1.52	0.56
24	2.93	1.12
25	1.16	0.64

부록 표 A.3에서 $f=24$의 자유도를 가지고 $t_{0.99\,,\,24}=2.492$를 구하면, 평균 유출량의 상한 신뢰한계치를 구할 수 있다.

$$\langle \mu_Y \rangle_{0.99} = \left(0.80 + 2.492\frac{0.60}{\sqrt{25}}\right) = 1.10\text{in}$$ ◀

표본크기의 결정

표본 데이터의 크기 n는 분명히 가설 검증(hypothesis testing)에서 그리고 신뢰구간의 결정에서 매우 중요한 것이다. 식 (6.18)에서 모평균 μ의 $(1-\alpha)$ 신뢰구간에 대해 신뢰구간의 절반은 $k_{(1-\alpha/2)}\dfrac{\sigma}{\sqrt{n}}$ 이라는 것을 알 수 있다. 또한 $\dfrac{\sigma}{\sqrt{n}}$는 표본평균의 표준편차이고 그러므로 $k_{(1-\alpha/2)}\dfrac{\sigma}{\sqrt{n}}$는 표본평균 $\overline{x}$의 반구간목(half width)은 표본 표준편차의 수임을 알 수 있다. 고로, 모분산 σ^2가 알려져 있을 경우, 미리 지정된 반구간목 길이 w와 함께 모평균의 $(1-\alpha)$ 신뢰구간에 필요한 표본 크기 n는 다음 식으로부터 얻을 수 있다.

$$k_{(1-\alpha/2)}\frac{\sigma}{\sqrt{n}} = w$$

이로부터 요구된 표본 크기는

$$n = \frac{1}{w^2}\left(\sigma k_{(1-\alpha/2)}\right)^2 \tag{6.25}$$

여기서 w는 표본평균의 표준편차에 의해 표현되는 반구간목이다. 식 (6.25)로부터 표본크기 n은 미리 지정된 반구간목에 역으로 증가하고, 또한 그것은 지정된 $(1-\alpha)$ 신뢰수준에 따라 증가한다는 것을 알 수 있을 것이다.

▶ 예제 6.13 시가지에서 평균 차량속도를 결정할 목적으로 차량의 속도를 속도감시계(Lazes gun)로 측정했다. 동일한 제한속도를 가진 시가지에서 차량속도의 표준편차는 3.58kph이다. 차량의 평균속도를 99%의 신뢰도로 ±1kph(시간당 km)이내로 구하고자 한다. 관측의 표본크기는 얼마나 되어야 하는가?

$w=1.0$이면 부록 표 A.1로부터 $k_{0.995}=\Phi^{-1}(0.995)=2.58$를 구할 수 있다. 그래서 식 (6.25)로부터 요구되는 표본크기는

$$n = \frac{1}{(1.0)^2}(3.58 \times 2.58)^2 = 85.3 \text{ 또는 } 86$$

그러나 만약 반구간목을 $w = 0.5$의 폭으로 줄이고자 한다면 동일 신뢰수준에 대해 요구되는 표본크기는 다음과 같이 증가 할 것이다.

$$n = \frac{1}{(0.5)^2}(3.58 \times 2.58)^2 = 341.2 \text{ or } 342$$ ◀

식 (6.25)에서는 모분산이 알려져 있다고 가정했다. 만약 모분산을 모른다면 s^2으로 추정해야 한다. 그리고 적절한 통계량은 t분모로 다음과 같다.

$$T = \frac{\overline{X} - \mu}{s / \sqrt{n}}$$

이 경우에 w의 미리 지정된 반폭으로 표시된 $(1-\alpha)$의 신뢰구간에 필요한 표본크기 n은 다음과 같다는 것을 보일 수 있다.

$$n = \frac{1}{w^2}(s \cdot t_{1-\alpha/2,\, n-1})^2 \tag{6.26}$$

여기서 $t_{1-\alpha/2,\, n-1}$는 $(n-1)$의 자유도를 가진 부록 표 A.3의 t 분포에서 $(1-\alpha/2)$의 확률에서의 변량 값이다.

식 (6.26)에서 $t_{1-\alpha/2,\, n-1}$는 n의 함수임을 알 수 있다. 그러므로, n의 해를 구하기 위해서는 시행착오(trial and error)방법이 필요할 것이다.

6.4.2 비율의 신뢰구간

비율 p(발생 확률)에 대한 신뢰구간은 다음과 같이 유도 할 수 있다. 먼저, 식 (6.9)를 참조하여 다음 관계를 살펴보자.

$$E(\hat{P}) = E\left(\frac{1}{n}\sum_{i=1}^{n} x_i\right) = \frac{1}{n}\sum_{i=1}^{n} E(x_i)$$

그런데

$$E(X_i) = 1(p) + 0(1-p) = p$$

이므로

$$E(\hat{P}) = \frac{1}{n}(np) = p \tag{6.27}$$

표본 평균 $\hat{p}$은 p의 p비편향 추정값이다. 그리고 $\hat{P}$의 분산은

$$Var(\hat{P}) = \frac{1}{n^2}\sum_{i=1}^{n} Var(X_i) = \frac{1}{n^2}\sum_{i=1}^{n}[E(X_i^2) - E^2(X_i)]$$

여기서

$$E(X_i^{\,2}) = 1^2(p) + 0^2(1-p) = p$$

그러므로

$$Var(\hat{P}) = \frac{1}{n^2}n(p-p^2) = \frac{p(1-p)}{n} \tag{6.28}$$

n이 큰 경우에는 중심극한정리에 의해 $\hat{P}$는 근사적으로 정규분포가 될 것이다. 더구나, 식 (6.28)의 분산은 다음 식에 의해 근사적으로 표시 될 수 있다.

$$Var(\hat{P}) = \frac{\hat{p}(1-\hat{p})}{n} \tag{6.28a}$$

여기서 $\hat{p}$는 p의 표본 추정값이다. 위의 식에 기초하여 다음 식과 같은 표현을 정식화 할 수 있다.

$$P\left(k_{\alpha/2} < \frac{\hat{p}-p}{\sqrt{\hat{p}(1-\hat{p})/n}} < k_{(1-\alpha/2)}\right) = (1-\alpha)$$

이로부터 p의 $(1-\alpha)$ 신뢰구간을 구하면

$$\langle p \rangle_{1-\alpha} = \left(\hat{p} + k_{\alpha/2}\sqrt{\frac{\hat{p}(1-\hat{p})}{n}}\ ;\ \hat{p} + k_{(1-\alpha/2)}\sqrt{\frac{\hat{p}(1+\hat{p})}{n}}\right) \tag{6.29}$$

여기서 $k_{\alpha/2} = -\Phi^{-1}(1-\alpha/2)$, $k_{(1-\alpha/2)} = \Phi^{-1}(1-\alpha/2)$ 이다.

▶ 예제 6.14 어떤 도로포장공사에서 노반(subgrade)의 다짐정도를 제어하기 위해서 50개의 공시체를 준비하여 시험했다. 50개의 공시체 표본 중 3개가 CBR 요구기준에 못 미치게 다짐되어 있는 것이 발견되었다.

시험결과를 기초로(CBR 요구기준을 만족시키는) 다짐이 성공적인 노반의 비율을 추정하면

$$\hat{p} = \frac{47}{50} = 0.94$$

즉, 완공된 도로포장에 대한 노반의 94%는 다짐이 잘 되었다고 생각할 수 있다. 더구나 잘 다져진 포장의 비율의 95% 신뢰구간은 식 (6.29)에 따라 $k_{0.025} = -\Phi^{-1}(0.975) = -1.96$, $k_{0.975} = \Phi^{-1}(0.975) = 1.96$을 이용하면 다음과 같다.

$$\langle p \rangle_{0.95} = \left(0.94 - 1.96\sqrt{\frac{0.94(1-0.94)}{50}}\ ;\ 0.94 + 1.96\sqrt{\frac{0.94(1-0.94)}{50}}\right)$$
$$= (0.938\ ; 0.942)$$ ◀

6.4.3 분산의 신뢰구간

6.2.2절에서 모집단이 가우시안분포이면 확률변수 $\frac{(n-1)s^2}{\sigma^2}$는 식 (6.18)에서 기술한 바와 같이 자유도 $f = (n-1)$를 가지는 χ^2분포(chi-square distribution)이다. 이를 기초로 모분산 σ^2에 대한 $(1-\alpha)$ 신뢰구간은 다음의 확률적 표현으로 정식화할 수 있다.

$$P\left(c_{\alpha/2\,,\,n-1} < \frac{(n-1)s^2}{\sigma^2} \leqq c_{1-\alpha/2\,,\,n-1}\right) = (1-\alpha)$$

이로부터 다음과 같이 σ^2에 대한 $(1-\alpha)$ 신뢰구간을 구할 수 있다.

$$\langle \sigma^2 \rangle_{1-\alpha} = \left[\frac{(n-1)s^2}{c_{1-\alpha/2\,,\,n-1}}\ ;\ \frac{(n-1)s^2}{c_{\alpha/2\,,\,n-1}}\right] \tag{6.30}$$

여기서 s^2은 식 (6.3)의 표본분산이고 $c_{\alpha/2\,,\,n-1}$, $c_{1-\alpha/2\,,\,n-1}$는 각각 부록 표 A.4에서 도표화 되어 있는 $(n-1)$ 자유도를 가진 $\alpha/2$, $(1-\alpha/2)$의 확률에서의 χ^2 확률변수 값들이다.

식 (6.30)은 양측 신뢰구간(two-side confidence interval)에 대한 것이다. 상응하는 편측신뢰한계도는 다음과 같이 유도할 수 있다. 하한$(1-\alpha)$ 신뢰한계치에 대해서,

$$< \sigma^2)_{1-\alpha} = \frac{(n-1)s^2}{c_{1-\alpha\,,\,n-1}} \tag{6.31}$$

이에 반해서 상응하는 상한$(1-\alpha)$의 신뢰한계치는 다음과 같다.

$$(\alpha^2 >_{1-\alpha} = \frac{(n-1)s^2}{c_{\alpha\,,\,n-1}} \tag{6.32}$$

모분산의 경우 주어진 상황에 따라 하한 경계값이나 상한 경계값에 더 많은 관심을 가져야 한다. 따라서, 식 (6.31)과 식 (6.32)의 둘 중 하나는 식 (6.30)보다 더 유용하게 쓰일 수 있다.

▶ **예제 6.15** 예세 6.12에서 보노캐씨강의 유출량에 대한 표본 분산이 25회의 강우로부터 0.36 in으로 추정되었다. 강의 유출량에 대해서 모집단 분산의 상한 95% 신뢰한계치를 (표 A.4에서$c_{0.05\,,\,24}=13.848$ 를 찾은후) 구하였다.

$$(\sigma^2)_{0.95}=\frac{(25-1)(0.36)}{13.848}=0.634\,\mathrm{in}^2$$

그러므로 표준편차의 상한 95% 신뢰한계치는 $\sqrt{0.624}=0.790\,\mathrm{in}^2$이다. ◀

▶ 6.5 계측이론

모수추정을 위해 그리고 신뢰구간의 결정을 위해 개발된 기법들이 응용되는 주요 분야 중의 하나로는 측량이나 사진측량과 같은 계측이론 문제를 들 수 있다. 계측이 포함된 문제에서는 동일한 양을 반복적으로 계측한 표본으로부터 궁극적으로는 고정된(그러나 미지의)양을 추정해야 한다. 그러한 문제들은 표본 평균을 가지고 미지의 모평균을 추정하는 문제와 유사하다.

이를테면 두 점 사이의 물리적 거리 δ를 측정할 때 동일한 거리를 여러 번 반복측정(말하자면 n회)해서 표본크기 n을 구성하는 것으로 간주할 수 있다. 측정한 값들의 크기 n의 표본 측정치* $d_1, d_2, \cdots, d_n$ 로부터 (미지의)참거리 δ를 추정하는 것이 목표이다. 이런 관점에서 δ는 모평균 μ와 유사하다. 그러므로 6.2절과 6.4절에서 제시된 방법들은 표기와 용어가 바뀌는 것은 제외하고 계측이론의 문제에 직접 이용할 수 있다. 즉, 참거리 δ의 점 추정은 곧 표본평균이다.

$$\bar{d}=\frac{1}{n}\sum_{i=1}^{n}d_i \tag{6.33}$$

이 경우에는 일련의 계측 $d_1, d_2, \cdots, d_n$ 는 독립된 표본확률변수 $D_1, D_2, \cdots, D_n$ 로부터 표본치의 특정 집합인 것이다. 그래서 δ의 추정자도 역시 확률변수이다.

---

* 관측된 측정치들은 일반적으로 체계적 오차(systematic error)와 무작위 오차(random error)를 내포한다. 여기서, 모든 계측은 체계적 오차에 대해 보정되어 있는 것으로 가정하였다.

$$\overline{D} = \frac{1}{n}\sum_{i=1}^{n} D_i \tag{6.34}$$

기대치 $E(\overline{D}) = \delta$이므로, 식 (6.34)는 참거리 δ의 비편향 추정자이다. 반면에 $\overline{D}$의 분산은 $Var(\overline{D}) = \frac{s^2}{n}$이다. 이때

$$s^2 = \frac{1}{n-1}\sum_{i=1}^{n}(d_i - \overline{d})^2$$

이것은 표본 계측치의 집합의 표본분산이다.

계측 이론에서 $\overline{D}$의 표준 편차 $\sigma_{\overline{D}} = \frac{s}{\sqrt{n}}$는 표준 오차(standard error)로 알려져 있다. 독립 확률변수 $D_1, D_2, \cdots, D_n$ 는 정규분포로 가정한다.

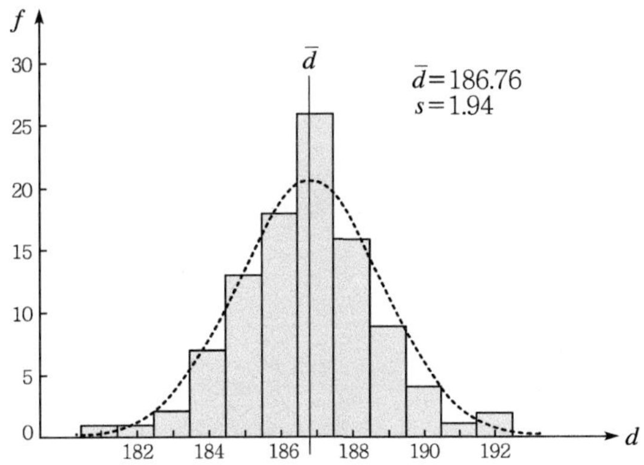

그림 6.9 히스토그램과 측정거리의 $N(\overline{d}\,, s)$분포

이것은 그림 6.9와 같이 계측된 거리의 관측치로 입증된다. 확률변수 $\frac{\overline{D}-\delta}{s/\sqrt{n}}$은 자유도 $(n-1)$ 인 t 분포를 가지므로, δ 에 관한 $(1-\alpha)$ 신뢰구간은 다음 식으로 구한다.

$$\langle\delta\rangle_{1-\alpha} = \left(\overline{d} + t_{\alpha/2\,,\,n-1}\frac{s}{\sqrt{n}}\;\;;\;\;\overline{d} + t_{1-\alpha/2,\,n-1}\frac{s}{\sqrt{n}}\right) \tag{6.35}$$

여기서 $t_{1-\alpha/2\,,\,n-1}$는 자유도가 $(n-1)$ 인 $(1-\alpha/2)$의 확률에서 식 (6.13)의PDF를 가지는 확률변수 T의 값이다. 이 값은 표 A.3 에서 찾을 수 있고, t 분포의 대칭이기 때문에 $t_{\alpha/2} = -t_{1-\alpha/2}$이다.

▶ 예제 6.16 측지기준점 A, B 사이의 직선거리를 전자식 측거기를 사용하여 측정한다. 각각 10회의 반복된 독립적인 거리측정을 통해 다음과 같은 결과를 얻었다.

$$\begin{aligned} d_1 &= 45,479.4\,\mathrm{m} & d_6 &= 45,479.2\,\mathrm{m} \\ d_2 &= 45,479.6\,\mathrm{m} & d_7 &= 45,479.6\,\mathrm{m} \\ d_3 &= 45,479.3\,\mathrm{m} & d_8 &= 45,479.5\,\mathrm{m} \\ d_4 &= 45,479.5\,\mathrm{m} & d_9 &= 45,479.3\,\mathrm{m} \\ d_5 &= 45,479.8\,\mathrm{m} & d_{10} &= 45,479.1\,\mathrm{m} \end{aligned}$$

그러므로 추정거리는

$$\bar{d} = \frac{1}{10}\left(\sum_{i=1}^{10} d_i\right) = \frac{1}{10}(45,479.4 + ... + 45,479.1) = 45,479.43\,\mathrm{m}$$

측정거리의 분산은

$$s^2 = \frac{1}{9}\sum_{i=1}^{10}\left[(d_i - \bar{d})^2\right] = 0.0445\,\mathrm{m}^2 \text{ 그리고 } s = 0.21\mathrm{m}$$

그러므로 추정거리의 표준오차는

$$\sigma_{\overline{D}} = \frac{s}{\sqrt{n}} = \frac{0.21}{\sqrt{10}} = 0.0664\mathrm{m}$$

또한 식 (6.35)을 이용하여 실제거리 δ의 90% 신뢰구간을 구할 수 있다. 자유도 $f = n - 1 = 9$을 가지고 부록 표 A.3에서 구한 $t_{0.95\,,\,9} = 1.833$를 이용하여 다음과 같이 구할 수 있다.

$$\begin{aligned} \langle \delta \rangle_{0.90} &= \left[45479.43 - 1.833\left(\frac{0.21}{\sqrt{10}}\right)\ ;\ 45479.43 + 1.833\left(\frac{0.21}{\sqrt{10}}\right)\right] \\ &= (45479.31 : 45479.55)\mathrm{m} \end{aligned}$$

◀

하나 또는 다수 개의 거리(혹은 다른 기하학적인 차원들)로 이루어진 함수에 대해 그 함수는 평균 측정거리를 기초로 계산된다. 즉, 만약 ζ가 크기가 k인 거리 $\delta_1, \delta_2, \ldots\ldots, \delta_k$의 함수라면

$$\zeta = g(\delta_1, \delta_2, \cdots, \delta_k) \tag{6.36}$$

여기서 참거리 $\delta_1, \delta_2, \ldots\ldots, \delta_k$는 필연적으로각각의 평균측정치 $\overline{d_1}, \overline{d_2}, \cdots, \overline{d_k}$ 에 의해 추정되어야 한다. 그렇다면 ζ의 추정자는 식 (4.50)의 일차 근사식을 이용해서

얻을 수 있다.

$$\bar{\zeta} = g(\overline{D_1}, \overline{D_2}, \cdots, \overline{D_k}) \tag{6.37}$$

그래서 이것의 평균치는

$$\mu_{\bar{\zeta}} \simeq g(\overline{d_1}, \overline{d_2}, \ldots, \overline{d_k}) = \zeta \tag{6.38}$$

그리고 식 (4.51a)를 기초로한 분산은

$$\sigma_{\bar{\zeta}}^2 \simeq \sum_{i=1}^{k} \left(\frac{\partial \bar{\zeta}}{\partial \overline{D_i}} \right)^2 \sigma_{\overline{D_i}}^2 \tag{6.39}$$

$\bar{\zeta}$를 식 (6.38)에 따른 평균 ζ와 식 (6.39)에서 주어진 표준오차 $\sigma_{\bar{\zeta}}$를 가진 정규분포로 가정하면 ζ에 대한 $(1-\alpha)$신뢰구간을 구할 수 있다.

$$< \zeta >_{1-\alpha} = \left(\bar{\zeta} + k_{\alpha/2} \sigma_{\bar{\zeta}} \ ; \ \bar{\zeta} + k_{(1-\alpha/2)} \ \sigma_{\bar{\zeta}} \right) \tag{6.40}$$

이때 $k_{(1-\alpha/2)} = \Phi^{-1}(1-\alpha/2)$ 이고 $k_{\alpha/2} = -k_{(1-\alpha/2)}$ 이다.

▶ 예제 6.17 그림 E6.17에 보인 바와 같은 사각형의 토지를 생각해 보자. 사각형의 각각의 치수를 여러 차례 측정하여 다음과 같은 값을 얻었다.

길이	독립된 측정횟수	평균측정치, $\overline{d_i}$	표본분산, s_i^2
D	9	60m	0.81m^2
B	4	70m	0.64m^2
C	4	30m	0.32m^2

토지면적의 95%신뢰구간을 구하기 위해 사각형의 면적은

$$A = (B + C)D$$

식 (6.37)에 따라 토지면적은

$$\overline{A} = (\overline{B} + \overline{C})\overline{D}$$

각각의 평균측정치수를 이용하여 추정면적을 구하면

$$\overline{A} = (70 + 30)60 = 6000\,\text{m}^2$$

식 (6.39)에 따라 추정자 $\overline{A}$의 분산은

$$\sigma^2_{\overline{A}} = \overline{D^2}\sigma^2_{\overline{B}} + \overline{D^2}\sigma^2_{\overline{C}} + (\overline{B}+\overline{C})^2\sigma^2_{\overline{D}}$$

$$= (60)^2\left(\frac{s_B^2}{4}\right) + (60)^2\left(\frac{s_C^2}{4}\right) + (100)^2\left(\frac{s_D^2}{9}\right)$$

$$= (60)^2\left(\frac{0.64}{4}\right) + (60)^2\left(\frac{0.32}{4}\right) + (100)^2\left(\frac{0.81}{9}\right)$$

$$= 3600(0.16) + 3600(0.08) + 10000(0.09) = 1764\,\mathrm{m}^4$$

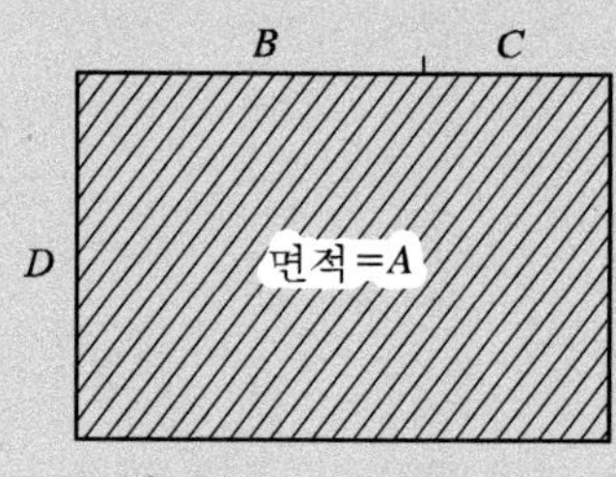

그림 E6.17 사각형 토지

따라서 면적 A의 표준오차는 $\sigma_{\overline{A}} = 42\,\mathrm{m}^2$이다.

마지막으로 식 (6.40)을 이용하여($k_{0.025} = -1.96$, $k_{0.975} = 1.96$을 가지고) 면적 A의 95% 신뢰구간을 구할 수 있다.

$$< A_{0.95} > = (6000 - 1.96 \times 42;\ 6000 + 1.96 \times 42)$$
$$= (5916.9;\ 6183.1)\mathrm{m}^2$$
◀

▶ 6.6 결론 및 요약

실제 현상을 모형화하는 경우 확률변수의 확률분포 형태는 물리적 고찰을 기초로 이론적으로 유도하거나, 관측자료를 기초로 경험적으로 추정할 수 있다. 후자는 제7장의 주제이다. 그렇지만 분포모델의 모수 또는 확률변수의 주요 인자(평균치와 분산)은 실제 현상에서 반드시 경험적으로 연관되어야 한다. 따라서 실제의 자료를 토대로 한 추정이 필수적이고 실제의 응용을 위해 요구되고 있다. 본장에서는 모수추정의 필수적인 통계방법인 점추정과 구간추정의 두 가지 유형을 제시하였다.

점추정의 통상적인 방법은 적률법(method of moments)과 최대우도법(method of maximum likelihood)이다. 적률법은 해당 표본적률을 통해서 먼저 확률변수의 (평균이나 분산 같은)적률을 평가함으로써 간접적으로 모수를 추정하는 방법이고, 반면에 최대우도법은 직접적으로 모수의 추정자를 유도하는 방법이다.

분명 제한적이거나 유한한 표본을 토대로 해서 모집단의 모수를 추정하고자 할 때 추정의 오차는 불가피 하다. 그러한 표본오차는 인식적 불확실성(epistemic uncertainty)의 한 가지 요소를 구성한다. 고전적 추정법에서 그러한 오차는 모수의 점추정치에는 포함되지 않는다. 이 추정자들은 특정 변수나 가설검증을 통해 지정된 값이나 기설정된 표준값에 따라 검증된다. 또는 기설정된 확률(또는 신뢰도)이내에서 참모수를 포함하는 적당한 신뢰구간에 의해서 표현될 수 있다. 이들 오차를 고려하는 대안으로서 제9장의 주제인 추정을 위한 베이지안(Bayesian) 접근법이 있다.

연습문제

6.1 한 빌딩의 기초공사에 사용된 80톤 하중을 견디는 말뚝 100개가 있다. 이러한 9개의 시험말뚝을 이용하여 임의의 지반에 올려놓은 후, 각 말뚝이 파괴가 일어날 때까지 하중을 가했다. 결과는 다음과 같다.

시험 말뚝	말뚝 저항치(톤)
1	82
2	75
3	95
4	90
5	88
6	92
7	78
8	85
9	80

(a) 이 지역에 사용된 각 말뚝의 표준편차와 평균편차를 구하시오.

(b) 유의수준이 5%일 때, 9개의 말뚝의 결과를 수용할 수 있는가? 즉, 저항치의 평균값이 80톤인 영가설과 편측가설시험을 수행하라.

(c) 모집단의 표준편차 $\sigma = s$ 라고 가정할 때, 저항치의 평균값에 대한 98%의 신뢰구간을 구하시오.

(d) 분산을 모를 경우 저항치의 평균값에 대한 98%의 신뢰구간을 구하시오.

6.2 고속도로에서 자동차의 평균속도를 연구하고 있다.

(a) 50대의 자동차가 평균 65mph를 가지고, 자동차 속도의 표준편차가 6mph라고 가정해라. 그리고 평균속도의 양방향 99%의 신뢰구간을 구해라.

(b) (a)에서, 99%의 신뢰구간에 대해 ±1mph 이내로 측정될 수 있는 평균속도를 관측한 자동차의 대수가 몇 대인가?

(c) 갑과 을이 고속도로에서 자동차의 속도측정 데이터를 수집한다고 가정하자. 그 후 한 사람당 10대의 자동차를 관측했을 때, 갑의 평균이 을의 평균을 2mph만큼 초과할 확률은 얼마인가?

(d) 각 한 사람이 100대의 자동차를 관측한다고 가정하고 (c)의 답을 구해라.

6.3 통계적으로 10년 동안 하천에서 강으로 흐르는 양이 연간 최대라고 가정하자.

평균 = $\bar{x}$ = 10,000 cfs

분산 = $s^2 = 9 \times 10^6 (\text{cfs})^2$

(a) 연평균 하천량이 최대일 때, 양측 90% 신뢰구간을 구하여라. 또, 정규 모집단을 가정하라.(Ans. 8261, 11739)

(b) 90%신뢰구간에서 연평균최대 하천량이 ±1000 cfs 이내라고 가정하면, 몇 년동안 하천량을 관찰해야 하는가? 그리고 약 $9 \times 10^6 (\text{cfs})^2$를 가진 표본분산을 가정하라.

6.4 5개의 말뚝을 파괴될 때까지 하중을 가했다. 이때 하중은 말뚝이 파괴될 조짐이 보였을 때 측정하였다. 시험 결과는 다음과 같다.

시험말뚝	실제저항치 A	예측저항치 P	$N = A/P$
1	20.5	13.6	
2	18.5	20.4	
3	10.0	8.8	
4	15.3	14.3	
5	26.2	22.8	

각 말뚝의 용량은 위에 나타난 값들을 바탕으로 한 이론적 모형에 의해 결정된다. 그리고 위의 "N"은 실제 말뚝 용량과 예측 말뚝 용량의 비율이다.

(a) 각 시험 말뚝의 N값들을 구하여라.

(b) N의 평균과 분산을 구하여라(Ans. 1.154, 0.048).

(c) N 평균의 95%신뢰도를 결정하라(Ans. 0.881, 1.427).

(d) 90%의 신뢰도를 가지고 ±0.02의 오차범위 내

에서 N 평균을 구하기 위해 몇 개의 말뚝을 시험해야 하는가? N의 분산이 0.045라고 가정해라. (Ans. 300)

(e) N을 (b) 문제에서 계산된 평균과 분산의 임의의 변수라고 가정해라. 그리고 다른 영역의 말뚝이 15톤의 모형으로 용량이 결정되었다고 가정하자. 말뚝이 12톤의 하중으로 인해 파괴될 확률은 얼마인가?

6.5 어느 한 구조물의 콘크리트를 28일 후 코어작업을 시행했다. 다음은 5개 시편의 압축강도를 나타낸 값이다.

4142, 3405, 3402, 4039, 3372psi

(a) 콘크리트 평균강도의 90% 양측 신뢰구간을 결정하라.

(b) (a)문제에서 계산된 신뢰구간이 너무 넓고, 콘크리트 강도가 ± 300psi로 계산된 신뢰구간이 필요하다고 가정하자. 보통은 같은 신뢰구간을 유지하기 위해 더 많은 콘크리트 시편이 필요하지만, 콘크리트 시편의 추가없이 했을 경우, 위에서 주어진 5개 측정값을 기초로 한 특정구간과 관련된 신뢰수준 얼마인가?

(c) 최소압축강도가 3500psi 만큼 필요하다면, 2%의 유의수준에서 편측가설시험을 수행해라.

6.6 어느 한 트럭이 강교량에 도달하기 전, 중량측정소에서 과적차량으로 단속되었다.

(a) 표본평균 12.5톤의 트럭이 30대가 있다고 가정하고, 트럭무게의 표준편차가 3톤이라고 가정한다면, 트럭 평균무게의 양면 99% 신뢰구간은 얼마이겠는가?

(b) (a)문제에서, 트럭의 추가 대수를 구하시오(트럭의 평균무게는 신뢰구간 99%의 ±1톤내에서 측정된다.)

6.7 파고(H)의 분포는 레이리어 PDF에 의해 형성되고 있다.

$$f_H(h) = \frac{h}{\sigma^2} \cdot e^{-\frac{1}{2}(h/a)^2} \qquad h \geq 0$$

파고 높이가 다음과 같이 측정되었다.

1.5, 2.8, 2.5, 3.2, 1.9, 4.1, 3.6, 2.6, 2.9, 2.3m

최대가능도(MLE)에 의한 α은 얼마이겠는가?

6.8 지난 10일동안 강하류지역에서 DO(Dissovled Oxygen)를 측정하였다.

(a) EPA(Environmental Protection Agency)가 요구하는 최소용존산소량이 2.0mg/l라고 가정하자. 유의수준 5%에서 하천 수질이 EPA에 만족하는지 결정할 가설시험을 수행하라.

Day	DO(mg/l)
1	1.8
2	2
3	2.1
4	1.7
5	1.2
6	2.3
7	2.5
8	2.9
9	1.9
10	2.2

(b) DO의 농도가 $N(\mu, \sigma)$인 정규분포를 가지고 있다. μ와 σ를 결정하라.

(c) DO의 평균농도에 대한 95% 신뢰구간을 결정하라.

6.9 어느 한 라디오타워의 높이가 L, 수직각이 β이다.

(a) L을 다음과 같이 3번 측정하였다. 측정거리와 표준오차를 결정하라(Ans. 124.30 ft; 0.0577ft)
124.30, 124.20 and 124.40ft

(b) 각 β를 다섯 번 측정하였다. 측정각과 표준오차를 결정하라(Ans. 40° 25'; 0.164')
40° 24.6' , 40° 25.0', 40° 25.5',
40° 24.7', 40° 25.2'

(c) 타워높이 H를 측정하라(단, 도구의 길이는 표준편차 0.01ft를 가지는 3ft라고 가정하라.)

(d) 측정된 타워 높이의 표준오차, σ_H를 계산하라.

(e) 타워의 실제 높이에 대한 98%의 신뢰구간을 결정해라.

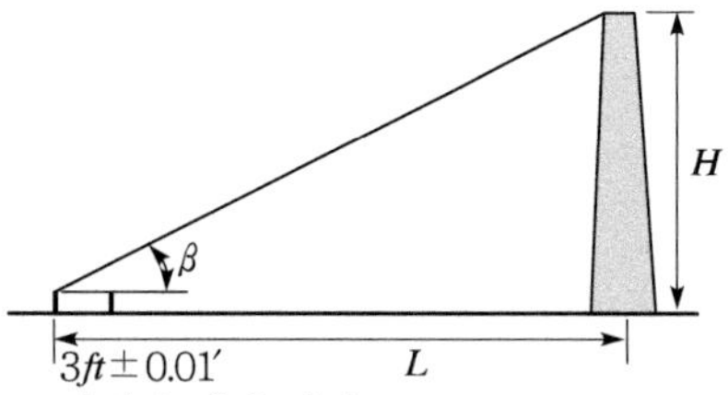

타워 높이의 결정

6.10 다음과 같이 안지름과 바깥지름을 측정하였다.

바깥 반지름 : r_0 = 2.5, 2.4, 2.6, 2.6, 2.4cm

안쪽 반지름 : r_i = 1.6, 1.5, 1.6, 1.4, 1.4cm

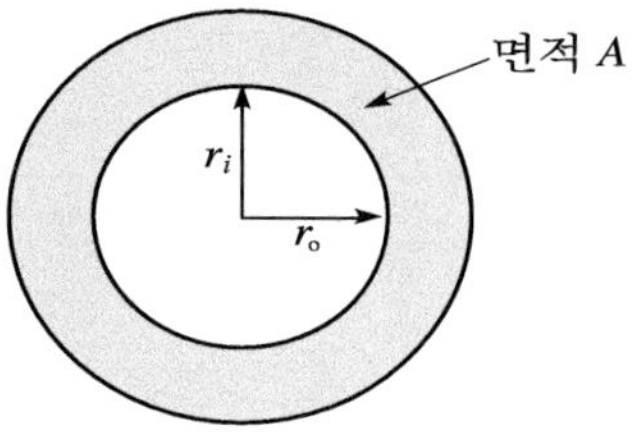

원형링의 면적

(a) 각각 안쪽과 바깥쪽 반지름을 측정하고, 표준오차를 구하여라.

(b) 위에서 측정한 반지름 값들의 평균치를 이용하여 위 그림의 음영부분의 면적을 구할 수 있다. 즉, 그 면적은 얼마인가? (Ans. 12.57cm^2)

$$\overline{A} = \pi(\overline{r_0^2} - \overline{r_i^2})$$

(c) 측정된 면적의 표준오차를 결정하라(Ans. 0.819 cm^2)

(d) 99% 신뢰구간의 ±0.07cm 내에서 표본평균 r_0를 결정한다면, 얼마를 측정해야 하는가?(Ans. 12)

6.11 아래 그림과 같이 면적 A의 두 선의 길이와 그 길이 사이의 각을 측정하였다. 미지수들을 각각 β, d_1, d_2라 하고, 측정한 결과는 다음과 같다.

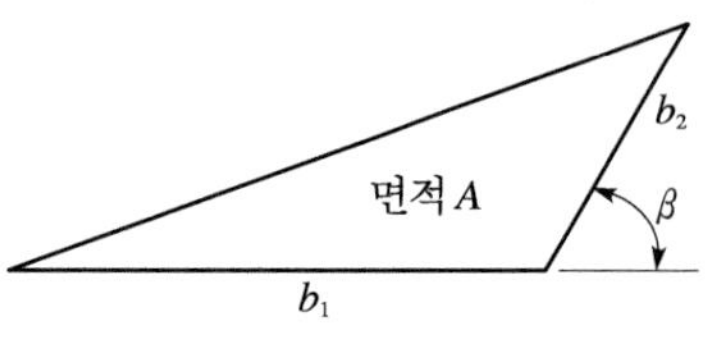

b_1, m	b_2, m	βin° and'
120.4	89.8	60° 20'
119.8	89.6	60° 10'
120.2	90.4	59° 45'
120.3	90.2	59° 35'
119.6	89.5	60° 5'
120.1		59° 50'
119.7		
119.4		

(a) 위 그림의 b_1, b_2, β를 구하여라.

(b) 각각의 표준오차를 구하여라.

(c) 일차근사값에 의한 표준오차를 구하라.

(d) 90% 신뢰구간을 결정하라.

6.12 아래 그림과 같이 a와 b의 길이를 가진 직각삼각형 모양의 토지가 있다.

a, m	b, m
80.5	121.4
79.9	120.6
80.2	120.3
80.1	120.1
79.6	120.2
80.8	

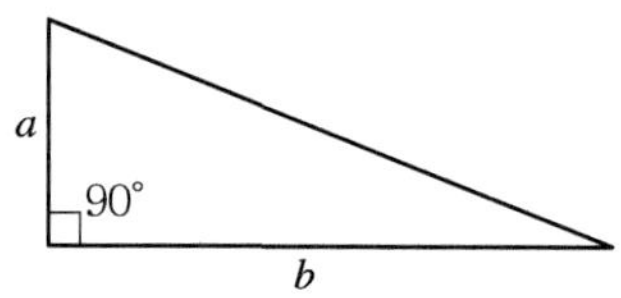

(a) 위 삼각형의 면적을 구하시오.

(b) 위 면적의 표준오차를 구하시오.

(c) 실제면적의 95% 신뢰구간을 결정하라.

(d) 회귀분석(7장참조)에 의해, 토지(land)의 기회비용은 다음과 같이 정할 수 있다.

E(C | A) = 10,000 +15A (in $)

A의 단위는 m^{2}이며, C의 조건부 표준편차는 다음과 같이 정할 수 있다.

$$s_{C \mid A} = 20{,}000 \text{ (in \$)}$$

정규분포를 따른다고 가정하고, 토지비용이 $90.000를 초과할 수 있는 확률이 얼마인가?

6.13 어느 차량의 연비는 공장에 따라 틀릴 수 있다. 다음 표는 동일한 차량 10대를 복합도시와 일반도로에서 시험한 결과이다.

차량	연비
1	35mpg
2	40
3	37
4	42
5	32
6	43
7	38
8	32
9	41
10	34

(a) 위 차량들 중 특정 모델의 표본평균과 표준편차를 구하시오.

(b) 위 모델들 중 한 모델의 연비가 35mpg이다. 유의수준 2%를 가지고 위에 명시된 연비에 대한 가설시험을 수행하라.

(c) 실제 연비에 대한 95%의 신뢰구간을 결정하라.

▶ 참고문헌

Freund, J. E., *Mathematical Statistics*, Prentice- Hall, Englwood Cliffs, New Jersey, 1962.

Hald, A., *Stastistical Theory and Engineering Applications*, J. Wiley and Sons, Inc., New York 1965.

Hoel, P.G., *Introduction to Mathematical Statistics*, 3rd Ed., J. Wiley and Sons, Inc., Inc., New York, 1962.

Linsley, R.K and Franzini, J.B., Water Resources Engineering McGraw-Hill Book Co., New York, 1964, p.68.

CHAPTER 7

확률분포모형의 경험적 결정법

7.1 서 론

일반적으로, 무작위현상(random phenomenon)을 나타내기에 알맞은 확률분포 모형은 알려져 있지 않다. 즉, 확률분포의 범함수적 형태 같은 것은 정의 되어 있지 않다. 어떤 조건하에서는 무작위 현상에 내재되어 있는 물리적 과정의 바탕이나 성질이 구하고자 하는 분포의 형태를 제시하기도 한다. 예를 들면, 어떤 과정이 많은 개 개요소의 영향들이 모여서 된 것일 경우는 중심극한정리에 바탕을 두고 정규분포를 선택하는 것이 적합할 것이며, 반면 물리적 과정의 극단적인 상태가 관심사라면, 극치분포(extreme-value distributions)가 적절한 모형이 될 것이다 (7.4절 참조).

하지만, 많은 경우, 구하고자 하는 확률분포를 순전히 경험적으로 관측 자료에 근거하여 구해야 할 필요가 있을 수 있다. 예를 들면 일년의 자료로부터 빈도 분포도를 만들 수 있다면 구하고자 하는 분포모형은 측정한 밀도함수를 해당 빈도 분포도와 시각적으로 비교하여 추출할 수 있다(제1장의 예 참조). 다른 방법으로는(아래 7.2절에 설명되어 있듯이) 이용 가능한 자료를 특정 확률분포를 나타내기 위해 마련된 확률지상(probability paper)에 점찍어 표시할 수 있다. 여러가지 확률지 중 어느 하나에서 자료점들이 근사적으로 일직선의 추세를 나타낸다면 이 확률지의 분포가 적절한 분포모형이라고 여길 수 있다.

경험적인 방법으로 구하거나 이론적인 바탕 위에 개발된 확률분포는 적합도

(goodness-of fit) 검정으로 알려진 통계적 검정법에 비추어서 확인 될 수 있다. 더 나아가 2개 이상의 분포가 바람직한 확률분포 모형으로 여겨질 수 있을 때 이러한 검정은 각 분포의 상대적 타당성의 정도를 분별하는데 이용될 수 있다. 일반적으로 흔히 사용되는 2개의 적합도 검정방법은 χ^2(chi-square)검정과 K-S(Kolmogorov-Smirnov) 검정이 있다. 분포의 꼬리가 중요할 때 쓰이는 세 번째 검정방법은 A-D(Anderson -Darling)검정이다.

실제 응용에서 적절한 확률분포의 선택은 수학적인 취급의 용이성과 편리함에 의해 좌우된다. 예를 들면 정규분포가 가진 수학적 간결성과 광범위한 유용성(확률표) 때문에 정규분포나 대수정규분포가 불확정한 문제를 모형화하기 위해 사용된다. 때로는 모형에 대한 명확한 근거가 없는 경우에도 종종 사용되기도 한다. 임의로 전제된 분포에서 유도된 확률정보는 상대적 비교를 위할 경우에는 유용할 수 있다. 그렇지만 분포의 형태가 중요하고 가용한 데이터가 충분한 경우에는 이 장에서 기술하는 방법들에 따라 그 분포를 결정해야 한다.

▶ 7.2 확률지

관측된 실험 데이터와 그 누적빈도(또는 확률)를 플롯트하기 위한 그래프용지를 확률지라고 한다. 확률지는 특정 확률분포와 직접 관련되도록 만들어진다. 즉 확률분포가 다르면 그에 상응하는 확률지도 달라진다. 확률지는 고려되는 분포의 누적확률과 관련 변량값 사이에 그래프가 직선이 되게끔 하는 방식으로 변형된 확률축척을 사용하여 작성된다. 예를 들면 균등분포인 경우에 누적분포함수는 변량값과 선형적인 관계를 가지므로 이 분포를 나타내기 위한 확률지는 변량값과 관련 누적확률(0과 1.0 사이)의 양쪽에 산술축척을 사용하여 작성된다. 그러나 그 밖의 분포의 경우는 직선 관계를 얻기 위해서는 누적확률에 대한 특별한 축척이 필요하다.

7.2.1 유용성과 플롯트위치

어떤 확률지에든 관측 자료를 도시할 수 있다. 일련의 자료 값은 적절한 누적확률에서 플롯트되어야한다. 관측값과 누적확률로 구성된 이러한 자료점을 확률지상의 플로팅위치라고 한다. 각 자료점의 플롯트위치는 아래와 같이 결정된다.

N개의 관측치 $x_1, x_2, \cdots, x_n$로 구성된 집합이 있다면 관측치를 작은 것에서 큰 것

순으로 배열했을 때 m번째의 값은 누적확률 $m/(N+1)$로 플롯트된다.

이러한 플로팅 위치는 모든 확률지에 적용된다. 그 이론적 기초는 Gumbel(1954)이 제시한 것이다. $(m-1/2)/N$과 같은 플로팅 위치도 있는데, 이 방법은 Hazen (1930)이 제안한 것이고 이것도 널리 사용되어 왔다. 그러나 이 플로팅 위치는 이론적으로 약간의 문제가 있다. 특히, N개의 관측치가 있을 때 $(m-1/2)/N$의 확률을 가진 이 플로팅 위치는 최대 관측치에 대해 N의 올바른 값 대신 $2N$의 재현기간이 되도록 하는 모순을 야기하게 된다(Gumbel, 1954). 이 이외에도 다른 플로팅위치들이 제안되어 왔으나(예를 들면, Kimball 1946), 현재 $m/(N+1)$보다 이론적으로나 계산의 단순성에 있어서 더 나은 방법은 없어 보인다.

확률지의 유용성은 한 세트의 관측자료로부터 나온 빈도곡선을 가시적으로 단순히 묘사할 수 있다는 점이다. 특정 확률지 상에 플롯트된 표본자료군의 선형성(선형의 경향) 여부는 그 기저 모집단의 분포가 확률지가 대표하는 분포와 동일한지를 판별하는 근거로 사용될 수 있다. 따라서 확률지는 그 기저 모집단의 가능 분포형을 설정하거나 알아내기 위해 흔히 사용된다. 다음 절에서는 여러 가지 확률지의 작성에 대해 설명한다. 특히 7.2.2절과 7.2.3절에서는 일반적으로 사용되는 두 종류의 확률지, 즉 정규확률지와 대수정규확률지의 작성법과 응용예를 설명한다. 7.2.4절에서는 기타 다른 분포에 관계되는 확률지의 작성법에 대하여 기술한다.

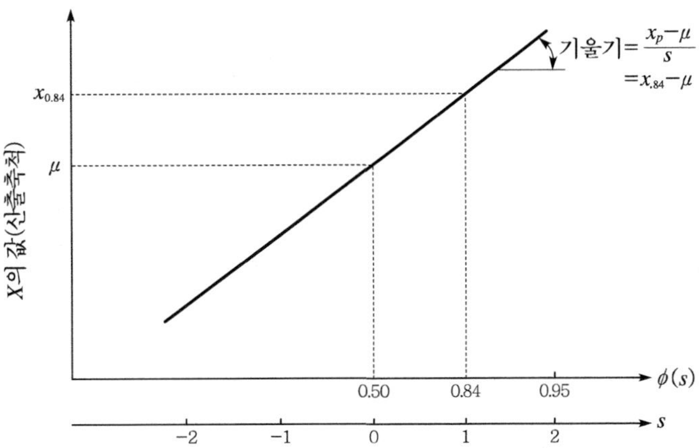

그림 7.1 정규분포확률지의 작성

7.2.2 정규분포확률지

정규(또는 가우시안)확률지는 다음과 같이 표준정규분포에 기초를 두고 작성된다.

- 산술척으로 되어 있는 하나의 좌표축은 그림 7.1에서와 같이 변량 X의 값을 나타낸다.
- 다른 한 좌표축은 두 종류의 평행한 축척으로 구성된다. 이중에 산술척으로 된 하나는 표준정규 확률분포 변량 s의 값을 나타내며, 반면에 다른 하나는 그림 7.1에 나타낸 바와 같이 s의 값에 대응하는 누적확률 $\Phi(s)$를 나타낸다.

확률분포 $N(\mu,\sigma)$를 가진 정규변량 X는 이 확률지 상에 $X=\mu$와 $\Phi(S)$=0.50를 지나며 $(x_p-\mu)/s)$ 구배를 가진 일직선으로 나타난다. 여기서 x_p는 확률 p에 대한 변량의 값이다. 특히 $p=0.84$일 때 $s=1$이고 구배는 $(x_{0.84}-\mu)$이다.

어떤 자료군이든지 정규확률지상에 플롯트할 수는 있다. 하지만, 앞의 7.2.1절에서 설명한 플롯팅 위치에 플롯트된 데이터점들로 형성되는 그래프가 선형성이지 않을 때, 이는 변량의 기저분포가 정규분포가 아니라는 것을 의미한다. 반대로 이 정규확률지상에 플롯트된 데이터점들을 통해 그려진 직선은 적어도 관측치의 범위 내의 직선이거나 근사적으로 직선에 대한 특정 정규분포를 나타낸다.

▶ 예제 7.1 표 E7.1에는 강판의 파괴인성치 K_{IC} 데이터가 주어져 있다. 측정된 파괴인성치는 오름차순으로 재배열 되어 있다.

그림 E7.1에서 보여주듯이 파괴인성치 K_{IC} 와 해당 누적확률이 정규분포 확률지에 플롯트되어 있다. $N=26$에 대한 파괴인성치 K_{IC}의 값이 $m/(N+1)$의 해당 누적확률에 플롯트된 것이다.

그림 E7.1에 나타낸 직선은 데이터점을 지나도록(시각적으로) 그린 것이다. 여기서 평균값은 $\mu_{K_{lc}}=77\text{ksi}\sqrt{\text{in}}$ 임을 알 수 있다. 또한 동일한 직선으로부터 확률 84%에 대한 K_{IC}의 값이 81.6인 것도 알 수 있다.

따라서 표준편차는 $\sigma'_{K_{lc}}=81.6-77=4.6\text{ksi}\sqrt{\text{in}}$ 이다.

표 E7.1 강판의 파괴인성치(Kies 외, 1965)

m	K	$ml(N+1)$	m	K	$ml(N+1)$
1	69.5	0.0370	2	71.9	0.0741
3	72.6	0.1111	4	73.1	0.1418
5	73.3	0.1852	6	73.5	0.2222
7	74.1	0.2592	8	74.2	0.2963
9	75.3	0.3333	10	75.5	0.3704
11	75.7	0.4074	12	75.8	0.4444
13	76.1	0.4815	14	76.2	0.5185
15	76.2	0.5556	16	76.9	0.5926
17	77.0	0.6296	18	77.9	0.6667
19	78.1	0.7037	20	79.6	0.7407
21	79.7	0.7778	22	79.9	0.8148
23	80.1	0.8518	24	82.2	0.8889
25	83.7	0.9259	26	93.7	0.9630

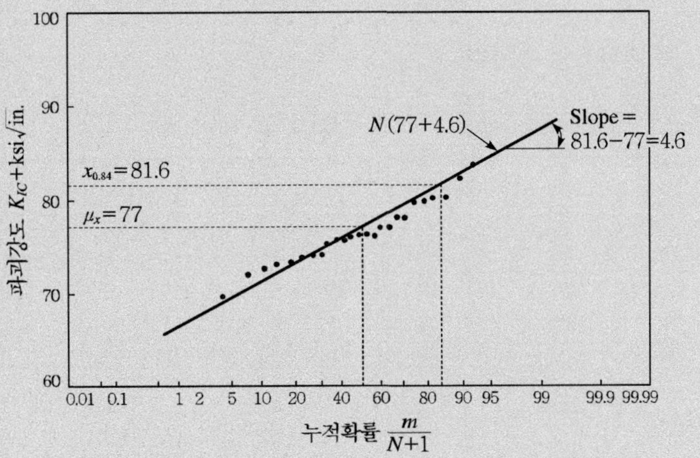

그림 E7.1 정규분포확률지 상에 플롯트된 강판의 파괴강도 ◀

7.2.3 대수정규분포확률지

대수정규확률지는 정규분포확률지 위의 변량 χ의 값을 산술축척에서 대수축척으로 바꿈으로서 얻을 수 있으며, 그 결과는 그림 E7.2과 같다. 이때 표준정규 확률변량은 다음 식과 같이 된다.

$$S = \frac{\ln X - \lambda}{\zeta} = \frac{\ln X - \ln \chi_m}{\zeta}$$

여기서 χ_m은 X의 중앙값이다.

대수정규 모집단으로부터 얻어진 관측 데이터는 대수정규 확률지 상에 선형성향을 가지고 플롯트 되어야 하고, 데이터점을 통해 직선이 그려질 수 있어야 한다. 이 직선상에서 중앙값 χ_m은 0.50 누적확률에 대응하는 변량값으로 구할 수 있으며, 반면에 ζ(또는 변동계수 COV)는 이 직선의 기울기로서 다음과 같이 주어진다.

$$\zeta = \frac{\ln(\chi/\chi_m)}{s}$$

반대로, $m/(N+1)$의 누적확률 플로트된 N개의 관측치 가운데서 m번째값의 데이터점이 선형성을 보여주지 않으면, 그 모집단은 대수정규는 아닌 것이다.

▶ 예제 7.2 MIG 용접부의 파괴인성치에 관한 자료가 표 E7.2에 있다. 인성치 값이 표 E7.2의 2열과 5열에 오름차순으로 배열되어 있고 상응하는 플롯팅 위치 $m/(N+1)$은 3열과 6열에 있다.

표 E7.2 MIG 용접의 파괴인성치(Kies 외, 1965)

m	K	$\frac{m}{(N+1)}$	m	K	$\frac{m}{(N+1)}$
1	54.4	0.05	2	62.6	0.10
3	63.2	0.15	4	67.0	0.20
5	70.2	0.25	6	70.5	0.30
7	70.6	0.35	8	71.4	0.40
9	71.8	0.45	10	74.1	0.50
11	74.1	0.55	12	74.3	0.60
13	78.8	0.65	14	81.8	0.70
15	83.0	0.75	16	84.4	0.80
17	85.3	0.85	18	86.9	0.90
19	87.3	0.95			

그림 E7.2의 대수정규분포확률지 상에 플롯트된 데이터점들이 선형성향을 나타낸다는 것을 볼 수 있다. 따라서 그림 E7.2에서 보여주듯이 데이터점들을 지나도록 그린 직선은 중앙값 74ksi $\sqrt{\text{in}}$, 변동계수 12%의 대수정규 분포임을 나타낸다.

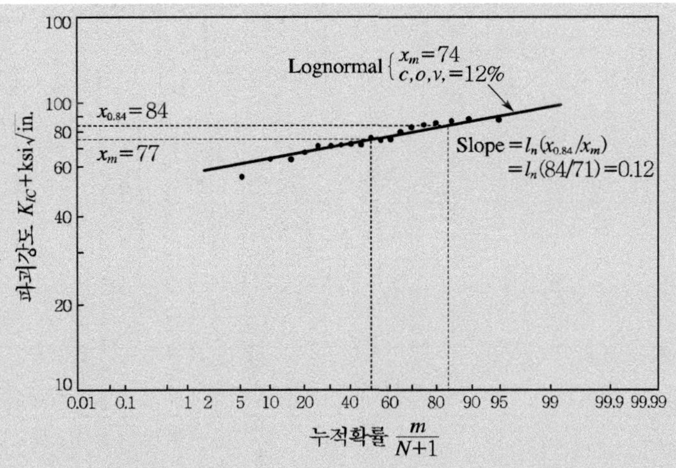

그림 E7.2 대수정규확률지 상에 플롯트된 용접부의 파괴인성값 ◀

▶ 예제 7.3 앞의 예제 6.12에서 기술한 모노캐씨강의 강우와 유출데 대한 데이터를 표 E7.3에 오름차순으로 정리하였다. 강우 X에 대한 그림 E7.3a와 유출 Y에 대한 그림 E7.3b에는 각각 상응하는 데이터점을 대수정규확률지상에 각각 플롯트하였다.

표 E7.3 모노캐씨강의 강우와 유출데이터

m	강우X(in)	유출Y(in)	$\frac{m}{(N+1)}$	m	강우X(in.)	유출Y(in.)	$\frac{m}{(N+1)}$
1	1.01	0.17	0.038	2	1.11	0.19	0.077
3	1.13	0.23	0.115	4	1.15	0.33	0.192
5	1.16	0.39	0.192	6	1.17	0.39	0.231
7	1.17	0.40	0.269	8	1.20	0.45	0.308
9	1.52	0.52	0.346	10	1.54	0.56	0.385
11	1.54	0.59	0.423	12	1.57	0.64	0.462
13	1.64	0.66	0.500	14	1.73	0.70	0.538
15	1.79	0.76	0.577	16	2.09	0.77	0.615
17	2.09	0.78	0.654	18	2.57	0.95	0.692
19	2.75	0.97	0.731	20	2.93	1.02	0.769
21	3.19	1.12	0.808	22	3.54	1.24	0.846
23	3.57	1.59	0.885	24	5.11	1.74	0.923
25	5.62	2.92	0.962				

이들 두 그래프를 근거로 하여 강우의 분포는 대수정규가 아니라고 결론지을 수 있고, 반면에 그림 E7.3b에서 보면 유출은 모수 $\lambda_Y = \ln 0.66 = 0.42$, $\zeta_Y = 0.79$을 가지는 대수정규분포로 모델링 할 수 있다.

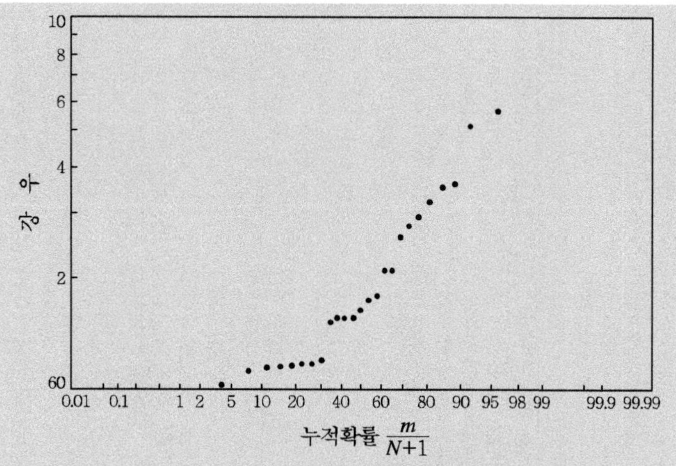

그림 E7.3a 대수정규분포확률지 상에 플롯트된 강우

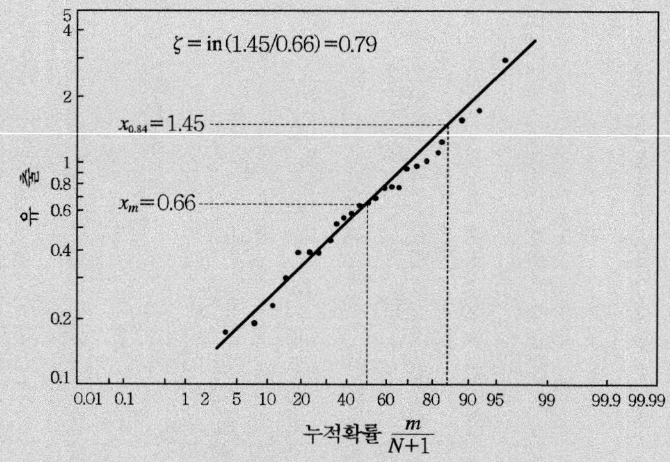

그림 E7.3b 대수정규분포확률지 상에 플롯트된 유출

이러한 정규분포, 대수정규확률지는 구매해서 사용이 가능하다.

7.2.4 일반확률지의 작성법

기타 일반적인 확률분포에 대해서도 확률지를 작성할 수 있다. 주어진 분포에 대해 해당 확률지는 변량의 값들과 대응하는 누적확률 값들이 적절한 확률지 상에 직선으로 나타나게끔 작성되어야 한다. 역으로, 어떤 특정 확률지상의 직선은 특정 모수 값을 가진 해당분포를 의미한다. 이러한 목적 때문에 확률지는 분포의 모수 값과는 무관하게 작성되어야 한다. 주어진 분포에 적합한 표준변량을 이용하여 그렇게 작성할 수 있다.

앞의 2절에서는 정규분포 확률지와 대수 정규분포 확률지의 작성법과 응용 예를 설명하였다. 다음 예제에서 그 밖의 분포에 대해서도 이와 같이 확률지를 작성할 수 있다는 것을 설명할 것이다.

지수분포 확률지의 작성 – 이제 지수확률 분포의 확률지를 작성해 보자. 이 분포의 PDF는 다음과 같다.

$$\begin{aligned} f_X(x) &= \lambda e^{-\lambda(x-a)} \quad ; \quad x \geqq a \\ &= 0 \ ; \qquad\qquad\quad x < a \end{aligned}$$

여기서 λ 모수이고 a는 X의 하한치이다. 이 경우 표준변량은 $S = \lambda(X-a)$이다. 식(4.6)에 의하여 S의 밀도함수는

$$\begin{aligned} f_S(s) &= f_X\left(\frac{s}{\lambda}+a\right)\left|\frac{1}{\lambda}\right| = e^{-s} \quad ; \quad s \geqq 0 \\ &= 0 \ ; \quad s < 0 \end{aligned}$$

이에 대응하는 CDF는 $F_S(s) = 1 - e^{-s} \quad ; \quad s \geqq 0$

이상의 결과에 바탕을 두고 다음과 같이 지수확률지를 작성할 수 있다.

- 좌표축의 한쪽(예컨대, 수평축)에는 표준변량 s의 축척을(산술 척도로) 기입하고 또한 동일 축 또는 평행한 축에 위의 $F_s(s)$에 따라서 대응하는 누적확률을 기입한다.
- 다른 한쪽의 수직 좌표축은 산술축으로 변량 X의 값을 나타낸다.

표 7.1 이동지수분포확률지에 대한 격자 선 위치

s	$F_S(s)$	s	$F_S(s)$	s	$F_S(s)$
0.11	0.10	1.20	0.70	3.00	0.95
0.22	0.20	1.39	0.75	3.10	0.955
0.36	0.30	1.61	0.80	3.22	0.96
0.51	0.40	1.90	0.85	3.35	0.965
0.69	0.50	2.30	0.90	3.51	0.97
0.80	0.55	2.53	0.92	3.69	0.975
0.92	0.60	2.66	0.93	4.20	0.98
1.05	0.65	2.81	0.94	4.61	0.985
					0.99

도해적 설명을 위해 s와 $F_S(s)$의 구체적 값들을 표 7.1에 요약하여 계산해 놓았다. 표 7.1의 s 값들에 $F_S(s)$를 플롯트하기 위해 격자선을 그렸다. 결과적으로 그림 7.2와 같이 구하고자 하는 확률지를 얻을 수 있다.

이 확률지는 정(正, +)의 구배를 가진 이동 지수분포를 나타내며 이때 횡축과의 교점이 a이고 그 구배는 $1/\lambda$이다.

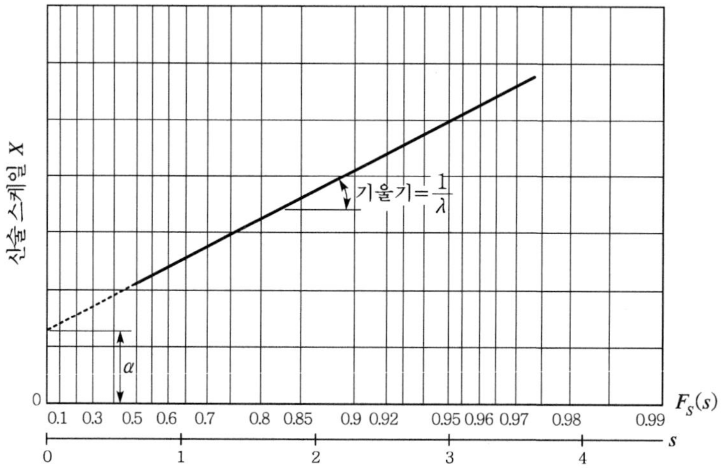

그림 7.2 지수분포확률지의 작성

▶ 예제 7.4 지수분포 모집단에서 추출된 표본값들은 지수확률지상에서 직선으로 플롯되어야 한다. 이것을 설명하기 위하여 표 E7.4와 같은 가상 자료군을 생각하자. X의 m번째 관측치와 이에 대응하는 플롯팅위치 $m/(N+1)$은 그림 E7.4 에 플롯트되어 있다. 그림 E7.4에서 데이터점들을 지나는 직선으로부터 최소값 a=150과 기울기 1/λ=2000/2.69=743의 추정치를 얻는다. 그래서 모수 λ=0.001346이다.

표 E7.4 지수분포로부터의 표준값

X	m	$\frac{m}{(N+1)}$	X	m	$\frac{m}{(N+1)}$	X	m	$\frac{m}{(N+1)}$
200	1	0.024	1635	37	0.902	952	30	0.756
201	2	0.049	559	21	0.512	1844	38	0.927
203	3	0.073	909	28	0.683	952	31	0.756
212	5	0.122	408	17	0.415	1427	36	0.878
248	7	0.171	2497	39	0.951	306	11	0.268
389	16	0.390	774	24	0.585	787	25	0.610

1331	35	0.854	946	29	0.707	254	8	0.195
1031	33	0.805	2781	40	0.976	772	23	0.561
208	4	0.098	308	12	0.293	842	27	0.659
226	6	0.146	274	9	0.220	981	32	0.780
289	10	0.244	531	19	0.463	1122	34	0.829
543	20	0.488	460	18	0.439	611	22	0.537
360	15	0.366	791	26	0.634	332	13	0.317
						343	14	0.341

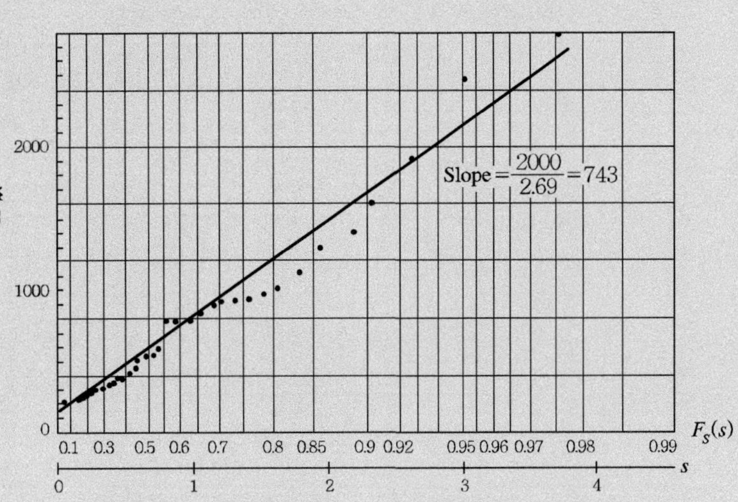

그림 E7.4 지수분포확률지 상에 플롯트된 X의 표본값 ◀

지수분포의 경우에는 다음이 성립한다.

$$1-F_X(x)=e^{-\lambda x} \quad \text{또는} \quad \ln[1-F_X(x)]=-\lambda x$$

그러므로 한쪽 수평 좌표축 상에는 대수축척으로 $[1-F_X(x)]$를, 그리고 다른 쪽 수직 좌표축 상에는 산술축척으로 X를 나타냄으로써 $[1-F_X(x)]$와 X간의 그래프는 이 확률지상에서 기울기 λ의 직선이 된다. 이 확률지상에서 표본자료들은 플로팅 위치 $[1-m/(N+1)]$ 에 플롯트되어야 한다.

Gumbel 확률지 – 점근형 극치분포 중의 하나는 Gumbel 분포로 알려진 Type I 분포이다(제4장 참조). 최대치 분포에 관한 그 CDF는 다음 식과 같은 이중지수함수로 주어진다.

$$F_X(x) = \exp[-e^{-\alpha(x-u)}] \qquad -\infty < x < \infty$$

여기서 u와 α는 모수이다. 이 분포를 위한 표준변량은 다음과 같다.

$$S = \alpha(X - u)$$

그리고 그 CDF는 다음과 같이 정의 된다.

$$F_S(s) = \exp(-e^{-s})$$

표 7.2 Gumbel분포 확률지 작성에 대한 격자선 위치

s	$F_S(s)$	s	$F_S(s)$
−2.0	0.0006	2.5	0.921
−1.5	0.011	3.0	0.951
−1.0	0.066	3.5	0.970
−0.5	0.192	4.0	0.982
0	0.368	4.5	0.989
0.5	0.545	5.0	0.993
1.0	0.692	5.5	0.996
1.5	0.800	6.0	0.998
2.0	0.873	7.0	0.999

표 7.2에 요약되어 있듯이 s의 구체적인 값들과 이에 대응하는 확률 $F_S(s)$의 값이 계산되었다. 그러면 이와 같이 도표화된 확률값들은 Gumbel 확률지를 작성하기 위해 다음과 같이 사용될 수 있다.

- 그림 7.3에서와 같이 한 쪽 좌표축에 대수축척으로 s의 값을 스케일하고 이에 관련되는 누적확률 $F_S(s)$를 동일축(혹은 평행축)에 스케일한다.
- 그림 7.3에서 보듯이 다른 쪽 수직축은 변량 X의 값을 산술축척으로 나타낸 것이다.

그 결과는 Gumbel 확률지로도 알려진 Type I 극치 확률지이다. 반면에 이 확률지 상의 직선은 특정한 Type I 점근형 극치분포를 나타낸다. 그림 7.3에 나타낸 바와 같이 이 직선상에서 $s = 0$ 또는 $F_S(s) = 0.368$에서 X의 값은 특성치 u이고, 반면에 직선의 기울기는 $1/\alpha$이다.

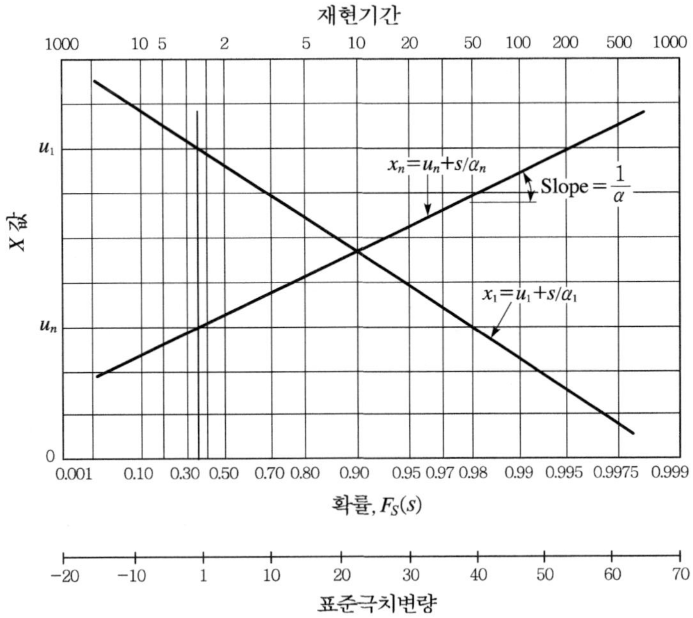

그림 7.3 Gumbel 확률지 작성

▶ 예제 7.5 표 E7.5는 1932년부터 1962년까지 31년간 측정된 캘리포니아 지역의 연간 최대 규모 강진 발생 자료를 보여주고 있다. 또한 이 표에는 그림 E7.5에서 보여주는 Gumbel 확률지 상에 데이터를 플롯트 하기 위한 위치도 보여주고 있다. 이 그림으로부터($S=0$에서의) 모수 $u=5.7$과 그래프의 기울기 $1/\alpha = \dfrac{8-5.7}{4.6-0} = 0.50$ 또는 $\alpha = 2.00$를 결정할 수 있다.($S=0$에서)

표 E7.5 캘리포니아의 년간 최대강진규모(1932-1962)

m	mag, x	$\frac{m}{(N+1)}$	m	mag, x	$\frac{m}{(N+1)}$	m	mag, x	$\frac{m}{(N+1)}$
1	4.9	0.031	11	5.8	0.344	21	6.2	0.656
2	5.3	0.063	12	5.8	0.375	22	6.2	0.688
3	5.3	0.094	13	5.8	0.406	23	6.3	0.718
4	5.5	0.125	14	5.9	0.438	24	6.3	0.750
5	5.5	0.156	15	6.0	0.469	25	6.4	0.781
6	5.5	0.188	16	6.0	0.500	26	6.4	0.813
7	5.5	0.218	17	6.0	0.531	27	6.5	0.844
8	5.6	0.250	18	6.0	0.562	28	6.5	0.875
9	5.6	0.281	19	6.0	0.594	29	7.1	0.906
10	5.6	0.313	20	6.0	0.625	30	7.1	0.938
						31	7.1	0.969

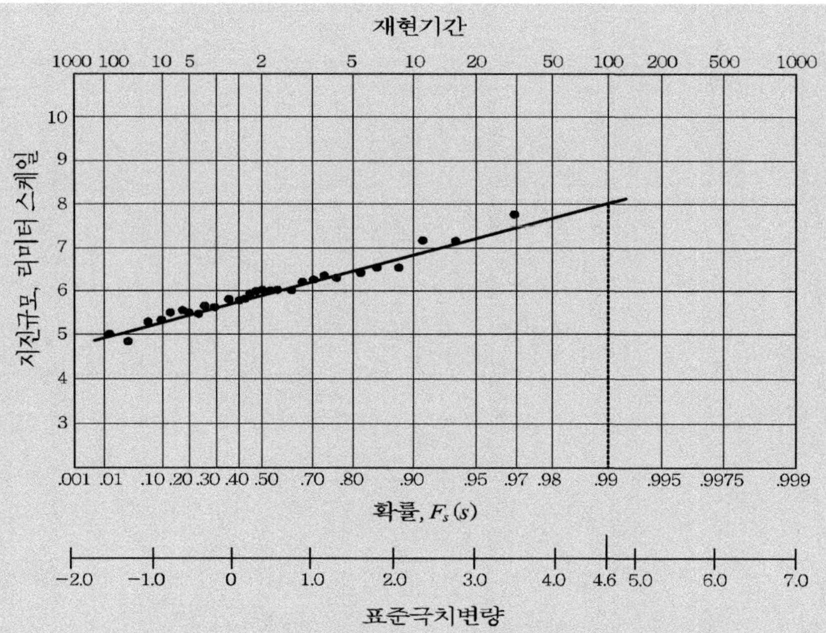

그림 E7.5 Gumbel 확률지 상에 플롯트된 년간 최대강진

▶ 7.3 가정한 분포의 적합도 검정

주어진 확률지상에 플롯트된 가용자료를 근거로 하거나 히스토그램의 형상에 대한 가시적 검사를 통하여 분포모형의 타당성은 통계적인 적합도(goodness-of-fit)검정에 의해 확인되거나 기각 될 수 있다. 그러한 검정에 유용한 3가지 방법에는 χ^2(chi-square)검정과 K-S(Kolmogorov-Smirnov)검정, 그리고 A-D(Anderson-Darling)검정이 널리 사용되고 있다. 두 개 (혹은 그 이상의) 분포가 적절한 모형으로 보일 때 검정방법을 통해 가정된 분포 모형들 사이의(또는 모형들 중에) 상대적 우월성을 결정할 수 있다. A-D검정은 특히 확률분포의 꼬리부분이 중요할 때 유용하게 사용된다.

7.3.1 분포모형의 타당성을 위한 χ^2검정

기저 모집단을 모델링하기 위하여 확률변수의 관측치 n개의 표본과 가정된 확률분포를 고려해 보자. χ^2 적합도 검정은 변량의 k개의 값(혹은 k개의 구간)에 관한 관측빈도수 n_1, n_2, ……, n_k 와 가정한 이론 분포모형에서 얻은 이론빈도수 e_1, e_2,

$\cdots, e_k$를 비교한다. 이 비교의 적합성을 평가하기 위한 근거로는 다음과 같은 변량 분포가 사용된다.

$$\sum_{i=1}^{k}\frac{(n_i-e_i)^2}{e_i}$$

이 변량은 $n\to\infty$로 감에 따라 자유도($f=k-1$)인 χ^2분포에 접근한다(Hoel, 1962). 그렇지만 이론모형의 모수가 미지수여서 가용한 데이터로부터 추정되어야만 할 경우에는 추정이 되어야 할 모든 미지의 모수 각각에 대하여 자유도 f가 1씩 감소되어야만 한다.

상기한 것을 토대로 만약 어떤 가정한 분포가 다음 식을 만족시킨다면

$$\sum_{i=1}^{k}\frac{(n_i-e_i)^2}{e_i}< c_{1-\alpha,f} \tag{7.1}$$

가정한 이론 분포는 유의수준 α의 적합한 모형이다. 이때, $c_{1-\alpha,f}$는 누적확률 $(1-\alpha)$에 대한 χ_f^2 분포의 임계값이다. 반면에, 식 (7.1)이 만족되지 않는 경우에는 가정된 분포는 유의수준 α에서 관측자료에 의해 입증되지 못한 것이다. $c_{1-\alpha f}$의 값들은 부록 표 A.4에 도표화 하였다.

적합도를 구하기 위하여 χ^2검정법을 적용할 경우에는 일반적으로 $k\geq 5$, $e_i\geq 5$가 되도록 함이 좋다.

▶ 예제 7.6 어떤 관측소에서 66년간에 걸쳐 극심한 호우를 기록해 왔다고 하자. 이 기간 동안에 관측된 극심한 호우의 빈도는 다음과 같다.

20년간은 호우가 없었으며, 6년간은 년 3회,
23년간은 년 1회, 2년간은 년 4회,
15년간은 년 2회

그 관측소에 기록된 년간 호우 발생수에 대한 히스토그램을 그리면 그림 E7.6과 같아진다. 자료로부터 극심한 호우의 연간 평균발생 비율은 연간 1.197로 추정되었다. 또한 그림 E7.6에는 관측된 히스토그램을 잘 적합시키는 것으로 보이는 $\nu=1.197$의 연간발생 비율을 가지는 포아송 분포도를 보여주고 있다.

이제 포아송 분포가 적절한 모형인가를 결정하기 위하여 유의수준 5%인 χ^2검정을 적용해 보자. 이 경우 년간 4회의 호우는 2회밖에 관측되지 않았으므로 이 자료는 연간 3회의 호우자료와 합해서 분석키로 한다. 따라서 $k=4$ 가 된다. 표 E7.6은

χ^2검정에 필요한 계산을 보여준다.

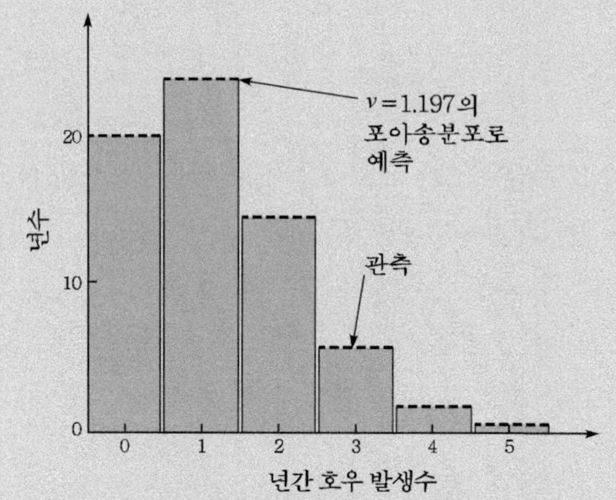

그림 E7.6 호우 발생에 관한 히스토그램과 포아송 모델

표 E7.6 호우 발생에 대한 포아송 모델의 χ^2검정

년간 호우수	관측빈도수	이론적 빈도수	$e_i (n_i - e_i)^2$	$\frac{(n_i - e_i)^2}{e_i}$
0	20	19.94	0.0036	0.0002
1	23	23.87	0.7569	0.0317
2	15	14.29	0.5041	0.0353
≥ 3	8	7.90	0.0100	0.0013
Σ	66	66.00		0.0685

모수 ν는 관측된 자료로부터 추정되었기 때문에 χ_f^2분포의 자유도 d.o.f는 $f = 4 - 2 = 2$이다. 부록 표 A.4로부터 $(1-\alpha) = 0.95$, $c_{0.95,2} = 5.99$를 얻고, 표 E7.6으로부터 다음 결과를 얻을 수 있다.

$$\sum (n_i - e_i)^2 / e_i = 0.068 < 5.99$$

따라서 유의수준 5%에서 포아송 분포는 관측소의 년간 호우 발생 횟수에 대한 타당한 모형이라고 볼 수 있다. ◀

▶ 예제 7.7 그림 E7.7과 같은 콘크리트 입방공시체의 압축 강도에 대한 히스토그램을 생각해 보자. 또한 이 그림에는 관측자료 군에서 추정된 똑같은 평균과 표준편차를 갖는 정규분포와 대수정규분포도 보여주고 있다. 시각적으로 두 가지 이론적인 분포는 콘크리트의 파괴강도모형으로서 대등하게 적합한 것 같아 보인다.

이 경우에 χ^2검정은 두 개의 후보 분포 간에 상대적인 적합도를 구별하기 위하여 사용될 수 있다. 이러한 목적을 위해 압축 강도의 표 E7.7에서와 같이 8개구간을 고려할 수 있다. 정규분포와 대수정규분포 양쪽 모두의 두 개의 모수는 표본자료로부터 추정되었다. 결과적으로 이 분포의 자유도는 $f = 8 - 3 = 5$ 이다. 그러므로 유의수준 5%에서 부록 표 A.4로부터 $c_{0.95,5} = 11.07$을 얻는다. 이것을 표 E7.7에서 계산한 마지막 두열의 합과 비교하면 정규분포와 대수정규분포는 모두 콘크리트 강도분포의 적합한 모형이지만, 표 E7.7의 5열과 6열에서 보여주는 두 분포에 대한 $\Sigma(n_i - e_i)^2/e_i$의 값에서 나타나듯이 대수정규분포모형이 정규분포모형보다 더 우월함을 알 수 있다.

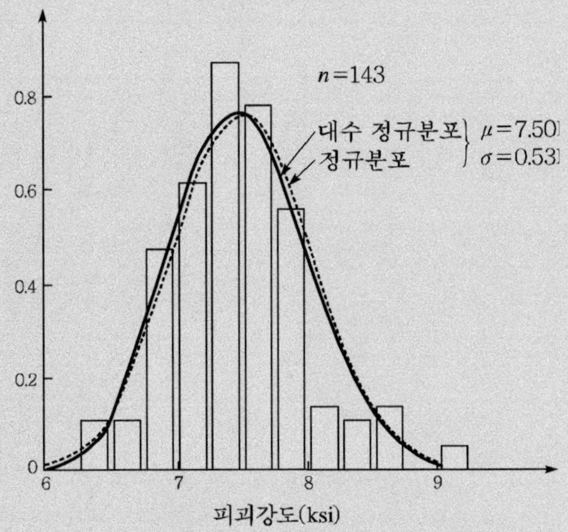

그림 E7.7 입방공시체의 압축강도의 히스토그램(Cusens and Wettern, 1959)

표 E7.7 정규분포와 대수 정규분포의 χ^2 검정을 위한 계산

구간 (ksi)	관측빈도	이론빈도		$(n_i - e_i)^2/e_i$	
		정규	대수정규	정규	대수정규
<6.75	9	11.1	9.9	0.40	0.09
6.75–7.00	17	13.2	14.0	1.09	0.92
7.00–7.25	22	21.1	22.1	0.04	0.00
7.25–7.50	31	26.1	26.9	0.92	0.62
7.50–7.75	28	26.1	25.6	0.14	0.23
7.75–8.00	20	21.0	19.8	0.05	0.00
8.00–8.50	9	20.2	19.4	6.22	5.57
>8.50	7	4.2	5.3	1.87	0.54
Σ	143	143.0	143.0	10.73	7.97

◀

▶ 예제 7.8 320개의 관측치의 표본으로부터 만든 H형강 보의 잔류응력에 대한 히스토그램이 그림 E7.8에 주어져있다. 같은 그림 위에 세 가지 이론적 분포 모델의 PDF가 중첩되어 있다. 이 세 가지 분포는 정규분포, 대수정규분포, 이동(또는 3-변수) 감마 분포이다. 데이터 세트로부터 첫 번째 세 모멘트는 $\mu = 0.3561$, $\sigma = 0.1927$, $\theta = 0.8230$ 왜곡도 계수인 것으로 추정되었다. 이로 인해, 정규분포와 대수 정규분포는 μ와 α를 위한 추정된 값이 가성되었고, 반면 이동 감마분포는 세 추정된 모멘트로부터 가정되었다. 그림 E7.8을 육안으로 조사하면 정규분포는 적합한 분포가 아니라는 것을 명백히 알 수 있다. 하지만 대수정규분포와 이동된 감마분포는 히스토그램과 잘 일치한다. 세 분포모델의 상대적 타당성을 증명하기 위해 표 E7.8에 보인 적합도의 계산으로 χ^2검정을 수행한다.

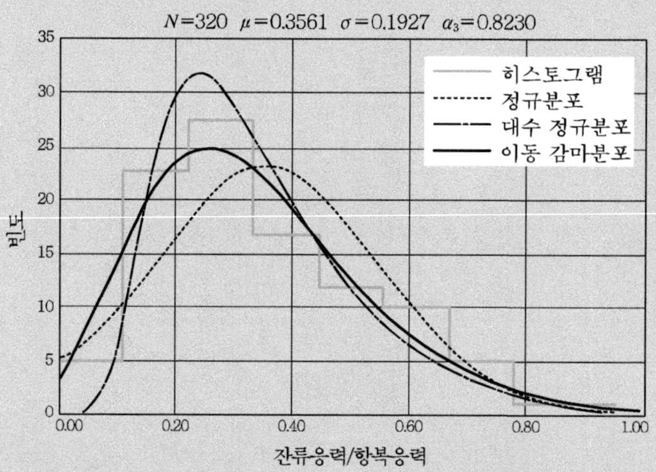

그림 E7.8 잔류응력에 대한 세 가지 분포모형을 구별하기 위한 χ^2검정

표 E7.8 세 분포의 χ^2검정을 위한 계산

구간 잔류응력/항복응력	관측빈도	이론빈도			$\Sigma(n_i - e_i)^2/e_i$		
		정규	대수정규	이동된감마	정규	대수정규	
<0.111	15	32.6	6.5	23.2	9.48	10.90	2.88
0.111-0.222	72	45.4	73.2	61.0	15.60	0.02	1.97
0.222-0.333	88	67.0	95.9	78.1	6.57	0.66	1.25
0.333-0.444	54	71.6	66.0	66.5	4.33	2.17	2.35
0.444-0.555	38	55.4	37.1	44.2	5.44	0.02	0.87
0.555-0.666	31	31.0	19.5	24.9	0.00	6.75	1.51
0.666-0.777	16	12.5	10.1	12.4	0.96	3.40	1.03
0.777-0.888	3	3.7	5.3	5.7	0.12	0.99	1.27
>0.888	3	0.9	6.3	4.0	4.81	1.75	0.25
Σ	320	320	320	320	47.3	26.7	13.4

표 E7.8로부터 세 가지 분포모형 중에 이동된 감마 분포가 $\Sigma(n_i - e_i)^2/e_i$의 최소값을 가지는 것을 알 수 있다. 또한 1%의 유의수준과 자유도$f = 9 - 4 = 5$의 d.o.f에서 부록 표 A.4로부터 정규분포와 대수 정규분포에 대해 $c_{0.99,5} = 15.09$의 임계값을 얻지만, 반면에 이동된 감마 분포는 $f = 9 - 5 = 4$와 $c_{0.99,4} = 13.28$을 얻게 된다. 그러므로 χ^2검정을 통해 H형강 보에서 잔류응력의 확률분포 모델링을 위해서는(세 가지 분포 중에서) 오직 이동된 감마 분포가 1%의 유의수준에서 가장 타당하다. ◀

유의수준 α의 선택은 임의성이 있기 때문에, 다음 7.3.2와 7.3.3절에서 이어서 논하게 될 K-S검정과 A-D검정 방법도 마찬가지지만, χ^2적합도 검정은 어떤 특정분포의 타당성에 대한 절대적 정보를 제공할 수는 없다. 예를 들면 어떠한 유의수준에서 적합하게 검정된 분포가 다른 유의수준에서는 적합하지 않을 수 있다. 예제 7.8의 변형된 감마분포을 통해 설명할 수 있는 이 문제에서 이 분포는 1%의 유의수준에서는 타당하지만 5%의 유의수준에서는 타당하지 않을 수 있다.

하지만, 유의수준의 선정에서 이러한 임의성이 있음에도 불구하고 이 같은 통계적 적합도 검정은 예제 7.7과 7.8에서 설명한 바와 같이 두 개 혹은 그 이상의 이론적 분포 모델의 상대적인 적합도를 결정하는데 유용성이 인정되고 있다.

적당한 확률지의 적용을 통하거나 가용 히스토그램과 PDF의 육안검사와 같은 사전 고찰에 바탕을 두고 확률 모델을 선정한 후 모델의 타당성을 증명하기 위해 사용된다.

7.3.2 분포모형의 타당성을 위한 Kolmogorov-Smirnov(K-S) 검정

적합도 검정에 널리 사용되고 있는 또 다른 방법은 Kolmogorov-Smirnov(K-S)검정이다. 이 검정 방법의 기본적인 절차는 실험적 누적 빈도수와 가정된 이론 분포함수의 CDF를 비교하는 것이다. 만약 실험적 빈도수와 이론적 빈도수의 차가 주어진 표본크기에서 정상적으로 기대되는 것보다 크면 이론적 분포는 기저 모집단을 모델링 할 수 없다. 반대로 양자의 차가 한계값 보다 작다면 이론적 분포는 지정된 유의수준 α에서 받아들여질 수 있다.

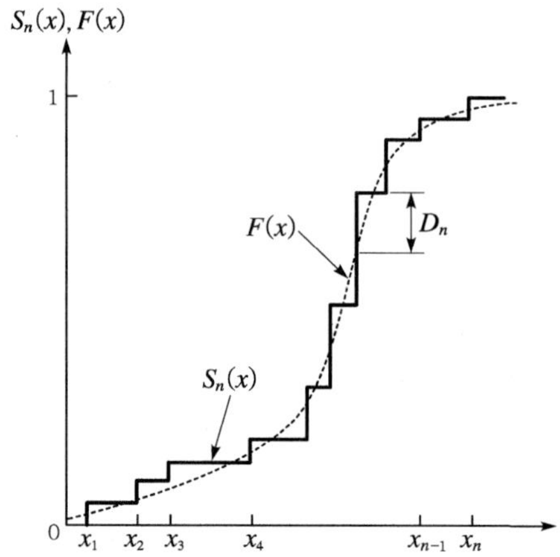

그림 7.4 이론적 CDF대 경험적 누적밀도함수

크기 n의 표본을 관측자료 집합의 크기순으로 재배열한다. 이렇게 배열된 표본자료로부터 다음 식과 같이 계단형 경험적 누적밀도함수를 만든다.

$$\begin{aligned} S_n(x) &= 0 \quad x < x_1 \\ &= \frac{k}{n} \quad x_k \le x \le x_{k+1} \\ &= 1 \quad x \ge x_n \end{aligned} \tag{7.2}$$

여기서 $x_1, x_2, \ldots\ldots, x_n$은 순서대로 배열된 표본자료 집합의 관측값이며 n은 표본크기이다. 그림 7.4는 $s_n(x)$의 플롯팅과 제안된 이론분포함수 $F(x)$를 나타낸다. K-S 검정에서 X의 전구간에 걸친 $S_n(x)$와 $F(x)$와의 차이의 최대치는 가정된 이론모형과 관측 자료간의 격차의 척도이다. 이 차이의 최대치를 다음과 같이 표시해보자.

$$D_n = \max_x |F(x) - S_n(x)| \tag{7.3}$$

이론적으로 D_n은 확률변수이다. 주어진 유의수준 α에 대한 K-S 검정은 식 (7.3)의 최대차이 D_n과 유의수준 α에서 다음 식으로 정의되는 한계치 D_n^α을 비교하게 된다. 즉,

$$P(D_n \leqq D_n^\alpha) = 1 - \alpha \tag{7.4}$$

여러 유의수준 α에 대한 한계치 D_n^α 값은 여러 표본크기 n 값에 따라 표 A.5에 도표로 주어져 있다. 관측치 D_n이 한계치 D_n^α 보다 작을 경우에는 제안된 이론분포는

정해진 유의수준 α에서 받아들여지지만 그렇지 못할 경우에는 가정된 분포는 기각된다.

Kolmogorov - Smirnv K-S검정은 χ^2검정 보다 약간의 유리한 점을 갖고 있다. K-S 검정에서는 관측데이터를 구간으로 나눌 필요가 없다는 것이다. 그러므로 χ^2 검정에서 작은 e_i 또는 구간 k의 수가 작을 경우와 관련되는 문제점은 K-S 검정에서는 발생하지 않는다.

▶ 예제 7.9 예제 7.1에서 강판의 파괴인성치에 관한 자료가 그림 E7.1과 같이 정규분포 확률지상에 플로트되어 있다. 이 자료는 정규분포 $N(77,4.6)$에 상응하는 선형성을 나타내는 것처럼 보인다. 이제 주어진 가용자료에 비추어본 제안된 정규분모 모형의 적당성을 평가하기 위하여 유의수준 5%에서 K-S 검정을 수행해 보자.

표 E7.9 D를 결정하기 위한 S_n과 $F_x(x)$의 계산

k	x	$S_n(x)$	$F_X(x)=\Phi\left(\frac{x-77}{4.6}\right)$	k	x	$S_n(x)$	$F_X(x)=\Phi\left(\frac{x-77}{4.6}\right)$
1	69.5	0.00	0.05	14	76.2	0.54	0.43
2	71.9	0.08	0.13	15	76.2	0.58	0.43
3	72.6	0.12	0.17	16	76.9	0.62	0.49
4	73.1	0.15	0.20	17	77.0	0.66	0.50
5	73.3	0.19	0.21	18	77.9	0.69	0.57
6	73.5	0.23	0.22	19	78.1	0.73	0.59
7	74.1	0.27	0.26	20	79.6	0.77	0.71
8	74.2	0.31	0.27	21	79.7	0.81	0.72
9	75.3	0.35	0.36	22	79.9	0.85	0.74
10	75.5	0.38	0.37	23	80.1	0.88	0.75
11	75.7	0.42	0.39	24	82.2	0.92	0.87
12	75.8	0.46	0.40	25	83.7	0.96	0.93
13	76.1	0.50	0.42	26	93.7	1.00	0.999

표 E7.1에 오름차순으로 재배열된 표의 자료로부터 경험적 누적빈도와 표 E7.9에서 보여주는 $N(77,4.6)$에 대한 상응하는 이론적 CDF에 대한 식 (7.2)의 계산으로부터 설명할 수 있다. 두 누적빈도는 그림 E7.9에 플롯트 되어 있다.

그림 E7.9, 또는 표 E7.9로부터 두 누적빈도 사이의 최대 격차는 $D_n=0.16$이고 $x=K_{I_c}=77\text{ksi}\sqrt{\text{in}}$ 에서 발생한다.

이 경우 $n=26$개의 표본자료가 있으므로 유의수준 5%에서의 한계치 D_n^α는 $D_n^{0.05}=0.265$로 부록 표 A.5에서 구한다. 격차의 최대치 $D_n=0.16$은 $D_{26}^{0.05}=0.265$보다 작은 값이므로 정규분포모형 $N(77,4.6)$은 5% 유의수준에서 검정할 때 타당한 모형으로 받아들여질 수 있음이 확인되었다.

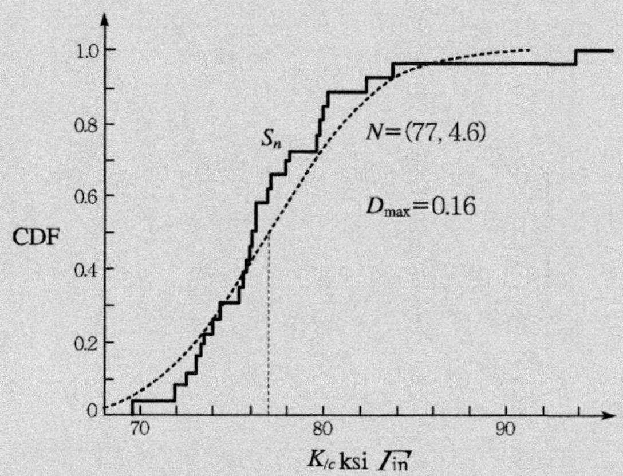

그림 E7.9 파괴 강도의 $K-S$ 검정을 위한 누적빈도 ◀

▶ **예제 7.10** 예제 7.8에서는 H형보의 잔류응력을 위해 χ^2(chi-square)검정을 사용하여 세 가지 후보 분포(정규, 대수정규, 이동된 감마분포)들의 적합도를 검정했다. 본 예제에서는 동일한 데이터를 가지고 K-S검정을 사용하여 똑같은 세 가지 분포들의 적합도를 결정해보자.

K-S 검정을 위해, 관측된 데이터의 경험적인 누적빈도함수와 정규, 대수정규, 이동된 감마 분포 각각의 누적밀도함수를 보여주기 위해 그림 E7.10을 구성하였다. 세 가지 이론적 분포에 대한 각각의 최대 격차는 식 (7.3)에 따라서 다음과 같다는 것을 알았다.

정규 분포 : $D_n=0.1148$

대수 정규 분포 : $D_n=0.0785$

이동된 감마 분포 : $D_n=0.0708$

표 A.5로부터 표본크기 $n=320$과 함께 유의수준 5%에서 $D_{320}^{.05}=1.36/\sqrt{n}=1.36/\sqrt{320}=0.0760$의 한계치를 얻는다. 위의 D_n을 이 한계와 각 기대 분포에 비교하면, 유의수준 5%에서 이동 감마분포($D_n=0.0708<0.0760$)가 잔류응

력을 모델링하는데 받아드려 질 수 있다는 사실을 확인 할 수 있다. 반면에 정규와 대수정규 분포는 기각 되어야 한다.

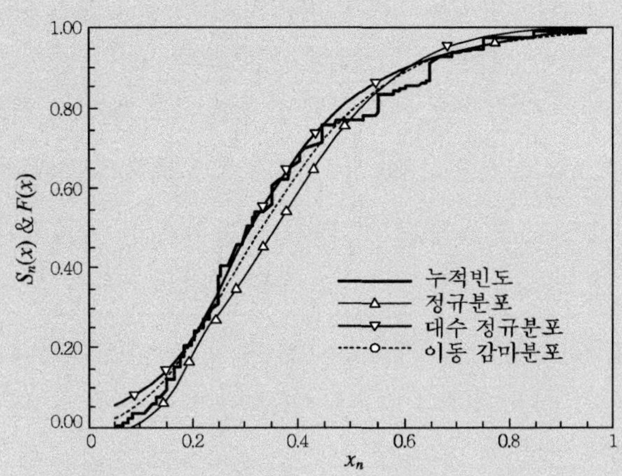

그림 E7.10 경험적 누적빈도와 세 가지 분포 모형의 누적밀도함수 ◀

7.3.3 Anderson-Darling 적합도 검정

K-S검정의 경우, 확률 축척은 산술축척으로 되어 있다. 이론적인 CDF와 경험적인 CDF는 확률분포의 꼬리부분에서 비교적 편평함을 관찰할 수 있다. 이러한 까닭에, K-S검정의 최대 편차는 분포의 꼬리부분에서 발생하는 경우가 매우 드물다. 반면에, χ^2(chi-square)검정에서는 꼬리부분의 경험적 빈도는 일반적으로 함께 그룹화 된다. 결과적으로, 제안된 분포의 꼬리부분에서 경험적인 빈도와 이론적인 빈도 사이의 격차가 제대로 고려되지 않는 것이다.

Anderson-Darling(A-D) 적합도 검정은 분포의 꼬리부분에 대해 좀 더 비중을 두고 차별화할 수 있는 능력을 부여하기 위해 Anderson과 Darling(1945)가 개발했다. 이것은 선정된 이론적인 확률분포의 꼬리부분이 실제로 의미가 있는 경우에 중요할 수 있다. A-D검정 방법을 적용하기 위한 절차는 다음과 같은 단계들에 의해 설명될 수 있다.

1. 관측된 데이터를 오름차순으로 정렬한다 : $x_1,\ x_2,\ \cdots\ x_i,\ \cdots\ x_n$, 여기서 x_n은 최대값.
2. x_i에 해당하는 분포 $F_X(x_i)$의 확률밀도함수를 계산한다. $i = 1,\ 2,\ \cdots,\ n$.
3. 다음 A-D 통계치를 계산한다.

$$A^2 = -\sum_{i=1}^{n} [(2i-1)\ln F_X(x_i) + l_n[1 - F_X(x_{n+1-i})] / n] - n \quad (7.5)$$

4. 표본크기 n의 효과를 고려하기 위해 조정된 검정 통계치 A^*를 계산한다. 이 조정은 선택되어진 분포의 선택에 좌우된다(공식 (7.7)에서 (7.10)을 참조).
5. 유의 수준 α를 선택하고 적당한 분포 형태를 위해 상응하는 한계극치 c_α를 결정한다. c_α의 값은 네 가지 일반적인 분포에 대해 표 A.6(a에서 d까지)에 주어졌다.
6. 주어진 분포에 대해 A^*를 한계치 c_α와 비교하라. 만약 A^*가 c_α보다 작다면, 제안된 분포는 유의수준 α에서 받아드려질 수 있다.

검정은 표본 크기가 7보다 클 때, 즉 $n > 7$일 때 유효하다. 왜냐하면 A-D통계치는 확률의 상용대수의 항으로 표현되기 때문에 그것은 분포의 꼬리부분에서 더 많은 영향을 받는다. 주어진 유의 수준 α에 대한 한계치 c_α는 제안된 분포의 형태에 의존한다. 이것들은 표 A.6에 다음과 같은 분포에 대해 구체적으로 정의되어 있다.

정규분포의 경우 한계치 c_α는

$$c_\alpha = a_\alpha\left(1 + \frac{b_0}{n} + \frac{b_1}{n^2}\right) \quad (7.6)$$

여기서, a_α, b_0, b_1의 값은 소정의 유의수준 α에 대해 표 A.6a에 주어져 있고, 표본크기 n에 대한 조정된 A-D 통계치는 다음과 같이 구해진다.

$$A^* = A^2\left(1.0 + \frac{0.75}{n} + \frac{2.25}{n^2}\right) \quad (7.7)$$

지수분포의 경우 지정된 유의수준 α에서 한계치 c_α는 표 A.6b에 주어져 있고, 상응하는 조정된 A-D통계치 A^*는 다음과 같이 주어진다.

$$A^* = A^2\left(1.0 + \frac{0.6}{\sqrt{n}}\right) \quad (7.8)$$

감마분포의 경우 한계치 c_α는 표 A.6c에 주어진 것과 같이 모수 k의 값에 좌우된다. 더욱이, 조정된 A-D통계치 또한 다음과 같이 모수 k값에 의존한다.

$$k = 1\text{에 대해,}\ A^* = A^2(1.0 + 0.6/n)$$
$$k \geq 2\text{에 대해,}\ A^* = A^2 + (0.2 + 0.3/k)/n \quad (7.9)$$

Gumbel과 Weibull의 극치분포의 경우 지정된 유의수준 α에서의 한계치 c_α는 표 A.6d에 주어져있다. 이 경우, 조정된 A-D 통계치는 다음과 같다.

$$A^{*} = A^{2}\left(1.0 + \frac{0.2}{\sqrt{n}}\right) \tag{7.10}$$

▶ 예제 7.11 예제 7.1에서 강재의 파괴인성치 데이터를 정규분포에 적합시켰고, 분포의 적합성은 예제 7.9에서 K-S검정을 사용하여 증명하였다. 여기서는 같은 데이터를 가지고, 유의수준 5%에서 A-D검정을 사용하여 정규분포의 타당성 검정을 수행하자. 앞에서 개략적으로 소개한 절차에 따라 계산된 결과를 표 E7.11에 요약하였다. 26개의 표본크기로부터 추정된 모수 μ와 σ, 제안된 정규모델은 $N(76.99, 4.709)$이다. 표 E.7.11의 결과로부터 다음과 같이 A-D 통계치를 계산한다.

$$A^{2} = -\frac{-699.476}{26} - 26 = 0.903$$

표 E7.11 정규 분포의 A-D 검정에 대한 계산

i	x_i	$F_X(x_i)$	$F_X(x_{27-i})$	$(2i-1)\{\ln F_X(x_i) + \ln[1-F_X(x_{27-i})]\}$
1	69.5	0.055787	0.999806	−11.3442
2	71.9	0.139745	0.922853	−13.5899
3	72.6	0.175460	0.865630	−18.7375
4	73.1	0.204226	0.745369	−20.6953
5	73.3	0.216478	0.731552	−25.6083
6	73.5	0.229144	0.717368	−30.1072
7	74.1	0.269526	0.710143	−33.1429
8	74.2	0.276587	0.592990	−32.7622
9	75.3	0.359648	0.576430	−31.9883
10	75.5	0.375650	0.500652	−31.7974
11	75.7	0.931869	0.492180	−33.9035
12	75.8	0.400052	0.433188	−34.1294
13	76.1	0.424850	0.433188	−35.5937
14	76.2	0.433188	0.424850	−37.5221
15	76.2	0.433188	0.400052	−39.0774
16	76.9	0.492180	0.391869	−37.3946
17	77.0	0.500652	0.375650	−38.3753
18	77.9	0.576430	0.359648	−34.8824
19	78.1	0.592990	0.276587	−31.3151
20	79.6	0.710143	0.269526	−25.5977
21	79.7	0.717368	0.229144	−24.2892
22	79.9	0.731552	0.216478	−23.9313
23	80.1	0.745369	0.204226	−23.5042
24	82.2	0.865630	0.175460	−15.8497
25	83.7	0.922853	0.139745	−11.3098
26	93.7	0.999806	0.055787	−2.9375
				$\Sigma = -699.476$

그리고 이에 상응하여 조정된 통계치는 다음과 같다.

$$A^* = 0.903(1.0 + \frac{0.75}{26} + \frac{2.25}{26^2}) = 0.932$$

표 A.6a로부터, 유의수준 $\alpha = 0.05$에서, a_α, b_0, b_1의 값에 대해 $a_\alpha = 0.7514$, $b_0 = -0.795$, $b_1 = -0.890$을 얻고, 그 한계치는, 다음과 같이 구해진다.

$$c_{0.05} = 0.7514(1 + \frac{-0.795}{26} + \frac{-0.890}{26^2}) = 0.727$$

$A^* > 0.727$이기 때문에 유의 수준 5%에서 정규분포는 적합하지 않다. 하지만 1%의 유의 수준에서 정수 a_α, b_0, b_1는 표 A.6a로부터 각각 1.0348, -1.013, -0.93이다. 그래서 한계치는 $c_{0.01} = 0.994$이 된다. 그러므로 유의수준 1%에서는, $A^* < c_{0.01}$이기 때문에 정규분포는 적합하게 된다. ◀

위에서 설명한 정규분포에 대한 A-D 검정은 대수정규분포에도 역시 적용할 수 있다는 것을 알아야 한다. 대수정규 변수에 대수를 취하면 정규분포가 되기 때문에 단순히 정규분포에서와 똑같은 A-D 검정을 적용하기 위해서 변수의 표본값들의 대수를 취할 필요가 있다. 말하자면, 정규분포를 위한 모든 계산은 변량이 표본값들이 각각 변량의 대수값에 의해 대체되어야 하는 것을 제외하고는 똑같다. 예컨대, 표 E7.11에서 x_i는 $\ln(x_i)$에 의해 대체되어야 한다.

▶ 예제 7.12 그림 E7.5와 같이 캘리포니아에서 1932년부터 1962년 사이에 관측된 연간 최대지진 규모는 Gumbel 확률지 상에 선형 경향을 보여준다. 이것을 기초로하여 구한, 모수 $u = 5.7, \alpha = 2.0$을 가지는 Gumbel 분포는 캘리포니아의 연간 최대지진을 위해 적용가능한 모델이다. 여기서는 5% 유의수준에서 이 분포의 적합성에 대한 A-D검정을 수행해보자.

요구되는 계산은 사항은 표 E7.12에 요약되어 있다.

그러므로 식 (7.5)에 의하면 A-D 통계치는

$$A^2 = -\frac{-976.86}{31} - 31 = 0.512$$

이고, 조정된 통계치는 식 (7.10)에 의해

$$A^* = 0.512(1.0 + \frac{0.2}{\sqrt{31}}) = 0.530$$

표 E7.12 Gumbel 분포의 A-D검정을 위한 계산

i	x_i	$F_X(x_i)$	$F_X(x_{32-i})$	$(2i-1)\{\text{In } F_X(x_i)+\text{In}[1-F_X(x_{32-i})]\}$
1	4.9	0.00706	0.98185	−8.962
2	5.3	0.10801	0.94100	−15.167
3	5.3	0.10801	0.94100	−25.279
4	5.5	0.22496	0.81718	−22.338
5	5.5	0.22496	0.81718	−28.720
6	5.5	0.22496	0.78146	−33.138
7	5.5	0.22496	0.78146	−39.164
8	5.6	0.29482	0.73933	−38.523
9	5.6	0.29482	0.73993	−43.660
10	5.6	0.29482	0.69220	−45.594
11	5.8	0.44099	0.69220	−41.938
12	5.8	0.44099	0.57764	−38.654
13	5.8	0.44099	0.57764	−42.015
14	5.9	0.51154	0.57764	−41.370
15	6.0	0.57764	0.57764	−40.910
16	6.0	0.57764	0.57764	−43.732
17	6.0	0.57764	0.57764	−46.553
18	6.0	0.57764	0.51154	−44.286
19	6.0	0.57764	0.44099	−41.825
20	6.0	0.57764	0.44099	−44.086
21	6.2	0.69220	0.44099	−38.928
22	6.2	0.69220	0.29482	−30.839
23	6.3	0.73993	0.29482	−29.272
24	6.3	0.73993	0.29482	−30.573
25	6.4	0.78146	0.22496	−24.571
26	6.4	0.78146	0.22496	−25.573
27	6.5	0.81718	0.22496	−24.207
28	6.5	0.81718	0.22496	−25.121
29	7.1	0.94100	0.10801	−9.981
30	7.1	0.94100	0.10801	−10.331
31	7.7	0.98185	0.00706	−1.550
				$\Sigma=-976.86$

부록 표 A.6d로부터, 유의수준 5%에서 극치 $c_\alpha = 0.757$를 얻는다. 그러므로 A-D 검정으로부터 $A^* < c_\alpha$이므로 Gumbel 분포는 유의수준 5%에서 실용적인 분포이다. ◀

7.4 극치 분포의 점근적 형태의 불변성

타당한 확률분포모형을 결정할 때 극한값이 포함되어 있는 경우 극치분포의 점근적 형태 중의 어느 하나가 적당할 것이다. 이 경우 점근적 형태의 성질 역시 불변적이어야 한다. 즉, 극치 분포의 점근적 형태는 n의 값에 따라 변하지 않는다는 것이다.

제4장의 4.2.3절에서 확률분포가 알려진 모집단에서 추출한 크기 n인 표본의 최대 및 최소값은 $n \to \infty$ 일 때 극치분포의 세 가지 점근적 형태 중의 하나로 수렴된다는 것을 보았다. 즉, 관심사가 극한값과 관련되어 있을 때, 세 가지 점근적 형태 중 하나를 선정할 수 있다는 것을 의미한다. 점근적 형태는 단지 모집단 분포의 꼬리의 거동에만 의존하므로 다음 성질은 중요한 의미를 갖는다.

- 지수분모와 정규 분포의 경우와 같이 극치 방향 쪽으로 지수형 거동을 가지는 모집단 분포로부터의 최대 또는 최소값은 Type I 점근적 형태에 근접하게 된다.
- 극치 방향 쪽으로 다항식의 거동을 가지는 모집단 분포로부터의 최대 또는 최소값은 Type II 점근적 형태에 근접하게 된다. 대수 정규분포도 이에 포함한다.
- 상한 값을 가지는 모집단 분포로부터 최대값은 Type III 점근적 형태로 근접하게 된다.

마지막으로, 만약 모집단 분포가 점근적 극치 형태 중 하나라면, 증가하는 n에 대해 그 분포는 점근적 형태로 남아 있게 된다. 즉 극단치의 분포의 형태는 n에 따라 모수는 변화하여도 증가하는 n에 대해 불변량으로 남아있게 된다. 만약 Y가 Gumbel 분포의 연간 최대값이라면 n년 동안의 최대값 역시 Gumbel 분포가 된다. 가령 모수 u와 α를 가진 분모의 경우,

$$F_Y(y) = \exp[-e^{-\alpha(y-u)}]$$

그러면 식 (4.23)에 의해, n년 동안의 최대값의 확률 분포 Y_n은 다음과 같다.

$$F_{Y_n}(y) = [F_Y(y)]^n = \exp[-e^{-\alpha(y-u)}] = \exp[-e^{-\alpha[y-(u+\frac{\ln n}{\alpha})]}] \tag{7.11}$$

따라서 Y_n은 다음과 같이 상응하는 모수를 포함하는 Gumbel(Type I)분포로 그대로 남아있게 된다.

$$u_n = u + \frac{\ln n}{\alpha} \quad \text{그리고,} \quad \alpha_n = \alpha$$

▶ 예제 7.13 예제 7.5에서 연간 발생하는 지진의 최대 규모는 $u = 5.7, \alpha = 2.00$의 모수를 가지는 Gumbel(유형 I) 극치 분포를 따르는 것으로 결정된 바 있다. 식 (7.11)에 근거하여, 10년 동안 최대규모 지진의 확률 분포는 다음 모수를 가진 Gumbel 분포로 그대로 남아있게 될 것이다.

$$u_n = 5.7 + \frac{\ln 10}{2.0} = 6.85 \quad \text{그리고,} \ \alpha_n = 2.0$$

이것을 근거로, 향후 10년간 캘리포니아에서 발생 가능한 최대 규모 지진은 리히터 규모로 6.85가 될 것이라고 말할 수 있다. 이와 유사하게 향후에 25년간 가능한 최대 지진의 규모는 다음과 같이 구해진다.

$$u_n = 5.7 + \frac{\ln 25}{2.0} = 7.31$$

유사한 방법으로, 10년에서 25년 사이를 보간법을 사용하여도 다음과 같은 값을 얻는다.

$$u_n = 6.85 + \frac{\ln 2.5}{2.0} = 7.31$$ ◀

▶ 예제 7.14 예제 4.22에서 용접부의 피로파괴 강도는 식 (4.34)에서 Weibull 분포(최소값의 Type Ⅲ 점근형 분포)에 의해 모델링 되었다. 이때 모수는 $w = 15\text{ksi}$, $k = 1.75$이고, 최저 강도는 $\epsilon = 4\text{ksi}$이다. 이제 여기서는 똑같은 형식의 용접부가 5개 있는 구조부재가 있다고 가정해 보자. 그러면 식 (4.25)에 의하면 구조부재내 5개 용접부의 최소 파괴강도의 누적확률 CDF는,

$$F_{Y_1}(y) = 1 - \exp[-n(\frac{y-\epsilon}{w-\epsilon})^k]$$

이것은 Weibull 분포 그대로이다. 하지만 $n = 5$일 때 구조부재의 최소 파괴강도가 최소한 16.5ksi일 확률은

$$P(Y_1 \geq 16.5) = \exp[-5 \times (\frac{16.5-4}{15-4})^{1.75}] = 0.002$$

이것은 예제 4.21에서 보여준 하나의 용접 연결부에 대한 0.286의 확률보다 훨씬 더 작은 확률이다. ◀

▶ 7.5 결론 및 요약

제6장에서는 관측 데이터로 구성된 모집단의 견본으로부터 확률분포의 모수를 추정하기 위한 방법을 소개하였고, 이 장에서는 동일한 데이터를 사용하여 확률변수의 적절한 분포를 결정하는 경험적 기법과 선정되거나 가정된 분포의 적합도 검정에 관한 방법들에 대해 논하였다. 적당한 확률분포를 선정하기 위해서는 특정 확률분포를 위해 작성된 확률지를 사용할 수 있다. 특정 확률지 위에 플롯트한 데이터점들의 선형성 여부를 가지고 확률지와 연관된 확률분포가 모집단을 표현하기 위해 적합한지 여부를 결정하는데 사용될 수 있다.

가정되거나 선정된 이론적 분포의 타당성은 적합도 검정을 이용해서 평가할 수 있다. 이를 위해 통상 χ^2검정과 K-S(Kolmogorov - Smirnov)검정을 통상 사용하고 있다. 세 번째 방법인, A-D(Anderson-Darling)검정은 가정된 분포의 꼬리부의 거동이 중요할 때 적합도 판정에 적절한 검정방법이 될 수 있다. 이러한 검정의 결과는 정해진 유의수준에 따라 좌우되며, 유의수준의 선택은 대체로 주관적이다. 그럼에도 불구하고 이런 검정방법들은 두가지 또는 그 이상의 후보 분포모형의 상대적인 타당성을 분별해 내는데 특히 유용하다.

마지막으로 극단값이 포함된 경우, 극치분포가 타당하다. 세 가지 점근형 중 적합한 형태를 사용하며, 극치분포의 접근적 형태는 표본의 크기에 따라 불변이다.

▶ 연습문제

7.1 어떤 강재의 파괴인성치에 대한 자료는 표 E7.1에 명시되어 있다. 그리고 예제 7.1에 이에 대한 도표를 볼 수 있다.

(a) 정규분포 확률지에 동일한 데이터를 그림으로 나타내고, 선형으로 나타낼 수 있다면, 직선으로 그리시오.

(b) (a)문제에서 직선을 토대로 하여 나타낸 파괴인성치의 중앙값과 c.o.v를 구하시오.

7.2 다음 표는 지난 20년동안 어느 한 마을의 최대풍속 v를 나타내었다.

년도	최대풍속 v(kph)	년도	최대풍속 v(kph)
1980	78.2	1990	78.4
1981	75.8	1991	76.4
1982	81.8	1992	72.9
1983	85.2	1993	76
1984	75.9	1994	79.3
1985	78.2	1995	77.4
1986	72.3	1996	77.1
1987	69.3	1997	80.8
1988	76.1	1998	70.6
1989	74.8	1999	73.5

(a) Type I 극치분포(Gumbel 분포) 확률지를 작성하고, 위 표의 최대풍속을 그 확률지에 플롯트하라.

(b) I 확률용지에 직선으로 작도하고, 극치분포의 모수를 결정하라.

(c) 유의수준 2%에 해당하는 χ^2 검정을 실시하라.

7.3 15#5 철근봉의 최대 인장 변형률은 다음 표와 같다 (Allen, 1972)

최대 변형률 Bar#U (in %)					
1	19.4	6	17.9	11	16.1
2	16	7	17.8	12	16.8
3	16.6	8	18.8	13	17
4	17.3	9	20.1	14	18.1
5	18.4	10	19.1	15	18.6

(a) 정규 확률용지와 대수 정규확률용지에 작도하라. 두 개의 기본분포 중에 철근봉의 최대인장 변형률에 대한 확률분포가 어느 것이 더 타당한가?

(b) 정규분포와 대수 정규분포를 유의수준 2%로 검정하고, 두 가지 중 어느 것이 더 정확한 분포 값인지 결정하라.

(c) 두 개의 같은 분포에 대해 Kolmogorov-Smirnov 검정을 수행하고, 위 검정을 기준으로 두 분포의 타당성을 증명하라.

7.4 기계장비의 파손 수명을 모델링 할 때, 지수분포를 종종 이용한다. 디젤엔진의 분포를 밝히기 위해, 여러 엔진을 시험하였고, 그 결과 파손 수명의 도표는 다음과 같다.

디젤엔진의 파손수명 (hr)			
0.13	121.8	2959.47	2.34
0.78	672.87	124.09	393.37
3.55	62.09	85.28	84.09
14.29	656.04	380	646.01
54.58	735.89	298.58	412.03
216.4	895.80	678.13	813
1296.93	1057.57	861.93	39.1
952.65	470.97	1885.22	633.98
8.82	151.44	862.93	658.38
29.75	163.95	1407.52	855.95

(a) 위 엔진에 대한 파손수명 값을 지수 확률용지에 그래프로 나타내라.

(b) 위 데이터가 선형으로 그려진다면, 파손 수명의 최소값과 평균값을 구하라.

(c) 지수분포를 유의수준 5%로 χ^2 검정하라.

(d) (c)와 같은 방식으로 Kolmogorov-Smirnov 검정을 수행하라.

7.5 톨게이트에 도착하는 차량 수를 매 분 측정하였다.
0, 3, 1, 2, 0, 1, 1, 1, 2, 0, 1, 4, 3, 1, 1, 0, 0, 1, 0, 2, 2, 0, 1, 0, 0

(a) 포아송과정에 의해 톨게이트 도착율을 구하여라.

(b) 포아송분포를 유의수준 1%로 χ^2 검정하라.

7.6 확률변수 X의 라이리어 PDF 분포는 다음과 같다.

$$f_X(x) = \frac{x}{\alpha^2} e^{-\frac{1}{2}(x/\alpha)^2} \quad ; \quad x \geq 0$$

$$= 0 \qquad ; \quad x < 0$$

(a) 라이리어 분포의 확률용지를 작성하라. 이 확률지에서 직선의 기울기가 의미하는 것은 무엇인가?

(b) 고속도로 교량부재에 차량하중으로 인해 유발되는 변형률 변동폭을 아래 표에 정리하였다. (a)에서 작성한 라이리어 확률지에 이 데이터를 플롯트하라.

(c) (a)와 (b)의 결과로부터 고속도로 교량에 차량하중으로 인해 유발되는 변형률 변동을 모델하는데 라이리어 분포를 사용하는 것의 적정성에 대해 어떤 결론을 얻을 수 있는가? 라이리어 분포의 적정성 여부를 판별하기 위해 1% 유의수준으로 $K-S$ 검정을 실시하라.

(d) (b)의 결과로부터 변형률 변동폭의 최빈값을 결정하시오

변형률 변동률(10^{-6}–in./in.)		
48.4	52.7	42.4
47.1	44.5	146.2
49.5	84.8	115.2
116	52.6	43
84.1	53.6	103.6
99.3	33.5	64.7
108.1	43.8	69.8
47.3	56.3	44
93.7	34.5	36.2
36.3	62.8	50.6
122.5	180.5	167

(W.H.Walker 자료제공.)

7.7 수온 20℃의 오하이오강의 신시내티 풀에서 산소량 K를 조사하여 아래에 정리하였다.

(Kothandaraman, 1968)

일일 산소량 범위	관측빈도
0.000–0.049	1
0.050–0.099	11
0.100–0.149	20
0.150–0.199	23
0.200–0.249	15
0.250–0.299	11
0.300–0.349	2

(a) 정규분포를 따른다고 가정할 때, 평균과 표준편차 구하여라.

(b) 유의수준 5%에 대한 분포의 적합도를 판정을 위하여 χ^2 검정을 수행하라

7.8 a와 $a+r$ 사이에 정의된 삼각형분포의 확률변수 X를 PDF를 이용하여 다음과 같이 나타내었다.

$$f_X(x) = \frac{2(x-a)}{r^2}; \quad a \leq x \leq a+r$$

$$= 0 \qquad ; \quad \text{그 외}$$

(a) 삼각형분포에 대해 적절한 표준변량 S를 구하여라.

(b) 위에 상응하는 데이터를 확률용지에 나타내고, 각 $F_s(0)$와 $F_s(1.0)$에 해당하는 X의 값이 무엇을 의미하는가?

(c) 측정된 X의 값은 다음과 같다고 가정하자.

36	32	34	71
18	69	45	66
56	71	53	58
64	50	55	53
72	28	62	48
			175

(b)에서 사용한 확률용지 위에 위 데이터를 그래프로 나타내라. 그리고 X의 최대값과 최소값을 구하여라.

7.9 시카고의 지하철 공사현장에서 13개의 흙 샘플을 채취하여 전단강도를 측정하였다. 결과는 다음과 같다. (Peck, 1940)

점토의 전단강도, ksf				
0.35	0.42	0.49	0.70	0.96
0.40	0.43	0.58	0.75	
0.41	0.48	0.68	0.87	

(a) 위의 데이터를 대수정규확률용지에 나타내고, 직선으로 부합시켜라.

(b) (a)문제의 직선으로부터 얻을수 있는 분포의 모수를 구하라.

(c) 2% 유의수준에 Kolmogorov–Smirnov검정을 이용하여 정규확률 분포의 적합도를 판정하라. 그리고 2.5% 유의수준에 Anderson–Darling 검정으로 이용하여 대수 정규확률 분포의 적합도를 판정하라.

7.10 교차로로 오는 승용차는 정지신호에는 정지해야 하고 교차로를 건너거나 방향 전환을 하기전에 충분한 시간을 기다려야 한다. 이 정지상태에서 기다리는 시간 G는 운전자 마다 다르다 ; 몇몇 운전자들은 위험한 운행을 하는 반면, 몇몇 운전자들은 안전하게 운행을 한다. 이 도시에서 비슷한 여러 교차로에 대해 관찰한 결과는 다음과 같다.

정지대기시간, G (sec)	관측빈도
0.5–1.5	0
1.5–2.5	6
2.5–3.5	34
3.5–4.5	132
4.5–5.5	179
5.5–6.5	218
6.5–7.5	183
7.5–8.5	146
8.5–9.5	69
9.5–10.5	30
10.5–11.5	3
11.5–12.5	0

(a) 관측된 정리대기시간의 히스토그램을 작성하라.
(b) 위 문제의 히스토그램으로부터 정규분포와 대수정규분포 중 어느 것이 G값을 모델링 하기에 더 좋은가?
(c) 위의 관측 데이터의 표본평균, 표본표준편차를 각 데이터의 평균 정지대기시간을 이용하여 구하여라.
(d) 1% 유의수준에서 정규분포와 대수 정규분포를 χ^2 검정하라. 그리고, 이 결과로부터 두 개의 분포 중 어느 것이 G값의 모델에 적합한지를 결정하라.

7.11 제1장의 표 1.1은 어느 하천유역의 연중강우강도이다. 그 데이터를 아래에 다시 정리하였다.

관측 강우강도, in.		
43.30	54.49	58.71
53.02	47.38	42.96
63.52	40.78	55.77
45.93	45.05	41.31
48.26	50.37	58.83
50.51	54.91	48.21
49.57	51.28	44.67
43.93	39.91	67.72
46.77	53.29	43.11
59.12	67.59	

(a) 제1장의 그림 1.1의 히스토그램으로 보면 대수정규분포나 감마분포가 이 강우강도를 모델하는데 적합할 것으로 생각된다. 이 데이터를 대수정규분포 확률지에 플롯트하라.
(b) 감마분포를 설명하고 적률법에 의해 모수를 추정하라.
(c) χ^2검정을 실시하여 두 분포중 어떤 분포가 이 강우강도 모델에 적합한 것인지 결정하라.

7.12 제8장의 표 8.3은 어떤 말뚝의 관측 침하량과 계산 침하량을 비교한 것이다. 이 데이터를 토대로, 관측 침하량 대 계산 침하량의 비율을 아래 표와 같이 계산할 수 있다.

관측 침하량 대 계산 침하량의 비율				
0.12	0.97	0.86	1.14	0.94
2.37	0.88	0.92	1.01	0.99
1.02	1.04	0.99	0.87	0.52
0.94	1.06	1.38	1.04	1.18
1.00	0.86	0.82	0.84	1.09

이 관측치 대 계산치의 비율은 계산기법의 정확성의 척도로 사용될 수 있다. 위 데이터는 그 비율의 변동이 심하다는 것을 알 수 있다.
(a) 위 비율이 정규분포 변수라 할 때 위 데이터를 정규분포 확률지에 플롯트하고 선형성을 관찰하라.
(b) 위의 데이터가 선형을 보인다면 직선으로 나타내고, 그 직선을 통해서 평균과 표준편차를 구하여라. 그리고, 5% 유의수준으로 정규분포의 χ^2 검정을 수행하라. 같은 방법으로 Anderson–Darling 검정을 수행하라.
(c) (b)문제에서 비선형으로 나타났다면, 대수 정규분포 등과 같은 다른 분포의 확률지 그래프를 그리고, 적합성판정을 위해 2% 유의수준의 적합도 검정을 통과하는 대안분산을 결정하라.

7.13 제8장의 예제 8.8에서 스위스 알프스산맥의 빙하호수의 평균깊이가 있다. 그 값은 다음 표와 같다.

빙하호수의 평균깊이, M		
2	12.0	33.3
5.0	13.6	27.9
4.7	28.6	46.9
7.1	18.6	50.0
10.4	34.3	83.3

빙하호수의 평균깊이는 매우 다양하지만 위 표의 값들이 대표적인 것들이라고 가정하고 빙하호수의 평균깊이를 모델하기에 적절한 분포를 결정하라. 그리고 그 분포의 적합도를 판정하라.

▶ 참고문헌

Allen, D.E., "Statistical Study of the Mechanical Properties of Reinforcing Bars," Building Research Note, No. 85, National Research Council, Ottawa, Canada, April 1972.

Anderson, T.W., and Darling, D.a.(1954), "A Test of Goodness-of-Fit." *Jour. of America Statistical Association*. 49, 765~769.

Cusens, A.R., and Wettern, J. H., "Quality Control in Factory-Made Precast Concrete," Civil Engineering and Public Works Review, Vol. 54, 1959.

D'Agostino, R.B., and Stephens, M.S., *Goodness-of-Fit Technique*. Marcel Dekker, Inc., New York and Basel, 1986.

Epstein, B., and Lomnitz, C., "Model for the Occurrence of Large Earthquakes," *Nature*, August 1966, pp. 954~956.

Gumbel, E., "Statistical Theory of Extreme Values and Some Practical Applications," *Applied Mathematics Series 33*, National Bureau of Standards, Washington, D.C., February 1954.

Hazen, A., *Flood, Flows, A Study in Frequency and Magnitude*, J. Wiley & Sons, Inc., New York, 1930.

Hoel, P.G., *Introduction to Mathematical Statistics*, 3rd ed., J. Wiley & Sons, Inc., New York, 1962.

Kies, J.A., Smith, H.L., Romine, H.E., and Bernstein, M., "Fracture Testing of Weldments," ASTM *Special Publ. No. 381*, 1965, pp.328~356.

Kimball, B.F., "Assignment of Frequencies to a Completely Ordered Set of Sample Data," *Transactions*, American Geophysical Union, Vol. 27, 1946, pp.843~846.

Kothandaraman, V., "A Probabilistic Analysis of Dissolved Oxygen-Biochemical Oxygen Demand Relationship in Streams," Ph.D. Dissertation, University of Illinois at Urbana-Champaign, 1968.

Lockhart, R.A., and Stephens, M. A. "Goodness-of-Fit Tests for the Gamma Distribution," Technical Report, Department of Mathematics and Statistics, Simon Fraser University, British Columbia, Canada, 1985.

Pearson, E. S., and Hartley, H. O., *Biometrika Tables for Statisticians*, Vol. 2. Cambridge University Press, New York, 1972.

Peck, R. B., "Sampling Methods and Laboratory Tests for Chicago Subway Soils," *Proc. Purdue Conf. on Soil Mechanics and Its Applications*, Lafayette, IN, 1940.

Petitt, A.N., "Testing the Normality of Several Independent Samples Using the Anderson-Darling Statistic." *Jour. Roy. Stat. Soc.* C 26, 156~161, 1977.

Stephens, M.A. "Goodness-of-Fit for the Extreme Value Distribution," *Biometrika*, Vol. 64, 1977, pp. 583~588.

CHAPTER 8

회귀 및 상관분석

8.1 서 론

두 개 혹은 그 이상의 변수가 있을 때, 변수들 사이에는 어떠한 관계가 있을 수 있다. 랜덤성이 존재하므로 두 변수 사이의 관계는 유일하지는 않을 것이다. 즉, 주어진 한 개의 변수에 연관되는 다른 변수는 가능한 값의 범위를 가지고 있다. 변수 사이의 관계를 확률변수의 함수로 표현하고 이를 확률변수의 평균과 분산의 항으로 나타낼 수 있을 때 이것은 소위 회귀분석(regression analysis)이라 한다. 이러한 작업이 선형 함수로 제한될 때 이를 선형회귀(linear regression)라고 한다. 그러나 좀 더 일반적으로 회귀는 비선형을 띤다. 회귀분석으로부터 얻은 선형 혹은 비선형 관계가 이들 변수들 사이의 인과관계를 반드시 나타낼 필요는 없으나, 두 변수의 관계는 한 변수의 값에 기초하여 다른 변수의 값이나 통계치를 추정하는데 사용될 수 있다.*

선형회귀에서 두 개의 확률(랜덤)변수 사이의 선형성의 정도는 3.3.2절의 상관계수에 의해, 특히 통계적 상관도에 의해 측정될 수 있다. 상관계수가 높게 나올 때 (±1.0에 가까운 경우), 한 변수의 값의 정보를 기반으로 다른 변수의 값을 예측하는데 높은 신뢰도를 기대할 수 있다. 상관관계의 추정은 관측된 데이터로부터 상관분석(correlation analysis)을 통해 이루어진다.

이 장에서는 회귀식의 조건부 분산과 신뢰구간 결정을 포함한 분산이 일정한(상분

* 역자 주 : 어떤 변수의 값을 추정하기 위해 이용하는 변수를 제어변수(control variable)라 한다.

산 constant) 선형회귀와 관련되는 상관분석부터 논의를 시작한다. 그 다음 더 나아가 분산이 일정하지 않은(변동분산 nonconstant) 선형회귀, 비선형회귀, 다중선형회귀분석에 대해 다룰 것이며, 공학적 응용을 위한 회귀분석의 적용 예들을 보이고 결론을 맺는다.

8.2 선형 회귀분석의 기초

8.2.1 상분산 회귀

2개 변수가 짝을 이룬 데이터 점, 이를테면 X와 Y를, 2차원 그래프로 표현할 때, 그림 8.1에서처럼 데이터 점들이 어느 정도 산포되어 나타날 수 있다. 이러한 도표를 산포도(scatesgram)라 한다.

그림 8.1에서는 Y의 가능한 값의 범위는 X의 값이 증가함에 따라 증가하는 경향을(혹은 반대로 되는) 보인다고 말할 수 있다. 그러나 변수 한 개의 값 즉 $X=x$을 안다는 것이 다른 변수 Y에 대한 완벽한 정보를 얻을 수 있는 것은 아니다. 당연한 말이지만 Y값의 범위는 확률분포에 의해 지배된다. 또한 그림 8.1로부터 Y의 평균값은 X의 값이 증가함에 따라 증가한다는 사실도 관측할 수 있다. 그리고 이러한 관계가 선형인 경우 선형회귀(linear regression), 즉 다음식과 같이 된다.

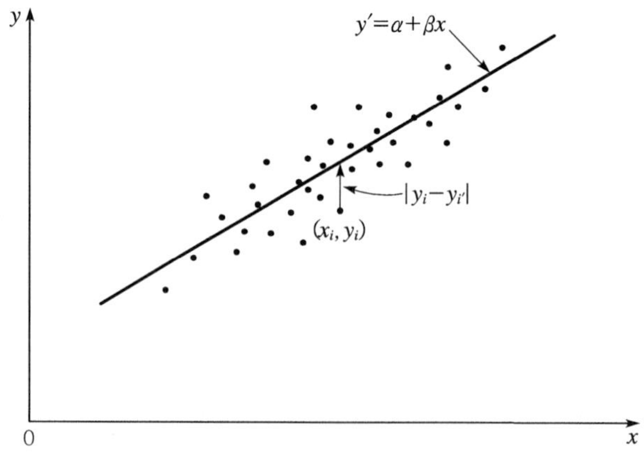

그림 8.1 두 변수 x와 y의 산포도

$$E=(Y \mid X=x)=\alpha+\beta x \tag{8.1}$$

여기서 α와 β는 상수이고, 각각 직선의 절편과 기울기를 나타내는 회귀계수로 알려져 있다. 식 (8.1)은 회귀식으로 알려져 있고 X에 대한 Y의 회귀를 나타낸다. 회귀계수 α와 β는 반드시 가용한 데이터로부터 추정되어야 한다.

그림 8.1의 산포된 데이터 점들로부터 Y의 분산은 X값에 의존하는 조건부 분산, 즉 $Var(Y \mid X=x)$임을 알 수 있다. 일반적으로 이 조건부 분산은 x에 따라 변하지만, 먼저 $Var(Y \mid X=x)$가 상수인 경우를 고려해 보자.

데이터 점을 도표화한 산포도 상에서 볼 때 X의 함수로 Y의 평균값을 적당히 표현할 수 있도록 회귀계수를 조정해가며 수많이 그릴 수 있다. "가장 좋은" 직선은 누적오차가 최소가 되도록 데이터 점들을 지나가는 직선이다. 이와 같은 특별한 직선을 얻기 위해, 그림 8.1로부터 각 데이터 점(x_i, y_i)에서 관측된 값 y_i와 후보직선 $y'_i = \alpha + \beta x_i$의 상의 값과의 차는 $|y_i - y'_i|$ 이라는 것에 주목할 필요가 있다. 관측된 데이터 쌍의 수가 n 즉, $[(x_1, y_1), (x_2, y_2), \cdots, (x_n, y_n)]$의 표본의 경우 모든 데이터 점에 대한 총 절대오차는 총 누적 자승오차로 나타낼 수 있다.

$$\triangle^2 = \sum_{i=1}^{n} (y_i - y_i')^2 = \sum_{i=1}^{n} (y_i - \alpha - \beta x_i)^2 \tag{8.2}$$

이때, 식 (8.2)의 자승오차 $\triangle^2$의 최소화를 통하여 최소자승오차를 가진 직선의 방정식을 얻을 수 있고, 이에따라 α와 β를 구하기 위한 다음식이 구해진다. 즉,

$$\frac{\partial \triangle^2}{\partial \alpha} = \sum_{i=1}^{n} -2(y_i - \alpha - \beta_i x_i) = 0$$

그리고 $$\frac{\partial \triangle^2}{\partial \beta} = \sum_{i=1}^{n} -2x_i(y_i - \alpha - \beta x_i) = 0$$

위의 절차는 최소자승법(method of least square)으로 잘 알려져 있고, 이로부터 크기가 n인 표본으로부터 α와 β의 최소자승추정치를 다음과 같이 구할 수 있다.

$$\hat{\alpha} = \frac{1}{n}\sum y_i - \frac{\hat{\beta}}{n}\sum x_i = \overline{y} - \hat{\beta}\,\overline{x} \tag{8.3}$$

그리고,

$$\hat{\beta} = \frac{\sum x_i y_i - n\overline{x}\,\overline{y}}{\sum x_i^2 - n\overline{x}^2} = \frac{\sum (x_i - \overline{x})(y_i - \overline{y})}{\sum (x_i - \overline{x})^2} \tag{8.4}$$

여기서,

$\sum = \sum_{i=1}^{n}$

$\bar{x}$, $\bar{y}$ = 각각 X와 Y의 표본 평균

n = 표본 크기

따라서 최소자승 회귀식은 다음과 같다.

$$E(Y \mid X = x) = \hat{\alpha} + \hat{\beta}x \tag{8.5}$$

이는 보다 간단하게 $E(Y \mid x) = \hat{\alpha} + \hat{\beta}x$로 표현할 수 있다.

엄밀히 말하면 회귀선은 데이터가 관측된 X값의 범위에서만 유효하다고 강조할 수 있다. 관측된 데이터의 범위를 넘어선 추정 값은 잘못된 결론으로 이끌 수 있다.

식 (8.1) 또는 식 (8.5)는 X에 대한 Y의 회귀라고 언급되며, 회귀선 또는 회귀식은 X의 값이 주어졌을 때 Y의 평균값을 예측하는데 사용할 수 있다. X, Y 모두 확률변수라면 똑같은 절차를 사용하여 Y에 대한 X의 최소자승회귀를 구할 수 있다. 이 경우에는 Y의 값이 주어졌을 때 X의 평균값을 예측하는데 사용할 수 있는 회귀 식 $E(X \mid Y = y)$를 구하게 된다. 일반적으로, 후자의 방정식은 $E(Y \mid X = x)$와는 다른 선형방정식이다. 하지만 두개의 선형회귀선의 교차점 $(\bar{x}, \bar{y})$는 항상 존재한다. 예를 들어, 문제 8.4에서 보면 Meadows et al.(1972)은 서로 다른 국가들의 1인당 GNP수준 X에 대비한 1인당 에너지 소비량 Y를 분석하였다. 만약 관심이 한 국가의 GNP수준을 바탕으로 1인당 에너지소비량을 추정하는데 있다면, X에 대한 Y의 회귀가 적절할 것이다. 반면에 한 국가의 1인당 GNP수준은 전국민의 1인당 에너지 소비량을 기초로 추정할 수 있는데, 후자의 경우는 Y에 대한 X의 회귀가 요구될 것이다.

8.2.2 회귀분석의 분산

조건부 분산

식 (8.5)의 회귀식은 X의 함수로 Y의 평균값을 예측한다. 따라서 구해야 하는 Y의 분산도 X의 값에 대해 조건적일 수 밖에 없다. 즉 조건부 분산(conditional variance) $Var(Y \mid x)$이다. 이 조건부 분산이 x의 축을 따라 상수라고 가정하는 경우 크기 n인 표본으로부터 이 분산의 불편 추정치(unbiased astimate)를 다음과 같이 구할 수 있다.

$$s^2_{Y|x} = \frac{1}{n-2}\sum_{i=1}^{n}(y_i - y_i{}')^2 \tag{8.6}$$
$$= \frac{1}{n-2}\left[\sum_{i=1}^{n}(y_i - \overline{y})^2 - \hat{\beta}^2\sum_{i=1}^{n}(x_i - \overline{x})^2\right]$$

식 (8.2)로부터 다음과 같이 나타낼 수 있다.

$$s^2_{Y|x} = \frac{\Delta^2}{n-2} \tag{8.6a}$$

이에 따른 조건부 표준편차(conditional standard deviation)는 $s_{Y|x}$이다. Y 표본의 분산 s^2_Y에 대한 식 (8.6) 조건부 분산의 비는 X에 따른 분산의 변동성을 고려함으로써 나타나는 Y 분산의 감소 척도이며, 다음과 같이 표시된다.

$$r^2 = 1 - \frac{s^2_{Y|x}}{s^2_Y} \tag{8.7}$$

8.3.1절의 식 (8.12)에서 알게 되겠지만, r^2과 상관계수 ρ는 밀접한 관계가 있다.

8.2.3 회귀에서의 신뢰구간

(예컨대, X에 대한 Y의) 회귀식을 이용하면 한 제어변수 값 $X=x$에 대한 Y의 평균값을 예측할 수 있다. 평균값이 참 값을 의미하는 것은 아니므로, 당연히 참회귀식의 범위를 나타낼 수 있는 신뢰구간을 구할 필요가 있다. 이 신뢰구간은 임의의 x_i 값에 대한 Y의 추정 평균값의 신뢰구간, 즉 $E(Y|X=x_i)$과 등가적이다.

회귀계수 $\hat{\alpha}$와 $\hat{\beta}$는 크기 n의 유한 표본에서 추정되므로 이것들은 $(n-2)$ 자유도를 갖는 독립적 $t-$분포를 가진다(Hald, 1952). 그러므로 $X=x_i$일 때 선형회귀식으로부터 추정된 평균값 $\overline{y_i} = E(Y|X=x_i)$도 역시 $(n-2)$인 자유도의 $t-$분포를 가지게 된다. 따라서 통계량,

$$\frac{\overline{Y_i} - \mu_{Y|x_i}}{s_{Y|x}\sqrt{\dfrac{1}{n} + \dfrac{(x_i - \overline{x})^2}{\sum(x_i - \overline{x})^2}}}$$

도 $(n-2)$인 자유도의 $t-$분포를 가진다(Hald, 1952). 전술한 내용을 바탕으로 몇 개의 선택된 $X=x_i$ 값에서 회귀식에 대한 $(1-\alpha)$신뢰구간을 다음과 같이 얻을 수 있다.

$$\langle \mu_{Y \mid x_i} \rangle_{1-\alpha} = \overline{y}_i \pm t_{(1-\frac{\alpha}{2}), n-2} \cdot s_{Y \mid x} \sqrt{\frac{1}{n} + \frac{(x_i - \overline{x})^2}{\sum (x_i - \overline{x})^2}} \tag{8.8}$$

여기서, $\overline{y_i} = E(Y \mid X = x_i)$, $s_{Y \mid x}$는 식 (8.6) Y의 조건부표준편차이다. 그리고 $t_{(1-\frac{\alpha}{2}), n-2}$는 $X = x_i$에서 식(8.8)에 따라 계산된 $(n-2)$자유도를 가지고 확률 $(1-\frac{\alpha}{2})$에 해당하는 t-분포의 변량값이며, 표 $A.3$에서 찾을 수 있다. 신뢰구간 중에 X의 평균값 $x_i = \overline{x}$에서 그 구간이 최소가 되게 된 회귀선을 따라 이 점들을 연결하면 회귀식의 적절한 신뢰구간을 얻을 수 있다.

▶ 예제 8.1 표 E8.1의 첫 두 줄은 항타수 N에 상응하는 경질 점토의 일축 압축강도 q이다. 또한 그림 8.1에는 10쌍의 샘플 데이터가 플롯트 되어 있다. 표 E8.1의 계산에 기초하여 각각 표본 q와 N의 표본평균을 구한다.

$$\overline{N} = \frac{187}{10} = 18.7 \quad 과 \quad \overline{q} = \frac{21.23}{10} = 2.213 \text{ tsf}$$

그리고 대응하는 표본분산은

$$s_N^2 = \frac{1}{9}(4353 - 10 \times 18.7^2) = 95.12$$

$$s_q^2 = \frac{1}{9}(56.09 - 10 \times 2.213^2) = 1.22$$

또한 표 E8.1의 결과로부터,

$$\hat{\beta} = \frac{492.77 - 10 \times 18.7 \times 2.213}{4358 - 10 \times 18.7^2} = 0.112$$

$$\hat{\alpha} = 2.213 - 0.112 \times 18.7 = 0.029$$

를 얻을 수 있다. 그리고 회귀식은

$$E(q \mid N = N_i) = 0.029 + 0.112 N_i$$

이고, 이를 데이터 점들 위에 중첩시키면 그림 E8.1과 같다. N에 대한 q의 조건부 분산은

$$s_{q \mid N}^2 = \frac{\Delta^2}{n-2} = \frac{0.305}{8} = 0.038$$

이다. 그리고 해당 조건부 표준편차는 $s_{q \mid N} = 0.195$ ts f 이다.

표 E8.1 예제 8.1*의 계산 표

항타수 N_i	압축강도 (ts f), q_i	N_i^2	q_i^2	$N_i q_i$	$q_i' = \hat{\alpha} + \hat{\beta} N$	$(q_i - q_i')^2$
4	0.33	16	0.11	1.32	0.48	0.022
8	0.90	64	0.81	7.20	0.93	0.001
11	1.41	121	1.99	15.51	1.26	0.023
16	1.99	256	3.96	31.84	1.82	0.029
17	1.70	289	2.89	28.90	1.93	0.053
19	2.25	361	5.06	42.75	2.16	0.008
21	2.60	441	6.76	54.60	2.38	0.048
25	2.71	625	7.34	67.75	2.83	0.014
32	3.33	1024	11.09	106.56	3.61	0.078
34	4.01	1156	16.08	136.34	3.84	0.029
Σ187	21.23	4353	56.09	492.77		$\Delta^2 = 0.305$

*이 표는 예제 8.3과 마찬가지로 스프레드쉬트를 이용해서 쉽게 생성할 수 있다.

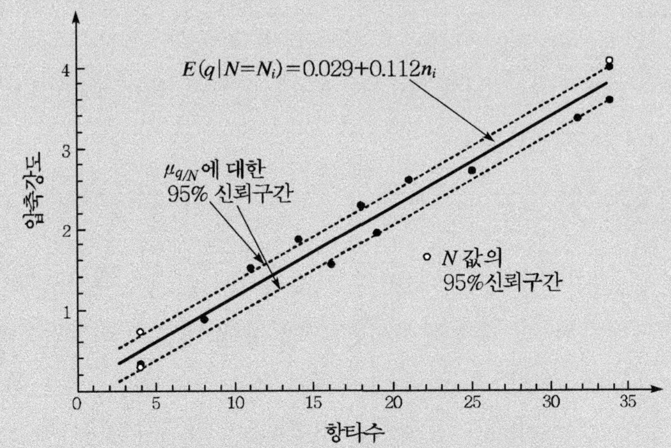

그림 E8.1 경질점토의 압축강도 대 항타수

표 E8.1의 계산결과와 식 (8.9)를 이용하면 상관계수는 다음과 같이 추정할 수 있다.

$$\hat{\rho} = \frac{1}{9} \frac{492.77 - 10 \times 18.7 \times 2.123}{\sqrt{95.12}\,\sqrt{1.22}} = 0.99$$

N에 대한 q의 회귀식의 95% 신뢰구간을 결정하기 위해, $N_i = 4, 11, 19, 34$의 값과 표 A.3으로부터 $t_{0.9758} = 2.306$을 사용한다.

$$N_{i=4}\ ;\ \langle \mu_{q \mid N} \rangle_{0.95} = 0.477 \pm\ 2.306 \times 0.195 \sqrt{\frac{1}{10} + \frac{(4-18.7)^2}{(4353 - 10 \times 18.7^2)}}$$
$$= (0.210\ \rightarrow 0.744)\text{tsf}$$

$$N_{i=11}\ ;\ \langle \mu_{q \mid N} \rangle_{0.95} = 1.261 \pm\ 2.306 \times 0.195 \sqrt{\frac{1}{10} + \frac{(11-18.7)^2}{(4353 - 10 \times 18.7^2)}}$$
$$= (1.076\ \rightarrow 1.446)\text{tsf}$$

$$N_{i=19}\ ;\ \langle \mu_{q \mid N} \rangle_{0.95} = 2.157 \pm\ 2.306 \times 0.195 \sqrt{\frac{1}{10} + \frac{(19-18.7)^2}{(4353 - 10 \times 18.7^2)}}$$
$$= (0.2015\ \rightarrow 2.299)\text{tsf}$$

$$N_{i=34}\ ;\ \langle \mu_{q \mid N} \rangle_{0.95} = 3.837 \pm\ 2.306 \times 0.195 \sqrt{\frac{1}{10} + \frac{(34-18.7)^2}{(4353 - 10 \times 18.7^2)}}$$
$$= (3.562\ \rightarrow 4.112)\text{tsf}$$

또한 선정된 N값으로 구한 신뢰구간을 그림 E8.1에 도해적으로 나타내었다. 이것들은 N에 대한 q의 선형회귀식에 대한 95% 신뢰구간을 구성하는 데에도 사용할 수 있다; 그림 E8.1의 선형회귀식 아래와 위의 점선. ◀

8.3 상관분석

직관적으로 볼 때, 만약 어떤 회귀식의 조건부 표준편차 $s_{Y \mid x}$가 매우(0에 가깝게) 작다면, 그 선형회귀식은 X의 값에 대한 Y의 좋은 예측자(predictor)라고 말할 수 있다. 하지만 두 랜덤 변수 X와 Y 사이의 선형관계는 통계적으로 상관계수(correlation coefficient)를 이용해서 측정한다. 이것은 식 (3.81)에서 $\rho_{X,Y} = \text{Cov}(X, Y)/\sigma_X \sigma_Y$ 로 정의된바 있다. 여기서 $\text{Cov}(X, Y)$는 X와 Y사이의 공분산이다. $\rho_{X,Y}$와 $S_{Y \mid x}$의 관계를 식 (8.12)에서 나중에 볼 것이다. 근본적으로 표본추출된 데이터 집합이라는 관점에서 보면 상관계수는 선형회귀식의 적합도를 측정하는 것이다. 주어진 X 값에 대한 Y의 예측 평균값의 정확도는 상관계수에 좌우된다.

8.3.1 상관계수의 추정

n쌍의 관측결과 집합에 대해, 상관계수의 추정치는 다음과 같다.

$$\hat{\rho}_{X,Y}=\frac{1}{n-1}\frac{\sum_{i=1}^{n}(x_i-\overline{x})(\overline{y_i}-\overline{y})}{S_X S_Y}=\frac{1}{n-1}\frac{\sum_{i=1}^{n}x_i\,\mathrm{y}_i-n\overline{x}\,\overline{y}}{S_X S_Y} \tag{8.9}$$

여기서, $\overline{x}$, $\overline{y}$와 s_X, s_Y는 각각 X와 Y의 표본평균과 표본표준편차이다. 식 (3.82)에 따르면, ρ값의 범위는 -1부터 $+1$까지이다. 만약, 추정된 $\hat{\rho}_{X,Y}$가 크다면(± 1.0에 가깝다면), X와 Y사이에 강한 선형관계가 있다. 이것은 그림 8.2에서 도해적으로 볼 수 있는데, 흙의 공극률(void ratio)과 압밀지수(compaction index)는 거의 선형회귀선이다. 반대로, $\hat{\rho}_{X,Y}$가 매우 작거나 0에 가깝다면(상관성이 없다면), 이것은 합판의 파괴계수(modulus of rupture)와 탄성계수(modulus of elasticity)를 묘사하는 그림 8.3처럼 X와 Y사이에는 선형관계가 결여되어 있다.

식 (8.4)와 식 (8.9)로부터, 상관계수는 다음과 같이 추정할 수 있다.

$$\hat{\rho}=\frac{\sum(x_i-\overline{x})(\mathrm{y}_i-\overline{y})}{\sum(x_i-\overline{x})^2}\left(\frac{s_x}{s_y}\right)=\hat{\beta}\frac{S_X}{S_Y} \tag{8.10}$$

또는

$$\hat{\beta}=\hat{\rho}\frac{S_Y}{S_X} \tag{8.10a}$$

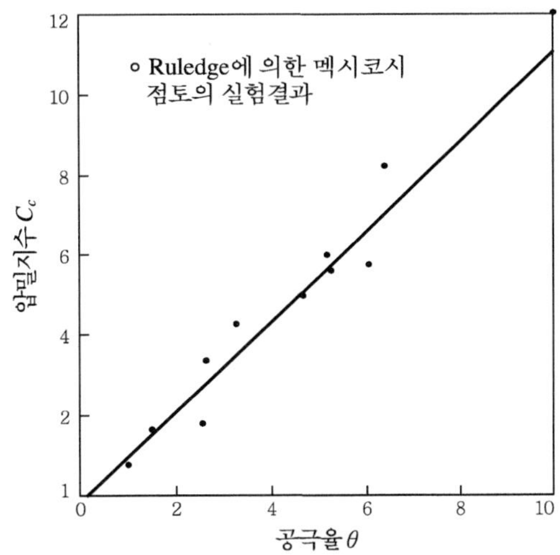

그림 8.2 흙의 압밀지수와 공극률(Nishida, 1956. 참조)

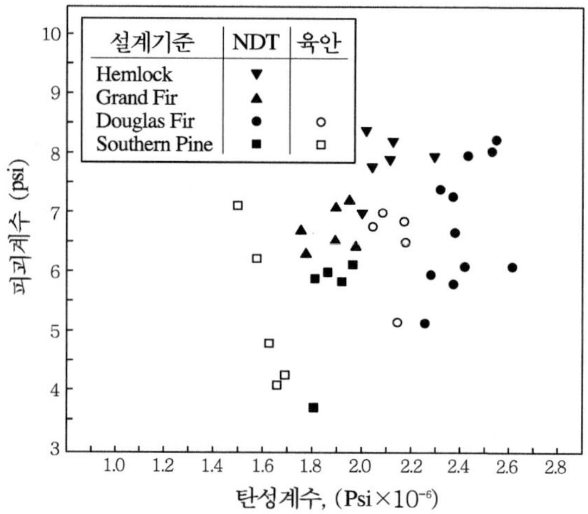

그림 8.3 합판의 균열계수와 탄성계수(Galligan and Snodgrass, 1970. 참조)

식 (8.10a)에서 상관계수 ρ의 추정치와 회귀선의 경사 β간의 유용한 관계를 볼 수 있다. 식 (8.10a)을 식 (8.6)에 대입하면 다음 식을 얻는다.

$$s_{Y|x}^2 = \frac{1}{n-2}\left[\Sigma(y_i - \bar{y})^2 - \hat{\rho}^2 \frac{S_Y^2}{S_X^2}\Sigma(x_i - \bar{x})^2\right] \tag{8.11}$$
$$= \frac{n-1}{n-2} S_Y^2 (1-\hat{\rho}^2)$$

이로부터, 다음 식이 얻을 수 있다.

$$\hat{\rho}^2 = 1 - \frac{n-2}{n-1}\frac{s_{Y|x}^2}{s_Y{}^2} \tag{8.12}$$

윗 식은 n이 매우 커지면 식 (8.7)의 r^2과 같아진다. 위 식을 살펴보면 $|\hat{\rho}|$의 값이 크면 클수록 선형 회귀식에 관련된 조건부 분산은 더욱 감소할 것이며 따라서 X에 대한 Y의 회귀에 기초한 Y의 예측이 더욱 더 정확해 질 것이라는 결론을 내릴 수 있다.

8.3.2 정규변수의 회귀

이론상으로, 상관계수 ρ는 오직 이 변량 정류분포인 두 개의 랜덤변수의 상관관계에서만 정의된다. 게다가, 선형회귀의 기본가정인 선형성과 상분산성은 실제로는 결합정규분포를 갖는 두 모집단의 고유한 성질이다. 이러한 관점에서, 분산이 일정한 X에 대한 Y의 선형회귀를 수행하고, 회귀계수와 상관계수를 추정하는 과정에서 이미 기저 모집단은 정규분포라고 암암리에 추정하고 있는 것이다. 예제 3.38로부터 만약 두 랜덤변량 X와 Y가 결합정규분포를 따른다면 $X=x$일 때 Y의 조건부 평균과 분산은 다음과 같다는 것을 알 수 있다..

$$E=(Y \mid X=x)=\mu_Y+\rho\frac{\sigma_Y}{\sigma_X}(x-\mu_X) \tag{8.13}$$

그리고

$$Var(Y \mid X=x)=\sigma_Y^2(1-\rho^2) \tag{8.14}$$

여기서, ρ는 두 변수 사이의 상관계수이다. 따라서 식 (8.13)과 식 (8.14)의 결과는 만약 두 개의 변수가 결합정규변량이라면 X에 대한 Y의 회귀 또는 역으로 Y에 대한 X의 회귀는 일정한 조건부 분산을 가지며 즉, x 또는 y에 독립적인 선형식이 된다. 특히, 식 (8.13)의 선형식에서 X에 대한 Y의 회귀는 $\beta=\rho\frac{\sigma_Y}{\sigma_X}$의 기울기와 $\alpha=\mu_Y-\beta\mu_X$의 절편을 갖는 식 (8.1)의 형태가 된다.

▶ 예제 8.2 제6장의 예제 6.12는 모노캐씨 강의 25차례의 강우동안에 기록된 강우량과 해당 유출자료이다. 수문학에서는, 강우량을 기본 자료로 이용하여 강의 유출을 예측하는 것이 중요하다. 그러므로, 이를 위해 강우량에 대한 유출의 회귀분석은 필요하다. 표 E8.2에 회귀계수를 평가하기 위한 강우량 X와 유출량 Y 및 관련 수치를 계산하여 정리하였다.

표 E8.2의 결과에서, X와 Y의 표본평균과 표본분산을 각각 다음과 같이 얻는다:

$$\bar{x}=\frac{53.89}{25}=2.16;\quad \bar{y}=\frac{20.05}{25}=0.80$$

대응하는 표본분산은

$$s_X^2=\frac{1}{24}(153.44-25\times 2.16^2)=1.533;$$
$$s_Y^2=\frac{1}{24}(24.68-25\times 0.80^2)=0.362$$

회귀계수는 다음과 같이 구해진다.

$$\hat{\beta}=\frac{59.24-25\times 2.16\times 0.80}{153.44-25(2.16)^2}=0.435;$$

$$\hat{\alpha}=0.80-0.435\times 2.16=-0.140$$

이 선형회귀선은 그림 E8.2에 도시되었다.

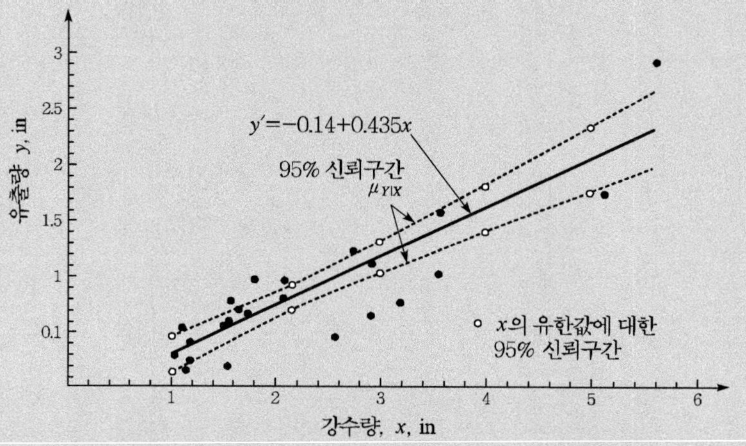

그림 E8.2 강우량에 대한 유출량의 데이터 점과 회귀

표 E8.2 예제 8.2의 계산표

번호	강우량 x_i(in.)	유출량 y_i(in)	x_iy_i	x_i^2	y_i^2	$y_i'=\hat{\alpha}+\hat{\beta}x_i$	$(y_i-y_i')^2$
1	1.11	0.52	0.58	1.23	0.270	0.343	0.0313
2	1.17	0.40	0.47	1.37	0.160	0.369	0.0009
3	1.79	0.97	1.74	3.20	0.941	0.637	0.1110
4	5.62	2.97	16.40	31.60	8.526	2.280	0.4000
5	1.13	0.17	0.19	1.28	0.029	0.351	0.0328
6	1.54	0.19	0.29	2.37	0.036	0.530	0.1158
7	3.19	0.76	2.43	10.15	0.578	1.245	0.2360
8	1.73	0.66	1.14	2.99	0.436	0.612	0.0023
9	2.09	0.75	1.63	4.37	0.608	0.770	0.0001
10	2.75	1.24	3.41	7.55	1.538	1.059	0.0328
11	1.20	0.39	0.47	1.44	0.152	0.381	0.0001
12	1.01	0.30	0.30	1.02	0.090	0.299	0.0000
13	1.64	0.70	1.15	2.69	0.490	0.574	0.0158
14	1.57	0.77	1.21	2.46	0.593	0.544	0.0511
15	1.54	0.59	0.91	2.37	0.348	0.530	0.0036
16	2.09	0.95	1.99	4.36	0.902	0.770	0.0326

17	3.54	1.02	3.62	12.55	1.040	1.400	0.1442
18	1.17	0.39	0.46	1.37	0.152	0.368	0.0004
19	1.15	0.23	0.26	1.32	0.053	0.360	0.0169
20	2.57	0.45	1.6	6.60	0.202	0.980	0.2810
21	3.57	1.59	5.66	12.74	2.528	1.415	0.0306
22	5.11	1.74	8.90	26.18	3.028	2.084	0.1185
23	1.52	0.56	0.85	2.31	0.314	0.521	0.0015
24	2.93	1.12	3.28	8.58	1.254	1.135	0.0002
25	2.93	0.64	0.74	1.34	0.410	0.3650	0.0755
	Σ=5389	20.05	59.24	153.44	24.678		Δ^2=1.7350

주어진 강우량에 대한 유출량의 조건부 상분산(constant conditional variance)은

$$s^2_{Y\mid x} = \frac{\Delta^2}{n-2} = \frac{1.735}{25-2} = 0.075$$

이다. 조건부 표준편차는 $s_{Y\mid x} = \sqrt{0.075} = 0.274\,\mathrm{in}$ 이다. 식 (8.9)를 적용하면 상관계수는, 다음과 같다.

$$\hat{\rho} = \frac{1}{24}\frac{59.24 - 25 \times 2.16 \times 0.80}{\sqrt{1.533}\sqrt{0.362}} = 0.898$$

주어진 강우량에 대한 유출량을 정규분포로 가정하면, 그 강우량의 특정 유출량의 발생확률을 추정할 수 있다. 예컨데, 강우량이 4in인 폭우동안 모노캐씨강의 유출량이 2in를 초과할 확률은 다음과 같이 계산할 수 있다. X=4in의 강우량에 대한 평균 강우량은

$$E(Y \mid X=4) = -0.14 + 0.435 \times 4 = 1.6\,\mathrm{in}$$

그러므로, 강우량 X=4in일 때 유출량 Y의 정규분포는 $N(1.6, 0.274)$이다. 고로, 유출량이 2in를 초과할 확률은

$$P(Y > 2 \mid X=4) = 1 - \Phi\left(\frac{2-1.6}{0.274}\right) = 1 - 0.928 = 0.072$$

이다.

또한 95% 신뢰구간은 다음과 같이 구한다: 먼저 강우량 x_i=1.0, 2.16, 3.0, 4.0, 5.0in인 5개의 점을 선정한다. 식 (8.8)에 따라서, 이들 5개의 서로 다른 x_i 값의 개별 신뢰구간은, 표 A.3으로부터 $t_{0.975,23} = 2.069$를 사용해서 다음과 같이 구해진다.

$$x_i = 1.0;\ \langle \mu_{Y|1.0} \rangle_{0.95} = 0.295 \pm 2.069 \times 0.274 \sqrt{\frac{1}{25} + \frac{(1.0-2.16)^2}{(153.44-25\times 2.16^2)}}$$
$$= (0.138 \rightarrow 0.452)\ \text{in}$$

$$x_i = 2.16;\ \langle \mu_{Y|2.16} \rangle_{0.95} = 0.800 \pm 2.069 \times 0.274 \sqrt{\frac{1}{25} + \frac{(2.16-2.16)^2}{(153.44-25\times 2.16^2)}}$$
$$= (0.687 \rightarrow 0.913)\ \text{in}$$

$$x_i = 3.0;\ \langle \mu_{Y|3.0} \rangle_{0.95} = 1.165 \pm 2.069 \times 0.274 \sqrt{\frac{1}{25} + \frac{(3.0-2.16)^2}{(153.44-25\times 2.16^2)}}$$
$$= (1.027 \rightarrow 1.303)\ \text{in}$$

$$x_i = 4.0;\ \langle \mu_{Y|1.0} \rangle_{0.95} = 1.600 \pm 2.069 \times 0.274 \sqrt{\frac{1}{25} + \frac{(4.0-2.16)^2}{(153.44-25\times 2.16^2)}}$$
$$= (1.368 \rightarrow 1.832)\ \text{in}$$

$$x_i = 5.0;\ \langle \mu_{Y|5.0} \rangle_{0.95} = 2.035 \pm 2.069 \times 0.274 \sqrt{\frac{1}{25} + \frac{(5.0-2.16)^2}{(153.44-25\times 2.16^2)}}$$
$$= (1.746 \rightarrow 2.324)\ \text{in}$$

이 95% 신뢰구간 강우량의 회귀선을 그림 E8.2에 도시하였다. 평균 강우량 $\bar{x}=$ 2.16in의 선형회귀사이에서 최소범위의 95% 신뢰구간을 관측할 수 있다. ◀

▶ 예제 8.3 표 E8.3의 3열은 소정의 하중에 의한 말뚝의 침하량 관측자료(Viggiani, 2001)이다. 또한 같은 표(4열)에는 Viggiani(2001)의 비선형모델로 계산한 상응 침하량이다. 계산된 침하량 X에 대한 관측된 침하량 Y의 회귀를 수행할 수 있으며, 표 E8.3에 그 결과를 요약, 제시하였다.

표 E8.3으로부터 X와 Y의 각 표본평균과 표본표준편차는 다음과 같다.

$$\bar{y} = \frac{600.36}{25} = 24.014\text{mm} \quad \bar{x} = \frac{563.34}{25} = 22.534\text{mm}$$

$$s_Y = \sqrt{\frac{1}{24}(48064.16 - 25 \times 24.014^2)} = 37.44\text{mm}$$

$$s_X = \sqrt{\frac{1}{24}(41185.44 - 25 \times 22.534^2)} = 34.45\text{mm}$$

식 (8.3)과 식 (8.4)를 이용해서, X에 대한 Y의 회귀에 대한 회귀계수를 다음과 같이 얻는다.

$$\hat{\beta} = \frac{43,842.29 - 25 \times 24.014 \times 22.534}{41,185.44 - 25 \times 22.534^2}$$

그리고 $\alpha = 24.014 - 1.064 \times 22.535 = 0.038$

X에 대한 Y의 선형회귀식은

$$E(Y \mid X = x) = 0.038 + 1.064x$$

이다.

표 E8.3의 3열과 4열에서 주어진 데이터를 그림 E8.3에 도해적으로 나타내었다.

표 E8.3 예제 8.3의 데이터와 계산 요약

말뚝 번호	하중, mn	관측침하량 y_i, mm	계산침하량 x_i, mm	y_i^2	x_i^2	$x_i y_i$	$y_i' =$ $0.038+1.064x_i$	$(y_i' - y_i)^2$
1	0.22	0.7	5.9	0.49	34.81	4.13	6.316	31.529
2	1.2	64	27	4096	729	1728	28.728	1244.11
3	0.89	5	4.9	25	24.01	24.5	5.252	0.064
4	0.44	25	26.6	625	707.56	665	28.34	11.156
5	0.44	29.5	29.4	870.25	864.36	867.3	31.32	3.312
6	1.35	3.8	3.9	14.44	15.21	14.82	4.188	0.15
7	1.93	5.9	6.7	34.81	44.89	39.53	7.167	1.605
8	0.49	38.1	36.8	1452.61	1354.24	1402.08	39.193	1.195
9	1.3	185	175	34,255	30,625	32,375	186.238	1.533
10	5.09-8.9	28.1	32.7	789.61	1069.29	918.87	34.831	45.306
11	0.06-0.26	0.6	0.7	0.36	0.49	0.42	0.783	0.033
12	0.66	29.2	31.9	852.64	1017.61	931.48	33.98	22.848
13	0.76	32	32.4	1024	1049.76	1036.8	34.511	6.305
14	0.82	5.4	3.9	29.16	15.21	21.06	4.188	1.469
15	0-1.25	3.6	4.4	12.96	19.36	15.84	4.72	1.254
16	3.93	35.9	31.6	1288.81	998.56	1134.44	33.66	5.018
17	0.47	11.6	11.5	134.56	132.25	133.4	12.274	0.454
18	0.41	12.7	14.6	161.29	213.16	185.42	15.572	8.248
19	1.02	46	44.4	2116	1971.36	2042.4	47.28	1.638
20	0.24	3.8	4.5	14.44	20.25	17.1	4.826	1.053
21	0.105	4.9	5.2	24.01	27.04	25.48	5.571	0.45

22	1.65	11.7	11.8	136.89	139.24	138.06	12.593	0.797
23	0.598	1.83	3.49	3.35	12.18	6.39	3.751	3.489
24	0.68	9.43	8	88.92	64	75.44	8.55	0.744
25	0.95	6.6	6.05	43.56	36.6	39.93	6.475	0.016
	Σ	600.36	563.34	48064.2	41185.4	43842.9		1393.79

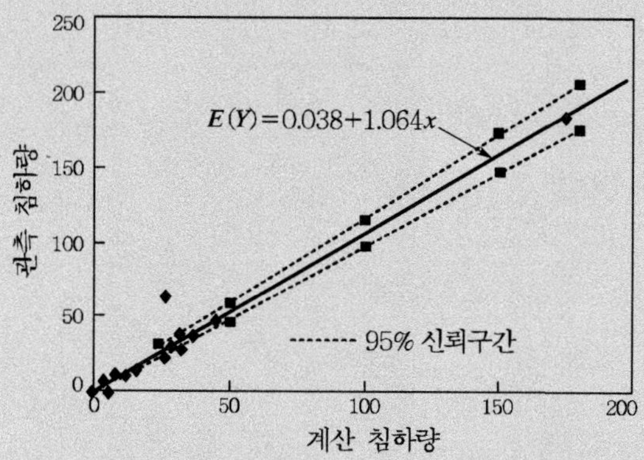

그림 E8.3 계산 침하량에 대한 관측 침하량의 데이터 점과 회귀선

식 (8.9)를 이용하면 관측 침하량과 계산 침하량이 매우 높게 상관된 것을 보여주는 다음의 상관계수를 얻는다.

$$\hat{\rho}=\frac{1}{24}\left(\frac{43842.89-25\times 24.014\times 22.534}{37.44\times 34.45}\right)=0.98$$

식 (8.6a)에 따르면, X가 주어질 때 Y의 조건부 표준편차는 다음과 같다.

$$s_{Y\mid x}=\sqrt{\frac{1394}{23}}=7.78$$

이 $s_{Y\mid x}$ 는 표준편차 $s_{Y=37.44\mathrm{mm}}$ 보다 훨씬 더 작다는 것을 알 수 있다.

식 (8.8)에 의해 95% 신뢰구간을 구성할 수 있다. 먼저 x_i의 이산값, 즉 25mm, 50mm, 1000mm, 150mm, 180mm에 상응하는 95% 신뢰구간을 평가한다. 표 A.3으로부터 $t_{0.975,23}=2.069$ 이다.

$$x_i=25\mathrm{mm}\text{에서 } \langle\mu_Y\rangle_{.95}=26.600\pm\ 2.069\times 7.784\sqrt{\frac{1}{25}+\frac{(25-22.534)^2}{(41{,}185.4-25\times 22.534^2)}}$$
$$=(23.38\ \rightarrow 29.82)\mathrm{mm}$$

$$x_i = 50\text{mm}\text{에서 } \langle \mu_Y \rangle_{.95} = 53.238 \pm \ 2.069 \times 7.784 \sqrt{\frac{1}{25} + \frac{(50-22.534)^2}{(41{,}185.4 - 25 \times 22.534^2)}}$$
$$= (49.08 \ \rightarrow 57.39)\text{mm}$$

$$x_i = 100\text{mm}\text{에서 } \langle \mu_Y \rangle_{.95} = 106.44 \pm \ 2.069 \times 7.784 \sqrt{\frac{1}{25} + \frac{(100-22.534)^2}{(41{,}185.4 - 25 \times 22.534^2)}}$$
$$= (98.38 \ \rightarrow 114.50)\text{mm}$$

$$x_i = 150\text{mm}\text{에서 } \langle \mu_Y \rangle_{.95} = 159.64 \pm \ 2.069 \times 7.784 \sqrt{\frac{1}{25} + \frac{(150-22.534)^2}{(41{,}185.4 - 25 \times 22.534^2)}}$$
$$= (147.06 \ \rightarrow 172.22)\text{mm}$$

$$x_i = 180\text{mm}\text{에서 } \langle \mu_Y \rangle_{.95} = 191.56 \pm \ 2.069 \times 7.784 \sqrt{\frac{1}{25} + \frac{(180-22.534)^2}{(41{,}185.4 - 25 \times 22.534^2)}}$$
$$= (176.19 \ \rightarrow 206.92)\text{mm}$$

위 계산 결과 대로, 각 하한치와 상한치를 연결함으로써 그림 E8.3에 접선으로 나타낸 바와 같은 회귀선의 95% 신뢰구간을 얻는다. ◀

▶ 8.4 변동분산 선형회귀

제어변수 값의 변동에 관측 데이터의 산포도가 민감하게 변동하는 경우가 종종 발생할 수 있다. 이러한 경우는, 회귀식에 관한 조건부 분산 또는 조건부 표준편차가 일정하지 않고 제어변수의 함수 형태일 것이다. 8.2.1절의 회귀분석은 조건부 분산의 변동성을 고려할 수 있도록 확장될 수 있다. 이를 위해서, 조건부 분산을 다음과 같이 표현할 수 있다.

$$Var(Y \mid X = x) = \sigma^2 \, g^{\,2}(x) \tag{8.15}$$

여기서 σ는 미지의 상수이고, $g(x)$는 미리 정해진 x의 함수이다. 다시 한번, X에 대한 Y의 선형회귀는,

$$E(Y \mid X = x) = \alpha + \beta x$$

이다. 이때 α와 β는 8.2절의 것들과는 다른 형태의 회귀계수일 것으로 예상할 수 있다. 본 경우에는 조건부 분산이 큰 영역에 있는 데이터들 보다 조건부 분산이 작은 영역에 있는 데이터들에 더 높은 "가중치"를 두어야 한다고 가정한다. 그러므로 다음과 같이 조건부 분산의 크기에 반비례하는 가중치를 부여한다.

$$\mathrm{w}_i{}' = \frac{1}{Var(Y \mid X = x_i)} = \frac{1}{\sigma^2 \mathrm{g}^2(x_i)}$$

그러면 총 제곱오차는 다음과 같다는 것을 보여줄 수 있다.

$$\triangle^2 = \sum_{i=1}^{n} \mathrm{w}_i (\mathrm{y}_i - \alpha - \beta x_i)^2$$

이로부터 회귀계수 α와 β의 최소제곱 추정치는 다음과 같다.

$$\hat{\alpha} = \frac{\sum \mathrm{w}_i \mathrm{y}_i - \hat{\beta} \sum \mathrm{w}_i x_i}{\sum \mathrm{w}_i} \tag{8.16}$$

$$\hat{\beta} = \frac{\sum \mathrm{w}_i (\sum \mathrm{w}_i \mathrm{y}_i x_i) - (\sum \mathrm{w}_i x_i)(\sum \mathrm{w}_i \mathrm{y}_i)}{\sum \mathrm{w}_i (\sum \mathrm{w}_i x_i^2) - (\sum \mathrm{w}_i x_i)^2} \tag{8.17}$$

이때,

$$\mathrm{w}_i = \sigma^2 \mathrm{w}_i{}' = \frac{1}{\mathrm{g}^2(x_i)}$$

그러면, n크기의 표본으로부터 σ^2 의 비 편향추정치

$$s^2 = \frac{\sum \mathrm{w}_i (\mathrm{y}_i - \hat{\alpha} - \hat{\beta} x_i)^2}{n-2} = \frac{\sum \mathrm{w}_i (\mathrm{y}_i - \overline{\mathrm{y}_i})^2}{n-2} \tag{8.18}$$

이 된다. 식 (8.15)에 의해 주어진 $X = x$의 조건부 분산 Y의 추정치는 다음과 같다.

$$s_{Y \mid x}^2 = s^2 \cdot \mathrm{g}^2(x) \tag{8.19}$$

또는,

$$s_{Y \mid x} = s\, \mathrm{g}\, (x) \tag{8.19a}$$

회귀계수와 신뢰구간

식 (8.9)나 식 (8.10)의 상관계수는 분산이 일정하지 않은 본 경우에도 여전히 유용하다. 특히, 식 (8.10)은 $\hat{\beta}$가 식 (8.17)에 의해 주어진 경우에 적용될 수 있다. 즉, $\hat{\rho} = \hat{\beta} \dfrac{s_X}{x_Y}$ 이며, 여기서 s_X와 s_Y는 각각 X와 Y의 표본 표준편차이다. 또한, 대응하는 신뢰구간은 식 (8.8)로 결정할 수 있다. 여기서, $\overline{y_i} = E(Y \mid X = x_i)$는 식 (8.16)

과 식 (8.17)에 의해 추정된 회귀계수를 갖는 선형회귀식으로 구해진다.

그리고 $s_{Y \mid x} = g(x)\sqrt{\dfrac{\sum w_i(y_i - \overline{y_i})^2}{n-2}}$ 는 식 (8.18)과 식 (8.19a)로 주어진다.

▶ 예제 8.4 그림 E8.4은 리비아에 있는 18개 저장탱크의 최대 침하량과 최대 부등침하량의 관측 데이터들이다. 이 그림에서 볼 때 부등침하량의 산포도는 최대 침하량에 대해 선형적으로 증가하는 경향이 있다는 것을 볼 수 있다. 따라서, 최대 부등침하량 Y의 조건부 표준편차는 최대 침하량 X에 대해 선형적으로 증가한다고 가정할 수 있다.

즉, $g(x) = x$, $Var(Y \mid X = x) = \sigma^2 x^2$ 그리고 $w_i = \dfrac{1}{x_i^2}$ 이다.

상세한 계산은 표 E8.4에서 표로 작성되어 있고, 이로부터 각각 X와 Y의 표본평균과 표본 표준편차를 구할 수 있다.

$$\bar{x} = \frac{29.7}{18} = 1.65,\ \bar{y} = \frac{19.9}{18} = 1.11$$

그리고 $s_X = \sqrt{\dfrac{1}{17}(63.49 - 18 \times 1.65^2)} = 0.923;$

$$s_Y = \sqrt{\frac{1}{17}(28.87 - 18 \times 1.11^2)} = 0.627$$

또한, 식 (8.16)과 식 (8.17)을 이용해서 회귀계수를 다음과 같이 구한다.

$$\hat{\beta} = \frac{22.38 \times 12.42 - 15.84 \times 11.31}{22.38 \times 18 - 15.84^2}$$

$$\hat{\alpha} = \frac{11.31 - 0.65 \times 15.84}{22.38} = 0.045$$

그러므로, X에 대한 Y의 선형회귀는 $E(Y \mid x) = 0.045 + 0.65x$ 이다.

식 (8.18)에 따르면 σ^2의 추정치는

$$s^2 = \frac{0.9418}{18-2} = 0.0589$$

이다.

그리고 식 (8.19a)로부터 Y의 조건부 표준편차를 X의 함수로 다음과 같이 구할 수 있다.

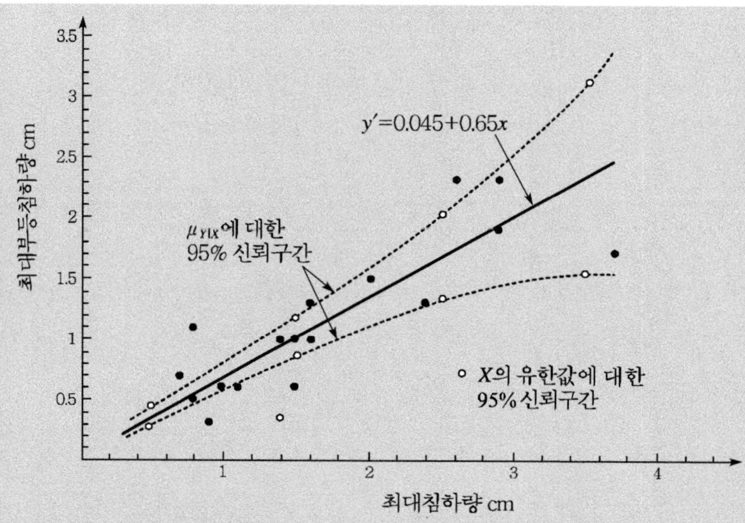

그림 E8.4 리비아의 있는 저장 탱크의 침하(Lambe and Whitman, 1969)

$$s_{Y\mid x} = x\sqrt{0.0589} = 0.243x$$

상관계수의 추정치는 식 (8.10)으로부터

$$\hat{\rho} = \hat{\beta}\frac{s_X}{x_Y} = 0.65\frac{0.923}{0.627} = 0.96$$

이다.

이 회귀식에 대응하는 신뢰구간은 다음과 같이 구할 수 있다. 분산값 x_i : 0.5, 1.5, 2.5, 3.5를 선택하고 90% 신뢰수준에 대해 식 (8.8)과 부록 표 A.3으로부터 $t_{0.95,16} = 1.746$을 가지고 각 x_i 값의 구간을 각각 구할 수 있다.

$$x_i = 0.5\text{에서 } \langle \mu_{Y\mid x}\rangle_{0.90} = 0.370 \pm 1.746(0.243\times 0.5)\sqrt{\frac{1}{18}+\frac{(0.5-1.65)^2}{(63.49-18\times 1.65^2)}} = (0.288 \rightarrow 0.451)$$

$$x_i = 1.5\text{에서 } \langle \mu_{Y\mid x}\rangle_{0.90} = 0.975 \pm 1.746(0.243\times 1.5)\sqrt{\frac{1}{18}+\frac{(1.5-1.65)^2}{(63.49-18\times 1.65^2)}} = (0.823 \rightarrow 1.127)$$

$$x_i = 2.5\text{에서 } \langle \mu_{Y\mid x}\rangle_{0.90} = 1.670 \pm 1.746(0.243\times 2.5)\sqrt{\frac{1}{18}+\frac{(2.5-1.65)^2}{(63.49-18\times 1.65^2)}} = (1.326 \rightarrow 2.014)$$

$$x_i = 3.5\text{에서 } \langle \mu_{Y|x} \rangle_{0.90} = 2.320 \pm 1.746(0.243 \times 3.5)\sqrt{\frac{1}{18} + \frac{(3.5-1.65)^2}{(63.49-18\times 1.65^2)}}$$
$$= (1.512 \to 3.122)$$

선정된 x_i의 이산값에서의 위의 구간을 가지고 최대 침하량에 대한 최대 부등침하량의 회귀식에 대한 90% 신뢰구간을 그림 E 8.4와 같이 얻을 수 있다.

표 8.4 예제 8.4의 계산

저장탱크 No., i	최대침하량 x_i(cm)	부등침하량 y_i(cm)	w_i	x_ix_i	x_iy_i	$w_ix_iy_i$	$w_ix_i^2$	$w_i(y_i-\bar{y}_i)^2$
1	0.3	0.2	11.11	3.33	2.22	0.67	1.0	0.0178
2	0.7	0.7	2.04	1.43	1.43	1.00	1.0	0.0816
3	0.8	0.5	1.56	1.25	0.78	0.62	1.0	0.0066
4	0.8	1.1	1.56	1.25	1.72	1.37	1.0	0.4465
5	0.9	0.3	1.23	1.11	0.37	0.33	1.0	0.1339
6	1.0	0.6	1.00	1.00	0.60	0.60	1.0	0.0090
7	1.1	0.6	0.83	0.91	0.50	0.55	1.0	0.0212
8	1.4	1.0	0.51	0.71	0.51	0.71	1.0	0.0010
9	1.5	1.0	0.44	0.67	0.44	0.66	1.0	0.0002
10	1.6	1.0	0.39	0.63	0.39	0.62	1.0	0.0028
11	1.6	1.3	0.39	0.63	0.51	0.81	1.0	0.0180
12	2.0	1.5	0.25	0.50	0.38	0.75	1.0	0.0060
13	2.4	1.3	0.17	0.42	0.22	0.53	1.0	0.0158
14	2.6	2.3	0.15	0.38	0.35	0.90	1.0	0.0479
15	2.9	1.9	0.12	0.34	0.23	0.66	1.0	0.0001
16	2.9	2.3	0.12	0.34	0.28	0.80	1.0	0.0164
17	3.7	1.7	0.07	0.27	0.12	0.44	1.0	0.0394
18	1.5	0.6	0.44	0.67	0.26	0.40	1.0	0.0776
Σ	29.7	19.9	22.38	15.84	11.31	12.42	18.0	0.9418

◀

▶ 8.5 다중 선형회귀

종속변수가 하나 이상의 제어변수들의 함수일 수도 있다. 만약 제어 변수들이 랜덤이라면 종속변수의 평균과 분산 역시 독립변수의 함수이다. 이 종속변수의 평균값이 제어변수들의 선형함수라고 가정될 때 그에 따른 해석법은 다중 선형회귀

(multiple linear regression)로 알려져 있다. 다중 선형회귀의 기본 분석법은 8.2절의 2변수 회귀분석법의 일반화이다.

대상 문제의 종속변수를 Y라 하고, 이것이 k개의 변수 $X_1, X_2, \cdots, X_k$의 선형 함수라고 가정해보자.

$X_1 = x_{i1},\ X_2 = x_{i2},\ \cdots\ X_k = x_{ik}\ ;\ i = 1, 2,\ \cdots, n$일 때 Y의 평균값은 아래와 같다. 각 i에 대해,

$$y_i{}' = \beta_0 + \beta_1 x_{i1} + \beta_2 x_{i2} + \cdots + \beta_k x_{ik} \tag{8.20}$$

여기서, $\beta_0, \beta_1, \cdots, \beta_k$은 관측된 데이터 $(x_{i1},\ x_{i2},\ \cdots,\ x_{ik})$로부터 추정되어야 하는 회귀계수 상수이다. 반면에 주어진 값 $x_{i1}, x_{i2}, \cdots, x_{ik}$에 대한 조건부 분산 Y는 어떤 i에 대해서도 상수라고 가정한다.

$$Var(Y \mid x_{i1}, x_{i2}, \cdots, x_{ik}) = \sigma^2 \tag{8.21}$$

또는 조건부 분산이$(x_{i1}, x_{i2}, \cdots, x_{ik})$의 미리 정해진 함수 g로 정의할 수도 있다.

$$Var(Y \mid x_{i1}, x_{i2}, \cdots, x_{ik}) = \sigma^2\ g^2(x_{i1}, x_{i2} \cdots x_{ik}) \tag{8.22}$$

회귀분석은 크기 n의 데이터 집합, 즉 $i = 1,\ 2, \cdots,\ n$일 때, $(x_{i1},\ x_{i2}, \cdots, x_{ik},\ y_i)$에 대해 $\beta_0,\ \beta_1,\ \cdots,\ \beta_k$와 σ^2를 추정하기 위해 실행한다.

식 (8.20)은 매트릭스 형태로 편리하게 아래와 같이 쓸 수 있다.

$$\mathbf{y}' = \boldsymbol{X\beta} \tag{8.20a}$$

여기서 Y'은 벡터 $Y' = \{y_1', y_2' \cdots, y_n'\}$이고, 이때 각 y'는 식 (8.20)에 의해 주어진다. β는 회귀계수의 벡터 $\beta = \{\beta_0, \beta_1, \cdots, \beta_k\}$이고, X는 $n \times (k+1)$ 매트릭스이다 (즉, n개 행과 $k+1$개 열) :

$$\boldsymbol{X} = \begin{bmatrix} 1 & x_{11} & x_{12} & \cdots & x_{1k} \\ 1 & x_{21} & x_{22} & \cdots & x_{2k} \\ \vdots & \vdots & \vdots & & \vdots \\ 1 & x_{n1} & x_{n2} & \cdots & x_{nk} \end{bmatrix}$$

우선 조건부 분산이 상수인 경우를 살펴보자. n개의 데이터 점에 대한 총 제곱 오차는 다음과 같다:

$$\Delta^2 = \sum_{i=1}^{n} (y_i - y_i{}')^2 = \sum_{i=1}^{n} [y_i - \beta_0 - \beta_1 x_{i1} - \cdots - \beta_k x_{ik}]^2 \tag{8.23}$$

최소제곱법에 의해 $\beta_i,\ i=1,2,\cdots,k$의 추정치를 결정하기 위해서 $\triangle^2$을 최소화 시킨다.

$$\frac{\partial\triangle^2}{\partial\beta_0}=\sum_{i=1}^{n}[\mathrm{y}_i-\widehat{\beta_0}-\hat{\beta}_1x_{i1}-\cdots-\hat{\beta}_kx_{ik}]=0$$

$$\frac{\partial\triangle^2}{\partial\beta_1}=\sum_{i=1}^{n}x_{i1}[\mathrm{y}_i-\widehat{\beta_0}-\hat{\beta}_1x_{i1}-\cdots-\hat{\beta}_kx_{ik}]=0$$

$$\vdots \tag{8.24}$$

$$\frac{\partial\triangle^2}{\partial\beta_k}=\sum_{i=1}^{n}x_{ik}[\mathrm{y}_i-\widehat{\beta_0}-\hat{\beta}_1x_{i1}-\cdots-\hat{\beta}_kx_{ik}]=0$$

식 (8.24)는 $k+1$개의 미지 회귀계수와 $k+1$개의 방정식으로 구성되어 있다. 다시 말해 매트릭스 표기법으로 나타내면, 식 (8.24)의 방정식의 집합은

$$\boldsymbol{X^TX\hat{\beta}}=\boldsymbol{X^T}\mathbf{y} \tag{8.24a}$$

로 나타낼 수 있다.

여기서 $y=\{y_1,y_2,\cdots,y_n\}$은 Y의 관측 값들의 벡터이며 T는 전치(transpose)이다.

식 (8.24a)의 양변에 매트릭스 X^TX의 역을 선곱(premultiply)하면, 최소 제곱법에 의한 회귀계수의 해를 얻는다.

$$\boldsymbol{\hat{\beta}}=(\boldsymbol{X^TX})^{-1}\boldsymbol{X^T}\mathbf{y} \tag{8.25}$$

여기서 $\boldsymbol{\hat{\beta}}$는 $(k+1)$벡터, $\boldsymbol{\hat{\beta}}=\{\beta_0,\beta_1,\cdots,\beta_k\}$이며, 이로부터 다중회귀식은 매트릭스 형태로 다음과 같이 나타난다.

$$\mathbf{y}'=\boldsymbol{X\hat{\beta}} \tag{8.26}$$

스칼라형태로 식 (8.26)은 k개의 다중회귀식의 집합을 나타내며 다음과 같다.

$$\mathrm{y}'_i=\widehat{\beta_0}+\sum_{j=1}^{k}\widehat{\beta_j}x_{ij};\quad i=1,2,\cdots,n;\quad j=1,2,\cdots,k \tag{8.26a}$$

여기서 $\hat{\beta}_0$와 $\hat{\beta}_j$는 $\hat{\beta}$의 구성요소이다.

$X_1,X_2,\cdots,X_k$ 값에 대한 Y의 조건부 분산의 불편추정치(unbirsed estimate)는 다음과 같다.

$$s^2_{Y \mid x_1, x_2, \cdots, x_k} = \frac{\Delta^2}{n-k-1} = \frac{\sum_{i=1}^{n}(y_i - y_i')^2}{n-k-1} \tag{8.27}$$

이때, y_i'는 식 (8.26a)로 구한다. Y의 원 분산의 감소로 식 (8.7)의 r을 $s_{Y \mid x}$인 $s_{Y \mid x1, \cdots, x_k}$에 대입하여 평가할 수 있다.

▶ 예제 8.5 도로포장 설계시 동결깊이를 결정할 때 중요한 요소는 예정 건설지역의 연평균 기온이다. 서부 버지니아주에 있는 10개 측후소에 기록된 연평균 기온을 표 E8.5a에 요약하였다.

기온 기록이 없는 서부 버지니아주의 다른 지역에서도 건설지역의 연평균 기온을 표 E8.5a의 정보에 바탕을 두고 그 지방의 위도와 고도를 기초로 하여 추정될 수 있다.

이를 위해, 다음의 다중선형방정식을 가정한다.

$$E(Y \mid x_1, x_2) = \beta_0 + \beta_1 x_1 + \beta_2 x_2$$

여기서

Y= 연평균기온(°F)

x_1= 고도(ft)

x_2= 위도(°N)

표 8.5a 서부 버지니아주의 연평균 기온(Moulton and Schaub, 1969).

측후소	고도(ft)	위도(°N)	연평균기온(°F)
Bayard	2375	39.27	47.5
Buckhannon	1459	29.00	52.3
Charleston	604	38.35	56.8
Flat Top	3242	37.58	48.4
Kearneysville	550	39.38	54.2
Madison	675	38.05	55.1
New Martinsville	635	39.65	54.4
Pickens	2727	38.66	48.8
Rainelle	2424	37.97	50.5
Wheeling	659	40.10	52.7

회귀계수를 구하기 위해, 표 E8.5a의 데이터에 기초하여 아래의 매트릭스를 구성하였다.

$$\boldsymbol{X}=\begin{bmatrix} 1 & 2375 & 39.27 \\ 1 & 1459 & 39.00 \\ 1 & 604 & 38.35 \\ 1 & 3242 & 37.58 \\ 1 & 550 & 39.38 \\ 1 & 675 & 38.05 \\ 1 & 635 & 39.65 \\ 1 & 2727 & 38.66 \\ 1 & 2424 & 37.97 \\ 1 & 659 & 40.10 \end{bmatrix} \quad \text{그리고 벡터 } \boldsymbol{y}=\begin{bmatrix} 47.5 \\ 52.3 \\ 56.8 \\ 48.4 \\ 54.2 \\ 55.1 \\ 54.4 \\ 48.8 \\ 50.5 \\ 52.7 \end{bmatrix} \quad \hat{\boldsymbol{\beta}}=\begin{bmatrix} \hat{\beta}_0 \\ \hat{\beta}_1 \\ \hat{\beta}_2 \end{bmatrix}$$

식 (8.24a)부터 식 (8.26)에 걸쳐 매트릭스 연산을 하여, 다음을 구한다.

$$\boldsymbol{X^T X}=\begin{bmatrix} 10 & 15{,}350 & 388 \\ 15{,}350 & 3.36\times 10^7 & 5.92\times 10^5 \\ 388 & 5.92\times 10^5 & 15{,}061 \end{bmatrix}$$

$$(\boldsymbol{X^T X})^{-1}=\begin{bmatrix} 357.12 & -0.0038 & -9.051 \\ -0.0038 & 1.372\times 10^{-7} & 9.237\times 10^5 \\ -9.051 & 9.237\times 10^5 & 0.2296 \end{bmatrix}$$

그리고

$$\boldsymbol{X^T}\mathbf{y}=\begin{bmatrix} 520.7 \\ 772{,}104 \\ 20{,}208 \end{bmatrix} \quad \text{그러므로, } \hat{\boldsymbol{\beta}}=(\boldsymbol{X^T X})^{-1}(\boldsymbol{X^T}\mathbf{y})=\begin{bmatrix} 121.05 \\ -0.0034 \\ -1.644 \end{bmatrix}$$

회귀계수는 $\hat{\beta}_0=121.05$, $\hat{\beta}_1=-0.0034$, $\hat{\beta}_{2=-1.644}$이다, 고로, X_1과 X_2에 대한 Y의 다중선형회귀는 다음과 같다.

$$y'=E(Y \mid x_1, x_2)=121.05-0.0034x_1-1.644x_2$$

위의 회귀식을 가지고 표 E8.5b에 계산 결과를 요약하였다. 이것들로부터, 다음을 얻는다. 각 표본평균은

$$\bar{x}_1=\frac{15{,}350}{10}=1535; \quad \bar{x}_2=\frac{388.01}{10}=38.80; \quad \bar{y}=\frac{520.7}{10}=52.07$$

각 표본평균편차는

$$s_{X_1}=\sqrt{\frac{1}{9}(33{,}552{,}622-10\times 1535^2)}=1054\,\text{ft}$$

$$s_{X_2}=\sqrt{\frac{1}{9}(15{,}061-10\times 38.80^2)}=0.87°\text{N},$$

그리고

$$s_Y = \sqrt{\frac{1}{9}(27,202 - 10 \times 52.07^2)} = 3.15°\text{F}$$

또한, 식 (8.27)에 따르면, Y의 조건부 표준편차는

$$s_{Y \mid x_1, x_2} = \sqrt{\frac{3.80}{10-2-1}} = 0.74°\text{F}$$

표 E8.5b 예제 8.5의 계산

고도 x_{i1}(ft)	위도x_{i2}(°N)	평균기온y_{i2}(°F)	y_i'	$(y_i - y_i')^2$
2375	39.29	47.5	48.43	0.86
1459	39.00	52.3	51.99	0.10
604	38.35	56.8	55.97	0.69
3242	37.58	48.4	48.27	0.02
550	39.38	54.2	54.45	0.06
675	38.05	55.1	56.22	1.25
635	39.65	54.4	53.72	0.46
2727	38.66	48.8	48.24	0.31
2424	37.97	50.5	50.41	0.01
659	40.10	52.7	52.89	0.04
Σ 15,350	388.01	520.7		Δ^2=3.80

고도 1426 ft와 위도 37.37°N에 위치한 서부 버지니아주의 개리지역에 적용한 기대 연평균 기온은, 0.74°F의 조건부 표준편차를 사용하면

$$E(Y \mid 1426, 37.37) = 121.3 - 0.0034 \times 1426 - 4.65 \times 37.37 = 54.80°\text{F}$$

로 구해진다.

만약 개리지역의 연평균 기온을 정규분포라고 가정할 수 있다면 온도의 10% 백분위값, $y_{0.10}$을 다음과 같이 결정할 수 있다.

$$P(Y < y_{0.10}) = \Phi\left(\frac{y_{0.10} - 54.80}{0.74}\right) = 0.10$$

위의 식으로부터.

$y_{0.10} = 54.80 + 0.74\Phi^{-1}(0.10) = 54.80 - 0.74 \times 1.28 = 53.9°\text{F}$를 얻는다. ◀

다중 상관

다중회귀에서, 종속변수 Y는 둘 또는 그 이상의 독립 제어변수들의 함수일 수 있

다. 그러므로, Y와 각 독립변수, 즉, Y와 X_j 사이에는 ρ_{Y,X_j}의 상관계수로 상관될 수 있다. 또한 각 독립변수도 서로 상관될 수 있으며, X_i와 X_j사이에서 상관계수 ρ_{X_i,X_j}로 상호 상관될 수도 있다. 표본 크기 n의 관측 데이터로부터 Y와 X_j사이에서 각 상관계수의 추정치는 식 (8.9)에 의해 다음과 같이 구해진다.

$$\hat{\rho}_{Y,X_j} = \frac{1}{n-1} \frac{\sum_{i=1}^{n} x_{ij} y_i - n\overline{x}\overline{y}}{s_{X_j} \cdot s_Y}$$

▶ 8.6 비선형 회귀

공학 변수들 사이의 함수적 관계가 항상 선형인 것은 아니며 선형 모형으로 항상 적절히 표현될 수 있는 것도 아니다. 측정치 또는 현장 실험치로부터 관측된 데이터는 데이터 점의 산포성이 비선형 경향을 보일 수 있다. 그러한 경우에, 변수들 사이의 비선형 관계가 더 적절할 것이다. 관측된 데이터에 적합한 비선형 관계의 결정에는 비선형 회귀분석(nonlinean regression analysis)이 필요하다.

비선형 회귀에서는, 독립(또는 제어)변수 X에 대한 Y의 평균값의 관계로서 특정 비선형 함수를 먼저 가정하고 그 비선형 함수의 필요계수를 회귀분석을 통해 결정한다. X에 대한 Y의 비선형 회귀함수의 가장 단순한 형식은

$$E(Y \mid x) = \alpha + \beta\, g\,(x) \tag{8.28}$$

이다. 여기서 $g(x)$는 미리 정해진 x의 비선형 함수이다. 예를 들면, $g(x)$는 다항함수 $x+x^2$, 지수함수 e^x, 대수함수 $\ln x$ 등이 될 수 있다. 일반적으로 비선형회귀분석은 조건부 분산이 상수, 즉 $Var(Y \mid x)$= 상수인 경우를 대상으로 하나 조건부 분산이 x의 특정함수, $g(x)$인 경우에도 적용할 수 있다.

새로운 변수를 $x' = g(x)$로 정의하면 식 (8.28)은 다음과 같이 된다.

$$E(Y \mid x') = \alpha + \beta x' \tag{8.29}$$

그렇다면, 식 (8.29)는 식 (8.1)의 선형회귀식과 동일한 수학적 형태임을 알 수 있다. 더구나, 관측치가 $(x_i,\ y_i)$가 $(x_i{}',\ y_i)$로 변환된다면, X에 대한 Y의 원래의 비선형회귀는 그러므로 X'에 대한 Y의 선형회귀로 등가적으로 변환된다. 그래서

회귀계수 α와 β는 식 (8.3)과 식 (8.4)로 추정할 수 있으며, 조건부 분산 $s^2_{Y \mid x'}$는 식 (8.6)에 의해서 추정 할 수 있다.

▶ 예제 8.6 1960년대 미국 15개 도시의 상업 지구에서 평균 종일 주차비용 데이터는 표 E8.6과 같다. 데이터를 도시인구에 대해 분석하면, 그림 E8.6a의 데이터 점은 확실히 비선형 경향을 보인다. 그렇지만, x 대신에 $x' = \ln x$를 사용한다면, 산포도는 그림 E8.6b와 같이 나타나게 되고, 이는 뚜렷이 선형 경향을 보이게 된다. 후자에 기초하여, 평균 종일 주차비용은 $\ln x$의 선형 함수 아니면 아래의 비선형 회귀식 형태로 모형화 할 수 있다.

$$E(Y \mid x) = \alpha + \beta \ln x$$

여기서,

$Y =$ 평균 종일 주차비용(1960년대 \$)

$x =$ 도시인구(천명당)

표 E8.6 예제8.6의 데이터와 계산의 요약

도시 번호	인구수 x_i(in 1000)	주차비 y_i(in \$)	$x_i' = \ln x_i$	$x_i' y_i$	$x_i'^2$	y_i^2	y_i'	$(y_i - y_i')^2$
1	190	0.50	5.25	2.62	27.5	0.25	0.51	0.000
2	310	0.48	5.74	2.75	32.9	0.23	0.63	0.023
3	270	0.53	5.60	2.97	31.3	0.28	0.60	0.005
4	320	0.58	5.77	3.35	33.3	0.34	0.63	0.003
5	460	0.60	6.13	3.68	37.6	0.36	0.72	0.014
6	340	0.67	5.83	3.91	34.0	0.45	0.65	0.000
7	380	0.69	5.94	4.10	35.3	0.48	0.68	0.000
8	520	0.75	6.25	4.69	39.1	0.56	0.75	0.000
9	310	0.80	5.74	4.59	32.9	0.64	0.63	0.029
10	400	0.80	5.99	4.79	35.9	0.64	0.69	0.012
11	470	0.81	6.15	4.98	37.9	0.66	0.73	0.006
12	840	0.92	6.73	6.19	45.3	0.85	0.87	0.003
13	1910	0.92	7.56	6.95	57.1	0.85	1.07	0.023
14	3290	1.40	8.10	11.34	65.6	1.96	1.21	0.036
15	3600	1.12	8.19	9.17	67.1	1.25	1.23	0.012
Σ		11.57	94.97	76.08	612.8	9.80		$\Delta^2 = 0.166$

표 E8.6의 계산 요약으로부터, 다음과 같이 구할 수 있다. 표본평균은

$$\bar{x}' = \frac{94.97}{15} = 6.33 \quad \text{그리고} \quad \bar{y} = \frac{11.57}{15} = 0.771$$

표본표준편차는

$$s_{x'} = \sqrt{\frac{1}{14}(612.8 - 15 \times 6.33^2)} = 0.92$$

$$s_Y = \sqrt{\frac{1}{14}(9.80 - 15 \times 0.771^2)} = 0.25$$

이다. 그리하여, 식 (8.3)과 식 (8.4)를 이용해서 회귀계수를 구한다.

$$\hat{\beta} = \frac{76.08 - 15 \times 6.33 \times 0.771}{612.8 - 15 \times 6.33^2} = 0.244$$

그리고

$$\hat{\alpha} = 0.771 - 0.244 \times 6.33 = -0.773$$

그러므로, ln$X$에 대한 Y의 회귀는

$$E(Y \mid \ln x) = -0.773 + 0.244 \ln x$$

이것을 그림 8.6b에 도시하였으며, 반면에 X에 대한 Y의 비선형회귀는 그림 E8.6a과 같다.

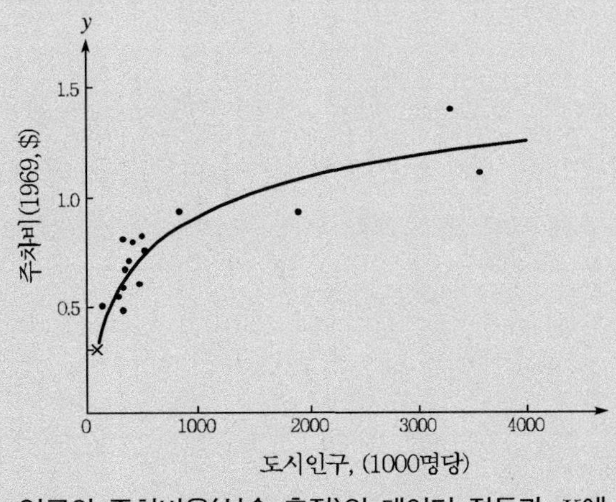

그림 8.6a 인구와 주차비용(산술 축적)의 데이터 점들과 X에 대한 Y의 회귀식(Wynn, 1969)

$x' = \ln x$가 주어진 Y의 조건부 표준편차는

$$s_{Y\mid x'} = \sqrt{\frac{0.166}{15-2}} = \sqrt{0.0128} = 0.113$$

이다. 그리고 식 (8.9)에 따르면, $\ln X$에 대한 Y의 선형회귀에 상응하는 상관 계수는

$$\hat{\rho} = \frac{1}{14}\left(\frac{76.08 - 15 \times 6.33 \times 0.771}{0.92 \times 0.25}\right) = 0.89$$

이며, 이는 Y와 $\ln X$ 사이에 뚜렷한 선형 관계가 있다는 것을 보여준다.

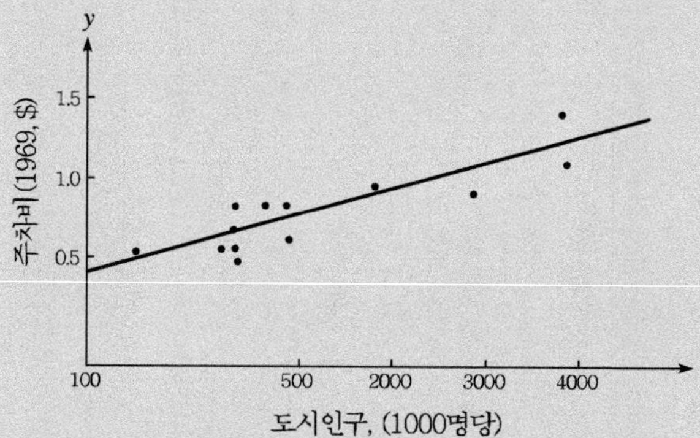

그림 8.6b 인구(대수축적)와 주차비용의 데이터 점들과 $\ln X$에 대한 Y의 회귀식(Wynn, 1969)

◀

▶ 예제 8.7 수조의 평균온도 T에 기초한 수조내 평균 용존산소(DO)농도를 예측하기 위해 DO(mg/l)와 수조의 온도 T(℃)를 측정한 데이터는 표 E8.7에 요약한 바와 같다. 지수모델이 DO와 온도 T사이의 적절한 함수 관계일 것으로 예상되었다. 즉,

$$DO = \alpha e^{\beta \overline{T}}$$

윗 식의 양변에 대수를 취하면 다음과 같이 된다.

$$\ln DO = \ln\alpha + \beta \overline{T}$$

그러므로, $X = T$와 $Y = \ln DO$를 사용하면, X에 대한 Y의 선형회귀를 얻는다.

$$E(Y \mid X) = \ln\alpha + \beta X \text{ 또는 } E(\ln DO \mid T) = \ln\alpha + \beta T$$

표 E8.7 예제 8.7의 데이터와 계산결과

평균온도 x_i(℃)	평균 DO y_i(mg/l)	$\ln y_i$	$x_i \ln y_i$	x_i^2	$(\ln y_i)^2$	$\ln y_i' = 3.86 - 0.11x_i$	$(\ln y_i - \ln y_i')^2$
23.2	4.2	1.44	33.41	538.2	2.07	1.31	0.0169
23.4	3.7	1.31	30.65	547.6	1.72	1.29	0.0004
23.8	3.8	1.34	31.89	566.4	1.80	1.24	0.0100
24.1	2.5	0.92	22.17	580.8	0.85	1.21	0.0841
24.4	3.1	1.13	27.57	595.4	1.28	1.18	0.0025
24.6	3.2	1.16	28.53	605.2	1.34	1.15	0.0001
25.5	2.9	1.06	27.03	650.3	1.12	1.06	0.0000
27.2	2.5	0.92	25.02	739.8	0.85	0.87	0.0025
27.3	3.0	1.10	30.03	745.3	1.21	0.86	0.0576
27.5	2.3	0.83	22.83	756.3	0.69	0.84	0.0001
28.7	1.6	0.47	13.49	823.7	0.22	0.70	0.0529
Σ279.7	32.8	11.68	292.62	7,149.0	13.15		Δ^2=0.2271

표 E8.7에 요약한 계산결과로부터, 표본 평균은 아래와 같이 구한다.

$$\overline{T} = \frac{279.7}{11} = 25.43 \quad \text{그리고} \quad \overline{\ln DO} = \frac{11.68}{11} = 1.06$$

그리고 각 표본표준편차는

$$s_T = \sqrt{\frac{1}{10}(7149.0 - 11 \times 25.43^2)} = 1.883;$$

$$s_{\ln DO} = \sqrt{\frac{1}{10}(13.15 - 11 \times 1.06^2)} = 0.281$$

이다.

또한, 회귀계수의 추정치는 다음과 같이 구한다.

$$\hat{\beta} = \frac{292.62 - 11 \times 25.43 \times 1.06}{7149.0 - 11 \times 25.43^2} = -0.11$$

$$\ln\hat{\alpha} = 1.06 + 0.11 \times 25.43 = 3.86$$

그러므로, T에 대한 $\ln DO$의 선형회귀는

$$E(\ln DO \mid T) = 3.86 - 0.11T$$

이며, 이 회귀선은 데이터 점들 위에 그려놓은 그림 E8.7의 반대수 용지의 그래프와 같다. T에 대한 DO의 등가 비선형회귀는

$$E(DO \mid T) = \exp(3.86 - 0.11\,T) = 47.5e^{-0.11\,T}$$

이다.

식 (8.9)에 따라, 위의 T에 대한 $\ln_{DO}$의 선형회귀식과 관련한 상관계수는

$$\hat{\rho} = \frac{1}{10}\left(\frac{292.62 - 11 \times 25.43 \times 1.06}{1.883 \times 0.281}\right) = -0.74$$

또는 식 (8.10)에 의해

$$\hat{\rho} = (-0.11)\frac{1.883}{0.281} = -0.74$$

이며, 주어진 T에 대한 $\ln_{DO}$의 조건부 표준편차는

$$s_{\ln DO \mid T} = \sqrt{\frac{0.2271}{11-2}} = 0.159$$

이다.

온도 T의 이산값(T=23.5°, 25.0°, 26.5°, 28°C)을 사용해서 T에 대한 $\ln_{DO}$의 선형회귀의 신뢰구간을 구할 수 있다.

$$T = 23.5℃ \text{에서 } < \mu\ln_{DO} >_{0.95} = 1.275 \pm 2.262 \times 0.159\sqrt{\frac{1}{11} + \frac{(23.5 - 25.43)^2}{(7149 - 11 \times 25.43^2)}}$$
$$= (1.12 \rightarrow 1.43)$$

$$T = 25.0℃ \text{에서 } < \mu\ln_{DO} >_{0.95} = 1.110 \pm 2.262 \times 0.159\sqrt{\frac{1}{11} + \frac{(25.0 - 25.43)^2}{(7149 - 11 \times 25.43^2)}}$$
$$= (1.00 \rightarrow 1.22)$$

$$T = 26.5℃ \text{에서 } < \mu\ln_{DO} >_{0.95} = 0.945 \pm 2.262 \times 0.159\sqrt{\frac{1}{11} + \frac{(26.5 - 25.43)^2}{(7149 - 11 \times 25.43^2)}}$$
$$= (1.82 \rightarrow 1.07)$$

$$T = 28.0℃ \text{에서 } < \mu\ln_{DO} >_{0.95} = 0.780 \pm 2.262 \times 0.159\sqrt{\frac{1}{11} + \frac{(28.0 - 25.43)^2}{(7149 - 11 \times 25.43^2)}}$$
$$= (0.59 \rightarrow 0.97)$$

T의 이산값 대한 4개의 구간값으로 선형회귀선에 대한 95%의 신뢰구간을 그림 E8.7과 같이 만들 수 있다.

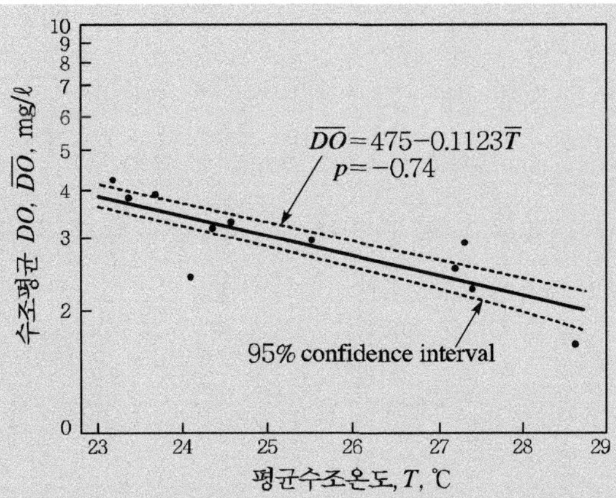

그림 E8.7 용존산소(DO)와 온도(T)의 관계
(Butts, Schnepper, and Evans, 1970)

▶ **예제 8.8** 산간지역에서는 빙하호수의 붕괴 위험도가 가장 큰 관심이다. 붕괴시 최대 방출과 도달거리는 빙하호수의 부피의 함수이다. 원격계측 탐사 데이터를 이용해서 호수의 면적 A를 결정할 수 있고, 빙하 호수의 평균깊이 D의 실험데이터로부터 호수의 부피를 추정할 수 있다. 스위스 알프스 지역의 가용 데이터를 표 E8.8에 정리하였다.(Huggel et al., 2002 참조).

표 E8.8 예제 8.8에 대한 데이터와 계산결과의 요약

호수명	호수면적 A,m$^2\times10^6$	깊이 D,m	$x_i=\text{Log}A_i$	$y_i=\text{Log}D_i$	x_iy_i	x_i^2	y_i^2	y_i'	$(y_i-y_i')^2$
Ice Cave Lake	0.0035	2.9	3.5441	0.4624	1.6388	12.56	0.2138	0.5428	0.0065
Gruben Lake 5	0.01	5	4.0000	0.699	2.796	16.00	0.4886	0.732	0.001
Crusoe-Baby Lake	0.017	4.7	4.2304	0.6721	2.8432	17.8962	0.4517	0.8276	0.0242
Gruben Lake 3	0.021	7.1	4.3222	0.8512	3.6791	18.6814	0.7245	0.8657	0.0002
Gruben Lake 1	0.023	10.4	4.3617	1.017	4.4358	19.0244	1.0343	0.8821	0.0182
MT' Lake	0.0416	12	4.6191	1.0792	4.9849	21.336	1.1646	0.9889	0.0082
Lac d'Arsine	0.059	13.6	4.7708	1.1335	5.4077	22.7605	1.2848	1.0519	0.0066
Nostetuko Lake	0.2622	28.6	5.4186	1.4564	7.8916	29.3612	2.1211	1.3207	0.0184
Between Lake	0.4	18.8	5.6021	1.2742	7.1382	31.3835	1.6236	1.3968	0.015
Abmachimai Lake	0.565	34.3	5.752	1.5353	8.831	33.0855	2.3571	1.4591	0.0058
Gjanusvatn	0.6	33.3	5.7782	1.5224	9.0000	33.3876	2.3177	1.4699	0.0028
Quongzonk Co	0.753	27.9	5.8768	1.4456	9.4955	34.5368	2.0898	1.5109	0.0043
Laguna Paron	1.6	46.9	6.2041	1.6712	10.3683	38.4908	2.7929	1.6467	0.0006
Summit Lake	5	50	6.699	1.699	11.3816	44.8766	2.8866	1.8521	0.0234
Phontom Lake	6	83.3	6.7781	1.9206	13.018	45.9426	3.6887	1.8849	0.0013
	Σ15.3553	378.8	77.9572	18.4391	101.706	419.323	25.2398	6.8946	Δ^2=0.1365

이러한 경우, $\log A$에 대한 $\log D$의 회귀분석을 수행한다. 즉,

$$\log D = \alpha + \beta \log A$$

이는 곧 log-log 공간에서는 선형이다. 세부계산은 표 E8.8에 요약되어 있다. 표 E8.8로부터 호수면적과 깊이의 표본평균을 얻는다.

$$\overline{A} = \frac{15.355}{15} = 1.024 \times 10^6 \text{m}^2$$

그리고

$$\overline{D} = \frac{378.8}{15} = 25.25\text{m}$$

그리고 $\log A$와 $\log D$의 표본표준편차는 각각,

$$s_{\log A} = \sqrt{\frac{1}{14}[(419.323) - 15(\frac{77.957}{15})^2]} = 1.006$$

$$s_{\log D} = \sqrt{\frac{1}{14}[(25.240) - 15(\frac{18.439}{15})^2]} = 0.429$$

회귀계수에 대한 추정치는

$$\hat{\beta} = \frac{101 - 15 \times \frac{77.957}{15} \times \frac{18.439}{15}}{419.323 - 15 \times (\frac{77.957}{15})^2} = 0.415$$

$$\hat{\alpha} = \frac{18.439}{15} - 0.415 \times \frac{77.957}{15} = -0.928$$

따라서, $\log A$에 대한 $\log D$의 회귀식은

$$E(\log D \mid \log A) = -0.928 + 0.415 \log A$$

이다. 그리고 원래 변량인 평균깊이 D와 평균면적 A의 항으로 표현된 적절한 비선형 관계는

$$D = 0.118 A^{0.415}$$

이다. 데이터 점들과 위의 $\log A$에 대한 $\log D$의 선형회귀식의 그래프는 그림 E8.8과 같다. 식 (8.9)에 따르면, $\log A$에 대한 $\log D$의 회귀의 상관계수는

$$\hat{\rho}=\frac{101-15(\frac{77.957}{15})(\frac{18.439}{15})}{1.006\times 0.429}=0.86$$

이다. 그리고 $\log A$에 대한 $\log D$의 조건부 표준편차는

$$s_{\log D\mid \log A}=\sqrt{\frac{0.1365}{15-2}}=0.102$$

이다. 아래와 같이 선정된 A의 값들에서의 $\log A$에 대한 $\log D$의 회귀에 대해 95% 신뢰구간을 설정할 수 있다.

$A=5000\,\text{m}^2$ 또는 $\log A=3.699$

$$<\mu_{\log D}>_{.95}=0.607\pm 2.160\times 0.102\sqrt{\frac{1}{15}+\frac{(3.699-5.197)^2}{(419.323-15\times 5.197^{2)}}}$$

$$=(0.383\rightarrow 0.831)$$

또는

$$<\mu_D>_{.95}=(2.41\rightarrow 6.78)\text{m}$$

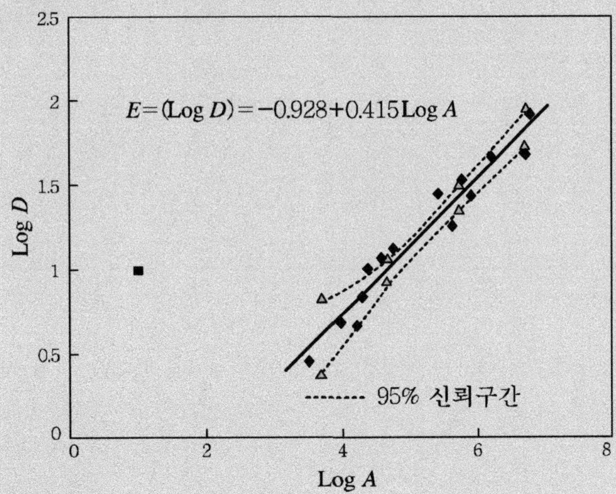

그림 E8.8 빙하호수의 $\log A$와 $\log D$사이의 관계(After Huggel et al., 2002)

$A=5000\text{m}^2$ 또는 $\log A=3.699$

$$<\mu_{\log D}>_{.95}=0.607\pm 2.16\times 0.102\sqrt{\frac{1}{15}+\frac{(3.699-5.197)^2}{1419.323-15\times 5.197^2}}$$

$$=(0.383\rightarrow 0.831)$$

또는

$$< \mu_D >_{.95} = (5.41 \rightarrow 6.78)\text{m}$$

$A = 50{,}000\text{m}^2$ 또는 $\log A = 4.699$

$$\langle \mu_{\log D} \rangle_{.95} = 1.022 \pm 2.160 \times 0.102 \sqrt{\frac{1}{15} + \frac{(4.699 - 5.197)^2}{(419.323 - 15 \times 5.197^2)}} = (0.958 \rightarrow 1.086)$$

또는

$$\langle \mu_D \rangle_{.95} \equiv (9.08 \rightarrow 12.19)\text{m}$$

$A = 500{,}000m^2$ 또는 $\log A = 5.699$

$$\langle \mu_{\log D} \rangle_{.95} = 1.437 \pm 2.160 \times 0.102 \sqrt{\frac{1}{15} + \frac{(5.699 - 5.197)^2}{(419.323 - 15 \times 5.197^2)}} = (1.373 \rightarrow 1.501)$$

또는

$$\langle \mu_D \rangle_{.95} \equiv (23.60 \rightarrow 31.70)\text{m}$$

$A = 5{,}000{,}000\text{m}^2$ 또는 $\log A = 6.699$

$$\langle \mu_{\log D} \rangle_{.95} = 1.852 \pm 2.160 \times 0.102 \sqrt{\frac{1}{15} + \frac{(6.699 - 5.197)^2}{(419.323 - 15 \times 5.197^2)}} = (1.747 \rightarrow 1.957)$$

또는

$$\langle \mu_D \rangle_{.95} \equiv (55.85 \rightarrow 90.57)\text{m}$$

이 결과는 그림 E8.8과 같이 회귀선의 95% 신뢰구간을 정립하기 위해 사용된다.

◀

식 (8.28)에서 가정한 비선형 함수의 형태는 다음과 같이 일반화될 수 있다.

$$E(Y \mid x) = \alpha + \beta_1 \, g_1(x) + \beta_2 \, g_2(x) + \cdots + \beta_k \, g_k(x) \tag{8.30}$$

여기서, $g_j(x)$는 미리 결정된 독립변수 x의 함수이다. 식 (8.30)의 한 예는 다음과 같은 다항식이 될 수도 있다.

$$E(Y \mid x) = \alpha + \beta_1 x + \beta_2 x^2 + \cdots + \beta_k x^k \tag{8.31}$$

식 (8.30)에서 각 다항식 항을 변수 $z_j = g_j(x)$로 각각 치환시킴으로써 식 (8.30)은 다음과 같이 정리된다.

$$E(Y \mid x) = \alpha + \beta_1 z_1 + \beta_2 z_2 + \cdots + \beta_k z_k \tag{8.32}$$

그러므로, 원래의 데이터 집합에 기초하여 치환된 변수 $z_j = g_j(x)$의 각각을 구함으로써 식 (8.30)의 비선형 문제는 식 (8.32)의 다중 선형회귀 문제로 단순화되며, 앞에서 기술한 8.5절의 해석절차를 그대로 사용할 수 있다.

▶ 8.7 회귀분석의 공학적 응용

공학의 모든 분야에서 관측된 데이터에 근거하여 2개, 혹은 그 이상의 변수들 사이의 경험적 관계식을 개발하기 위해 또는 이론적 관계를 확인하고 필요한 상수를 평가하기 위해 회귀분석은 널리 사용되어 왔다. 때로는 공학적 변수들간에 필요한 이론적인 관계를 이론적인 고찰만으로는 유도할 수가 없다. 이런 경우는 경험 관측치를 근거로 하여 필요한 관계식을 경험적으로 정립해야 하는 것이다. 예를 들면, 어떤 재료의 관측된 피로수명 N(파괴까지의 싸이클수)의 대수에 대한 작용응력 범위 S(최대응력-최소응력)의 대수를 도해적으로 나타내면 그림 8.4에서와 같은 선형의 경향을 볼 수 있다.

이 선형 경향을 다음과 같은 선형 회귀식으로 나타낼 수 있다.

$$\log N = a - b\log S$$

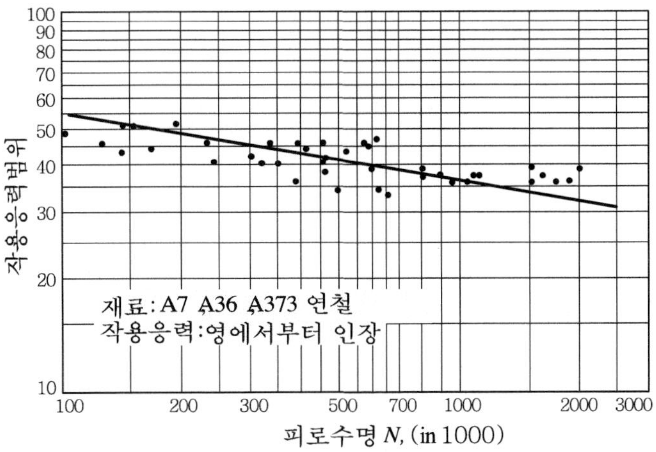

그림 8.4 강재의 피로 $S-N$ 관계(데이터 협조 : W.H.Munse)

이때 상수 a와 b는 측정된 데이터의 집합에 근거한 회귀계수의 추정치로 여겨질 수 있다. 그러므로, 위의 회귀식은 소위 $S-N$의 관계라고 불리는 다음 형태의 식을 제공한다.

$$NS^b = a$$

여러 관계를 적절히 적용하면 주요 변수들 사이의 수학적인 형태를 저절로 유도할 수 있게 되는 경우도 있다. 이런 경우는 회귀분석을 통해 관측되는 값에 기초하여 수학적인 관계식의 타당성을 (통계적으로) 평가하거나 모수 값을 구할 수도 있다. 예를 들면, Smeed(1968)는 도심의 최대 유입교통량을 다음 식으로 가정하였다.

$$Q = \alpha f A^{1/2}$$

여기서 f는 도로로 점유된 도심지 비율이고, A는 도심면적(ft^2)이며, α는 교통의 속도와 도로망의 효율에 따라 변하는 상수이다. 기본적으로, 이 식은 중심부로 유입할 수 있는 교통량은 그 지역의 주변장에 비례한다는 가설을 기초로 하고 있다. 영국의 20개 도시를 포함한 35개 시의 자료가 그림 8.5의 log-log 전대수지상에 플롯되었다. 최소제곱 선형회귀의 결과로 구한 $\log A$에 대한 $\log(Q/f)$의 회귀 직선의 기울기는 0.53이다. 그리고 그림 8.5의 회귀 직선으로부터 상수 α는 $A = 1$일 때의 Q/f의 값으로 구할 수 있다.

또한, 공학적 문제에서 어떤 양(혹은 변수)를 직접적으로 측정하기가 어려워서 다른 변수들 사이의 관계를 통하여 간접적으로 구해야 하는 경우도 있다. 예를 들어, 강재보의 최외단부에서의 최대응력을 결정하는 문제의 경우 직접적으로 응력을 측정하는 것은 어렵다. 하지만 보 재료의 응력-변형률의 관계를 통해 보의 최외단부에서의 상응하는 변형률을 측정함으로써 최대 응력을 결정할 수 있다.

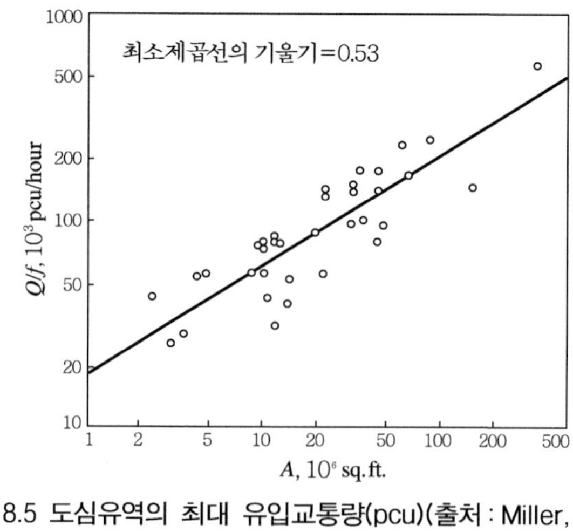

그림 8.5 도심유역의 최대 유입교통량(pcu)(출처 : Miller, 1970)

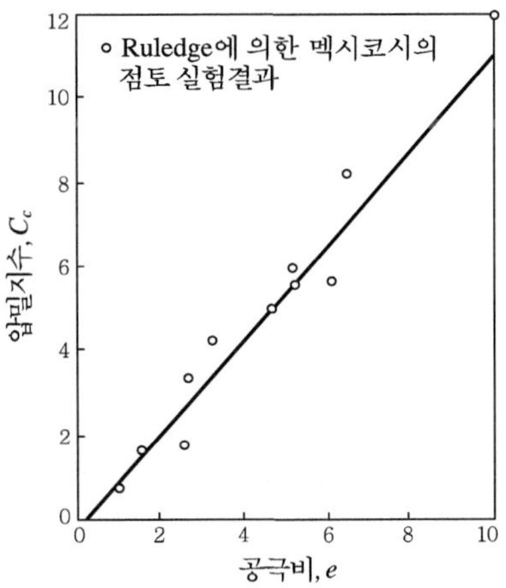

그림 8.6 흙의 압밀지수와 공극비(출처 : Nishida, 1956)

또, 어떤 변수는 다른 변수들보다도 더 쉽고 경제적으로 측정될 수 있다. 예를 들면, 점토시료의 초기 공극비는 실험실에서 적은 비용으로 측정할 수 있지만, 반면에 압밀지수를 직접 구하려면 훨씬 비용이 많이 들고 상당한 노력과 시간이 소요된다. 이러한 경우, 만약 흙의 공극비와 압밀지수 사이에 그림 8.5처럼 어떤 경험적인 관계가 있다면 적절한 회귀식을 적용하여 공극비 측정으로부터 흙의 압밀지수를 간단히 추정할 수 있다.

이러한 관점의 또 다른 예는, 재령 28일의 콘크리트의 강도를 결정하는 문제이다. 이를 위해서는, 분명 콘크리트 공시체를 28일 간의 양생 후 압축강도 시험을 해야 할 것이다. 오늘날의 시공기술 진보속도에서 비추어 볼 때 28일은 상당히 긴 시간이다. 콘크리트 강도의 조기결정법은 품질관리를 위해 매우 바람직한데, 촉진 양생과정을 통해 얻은 촉진강도를 사용하는 방법등과 같은 방법들이 제안되어 있다. 예를 들어, 캐나다 전체에 걸친 9곳의 건설현장으로부터의 데이터에 근거한 콘크리트의 28일 강도와 촉진강도 사이에 그림 8.7에 보여주는 바와 같이 선형회귀식이 Malhotra와 Zoldners(1969)에 의해 개발된바 있다.

교통공학에서는 Heathington과 Tuft(1971)가 텍사스의 6개 시에서 단기를 관측 교통량과 장기 교통량 사이의 선형관계를 개발한 바 있으며, 이 결과의 일부를 그림 8.8에 도시하였다. 장기 교통량을 예측하기 위해 단기 관측치를 사용하면 상당한 장점이 있는 것은 분명하다. 다중 선형회귀 역시 많은 공학분야에 응용되고 있다. 예를 들면, Martin 등(1963)은 자동차 소유대수 X_1, 인구밀도 X_2, 도심상가지역으로부터의 거리 X_3, 가계수입 X_4의 함수로 어떤 주거지역의 주거 단위당 차량이용 발생횟수의 기대값 Y를 얻기 위해 다음 식과 같은 다중선형회귀를 개발하였다.

$$E(Y \mid x_1, x_2, x_3, x_4) = 4.33 + 3.89x_1 - 0.005x_2 - 0.128x_3 - 0.012x_4$$

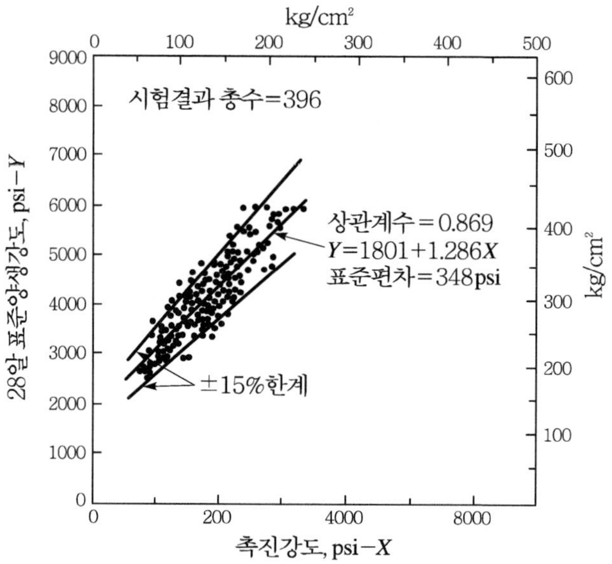

그림 8.7 콘크리트 28일 강도와 촉진강도사이의 관계
(출처 : Malhotra and Zoldners, 1969)

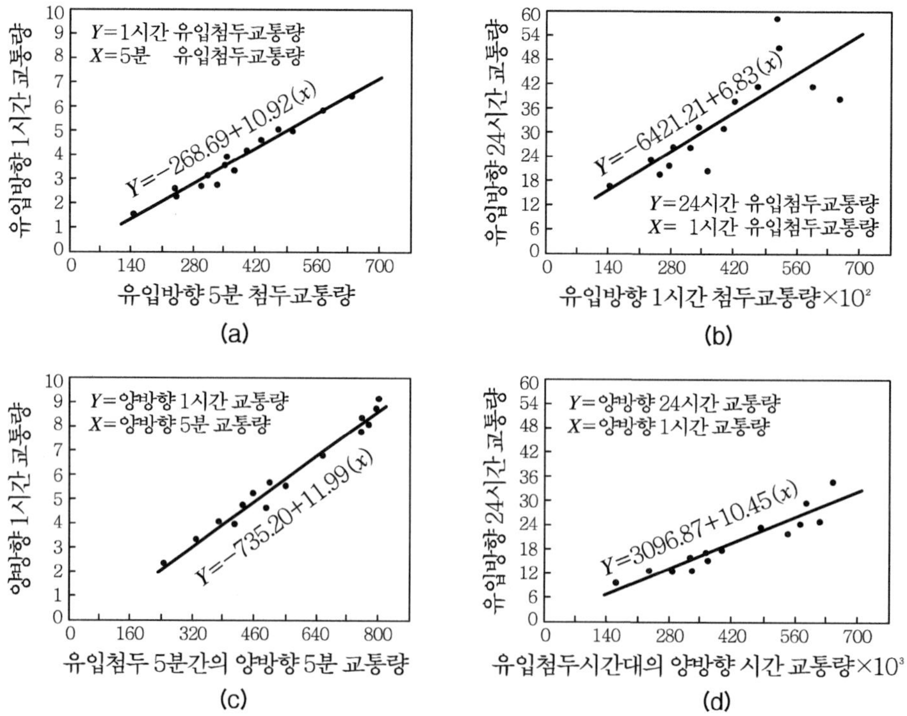

그림 8.8 단기 교통량과 장기 교통량 사이의 관계
(출처 : Heathington and Tutt, 1971)

표 8.1 차량이용 발생횟수의 다중회귀

독립변수	회귀식	$S_Y \vert x_{1,} \cdots, x_k$	r(Eq. 8.7)
X_1, X_2, X_3, X_4	$y' = 4.33 + 3.89x_1 - 0.005x_2 - 0.128x_3 - 0.012x_4$	0.87	0.837
X_1, X_2	$y' = 3.80 + 3.79x_1 - 0.003x_2$	0.87	0.835
X_2, X_4	$y' = 5.49 - 0.0089x_2 + 0.227x_4$	1.02	0.764
X_1	$y' = 2.88 + 4.60x_1$	0.89	0.827
X_2	$y' = 7.22 + 0.013x_2$	1.10	0.718
X_3	$y' = 3.07 + 0.44x_4$	1.20	0.655
X_4	$y' = 3.55 + 0.74x_3$	1.30	0.575

$y' = E(Y \mid x_1, \cdots, x_k)$ = 단위 가구당 차량이용 발생횟수
X_1 =자동차 소유대수(가구당)
X_2 =인구밀도(주거지당)
X_3 =도심 상가지역으로부터의 거리(mile)
X_4 =세대 수입(1000달러)

이 문제에 대해 더 적은 수의 독립변수를 사용하는 대안 다중선형회귀분석들도 찾아볼 수 있다. 이들 대안 선형회귀 결과들도 각각 표 8.1에 요약되어 있다. 표 8.1의 r의 값(식 (8.7) 참조)으로부터 일반적으로 Y의 무조건부 분산이 회귀분석에 포함된 독립변수에 따라 감소한다는 것을 볼 수 있다.

비선형 회귀 또한 공학문제에서 널리 사용되고 있다. 앞의 예제 8.5와 8.6에서 예시한 것들을 제외하고도, 그림 8.9는 대수변환을 수반하는 한 예이다. 여기서 콘크리트 보의 반복재하 하중의 평균응력 데이터가 파괴시까지 사이클 수의 로그값에 대해 플롯되어 있다. 콘크리트 보의 기대 피로수명 예측용 $S-N$관계를 결정하기 위한 선형회귀선이 데이터 점들 위에 겹쳐서 그려져 있다. 이 경우는 콘크리트 강도의 변동성이 크기 때문에 데이터 점들이 폭넓게 분포되었다.

그림 8.10은 이중 대수변환의 응용 예이다. 여기서, 하천 유량의 대수와 하류 도달거리의 대수의 데이터 점들이 플롯되어 있고, 치환된 변수에 대해서는 선형회귀식이다.

이중 대수변환의 또 다른 응용 예는 그림 8.11과 같다. 여기서는 허리케인의 최대지속풍속과 허리케인의 중심으로부터 반경의 데이터 점들이 플롯트 되어 있고, 이와 함께 상응하는 선형회귀선이 겹쳐서 표시되어 있다.

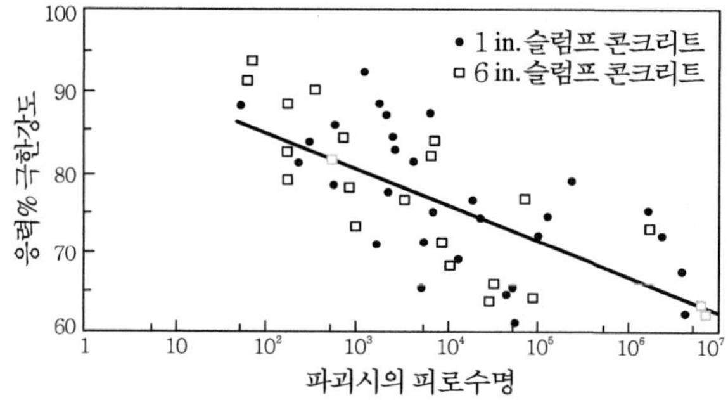

그림 8.9 콘크리트 보의 $S-N$ 도표(출처 : Nurdock and Kesler, 1958)

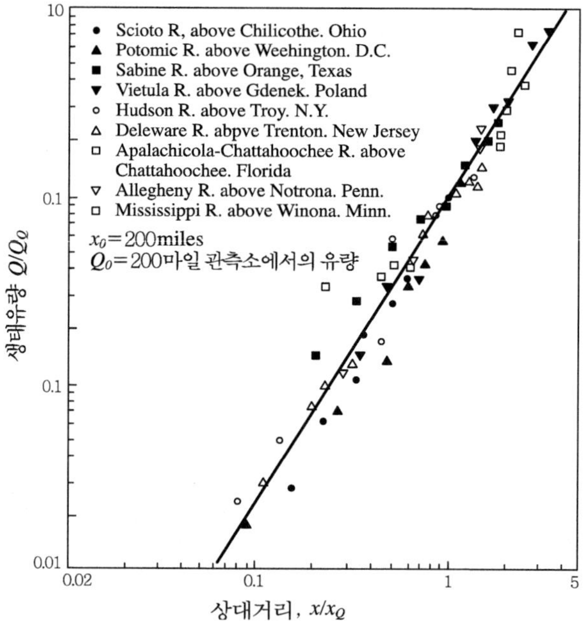

그림 8.10 하천유량 대 하류도달거리(출처 : Shull and Gloyna, 1969)

또한, 비선형회귀에서 다항식 함수가 종종 사용된다. 예를 들어, 그림 8.12에는 차량속도와 교통량의 데이터 점들에 대한 3차 다항식이 회귀분석을 통해 적합되어 있다.

회귀분석의 다른 많은 응용 예들을 제1장에서도 볼 수 있다.

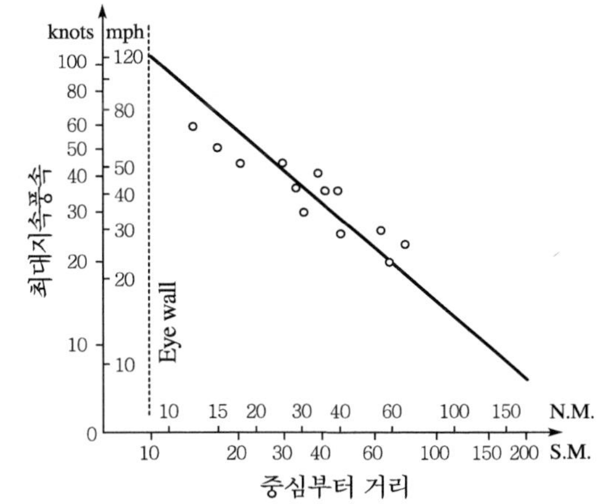

그림 8.11 허리케인 표면 프로필(출처 : Goldman and Ushijima, 1974)

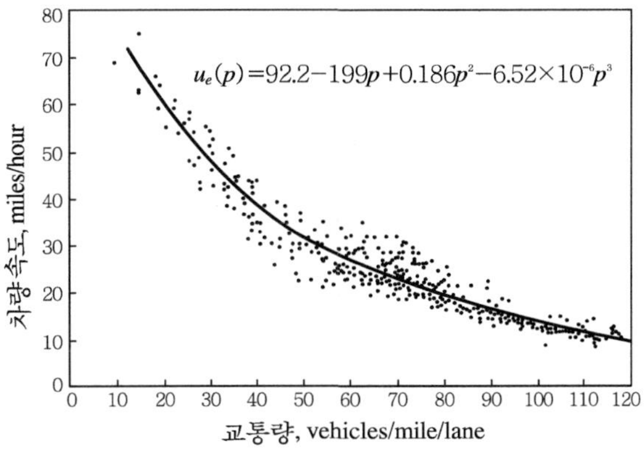

그림 8.12 차량속도-교통량 관계(출처 : Payne, 1973)

▶ 8.8 결 론

하나 또는 그 이상의 독립(또는 제어)변수의 함수로서 종속변수와 이들 사이의 통계적 관계(특히 평균과 분산)를 회귀분석에 의해 경험적으로 결정할 수 있다. 이것은 일반적으로 회귀계수로 알려진 미지의 상수를 가진 독립변수의 선형 함수로써 종속변수의 평균값을 구하는데 국한된다. 함수적인 관계의 형태에 무관하게 필요한 회귀분석은 선형으로 제한할 수 있는데, 적절한 치환을 통해 변수의 비선형 관계를 선형 관계로 변환시킬 수 있기 때문이다. 회귀분석은 최소제곱을 기초로 하여 관측된 데이터로부터 회귀계수를 경험적으로 추정하기 위한 체계적 방법을 제공한다.

회귀식의 바탕이 되고 있는 선형성의 정도는 상관계수에 의해 평가할 수 있다. 상관계수가 크다면(즉, ±1.0에 가깝다면) 변수들 사이의 강한 선형 관계의 존재를 의미하고, 반면에 낮은 상관계수(0에 가깝다면)는 선형관계의 결핍을 의미한다(비록 비선형 관계가 있을지라도). 선형회귀식의 신뢰구간도 지정된 신뢰수준에 의해 결정될 수 있다.

회귀분석과 상관분석은 공학의 여러 분야에서 응용되고 있으며, 변수들 사이의 필요한 관계를 경험적으로 유도해야 하는 상황에서는 특히 중요한 의미를 갖는다. 더구나 심지어 함수의 형태를 물리적인 법칙을 고려하여 유도하게 되는 경우 조차도 회귀분석은 관측된 데이터에 기초하여 미지계수를 평가하는데 유용할 수 있다. 하지만 회귀분석으로부터 유도된 관계는 변수들 사이의 어떤 필연적인 인과성이 반드시 존재하는 것을 의미하지는 않을 수 있다. 그러므로 회귀분석은 단순히 관측된 데이터를 기초로 하여 통계적 관계를 확립시키는 것이라는 점을 명심해야 한다.

▶ 연습문제

8.1 알루미늄 시편으로 인장강도시험을 하였다. 다음 표는 인장강도에 대한 늘어난 길이를 나타낸 것이다.

인장력–신장량	
X(kip)	$Y(10^{-3})$
1	9
2	20
3	28
4	41
5	52
6	63

(a) 현 작용하중 범위에서 인장력과 신장량의 관계가 선형이라고 가정하자. 최소 제곱법에 의해 알루미늄 시편의 탄성계수를 구하라. 이것은 응력-변형률도의 기울기이다. (단, 단면적은 0.10in^2이고, 시편의 길이는 10in 이다).

(b) 하중이 0이라면 시편의 신장량도 0이어야 한다. 그러므로 회귀방정식에서 $\alpha=0$ 이어야 한다. 이 경우, 탄성계수는 얼마로 추정할 수 있는가?

8.2 차량이 멈출 때 필요한 제동거리(Y)는 그 차량 이동속도(X)의 함수이다. 속도가 각기 다른 12대의 차량에 대한 값들이 다음표에 나타나 있다.

차량번호	속도, kph	제동거리, m
1	40	15
2	9	2
3	100	40
4	50	15
5	15	4
6	65	25
7	25	5
8	60	25
9	95	30
10	65	24
11	30	8
12	125	45

(a) 운전속도에 대한 정지거리를 작도하여라.

(b) 정지거리가 속도의 선형 함수라고 가정하자. 즉, $E(Y \mid x)=\alpha+\beta x$.
선형계수 α와 β를 구하고, 조건부 표준편차 $s_{Y|x}$를 구하시오. 또한, X와 Y사이에 상관계수를 구하여라.

(c) 회귀방정식의 90% 신뢰구간을 결정하라.

8.3 어떤 고가도로의 최고 시간당 교통량과 최고 일일 교통량을 7일동안 관측하였다. 결과는 다음 표에 있다.

(a) 최고 시간당 교통량과 최고 일일 교통량에 대한 그래프를 작도하여라.

(b) 최고 시간당 교통량과 최고 일일 교통량 사이의 상관계수를 결정하라.

(c) 어떤 날의 총 교통량이 55,000대라고 가정하자. 최고 시간당 교통량이 7000대를 초과할 확률은 얼마인가?(힌트: 회귀분석을 사용하라)

X	Y
최고 시간당 교통량 (in 1000)	최고 일일 교통량 (in 10,000)
1.5	0.6
4.6	3.4
3.0	2.5
5.5	2.8
7.8	4.8
6.8	6.4
6.3	5.0

8.4 Meadows 외(1972)는 일인당 에너지 소비량과 일인당 국민총생산량 GNP의 관계를 분석하기 위해 8개 국가의 자료를 아래 표와 같이 정리하였다.

국가 #	일인당 국민총생산 GNP, X	일인당 에너지 소비량 COnsumption, Y
1	600	1000
2	2700	700
3	2900	1400
4	4200	2000
5	3100	2500
6	5400	2700
7	8600	2500
8	10300	4000

위 표에서,

X = 1972년 미국 달러로 환산한 일인당 GNP생산량
Y = 석탄 1kg 단위로 환산한 일인당 에너지 소비량

(a) 위 값들을 이용하여 2차원 그래프를 그리시오,.
(b) 한 국가의 일인당 GNP생산량을 토대로, 일인당 에너지소비량 예측에 대한 회귀방정식을 결정하고 (a)의 그래프에 작도하시오.
(c) X와 Y의 상관계수를 구하시오.
(d) 조건부표준편차 $s_{Y|x}$를 구하시오.
(e) 회귀선의 95% 신뢰구간을 결정하고, 그래프의 상한과 하한을 표시하라.
(f) 일인당 에너지소비량을 토대로 한 일인당 GNP 예측을 위한 회귀방정식을 결정하라. 그리고, 조건부표준편차 $s_{Y|x}$를 구하라.

8.5 다음 표는 휘발유 승용차 무게와 연비(갤론당 마일)를 나타낸 표이다.

차량	휘발유 연비(mpg)	무게(kip)
1	25	2.5
2	17	4.2
3	20	3.6
4	21	3.0

(a) 확률지를 이용한 분석결과 승용차의 무게는 정규분포이고 평균과 표준편차가 각각 3.33, 1.04라고 가정하자. 임의의 차를 선정하여 그 차 무게가 4.5kips 이상일 확률은 얼마인가?
(b) 상분산 선형 회귀분석을 이용하여, 연비가 2.8mpg 이상일 확률을 구하라(단, 이 때 차량의 무게는 2.3kips이다).
(c) 회귀방정식의 95% 신뢰구간을 구하고, 그래프상의 구간을 표시하라.

8.6 측량오차는 측량기술자의 경력년수와 관계가 있는 것으로 여겨진다. 다섯 명의 측량 기술자에 대한 자료가 다음 표와 같다.

측량기술자	경력년수, Y	측량오차 M in.
1	3	1.5
2	5	0.8
3	10	1.0
4	20	0.8
5	25	0.5

위 자료에 기반하여 다음 질문에 답하고 사용한 가정을 기술하시오.

(a) 15년 경력 기술자가 측량을 한다고 할 때, 그 사람의 측량오차가 1in 보다 적게 나올 확률은 얼마인가? (Ans. 0.713)
(b) 측량 경력이 30년인 65세 측량기술자의 측량오차가 1in보다 적게 나올 확률은 얼마이겠는가? 상세하게 분석하라

8.7 ppm단위의 용존산소(DO) 농도는 하류로 흘러가는 시간 T에 따라 감소하는 것으로 발견되었다. (Thayer and krutchkoff, 1966). 다음 표는 어떤 개울의 용존산소량 DO와 T를 측정한 자료이다.

용존산소 DO (ppm)	시간 T (days)
0.28	0.5
0.29	1.0
0.29	1.6
0.18	1.8
0.17	2.6
0.18	3.2
0.1	3.8
0.12	4.7

(a) T에 대한 DO의 최소제곱회귀를 결정하라. 즉, 이동시간에 근거하여 용존산소량을 예측하는 회귀식을 결정하라.
(b) DO와 T의 상관계수를 결정하고, T에서 DO의 조건부 표준편차를 구하여라.
(c) 회귀선의 95% 신뢰구간을 결정하라.

8.8 한 구조물의 실제 콘크리트 강도 Y는 동일한 배치 콘크리트의 시편강도 X보다 높다. 다음 식은 실제 콘크리트 강도를 측정할 때 쓰이는 일종의 회귀방정식이다.

$$E(Y \mid x) = 1.12x + 0.05(\text{ksi})\ ;\ 0.1 < x < 0.5$$

and

$$Var(Y \mid x) = 0.0025(\text{ksi})^2$$

(a) (시편으로)* 측정 강도가 0.35ksi라면, 콘크리트 실제 강도가 0.3ksi를 초과할 확률은 얼마인가?

(b) 시편 측정강도를 분실했다고 가정하자. 분실한 데이터가 상대적으로 1:4의 비중으로 0.35나 0.4였다는 점을 상기하였다. 실제 강도가 0.3ksi를 초과할 확률은 얼마인가?

(c) A와 B 두 지역의 콘크리트 강도 값은 0.35, 0.4ksi로 측정되었다고 가정하자. A지역의 콘크리트 구조물의 실제 강도가 B지역보다 높을 확률은 얼마인가? 콘크리트 구조물의 실제 강도의 예측치는 통계적으로 독립이라고 가정하라.

8.9 어느 한 주거 지역 중, 세 가구의 건설비용은 다음 표와 같다.

건평 (1000 sq. ft.)	건설비 ($1,000)
1.05	63
1.83	92
3.14	204

X-Y좌표에 작도하라.

(a) 위의 데이터를 가지고 건평과 건설비 사이의 선형회귀분석을 하고 그래프로 나타내라.

(b) 단위 면적당 건설비용의 표준편차를 구하여라.

(c) 비용과 면적 사이에 선형 회귀분석의 적정성을 상관계수를 이용하여 검토하라.

(d) 만약 $2500\,ft^2$ 면적을 가지는 집을 짓는다면, 위의 데이터를 토대로 해서 건설비용이 $180,000을 초과할 확률은 얼마인가? (단, 위에 주어진 데이터가 정규분포라고 가정해라.)

8.10 자동차 공시 연비의 신뢰성을 측정하기 위해, 각기 다른 방법으로 만들어진 6대의 자동차를 가지고 일련의 도시와 고가도로로 구성된 동일한 거리를 주행시험하였다.

차량 제조사	공시연비, mpg	실제연비, mpg
A	20	16
B	25	19
C	30	25
D	30	22
E	25	18
F	15	12

(a) 어떤 차량이 공시연비로부터 실제 연비를 추정하기 위한 선형회귀식을 구하여라. 즉,

$$E(Y \mid X=x)$$

Y = 실제 연비(mpg)

X = 공시 연비(mpg)

(b) $X=x$에 대한 Y의 조건부 표준편차 $s_{Y \mid x}$를 구하고 X와 Y의 상관계수를 구하여라.

(c) Q, R 이라는 두 차량의 공시 연비가 각각 22mpg, 24mpg라고 가정하자. Q차량이 R차량보다 실제 연비가 더 좋을 확률은 얼마인가?

(d) 위 데이터를 가지고 $x-y$그래프를 그리고, 회귀선을 그려라. 그리고, 회귀선의 90%신뢰구간을 설정하라.

8.11 예제 8.3을 통해서 말뚝이 계산침하량과 실제 침하량 사이의 비선형모델을 보인 바 있다(Viggiani, 2001). 표 8.3의 2,3,4열이 이에 해당한다.

(a) 실제 침하량에 상응하는 계산침하량, 즉, $E(X \mid y)$의 선형회귀분석을 실시하고 조건부 표준편차 $s_{X \mid y}$를 구하라.

(b) X와 y사이의 상관계수를 구하라.

(c) 회귀선을 그리고 95% 신뢰구간을 결정하라.

8.12 다음 표는 대중교통 요금인상에 따른 대중교통 이용자수 감소현황을 나타낸 것이다.

% 요금 인상율, X	% 이용자 감소율, Y
5	1.5
35	12
20	7.5
15	6.3
4	1.2
6	1.7
18	7.2
23	8
38	11.1
8	3.6
12	3.7
17	6.6
17	4.4
13	4.5
7	2.8
23	8

(a) 위의 데이터에 나오는 값들을 이용하여 요금인상율과 이용자 감소율 그래프를 그려라.

(b) 대중교통 요금인상율과 이용자 감소율 간의 선형 회귀 분석을 실시하라.

(c) X와 Y사이에 상관계수를 구하고, 소정의 요금 인상에 대한 이용자 감소율의 상분산 조건부 표준편차를 구하라.

(d) 문제 (b)에서 회귀방정식의 90% 신뢰구간을 결정하라.

8.13 도시지역의 지진피해는 지진의 강도에 따라서 틀려진다. 그 예상 피해는 지난 지진피해 데이터의 회귀분석을 토대로 다음과 같이 정의된다.

$$E(D \mid I) = 10.5 + 15I$$

여기서 D는 백만달러 단위의 손실금액을 뜻하고, I는 지진의 강도를 뜻한다. 조건부 표준편차는 $s_{D \mid I} = 30$이다.

(a) 지역 D의 지진피해가 가우스 변량이라 가정하면 지진강도 I는 6일 때 지진피해손실금액이 $150 million 이 초과될 확률은 얼마인가?

(b) 피해를 유발하는 지진강도를 상대적으로 0.6:0.3:0.1의 비중으로 지진강도 I=6:7:8로 제한적으로 고려하면, 다음 지진시 도시에서 지진피해가 얼마나 예상되는가?

8.14 여러 개의 단순지지 목재보에 다양한 하중 P를 가해 처짐 D를 측정하였다. 보 중앙의 처짐 값은 다음과 같다.

P, tons	D, cm
8.4	4.8
6.7	2.9
4.0	2.0
10.2	5.5

(a) 위 시험의 결과에 따라 처짐의 선형회귀분석을 결정하고, 관련 상분산 조건부 표준편차를 결정하라.

(b) 위 문제의 회귀방정식의 90% 신뢰구간을 결정하라.

(c) 하중이 8톤일 때, 막대의 평균처짐은 얼마인가? 또한, 정규분포로 가정했을 때, 얼마만큼의 하중을 가해야 75%의 처짐이 발생하는가?

8.15 어느 한 철근의 Brinell 강성과 처짐의 데이터가 다음과 같이 얻어졌다.

D(변형, mm): 6 11 13 22 28 35

H(Brinell 강성, kg/mm^2): 68 65 53 44 37 32

(a) H와 D 사이의 상관계수를 측정하라.

(b) 처짐과 Brinell hardness를 선형관계라고 가정하고, $E(H|D=d)$의 회귀를 구하여라. 그리고 상분산 조건부표준편차 $s_{H|d}$ 값을 구하여라.

(c) 처짐에 대응되는 Brinell 강성이 정규변량으로 모델할 수 있다고 가정하라. 처짐 20mm에 대한 Brinell 강성이 40~50kg/mm^2 사이에 올 확률은 얼마인가?

8.16 속도 V로 주행하는 차량의 제동거리 D는 도로표면 조건에 좌우된다. 도로상태가 동일하다고 해도 주행속도와 정지거리 사이에는 변동성이 있다. 몇 번의 주행시험을 통해 다음 데이터를 획득하였다.

제동거리 대 주행속도		
차량 #	D(ft)	V(mph)
1	46	25
2	6	5
3	110	60
4	46	30
5	16	10
6	75	45
7	16	15
8	76	40
9	90	45
10	32	20

(a) V와 D의 상관계수를 계산하고, 이를 이용해 주행속도와 제동거리 사이에 선형관계를 밝힐 수 있는가?

(b) 주행속도에 대한 제동거리의 $x-y$ 그래프를 작도하라.

(c) 위 그래프로부터 제동거리와 주행속도를 모델하기 위해 다음과 같은 비선형 함수를 사용하자.

$$E(D|V=v) = a + bv + cv^2$$

a, b, c의 회귀계수를 추정하고, 조건부 표준편차 $s_{D|V=v}$를 구하여라.

(d) 주행 속도 50mph에 대한 예상 제동거리를 구하여라. 통과속도 50mph일 때 운전자가 확률로 멈추길 원한다면, 그 제동거리는 얼마인가?

8.17 중서부에 위치한 다양한 인구의 7개 마을에서 하루 물 소비량을 측정하였다. 결과는 다음표와 같다.

마을 #	인구, x	소비량 (10^6 gal/day)
1	12,000	1.2
2	40,000	5.2
3	60,000	7.8
4	90,000	12.8
5	120,000	18.5
6	135,000	22.3
7	180,000	31.5

(a) 위의 데이터를 토대로, 일인당 물소비량의 회귀분석을 하라. 즉, 다음 선형방정식의 α와 β의 회귀계수를 추정하라.

$$E(Y \mid x) = \alpha + \beta x$$

위 식의 Y는 일인당 물 소비량이다.

(b) 상분산 조건부 표준편차 $s_{Y|X=x}$를 구하시오.

(c) 회귀방정식의 98% 신뢰구간을 구하시오.

(d) 인구 100,00명에 대해, 일인당 물소비량이 정규변량에 따른다고 가정하면, 이 마을의 물 소비량이 17,000,000 gal/day를 초과할 확률은 얼마인가?

8.18 공기 재충전 과정으로부터의 산소공급율은 하천의 평균유속과 평균 하천깊이에 따라 달라진다. 다음 표에는 12개의 하천에 대한 데이터가 기록되어 있다.(Krutchkoft, 1966)

평균 산소공급율 X(ppm/day)	평균유속 V(fps)	평균깊이 H(ft)
2.272	3.07	3.27
1.44	3.69	5.09
0.981	2.1	4.42
0.496	2.68	6.14
0.743	2.78	5.66
1.129	2.64	7.17
0.281	2.92	11.41
3.361	2.47	2.12
2.794	3.44	2.93
1.568	4.65	4.54
0.455	2.94	9.5
0.389	2.51	6.29

평균 산소공급율이 다음 비선형관계라고 가정하라.

$$E(X \mid V, H) = \alpha V^{\beta_1} \mathrm{H}^{\beta_1}$$

위 표를 가지고 회귀계수 α, β_1, β_2을 결정하고, 이에 대한 조건부표준편차를 구하시오.

8.19 어떤 유료교량의 시간당 최대교통량과 일일 최대교통량을 14일동안 측정하였다. 조건부 표준편차 $s_{Y|X=x}$가 원점부터 x까지 이차식으로 변동한다고 가정하자.

시간당 최대교통량 Vol., X(in 10^3)	일일 최대교통량 Y(in 10^4)
1.4	1.6
2.2	2.3
2.4	2
2.7	2.2
2.9	2.6
3.1	2.6
3.6	2.1
4.1	3
3.4	3
4.3	3.8
5.1	5.1
5.9	4.2
6.4	3.8
4.6	4.2

(a) X에 대한 Y의 회귀분석을 실시하라.

(b) 회귀선에 대한 예측오류 즉, $S_{Y/X} = x$를 측정하라.

(c) (a)에서 회귀방정식에 대한 98% 신뢰구간을 결정하라.

(d) 아침시간대중, 시간당 최대교통량이 3500대라면, 그 날 그 유료교량을 지나가는 차량이 30,000대를 넘을 확률은 얼마인가?

참고문헌

Butts, T. A., Schnepper, D. H., and Evans, R. L., "Statistical Assessment of DO in Navigation Pool," *Jour. of Sanitary Engineering*, ASCE, Vol. 96, April 1970.

Galligan, W. L., and Snodgrass, D. V., "Machine Stress Rated Lumber : Challenge to Design," *Jour. of the Structural Div.*, ASCE, Vol. 96, December 1970.

Goldman, J. L., and Ushijima, T., "Decrease in Hurricane Winds after Landfall," *Jour. of the Structural Div.*, ASCE, Vol. 100, January 1974.

Hald, A., *Statistical Theory with Engineering Applications*, J. Wiley & Sons, New York, 1952.

Heathington, K. W., and Tutt, P. R., "Traffic Volume Characteristics on Urban Freewey," *Transportation Engineering Jour.*, ASCE, Vol. 97, February 1971.

Huggel, C., Kaab, A., Haeberli, W., Teysseire, P., and Paul, F., "Remote Sensing Based Assessment of Hazards from Glacier Lake Outbursts : A Caes Study in the Swiss Alps," Canadian Geotechnical Jour., Vol. 39, March 2002.

Lambe, T. W., and Whitman, R. V., *Soil Mechanics*, John Wiley & Sons, Inc., New York, 1969, p. 375.

Malhotra, V. M., and Zoldners, N. G., "Some Field Experience in the Use of an Accelerated Method of Estimating 28-Day Strength of Concrete," *Jour. of American Concrete Institute*, November 1969.

Martin, B. V., Memmott, F. W., and Bone, A. J., "Principles and Techniques of Predicting Future Demand for Urban Area Transportation," Research Rept. No, 38, Dept. of Civil Engineering, MIT, Cambridge, MA, January 1963.

Meadows, D. H., Meadows, D. L., Randers, J., and Behrens, W. W., *The Limits of Growth*, Universe Books, New York, 1972.

Miller, A. J., "The Amount of Traffic Which Can Enter a City Center During Peak Periods," Transportation Science, ORSA, Vol. 4, 1970, pp. 409~411.

Moulton, L. K., and Schaub, J. H., "Estimation of Cimatic Parameters for Frost Depth Predictions," Jour. of Transportation Engineering, ASCE, Vol. 85, November 1969.

Murdock, J. W., and Kesler, C. E., "Effects of Range of Stress on Fatigue Strength of Plain Concrete Beams," Jour. of American Concrete Inst., Vol. 30, August 1958.

Nishida, Y. K., "A Brief Note on Compression Index of Soil," *Jour. of the Soil Mechanics and Foundation Div.*, Vol. SM3, July 1956.

Payen, H. J., "Freeway Traffic Control and Surveillance Model," *Transportation Engineering Jour.*, ASCE, Vol. 99, November 1973.

Shull, R. D., and Gloyna, E. F., "Thansport of Dissolved Water in Rivers," *Jour. of the Sanitary Engineering Div.*, ASCE, Vol. 95, December 1969.

Smeed, R. J., "Traffic Studies and Urban Congestion," *Jour. Transportation Economics and Policy*, Vol. 2, No. 1, 1968, pp. 33~70.

Thayer, R. P., and Krutchkoff, R. G., "A Stochastic Model for Pollution and Dissolved Oxygen in Streams," Water Resources Research Center, Virginia Polytechnic Inst., Blacksburg, VA, 1966.

Viggiani, C., "Analysis and Design of Piled Foundations," *Rivista Italiana di Geotecnica*, Vol. 35, 2001.

Wynn, F. H., "Shortcut Modal Split Formula," *Highway Research Record*, No. 283, Highway Research Board, National Research Council, 1969.

CHAPTER 9

베이지안 접근법

9.1 서 론

공학 분야에서는 의사결정을 위한 올바른 기초를 형성하기 위해 가용한 정보를 폭넓게 이용해야 하는 경우를 흔히 접하게 된다. 가용한 정보로는 관측데이터 (실험 또는 현장조사를 통해 획득되는 데이터), 이론적인 모델을 통해 유도되는 정보, 경험에 기초한 전문가 판단 등이 있으며, 이와 같이 다양한 형태의 정보는 종종 정보의 신뢰성에 대한 고려 없이 결합되기도 한다. 한편 새로운 정보나 데이터가 필요하면 가용한 정보도 업데이트 되어야 한다. 제1장에서 보았듯이 공학 분야에서 대부분의 가용 정보가 통계적인 형태를 갖거나 변동성을 내포하고 있다. 대부분의 가용 정보를 결합하거나 업데이트하기 위한 적절한 방법은 베이지안 접근법으로 구체화된다. 이번 9장에서는 확률 통계와 관련된 전형적인 공학문제에 적용 가능한 베이지안 접근법을 소개하고자 한다.

제1장에서는 불확실성의 두 가지 유형에 대해 규명하였다. 즉, 이 두 가지 유형의 불확실성은 정보의 내재적인 변동성과 연관된 우발적 유형(aleatory type)의 불확실성과 예측을 위한 지식과 능력의 불완전성에 연관된 인식적 유형(epistemic type)의 불확실성을 의미한다. 우발적 유형의 불확실성은 확률 계산을 가능하도록 하는데 비하여 인식적 유형의 불확실성은 확률 계산의 신뢰도의 부족을 야기한다. 이런 관점에서 베이지안 접근법은 두 가지 형태의 업데이트를 위한 적절한 해결책을 제시

해 줄 수 있다. 즉 (1)기존의 우발적이거나 인식적 유형의 불확실성에 추가적으로 이용 가능한 각각의 형식의 데이터나 정보를 조직적으로(systematically) 업데이트하거나 (2)설계나 의사결정을 하기 위해 두 가지 형식의 불확실성을 결합하기 위한 대안적인 기초를 제공해 준다(Ang and Tang, 1984).

이 장의 핵심적인 내용은 기초적인 확률 모델의 모수를 추정하는 것에 관한 것이다. 베이지안 접근법은 모수를 추정하기 위해 6장에서 다루었던 기존의 전통적인 접근법과는 또 다른 이론적인 기초를 제공해 준다. 또한 두 개 이상의 무작위 변량 사이의 회귀분석(regression analysis)과 상관분석(correlation analysis)에 대해서도 다루고 있다.

9.1.1 모수의 추정(estimation of parameters)

제6장에서는 고전통계학의 점추정(point estimation) 및 구간추정(interval estimation)의 방법을 사용하여 주어진 확률분포의 모수를 추정하는 방법에 대해 설명하였다. 이와 같은 방법에서는 확률모수는 알지 못하지만 상수 값으로 가정하였으며, 표본 통계치를 이용하여 모수를 추정하였다. 하지만 추정자(estimator)는 항상 불완전하기 때문에 추정오차는 피할 수가 없으며 고전통계학에서는 이들 오차의 정도를 표현하기 위해 신뢰구간을 사용하였다.

쉽게 설명하자면, 모수의 정확한 추정을 위해서는 대단히 많은 자료가 필요하나 대부분의 공학문제에서 관측 자료가 제한되어 있기 때문에 통계적 추정치는 다른 판단자료(judgmental information)로 보충되어야 하며 심지어 교체되어야 한다. 그러나 고전통계학의 방법으로는 매개변수의 추정에 있어서 판단자료와 관측 자료를 결합할 방법이 없다.

한 가지 예로서 도로설계 기술자가 어떤 교차로를 개량공사한 후 그 효과를 구하고자 하는 경우를 생각해 보자. 이 장소와 유사한 교통조건을 갖는 지점에 대한 과거의 경험 및 교통사고의 모형으로부터 개량 공사 후 일 년에 평균 1회 가량 사고가 발생하리라고 추정하였으나, 개통 첫째 달에 교차점에서 사고가 발생하였다. 이것은 2가지의 방법으로 생각할 수 있다. 즉 그 기술자는 자신의 판단에 대해 강한 신념을 가지고 있어서 그 사고는 단지 1년 동안 발생 가능한 한 번의 사고일 뿐이며 일 년에 평균 1회인 사고 발생 비율은 그대로라고 주장할 수 있다. 그러나 관측자료만 가지고 생각한다면 한 달에 평균 1회 비율로 사고가 발생하리라고 추정할 수도 있다. 직관적으로 볼 때 두 형태의 정보는 평균 사고율을 결정하는데 모두 이용될 수 있지만, 고전적 통계 추정 방법에서는 이와 같은 해석을 위한 이론적인 기초가 없으며 이런 종류의 문제는 베이지안 추정법의 주제에 속하는 문제이다.

베이지안 방법에서는 다른 관점에서 추정문제에 접근한다. 분포의 미지 모수를 랜덤변량으로 가정 또는 모형화하고 모수를 추정하는데 관련되는 모든 종류의 정보를 전확률정리(total probability theorem)를 이용하여 결합한다. 이와 같은 방법으로 직관, 경험에 기초한 주관적 판단이나 간접적 정보를 관측 자료와 조직적으로 결합하여 균형 잡힌 추정치를 얻어낼 수 있다(Bayes 정리 이용). 베이지안 방법은 그와 같은 판단을 하기위한 강력한 기초가 있는 경우에 특히 유용하다. 다음의 각 절에서는 베이지안 접근법의 기본개념을 소개한다.

▶ 9.2 기본개념-이산형 문제

베이지안 접근법은 이용 가능한 정보가 항상 제한되어 있고 주관적 판단이 종종 필요한 공학문제에 있어서 특히 중요하다. 모수를 추정하는데 있어서 기술자는 가능한 값이나 모수의 값의 범위에 대한 얼마간의 지식(경험에 바탕을 둔 직관)을 가지고 있다. 또한 어떤 값이 다른 값보다 좀 더 많이 발생하리라고 직관적으로 판단하기도 한다. 문제를 단순화하기 위해 모수 θ의 가능한 값이 그림 9.1에서 표시된 바와 같은 선험적인 상대적 가능성 $p_i = P(\Theta = \theta_\mathrm{i})$을 갖는 이산형 값 θ_i, $i = 1,2,....,k$의 조합이라고 가정한다(Θ는 모수 θ의 가능한 값을 나타내는 랜덤변량).

일련의 테스트나 실험의 결과와 같은 추가적인 정보가 가용하다면, 모수 θ의 선험적인 가정은 다음과 같은 베이즈 정리(Bayes's theorem)를 이용해 수정될 수 있다. ε를 관측된 실험결과 값이라고 가정하면, 식 (2.20)의 베이즈 정리를 이용하여 θ의 업데이트 PMF를 얻을 수 있다.

$$P(\Theta = \theta_i \mid \varepsilon) = \frac{P(\varepsilon \mid \theta_i) P(\Theta = \theta_i)}{\sum_{j=1}^{n} P(\varepsilon \mid \Theta = \theta_j)\, P(\Theta = \theta_j)} \quad i = 1,2,...,k \tag{9.1}$$

식 (9.1)의 각 항은 다음과 같이 해석될 수 있다.

$P(\varepsilon \mid \Theta = \theta_i)$; $\Theta = \theta_i$일 때의 실험 결과값 ε의 가능성, 즉 모수가 θ_i라 가정할 때 특정의 실험결과를 얻을 조건부 확률

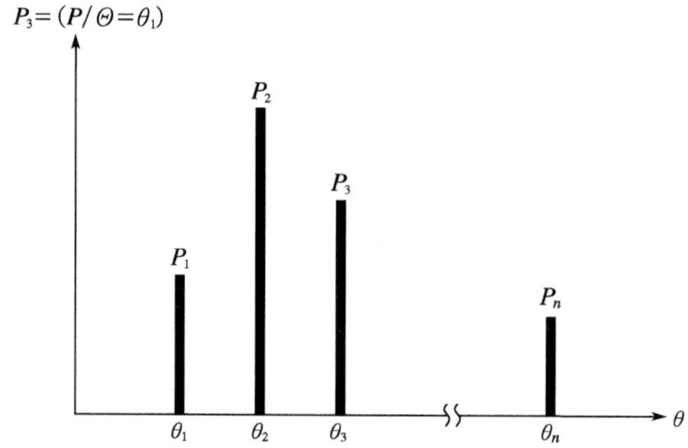

그림 9.1 ϕ의 사건 PMF

$P(\Theta=\theta_i)$; $\Theta=\theta_i$의 사전확률(prior probability), 즉 실험적 정보 ε을 얻기 이전의 Θ에 관한 확률

$P(\Theta=\theta_i \mid \varepsilon)$; $\Theta=\theta_i$의 사후확률(posterior probability), 즉 실험적 결과 ε을 고려하여 업데이트된 확률

사전확률과 사후확률을 각각 $P'(\Theta=\theta_i)$와 $P''(\Theta=\theta_i)$로 표시하면 식 (9.1)은 다음 식과 같이 된다.

$$P''(\Theta=\theta_i)=\frac{P(\varepsilon \mid \Theta=\theta_i)P'(\Theta=\theta_i)}{\sum_{j=1}^{n}P(\varepsilon \mid \Theta=\theta_j)P'(\Theta=\theta_j)} \tag{9.1a}$$

그러므로 식 (9.1a)는 Θ의 사후확률질량함수이다.*

통상적으로 Θ의 기대치가 모수의 베이지안 추정자(Bayesian estimator)로 사용된다. 즉,

$$\hat{\theta}''=E(\Theta \mid \varepsilon)=\sum_{i=1}^{k}\theta_i P''(\Theta=\theta_i) \tag{9.2}$$

식 (9.1)과 (9.2)을 통하여 관측 자료 ε와 어떤 판단 정보는 둘 다 활용될 수 있으며, 모수 θ를 추정하기 위해 조직적인 방법을 통하여 결합됨을 보일 수 있다.

베이지안 방법에서 판단자료의 중요성은 적절한 확률을 계산하는데 있어 영향을 미친다. 주관적 판단이 매개변수 θ를 추정하는데 사용됨으로서 확률 계산에 반영된다. 예를 들면 식 (9.1a)의 사후 PMF에 전확률정리를 적용하면 $P(X \leq a)$는 다음 식과 같이 된다. 즉,

* 다음부터는 사전과 사후를 각각 ′와 ″으로 나타내겠다.

$$P(X \leq a) = \sum_{i=1}^{k} P(X \leq a \mid \Theta = \theta_i) P''(\Theta = \theta_i) \tag{9.3}$$

이 결과는 모든 이용 가능한 정보에 기초한 사건 $P(X \leq a)$의 업데이트된 확률을 의미한다. 식 (9.3)에서 모수 추정치의 오차를 수반하는 불확실성[$P''(\Theta = \theta_i)$을 통해 영향을 미침]은 무작위 변량 X 본래의 변동성과 결합된다. 반면에 6장에서 보았던 고전통계학적인 접근법에서는 변이성이 결합되는 것은 매우 어려운 일이며, 신뢰구간의 항으로 표현된다.

이러한 일반적인 개념을 명확히 하기 위하여 다음 예제를 살펴보자.

▶ 예제 9.1 건물 기초용 철근콘크리트 말뚝은 조잡한 시공 품질의 결과로 결함이 발생한다. 일반적으로 발생할 수 있는 결함의 종류는 불충분한 양생, 적절하지 못한 길이, 균열, 콘크리트의 공극 등이 있다. 엔지니어는 프로젝트에서 사용되는 100개의 말뚝 중 결함이 있는 말뚝의 비율을 추정하고 싶다. 건설현장에서 다양한 말뚝 기초 토건업자의 시공 품질에 대한 엔지니어의 경험으로 추정해보건데 결함있는 말뚝의 비율 p는 간략하게 0.2 간격으로 이산화해 표현할 수 있으며, 선험확률은 그림 (E9.1a)와 같다. 전적으로 엔지니어의 판단에 기초하여 선험 PMF는 만들어졌으며, 이에 기초하여 결함 말뚝의 확률을 추정해본 결과(전확률정리 이용) 다음과 같다.

$$p' = (0.2)(0.3) + (0.4)(0.4) + (0.6)(0.15) + (0.8)(0.10) + (1.0)(0.05) = 0.44^*$$

이 판단을 보충하기 위하여, 확인을 위한 말뚝을 주문하였다. 점검 결과 파일은 결함이 있는 것으로 밝혀졌다. 이와 같은 한 번의 점검 결과에 의하여 p의 PMF는 식 (9.1a)에 의해 수정되며, 이를 통해 다음과 같은 사후 PMF를 얻을 수 있다.

$$P''(p = 0.2) = \frac{(0.2)(0.3)}{(0.2)(0.3) + (0.4)(0.4) + (0.6)(0.15) + (0.8)(0.1) + (1.0)(0.05)} = 0.136$$

그리고 이와 마찬가지로

$$P''(p = 0.4) = 0.364$$
$$P''(p = 0.6) = 0.205$$
$$P''(p = 0.8) = 0.182$$
$$P''(p = 1.0) = 0.114$$

이 결과를 도시하면 그림 E9.1b와 같다.

---

* 역자 주 : 결함 말뚝 확률 = $\sum$(해당 결함 비율이 발생할 확률)×(결함 말뚝의 비율)
$P(\varepsilon/p = 0.2) = 0.3$, $P(\varepsilon/p = 0.4) = 0.4$, $P(\varepsilon/p = 0.6) = 0.15$, $P(\varepsilon/p = 0.8) = 0.1$, $P(\varepsilon/p = 1.0) = 0.05$

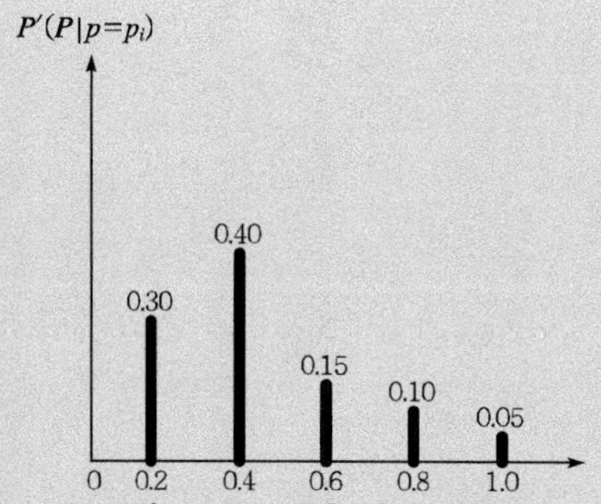

그림 E9.1a p의 사전 PMF

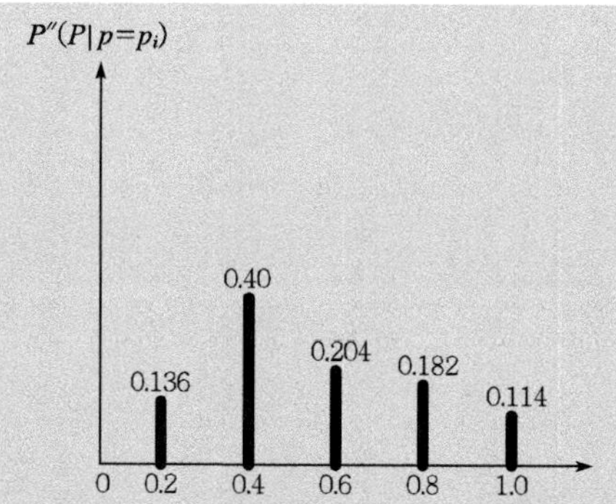

그림 E9.1b 1회 점검후 p의 PMF**

그러므로 p의 베이지안 추정치는

$$p'' = E(p \mid \epsilon) = 0.2(0.136) + 0.4(0.364) + 0.6(0.205) + 0.8(0.182) + 1.0(0.114) = 0.55$$

그림 E9.1b를 보면 말뚝을 1회 점검하였을 때 결함이 발견되었기 때문에 p_i가 사전분포에 비해 증가하였고 그 결과 p의 추정치가 증가함을 알 수 있다. 즉, $\hat{p}'' = E(p \mid \epsilon) = 0.55$인 반면에 사전 추정치는 0.44였다. 하나의 말뚝을 점검하였을 때 그 말뚝에 결함이 있었다는 것은 모든 말뚝에 결함이 있다는 것을 의미하지 않으며, 단지 결함있는 말뚝의 비율이 0.45에서 0.55로 0.11만큼 증가시킨 것일 뿐이다. 그림 E9.1c는 시험 말뚝이 연속해서 파괴되는 수가 증가함에 따라 p의 PMF가 어떻게 변화하는가를 나타낸다. 즉 $n \to \infty$로 증가함에 따라서 분포는 $p = 1.0$을 향하여 이동한다.

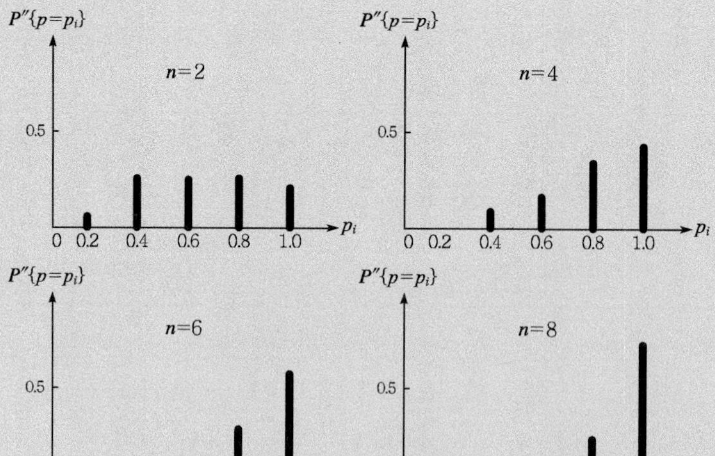

** 역자 주 : 만약 1회 점검시 결함이 발견되지 않으면 (ε*), $P''(p=0.2)=0.43$, $P''(p=0.4)=0.43$, $P''(p=0.6)=0.11$, $P''(p=0.8)=0.03$, $P''(p=1.0)=0$으로 정정된다.

힌트) $P(\varepsilon^*|(1-p)=0.8)=0.3$, $P(\varepsilon^*|(1-p)=0.6)=0.4$, $P(\varepsilon^*|(1-p)=0.4)=0.15$, $P(\varepsilon^*|(1-p)=0.2)=0.1$, $P(\varepsilon^*|(1-p)=0.0)=0.05$

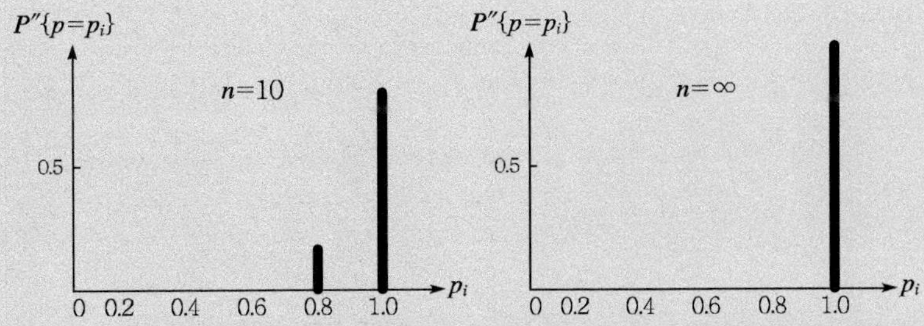

그림 E9.1c 불량파일 검측 횟수에 따른 p의 PMF

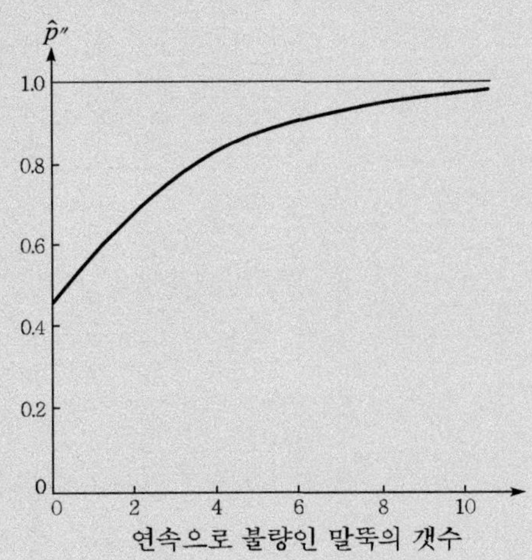

그림 E9.1d p와 연속으로 불량인 말뚝의 갯수

그림 E9.1d는 p의 베이지안 추정치를 나타낸다. 즉 시험 말뚝이 6회 연속 결함이 있는 것으로 발견된 후의 p의 추정치는 0.90이다. 만약 다수의 시험 말뚝이 연속해서 결함이 있는 것으로 관측되었다면 고전 추정치인 1에 접근하게 된다. 하지만 그 경우는 선험적인 경험을 갱신하여 대체할 정도로 수많은 데이터가 필요하게 된다. 그러나 보통 관측 자료는 제한되어 있으므로 엔지니어의 판단은 중요하며 베이지안 추정법에 적절하게 반영된다. 만약 사람들이 모수의 확실한 값을 알고 있다는 것은 선험분포가 좁다는 것을 의미한다. 이 경우에 엔지니어의 사전 판단을 압도하기 위해서는 많은 관측 정보가 필요하다.

3개의 말뚝으로 지지되는 어떤 건물의 기둥을 고려해 보자. 기둥을 지지하는 모든 말뚝에 결함이 있을 때 기둥 침하가 발생한다. 시험 말뚝에 결함이 발견된 직후 그림 E9.1b의 사후 PMF와 식 (9.3)을 이용하여 기둥침하문제가 발생할 확률을 구하라. 여기서 X는 결함 있는 말뚝의 수를 나타낸다.

$$P(X=3) = P(X=3 \mid p=0.2)P''(p=0.2) + P(X=3 \mid p=0.4)P''(p=0.4)$$
$$+ \ldots + P(X=3 \mid p=1.0)P''(p=1.0)$$
$$= (0.2)^3(0.136) + (0.4)^3(0.364) + (0.6)^3(0.204) + (0.8)^3(0.182) + (1)(0.114)$$
$$= 0.255$$

◀

▶ 예제 9.2 어떤 교통기술자가 개량공사를 한 도로 교차점에서 사고의 평균발생률 ν을 구하고자 한다. 이 장소와 유사한 교통조건을 갖는 지점의 과거 경험 및 교통사고 모형으로부터, 매년 사고 발생률의 기대치가 1회에서 3회 사이이며 평균 2회임을 추정하였다. 그림 E9.2에 사전 PMF를 나타내었으며 사고의 발생은 포아송 과정*이라고 가정하자.

이 교차점의 완공 후 첫 1개월 간 1건의 사고가 발생했다.

(a) 이 관측치로(1개월에 1번의 사고)부터 ν의 추정치를 수정하라.

(b) (a)의 결과를 사용하여 다음 6개월 동안 사고가 발생하지 않을 확률을 구하라.

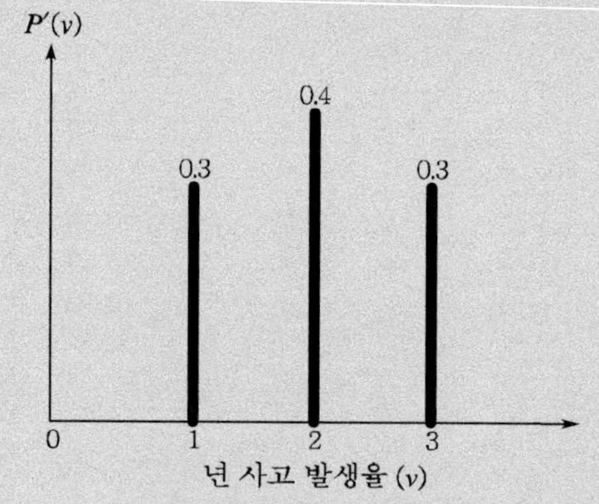

그림 E9.2 ν의 사전분포

[풀이]

(a) 1개월 이내에 사고가 발생할 사건을 ε이라 하자. 이때 식 (9.1a)에 따라 사후확률은

$$P''(\nu=1) = \frac{P(\varepsilon \mid \nu=1)P'(\nu=1)}{P(\varepsilon \mid \nu=1)P'(\nu=1) + P(\varepsilon \mid \nu=2)P'(\nu=2) + P(\varepsilon \mid \nu=3)P'(\nu=3)}$$

$$= \frac{e^{-1/12}(1/12)(0.3)}{e^{-1/12}(1/12)(0.3) + e^{-1/6}(1/6)(0.4) + e^{-1/3}(1/4)(0.3)} = 0.166$$

---

* 역자 주 : 포와송 확률 질량함수 $P(X_t = x) = \frac{(vt)^x}{x!}\exp(\mathrm{vt})$ 여기서, x =횟수, v는 단위시간당 평균발생율, t=시간

이와 마찬가지로

$$P''(\nu=2)=0.411$$
$$P''(\nu=3)=0.423$$

그러므로 ν의 갱신된 값은

$$\hat{\nu}''=E(\nu \mid \varepsilon)=(0.166)(1)+(0.411)(2)+(0.423)(3)$$
$$=2.26\text{회/년}$$

(b) 다음 6개월 내에 사고가 발생하지 않을 사건을 A라 하면

$$P(A)=P(A \mid \nu=1)P''(\nu=1)+P(A \mid \nu=2)P''(\nu=2)+P(A \mid \nu=3)P''(\nu=3)$$
$$=e^{-1/2}(0.166)+e^{-1}(0.411)+e^{-3/2}(0.423)$$
$$=0.346$$

◀

▶ 9.3 연속형 문제

9.3.1 기본공식

제 9.2절에서는 모수 θ(예제 9.1에서의 p, 예제 9.2에서의 ν)의 가능한 값을 이산적인 값으로 제한하였다. 이는 베이지안 추정법의 개념을 간략하게 설명하기 위하여 가정한 것이다. 그러나 대부분의 경우, 모수의 값의 분포는 연속적이다. 따라서 베이지안 추정에 있어서 모수를 연속형 무작위변량의 값으로 가정하는 것이 타당하며 다음과 같이 식 (9.1)~(9.3)과 유사한 식으로 결과를 유도할 수 있다.

그림 9.2와 같은 사전 PDF $f'(\theta)$을 가진 분포의 매개변수를 랜덤변수 Θ로 놓자. Θ가 θ_i와 $\theta_i+\Delta\theta$와의 사이에 존재할 사전확률은 $f'(\theta_i)\Delta\theta$이다.

이때 ε이 실험 관측의 결과라면, 사전분포 $f'(\theta)$는 베이지 정리에 의해 ε이 관측된 결과를 변형하여 수정되며, θ가 θ_i와 $\theta_i+\Delta\theta$사이에 존재할 사후확률을 다음식과 같이 얻을 수 있다.

$$f''(\theta_i)\Delta\theta=\frac{P(\epsilon \mid \theta_i)f'(\theta_i)\Delta\theta}{\sum_{i=1}^{k}P(\varepsilon \mid \theta_i)f'(\theta_i)\Delta\theta}$$

여기서 $P(\varepsilon \mid \theta_i)=P(\varepsilon \mid \theta_i<\Theta\le\theta_i+\Delta\theta)$을 의미한다. 양변에 극한값을 취하면 위 식은 다음과 같아진다.

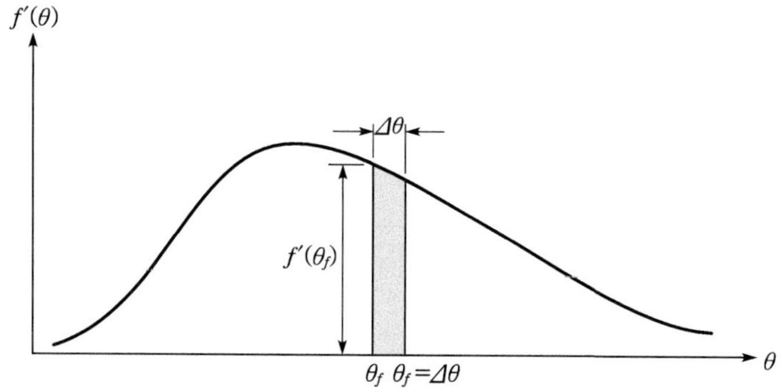

그림 9.2 Θ의 연속 사전분포

$$f''(\theta)=\frac{P(\varepsilon \mid \theta_i)f'(\theta_i)}{\int_{-\infty}^{\infty}P(\varepsilon \mid \theta)f'(\theta)\,d\theta} \tag{9.4}$$

$P(\varepsilon \mid \theta)$는 매개변수의 값이 θ 라고 가정하였을 때 실험 결과 ε가 관측될 조건부 확률이나 가능성을 의미한다. 그러므로 $P(\varepsilon \mid \theta)$는 θ 의 함수이며 일반적으로 θ의 우도함수(likelihood function)라고 부르며, $L(\theta)$로 표시한다. 위 식의 분모는 θ에 독립적이며, 단순히 $f''(\theta)$가 확률밀도함수의 성질을 갖게 하기 위한 정규화 계수로 해석할 수 있다. 그 때문에 식 (9.4)를 다음과 같이 표현할 수 있다.

$$f''(\theta)=k\,L(\theta)f'(\theta) \tag{9.5}$$

여기서 정규화 계수는 $k=\left[\int_{-\infty}^{\infty}L(\theta)f'(\theta)d\theta\right]^{-1}$ 이고 $L(\theta)$는 주어진 θ을 가정함으로서 실험결과 ε이 관찰될 가능성(조건부확률)이다.

식 (9.5)로부터 사전분포와 우도함수가 θ의 사후분포에 기여한다는 것을 알 수 있다. 이렇게 하여 이산형의 경우와 같이 판단이나 실험 데이터를 적절하고 조직적으로 결합할 수 있으며, 일반적으로 판단에 의한 데이터는 $f'(\theta)$, 관측자료에 의한 데이터는 $L(\theta)$로 생각할 수 있다.

이산형 경우인 식 (9.2)와 유사하게 θ의 기대치는 일반적인 모수의 점추정치공식이 사용되며, 관측자료 ε이 존재할 때 갱신된 모수 θ의 추정치는 다음 식으로 구할 수 있다.

$$\theta''=E(\Theta \mid \varepsilon)=\int_{-\infty}^{\infty}\theta f''(\theta)d\theta \tag{9.6}$$

모수의 추정에 따르는 불확실성은 기본 무작위 변량의 값에 연동되는 확률 계산에 포함될 수 있다. 예를 들면 X가 무작위 변량이고 모수 θ을 갖는다면, 그것의 확률은 식 (9.7)로 얻을 수 있다.

$$P(X \leq a) = \int_{-\infty}^{\infty} P(X \leq a \mid \theta) f''(\theta) d\theta \tag{9.7}$$

물리적으로는 식 (9.7)은 모수 θ의 사후확률에 의해 가중된 $X \leq a$의 평균 확률을 의미한다.

▶ 예제 9.3 앞선 예제 9.1의 문제에서 다루었던 건설현장에서 결함이 있는 말뚝의 비율문제를 다시 고려해보자. 그러나 이번 문제에서는 확률 p는 연속형 확률변수이다. 만약 말뚝의 결함 비율에 대한 아무런 사전 정보가 없다면, 균등분포(이는 diffuse prior로 알려져 있다.)로 가정할 수 있을 것이다. 즉,

$$f'(p) = 1.0 \qquad 0 \leq p \leq 1$$

하나의 말뚝을 시험한 결과 결함이 있으므로, 사건 $\varepsilon = 1$의 우도함수는 단순히 말뚝의 결함확률이 된다. 즉 우도함수는 p이다. 그 때문에 식 (9.5)에 의해 p의 사후분포는

$$f''(p) = kp(1.0) \qquad 0 \leq p \leq 1$$

여기서 정규화 계수는

$$k = \left[\int_0^1 p\,dp\right]^{-1} = 2$$

그 때문에 p의 사후분포는

$$f''(p) = 2p \qquad 0 \leq p \leq 1$$

이때 p의 베이지안 추정치는

$$\hat{p}'' = E(p \mid \varepsilon) = \int_0^1 p \cdot 2p\ dp = 0.667$$

만약 n개의 연속된 말뚝을 조사한 결과 이중 r개의 말뚝에 결함이 있는 것이 발견되었다면, 그 때 우도함수는 조사된 n개의 말뚝 중 r개가 결함이 있을 확률을 의미한다. 만약 결함이 있는 말뚝의 비율 혹은 각각의 말뚝이 결함이 있을 확률은 p이고 말뚝사이에 통계적 독립이 보장된다고 가정할 수 있다면, 우도함수는 이항 PMF에 따라 정의할 수 있다.

$$L(p) = \binom{n}{r} p^r (1-p)^{n-r}$$

diffuse prior를 갖는 p의 사후분포는 다음과 같이 된다.

$$f'' = k\binom{n}{r}p^r(1-p)^{n-r} \qquad 0 \le p \le 1$$

여기서

$$k = \left[\int_0^1 \binom{n}{r} p^r (1-p)^{n-r}\,dp\right]^{-1}$$

따라서 베이지안 추정치는

$$\hat{p}'' = E(p \mid \varepsilon) = \frac{\int_0^1 p\binom{n}{r}p^r(1-p)^{n-r}\,dp}{\int_0^1 \binom{n}{r}p^r(1-p)^{n-r}\,dp}$$

$$= \frac{\int_0^1 p^{r+1}(1-p)^{n-r}\,dp}{\int_0^1 p^r(1-p)^{n-r}\,dp}$$

위의 적분을 부분적분하면

$$\hat{p}'' = \frac{r+1}{n}\frac{\int_0^1 (p^n - p^{n+1})\,dp}{\int_0^1 (p^{n-1} - p^n)\,dp} = \frac{r+1}{n+2}$$

위 결과로부터 시험횟수 n이 증가함으로서(r/n의 비는 일정하다) p의 베이지안 추정치는 고전적 추정치와 거의 같게 된다. 즉

n이 큰 경우 $\frac{r+1}{n+2} \to \frac{r}{n}$ ◀

▶ 예제 9.4 한 기술자가 태평양상에 새로 개발중인 섬에 풍하중을 받는 가설 구조물을 설계하고 있다. 그 기술자의 관심사는 년 최대풍속이 120km/hr을 넘지 않을 확률이며 p로 나타낸다. 이 섬의 년 최대풍속에 대한 기록은 지난 5년 동안의 것만 가용하다. 이 가운데서 단 한 번만 풍속이 120km/hr를 초과했다. 그러나 이와 인접한 섬에는 좀 더 오래 전부터 풍속을 기록하고 있다. 이 두 섬 간의 기록으로부터 새로 개발중인 섬의 p의 평균치는 ⅔이며 변동계수는 27%라고 추정하였다. p의 상, 하한은 각각 1.0과 0이므로 위의 통계치에 적합한 사전분포는 베타분포가 가정되었다. 즉

$$f'(p) = 20p^3(1-p) \qquad 0 \le p \le 1$$

이때 5년간의 년 최대풍속이 1회 120km/hr를 초과할 가능성은

$$L(p) = \binom{5}{4} p^4 (1-p)$$

그러므로 p의 사후밀도함수는

$$\begin{aligned} f''(p) &= k\, L(p)\, f'(p) \\ &= k \left[\binom{5}{4} p^4 (1-p) \right] \left[20\, p^3 (1-p) \right] \\ &= 100\, k\, p^7 (1-p)^2 \end{aligned}$$

여기서

$$k = \left[\int_0^1 100\, p^7 (1-p)^2\, dp \right]^{-1} = 3.6$$

그래서

$$f''(p) = 360\, p^7 (1-p)^2 \qquad 0 \le p \le 1$$

이 문제에서 사전밀도함수는 4년에 1회의 초과를 가정하는 것과 등가적이다. 반면에 사후분포는 9년에 2회 초과함에 다름 아니다. 사실상 위의 밀도분포는 9년간에 2회의 초과가 관측되며 균등 사전분포를 가정한 경우에 대하여 얻어진 사후분포와 일치한다. 이 예제는 Bayesian 방법의 특징을 설명하는데 도움이 된다. 즉, 관측자료 이외의 다른 정보도 추정의 과정에서 이용될 수 있다는 것이다. 우도함수와 매개변수 p의 사전분포와 사후분포 간의 관계가 그림 E9.4에 도시되어 있다. 이 그림에서 사후분포는 사전분포나 우도함수보다 더 많은 정보를 가지고 있음을 의미한다.

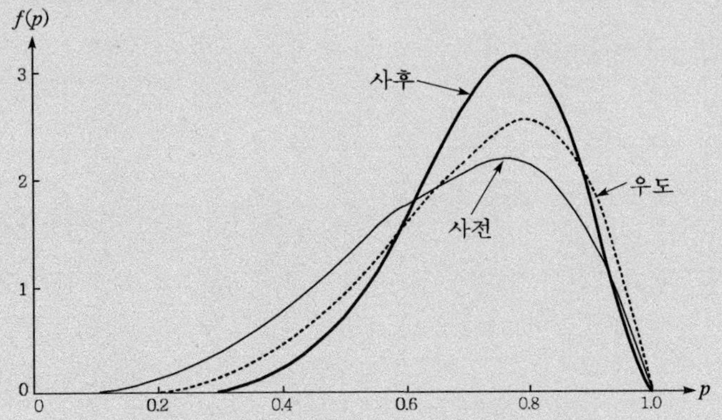

그림 E9.4 사전분포, 우도함수, 사후분포 ◀

▶ **예제 9.5** 지진의 발생은 평균 발생률 ν(Benjamin, 1968)인 포아송 과정으로 모형화할 수 있다. 어떤 지역 A에 대한 과거의 기록에 따르면 지난 t_0년 간에 n_0회의 지진이 일어

났다고 가정하자. 이에 대응하는 우도함수는 다음과 같이 주어진다.

$$L(\nu) = (t_0 \text{년간에 지진 발생 횟수 } n_0/\nu)$$
$$= \frac{(\nu\, t_0)^{n_0}}{n_0!} e^{-\nu t_0} \nu \geq 0$$

ν을 추정하기 위한 다른 정보가 없다면 균등 사전분포로 가정할 수 있다. 이는 $f'(\nu)$의 값이 ν값과는 독립석이고 따라서 정규화계수 k에 흡수될 수 있음을 의미한다. 이때 ν의 사후분포는 다음과 같이 된다.

$$f''(\nu) = k\, L(\nu)$$
$$= k\frac{(\nu t_0)^{n_0}}{n_0\,!} e^{-\nu t_0} \qquad \nu \geq 0$$

정규화 하면 $k = t_0$이다. 결과적으로 $f''(\nu)$는 식 (3.44b)의 감마밀도함수와 비견할 수 있다. 이것은 v의 사후분포가 감마분포를 따르는 것을 의미한다. 사건(E=지역에서 향후 t년 간에 n회의 지진이 일어날 사상)의 확률은 식 (8.7)에 의하여 다음과 같이 주어진다.

$$P(E) = \int_0^\infty P(E \mid \nu) f''(\nu) d\nu$$
$$= \int_0^\infty \frac{(\nu t)^n}{n!} e^{-\nu t} \cdot \frac{t_0 (\nu t_0)^{n_0}}{n_0\,!} e^{-\nu t_0} d\nu$$
$$= \left(\int_0^\infty \frac{(t+t_0)\, [\nu(t+t_0)]^{n+n_0}}{(n+n_0)!} e^{-\nu(t+t_0)} d\nu \right) \frac{(n+n_0)!}{n!\, n_0!} \frac{t^m\, t_0^{(n_0+1)}}{(t+t_0)^{n+n_0+1}}$$

괄호내의 피적분함수는 감마 밀도함수이므로 적분치는 1.0이다. 이와 같은 결과는 Fendamin(1968)에 의하여 최초로 유도되었다.

$$P(E) = \frac{(n+n_0)!}{n!\, n_0!} \frac{t^n t_0^{(n_0+1)}}{(t+t_0)^{n+n_0+1}} = \frac{(n+n_0)!}{n!\, n_0!} \frac{(t/t_0)^n}{(t+t_0)^{n+n_0+1}}$$

수치적인 예로서, A지역에 대한 과거의 기록에 따르면 과거 60년 간에 진도 VI(MM진도계)이상의 지진이 2회 있었다고 가정하자. 그러므로 향후 20년 내에 진도 4이상의 지진이 발생하지 않을 확률은

$$P(E) = \frac{(0+2)\,!}{0!\,2!} \frac{(20/60)^0}{(1+20/60)^3}$$

$$= 0.42$$

◀

9.3.2 베이지안 갱신과정의 응용예

베이지안 갱신과정을 재료의 결함을 검사하고 검출하는데 응용한 사례를 살펴보자(Tang, 1973). 피로나 균열에 의한 금속 구조물의 파괴는 대부분 접합점(용접부위)이나 점검되지 않는 부재의 균열이 점차 성장함으로써 발생한다. 주기적인 검사 및 보수를 통해 구조물에 발생 가능한 결함의 크기를 제한하면 구조물의 파괴위험은 최소화 될 수 있다. 균열의 발생 여부를 검사하기 위하여 비파괴 검사(nondestructive testing: NDT)법과 같은 결함 검출 방법을 사용하고 있지만, 이 방법조차도 모든 결함을 검출할 수 있을 만큼 완벽하지는 않다.

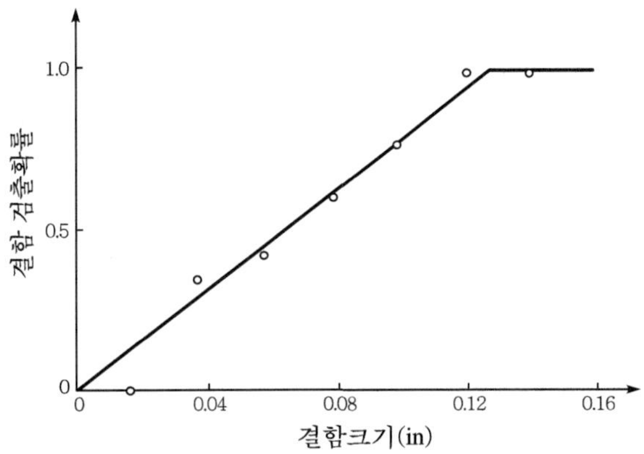

그림 9.3 결함검출 능력에 실제 결함깊이(Packman 외, 1968)

일반적으로 결함의 검출확률은 결함의 크기와 검출 장치의 검출능력이 증가하면 할수록 높아지나, 어떤 구조물을 검사하여 모든 결함을 보수하였을때 어떤 특정한 크기 이상의 결함이 없다고 확신할 수 없다. 다음 그림 9.3은 초음파검출법(ultrasonics method)에 의한 검출능력곡선의 한 예이다.

NDT 기계를 이용하여 임의의 구조물의 모든 용접 부위를 점검한 후, 발견된 모든 결함을 보수하였다고 가정해보자. 이 가정에 의하면 발견되지 않은 결함은 보수되지 않았다는 것을 유추할 수 있다. 결함의 크기를 X라하고 결함이 발견될 사건을 D라 하자. 결함이 발견되지 않았을 경우 결함의 크기가 x와 $x+dx$ 사이에 있을 확률은

$$P(x < X \le x+dx \mid \overline{D}) = \frac{P(\overline{D} \mid x < X \le x+dx)\, P(x \le X \le x+dx)}{P(\overline{D})}$$

이것은 또한 확률밀도함수의 항으로 다음과 같이 나타낼 수 있다.

$$f_X(x \mid \overline{D}) = kP(\overline{D} \mid x)f_X(x) \tag{9.8}$$

여기서 $f_X(x)$는 검사와 보수를 행하기 이전 결함크기의 확률분포이며, $f_X(x \mid \overline{D})$는 검사와 보수를 수행한 이후의 확률분포이다. 또한 $P(\overline{D} \mid x) = 1 - P(D \mid x)$이며 여기서 $P(D \mid x)$는 단순히 그림 9.3에서 나타낸 바와 같은 검출능력곡선에 의하여 정의된 함수로서 깊이 x인 결함이 발견될 확률이다. 식 (9.8)과 식 (9.5)을 비교하면 식 (9.8)은 다음과 같은 등식을 가지는 식 (9.5)와 같은 형임을 알 수 있다. 즉

$f_X(x \mid \overline{D})$ ~ 사후분포

$P(\overline{D} \mid x)$ ~ 우도함수

$f_X(x)$ ~ 사전분포

▶ 예제 9.6 하나의 예로서 일련의 용접에 포함된 깊이 X인 균열의 초기(사전) 분포가 다음과 같은 삼각형 분포를 나타낸다고 생각해 보자(그림 E9.6 참조):

$$f_X(x) = \begin{cases} 208.3x; & 0 < x \le 0.06 \\ 20 - 125x; & 0.06 < x \le 0.16 \\ 0; & x > 0.16 \end{cases}$$

검사에 사용된 NDT 기계는 그림 9.3에 나타난 검출성능곡선을 가진다고 가정한다. 이 곡선을 수식으로 표현하면 다음과 같다.

$$P(D \mid x) = \begin{cases} 0 & x \le 0 \\ 8x & 0 < x \le 0.125 \\ 1.0 & x > 0.125 \end{cases}$$

X의 각 구간에 적합한 표현식을 식 (9.8)에 대입하면 결함 깊이의 갱신된 밀도함수를 얻을 수 있다.

$$f_X(x \mid \overline{D}) = \begin{cases} 0 & x \le 0 \\ k(1-8x)(208.3x) & 0 < x \le 0.06 \\ k(1-8x)(20-125x) & 0.06 < x \le 0.12 \\ 0 & x > 0.125 \end{cases}$$

이것을 정규화하면 다음 식이 된다.

$$f_X(x \mid \overline{D}) = \begin{cases} 0 & x \le 0 \\ 495x - 3964x^2 & 0 < x \le 0.06 \\ 47.6 - 678x + 2379x^2 & 0.06 < x \le 0.125 \\ 0 & x > 0.125 \end{cases}$$

위의 사전분포, 우도함수, 및 사후분포가 그림 E9.6에 표시되어 있다. 우도함수는 그림 9.3의 보함수로서 필터(filter)와 같은 역할을 함을 알 수 있다. 즉, 우도함수는 0.125in 이상의 결함을 배제하며 또한 발견되지 아니한 상당수의 큰 결함을 제거

한다. 따라서 검사와 수선의 작업을 마친 후에는 결함 길이의 분포는 값이 적은 쪽으로 이동하게 된다.

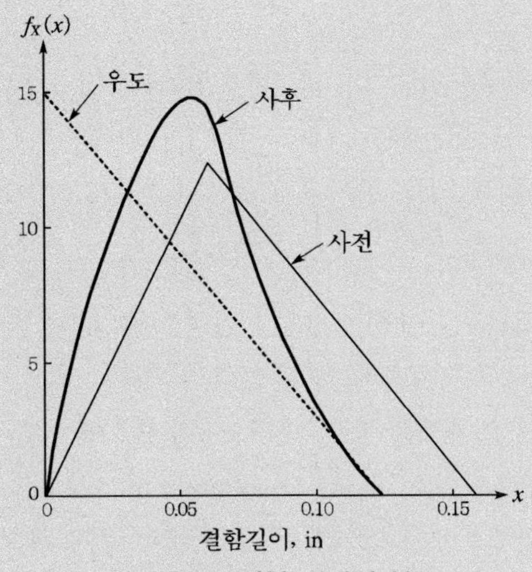

그림 E9.6 결함 길이의 분포 ◀

▶9.4 표본 추출이론에 대한 베이지안 방법

9.4.1 기본공식

식 (6.4)의 실험결과 ε는 관측치 $x_1,\ x_2,\ \ldots\ldots x_n$ 의 조합이며 이 관측치가 밀도분포 $f_X(x)$인 모집단 X로부터 얻을 수 있는 무작위 표본(6.2.1절 참조)이라 가정하자. 분포의 매개변수를 θ라 할 때 전술한 표본치 ε이 관측될 확률은

$$P(\varepsilon \mid \theta) = \prod_{i=1}^{n} f_X(x_i \mid \theta)\, dx$$

그 때, 만약 θ의 사전 확률밀도함수가 $f'(\theta)$라면, 식 (9.4)에 따라 사후 확률밀도함수는 다음식과 같게 된다.

$$f''(\theta) = \frac{\left[\prod_{i=1}^{n} f_X(x_i \mid \theta)\, dx\right] f'(\theta)}{\int_{-\infty}^{\infty} \left[\prod_{i=1}^{n} f_X(x_i \mid \theta)\, dx\right] f'(\theta)\, d\theta} \tag{9.9}$$

$$= kL(\theta) f'(\theta)$$

여기서 정규화계수는

$$k = \left[\int_{-\infty}^{\infty} \prod_{i=1}^{n} f_X(x_i \mid \theta) f'(\theta)\, d\theta \right]^{-1}$$

반면에 우도함수 $L(\theta)$는 변수치 $x_1,\ x_2,\ \ldots\ldots x_n$ 에 대하여 계산된 X의 확률밀도함수의 곱이다. 즉

$$L(\theta) = \prod_{i=1}^{n} f_X(x_i \mid \theta) \tag{9.10}$$

이상에서 식 (9.6)에 식 (9.9)의 θ에 대한 사후밀도함수를 이용하면 모수 θ의 Bayesian 추정치를 얻을 수 있다.

여기서 흥미로운 점은 식 (9.10)의 우도함수가 앞선 식 (6.7)에서 다룬 고전적 방법의 최대우도법(method of maximum likelihood estimation)과 일치된다는 점이다. 더구나 뒷부분에서 언급할 식 (9.13)과 같이 사전분포가 균등분포로 가정된다면 식 (9.9)의 사후분포의 중앙값은 최대우도 추정치와 같게 된다.

9.4.2 정규 모집단에서 추출한 표본

표준편차 σ을 알고 있는 정규 모집단의 모수 μ에 관한 우도함수는 식 (9.10)에 따라 다음과 같이 얻을 수 있다.

$$L(\mu) = \prod_{i=1}^{n} \frac{1}{\sqrt{2\pi}\,\sigma} \exp\left[-\frac{1}{2} \left(\frac{x_i - \mu}{\sigma} \right)^2 \right] = \prod_{i=1}^{n} N_\mu(x_i, \sigma)$$

여기서 $N_\mu(x_i, \sigma)$는 평균치 x_i, 표준편차 σ을 갖는 μ의 확률밀도함수를 말한다. 평균 μ_i, 표준편차 σ_i인 m개의 정규 확률밀도함수의 곱 또한 다음과 같은 평균과 분산을 갖는 정규 확률밀도함수이므로(Tang, 1971)

$$\mu^* = \frac{\sum_{i=1}^{m} (\mu_i / \sigma_i^2)}{\sum_{i=1}^{m} 1/\sigma^2} \quad \text{과} \quad (\sigma^*)^2 = \frac{1}{\sum_{i=1}^{m} 1/\sigma_i^2} \tag{9.11}$$

우도함수$L(\mu)$는 다음 식과 같이 된다.

$$L(\mu) = N_\mu\left(\frac{\sum_{i=1}^{n}(\mu_i/\sigma^2)}{\sum_{i=1}^{n}(1/\sigma^2)}, \frac{1}{\sqrt{\sum_{i=1}^{n}(1/\sigma^2)}}\right) \tag{9.12}$$
$$= N_\mu\left(\frac{(1/\sigma^2)\sum_{I=1}^{n}x_i}{n/\sigma^2}, \frac{1}{\sqrt{n/\sigma^2}}\right)$$
$$= N_\mu\left(\overline{x}, \frac{\sigma}{\sqrt{n}}\right)$$

여기서 $\overline{x}$ 는 식 (6.1)의 표본평균이다.

사전정보가 없는 경우(without prior information)

μ에 관한 사전정보가 없는 경우 균등한 사전분포를 가정할 수 있다. 이때 μ에 대한 사후분포는 다음 식으로 얻을 수 있다.

$$f''(\mu) = k\,L(\mu) \tag{9.13}$$
$$= k\,N_p\left(\overline{x}, \frac{\sigma}{\sqrt{n}}\right)$$
$$= N_p\left(\overline{x}, \frac{\sigma}{\sqrt{n}}\right)$$

여기서 정규화 계수 k는 항상 1.0이 된다. 그러므로 사전정보가 없다면, μ의 사후분포는 표본평균 $\overline{x}$와 같은 평균값과 표준편차 $\sigma/\sqrt{n}$를 갖는 정규분포이다. Bayesian추정치로써 μ의 기대값을 사용하면, 식 (9.6)에 따라 다음 식을 얻을 수 있다.

$$\hat{\mu}'' = E(\mu \mid \varepsilon) = \overline{x}$$

즉, 표본평균 $\overline{x}$는 모평균의 점추정치이다. 이것은 식 (6.1)의 고전적 방법에 의한 추정치와 일치한다는 것을 알 수 있다.

그러므로 사전정보가 없는 경우에는 Bayesian방법과 고전적 방법은 모평균에 대하여 똑같은 결과를 주지만, 개념상으로 Bayesian방법은 고전적 방법과 차이가 있다. 식 (9.13)에 따르면 μ의 사후분포가 평균 $\overline{x}$, 표준편차 $\sigma/\sqrt{n}$인 정규분포이지만, 고전적 방법(6.2절 참조)에서는 표본평균 $\overline{X}$가 평균값 μ, 표준편차 $\sigma/\sqrt{n}$을 갖는 정규분포인 것이다.

사전정보의 중요성

고전적 방법과는 대조적으로 모수 μ를 추정하는데 사전 판단정보를 포함시킬 수 있다. 이것은 사전분포 $f'(\mu)$을 통하여 직접적으로 이루어진다. 즉 다음과 같은 가우스 모집단의 경우에 대하여 이를 증명해 보자.

X가 기지의 분산을 갖는 가우스 분포를 따르는 경우, 가우스 사전분포(9.4.4 절 참조)로 가정하는 것은 수학적으로 편리하다. $f'(\mu)$을 $N(\mu', \sigma')$라고 가정하면 식 (9.12)의 우도함수에 대한 μ의 사후분포는 다음 식과 같이 된다.

$$\begin{aligned} f''(\mu) &= k L(\mu) f'(\mu) \\ &= k N_\mu\left(\bar{x}, \frac{\sigma}{\sqrt{n}}\right) N_\mu(\mu', \sigma') \end{aligned}$$

이것은 2개의 정규밀도함수의 곱이므로 $f''(\mu)$도 역시 가우스분포가 되고 평균치는

$$\mu'' = \frac{[\bar{x}/(\sigma/\sqrt{n})^2] + [u'/(\sigma')^2]}{[1/(\sigma/\sqrt{n^2}] + [1/(\sigma')^2]} = \frac{\bar{x}(\sigma')^2 + u'(\sigma^2/n)}{(\sigma')^2 + (\sigma^2/n)} \tag{9.14}$$

표준편차는

$$\sigma'' = \sqrt{\frac{(\sigma')^2 (\sigma^2/n)}{(\sigma')^2 + (\sigma^2/n)}} \tag{9.15}$$

이 된다. 이때 식 (9.6)에 대한 Bayesian 추정치는 다음 식과 같다.

$$\hat{\mu}'' = \mu''$$

즉, 평균값에 대한 Bayesian 추정치는 식 (9.14)에서 보듯이 각각 분산의 역수를 가중인자로한 사전평균치 μ'와 표본평균 $\bar{x}$의 평균이다. 사후 평균의 추정치는 표본의 수 n이 많을 경우에 표본의 평균에 접근한다.

또한 만약 판단의 기초가 상대적으로 약하거나(즉, σ'이 크다면), 자료의 변동성(σ)가 작다면 표본의 평균에 접근한다. 이와 같은 경우를 고려할 때 표본추출 계획은 보다 효율적이게 된다.

식 (9.14)는 평균 값 μ를 추정하기 위하여 사전정보가 얼마나 조직적으로 관측데이터에 결합되는지를 보여주는 좋은 예이다.

식 (9.15)에 의하여 주어진 바와 같이 μ의 사후분산이 항상 $(\sigma')^2$이나 (σ^2/n)보다

작다는 것은 중요하다*. 즉 사후분포의 분산은 항상 사전분포나 우도함수의 분산보다 작다.

식 (9.14)와 식 (9.15)에서 주어진 확률모수를 갖는 μ의 사후분포 $N_\mu(\mu'', \sigma'')$에 기초하여, 사후분포 μ가 a와 b구간 사이에 있을 확률을 결정할 수 있다.

$$P(a < \mu \le b) = \int_a^b f''(\mu)\, d\mu$$

9.4.3 추정 오차(error in estimation)

매개변수 θ를 추정하는데 발생할 수 있는 오차는 기본 무작위 변량 X 자체의 변동성과 결합될 수 있으며, 이를 통해 X와 연관된 전체적인 불확실성을 얻을 수 있다. θ을 추정하는데 발생할 수 있는 오차를 고려하는 X의 확률밀도함수는 전확률정리에 의해 다음 식과 같다.

$$f_X(x) = \int_{-\infty}^{\infty} f_X(x \mid \theta) f''(\theta) d\theta \tag{9.16}$$

가우스변량 X의 경우에, σ를 알고 있고, μ는 표본으로부터 추정된다고 한다면

$$f_X(x) = \int_{-\infty}^{\infty} f_X(x \mid \mu) f''(\mu) d\mu$$

여기서, $f_X(x \mid \mu) = N_X(\mu, \sigma)$이고 $f''(\mu)$는 식 (9.13)에 의해 주어진다. 또한 , 윗식의 적분항은 정규 확률밀도함수가 됨을 알 수 있다(Tang, 1971).

$$f_X(x) = N\left(\overline{x},\ \sqrt{\sigma^2 + \sigma^2/n}\right) \tag{9.17}$$

▶ 예제 9.7 어떤 유료교가 최근에 개통되었다. 지난 2주일 동안 10일 평균 출퇴근 시간 표본평균 교통량은 1535대/hr 이었다. 출퇴근시간 교통량은 표준편차 164대/hr인 정규분

---

* $(\sigma')^2 \ge 0$ 이고 $\sigma^2/n \ge 0$이므로

$$(\sigma')^2\left(\sigma'^2 + \frac{\sigma^2}{n}\right) \ge (\sigma')^2\left(\frac{a^2}{n}\right)$$

또는

$$(\sigma')^2 \ge \frac{(\sigma'^2)(\sigma^2/n)}{(\sigma'^2) + \sigma^2/n} = \sigma''^2$$

유사하게, $(\sigma'')^2 \le \sigma^2/n$도 보일 수 있다.

포로 가정하자. 이 관측 자료를 근거로 하여 식 (9.13)에 의하면 출퇴근시간의 평균 교통량 μ의 사후분포는 $N(1535, 164/\sqrt{10})$ 또는 $N(1535, 51.9)$ 대/hr이다. 그러므로 μ 점추정치는 1535대/hr 이다.

μ가 1500대/hr와 1600대/hr 사이에 있을 확률은 다음과 같다.

$$P(1500 < \mu \leq 1600) = \Phi\left(\frac{1600-1535}{51.9}\right) - \Phi\left(\frac{1500-1535}{51.9}\right)$$

$$= \Phi(1.253) - \Phi(-0.674)$$

$$= 0.6445$$

평균 교통량보다는 평일 출퇴근 시간의 교통량 발생 확률이 보다 중요한 문제이다. 가령, 평일 출퇴근 시간의 교통량이 1700대/hr를 초과하면 현행 요금 징수시스템에 중대한 문제가 발생한다고 가정하자. 식 (9.17)로부터 임의의 날에 이런 사태가 발생할 확률은 다음과 같다.

$$P(X > 1700) = 1 - \Phi\left(\frac{1700-1535}{\sqrt{(164^2 + (51.9)^2}}\right)$$

$$= 1 - \Phi(0.958)$$

$$= 0.169$$

다시 말하면 평일 중 약 17%에 해당하는 날에는 현행 요금징수방법이 출퇴근시간동안에는 부적합하다. 이 확률의 계산에는 μ의 추정오차가 이미 포함되어 있다는데 주의하라.

다음 예로서 그 유료교가 개통되기 이전에 출퇴근시간 교통량을 예측하기 위하여 모의분석(simulation)을 실시하였다고 가정해보자. 시뮬레이션 결과에 의하면, 교량의 평균 출퇴근시간 교통량 평균은 90% 신뢰도로 1500±100로 평가되었다. 이와 같은 정보와 관측된 교통량 정보를 어떻게 사용해서 μ를 추정할 수 있는가?

시뮬레이션 결과가 정규분포를 따른다고 가정해보면, 평균 출퇴근시간 교통량 μ의 선험분포는 $N(1500, 60.8)$ 대/hr이다. 이때 식 (9.14), 식 (9.15)를 적용해보면, μ의 사후분포는 다음과 같이 가우스 분포를 따른다.

$$\mu' = \frac{1535(60.8)^2 + 1500(51.9)^2}{(60.8)^2 + (51.9)^2} = 1520\text{대}/\text{hr}$$

$$\sigma'' = \sqrt{\frac{(60.8)^2\,(51.9)^2}{(60.8)^2 + (51.9)^2}} = 39.5\text{대}/\text{hr}$$

즉, 모의결과를 고려함으로써 추정된 평균 출퇴근시간 교통량은 1520대/hr이며, 이에 대한 표준편차는 39.5대/hr이다. ◀

▶ **예제 9.8** 공사 중인 어떤 교량의 교각 상면의 높이(기준점에 대한)를 5회 측정해서 다음과 같은 결과를 얻었다.

20.45m

20.38m

20.51m

20.42m

20.46m

측정오차는 평균치 0, 표준편차 0.08m의 가우스 분포에 따른다고 가정한다.

(a) 측정 결과에 따라서 실제 높이를 추정하라.

(b) 이 교각의 높이가 다른 측량팀에 의하여 전에 측정된 적이 있고, 그 때 측정결과는 20.42±0.02m(즉, 측정평균치 20.42m 표준오차 0.02m)이었다. 이 사전정보를 활용하여 교각의 높이를 추정하라.

[풀이]

일반측량이나 사진측량에서의 실제 치수 δ의 추정은 확률변수의 평균치를 추정하는 것과 같다(6.2.3절 참조). 추정오차는 항상 평균치 0인 가우스 분포에 따른다고 가정된다. 즉 이것은 일련의 측정치가 정규 모집단으로부터 추출된 표본이라는 것을 암암리에 의미한다. 그러므로 9.4.2절에서 유도된 결과를 일반측량과 사진측량에 있어서 기하학적 오차의 추정에 응용할 수 있다.

(a) 5개 측정치의 표본평균

$$
\begin{aligned}
d &= \frac{1}{5}(20.45 + 20.38 + 20.51 + 20.42 + 20.46) \\
&= 20.444\text{m}
\end{aligned}
$$

이고 표본의 표준편차는 0.08m이다.

그 때문에 5개의 관측치로부터 교각의 실제 높이는 가우스분포 $N(20.444, 0.08/\sqrt{5})$ 즉 $N(20.444, 0.036)$m를 따른다. 측량학적 표기법에 의하면 그 교각의 높이는 20.444 ± 0.036m로 쓴다.

(b) 사전정보가 가용하면, 그 정보를 δ의 사전분포로 이용할 수 있다. 이때 다른 측량팀에 의해 사전에 추정된 교각의 높이를 사용하면 δ의 사전분포는 $N(20.420, 0.020)$m로 모형화 될 수 있다. 이때 식 (9.14), 식 (9.15)를 적용하면 높이의 Bayesian 추정치는

$$\hat{d}'' = \frac{(20.420)(0.036)^2 + (20.444)(0.020)^2}{(0.036)^2 + (0.020)^2} = 20.426\,\text{m}$$

또 대응하는 표준오차는

$$\sigma'' = \sqrt{\frac{(0.036)^2(0.020)^2}{(0.036)^2 + (0.020)^2}} = 0.017$$ ◀

예제 9.9 다음은 어떤 소하천의 과거 5년간 최대 유량에 대한 기록이다.

$$21.5,\ 19.2,\ 23.4,\ 20.1,\ 18.1\ (100\text{m}^3/\text{sec})$$

인접한 소하천의 자료분석을 통해 연 최대유량의 분포는 대수정규분포로 모형화할 수 있다. 대수정규분포의 모수 ζ는 5개의 표본치로부터 얻는 값과 동일하다고 가정한다.

위 자료의 자연대수 값은 3.07, 2.96, 3.15, 3.00, 2.90이며, 이로부터 표본평균 $\bar{x} = 3.016$, 표본표준편차 $\zeta = 0.097$을 얻는다. 사전정보가 없다면 λ의 사후분포는 식 (9.13)에 의하여 $N(\bar{x}, \zeta/\sqrt{5})$, 즉 $N(3.016, 0.097/\sqrt{5}) = N(3.016, 0.043)$이 된다. 그러나 사전정보가 유용하다면 이것은 λ의 사전분포로서 구체화될 수 있다. 예를 들면 $f'(\lambda)$가 $N(2.9, 0.06)$이라고 가정할 수 있다면 식 (9.14), 식 (9.15)로부터 사후분포 $f''(\lambda)$는 정규분포가 될 것이다.

$$\mu_\lambda'' = \frac{3.016(0.06)^2 + 2.9(0.0435)^2}{(0.06)^2 + (0.0435)^2} = 2.98$$

그리고

$$\sigma_\lambda'' = \sqrt{\frac{(0.06)^2(0.0435)^2}{(0.06)^2 + (0.0435)^2}} = 0.035$$

즉, 이 경우 λ의 사후분포는 $N(2.98, 0.035)$이다. ◀

9.4.4 공액분포(conjugate distributions)의 사용

식 (9.5) 또는 식 (9.9)로부터 모수의 사후분포를 유도하는 경우에 대상 무작위변량의 분포에 따라 모수의 분포를 적당히 택하면 수학적으로 상당히 간략화된다. 이는 이미 9.4.2절의 σ가 미지인 가우스 무작위변량 X의 경우에서 보았다. 즉, μ의 사전분포 역시 가우스분포로 가정함으로써 μ의 사후분포는 가우스분포로 남으며, 이와 유사하게 예제 9.4 이산형의 경우에도 적용된다. 그 예제에서는 무작위변량이 이항분포이였고, p의 사전분포를 베타분포로(모수 $q'=4$, $r'=2$인) 가정하였다. 이 경우 p의 사후분포도 베타분포가 되고 모수는 $q''=8$, $r''=3$으로 갱신된다.

이러한 분포는 Bayesian 확률의 용어에서 공액대(conjugate pair)또는 공액분포(conjugate distribution)로 알려져 있다. 대상 무작위 변량의 분포에 공액한 사전분포를 선택하면 일반적으로 사전분포와 같은 형의 편리한 사후 분포가 얻어진다. 이와 같은 예는 정규-정규, 이항-베타 분포의 경우에서 이미 예시되었다. 이 이외에도 공액분포의 쌍을 얼마든지 얻을 수 있으며 표 9.1에 일반적인 분포형에 관한 공액분포를 수록하였다.

공액분포는 단지 수학적 취급에 있어서 간결성과 편리성 때문에 사용된다는 것을 알아야 한다. 사전분포에 대한 근거가 없을 시에는, 특정분포의 무작위 변량의 공액분포를 사전분포로 선택할 수 있다. 그러나 특정 사전분포가 합당하다는 증거가 있으면 수학적 복잡성을 야기함에도 불구하고 사용되어야 한다.

표 9.1 공액분포

기본 확률 변수	모수	모수의 사전 및 사후 분포
Binomial $p_X(x) = \binom{n}{x} \theta^x (1-\theta)^{n-x}$	θ	Bete $f_\Theta(\theta) = \dfrac{\Gamma(q+r)}{\Gamma(q)\Gamma(r)} \theta^{q-1}(1-\theta)^{r-1}$
Exponenential $f_X(x) = \lambda e^{-\lambda x}$	λ	Gamma $f_\Lambda(\lambda) = \dfrac{\nu(\nu\lambda)^{k-1}e^{-\nu\lambda}}{\Gamma(k)}$
Normal $f_X(x) = \dfrac{1}{\sqrt{2\pi}\sigma}\exp\left[-\dfrac{1}{2}\left(\dfrac{x-\mu}{\sigma}\right)^2\right]$	μ, σ	Gamma−Normal $f(\mu,\sigma) = \left\{\dfrac{1}{\sqrt{2\pi}\sigma_\mu}\exp\left[-\dfrac{1}{2}\left(\dfrac{\mu-\mu_\mu}{\sigma/}\sqrt{n}\right)^2\right]\right\}$ $\cdot \left\{\dfrac{[(n-1)/2]^{(n+1)/2}}{\Gamma[(n+1)/2]}\left(\dfrac{u}{\sigma^2}\right)^{(n-1)/2}\exp\left(-\dfrac{n-1}{2}\dfrac{u}{\sigma^2}\right)\right\}$
Poisson $p_X(x) = \dfrac{(\mu t)^x}{x!}e^{-\mu t}$	μ	Gamma $f_M(\mu) = \dfrac{\nu(\nu\mu)^{k-1}e^{-\nu\mu}}{\Gamma(k)}$
Lognormal $f_X(x) = \dfrac{1}{\sqrt{2\pi}\,\zeta x}\exp\left[-\dfrac{1}{2}\left(\dfrac{\ln x-\lambda}{\zeta}\right)^2\right]$ (with known ζ)	λ	Normal $f_\Lambda(\lambda) = \dfrac{1}{\sqrt{2\pi}\,\sigma}\exp\left[-\dfrac{1}{2}\left(\dfrac{\lambda-\mu}{\sigma}\right)^2\right]$

모수의 평균과 분산	사후 통계
$E(\Theta) = \dfrac{q}{q+r}$	$q'' = q' + x$
$\mathrm{Var}(\Theta) = \dfrac{qr}{(q+r)^2(q+r+1)}$	$r'' = r' + n - x$
$E(\lambda) = \dfrac{k}{\nu}$	$\nu'' = \nu' \sum_i x_i$
$\mathrm{Var}(\lambda) = \dfrac{k}{\nu^2}$	$k'' = k' + n$
$E(\mu) = \mu_\mu$	$\mu''_\mu = \dfrac{\mu'_\mu(\sigma^2/n) + \bar{x}\sigma'^2_\mu}{\sigma^2/n + (\sigma'_\mu)^2}$
$\mathrm{Var}(\mu) = \sigma^2_\mu$	$\sigma''_\mu = \sqrt{\dfrac{(\sigma'_\mu)^2(\sigma^2/n)}{(\sigma'_\mu)^2 + \sigma^2/n}}$
$E(\mu) = m$	$n'' = n' + n$
$\mathrm{Var}(\mu) = \dfrac{u\nu}{(\nu-2)n} \quad \nu > 2$	$m'' = (n'm' + nm)/n''$
$E(\sigma) = \sqrt{\dfrac{u\nu}{2}}\dfrac{\Gamma[(\nu-1)/2]}{\Gamma[\nu/2]} \quad \nu > 1$	$\nu'' = \nu' + \nu + 1$
$\mathrm{Var}(\sigma) = \dfrac{u\nu}{\nu-2} - E^2(\sigma) \quad \nu > 2$	$u'' = [(\nu' u' + n'm'^2) + (\nu u + nm^2) - n'' m''^2]n/\nu''$
$E(\mu) = \dfrac{k}{\nu}$	$\nu'' = \nu' + t$
$\mathrm{Var}(\mu) = \dfrac{k}{\nu^2}$	$k'' = k' + x$
$E(\lambda) = \mu$	$\mu'' = \dfrac{u'(\zeta^2/n) + \sigma^2 \ln \bar{x}}{\zeta^2/n + \sigma^2}$
$\mathrm{Var}(\lambda) = \sigma^2$	$\sigma'' = \dfrac{\sqrt{\sigma^2(\zeta^2/n)}}{\sigma^2 + \zeta^2/n}$

▶ 예제 9.10 용접 연결의 결함 발생은 용접길이 m당 결함의 평균발생빈도 μ인 포아송 과정으로 모형화된다. 성능이 우수한 검사장치(어떤 중대한 결함을 관측하지 못할 수도 있다고 가정)를 사용한 실제 검사를 통해 용접길이 9.2m에서 5개의 결함을 발견했다. 그러나 같은 종류의 용접에 대한 과거의 경험으로부터 평균결함발생률은 0.5개/m로써 c.o.v.는 40%임이 알려졌으며, 엔지니어는 현재 작업에서도 그와 같은 정보가 적용된다고 생각하였다. 과거 경험으로부터 획득된 정보와 관측된 자료를 사용하여 이 용접 형태에 대한 μ의 c.o.v와 평균치를 결정하라.

주어진 용접길이에서의 결함수는 포아송 분포에 따르므로 표 9.1에서 모수 μ의 사전분포로 공액 감마분포를 사용하는 것이 편리하다. 위에서 주어진 정보와 3.2.8절의 관측으로부터 감마분포의 평균치와 분산은

$$E'(\mu) = \frac{k'}{\nu'} = 0.5$$

그리고

$$\delta'(\mu) = \frac{\sqrt{k'/\nu'^2}}{k'/\nu'} = \frac{1}{\sqrt{k'}} = 0.4$$

그래서 감마분포의 사전 모수는 $k' = 6.25$, $r' = 12.5$이다. μ의 사후분포도 감마분포에 따른다. 표 9.1에서 주어진 사전통계와 사후통계의 관계 및 표본자료로부터 다음과 같이 사후 감마분포의 모수 k''와 r''을 계산한다.

$$k'' = k' + x = 6.25 + 5 = 11.25$$
$$\nu'' = \nu' + t = 12.5 + 9.2 = 21.7$$

그러므로 평균 결함 발생률 μ의 갱신된 평균치와 c.o.v.는

$$E'' = \frac{k''}{v''} = \frac{11.25}{21.7} = 0.52\text{개}/m$$
$$\delta'' = \frac{1}{\sqrt{k''}} = \frac{1}{\sqrt{11.25}} = 0.30$$ ◀

▶ **예제 9.11** 어떤 강의 최대 홍수위를 다음 지수분포로 나타낼 수 있다고 가정하자.

$$f_H(h) = \lambda e^{-\lambda h} \qquad h \geq 0$$

이 지역의 홍수 발생에 대한 공식적인 기록은 없다. 그러나 지역주민은 최근 2번의 홍수가 발생했었다는 사실과 홍수가 발생했을 때 강의 수위는 최소 5 ft 이었다는 사실을 기억하고 있었다. 각 홍수의 홍수위는 통계적 독립이고 확률모수 λ를 추정하기 위한 다른 정보는 없는 상태이다.

(a) 주어진 정보에 기초하여 H의 평균과 c.o.v, λ의 분포를 결정하라.
(b) 다음번 홍수가 5 ft를 초과할 확률은 얼마인가?
(c) 일정한 시간 간격 후에 주어진 지역에 세 번의 홍수가 발생하였으며, 그 때의 최대 수위는 각각 3, 4, 5ft였다. 새로운 정보에 의해 갱신된 λ의 분포와 평균값, c.o.v.를 구하여라.

[풀이]

(a) 관측정보가 정확한 자료가 아니고 초과여부로 주어졌기 때문에 공액 개념을 이용한 베이지안 업데이트를 수행할 수 없다. 따라서 식 (9.5)의 기초적인 업데이트 방정식을 통하여 시작해야 한다. 이 경우 우도함수는 λ의 항으로 두 번의 홍수위가 5ft를 초과할 확률이다. 한번의 홍수위가 5ft를 초과할 확률은

$$p = P(H > 5) = 1 - F_H(5) = e^{-5\lambda}$$

그 때문에, 우도함수는

$$L(\lambda) = P(\varepsilon \mid \lambda) = P^2 = (e^{-5\lambda})^2 = e^{-10\lambda}$$

여기서 ϵ = 두 번의 홍수가 5ft를 초과하는 사건이다.

식 (9.5)와 같이 사전분포를 균등분포로 가정한 경우, 갱신된 λ의 분포는

$$f''(\lambda) = ke^{-10\lambda}$$

정규화 계수 $k = 10$이므로, λ의 사후분포는 다음 식과 같다.

$$f''(\lambda) = 10e^{-10\lambda}; \qquad \lambda \geq 0$$

그 때문에, f''는 모수가 10인 새로운 지수분포가 되며, 위 식의 평균은 0.1, c.o.v.는 1이다. 이 식은 또한 $\nu = 10$, $k = 1$인 감마분포라고도 할 수 있다(표 9.1).

(b) 다음번 발생할 홍수가 5ft를 초과할 확률은 λ의 모든 값을 적분함으로서 구할 수 있다.

$$\begin{aligned} P''(H > 5) &= \int_0^\infty P''(H > 5 \mid \lambda) f''(\lambda) d\lambda \\ &= \int_0^\infty e^{-5\lambda}(10e^{-10\lambda}) d\lambda \\ &= \frac{10}{15}\int_0^\infty 15e^{-15\lambda} d\lambda \\ &\cong 0.667 \end{aligned}$$

(c) 기본 무작위 변량 X가 지수분포를 갖는 홍수위이므로, (a)의 감마분포 ($\nu' = 10$, $k' = 1$)는 λ을 갱신하는데 적합하게 사용될 수 있다. 표 9.1을 사용하면, λ의 사후분포는 감마분포에 따르며, 그 모수는 아래와 같다.

$$\nu'' = \nu' + \sum x_i = 10 + 3 + 4 + 5 = 22, \; k'' = k' + n = 1 + 3 = 4$$

따라서 λ의 사후분포는 다음과 같다.

$$f''(\lambda) = (22^4/4!)\lambda^3 e^{-22\lambda} = 9.761\,\lambda^3 e^{-22\lambda}; \qquad \lambda \geq 0$$

이의 평균과 c.o.v.는 각각 $4/22 = 0.182$, $1/2 = 0.5$이다. ◀

▶ 9.5 두 모수의 추정(estimation of two parameters)

앞장 다룬 베이지안 접근법을 하나 이상의 모수를 포함하는 경우로 확장시킬 수 있다. 우선 두 개의 모수 θ_1, θ_2을 추정하는 문제로 확장해보자. 이 경우에 식 (9.5)의 일반적인 베이지안 갱신 방정식을 다음 식과 같이 쓸 수 있다.

$$f''(\theta_1, \theta_2) = kL(\theta_1, \theta_2) f'(\theta_1, \theta_2) \tag{9.18}$$

여기서 $f'(\theta_1, \theta_2)$, $f''(\theta_1, \theta_2)$는 각각 θ_1, θ_2에 대한 사전 및 사후 결합 확률밀도함수이고 $L(\theta_1, \theta_2)$는 θ_1, θ_2의 주어진 값에서 관측된 정보가 발생할 가능성을 의미한다. 만약 θ_1과 θ_2가 통계적 독립이라면, $f'(\theta_1, \theta_2)$는 사전 결합 분포의 도출이 용이하도록 $f'(\theta_1) \cdot f'(\theta_2)$로 쓸 수 있다. 예제를 통해 볼 수 있듯이 θ_1, θ_2는 우도함수를 통한 정보의 결합 후에도 여전히 통계적 독립으로 남아있을 필요는 없다. 앞에서와 마찬가지로 k는 사후 결합분포 $f''(\theta_1, \theta_2)$가 적절한 확률밀도함수가 되기 위한 정규화 계수이며, 다음 식으로 계산된다.

$$\int_{-\infty}^{\infty} \int_{-\infty}^{\infty} f''(\theta_1, \theta_2) d\theta_1 d\theta_2 = 1 \tag{9.19}$$

or

$$\int_{-\infty}^{\infty} \int_{-\infty}^{\infty} kL(\theta_1, \theta_2) f'(\theta_1, \theta_2) d\theta_1 d\theta_2 = 1$$

θ_1, θ_2의 결합 확률밀도함수는 각각 식 (3.67), 식 (3.68)에 따라 결정되는 θ_1, θ_2의 주변 분포함수(marginal distribution)로 정의된다.

$$f''(\theta_1) = \int_{-\infty}^{\infty} f''(\theta_1, \theta_2) d\theta_2 \tag{9.20a}$$

$$f''(\theta_2) = \int_{-\infty}^{\infty} f''(\theta_1, \theta_2) d\theta_1 \tag{9.20b}$$

또한 베이지안 추정치(Bayesian estimator)는 다음 식과 같다.

$$\widehat{\theta_1}'' = E''(\theta_1) = \int_{-\infty}^{\infty} \theta_1 f''(\theta_1) d\theta_1 \tag{9.21a}$$

$$\widehat{\theta_2}'' = E''(\theta_2) = \int_{-\infty}^{\infty} \theta_2 f''(\theta_2) d\theta_2 \tag{9.21b}$$

▶ 예제 9.12 호박돌은 일부 형식의 지층에서 빈번하게 발견된다. 이와 같은 호박돌이 발견은 토질 시편의 단위 부피당 평균 발생률 μ을 갖는 공간상의 포아송 과정으로 모델링된다. 주어진 퇴적층에서 호박돌의 밀도에 관한 정보를 획득하기 위해 엔지니어는 지층을 탐침 봉(단면적 무시)을 이용하여 40ft 깊이로 관입해 보았다. 만약 이와 같은 지반조사 동안 호박돌이 한 번도 발견되지 않았다면, 지층에서 호박돌의 평균 발생률 μ이 어떻다고 말할 수 있는가?

관측결과를 분석할 때 호박돌의 크기도 모종의 역할을 하는 것은 당연하다. 하지만, 문제를 간단히 하기 위해, 이 지역의 호박돌은 구형이고 모두 같은 반지름 R을 가지고 있다고 가정해보자. 그러나 R은 지역에 따라 변동이 매우 심하다. 이전의 지반조사에서, 호박돌의 반지름 R는 1과 4ft 사이에서 균등하게 분포된다고 조사되었다. 반면에 모수 μ에 대한 어떠한 정보도 이용할 수 없었다. 지반조사 결과를 이용하여 μ와 R의 갱신된 분포를 결정해 보아라.

반지름 R의 사전 확률밀도함수의 종축은 문제의 조건에서 반지름 R이 1과 4 ft 사이에 있다고 했으므로 1/3이다. μ의 사전 분포가 균등분포라고 가정하면, $f'(\mu)$는 정규화 계수 안으로 흡수된다. 탐침 봉으로 어떠한 호박돌도 발견하지 못했다는 사건은, 탐침 봉에서 호박돌의 중심까지의 거리 $R=r$안에 어떠한 호박돌도 발견되지 않았다는 것과 같은 말이다. 그 때문에 가능성 함수는 실린더 부피 $\pi r^2(40)$에서 가능성이 0이다. 호박돌의 중심은 단위 부피당 평균 발생률 μ을 갖는 포아송 과정에 따라 발생하므로, 가능성 함수는

$$\begin{aligned} L(\epsilon|\mu,r) &= P(X=0 \text{ in a 40 ft cylinder with radius r}|\mu) \\ &= \exp[-(40\pi r^2\mu)] \qquad 1 \le r \le 4; \qquad -\infty < \mu < \infty \end{aligned}$$

μ와 r의 갱신된 결합 분포는

$$f''(\mu,r) = \frac{k}{4-1}\exp[-(40\pi r^2\mu)]$$

또한 k는 다음과 같이 결정된다.

$$\begin{aligned} k &= \left[\frac{1}{3}\int_1^4\int_0^\infty e^{-\mu\pi r^2(40)}d\mu\, dr\right]^{-1} \\ &= \left[\frac{1}{3}\int_1^4\frac{1}{40\pi r^2}dr\right] = 40\pi(4) = 160\pi \end{aligned}$$

따라서

$$f''(\mu,r) = \frac{160\pi}{3}e^{-40\pi\mu r^2}; \qquad 1 \le r \le 4; \qquad 0 \le \mu \le \infty$$

호박돌 반지름의 주변 확률밀도함수(marginal PDF)는 다음과 같이 얻을 수 있다.

$$f''(r) = \int_0^\infty \frac{160\pi}{3} e^{-40\pi\mu r^2} d\mu = \frac{4}{3r^2}$$

이의 평균값은

$$E''(R) = \int_1^4 r \cdot \frac{4}{3r^2} dr = \frac{4}{3} \ln 4 = 1.85 \text{ ft}$$

반경 R에 대한 사전 및 갱신된 사후 주변 분포함수는 그림 E9.12a와 같다.

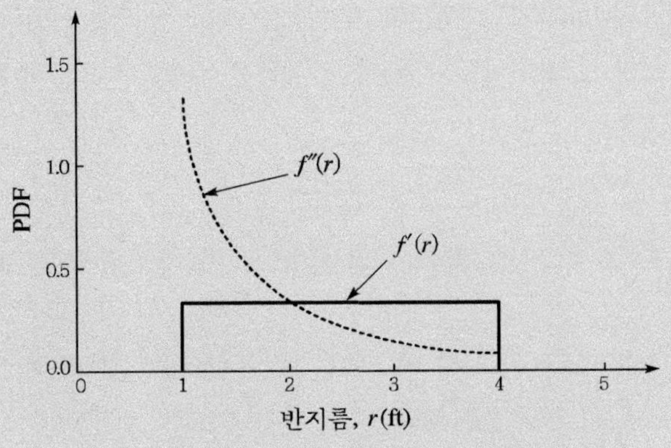

그림 E9.12a 호박돌 반지름의 사전분포 및 갱신

그러므로 40ft 탐침 봉을 이용한 지반조사에서 호박돌이 발견되지 않았다는 사건에 기초하여 호박돌의 반경의 기대치는 2.5ft에서 1.85ft로 감소한다.

비슷하게 평균 발생률 μ의 주변 분포는 변수 변환을 통해 다음과 같이 결정된다.

$$f''(\mu) = \sqrt{\frac{1}{40}} \frac{160\pi}{3\sqrt{\mu}} [\Phi(4\sqrt{80\pi\mu}) - \Phi(\sqrt{80\pi\mu})]$$

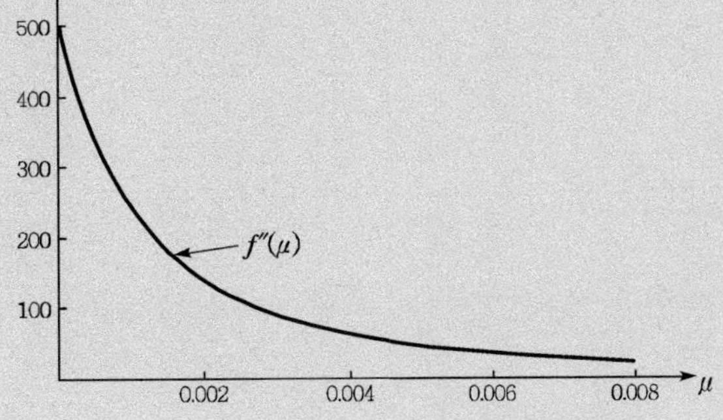

그림 E9.12b 갱신된 평균 호박돌 발생률

평균 발생률 μ는 그림 E9.12b에서 보듯이 감소함수이며, 단위 부피당 호박돌의 평균 발생률은 0.0035로 갱신되었다. 대상 지층에서 호박돌의 발견빈도가 낮고, 크기가 작다는 추정 값을 확인하기 위해서는 더 긴 탐침 봉으로 지반조사를 수행하여야 한다. ◀

지층 내부에 지질의 예외성은 종종 지질 붕괴의 원인이 된다. 따라서 지질 조사를 통해서 이러한 예외성을 발견하는 것은 중요하다. 예제 9.12에서 보듯이 베이지안 방법은 발생확률, 빈도, 크기 분포 등과 같은 상대적인 예외성에 대한 이용 가능한 판단 정보와 실제 지역의 지질 조사 결과를 조직적으로 결합할 수 있다. 이와 같은 문제에 대한 좀 더 자세한 내용은 Tang et al.(1983, 1986, 1990, 1991, 1993)의 연구에 나와있다.

▶ 예제 9.13 더글러스 전나무(Douglas fir, 북미 서부산 전나무)의 휨 강도를 평가하기 위해 10개의 샘플을 조사한 결과 샘플의 평균은 6 ksi이고 샘플 표준편차는 1.2 ksi이다. 시험전 동일한 목재의 과거자료를 조사한 결과 엔지니어는 목재 시편의 평균 휨 강도는 1.253이고 평균의 c.o.v.는 16.3%, 표준편차의 평균은 1.253 ksi이고 표준편차의 c.o.v.는 52.3%라고 판단하였다. 휨강도는 정규 분포 $N(\mu, \sigma)$를 따른다고 가정하라.

엔지니어는 시험데이터와 과거의 경험으로 추정한 정보를 결합하여 사전 추정치의 모수 μ와 σ을 갱신하고자 한다. 문제를 간단하게 하기 위하여 공액접근법을 이용하자. μ와 σ를 추정해야 하므로, 표 9.1의 Gamma-Normal 분포를 이용하였다. Gamma-Normal 분포는 네 개의 모수 즉, m, u, n, ν로 정의되며 여기서 $\nu = n - 1$이다. 첫 번째 단계로 엔지니어의 사전 경험에 의한 사전 분포 모수를 추정해야 한다.

사전 정보를 요약하면, $E'(\mu) = 5$; $\delta'(\mu) = 0.163$; $E'(\sigma) = 1.253$; 그리고 $\delta'(\sigma) = 0.523$이다. 표 9.1의 4번째 열의 공식을 이용하여 m', u', n', ν'을 추정하면 각각 5, 1, 3, 4이다.

다음 단계로 5번째 열의 공식을 이용하여 사전정보와 관측 정보를 결합할 수 있다. 관측 통계치를 다시 보면, $n = 10$; $\bar{x} = 6$; $s = 1.2$; $\nu = n - 1 = 9$이다. 따라서

$$n'' = n' + n = 3 + 10 = 13$$

$$m'' = (n'm' + n\overline{x})\frac{1}{n''} = (3\times 5 + 10\times 6)\frac{1}{13} = 5.769$$

$$\nu'' = \nu' + \nu + 1 = 4 + 9 + 1 = 14$$

$$u'' = \frac{1}{\nu''}[(\nu' u' + n' m'^2) + (\nu s^2 + n\overline{x^2}) - n''m''^2]$$

$$= \frac{1}{14}[(4\times 1 + 3\times 5^2) + (9\times 1.2^2 + 10\times 6^2) - 13\times 5.769^2]$$

$$= 1.379$$

마지막으로 사후 확률은 표 9.1의 4번째 열의 공식을 통해 계산할 수 있다.

$$E''(\mu) = m'' = 5.769$$

$$Var''(\mu) = \frac{u''\nu''}{(\nu''-2)n''} = \frac{1.379\times 14}{(14-2)13} = 0.124$$

따라서 c.o.v.는

$$\delta''(\mu) = \frac{\sqrt{0.124}}{5.769} = 0.061$$

갱신된 평균 5.769는 사전추정치와 표본 평균 사이의 값이다. 또한 μ의 c.o.v.로 표현되는 관측된 불확실성 수준은 16.3%에서 6.1%로 감소하였다. 표준편차의 추정 s는 표의 4번째 열의 공식을 이용해서 구할 수 있다. 갱신된 표준편차의 평균은 1.242이고 표준편차는 0.257ksi이다. 따라서 s의 불확실성 수준 c.o.v.역시 52.3%에서 20.7%로 감소하였다. ◀

▶ 9.6 베이지안 회귀분석과 상관도 분석

9.6.1 선형 회귀분석(linear regression)

두개 혹은 그 이상의 변량들 사이의 통계적인 관계를 표현하는 전통적인 회귀분석을 제8장에서 보았다. 식 (8.1)부터 (8.6)은 조건부 상분산을 가지는 두 확률변수 X와 Y의 선형회귀분석을 위한 식인데 간편한 참조를 위해 아래와 같이 요약하였다.

선형 회귀분석 방정식은,

$$E(Y \mid x) = \alpha + \beta x \tag{9.22}$$

그리고 조건부 상분산은,

$$Var(Y \mid x) = \sigma^2 \tag{9.23}$$

여기서 α, β, σ^2 모수들은 표본 집단 데이터로부터 산정된다. 최소제곱오차식을 근거로 이 모수들을 계산하기 위한 식은

$$\beta = \frac{\Sigma x_i y_i - n\overline{xy}}{\sum x_i^2 - n\overline{x}^2} \tag{9.24}$$

그리고,

$$\hat{\alpha} = \overline{y} - \beta\overline{x} \tag{9.25}$$

주어진 x에 대한 Y의 평균치 함수는

$$E(Y \mid x) = \hat{\alpha} + \hat{\beta}x \tag{9.26}$$

그리고,

$$\hat{\sigma}^2 = \frac{\Sigma(y_i - \overline{y})^2 - \beta^2 \Sigma(x_i - \overline{x})^2}{n-2} \tag{9.27}$$

여기서 $\sum = \sum_{i=1}^{n}$, n=표본 규모, $\overline{x}, \overline{y}$는 X, Y의 각각의 표본 평균을 나타낸다.

표본 데이터가 한정되었을 때, 모수 α, β, σ^2의 추정 값에 심각한 통계 오차(또는 인식적오류)가 있을지도 모른다. 결과적으로 식 (9.25)의 평균치 함수 또한 그러한 오차를 포함하고 있다. 더욱이 주어진 x에 대한 Y의 예측치의 전반적인 가변성은 회귀분석 라인의 기본 산포도 σ^2 및 그러한 인식적 불확실성를 반영한다. 이 장의 베이지안 접근법에 따라서 α, β, σ^2, $E(Y \mid x)$를 랜덤 변량으로 고려하였다. 이렇게 하여 무작위 표본 표출 오차에 기인하는 인식적 불확실성은 확률적 분석으로 직접적으로 통합될 수 있다.

모수 α, β, σ^2의 값이 정해진 어떤 x_i값들에 대한 y_i 집합의 우도와 주어진 x에 대한 확률변수 Y의 분포는 식 (9.26)과 (9.27)의 평균과 분산을 가지는 정규분포이다. 그러므로

$$L(\alpha, \beta, \sigma^2) = \prod_{i=1}^{n} \frac{1}{\sqrt{2\pi\sigma}} e^{\frac{1}{2}\left(\frac{y_i - \alpha - \beta\chi_i}{\sigma}\right)^2} \tag{9.28}$$

식 (9.18)에 따라 모수들의 가정된 사전 분포와 이 우도함수를 결합하면, 모수들의 갱신된 분포는 다음과 같다.

$$f''(\alpha, \beta, \sigma^2) = kL(\alpha, \beta, \sigma^2) f'(\alpha, \beta, \sigma^2) \tag{9.29}$$

이를 이용하여 평균치 함수 $\theta_x = E(Y \mid x)$ 분포의 갱신도 결정할 수 있다.

$$f''(\theta_x) = \iiint f''(\theta_x \mid \alpha, \beta, \sigma^2) f''(\alpha, \beta, \sigma^2) d\alpha\, d\beta\, d\sigma \tag{9.30}$$

그리고 주어진 x에서 갱신된 Y의 분포는,

$$f''(y_x) = \iiint N_Y(\alpha + \beta x, \sigma) f''(\alpha, \beta, \sigma^2)\, d\alpha\, d\beta\, d\sigma \tag{9.31}$$

여기서, $N_Y(\alpha + \beta x, \sigma)$는 Y의 평균분포 PDF이며 평균은 $(\alpha + \beta x)$, 표준편차는 σ이다. 비록 부합하는 사전분포를 적절히 사용하면 도움이 되겠지만, 일반적으로 위의 식을 해석적으로 다루기는 어렵다. 타당성 있는 결과를 얻기 위해서는 수치해석적 절차를 사용하는 것을 필요로 한다. 데이터베이스 추정의 경우(σ와 같은 회귀분석계수의 사전정보가 부재)에 대한 결과를 Tang(1980)에서 찾을 수 있으며 다음과 같다.

$$E(\theta_x) = \alpha + \beta x \tag{9.32}$$

$$Var(\theta_x) = \frac{n-1}{n-3}\left[\frac{1}{n}\left\{1 + \frac{n}{n-1}\frac{(x - \overline{x})^2}{s_x^2}\right\}\right]\sigma^2 \tag{9.33}$$

여기서, α, β, σ^2는 식 (9.24) ~ (9.27)에 의해 측정된 통계치로부터 추정된다. s_x^2 각 x의 표본 변량이다. 이 회귀선의 인식적 불확실성은 $(x - \overline{x})^2 / s_x^2$으로 측정되는 외삽의 정도와 이 회귀선 도출에 사용한 데이터 점의 수에 의존한다는 점을 유의하기 바란다. 외삽이 너무 지나치거나 표본크기가 작은 경우는 분산 $Var(\theta_x)$도 증가하게 된다. 계수 $(n-1)/(n-3)$는 기본 산포도 σ^2의 평가 시의 불확실성을 의미하는데 표본의 크기를 증가시킴에 따라 사라지게 된다. 정리하자면, 특정값 x에 대한 Y의 예측치에 대한 전반적인 불확실성을 계산할 때 모수에 대한 이 불확실성을 기본 산포도와 조합할 수가 있다.

실제로 Tang(1980)은 Raiffa와 Schllaifer(1961)이 일반적인 정규분포 회귀분석을 위해 제시한 다음 식을 이용해서 다음을 보였다.

$$Var(Y \mid x) = \frac{n-1}{n-3}(1+\gamma)\sigma^2 \tag{9.34}$$

여기서 γ는 식 (9.33)안에 꺽쇠 괄호 안의 항을 의미한다. 평균치 함수 혹은 회귀분석 식의 분산에 의한 불확실성을 나타낸다.

n이 무한으로 가는 극한적인 경우 인식적 불확실성은 중요하지 않기 때문에 기대되는 바와 같이 $Var(Y \mid x)$가 σ^2로 접근한다. Y의 기대치는 식 (9.32)의 회귀분석 식에 의한 바와 같다.

▶ 예제 9.14 예제 8.2의 강우량-유출량 데이터를 고려하자. 여기서, α, β, σ^2의 값은 $\alpha = -0.14$, $\beta = 0.435$, $\sigma^2 = 0.075$로 결정되었다. 따라서, 강우량 x(인치)의 폭풍에 대한 유출량의 평균은 다음과 같다.

$$E(Y \mid x) = -0.14 + 0.435x$$

식 (9.26)에 따르면, 해당 분산은 식 (9.34)로부터 얻을 수 있다. 여기서 γ는 식 (9.33)의 꺽쇠 괄호 안의 항을 의미한다. 따라서 분산은,

$$Var(Y \mid x) = \frac{24}{22}\left(1 + \left[\frac{1}{25}\left\{1 + \frac{25}{24}\frac{(x-2.16)^2}{36.8}\right\}\right]\right)0.075$$

예를 들어, 4인치 강우량의 폭풍 발생시 유출량의 평균은 다음과 같다.

$$E(Y \mid x=4) = 0.14 + (0.435)(4) = 1.60 \text{ in}$$

그리고 분산은 다음과 같다.

$$Var(Y \mid x=4) = \frac{24}{22}\left(1 + \left[\frac{1}{25}\left\{1 + \frac{25}{24}\frac{(4-2.16)^2}{36.8}\right\}\right]\right)0.075 = 0.0854 \text{ in}^2$$

만약 기본 산포도 σ^2의 값을 0.075로 가정할 수 있다면, 불확실한 σ^2의 작용은 없게 된다. 그러므로 식 (9.34)의 $Var(Y \mid x)$는 $0.075(1+\gamma)$가 되며, $x=4$에서 Y의 분산은 0.078이 된다. 유출량 Y는 정규분포이므로, 4in 강우량의 현재 폭풍에서 유출량이 2in를 초과할 확률은 다음과 같이 결정할 수 있다.

$$P(Y > 2 \mid x=4) = 1 - \Phi\left(\frac{2-1.60}{\sqrt{0.078}}\right) = 1 - \Phi(0.438) = 0.332$$ ◀

9.6.2 회귀분석 모수(parameters)의 갱신

서로 다른 종류의 정보에 근거하여 α, β, σ^2 모수의 통계를 갱신하는 것은 일반적으로 흔히 볼 수 있는 것은 아니다. 예를 들면, 이들 모수를 추정하기 위해 사전에 사용한 데이터 집합을 새로운 데이터 집합과 결합시켜서 베이지만 회귀분석용의 단일 데이터 세트를 구성할 수도 있으며, 회귀식의 평균과 분산도 이에 따라 결정될 수 있다. 하지만 사전 데이터 세트에 관한 정보가 가용하지 않다면 사전 데이터 정보를 기술하는 핵심 통계 모수를 도출하기 위해서는 판단을 필요로 한다.

이에 대한 보다 상세한 내용는 Lee(1989)를 참조하기 바란다. 더 일반적으로 제한한 데이터가 가용한 확률변수 Y의 평균을 추정하는 작업이 있다. 이러한 데이터를 보강하거나 Y 평균치의 초기 추정치를 얻기 위해 Y와 타변수 사이의 회귀관계를 확인한다. 예를 들어, 예제 9.13의 4인치 강우 폭풍의 유출량을 고려해 보자. 4인치 강우량의 폭풍에 대해서는 단지 2개의 유출량 측정치만 있다고 가정하자. 이 경우 베이지만 회귀분석을 이용하여 $E(Y \mid x=4)$의 사전 평균과 분산을 구할 수 있으며 4인치 강우 폭풍시 직접적으로 측정한 유출량을 통해 갱신할 수 있다. 여기서 갱신작업은 단지 $x=4$에서 확률변수 Y의 평균치의 갱신작업으로 귀결된다.

▶ **예제 9.15** 어떤 장소에서 4인치 강우량의 두 폭풍시 관측한 유출량이 각각 1.5in와 2.5in이면, 4인치 강우량 폭풍에 대한 유출량의 갱신된 평균과 분산의 추정치는 얼마인가?

4인치 강우량의 폭풍에 평균 유출량 θ_4에 주목하자. 예제 8.2나 9.13의 유출량-강우량 데이터에 대한 베이지안 회귀분석으로부터 다음과 같은 내용을 도출했다.

$$E(\theta_4) = -0.14 + (0.435)(4) = 1.60 \text{ in}$$

그리고 분산은

$$Var(\theta_4) = \frac{24}{22}\left[\frac{1}{25}\left\{1 + \frac{25}{24}\frac{(4-2.16)^2}{36.8}\right\}\right]0.075 = 0.0036 \text{ in}^2$$

여기서 식 (9.32)와 식 (9.33)을 사용하였다. 이 두 값은 θ_4의 사전 통계치가 된다.

직접적인 측정치이므로 $\bar{y}=2$이다. 4인치 강우량의 유출량이 정규분포이고 분산이 0.075로 알려져 있다고 가정하면, θ_4의 갱신된 통계치는 식(9.14)와 (9.15)로부터 결정할 수 있다.

$$E''(\theta_4) = \frac{(2)(0.0036) + (1.60)(0.075/2)}{(0.0036) + (0.075/2)} = 1.64$$

$$Var''(\theta_4) = \frac{(0.0036)(0.075/2)}{(0.0036)+(0.075/2)} = 0.0033$$

갱신된 평균이 그 보다는 1.6에 더 근접하며, 이 경우는 직접적으로 측정한 유출량의 가중치가 회귀분석에 의한 것보다 작다는 것을 의미한다. ◀

9.6.3 상관도 분석

두 랜덤 변량 X와 Y 사이에 의존 관계는 상관계수 ρ에 의해 측정된다. X와 Y의 평균과 분산을 아는 것이라고 가정한 간단한 경우를 고려하자; ρ의 우도함수는 간단히 n쌍의 $(x_{i,}\ y_i)$값들이다. 여기서 $i=1,\cdots,n$. μ_X, μ_Y, σ_X, σ_Y는 주어진다. 따라서

$$L(\rho) = \prod_{i=1}^{n} f_{Y|x}(y_i|x_i) f_X(x_i) \tag{9.35}$$

$$= \prod_{i=1}^{n} \frac{1}{\sqrt{2\pi}\,\sigma_{Y|x}} \exp\left\{-\frac{1}{2}\left(\frac{y_i-\mu_{Y|x_i}}{\sigma_{Y|x}}\right)^2\right\} \frac{1}{\sqrt{2\pi}\,\sigma_X} \exp\left\{-\frac{1}{2}\left(\frac{x_i-\mu_X}{\sigma_X}\right)^2\right\}$$

이와 같이

$$\mu_{Y|x_i} = \mu_Y + \rho\frac{\sigma_Y}{\sigma_X}(x_i - \mu_X) \tag{9.36}$$

$$\sigma^2_{Y|x} = \sigma^2_Y(1-\rho^2) \tag{9.37}$$

베이지안 업데이트 방정식을 사용해서 상관계수의 분포는 다음과 같이 갱신된다.

$$f''(\rho) = kL(\rho)f'(\rho) \tag{9.38}$$

이것은 가정된 사전분포 $f'(\rho)$로도 결정할 수 있다.

이런 단순한 경우조차도, 수학적으로 편리한 사전분포의 사용이 명확하지 않으면 해석적인 갱신작업은 매우 까다롭게 된다. 종종 관심 결과를 얻기 위해 수치해석이나 근사기법이 사용되기도 한다. 예를 들면 Lee(1989)는 변량을 하이퍼블릭 탄젠트로 치환하는 근사법을 제안하였다.

▶ 예제 9.16 예제 9.13의 데이터에서 모노캐씨강의 강우량과 유출량 사이에는 중요한 상관도가 있는 것을 알 수 있다. 상관 계수의 사전 정보도 가용하다고 가정하자. 이 상관 계수의 갱신된 분포를 결정하라. 이를 위해 식 (9.36)부터 (9.38)의 계산이 사용된다.

강우량-유출량 데이터를 수집하기 전 상관 계수의 정보를 묘사하기 위해 세 가지

구별되는 사전 분포를 고려하였다.

경우 (a) : 0과 1사이의 삼각형 분포

경우 (b) : 0과 1사이의 균일한 분포

경우 (c) : 0.5과 1사이에 균일한 분포

각각 이러한 세 가지 경우의 갱신된 사후분포를 그림 E9.16에 도시하였다. 관측데이터를 고려하기 전과 후의 상관계수의 통계치가 표 E9.16에 요약되어있다. 25쌍으로 구성된 관측 데이터가 선형에 가까우므로, ρ의 사후분포는 관측데이터에 지배되게 된다. 그러므로 이러한 경우에는 서로 다른 사전분포 가정이 갱신된 분포와 통계에 미치는 영향이 미미하다.

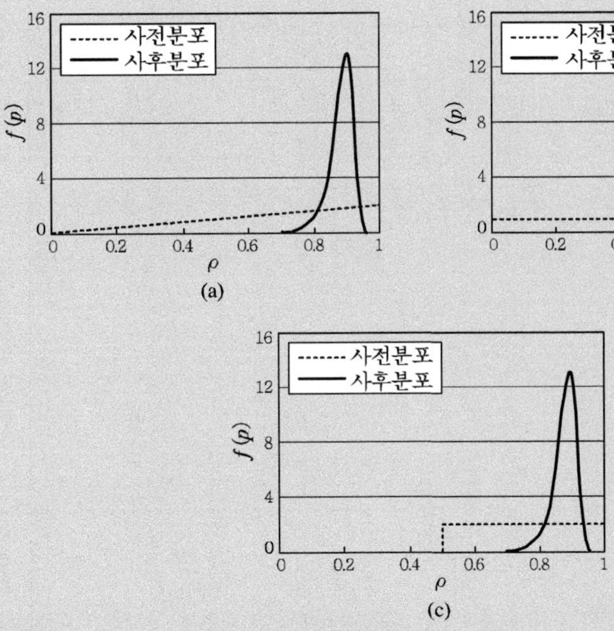

그림 E9.16 상관계수의 사전 및 사후분포

표 E9.16 상관계수의 사전 및 사후통계

경우	사전		사후	
	μ'_p	σ_p'	μ''_p	σ_p''
(a)	0.667	0.056	0.88289	0.001296
(b)	0.50	0.083	0.881315	0.001386
(c)	0.75	0.021	0.881321	0.001383

◀

9.7 결 론

공학의 계획과 설계에 있어서 공학적 판단에 의한 가정 및 추측적 정보가 종종 유용하게 필요하다. 그러한 사전정보의 중요성과 관측자료와 결합한 추정과정은 전적으로 베이지안 통계의 주제이다. 본 장에서는 베이지안 기법의 기본개념을 표본추출과 추정의 문제에 중점을 두어 해설하였다. 불리적으로 베이지안 통계학과 고전적 통계학 사이에는 근본적인 차이가 있다. 베이지안적 사고법에는 확률이나 확률에 의한 기술은 확신의 강도(degree-of-belief)를 나타내지만 고전적 방법에서의 확률은 상대빈도(relative frequency)로 취급된다. 또 추정의 문제에서 베이지안 방법은 모수를 무작위변량으로 생각하는 반면에 고전적 방법에서는 미지정수로 생각한다.

공학적 계획 및 설계에 관련하여 베이지안 방법은 다음과 같은 이점이 있다.

1. 공학적 판단(확률적으로 표현된)과 관측자료를 조합하기 위한 방법론을 제공한다.
2. 우발적 불확실성과 인식적 불확정성을 조직적으로 결합한다.
3. 정보를 조직적으로 갱신하기 위한 절차를 제공한다.

▶ 연습문제

9.1 어떤 신규 구조물이 검증시험을 앞두고 있다. 검증 시험 중 이 구조물의 안전확률이 0.9에 이르는 하중을 계산하여 가함으로써 이 구조물에 최대의 검증하중을 가하고자 한다고 가정하자. 그런데 이 계산의 적합성이 70% 정도인 것으로 의심되며, 실제 안전확률은 0.5 정도일 가능성이 25%가 있다. 게다가 안전확률이 단지 0.1일 가능성도 5%나 된다.

(a) 검증시험전 기대 안전확률은 얼마인가?

(b) 단지 하나의 구조물을 검증시험했고 최대 검증하중까지 이 구조물이 안전했다면, 갱신된 안전확률은 얼마인가?

(c) 검증시험 후 기대 안전확률은 얼마인가?

(d) 세 개의 구조물을 검증시험했고 최대 검증하중에서 두 개의 구조물은 안전했고 하나는 그렇지 않았다면, 갱신된 안전확률은 얼마인가?

9.2 새로운 폐기물 처리과정이 막 개발되었다. 그 효용성을 평가하기 위해, 그 처리과정을 1년의 시험기간 동안 설치하였다. 매일 그 처리결과를 조사하여 관련기준을 만족하는지 조사하였다. 사로 다른 날의 처리결과는 통계적으로 충분히 독립이며 일일 처리결과가 허용치 이내인 확률이 p라고 가정하자. 만약 사전 PMF가 다음 그림과 같다면, 아래 조건에 따르는 p의 사후분포를 결정하라.

(a) 시험기간 첫 날의 처리결과가 허용치 이내의 품질이 아니다.

(b) 3일의 시험기간 중 처리결과가 허용치 이내가 아닌 날은 하루에 불과하다.

(c) 3일의 시험기간 동안 마지막 날을 제외하고 처음 이틀은 처리결과가 만족스럽다.

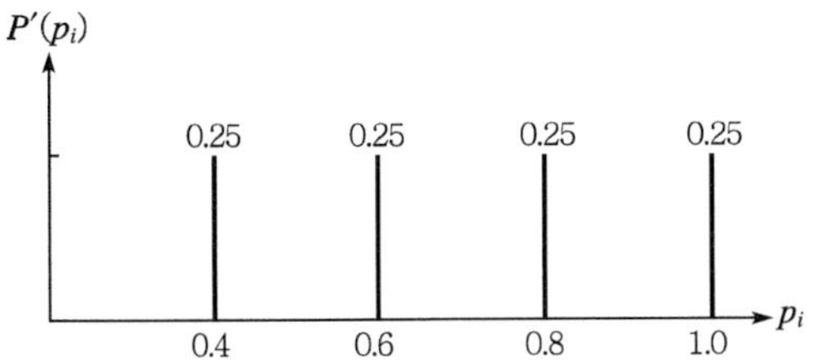

9.3 어떤 위험한 교차로의 사고율과 치사율을 낮추기 위해 교차로 배치설계를 변경하였다. 문제를 간단히 하기 위해 사고율과 치사율을 단지 높은 비율 H와 낮은 비율 L로 구분한다. 가령 H_AH_F는 높은 사고율과 높은 치사율을 의미하고, H_AL_F, L_AH_F, L_AL_F 등이 있을 수 있다. 초기 기본계산에 따라 계산한 결과 이 네 경우의 상대적인 발생 가능성은 3:3:2:2인 예를 들면 Tharp 모델과 같은 사고율 예측 모델을 사용하여 개선된 교차로의 사고 가능성을 보다 잘 평가하였다. 예측 모델의 부정확성 때문에 예측 내용이 실제로 일어나지 않을 수도 있다. 더구나, 예측의 적정성 또한 아래 표의 조건부 확률에 볼 수 있듯이 실제 관련 상황에 좌우된다.

예측 \ 실제	H_AH_F	H_AL_F	L_AH_F	L_AL_F
$H'_AH'_F$	0.30	0.40	0.20	0.25
$H'_AL'_F$	0.30	0.30	0.20	0.25
$L'_AH'_F$	0.20	0.20	0.50	0.25
$L'_AL'_F$	0.20	0.10	0.10	0.25

(a) 예측모델이 $H'_AH'_F$을 도출할 확률은 얼마인가?

(b) 예측모델이 $H'_AH'_F$을 예측했다고 가정하고, 개선된 교차로의 조건이 실제로 H_AH_F인 확률은 얼마인가?

(c) 예측모델이 $L'_AL'_F$을 예측했다면, 위 네 경우의 갱신된 상대적 발생 가능성은 얼마인가?

9.4 어떤 기기를 사용하여 계측 자료의 정확성을 확인하고자 한다. 그런데 이 기기는 단지 3개의 값 만을 기록한다. 즉, x=1,2, 또는 3을 값의 가진다, 여기서 x = 2가 의미하는 바는 해당 계측치가 허용오차 이내의 값임을 뜻하며, x가 1 또는 3이면 작거나 혹은 크거나 큰 값인 것을 의미한다. 해당 확률변수 X의 분포를 다음과 같이 가정하자.

$$\mathrm{Px}(x_i) = \begin{cases} \dfrac{1-m}{2} & \text{for } x_i = 1 \\ m & \text{for } x_i = 2 \\ \dfrac{1-m}{2} & \text{for } x = 3 \end{cases}$$

여기서 m은 모수이다. 특정 계측 자료에 대해, 모수 m은 0.4나 0.8일 수 있으며, 두 값의 상대 우도는 동일하다고 판단했다. 어떤 계측 자료를 조사하던 중, 첫 번째 계측치에서 $x = 2$가 되었다.

(a) m의 개정된 분포는 무엇인가?

(b) 다음 3개 계측치 중 최소 2개가 정확할 확률은 얼마인가?

9.5 어느 기술자가 크기가 비슷한 나무를 얻을 수 있는 숲 한가운데에 통나무 집을 지으려고 한다. 통나무의 M은 다음의 Rayleigh 분포를 따른다고 가정한다.

$$f_m(m) = \frac{m}{\lambda^2} e^{-(1/2)(m/\lambda)^2} \qquad m \geq 0$$

여기서 λ는 분포의 모수이다.

비슷한 통나무에 대한 사전경험으로부터, λ의 값은 0.4의 확률로 4kip-ft이든지 0.6의 확률로 5kip-ft이 될 것으로 짐작하였다. 물론 이 주관적인 어림치로는 부족하기 때문에, 모수 λ를 더 잘 측정하려고 한다. 시간적인 문제도 있고, 가용한 통나무도 제한적이기 때문에 현장에서 두 개의 통나무를 단순 휨 시험할 수 밖에 없다. 두 시험 결과 각각 4.5kip-ft와 5.2kip-ft를 얻었다.

(a) 모수 λ의 이산 사후분포를 결정하라.

(b) λ의 사후분포를 이용하여, 통나무의 휨강도 M의 분포를 결정하라.

(c) M이 2 kip-ft 보다 적을 확률은 얼마인가?

9.6 한 측량기기로부터 얻어진 각 측정치의 절대오차 E(cm)는 다음 그림의 삼각형 분포를 따른다. 여기서 α는 오차의 상한선을 의미한다.

두 번의 측정을 실시했을 때, 오차는 각각 1과 2cm 였다.

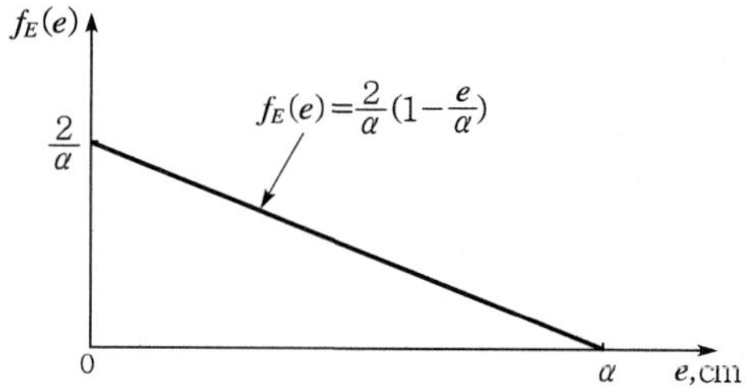

(a) 두 측정 전 α값은 동일한 우도 값으로 2 또는 3cm라고 가정하자. 갱신된 α의 분포를 결정하라. 이 갱신된 분포를 토대로 한 α의 값을 추정하라.

(b) α의 사전 PDF가 2와 3 사이에서 균등분포한다고 가정하자. 갱신된 α의 분포를 결정하고 도시하라. 또한 베이지안 추정기법에 의해 α를 평가하라.

(c) α가 최빈값이 2인 2와 3 사이의 삼각형 분포라고 가정하고 (b)를 다시 풀어라.

9.7 예제 9.2의 평균 사고율 ν의 사전 PDF가 다음과 같다고 가정하자.

$$f'(v) = \frac{0.271}{v} \qquad 0.5 \leq v \leq 20$$
$$= 0 \qquad \text{그외}$$

(a) 개통 첫 달에 사건 한 건이 일어난 것에 근거하여 ν의 사후 분포를 결정하라.

(b) (a)의 사고발생 전과 후의 월 간 무사고 확률을 비교하라.

9.8 문제 9.1에서, 안전확률의 사전분포가 다음과 같다고 가정하라.

(i) p는 0과 0.9 사이에서 균등분포

(ii) p는 0.9와 1.0 사이에서 균등분포

(iii) p는 0.9보다 작기보다는 0.9보다 더 클 것이며 이 두 확률 간 상대우도는 7대 3이다.

(a) p의 사전분포함수를 결정하라.

(b) 세 개의 구조물을 검증시험했고, 그 모두가 최대 검증하중을 안전하게 통과한 경우 p의 사후 PDF를 구하고 도시하라.

(c) (b)의 결과로 미루어 볼 때 p의 추정값은 무엇인가?

9.9 도시의 화재발생빈도는 포아송과정으로 모델할 수 있다. 년 평균 화재발생빈도 ν는 15 또는 20이며, 20번 빈도의 우도가 15번 빈도의 우도보다 2배 더 크다고 가정하자.

(a) 내년에 화재가 20번 발생할 확률은 얼마인가?

(b) 내년에 정확히 화재가 20번 발생한다면, 갱신된 ν의 PMF는 무엇인가?

(c) (b)의 결과로 미루어 보아 내후년에 화재가 20번 일어날 확률은 얼마인가?

9.10 위험도가 높은 어느 한 건설프로젝트에서 발생한 두 건의 사고 사이의 시간 T는 다음과 같이 지수분포를 따른다.

$$f_T(t) = \lambda e^{-1\lambda} \qquad t \geq 0$$

위 식에서 모수 λ는 건설현장 감리의 자질에 종속적인 값이다. 1:2의 상대 우도를 가지는 λ의 값은 1/5 또는 1/10이 될 수 있다. 어느 한 특정지역에서 두 건의 사고는 공사 시작일로부터 각각 2일, 5일에 발생했다.

(a) λ가 1/10이 될 갱신된 확률은 얼마인가?

(b) 두 번째 사고가 일어난 후 최소 10일 동안 사고가 발생하지 않을 확률은 얼마인가?

(c) 두 번째 사건 이후 아무런 사고없이 15일 동안 공사가 진행되었다고 가정하자. 모수 λ가 현재 1/10이 될 확률은 얼마인가?

(d) 15일과 25일 사이인 10일동안 사고의 수가 특정수 (n_c)를 초과한다면, 모수 λ는 1/10보다는 1/5에 가까워 질 것이다. 이 때 특정수 n_c를 결정하라.

(e) λ가 1/5, 1/10과 같은 이산값보다는 연속적 값으로 가정해라. Part (a)에 앞서 주어진 관찰된 정보들(2일, 5일에 사고 발생)을 이용하여 λ에 대한 PDF를 결정하라.

9.11 지오텍스타일에 여러 구멍이 발생할 수 있다. 구멍의 발생빈도는 에이커 당 M의 평균을 가지는 푸아송과정에 의해 모델화 될 수 있다. 이러한 섬유에 대한 사전 경험을 토대로, M은 에이커당 평균 10을 가지고 있고, 50%의 c.o.v.를 가지고 있다고 가정하자. 한 지역을 조사한 결과 0.6에이커의 지오텍스타일에서 오로지 한 개의 구멍을 발생시켰다.

(a) 조사 결과를 이용하여 이 지역의 섬유에 대한 갱신된 평균과 M의 c.o.v.를 결정해라.

(b) 합성 직물의 조각 중 남은 0.4에이커 안에서 어떠한 구멍도 발생하지 않을 확률은 얼마인가?

9.12 N(μ,σ)과 σ가 0.16으로 동일하다고 가정한 흙의 평균압축지수를 고려해라. 실험실에서 4개의 시편을 이용하여 다음과 같이 평균압축지수를 구하였다.

0.75 0.89 0.91 0.81

(a) 위에서 주어진 데이터 외에는 어떠한 정보도 없다고 한다면, μ의 사전분포는 얼마인가?

(b) μ의 사전정보로써 평균 0.8과 25%의 c.o.v.가 주어진다면, μ의 사전정보를 고려한 사후분포는 얼마인가?

(c) (b)의 결과를 이용하여 μ가 0.95보다 적을 확률은 얼마인가?(Ans. 0.938)

9.13 샌프란시스코와 L.A를 규칙적으로 왕래하는 승객이 있다. 최근에, 그는 각 비행시간을 체크하기 시작했다. 이전에 왕래했던 5번의 비행시간을 계산해본 결과, 평균 65분이었다. 비행시간 T는 10분의 표준편차를 갖는 가우스 확률 변수라고 가정한다.

(a) 위의 데이터를 토대로 한 μ_T의 사후분포는 얼마인가?

(b) 이 승객은 현재 샌프란시스코에서 로스앤젤레스로 가는 비행기 안에 있다. 우연히, 그는 다른 한 승객 옆에 앉아 비행기 시간을 기록하고 있었다. 이전에 그가 여행했던 10번의 비행시간을 계산해본 결과 평균 60분이었다. 이 두 사람이 이전까지 비행기 안에서 한번도 만나지 않았다고 가정하자. 이 추가된 정보를 이용하여 μ_T의 갱신된 분포는 구하여라.

(c) 현재 타고 있는 비행기의 비행시간이 80분을 넘길 확률은 얼마인가?

9.14 6개의 각도 측정기로 각도를 측정한 결과값은 각각 다음과 같다.

32° 04'	32° 05'
31° 59'	31° 57'
32° 01'	32° 00'

측정오차는 평균 0인 가우스분포를 따르고, 각 측정기의 표준 편차는 위의 6개 측정값의 표본 표준 편차로 나타낼 수 있다.

(a) 각도를 구하여라.

(b) 차후에, 이 측정기사는 예전에 측정했던 자료를 발견했다. 그 각도는 32° 00'에 오차가 ±2'였다. 두 개의 측정기의 결과값을 이용하여 실제 각도를 구하여라.

9.15 길이가 L인 거리를 세 명의 측량사가 각각의 기구를 이용하여 측량을 하였다. 측량사가 측정한 거리는 각각 2.15, 2.20, 2.18km이다. 그리고 세 측정값의 표준 오차 비는 1:2:3이고, 그 측정오차는 평균이 0인 가우스분포를 따른다고 가정하자. 이 때, 세 기구로 측정한 실제거리 L을 구하여라.

9.16 철근콘크리트 구조물의 부재가 극한하중에 견디도록 설계할 때, 감소계수 ϕ가 사용된다. 구조물 부재가 보 요소로 되어있고, 순수 휨을 받도록 설계되었다고 가정하자. ϕ의 일반적인 값은 0.9이다. 하지만 위원회에서는 ϕ값을 0.95로 설계했을 시 극한 하중으로 인한 보의 파괴 확률에 대한 결과를 연구하는 중이다. 12개의 보가 0.95의 감소계수 값을 가지고, 각 보가 극한하중에 견디도록 설계되었다. 이 때 보가 파괴될 확률을 p라고 하자.

사전 경험으로 p가 0.1의 평균, 0.06의 표준 편차를 가지고 있다고 가정하자. 실험결과 12개의 보 중에서 1개가 극한하중을 견디지 못했다. 이 데이터들을 이용하여 적절한 사전 분포를 제안하고, p의 평균과 분산을 구하여라.

9.17 새로 개발된 건설 재료를 가지고 화재저항시험을 하였다. 두 개의 샘플을 실험한 결과, 하나는 불에 노출된 지 두 시간만에 손상을 입은 반면, 또 다른 하나는 세 시간동안 지속되었다. 재료가 손상되기까지 걸리는 시간 (T)는 정규분포 N(μ, 0.5)을 따른다고 가정하자. 시험 전 손상까지의 평균지속시간 μ값은 이론적 연구를 바탕으로 20%의 c.o.v.를 가지는 이 재료가 화재 속에서 3시간을 버틸 것으로 예상했었다.

(a) 재료가 손상되기까지 걸리는 평균시간의 c.o.v.와 갱신된 평균을 구하여라.

(b) 실험으로 얻은 결과 값을 바탕으로, 이 재료를 사용한 벽이 화재 속에서 1시간도 못 버틸 확률을 구하여라.

9.18 어느 한 도급자가 입찰준비에 앞서 새로운 가격 인상정책을 내놓았다. 이러한 정책으로 입찰에서 승리할 확률(p)이 0.5이고, 분산은 0.05이다.

(a) 확률 p에 대한 적절한 PDF를 구하여라.

(b) 이 도급자가 4개의 회사에 새로운 가격인상정책을 내세워 입찰제안서를 제출하였다고 가정하자. 그 결과, 처음 2개 회사 중 하나는 성공하였고, 다른 하나는 실패하였다. p의 갱신된 분포는 얼마인가?

(c) 남은 2개의 입찰에 대해서 성공할 확률은 얼마인가?

9.19 어느 한 건설장비가 파손되는 시간은 평균 1/λ를 가지는 지수분포를 따른다. 이 때 λ는 평균 파괴비를 나타낸다. 20%의 c.o.v.와 한 해당 평균 0.5의 평균을 갖기 위해 제조업자는 등급을 매겼다. 한 도급업자가 두 개의 건설장비를 소유하고 있다. 장비가 고장날 때까지 작동시간은 각각 12개월과 18개월로 관찰되었다. 공액접근을 이용하여 모수의 c.o.v.와 갱신된 평균을 구하여라.

9.20 지진 발생 이후 콘크리트 교량상판에서 균열이 발견되었다. 교량의 상태를 평가하기 위해 균열의 치수를 측정하였는데, 6개 균열의 길이를 측정한 결과가 다음과 같았다고 한다.

균열 번호	균열의 길이(cm)
1	3cm
2	5cm
3	최대 6cm
4	4cm
5	최소 4cm
6	8cm

균열의 길이가 다음과 같이 모수λ로 구성된 지수 분포를 따르며, 균열에 대한 다른 정보는 없다고 할 때, 모수λ의 분포(PDF)를 결정하라.

$$f_x(x) = \lambda e^{-\lambda x}$$

9.21 어느 도시로 새롭게 이사를 한 공학기술자가 그 곳이 토네이도가 자주 발생하는 지역이라는 것을 알게 되었다. 이에 그 도시에 발생하는 토네이도에 대한 정보를 수집해보았는데, 그 내용을 정리하면 다음과 같다

(1) 그 도시에서는 최근 20년 동안 2개의 토네이도가 관측되었다.
(2) 관측된 바에 의하면 당시 토네이도의 최대풍속은 각각 190kph, 160kph였다.
(3) 그 지역에 발생하는 토네이도의 평균 최대풍속이 145kph~175kph 범위에 있을 확률은 95%이다.
(4) 최대풍속의 표준편차는 15kph이다.
(5) 토네이도의 발생은 포아송과정을 따른다.
(6) 토네이도의 최대풍속은 정규분포를 따른다.

이 공학기술자는 앞으로 5년 동안 이 도시에 거주할 예정이다. 120kph의 바람까지는 그의 집이 충분히 견딜 수 있을 것으로 예상된다고 할 때, 다음 질문에 답하시오.

(a) 향후 5년간 이 도시가 토네이도에 의한 피해를 입을 확률은 얼마인가?
(b) 다음 토네이도의 최대풍속이 220kph을 초과할 확률은 얼마인가?
(c) 향후 5년간 그의 집이 손상을 입지 않을 확률은 얼마인가?

9.22 원자력발전소에서 발생되어지는 사고는 방사선 물질 유출로 인해 인접 주민들에게 피해를 입힐 수 있다. 이러한 피해로부터 안전하다고 볼 수 있는 거리를 X(km)라고 할 경우, X의 PDF는 아래 식과 같이 등분포한다.

$$f_x(x) = \frac{1}{h} \quad 0 < x < h$$

여기서, h는 모수로써 방사능물질로부터의 최대 확률 분산 거리를 나타내며, 기존의 연구들을 통해 h의 사전분포(prior distribution)는 다음과 같이 규명되어 진다.

$$f'_H(h) = 0.003h^2 \quad 0 < h < 10$$

(a) 제시된 정보를 바탕으로 위험지역을 규명하시오. (Ans. 3.75)
(b) 위와 같은 사고가 한 번 발생하여 위험지역을 4km로 수정하게 되었다고 한다면, 현재 h의 범위는?
(c) 갱신된 H의 분포는 어떻게 되겠는가? (Ans. $f''_H = 0.023h$; $4 < h < 10$)
(d) 다음 사고 발생 시 위험지역이 4km를 넘지 않을 확률은 얼마인가? (Ans. 0.571)

9.23 주입식 쏘일 네일(Grouted soil nail)은 종종 토사사면의 안정성을 증진시키기 위해 사용되어지고 있다. 하지만 Soil nail의 전 길이를 모두 주입하는 것은 일반적으로 몇몇 요인으로 인하여 제한을 받게된다. 어느 공사현장에서, 한 기술자가 그의 과거 시공 경험을 바탕으로 일반적으로 95%는 길이의 0.75~0.95의 주입 길이를 갖게 된다고 추정했다. 예상을 확인하기 위해 그는 4개의 Soil nail을 제작해 실험을 실시하였다. 주길이의 평균은 0.89로 측정되었으며, 표준편차는 0.06으로 나타났다.

(a) 새롭게 갱신되어지는 평균과 Soil nail의 평균 주입 길이의 c.o.v를 구하시오. (어떠한 가정을 사용했는지 명시)
(b) 공사에 대한 최종 승인은 정부기관에 의한 검사와 테스트를 거쳐야 한다. 현 공사현장에서는 두 개의 Soil nail이 검사를 위해 선택되어졌는데, 아래의 두 가지 조건을 만족하는 경우에 승인이 이루어진다고 한다.

1. 샘플의 평균 주입 길이는 최소 0.85이상이어야 한다.
2. 샘플의 주입 길이는 최소 0.83이상이어야 한다.

이 공사현장의 기술자의 입장에서 두 가지 조건 중 더 승인받기 어려운 항목은 무엇이겠는가?

9.24 문제 9.13에서 T의 표준편차가 밝혀지지 않았고, 5번의 여행에서 얻은 표준편차는 10분이라고 한다. 주어진 정보만을 바탕으로 μ_T와 σ_T의 사후적 통계를 구하여라.

9.25 제8장의 문제 8.10번의 자료와 같은 연비와 실제의 연비를 갖는 6대의 자동차가 있다고 한다. 베이스의 회귀 이론(Bayesian regression approach)을 적용했을 경우, 24mpg의 연비를 갖는 자동차의 실제 연비가 18mpg미만일 확률은? 만약 기본 산포 값 σ^2가 1.73mpg로 측정되어 졌다면 이 확률은 어떻게 변하겠는가?

▶ 참고문헌

Ang, A. H-S., and Tang, W., *Probability Concepts in Engineering Planning and Design-Decision Risk and Reliability*, Vol Ⅱ. John Wiley & Sons, New York, 1984.

Benjamin, J. R. "Probabilistic Model for Seismic Force Design." *Jour. of Structural Division*, ASCE, Vol. 94, May 1968, pp. 1175~1196.

Halim, I. S., and Tang, W. H. "Bayesian Method for Characterization of Geological Anomaly," *Proceedings*, *ISUMA 1990, The First International Symposium on Uncertainty Modeling and Analysis*, Maryland, pp. 585~594, 1990.

Halim, I. S., and Tang, W. H. "Reliability of Undrained Clay Slope Considering Geologic Anomaly," *Proceedings*, *ICASP*, 1991, Mexico City, pp. 776~783.

Halim, I. S., and Tang, W. H. "Site Exploration Strategy for Geologies Anomaly Characterization," *Jour. of Geotechnical Engineering*, *ASCE*, Vol. 119, No. GT2, pp. 195~213, February 1993.

Lee, Peter M., *Bayesian Statistics : An Introduction*, Edward Arnold Publisher, London, 1989.

Packman, P. F., Pearson, H. S., Owens, J. S., Marchese, G. B., "The Applicability of a Fracture Mechanics -Nondestructive Testing Design Criteria". *Technical Report*, *AFML-TR-68-32*, Air Force Materials Laboratory, Wright-Patterson Air Force Base, Ohio, May 1968.

Raiffa, H., and Schlaifer, R. *Applied Statistical Decision Theory*. Division of Research, Harvard Business School, Boston, MA., 1961.

Tang, W. H., "A Bayesian Evaluation of Information for Foundation Engineering Design," *Proc.*, *Ist International Conference on Applications of Statistics and Probability*, Hong Kong Univ. Press, Sept. 1971, pp. 173~185.

Tang, W. H. "Bayesian Frequency Analysis," Jour. of the Hydraulics Division, ASCE, Vol. 106, No. HY7, 1980, pp. 1203~1218.

Tang, W. H., and Saadeghvaziri, A. "Updating Distribution of Anomaly Size and Fraction," in *Recent Advances in Engineering Mechanics and Their Impact on Civil Engineering Practice*, Vol. Ⅱ, edited by W. F. Chen and A. D. M. Lewis, 1983, pp. 895~898.

Tang, W. H., and Quek, S. T. "Statistical Model of Boulder Size and Fraction," *Jour. of Geotechnical Engineering*, ASCE, Vol. 1, 1986.

APPENDIX

A

확률표

표 A.1 표준정규분포표(pg. 1 of 4) $\Phi(X) = \frac{1}{\sqrt{2\pi}} \int_{-\infty}^{x} e^{-y^2/2^2 dy}$

x	$\Phi(x)$	x	$\Phi(x)$	x	$\Phi(x)$
0.00	0.500000000	0.40	0.655421742	0.80	0.788144601
0.01	0.503989356	0.41	0.659097026	0.81	0.791029912
0.02	0.507978314	0.42	0.662757273	0.82	0.793891946
0.03	0.511966473	0.43	0.666402179	0.83	0.796730608
0.04	0.515953437	0.44	0.670031446	0.84	0.799545807
0.05	0.519938806	0.45	0.673644780	0.85	0.802337457
0.06	0.523922183	0.46	0.677241890	0.86	0.805105479
0.07	0.527903170	0.47	0.680822491	0.87	0.807849798
0.08	0.531881372	0.48	0.684386303	0.88	0.810570345
0.09	0.535856393	0.49	0.687933051	0.89	0.813267057
1.10	0.539827837	0.50	0.691462461	0.90	0.815939875
0.11	0.543795313	0.51	0.694974269	0.91	0.818588745
0.12	0.54775826	0.52	0.698468212	0.92	0.821213602
0.13	0.55716787	0.53	0.701944035	0.93	0.823814458
0.14	0.556770005	0.54	0.705401484	0.94	0.826391220
0.15	0.559617692	0.55	0.708840313	0.95	0.828943874
0.16	0.533559463	0.56	0.712260281	0.96	0.831472393
0.17	0.567494932	0.57	0.715661151	0.97	0.833976754
0.18	0.571423716	0.58	0.719042691	0.98	0.836456941
0.19	0.575345435	0.59	0.722404675	0.99	0.838912940
0.20	0.579259709	0.60	0.725746882	1.00	0.841344746
0.21	0.583166163	0.61	0.729069096	1.01	0.843752355
0.22	0.587064423	0.62	0.732371107	1.02	0.846135770
0.23	0.590954115	0.63	0.735652708	1.03	0.848494997
0.24	0.594834873	0.64	0.738913700	1.04	0.850830050
0.25	0.598706326	0.65	0.742153889	1.05	0.853140944
0.26	0.602568113	0.66	0.745373085	1.06	0.855427700
0.27	0.606419873	0.67	0.748571105	1.07	0.857690346
0.28	0.610261248	0.68	0.751747770	1.08	0.859928910
0.29	0.614091881	0.69	0.754902906	1.09	0.862143428
0.30	0.617911422	0.70	0.758036348	1.10	0.864333939
0.31	0.621719522	0.71	0.761147932	1.11	0.866500487
0.32	0.625515835	0.72	0.764237502	1.12	0.868643119
0.33	0.629300019	0.73	0.767304908	1.13	0.870761888
0.34	0.633071736	0.74	0.770350003	1.14	0.872856849
0.35	0.636830651	0.75	0.773372648	1.15	0.874928064
0.36	0.640576433	0.76	0.776372708	1.16	0.876975597
0.37	0.644308755	0.77	0.779350054	1.17	0.878999516
0.37	0.648027292	0.78	0.782304562	1.18	0.880999893
0.39	0.651731727	0.79	0.785236116	1.19	0.882976804

표 A.1 표준 정규분포 확률(pg. 2 of 4) $\Phi(X)=\frac{1}{\sqrt{2\pi}}\int_{-\infty}^{x} e^{-y^2/2^2 dy}$

x	$\Phi(x)$	x	$\Phi(x)$	x	$\Phi(x)$
1.20	0.884930330	1.70	0.955434537	2.20	0.986096552
1.21	0.886860554	1.71	0.956367063	2.21	0.986447419
1.22	0.888767563	1.72	0.957283779	2.22	0986790616
1.23	0.890651448	1.73	0.958184862	2.23	0.987126279
1.24	0.892512303	1.74	0.959070491	2.24	0.987454539
1.25	0.894350226	1.75	0.959940843	2.25	0.987775527
1.26	0.896165319	1.76	0.960796097	2.26	0.988089375
1.27	0.897957685	1.77	0.961636430	2.27	0.988396208
1.28	0.899727432	1.78	0.962462020	2.28	0.988696156
1.29	0.901474671	1.79	0.963273044	2.29	0.988989342
1.30	0.903199515	1.80	0.964069681	2.30	0.989275890
1.31	0.904902082	1.81	0.964852106	2.31	0.989555923
1.32	0.906582491	1.82	0.965620498	2.32	0.989829561
1.33	0.908240864	1.83	0.966375031	2.33	0.990096924
1.34	0.909877328	1.84	0.967115881	2.34	0.990358130
1.35	0.911492009	1.85	0.967843225	2.35	0.990613294
1.36	0.913085038	1.86	0.968557237	2.36	0.990862532
1.37	0.914656549	1.87	0.969258091	2.37	0.991105957
1.38	0.916206678	1.88	0.969945961	2.38	0.991343681
1.39	0.917735561	1.89	0.970621002	2.39	0.991575814
1.40	0.919243341	1.90	0.971283440	2.40	0.991802464
1.41	0.920730159	1.91	0.971933393	2.41	0.992023740
1.42	0.922196159	1.92	0.972571050	2.42	0.992239746
1.43	0.923641490	1.93	0.973196581	2.43	0.992450589
1.44	0.925066300	1.94	0.973810155	2.44	0.992656369
1.45	0.926470740	1.95	0.974411940	2.45	0.992857189
1.46	0.927854963	1.96	0.975002105	2.46	0.993053149
1.47	0.929219123	1.97	0.975580815	2.47	0.993244347
1.48	0.930563377	1.98	0.976148236	2.48	0.993430881
1.49	0.931887882	1.99	0.976704532	2.49	0.993612845
1.50	0.933192799	2.00	0.977249868	2.50	0.993790335
1.51	0.934478288	2.01	0.977784406	2.51	0.993963442
1.52	0.935744512	2.02	0.978308306	2.52	0.994132258
1.53	0.936991636	2.03	0.978821730	2.53	0.994296874
1.54	0.938219823	2.04	0.979324837	2.54	0.994457377
1.55	0.939429242	2.05	0.979817785	2.55	0.994613854
1.56	0.940620059	2.06	0.980300730	2.56	0.994766392
1.57	0.941792444	2.07	0.980773828	2.57	0.994915074
1.58	0.942946567	2.08	0.981237234	2.58	0.995059984
1.59	0.944082597	2.09	0.981691100	2.59	0.995201203
1.60	0.945200708	2.10	0.982135579	2.60	0.9953338812
1.61	0.946301072	2.11	0.982570822	2.61	0.995472889
1.62	0.947383862	2.12	0.982996977	2.62	0.995603512
1.63	0.948449252	2.13	0.983414193	2.63	0.995730757
1.64	0.949497417	2.14	0.983822617	2.64	0.995854699
1.65	0.950528532	2.15	0.984222393	2.65	0.995975411
1.66	0.951542774	2.16	0.984613665	2.66	0.996092967
1.67	0.982540318	2.17	0.984996577	2.67	0.996207438
1.68	0.953521342	2.18	0.985371269	2.68	0.996318892
1.69	0.954486023	2.19	0.985737882	2.69	0.996427399

표 A.1 표준 정규분포 확률(pg. 3 of 4) $\Phi(X)=\frac{1}{\sqrt{2\pi}}\int_{-\infty}^{x} e^{-y^2/2^2 dy}$

x	$\Phi(x)$	x	$\Phi(x)$	x	$\Phi(x)$
2.70	0.996533026	3.20	0.999312862	3.70	0.999892200
2.71	0.996635840	3.21	0.999336325	3.71	0.999896370
2.72	0.996735904	3.22	0.999359047	3.72	0.999900389
2.73	0.996833284	3.23	0.999381049	3.73	0.999904260
2.74	0.996928041	3.24	0.999402352	3.74	0.999907990
2.75	0.997020237	3.25	0.999422975	3.75	0.999911583
2.76	0.997109932	3.26	0.999442939	3.76	0.999915043
2.77	0.997197185	3.27	0.999462263	3.77	0.999918376
2.78	0.997282055	3.28	0.999480965	3.78	0.999921586
2.79	0.997364598	3.29	0.999499063	3.79	0.999924676
2.80	0.997444807	3.30	0.999516576	3.80	0.999927652
2.81	0.997522925	3.31	0.999533520	3.81	0.999930517
2.82	0.997598818	3.32	0.999549913	3.82	0.999933274
2.83	0.997672600	3.33	0.999565770	3.83	0.999935928
2.84	0.997744323	3.34	0.999581108	3.84	0.999938483
2.85	0.997814039	3.35	0.999595942	3.85	0.999940941
2.86	0.997881795	3.36	0.999610288	3.86	0.999943306
2.87	0.997947641	3.37	0.999624159	3.87	0.999945582
2.88	0.998011624	3.38	0.999637571	3.88	0.999947772
2.89	0.998073791	3.39	0.999650537	3.89	0.999979878
2.90	0.998134187	3.40	0.999663071	3.90	0.999951904
2.91	0.998192856	3.41	0.999675186	3.91	0.999953852
2.92	0.998249843	3.42	0.999686894	3.92	0.999955726
2.93	0.998305190	3.43	0.999698209	3.93	0.999957527
2.94	0.998358939	3.44	0.999709143	3.94	0.999959259
2.95	0.9984111130	3.45	0.999719707	3.95	0.999960924
2.96	0.998461805	3.46	0.999729912	3.96	0.999962525
2.97	0.998511001	3.47	0.999739771	3.97	0.999964064
2.98	0.998558758	3.48	0.999749293	3.98	0.999965542
2.99	0.998605113	3.49	0.999758490	3.99	0.999966963
3.00	0.998650102	3.50	0.999767371		
3.01	0.998693762	3.51	0.999775947		
3.02	0.998736127	3.52	0.999784227		
3.03	0.998777231	3.53	0.999792220		
3.04	0.998817109	3.54	0.999799936		
3.05	0.998855793	3.55	0.999807384		
3.06	0.998893315	3.56	0.999814573		
3.07	0.998929706	3.57	0.999821509		
3.08	0.99894997	3.58	0.999828203		
3.09	0.998999218	3.59	0.999834661		
3.10	0.999032397	3.60	0.999840891		
3.11	0.999064563	3.61	0.999846901		
3.12	0.999095745	3.62	0.999852698		
3.13	0.999125968	3.63	0.999858289		
3.14	0.999155261	3.64	0.999863681		
3.15	0.999183648	3.65	0.999868880		
3.16	0.999211154	3.66	0.999873892		
3.17	0.99237805	3.67	0.999878725		
3.18	0.999263625	3.68	0.999883383		
3.19	0.99288636	3.69	0.999887873		

표 A.1 표준 정규분포 확률(pg. 4 of 4) $\Phi(X)=\frac{1}{\sqrt{2\pi}}\int_{-\infty}^{x} e^{-y^2/2^2dy}$

x	1-$\Phi(x)$	x	1-$\Phi(x)$	x	1-$\Phi(x)$
4.0	3.17E-05	6.0	9.87E-10	8.0	6.66E-16
4.1	2.07E-05	6.1	5.30E-10	8.1	2.22E-16
4.2	1.33E-05	6.2	2.82E-10	8.2	1.11E-16
4.3	8.54E-06	6.3	1.49E-10	8.3	0
4.4	5.41E-06	6.4	7.77E-11	8.4	0
4.5	3.40E-06	6.5	4.02E-11	8.5	0
4.6	2.11E-06	6.6	2.06E-11	8.6	0
4.7	1.30E-06	6.7	1.04E-11	8.7	0
4.8	7.93E-07	6.8	5.23E-12	8.8	0
4.9	4.79E-07	6.9	2.60E-12	8.9	0
5.0	2.87E-07	7.0	1.28E-12		
5.1	1.70E-07	7.1	6.24E-13		
5.2	9.96E-08	7.2	3.01E-13		
5.3	5.79E-08	7.3	1.44E-13		
5.4	3.33E-08	7.4	6.81E-14		
5.5	1.90E-08	7.5	3.19E-14		
5.6	1.07E-08	7.6	1.48E-14		
5.7	5.99E-09	7.7	6.77E-15		
5.8	3.32E-09	7.8	3.11E-15		
5.9	1.82E-09	7.9	1.44E-15		

표 A.2 이항분포의 누적확률분포 $\sum_{k=0}^{X} \binom{n}{k} P^k (1-P)^{n-k}$

	$n=2$	2	3	3	3	4	4	4	4	5	5	5	5	5
P	$x=0$	1	0	1	2	0	1	2	3	0	1	2	3	4
0.01	0.9801	0.9999	0.9703	0.9997	1	0.9606	0.9994	1	1	0.9510	0.9990	1	1	1
0.05	0.9025	0.9975	0.8574	0.9927	0.9999	0.8145	0.9860	0.9995	1	0.7738	0.9774	0.9988	1	1
0.10	0.8100	0.9900	0.7290	0.972	0.999	0.6561	0.9477	0.9963	0.9999	0.5905	0.9185	0.9914	0.9995	1
0.15	0.7225	0.9775	0.6141	0.9393	0.9966	0.522	0.8905	0.9880	0.9995	0.4437	0.8352	0.9734	0.9978	0.9999
0.20	0.6400	0.9600	0.5120	0.8960	0.9920	0.4096	0.8192	0.9728	0.9984	0.3277	0.7373	0.9421	0.9933	0.9997
0.25	0.5625	0.9375	0.4219	0.8438	0.9844	0.3164	0.7383	0.9492	0.9961	0.2373	0.6328	0.8965	0.9844	0.9990
0.30	0.4900	0.9100	0.3430	0.7840	0.9730	0.2401	0.6517	0.9163	0.9919	0.1681	0.5282	0.8369	0.9692	0.9976
0.35	0.4225	0.8775	0.2746	0.7182	0.9571	0.1785	0.5630	0.8735	0.9850	0.1160	0.4254	0.7648	0.9460	0.9947
0.40	0.3600	0.8400	0.2160	0.6480	0.9360	0.1296	0.4752	0.8208	0.9744	0.0778	0.3370	0.6826	0.9130	0.9898
0.45	0.3025	0.7975	0.1664	0.5748	0.9089	0.0915	0.3910	0.7585	0.9590	0.0503	0.2562	0.5931	0.8688	0.9815
0.50	0.2500	0.7500	0.250	0.5000	0.8750	0.0625	0.3125	0.6875	0.9375	0.0313	0.1875	0.5000	0.8125	0.9687
0.55	0.2025	0.6975	0.0911	0.4253	0.8336	0.0410	0.2415	0.6090	0.9085	0.0185	0.1312	0.4069	0.7438	0.9497
0.60	0.1600	0.6400	0.0640	0.3520	0.7804	0.0256	0.1792	0.5248	0.8704	0.0102	0.0870	0.3174	0.6630	0.9222
0.65	0.1225	0.5775	0.0429	0.2818	0.7254	0.0150	0.1265	0.4370	0.8215	0.0053	0.0540	0.2352	0.5716	0.8840
0.70	0.0900	0.5100	0.0270	0.2160	0.6570	0.0081	0.0837	0.3483	0.7599	0.0024	0.0308	0.1631	0.4718	0.8319
0.75	0.0625	0.4375	0.0156	0.1563	0.5781	0.0039	0.0508	0.2617	0.6836	0.0010	0.0156	0.1035	0.3672	0.7627
0.80	0.0400	0.3600	0.0080	0.1040	0.4880	0.0016	0.0272	0.1808	0.5904	0.0003	0.0067	0.0579	0.2627	0.6723
0.85	0.0225	0.27775	0.0034	0.0608	0.3859	0.0005	0.0120	0.1095	0.4780	0.0001	0.0022	0.0266	0.1648	0.5563
0.90	0.0100	0.1900	0.0010	0.0280	0.2710	0.0001	0.0037	0.0523	0.3439	0	0.0005	0.0086	0.0815	0.4095
0.95	0.0025	0.0975	0.0001	0.0073	0.1426	0	0.0005	0.0140	0.1855	0	0	0.0012	0.0226	0.2262
0.99	0	0.0199	0	0	0.0297	0	0	0.0006	0.0394	0	0	0	0.0010	0.0490

표 A.2 (*Continued*)

	$n=6$	6	6	6	6	6	8	8	8	8	8	8	8	8
P	$x=0$	1	2	3	4	5	0	1	2	3	4	5	6	7
0,01	0,9415	0,9985	1	1	1	1	0,9227	0,9973	0,9999	1	1	1	1	1
0,05	0,7351	0,9672	0,9978	0,9999	1	1	0,6634	0,9428	0,9942	0,9996	1	1	1	1
0,10	0,5314	0,8857	0,9842	0,9987	0,9999	1	0,4305	0,8131	0,9619	0,995	0,9996	1	1	1
0,15	0,3771	0,7765	0,9527	0,9941	0,9996	1	0,2725	0,6572	0,8948	0,9786	0,9971	0,9998	1	1
0,20	0,2621	0,6554	0,9011	0,983	0,9984	0,9999	0,1678	0,5033	0,7969	0,9437	0,9896	0,9988	0,9999	1
0,25	0,178	0,5339	0,8306	0,9624	0,9954	0,9998	0,1001	0,3671	0,6785	0,8862	0,9727	0,9958	0,9996	1
0,30	0,1176	0,4202	0,7443	0,9295	0,9891	0,9993	0,0576	0,2553	0,5518	0,8059	0,942	0,9887	0,9987	0,9999
0,35	0,0754	0,3191	0,6471	0,8826	0,9777	0,9982	0,0319	0,1691	0,4278	0,7064	0,8939	0,9747	0,9964	0,9998
0,40	0,0467	0,2333	0,5443	0,8208	0,959	0,9959	0,0168	0,1064	0,3154	0,5941	0,8263	0,9502	0,9915	0,9993
0,45	0,0277	0,1636	0,4415	0,7447	0,9308	0,9917	0,0084	0,0632	0,2201	0,477	0,7396	0,9115	0,9819	0,9983
0,50	0,0156	0,1094	0,3438	0,6563	0,8906	0,9844	0,0039	0,0352	0,1445	0,3633	0,6367	0,8555	0,9648	0,9961
0,55	0,0083	0,0692	0,2553	0,5585	0,8364	0,9723	0,0017	0,0181	0,0885	0,2604	0,523	0,7799	0,9368	0,9916
0,60	0,0041	0,041	0,1792	0,4557	0,7667	0,9533	0,0007	0,0085	0,0498	0,1737	0,4059	0,6846	0,8936	0,9832
0,65	0,0018	0,0223	0,1174	0,3529	0,6809	0,9246	0,0002	0,0036	0,0253	0,1061	0,2936	0,5722	0,8309	0,9681
0,70	0,0007	0,0109	0,0705	0,2557	0,5798	0,8824	0,0001	0,0013	0,0113	0,058	0,1941	0,4482	0,7447	0,9424
0,75	0,0002	0,0046	0,0376	0,1694	0,4661	0,822	0	0,0004	0,0042	0,0273	0,1138	0,3215	0,6329	0,8999
0,80	0,0001	0,0016	0,017	0,0989	0,3446	0,7379	0	0,0001	0,0012	0,0104	0,0563	0,2031	0,4967	0,8322
0,85	0	0,0004	0,0059	0,0473	0,2235	0,6229	0	0	0,0002	0,0029	0,0214	0,1052	0,3428	0,7275
0,90	0	0,0001	0,0013	0,0159	0,1143	0,4686	0	0	0	0,0004	0,005	0,0381	0,1869	0,5695
0,95	0	0	0,0001	0,0022	0,0328	0,2649	0	0	0	0	0,0004	0,0058	0,0572	0,3366
0,99	0	0	0	0	0,0015	0,0585	0	0	0	0	0	0	0,0027	0,0773

표 A.2 (*Continued for* n=10)

P	x=0	1	2	3	4	5	6	7	8	9
0.01	0.9044	0.9957	0.9999	0.9999	1	1	1	1	1	1
0.05	0.5987	0.9139	0.9558	0.999	0.9999	1	1	1	1	1
0.10	0.3487	0.7361	0.9298	0.9872	0.9984	0.9999	1	1	1	1
0.15	0.1969	0.5443	0.8202	0.95	0.9901	0.9986	0.9999	1	1	1
0.20	0.1074	0.3758	0.6778	0.8791	0.9672	0.9936	0.9991	0.9999	1	1
0.25	0.0563	0.244	0.5256	0.7759	0.9219	0.9803	0.9965	0.9996	1	1
0.30	0.0282	0.1493	0.3828	0.6496	0.8497	0.9527	0.9894	0.9984	0.9999	1
0.35	0.0135	0.086	0.2616	0.5138	0.7515	0.9051	0.974	0.9952	0.9995	1
0.40	0.006	0.0464	0.1673	0.3823	0.6331	0.8338	0.9452	0.9877	0.9983	0.9999
0.45	0.0025	0:0233	0.0996	0.266	0.5044	0.7384	0.898	0.9726	0.9955	0.9997
0.50	0.001	0.0107	0.0547	0.1719	0.377	0.623	0.8281	0.9453	0.9893	0.999
0.55	0.0003	0.0045	0.0274	0.102	0.2616	0.4956	0.734	0.9004	0.9767	0.9975
0.60	0.0001	0.0017	0.0123	0.0548	0.1662	0.3669	0.6177	0.8327	0.9536	0.994
0.65	0	0.0005	0.0048	0.026	0.0949	0.2485	0.4862	0.7384	0.914	0.9565
0.70	0	0.0001	0.0016	0.0106	0.0473	0.1503	0.3504	0.6172	0.8507	0.9718
0.75	0	0	0.0004	0.0035	0.0197	0.0781	0.2241	0.4744	0.756	0.94.7
0.80	0	0	0.0001	0.0009	0.0064	0.0328	0.1209	0.3222	0.6242	0.8926
0.85	0	0	0	0.0001	0.0014	0.0099	0.05	0.1798	0.4557	0.8031
0.90	0	0	0	0	0.0001	0.0016	0.0128	0.0702	0.2639	0.6513
0.95	0	0	0	0	0	0.0001	0.001	0.0115	0.0861	0.4013
0.99	0	0	0	0	0	0	0	0.0001	0.0043	0.0956

표 A.2 (*Continued for* n=15)

P	$x=0$	1	2	3	4	5	6	7	8	9	10	11	12	13	14
0.01	0.8601	0.9904	0.9996	1	1	1	1	1	1	1	1	1	1	1	1
0.05	0.4633	0.829	0.9638	0.9945	0.9994	0.9999	1	1	1	1	1	1	1	1	1
0.10	0.2059	0.549	0.8159	0.9444	0.9873	0.9978	0.9997	1	1	1	1	1	1	1	1
0.15	0.0874	0.3186	0.6042	0.8227	0.9383	0.98320	0.9964	0.9994	0.9999	1	1	1	1	1	1
0.20	0.0352	0.1671	0.398	0.6482	0.8358	0.9389	0.9819	0.9958	0.9992	0.9999	1	1	1	1	1
0.25	0.0135	0.0802	0.2361	0.4613	0.6865	0.8516	0.9434	0.9827	0.9958	0.9992	0.9999	1	1	1	1
0.30	0.0047	0.0353	0.1268	0.2969	0.5155	0.7216	0.8689	0.95	0.9848	0.9963	0.9993	0.9999	1	1	1
0.35	0.0016	0.0142	0.0617	0.1727	0.3519	0.5643	0.7548	0.8868	0.9578	0.9876	0.9972	0.9995	0.9999	1	1
0.40	0.0005	0.0052	0.0271	0.0905	0.2173	0.4032	0.6098	0.7869	0.905	0.9662	0.9907	0.9981	0.9997	1	1
0.45	0.0001	0.0017	0.0107	0.0424	0.1204	0.2608	0.4522	0.6535	0.8182	0.9231	0.9745	0.9937	0.9989	0.9999	1
0.50	0	0.0005	0.0037	0.0176	0.0592	0.1509	0.3036	0.5	0.6964	0.8491	0.9408	0.9824	0.9963	0.9905	1
0.55	0	0.0001	0.0011	0.0063	0.0255	0.0769	0.1818	0.3465	0.5478	0.7392	0.8796	0.9576	0.9893	0.9983	0.9999
0.60	0	0	0.0003	0.0019	0.0093	0.0338	0.095	0.2131	0.3902	0.5968	0.7827	0.9095	0.9729	0.9948	0.9995
0.65	0	0	0.0001	0.0005	0.0028	0.0124	0.0422	0.1132	0.2452	0.4357	0.6481	0.8273	0.9383	0.9858	0.9984
0.70	0	0	0	0.0001	0.0007	0.0037	0.0152	0.05	0.1311	0.2784	0.4845	0.7031	0.8732	0.9647	0.9953
0.75	0	0	0	0	0.0001	0.0008	0.0042	0.0173	0.0566	0.1484	0.3135	0.5387	0.7639	0.9198	0.9866
0.80	0	0	0	0	0	0.0001	0.0008	0.0042	0.0181	0.0611	0.1642	0.3518	0.602	0.8329	0.9648
0.85	0	0	0	0	0	0	0.0001	0.0006	0.0036	0.0168	0.0617	0.1773	0.3958	0.6814	0.9126
0.90	0	0	0	0	0	0	0	0	0.0003	0.0022	0.0127	0.0556	0.1841	0.451	0.7941
0.95	0	0	0	0	0	0	0	0	0	0.0001	0.0006	0.0055	0.0362	0.171	0.5367
0.99	0	0	0	0	0	0	0	0	0	0	0	0	0.0004	0.0096	0.1399

표 A.2 (*Continued for* n=20)

P	x=0	1	2	3	4	5	6	7	8	9	10	11	12	13	14	15	16	17	18	19
0.01	0.818	0.983	0.999	1	1	1	1	1	1	1	1	1	1	1	1	1	1	1	1	1
0.05	0.358	0.736	0.925	0.984	0.997	1	1	1	1	1	1	1	1	1	1	1	1	1	1	1
0.10	0.122	0.392	0.677	0.867	0.957	0.989	0.998	1	1	1	1	1	1	1	1	1	1	1	1	1
0.15	0.039	0.176	0.405	0.648	0.83	0.933	0.978	0.994	0.999	1	1	1	1	1	1	1	1	1	1	1
0.20	0.012	0.069	0.206	0.411	0.63	0.804	0.913	0.968	0.99	0.997	0.999	1	10	1	1	1	1	1	1	1
0.25	0.003	0.024	0.091	0.225	0.415	0.617	0.786	0.898	0.959	0.986	0.996	0.999	1	1	1	1	1	1	1	1
0.30	8E−04	0.008	0.036	0.107	0.238	0.416	0.608	0.772	0.887	0.952	0.983	0.995	0.999	1	1	1	1	1	1	1
0.35	2E−04	0.002	0.012	0.044	0.118	0.245	0.417	0.601	0.762	0.878	0.947	0.98	0.994	0.999	1	1	1	1	1	1
0.40	0	5E−04	0.004	0.016	0.051	0.126	0.25	0.416	0.596	0.755	0.873	0.944	0.979	0.994	0.998	1	1	1	1	1
0.45	0	1E−04	9E−04	0.005	0.019	0.055	0.13	0.252	0.414	0.591	0.751	0.869	0.942	0.979	0.994	0.999	1	1	1	1
0.50	0	0	2E−04	0.001	0.006	0.021	0.058	0.132	0.252	0.412	0.588	0.748	0.868	0.942	0.979	0.994	0.999	1	1	1
0.55	0	0	0	3E−04	0.002	0.006	0.021	0.058	0.131	0.249	0.409	0.586	0.748	0.87	0.945	0.981	0.995	0.999	1	1
0.60	0	0	0	0	3E−04	0.002	0.007	0.021	0.057	0.128	0.245	0.404	0.584	0.75	0.784	0.949	0.984	0.996	1	1
0.65	0	0	0	0	0	3E−04	0.002	0.006	0.02	0.053	0.122	0.238	0.399	0.583	0.755	0.882	0.956	0.988	0.998	1
0.70	0	0	0	0	0	0	3E−04	0.001	0.005	0.017	0.048	0.113	0.228	0.392	0.584	0.763	0.893	0.965	0.992	0.999
0.75	0	0	0	0	0	0	0	2E−04	9E−04	0.04	0.014	0.041	0.102	0.214	0.383	0.585	0.775	0.909	0.976	0.997
0.80	0	0	0	0	0	0	0	0	1E−04	6E−04	0.003	0.01	0.032	0.087	0.196	0.37	0.589	0.794	0.931	0.989
0.85	0	0	0	0	0	0	0	0	0	0	2E−04	0.001	0.006	0.022	0.067	0.17	0.352	0.595	0.824	0.961
0.90	0	0	0	0	0	0	0	0	0	0	0	1E−04	4E−04	0.002	0.011	0.043	0.133	0.323	0.608	0.878
0.95	0	0	0	0	0	0	0	0	0	0	0	0	0	0	3E−04	0.003	0.016	0.076	0.264	0.642
0.99	0	0	0	0	0	0	0	0	0	0	0	0	0	0	0	0	0	0.001	0.017	0.182

표 A.3 t-분포의 신뢰수준 $(1-\alpha)=p$ 임계치(critical values)

d.o.f.	p=0.900	p=0.950	p=0.975	p=0.990	p=0.995	p=0.990
1	3.0777	6.3138	12.7062	31.8205	63.6567	318.3088
2	1.8856	2.9200	4.3027	6.9646	9.9248	22.3271
3	1.6377	2.3534	3.1824	4.5407	5.8409	10.2145
4	1.5332	2.1318	2.7764	3.7469	4.6041	7.1732
5	1.4759	2.0150	2.5706	3.3649	4.0321	5.8934
6	1.4398	1.9432	2.4469	3.1427	3.7074	5.2076
7	1.4149	1.8946	2.3646	2.9980	3.4995	4.7853
8	1.3968	1.8595	2.3060	2.8965	3.3554	4.5008
9	1.3803	1.8331	2.2622	2.8214	3.2498	4.2968
10	1.3722	1.8125	2.2281	2.7638	3.1693	4.1437
11	1.3634	1.7959	2.2001	2.7181	3.1058	4.0247
12	1.3562	1.7823	2.1788	2.6810	3.0545	3.9296
13	1.3502	1.7709	2.1604	2.6503	3.0123	3.8520
14	1.3450	1.7613	2.1448	2.6245	2.9768	3.7874
15	1.3406	1.7531	2.1314	2.6025	2.9467	3.7328
16	1.3368	1.7459	2.1199	2.5835	2.9208	3.6862
17	1.3334	1.7396	2.1098	2.5669	2.8982	3.6458
18	1.3304	1.7341	2.1009	2.5524	2.8784	3.6105
19	1.3277	1.7291	2.0930	2.5395	2.8609	3.5764
20	1.3253	1.7247	2.0860	2.5280	2.8453	3.5518
21	1.3232	1.7207	2.0796	2.5176	2.8314	3.5272
22	1.3212	1.7171	2.0739	2.5083	2.8188	3.5050
23	1.3195	1.7139	2.0687	2.4999	2.8073	3.4850
24	1.3178	1.7109	2.0639	2.4922	2.7969	3.4668
25	1.3163	1.7081	2.0595	2.4851	2.7874	3.4502
26	1.3150	1.7056	2.0555	2.4786	2.7787	3.4350
27	1.3137	1.7033	2.0518	2.4727	2.7707	3.4210
28	1.3125	1.7011	2.0484	2.4671	2.7633	3.4082
29	1.3114	1.6991	2.0452	2.4620	2.7564	3.3962
30	1.3104	1.6973	2.0423	2.4573	2.7500	3.3852
31	1.3095	1.6955	2.0395	2.4528	2.7440	3.3749
32	1.3086	1.6939	2.0369	2.4487	2.7385	3.3653
33	1.3077	1.6924	2.0345	2.4448	2.7333	3.3563
34	1.3070	1.6909	2.0322	2.4411	2.7284	3.3479
35	1.3062	1.6896	2.0301	2.4377	2.7238	3.3400
36	1.3055	1.6883	2.0281	2.4345	2.7195	3.3326
37	1.3049	1.6871	2.0262	2.4314	2.7154	2.3256
38	1.3042	1.6806	2.0244	2.4286	2.7116	3.3190
39	1.3036	1.6849	2.0227	2.4258	2.7079	3.3128
40	1.3031	1.6839	2.0211	2.4233	2.7045	3.3069
45	1.3006	1.6794	2.0141	2.4121	2.6896	3.2815
50	1.2987	1.6759	2.0086	2.4033	2.6778	3.2614
55	1.2971	1.6703	2.0040	2.3961	2.6682	3.2451
60	1.2958	1.6706	2.0003	2.3901	2.6603	3.2317
70	1.2938	1.6794	1.9944	2.3808	2.6479	3.2108
80	1.2922	1.6759	1.9901	2.3739	2.6387	3.1953
90	1.2910	1.6750	1.9867	2.3685	2.6316	3.1833
∞	1.2824	1.6449	1.9600	2.3264	2.5759	3.0903

표 A.4 χ^2 분포의 확률수준 α 임계치(critical values)

d.o.f.	α=0.001	α=0.005	α=0.01	α=0.025	α=0.05	α=0.10	α=0.20
1	0	0	0.0002	0.0010	0.0039	0.0158	0.0642
2	0.0020	0.0100	0.0201	0.0506	0.1026	0.2107	0.4463
3	0.2043	0.0717	0.1148	0.2158	0.3518	0.5844	1.0052
4	0.0908	0.2070	0.2971	0.4844	0.7107	1.0636	1.6488
5	0.2102	0.4117	0.5543	0.8312	1.1455	1.6103	2.3425
6	0.3811	0.6757	0.8721	1.2373	1.6354	2.2041	3.0701
7	0.5985	0.9893	1.2390	1.6899	2.1673	2.8331	3.8223
8	0.8571	1.3444	1.6465	2.1797	2.7326	3.4895	4.5936
9	1.1519	1.7349	2.0879	2.7004	3.3251	4.1682	5.3801
10	1.4787	2.1559	2.5582	3.2470	3.9403	4.8652	6.1791
11	1.8339	2.6032	3.0535	3.8157	4.5748	5.5778	6.9887
12	2.2142	3.0738	3.5706	4.4038	5.2260	6.3038	7.8073
13	2.6172	3.5650	4.1069	5.0088	5.8919	7.0415	8.6339
14	3.0407	4.0747	4.6604	5.6287	6.5706	7.7895	9.4673
15	3.4827	4.6009	5.2293	6.2621	7.2609	8.5468	10.3070
16	3.9416	5.1422	5.8122	6.9077	7.9616	9.3122	11.1521
17	4.4161	5.6972	6.4078	7.5642	8.6718	10.0852	12.0023
18	4.9048	6.2648	7.0149	8.2307	9.3905	10.8649	12.8570
19	5.4068	6.8440	7.6327	8.9065	10.1170	11.6509	13.7158
20	5.9210	7.4338	8.2604	9.5908	10.8508	12.4426	14.5784
21	6.4467	8.0337	8.8972	10.2829	11.5913	13.2396	15.4446
22	6.9830	8.6427	9.5425	10.9823	12.3380	14.0415	16.3140
23	7.5292	9.2604	10.1957	11.6886	13.0905	14.8480	17.1865
24	8.0849	9.8862	10.8564	12.4012	13.8484	15.6587	18.0618
25	8.6493	10.5197	11.5240	13.1197	14.6114	16.4734	18.9398
26	9.2221	11.1602	12.1981	13.8439	15.3792	17.2919	19.8202
27	9.8028	11.8076	12.8785	14.5734	16.1514	18.1139	20.7030
28	10.3909	12.4613	13.5647	15.3079	16.9279	18.9392	21.5880
29	10.9861	13.1211	14.2565	16.0471	17.7084	19.7677	22.4751
30	11.5880	13.7867	14.9535	16.7908	18.4927	20.5992	23.3641
31	12.1963	14.4578	15.6555	17.5387	19.2806	21.4336	24.2551
32	12.8107	15.1340	16.3622	18.2908	20.0719	22.2706	25.1478
33	13.4309	15.8153	17.0735	19.0467	20.8665	23.1102	26.0422
34	14.0567	16.5013	17.7891	19.8063	21.6643	23.9523	26.9383
35	14.6878	17.1918	18.5089	20.5694	22.4650	24.7967	27.8359
36	15.3241	17.8867	19.2327	21.3359	23.2686	25.6433	28.7350
37	15.9653	18.5858	19.9602	22.1056	24.0749	26.4921	29.6355
38	16.6112	19.2889	20.6914	22.8785	24.8839	27.3430	30.5373
39	17.2616	19.9959	21.4262	23.6543	25.6954	28.1958	31.4405
40	17.9164	20.7065	22.1643	24.4330	26.5093	29.0505	32.3450
45	21.2507	24.3110	25.9013	28.3662	30.6123	33.3504	36.8844
50	24.6739	27.9907	29.7067	32.3574	34.7643	37.6886	41.4492
55	28.1731	31.7348	33.5705	36.3981	38.9580	42.0596	46.0356
60	31.7383	35.5345	37.4849	40.4817	43.1880	46.4589	50.6406
65	35.3616	39.3831	41.4436	44.6030	47.4496	50.8829	55.2620
70	35.3616	43.2752	45.4417	48.7576	51.7393	55.3289	59.8978
75	42.7573	47.2060	49.4750	52.9419	56.0541	59.7946	64.5466
80	46.5199	51.1719	53.5401	57.1532	60.3915	64.2778	69.2069
90	54.1552	59.1963	61.7541	65.6466	69.1260	73.2911	78.5584
100	61.9179	67.3276	70.0649	74.2219	77.9295	82.3581	87.9453

표 A.4 (*Continued*) Critical Values of the χ^2 Distribution at Probability Level $(1-\alpha)=p$

d.o.f.	$p=0.800$	$p=0.900$	$p=0.950$	$p=0.975$	$p=0.990$	$p=0.995$	$p=0.999$
1	1.6424	2.7055	3.8415	5.0239	6.6349	7.8794	10.8276
2	3.2189	4.6052	5.9915	7.3778	9.2103	10.5966	13.8155
3	4.6416	6.2514	7.8147	9.3484	11.3449	12.8382	16.2662
4	5.9886	7.7794	9.4877	11.1433	13.2767	14.5603	18.4668
5	7.2893	9.2364	11.0705	12.8325	15.0863	16.7496	20.5150
6	8.5581	10.6446	12.5916	14.4494	16.8119	18.5476	22.4577
7	9.8032	12.0170	14.0671	16.0128	18.4753	20.2777	24.3219
8	11.0301	13.3616	15.5073	17.5345	20.0902	21.9550	26.1245
9	12.2421	14.6837	16.9190	19.0228	21.6660	23.5894	27.8772
10	13.4420	15.9872	18.3070	20.4832	23.2093	25.1882	29.5883
11	14.6314	17.2750	19.6751	21.9200	24.7250	26.7568	31.2641
12	15.8120	18.5493	21.0261	23.3367	26.2170	28.2995	32.9095
13	16.9848	19.8119	22.3620	24.7356	27.6882	29.8195	34.5282
14	18.1508	21.0641	23.6848	26.1189	29.1412	31.3193	36.1233
15	19.3107	22.3071	24.9958	27.4884	30.5779	32.8013	37.6973
16	20.4651	23.5418	26.2962	28.8454	31.9999	34.2672	39.2524
17	21.6146	24.7690	27.5871	30.1910	33.4087	35.7185	40.7902
18	22.7595	25.9894	28.8693	31.5264	34.8053	37.1565	42.3124
19	23.9004	27.2036	30.1435	32.8523	36.1909	38.5823	43.8202
20	25.0375	28.4120	31.4104	34.1696	37.5662	39.9968	45.3147
21	26.1711	29.6151	32.6706	35.4789	38.9322	41.4011	46.7970
22	27.3015	30.8133	33.9244	36.7807	40.2894	42.7957	48.2679
23	28.4288	32.0069	35.1725	38.0756	41.6384	44.1813	49.7282
24	29.5533	33.1962	36.4150	39.3641	42.9798	45.5585	51.1786
25	30.6752	34.3816	37.6525	40.6465	44.3141	46.9279	52.6197
26	31.7946	35.5632	38.8851	41.9232	45.6417	48.2899	54.0520
27	32.9117	36.7412	40.1133	43.1945	46.9629	49.6449	55.4760
28	34.0266	37.9159	41.3371	44.4608	48.2782	50.9934	56.8923
29	35.1394	39.0875	42.5570	45.7223	49.5879	52.3356	58.3012
30	36.2502	40.2560	43.7730	46.9792	50.8922	53.6720	59.7031
31	37.3591	41.4217	44.9853	48.2319	52.1914	55.0027	61.0983
32	38.4663	42.5847	46.1943	49.4804	53.4558	56.3281	62.4872
33	39.5718	43.7452	47.3999	50.7251	54.7755	57.6484	63.8701
34	40.6756	44.9032	48.6024	51.9660	56.0609	58.9639	65.2472
35	41.7780	46.0588	49.8018	53.2033	57.3421	60.2748	66.6188
36	42.8788	47.2122	50.9985	54.4373	58.6192	61.5812	67.9852
37	43.9782	48.3634	52.1923	55.6680	59.8925	62.8833	69.3465
38	45.0763	49.5126	53.3835	56.8955	61.1621	64.1814	70.7029
39	46.1730	50.6598	54.5722	58.1201	62.4281	65.4756	72.0547
40	47.2685	51.8051	55.7585	59.3417	63.6907	66.7660	73.4020
45	52.7288	57.5053	61.6562	65.4102	69.9568	73.1661	80.0767
50	58.1638	63.1671	67.5048	71.4202	76.1539	79.4900	86.6608
55	63.5772	68.7962	73.3115	77.3805	82.2921	85.7490	93.1675
60	68.9721	74.3970	79.0819	83.2977	88.3794	91.9517	99.6072
65	74.3506	79.9730	84.8206	89.1771	94.4221	98.1051	105.9881
70	79.7146	85.5270	90.5312	95.0232	100.4552	104.2149	112.3169
75	85.0658	91.0615	96.2167	100.8393	106.3929	110.2856	118.5991
80	90.4053	96.5782	101.8795	106.6286	112.3288	116.3211	124.8392
90	101.0537	107.565	113.1453	118.1359	124.1163	128.2989	137.2084
100	111.6667	118.498	124.3421	129.5612	135.8067	140.1695	149.4493

표 A.5 K-S 검정의 중요도 수준 α D_n^α 임계치(critical values)

d.o.f.$=n$	$\alpha=0.20$	$\alpha=0.10$	$\alpha=0.05$	$\alpha=0.01$
5	0.45	0.51	0.56	0.67
10	0.32	0.37	0.41	0.49
15	0.27	0.30	0.34	0.40
20	0.23	0.26	0.29	0.36
25	0.21	0.24	0.27	0.32
30	0.19	0.22	0.24	0.29
35	0.18	0.20	0.23	0.27
40	0.17	0.19	0.21	0.25
45	0.16	0.18	0.20	0.24
50	0.15	0.17	0.19	0.23
>50	$1.07/\sqrt{n}$	$1.22/\sqrt{n}$	$1.36/\sqrt{n}$	$1.63/\sqrt{n}$

표 A.6 A-D 검정의 임계치(critical values)

Table A.6a Critical Values of c_α at Significance Level α of the A–D Test for the Normal Distribution (μ and σ Estimated from Sample Size n)

Significance Level α	a_α	b_0	b_1
0.2	0.5091	−0.756	−0.39
0.1	0.6305	−0.75	−0.8
0.05	0.7514	−0.795	−0.89
0.025	0.8728	−0.881	−0.94
0.01	1.0348	−1.013	−0.93
0.005	1.1578	−1.063	−1.34

Excerpted from D'Agostino and Stephens, 1986(see References in Chapter 7).

Table A.6b Critical Values of c_α at Significance Level α of the A–D Test for the Exponential Distribution(Parameter λ Estimated from Sample Size n)

Significance Level α	c_α
0.25	0.736
0.20	0.816
0.15	0.916
0.10	0.162
0.05	1.321
0.025	1.591
0.01	1.959
0.005	2.244
0.0025	2.534

Excerpted from Pearson and Hartley, 1972, and D'Agostino and Stephens, 1986(see References in Chapter 7).

Table A.6c Critical Values of c_α at Significance Level α of the A–D Test for the Gamma Distribution(Parameters Estimated from Sample Data)

k	Significance Level α 0.25	0.10	0.05	0.025	0.01	0.005
1	0.486	0.657	0.786	0.917	1.092	1.227
2	0.477	0.643	0.768	0.894	1.062	1.190
3	0.475	0.639	0.762	0.886	1.052	1.178
4	0.473	0.637	0.759	0.883	1.048	1.173
5	0.472	0.635	0.758	0.881	1.045	1.170
6	0.472	0.635	0.757	0.880	1.043	1.168
8	0.471	0.634	0.755	0.878	1.041	1.165
10	0.471	0.633	0.754	0.877	1.040	1.164
12	0.471	0.633	0.754	0.876	1.038	1.162
15	0.470	0.632	0.754	0.876	1.038	1.162
20	0.470	0.632	0.753	0.875	1.037	1.161
∞	0.470	0.631	0.752	0.873	1.035	1.159

Excerpted from Lockhart and Stephens, 1985(see References in Chapter 7).

Table A.6d Critical Values of c_α at Significance Level α of the A–D Test for the Gumbel and Weibull Distribution(Parameter λ Estimated from Sample Size n)

Significance Level α	c_α
0.25	0.474
0.10	0.637
0.05	0.757
0.025	0.877
0.01	1.038

Excerpted from Stephens, 1977(see References in Chapter 7).

APPENDIX

B

조합공식

이산표본공간과 유한표본공간과 관련된 확률문제에서, 어떤 사건과 관련된 표본공간의 정의는 표본점의 집단과 부분집단의 계산을 수반하는 중요한 역할을 한다. 이를 위해, 조합론은 아주 유용하게 쓰이는데, 본 부록에는 이러한 조합론의 몇가지 기본요소를 요약하였다.

B.1 기본 관계

k항까지 있는 순열이 아래와 같이 나타나 있다. 서로 다른 원소들 중 n_1원소는 첫째 항에 위치해 있고, n_2원소는 두 번째 항, n_k원소는 k번째 항에 위치한다면, 서로 다른 k개의 원소들의 순열의 수는 다음과 같다.

$$N(k|n_1,n_2,...,n_k) = n_1 n_2 ... n_k \tag{B.1}$$

▶ **예제**

(1) 다음과 같이 공학적 설계 시 각각 2, 3, 4의 값을 갖는 세 모수 ϕ_1,ϕ_2,ϕ_3 가 포함된다면, 실현 가능한 설계의 수는 다음과 같다.

$$N(3|2,3,4) = 2\times3\times4 = 24$$

(2) $x,\ y,\ z$축을 포함하고 있는 3차원 직교 좌표계에서, $x = 0,1,2,...,9$와 같이 각 세 개 축에 10개의 이산값이 지정되어있을 때, 모든 좌표항의 총 개수는 다음과 같다.

$$N(3|10,10,10) = 10^3 = 1,000$$ ◀

B.2 규칙순열(Ordered Sequences)

n개의 서로 다른 원소들이 일렬로 배열된 순열에서, k개 원소들을 택하는 순열의 수는 다음과 같다.

$$(n)_k = n(n-1)(n-2)(n-k+1) = \frac{n!}{(n-k)!} \qquad \text{(B.2)}$$

k개의 원소들이 나열된 순열에서 첫째 항을 보면 그 자리에 n이 있다는 것을 알 수 있다. 하지만 두 번째 자리에는 $(n-1)$ 원소가 있다. n개의 원소들 중 하나의 원소가 첫 번째 항을 차지하고 때문에 이와 같이 세 번째 자리를 채울 수 있는 것은 $(n-2)$가 된다. 그 이후의 자리도 마찬가지이다. 따라서 식 (B.1)과 같은 순열의 기본관계에 의해 다음과 같이 식 (B.2)를 얻을 수 있다.

$$(n)_k = N(k \mid n, n-1, n-2, \ldots, n-k+1)$$

▶ 예제 (1) 숫자가 반복되지 않는다면, 가능한 4자리 수의 개수는 다음과 같다.

$$(10)_4 = 10\times 9\times 8\times 7 = 5040$$

반면에 만약 숫자들이 반복 될 수 있다면, 가능한 4자리수의 개수는 (10^4)=10,000이 될 것이다 . 이 경우는 0000도 숫자이기 때문에 0000의 가능성을 포함한다.

(2) 이산표본공간(모집단)에서 순차적으로 표본을 추출할 때, 복원추출 또는 비복원추출이 사용된다. 즉, 모집단에서 한 원소를 추출했을 때, 다음 원소를 추출하기 전 이번에 추출된 원소를 복원시키거나 혹은 복원시키지 않을 수 있다. n개의 원소들을 가진 모집단에서 복원추출을 수행할 때, 순차적인 표본수 r의 개수는 n^r이다. 반면 비복원추출을 수행할 때는 $(n)_r$이다. ◀

B.3 이항계수(The Binomial Coefficient)

n개의 서로 다른 원소에서, 순서없이 서로 다른 k개의 원소를 택하는 조합의 개수는 이항계수로 나타낼 수 있고, 다음과 같이 표현한다.

$$\binom{n}{x} = \frac{(n)_k}{k!} \qquad \text{(B.3)}$$

식 (B.2)에서 강조되었던 것처럼 k개의 원소들의 순서는 아주 중요하다 (즉, 같은 원소들의 서로 다른 순서는 서로 다른 순열로 구성된다.) 반면에 식 (B.3)에서는 순서가 무관하다. k개의 서로 다른 원소에서, 원소들의 항은 $k!$배로 치환 될 수 있다. 그러므로,

식 (B.2)에 의해 순서에 관계없는 서로 다른 $k-$원소들의 개수인 식 (B.3)을 얻을 수 있다.
식 (B.3)는 $k \le n$일 때만 정의된다. 식 (B.2)를 식 (B.3)에 대입하면 다음과 같다.

$$\binom{n}{k} = \frac{n!}{k!(n-k)!} \tag{B.3a}$$

식 (B.3a)로부터 다음을 확인할 수 있다.

$$\binom{n}{k} = \binom{n}{n-k} \tag{B.4}$$

식 (B.3)과 (B.3a)는 이항계수로 알려져 있다. 이는 아래의 식과같이 $(x+y)^n$의 이항 전개 시 도출되는 계수이기 때문이다.

$$(x+y)^n = \binom{n}{0}x^n y^0 + \binom{n}{1}x^{n-1}y + \binom{n}{2}x^{n-2}y^2 + \cdots + \binom{n}{n}x^0 y^n$$

▶ **예제** (1) n개의 원소를 가진 모집단에서, 서로 다른 표본수 r의 수는 $\binom{n}{r}$이다. 이것은 순서를 무시하는 것을 제외한 비복원추출과 같다. 따라서 표본의 수는 다음과 같다.

$$\frac{(n)_r}{r!} = \binom{n}{r}$$

(2) 25개의 콘크리트 공시체에 각각 1,2……25의 숫자가 매겨져 있다. 각 5개 실린더의 가능한 표본의 총 개수는 다음과 같다.

$$\binom{25}{5} = \frac{25!}{5!20!} = 53,120$$ ◀

B.4 다항계수(The Multinomial Coefficient)

서로 다른 n개의 원소들이 k_1, k_2, k_3,...,k_r과 같이 r개의 서로 다른 집단으로 나누어진다면, $k_1+k_2+k_3+\cdots+k_r=n$이고, 각각 r개의 집단을 생성 할 수 있는 방법의 수는 다항계수로 표현된다.

$$\binom{n}{k_1, k_2, \ldots, k_r} = \frac{n!}{k_1!k_2!\cdots k_r!} \tag{B.5}$$

n개의 원소들 중에서 첫 집단 k_1 원소들은 $\binom{n}{k_1}$에서 선택될 수 있다. 두 번째 집단인

k_2의 원소들은 남은 $(n-k_1)$원소로부터 $\binom{n-k_1}{k_2}$에서 선택될 것이다. 나머지도 마찬가지이다. 그러므로 n개의 원소들을 k_1, k_2, k_3,...,k_r와 같은 r개의 집단으로 나눈 총 개수는 다음과 같다.

$$\binom{n}{k_1}\binom{n-k_1}{k_2}\cdots\binom{n-k_1-k_2-\cdots-k_{r-2}}{k_{r-1}}\binom{k_r}{k_r}=\frac{n!}{k_1!k_2!\cdots k_r!}$$

▶ 예제

1. 어떤 지진발생지역에 향후 10년 동안 Ⅴ,Ⅵ,Ⅶ의 강도(MM scale)로 6번의 지진이 일어날 수 있다고 가정하자. 강도 Ⅴ의 지진이 세 번, 강도 Ⅵ의 지진이 두 번, 강도 Ⅶ의 지진이 한 번씩 서로 다른 순서로 일어날 순열의 수는 다음과 같다.

$$\frac{6!}{3!\times 2!\times 1!}=60$$

2. 한 건설기업이 프로젝트를 위해 두 대의 불도저, 네 대의 로드 그레이더, 여섯 대의 굴착기 등 총 12대의 장비 중 세 종류의 건설장비를 구입하려고 한다고 가정하자. 이 기업이 구입할 수 있는 장비의 서로 다른 순열의 대수는 다음과 같다.

$$\frac{12!}{2!\times 4!\times 6!}=13,860$$ ◀

▶ B.5 STIRING 공식(팩토리얼 근사공식)

큰 숫자의 팩토리얼을 계산하는데 있어서 근사한 값을 내기 위한 아주 중요하고 유용하게 쓰는 공식이 바로 STIRING 공식이다.

$$n!=\sqrt{2\pi}\,(n)^{n+\frac{1}{2}}e^{-n} \tag{B.6}$$

식 (B.6)은 Feller (1957)*에 의해 발견되었다. n이 10같이 작은 숫자라고 하더라도 오차율이 1%미만일 정도로 근사치는 정확하다.

---

* Feller, W., An Introduction to Probabitity and Its Applications, Vol. 1, 2nd Ed., J.Wiley and Sons, New York, 1957.

APPENDIX C

포아송 분포의 유래

제 3장의 3.2.6절에서 포아송 분포가 주어진 시간한도 또는 공간한도 내에서 일어나는 많은 사건의 PMF를 나타내는 것이라는 것을 확인하였다. 이는 포아송 과정이라 알려져 있고, 근본적인 계산 과정 $X(t)$의 결과이다. 이것은 주어진 시간(또는 공간) t에서 일어나는 임의 발생률을 추정하는 방법이다.
포아송 과정은 다음과 같은 가정을 바탕으로 한다.

1. 어떠한 시간(또는 공간상의 한점)에는 최소한 1개 이상의 사건이 일어날 확률이 존재한다. 다시 말해, 어떤 한 작은 구간 $\triangle t$ 이후에 일어난 사건의 n개의 발생률은 $\mathbf{o}(\triangle t)^n$이다.
2. 통계적으로 중복되지 않은 시간(또는 공간)한도에서의 발생은 독립적이다. 이것이 독립 증가의 가정이다.
3. $(t, t+\triangle t)$구간 안에서 발생률은 $\triangle t$와 비례한다. 즉,

$$P[X(\triangle t = 1)] = \nu \triangle t$$

위 식에서 ν는 비례상수이다.
위 문단의 두 번째 가정을 기본으로, 우리는 전확률 이론을 얻는다.

$$\begin{aligned} P[X(t+\triangle t)=x] &= P[X(t)=x]\,P[X(\triangle t)=0]+P[X(t)=x-1] \\ &\quad P[X(\triangle t)=1]+P[X(t)=x-2]\,P[X(\triangle t)=2]+\cdots \end{aligned}$$

그렇다면 $p_x(t) = P[X(t)=x]$와 $P[X(t)=0] = \{1-P[X(t)=1]-P[X(t)=2]$ $-\cdots\}$를 사용하면, 1번과 3번 가정을 기본으로 다음을 얻을 수 있다.

$$p_x(t+\Delta t) = p_x(t)[1-\nu\Delta t = [1-\nu\Delta t - \mathbf{o}(\Delta \mathrm{t})^2 - \cdots]$$

$$+ (\nu\Delta t)p_{x-1}(t) + \mathbf{o}(\Delta \mathrm{t})^2 \mathrm{p}_{\mathrm{x}-2}(\Delta \mathrm{t}) + \cdots$$

고차항을 무시한다면, 다음과 같이 정리될 수 있다.

$$\frac{p_x(t+\Delta t) - p_x(t)}{\Delta t} = -\nu p_x(t) + \nu p_{x-1}(t)$$

$\Delta t \rightarrow 0$이라고 하면, $p_x(t)$의 미분방정식을 구할 수 있다.

$$\frac{dp_x(t)}{dt} = -\nu p_x(t) + \nu p_{x-1}(t) \tag{C.1}$$

여기서 식 (C.1)은 $x \geq 1$에 적용됨을 기억하여야 한다. $x = 0$일 때 식 (C.1)은 다음과 같이 표현된다.

$$\frac{dp_0(t)}{dt} = -\nu p_o(t) \tag{C.2}$$

$t = 0$인 지점부터 계산과정이 시작된다면, 식 (C.1), (C.2)와 관련된 초기조건은 다음과 같다.

$$p_0(0) = 1.0, \qquad p_x(0) = 0$$

$x = 0$인 위 첫 번째 초기조건을 이용한 식 (C.2)의 값은 아래와 같다.

$$p_0(t) = e^{-\nu t}$$

반면, $x \geq 1$일 때, 식 (C.1)의 값은 다음과 같다.

$$p_1(t) = \nu t e^{-\nu t}; \qquad p_2(t) = \frac{(\nu t)^2}{2!} e^{-\nu t}$$

그리고, 일반적인 x에 대하여 다음과 같은 식을 얻을 수 있다.

$$p_x(t) = \frac{(\nu t)^x}{x!} e^{-\nu t} \tag{C.3}$$

위 식은 포아송 분포의 PMF를 나타내고, ν는 발생하는 사건의 평균발생률을 나타낸다.

찾아보기

| ㅎ |

역자약력

조 효 남
- 육군사관학교 졸업, 이학사
- 미국 미시간 주립대 석사과정 졸업, 구조공학석사
- 미국 미시간 주립대 박사과정 졸업, 구조공학박사
- 한양대학교 공학대학 학장 역임
- 한국강구조학회 회장 역임
- 한국전산구조공학회 회장 역임
- 육군사관학교 교수 역임
- 육군 화랑대 연구소장 역임
- 미국 코넬대/캘리포니아대(US Irvine) 객원교수 역임
- 대한토목학회 이사, 구조위원장 역임
- 건설교통부 중앙건설기술 심의위원 역임
- 서울시 건설기술 심의/자문위원 역임
- 서울시 안전관리 자문위원 역임
- 한국도로공사 고속도로 기술 및 설계자문위원 역임
- 국방부 건설심사 자문위원 역임
- 경부고속철도 설계심의위원 역임
- 서울지방국토관리청 설계자문위원 역임
- 특허청, 조달청 자문위원 역임
- 감사원공사감사 자문위원 역임
- 한국전력공사 설계 심의/자문위원 역임
- 경기도 기술심의위원 역임
- 서울시 도시개발공사 설계자문위원 역임
- 대한주택공사 설계 자문위원 역임
- 한국시설안전기술공단 기술 자문위원 역임
- 한국방재협회 기술 자문위원 역임
- 현) 한양대학교 건설환경시스템 공학과 명예교수
- 현) UNICONS(주) 회장
- 현) IALCCE(International Association for Life Cycle Civil Engineering) 부회장

주요 역·저서
- 구조역학 - 구미서관
- 재료역학(공역) - 청문각
- 강구조공학(공저) - 한국강구조학회
- 교량공학 - 구미서관
- 토목공학개론(공저) - 청문각
- 구조신뢰성공학(공저) - 구미서관
- 생애주기비용분석(공저) - 구미서관
- 구조최적설계(공저) - 구미서관
- 현대공학윤리 - 구미서관
- 현대과학기술윤리 - 구미서관

지 광 습
- 미국 Northwestern University 공학박사
- 한양대학교 공학사 및 공학석사
- 한국전산구조공학회 논문집 편집위원 역임
- 한국구조물진단유지관리공학회 논문집 편집위원 역임
- 한국콘크리트학회 영문논문집 편집위원 역임
- 고려대학교 공학교육혁신센터 공학인증 위원장 역임
- 국토해양부 경부고속철도 2단계 콘크리트궤도 침목균열관련 합동조사위원
- 서울시 도시기반시설본부 교량 전담관리 관학협력 위원 역임
- 콘크리트구조설계기준개정위원회 위원 역임
- 한국전력공사 설계자문위원 역임
- 현) 한국구조물진단유지관리공학회 연구위원회 시설물안전위원장
- 현) RILEM TC-MDC 위원회 정회원
- 현) 한국구조물진단유지관리공학회 이사
- 현) 고려대학교 건축사회환경공학부 부교수

공학확률통계

저 자 | Alfredo H-S. Ang · Wilson H. Tang
역 자 | 조효남 · 지광습

발행처 | 구미서관
발행인 | 임 해 진

인 쇄 | 2011년 5월 13일 초판 1쇄
발 행 | 2011년 5월 20일 초판 1쇄

주 소 | 서울시 마포구 동교동 174-7 구미빌딩
등 록 | 1979년 6월 29일 No.9-6호
ISBN | 978-89-8225-801-5 (93530)

TEL : (代) 333-1101 FAX : 335-2201
http://www.goomibook.com

정가 25,000원

역자와의 협의하에 인지를 생략합니다.
파본이나 잘못된 책은 교환하여 드립니다.